国之重器出版工程
国防现代化建设

航天先进技术研究与应用系列



# 纳米科学技术及应用

## Nano Science & Technology and Application

袁哲俊 杨立军 编著

中国工信出版集团
哈爾濱工業大學出版社
HARBIN INSTITUTE OF TECHNOLOGY PRESS

## 内 容 简 介

纳米科学技术是近年来飞跃发展的一门新兴科学，本书全面系统地阐述了纳米科学技术及应用，主要内容包括：扫描探针式显微镜；纳米材料；纳米级精密测量技术；纳米级超精密加工；纳米级表层物理力学性能检测和纳米摩擦学；纳米电子学；微机械和微机电系统及其制造技术。本书内容丰富，不仅系统地讲述了纳米科学技术的基础原理和技术，同时还介绍了纳米科技的最新发展和成就。

本书可作为相关专业科研人员的重要参考书，也可作为机械类专业研究生和本科生的教材。

**图书在版编目(CIP)数据**

纳米科学技术及应用/袁哲俊，杨立军编著. —哈尔滨：哈尔滨工业大学出版社，2019.9

国之重器出版工程. 航天先进技术研究与应用系列

ISBN 978-7-5603-8360-6

Ⅰ. ①纳…　Ⅱ. ①袁…②杨…　Ⅲ. ①纳米技术　Ⅳ. ①TB383

中国版本图书馆 CIP 数据核字(2019)第 125914 号

**纳米科学技术及应用**

NAMI KEXUE JISHU JI YINGYONG

---

策划编辑　张　荣

责任编辑　李长波　佟　馨　杨明蕾　那兰兰

出　　版　哈尔滨工业大学出版社

社　　址　哈尔滨市南岗区复华四道街 10 号　邮编 150006

传　　真　0451-86414749

网　　址　http://hitpress.hit.edu.cn

印　　刷　固安县铭成印刷有限公司

开　　本　710mm×1000mm　1/16　印张 35.25　字数 688 千字

版　　次　2019 年 9 月第 1 版　2019 年 9 月第 1 次印刷

书　　号　ISBN 978-7-5603-8360-6

定　　价　168.00 元

---

# 《国之重器出版工程》
## 编 辑 委 员 会

苏哲子　中国工程院院士

李伯虎　中国工程院院士

李应红　中国科学院院士

李新亚　国家制造强国建设战略咨询委员会委员、中国机械工业联合会副会长

杨德森　中国工程院院士

张宏科　北京交通大学下一代互联网互联设备国家工程实验室主任

陆建勋　中国工程院院士

陆燕荪　国家制造强国建设战略咨询委员会委员、原机械工业部副部长

陈一坚　中国工程院院士

陈懋章　中国工程院院士

金东寒　中国工程院院士

周立伟　中国工程院院士

郑纬民　中国计算机学会原理事长

郑建华　中国科学院院士

**屈贤明**　国家制造强国建设战略咨询委员会委员、工业和信息化部智能制造专家咨询委员会副主任

**项昌乐**　“长江学者奖励计划”特聘教授，中国科协书记处书记，北京理工大学党委副书记、副校长

**柳百成**　中国工程院院士

**闻雪友**　中国工程院院士

**徐德民**　中国工程院院士

**唐长红**　中国工程院院士

**黄卫东**　“长江学者奖励计划”特聘教授

**黄先祥**　中国工程院院士

**黄　维**　中国科学院院士、西北工业大学常务副校长

**董景辰**　工业和信息化部智能制造专家咨询委员会委员

**焦宗夏**　“长江学者奖励计划”特聘教授

# 前 言

纳米科学技术是科技发展的一个新兴领域，近年来获得了极为迅速而广泛的发展，世界各国都投入了大量的人力、物力、财力来进行这方面的研究开发。纳米科技领域所取得的研究进展，如扫描隧道显微镜和多种扫描探针显微镜的发明和应用、多种优异性能纳米材料的成功研制、纳米微电子器件的制成、多种微机械和微机电系统的制成和应用、纳米生物学的进展等，都极大地推动了相关学科的迅速发展。

纳米科学技术(nano science and technology)通常指纳米级尺度(0.1～100 nm)的科学与技术，是深入到原子、分子级层次的科学和技术。它使人类在对自然的认识和改造方面，从宏观领域进入物理的微观领域，深入了一个新的层次，即从微米层次深入到分子、原子级的纳米层次。但新层次所面临的绝不是几何上“相似缩小”的问题，而是一系列新的现象和规律。对一些宏观的物理量，如弹性模量、密度、温度等要重新定义，在工程科学中习以为常的欧几里得几何、牛顿力学、宏观热力学和电磁学等，都已不能正常描述纳米级的物理和工程的现象与规律，而量子效应、物质的波动特性和微观涨落等已不再是可忽略的因素，有时甚至成为主导因素。

纳米科技涵盖物理、化学、材料和生物等多门学科，同时也融合了信息、微电子、精密机械、计算机、能源、航空航天、化工、纺织、医药等专业领域的设计、制造、测量、控制等技术。纳米科技的研究发展，可能为精密工程、材料科学、通信和微电子技术、计算机技术、光学、化工、生物和生命技术及生态农业等带来新的重大突破。

本书系统、全面地讲述了纳米科学技术的各部分主要内容，在撰写过程中收集了国内外有关纳米科技的大量文献资料，并融合哈尔滨工业大学近年来在纳米技术方面取得的研究成果和教学经验。本书不仅系统讲述了纳米科技的基础原理，还介绍了国内外纳米科技的最新发展和成就。本书主要内容有：扫描探针式显微镜；纳米材料；纳米级精密测量技术；纳米级超精密加工；纳米级表层物理力学性能检测和纳米摩擦学；纳米电子学；微机械和微机电系统及其制造技术。纳米生物技术作为纳米科技的一个重要分支，其在应用层面还有待发展，因此本书并没有涵盖纳米生物技术的相关内容。本书可作为相关专业科研人员的重要参考书，也可作为机械类专业研究生和本科生的教材。

本书在撰写过程中得到了房丰洲、闫永达、谢晖、王扬、崔健磊、侯超剑等多位同志的帮助，他们为书稿的撰写提供了不少资料，其中一些同志还参与了某些章节内容的撰写，具体分工如下：第 1 章，袁哲俊、杨立军；第 2～3 章，杨湛；第 4 章，王扬；第 5 章，王懋露；第 6～9 章，杨立军、袁哲俊、崔健磊、侯超剑、丁烨。博士研究生王根旺、李元、李靖怡、程柏也参与了图表的绘制和文字的撰写，特此表示感谢。

纳米科学技术涉及面甚广，由于作者水平所限，书中难免有疏漏之处，希望读者给予指正。

袁哲俊　杨立军

2019 年 5 月

# 目 录

# 第 1 章

# 纳米科学技术概述

纳米科学技术通常指纳米级尺度(0.1～100 nm)的科学与技术，是深入到原子、分子层面的科学与技术。纳米科技的快速发展已经历了 30 余年，世界各国争先在纳米科技领域布局，已经取得了一系列的成就，极大地促进了相关学科的迅速发展。

## 1.1 纳米科学技术的特点

纳米科学技术通常指纳米级尺度(0.1～100 nm)的科学与技术。由于自然界中最小的氢原子直径为0.08 nm,非金属原子直径为0.08～0.2 nm,金属原子直径为0.3～0.4 nm,故纳米科学技术已是深入到原子和分子级层次的科学和技术。纳米科技涵盖物理、化学、材料和生物等多门学科,同时也融合了信息、微电子、精密机械、计算机、能源、航空航天、化工、纺织、医药等领域在设计、制造、测量、控制和制成产品方面的技术。于细微处显神奇的纳米技术,已悄悄地进入人们的生活,融入衣、食、住、行等多个领域,它甚至将影响人们的传统思维方式和生活方式。纳米时代已不是遥远的未来。

纳米科技是科技发展的一个新兴领域,它不仅仅将加工和测量精度从微米级提高到纳米级,而且在人类对自然的认识和改造方面,从宏观领域进入到物理的介观和微观领域,深入了一个新的层次,即从微米层次深入到分子、原子级的纳米层次。

例如世界上最新的超大规模硅集成电路的最小线宽为0.1 μm,如将线宽缩小到0.08 μm (即80 nm)以下,将会呈现量子效应,所有芯片必须按照新的原理来设计。这种纳米尺度上制造出的计算机的性能,与目前微米技术下的计算机性能相比呈现指数提高。当粒子尺寸减小到纳米尺度,到某临界值时将会出现量子尺寸效应,导致纳米微粒的光、电、磁、热、声及超导电性与宏观特性显著不同,导致光、电、磁、热、声、力学等特性呈现新的小尺寸效应。例如,光的某些频段吸收将显著增加,并产生吸收峰的等离子共振频移;磁有序态有可能变为磁无序态;导体变为半导体或非导体;力学性能显著变化;化学活性急剧增加等。

## 1.2 纳米科学技术的发展

纳米技术具有较深的历史渊源,可追溯到远古时代,但是纳米技术在世界范围内受到空前的重视,还是近30年的事情。

### 1.2.1 纳米科学技术名词的提出

1959年,著名物理学家、1965年诺贝尔物理学奖得主R. Feynman在美国加州理工学院做了题为“在底部还有很大空间”(*There is a plenty of rooms at the bottom*)的演讲,他预言:“如果有一天可以按人的意志安排一个个原子,将会产生怎样的奇迹?”并提出“为什么我们不能将 24 卷大英百科全书写到一个针尖上去呢”(这需要将全书缩小为原来的 1/25 000),由此他提出了纳米科学技术的构想。

1974 年,日本 N. Taniguchi 发明了纳米技术(Nano-technology)一词来描述精微机械加工。1981 年,在 IBM 公司瑞士苏黎世实验室工作的 G. Binning 和 H. Rohrer 发明了扫描隧道显微镜,用于单个分子、原子的成像,对纳米科技发展产生了积极的促进作用。

1990 年 7 月,第一届国际纳米科学技术会议与第五届国际扫描隧道显微学会议在美国巴尔的摩举办,同时《纳米技术》与《纳米生物学》这两种国际性专业期刊也相继问世,这标志着纳米科学技术的诞生。此次会议之后,纳米科学进入高速发展阶段,纳米技术也开始快速发展。

### 1.2.2　扫描隧道显微镜和原子力显微镜的发明

1981 年发明的扫描隧道显微镜(Scanning Tunneling Microscopy, STM),由于它的测量分辨率极高,所以能够观察、测量物体表面单个原子和分子的排列以及电子在物体表面的行为,为表面物理、化学、生命科学和新材料的研究提供了一种全新的研究方法和工具。1983 年,G. Binnig 等首次演示了在 Si(111)－7×7 表面上具有阶梯的真实原子和分子的电子结构图像,从此原子和分子的电子结构不再是科学家的理论和假设,而是在实际中能触知和观察到的实在物。由于 STM 的发明对纳米科技发展及整个科技领域起到重大促进作用,因而它的发明者荣获了 1986 年的诺贝尔物理学奖。

1986 年,美国斯坦福大学的 G. Binnig 和 C. Quate 等人又发明了原子力显微镜(Atomic Force Microscopy, AFM),它检测非导体材料和软质材料试件的表面微观形貌能达到原子级分辨率,并能在液体中进行检测。与 STM 相比,原子力显微镜大大扩展了检测范围,对非导体纳米材料的发展和纳米生物学的发展,起了极大的促进作用。STM 和 AFM 的发明,使人类研究微观纳米世界有了有力的工具,有了“眼”(检测)和“手”(原子级加工)。这项有力的实验研究手段,促成了 20 世纪后期的纳米科技及整个科技领域的大发展。

基于 STM 和 AFM 的基本原理,后又出现了一系列新的高分辨率的扫描探针显微镜,如摩擦力显微镜(Friction Force Microscopy, FFM)、磁力显微镜(Magnetic Force Microscopy, MFM)、静电力显微镜(Electrostatic Force Microscopy, EFM)、弹道电子发射显微镜(BEEM)、光子扫描隧道显微镜(PSTM)、扫描近场光学显微镜(SNOM)、扫描近场声学显微镜等。这些显微技术都是利用探针与试件间的不同相互作用力,来探测表面或界面在纳米尺度上表现出的物理性质和化学性质。这些专用的高分辨率显微镜,在某些特定的应用领域中对纳米科技的发展起到了重要作用。

### 1.2.3 原子级加工的实现

1990 年，美国圣荷塞 IBM 阿尔马登研究所的 D. Eigler 等人在 4 K 温度和超真空环境中用 STM 将 Ni(110)表面吸附的 Xe(氙)原子逐一搬迁，最终以 35 个 Xe 原子排成 I、B、M 三个字母，每个字母高 5 nm。1991 年，日本的 S. Hosoki 等人用 STM 在 $MoS_2$ 表面加脉冲电压，使硫原子电离而逸离试件表面，用硫空位写成“PEACE’91 HCRL”的字样，每个字母高度仅为 2 nm。D. Eigler 等人在实现 Xe 原子搬迁后，又实现了分子的搬迁排列。在铂单晶的表面上，他们将吸附的一氧化碳(CO)分子用 STM 搬迁排列起来，构成一个身高仅 5 nm 的世界上最小的人的图像。用来构成这一图像的 CO 分子间距离仅为 0.5 nm，人们称它为“一氧化碳小人”。

用 STM 实现原子和分子的搬迁、去除、增添，是人类历史上首次实现原子级加工，达到了超精密加工的精度极限。

### 1.2.4 纳米材料的发展

1984 年，德国萨尔兰大学的 H. Gleiter 等人首次采用惰性气体保护的蒸发冷凝法制备了具有清洁表面的 Fe、Cu、Pd 等纳米金属微粒。纳米微粒的熔点及其光、电、磁、热、声特性与宏观特性有显著不同，导致光、电、磁、热、声、力学等特性呈现新的小尺寸效应。纳米金属微粉在真空中加压制成纳米固体，具有多种优良的物理力学性能。后来又发现纳米 $TiO_2$ 陶瓷在室温下具有韧性。

1985 年，美国的 R. Smalley 和英国的 H. Kroto 在莱斯(Rice)大学采用激光轰击石墨靶，并用甲苯收集获得 $C_{60}$，从此在世界上掀起了研究 $C_{60}$ 的热潮。

1988 年，法国科学家在纳米 Fe/Cr 多层膜中发现巨磁电阻效应。1994 年，美国 IBM 公司打开了纳米巨磁电阻材料的应用大门，用它制作磁记录装置的读出磁头，使磁盘记录密度提高了 17 倍，达到 5 $GB/in^2$ (0.775 $GB/cm^2$，1 in＝2.54 cm)。纳米巨磁电阻材料于 1997 年 12 月被正式推出并实现商品化。

1988 年，美国明尼苏达大学和普林斯顿大学联合制成量子磁盘，它是由磁性纳米棒组成的纳米阵列体系。据估计，转化为正式商品后，它的市场年销售额可达 400 亿美元。

1991 年，日本 NEC 公司的饭岛(S. Iijima)首次发现碳纳米管，当时发现的是同轴多层的碳纳米管。现已能制造最小直径为 0.4 nm，长度为微米级和毫米级的单层碳纳米管。碳纳米管有多种优异特性，是现在世界研究的热点之一。2002 年 6 月，美国华盛顿大学的威廉 · 布罗等用化学气象沉积法制造出硼纳米管，直径是 20～200 nm。

2000 年，中国科学院金属所的卢柯首次发现纳米铜的室温延展超塑性，它可在室温下拉伸 51 倍而不发生断裂。

2012 年，美国的 S. Baskar 首次把 $NiMoO_4$ 作为超级电容器的电极材料，并在 1.2 $A \cdot g^{-1}$ 的电流密度下获得了 1 517 $F \cdot g^{-1}$ 的容量。2015 年，新加坡的 S. Peng在泡沫镍上制备定向排布的 $NiMoO_4$ 纳米片微纳结构电极，并与活性炭组装成非对称的超级电容器全电池，其能量密度约为 60.9 $W \cdot h \cdot kg^{-1}$，并在循环 10 000 次后依旧保持 85.7%的电量。

2017 年，X. Fang 等以 MOF 为前驱体，通过湿化学和多步热处理，获得了氮掺杂的多孔 NiFe－P/rGO 纳米片电极材料。其在 10 $mA \cdot cm^{-2}$ 的电流密度下，仅需 240 mW 的过电位，活性远优于目前工业界广泛使用的 $IrO_2$，是最好的非贵金属电催化剂之一。

纳米材料和纳米微结构复合材料，有可能创造出多种性能优异的新材料，是现在材料科学的重要研究方向，有很大的发展前景。

### 1.2.5　纳米电子学

1991 年，美国 IBM 公司制造出一个氙原子开关，开关时间达到 30.05 ns。

1994 年，法国全国科学研究中心和美国 IBM 公司共同成功研制第一个分子级放大器，其活性部分是一个直径只有 0.7 nm 的碳分子 $C_{60}$，由此把电子元件微型化的系数扩大了一万倍。

1998 年，S. Tans 成功研制了以单分子碳纳米管为中心岛的单电子晶体管基型。哈佛大学的 H. Park 成功研制了一种新的以单分子 $C_{60}$ 为中心岛的半导体纳米晶体管。

2001 年，美国 IBM 公司的 P. Avouris 等科学家制造出了第一批纳米碳管晶体管，发明了利用电子的波动性传递信息的导线。同年，美国贝尔实验室用一个单一的有机分子制造出了世界最小的直径为 1～2 nm 的纳米晶体管。H. Park 等人把含有两个钒原子的分子插入黄金电极之间，调整附近的电压来启动或关闭电流，使之成为最小的电子开关。

2001 年，日本电子技术综合研究所的 K. Matsumoto 成功研制了以 $TiO_x$ 为隧道结的单电子晶体管，经实测它具有良好的量子电特性。

2017 年，瑞士联邦材料科学与技术实验室联合马克斯普朗克聚合物研究中心和加利福尼亚大学伯克利分校，共同开发出由石墨烯纳米带构建的纳米晶体管，向实现下一代纳米电子器件研发迈出重要一步。为生长出具有理想电学性能的纳米带，研究人员先在超高真空条件下将预先制备好的前驱体蒸发掉，然后，经过几个工艺步骤之后，这些分子就像拼图一样重新在金质基底上连接成所需形状的石墨烯纳米带。这些纳米带的宽度大约为 1 nm，长度最大 50 nm。

2018 年，美国威斯康星大学麦迪逊分校的学者们成功研制出 1 in 大小的碳纳米晶体管，其性能首次超越了硅晶体管和砷化镓晶体管，并在此基础上研制出 2.54 cm 见方的晶片。

这些成就为制造体积更小、运算更快、功能更强的纳米电子器件建立了基础，为发展纳米电子学及分子电子学铺平了道路，同时也为制造微机电系统创造了必要条件。

### 1.2.6 微机械和微机电系统

微型传感器和微机械的研制工作自 20 世纪 60 年代就已展开，现在已制成若干种微型传感器。1963 年，日本丰田研究所成功研制半导体压力计；1970 年，美国斯坦福大学制成硅细微结构体及硅微小电极，并于 1975 年制成微型集成化气体色谱仪（传感器加执行器）；1979 年，美国 Michigan 大学制成微型集成化压力传感器（传感器加电路）；1981 年，日本横河电机会社制成水晶微机械；1987 年美国加州大学伯克利分校制成微型齿轮，并于 1988 年制成直径为60 μm的微型静电电机和微机械手。

微机电系统的发展也十分迅速：1990 年，美国贝尔实验室推出能做各种运动的“跳蚤”纳米机器人；美国 Sandia 国家实验室制成能停在 5 美分硬币上、具有自动导向和侦察功能的履带式小车型微型机器人；美国 MIT 和 Sandia 国家实验室均制成微型昆虫机器人；1992 年，日本开始研制能进入人体血管进行手术的微型管道机器人。

微机电系统的研制在航空航天工业中获得了巨大进展，现在多种微型加速度计、微型陀螺、微型惯性平台已被成功制造，并开始应用于实际。1990 年，美国首次用“侦察兵”火箭发射了质量为 70 kg 的小型通信卫星，将其用于实际通信。在 1991 年的海湾战争中，美国用一枚“飞马座”火箭发射 7 颗质量为 21 kg 的微型通信卫星，并成功组网，在伊拉克战争中发挥了重要作用。我国的清华大学于 2000 年、哈尔滨工业大学于 2004 年均成功研制并发射了微型卫星。

美国国防预研局拨巨款资助微型无人机的设计和研制。1999 年，美国 Florida 大学研制成功翼展为 30.5 cm（12 in）、质量为 50 多克的微型无人机，能在空中飞行并执行拍照侦察任务。美国洛克希德桑德公司研制了一种翼展为 15.21 cm、航程为 5～10 km、能执行侦察任务的名为“微星”的微型无人机，并已试飞成功。美国环境公司研制的“黑寡妇”微型无人机已通过飞行实验，该机翼展为 15.24 cm，飞行时间为 22 min，飞行速度为 48 km/h，机上装有质量为 5 g 的 GPS 装置，能执行侦察任务。美国 MIT 正在研制微型无人机用的微型涡喷发动机，推力为 127 mN，可使微型无人机飞行速度达到 57～114 km/h，飞行距离为 60～120 km。美国加州大学伯克利分校成功研制微型扑翼式“飞行蝇”微飞行器，高为 3 cm，质量仅为 0.1 g，能在100 m的空中飞行 20 min。

近十几年来，微机械和微机电系统已广泛应用在传感器、执行器、结构器件、光学器件等零部件中。现阶段的微机械和微机电系统具有体积小、质量轻、功耗小、成本低、可靠性高、性能优异等优点，在航空航天、汽车、生物医学、环境监测和军事等领域都有着十分广阔的应用前景。

### 1.2.7 微机械的制造技术

微机械的制造技术发展极为迅速。起初微机械使用集成电路的制造技术，只能制造厚度极小的机件，后因立体光刻技术的发展，实现了单晶硅立体微结构的加工。1986 年，联邦德国原子研究所成功开发 LIGA 工艺，加工出1 000 μm高的陡壁微型机件，为制造微机械开发了新的工艺方法。国外研发的小型 5 轴联动机床，不仅可加工微米级尺寸的微小构件，而且可加工微小的自由曲面。微细电火花加工、超声加工、激光加工能加工出数微米的孔和槽，已在微机械制造中得到实际应用。微机械制造技术的发展大大促进了微机械和微机电系统的发展。

微机械的加工和测量方法近年亦有很大进展。1990 年，美国国家工艺和标准研究所(NIST)研制成的分子测量机，可在 50 mm×50 mm×100 μm 范围内进行三坐标测量，达到纳米级测量精度。

为满足微机械的装配要求，基于静电、压电、热效应等原理的多种微型装配夹制造技术应运而生。1997～1998 年，日本东京工业大学、德国 Erlanger 大学等制成的微型半自动装配机有多个自由度的运动，不仅能进行自动装配，而且可以使用激光、电子扫描等多种新技术进行测量检测。

2002 年，日本成功研制微机械制造厂，体积为 625 mm×490 mm×380 mm，质量为34 kg。厂内有一台加工中心、一台数控车床、一台冲床和机械手监控系统等，可以通过遥控进行加工和装配，目前它已能自动制成微型轴承和其他微型结构件。

经过数十年的发展，现阶段广泛使用的、成熟的制造技术有：物理气相沉积、化学气相沉积、电镀、旋转铸模、溶胶一凝胶、光刻和键合技术等。

## 1.3 发展纳米科学技术的理论基础

纳米科技的发展需要新的理论基础。迅速发展的纳米材料，具有新的、优良的基本物理力学性能，研究纳米材料特性和发展新的纳米材料，成为发展纳米科技的最重要内容。微机械和微机电系统近年来发展迅速，由于尺寸的微型化，在设计时需要考虑小尺寸效应，需要建立新的设计理论基础。

### 1.3.1 纳米器件的量子特性

在纳米层次上，也就是原子尺寸级别的层次上，对一些宏观的物理量，如弹性模量、密度、温度等要重新定义，在工程科学中习以为常的欧几里得几何、牛顿力学、宏观热力学和电磁学等，都已不能正常描述纳米级的物理和工程的现象及规律，而量子效应、物质的波动特性和微观涨落等已成为主导因素。

**1. 纳米器件的尺寸效应限制**

当器件尺寸缩小到纳米尺度时，特性将显著不同。根据量子力学的关系式，即

$$\Delta x \Delta p = h \tag{1.1}$$

式中　$\Delta x$—— 空间尺寸；

$\Delta p$—— 动量范围；

$h$—— 普朗克常数，$h = 6.63 \times 10^{-34}$ J·s。

当尺寸趋向于0时（$\Delta x \to 0$），因二者的乘积等于常数，动量$\Delta p$要趋向于无穷大（$\Delta p \to \infty$）。此即量子力学中的测不准原理，微米器件缩小到纳米尺度时，特性将显著不同，将有明显的量子效应，要进行量子计算。

**2. 纳米器件的物理长度和电子的平均自由程**

当纳米器件的物理长度与电子的平均自由程为同一数量级时，各种宏观物理规律已不再适用，量子力学效应将起主导作用。

基于纳米尺寸显著的物理特性（量子效应），材料中自由电子的德布罗意（De Broglie）波长$\lambda$可表示为

$$\lambda = 2\pi \left( \frac{h^2}{2m^* E} \right)^{1/2} \tag{1.2}$$

式中　$m^*$—— 电子的有效质量；

$E$—— 能量。

对于半导体中接近导带底的电子，有$E < 100$ mV，$m^* < 0.1m_0$（$m_0$为自由电子质量），$\lambda$的量级为$10 \sim 100$ nm，这正是纳米器件的物理长度，即纳米器件的物理长度与电子的平均自由程为同一数量级，将出现多种量子新效应。

**3. 纳米电子器件的量子新效应**

当纳米电子器件的物理长度与电子的平均自由程为同一数量级时，将出现多种量子新效应，如量子相干（quantum interference）效应、库仑阻塞（Coulomb blockade）效应、量子霍耳（quantum Hall）效应、电导涨落（universal conductance fluctuations）效应、海森伯不确定（Heisenberg uncertainty）效应等。

在纳米电系统中，宏观统计平均性已不适用，而量子效应和统计涨落成为主要特性。考虑最简单的量子系统间相互作用的运行过程，相当于经典的微电子学中的“0”和“1”的两个态，表示为量子比特(qubit)，它包含光子的偏转和粒子的自旋及相对相位的信息。因 qubit 同时存在叠加态(即同时存在四个态)，故在量子信息传递、加工和计算中，它将含有比经典理论大得多的信息量，具有极强的信息传递和加工能力。

在量子效应条件下，电子的流动将是单电子传输，电子流动和金属的电导率呈现阶跃性，阶跃性的电导率被称为量子电导。

**4. 微观粒(电)子流的二象性**

根据量子力学原理，微观粒(电)子流具有粒子性和波动性的二象性。微观状态下，当物体的特征线度 $x$ 远大于微观粒子的德布罗意波长 $\lambda$，即 $x \gg \lambda$ 时，可忽略其波动性，而主要呈现粒子性，这时可按经典力学来处理问题。当微观粒子的德布罗意波长 $\lambda$ 和物体的特征线度 $x$ 处于同一数量级时，微观粒(电)子呈现明显的波动性。微观粒(电)子同时具有波动性和粒子性的二象性，此时必须用量子力学的规律来处理问题，电子的运动需用波函数表示。

例如，在 STM 处于工作状态时，隧道间隙尺度为纳米级。如在隧道结探针上所加的偏压 $V_b = 0.1$ V，这时由电势 $V_b$ 加速的电子，其能量为 $E = eV_b$(eV)，其质量为 $m$，则可通过计算求得此时电子的德布罗意波长 $\lambda = 3.87$ nm，即 $\lambda$ 和隧道间隙 $a$ 处于同一数量级。这时研究探针－试件间的隧道电流，必须利用量子力学中的波函数。

**5. 量子点和量子线**

(1) 量子点。

当金属或半导体粒子的尺寸足够小时，将产生量子化效应，即微粒的电荷和能量是量子化的，这样的微小粒子团被称为量子点。量子点是由在三个方向上尺寸都非常小的粒子团组成，它的三个方向上的电子态都是量子化的。量子点具有奇异的特殊性能，它限制电子使其具有零维自由度，并且它还具有分立数目的电子、分立的能级、库仑阻塞和电子隧穿量子效应。

(2) 量子线。

当金属或半导体丝的直径小到一定程度时，电子的运动将被限制在半导体丝的轴线方向，而不能在与轴线垂直的方向上运动，即限制电子使其只具有一维的自由度，形成量子线。量子线内电子的轴向运动遵循量子效应，具有分立数目的电子和分立的能级。通过对电子在量子线内的轴向运动，可以观察到库仑阻塞效应和电子隧穿效应。

量子点和量子线可以成为纳米电子器件的基础元件。

## 1.3.2 纳米材料的特殊物理、化学和力学性能

当材料颗粒的尺寸下降到某一定值（数纳米到数十纳米）时，金属费米能级附近的电子能级由准连续变为离散能级，半导体微粒存在不连续的最高被占据分子轨道和最低未被占据的分子轨道能级，这种能隙变宽现象称为量子尺寸效应。对于只有有限个导电电子的超微粒子，低温下能级是离散的。当能级间距大于热能、磁能、静磁能、静电能、光子能量或超导态凝聚能时，量子尺寸效应起主导作用，这将导致纳米微粒的磁、光、热、电及超导电性等与宏观特性有显著差别。

### 1. 纳米微粒的表面效应和化学活性

纳米微粒尺寸小、表面能高，位于表面的原子占总原子数的比例很大。这些特点直接影响纳米微粒的物理、化学和力学性能。

例如，铜(Cu)纳米微粒的粒径变化为100 nm→10 nm→1 nm时，它的比表面积为6.6 $m^2/g$→66 $m^2/g$→660 $m^2/g$，增大了100倍。其比表面能亦相应地迅速增加，为$5.9\times10^2$ J/mol→$5.9\times10^3$ J/mol→$5.9\times10^4$ J/mol，表面能提高了两个数量级。因纳米微粒表面原子具有甚高的活性，极不稳定，很容易与其他原子结合，因而纳米微粉较其常规状态化学活性大大提高。纳米微粉的粒径越小，近邻配位不完全的原子比例也越大，比表面能也越高，化学活性也就越高。

### 2. 纳米微粒的热性能

纳米微粒的熔点明显降低，例如，常规黄金(Au)块体的熔化温度为1 336 K(1 063 ℃)，粒径10 nm的Au微粉熔点降低到1 213 K(940 ℃)；当Au微粉粒径为5 nm时，熔点降低到1 103 K(830 ℃)；当Au微粉粒径降低到2 nm时，熔点降低到603 K(330 ℃)。纳米微粉的热膨胀系数可调节，纳米微粉的直径不同热膨胀系数亦不同，因此可用不同颗粒直径微粉组合来调节热膨胀系数。使用纳米微粉烧结时，烧结温度明显下降。

### 3. 纳米微粒的磁性

当磁性微粉的粒径刚开始减小时，磁矫顽力增大；但当粒径减小到某尺寸后，矫顽力开始降低；最后到某临界粒径时，矫顽力为零，这时铁磁材料会变成顺磁状态。有的磁性微粉还会出现巨磁阻效应。

### 4. 纳米微粒的光学特性

金属纳米微粒的粒径减小，对不同波长光的反射和吸收能力影响程度不同。粒径减小到某临界值后，对光的反射率变得极低，不同纳米材料微粒几乎都变成黑色。利用其对光的不同吸收能力，纳米微粒材料可制成红外或紫外吸收

材料、雷达隐形材料等。

**5. 纳米微粒及其烧结体的力学特性**

纳米微粒及其烧结体具有良好的力学特性，如纳米微粉烧结的陶瓷具有良好的韧性，纳米铜具有极好的超塑性。

### 1.3.3　微机械的小尺寸效应

微机械和微机电系统(MEMS)的迅速发展，对微机械器件的设计理论基础提出了更高要求。对微机械和微机电系统的设计不能简单地将普通机械按比例缩小尺寸，它的基本设计原理有很大变化，因此必须研究微小尺寸的物理力学规律，使其适合于微机械的设计。

**1. 器件物理参数的小尺寸效应**

器件特征尺寸 $L$ 减小，在进入微小尺寸领域后，它对各种物理特征变化的影响程度是不相同的。例如，静电力的大小和 $L^0$ 成比例；热传导和表面张力与 $L$ 成正比；表面积、弹性力和黏结力与 $L^2$ 成正比；体积和质量与 $L^3$ 成正比；惯性力和电磁力与 $L^4$ 成正比。因此，在微小尺寸领域内，各种物理量起作用的大小，将和在宏观世界中有很大不同，设计微机械和微机电系统，必须重点考虑起作用的物理参数量的影响。

例如，设计微型电机时，因静电力与 $L^0$ 成正比，电磁力与 $L^4$ 成正比，故对于尺寸很小的微型电机，采用静电力驱动要明显优于电磁力驱动。

**2. 运动参数受尺寸效应的影响**

运动参数明显受尺寸效应的影响。例如，速度与 $L$ 成正比；质量与 $L^3$ 成正比，系统的响应时间与 $L^2$ 成正比；动量($\text{kg}\cdot\text{m/s}$)与 $L^4$ 成正比，动能($\text{J}, 1\ \text{J}=1\ \text{kg}\cdot\text{m}^2/\text{s}^2$)与 $L^5$ 成正比。微机械尺寸很小，故响应时间快、惯性小，制成微型仪器可有很高的动态灵敏度，且动量和动能都较小，故工作时耗能亦较小。

微机械和微型构件应用较广泛，它的运动特性的分析研究和检测较为复杂。微机械的振动特性的分析研究、原理与普通机械相同，但需考虑尺寸效应的影响。微机械的尺寸越小，其自振频率越高。

**3. 微型构件的刚度和强度的计算及摩擦、磨损**

微型构件的刚度和强度计算，虽仍服从一般的力学规律，但由于小尺寸效应，各因素的影响程度有所不同。例如，尺寸小时，剪应力可能超过弯曲应力，在微型构件的刚度和强度计算中起主导作用。

减少摩擦和磨损，对于微机械和微机电系统是重要问题，特别是对于有旋转运动的机构、连杆机构和具有滑动工作面的微小机械，设计时必须考虑减少摩擦、磨损的措施。

**4. 微机械的热力学和流体力学计算**

微机械中对有些部件需研究其热特性，如与温度有关的传感器等。此外，驱动器等因能耗而产生温升，亦需研究其热特性。部件尺寸减小，热容按 $L^{-3}$ 缩小，器件的热响应速度急剧增快，因而可制成高灵敏度的感热传感器或低耗电的加热器。

多种微型液压器件的动作，涉及微小狭窄通道中流体的流动特性。在微管道中液体的流动特性为：管道的截面积较大时，液体运动符合 NS 方程，但管道直径小于 0.8 $\mu$m 时，将偏离 NS 方程。

在微型气动机械中的气体流通道中，气体流可当作分子流处理，但在压力很大时，气体流应作为黏性流处理。

## 1.4 发展纳米科技的重要性和各国纳米科技的发展情况

纳米科技研究涉及多学科领域，包括物理、化学、生物学、材料科学和电子学等研究领域，是高度交叉的综合性学科，也是一个融前沿科学和高技术于一体的完整体系，不仅包含以观测、分析和研究为主线的基础学科，同时还有以纳米工程与加工学为主线的技术科学。纳米科技领域涵盖宽泛，主要包括纳米物理学、纳米化学、纳米材料学、纳米电子学、纳米生物与医学、纳米环境学、纳米能源学及纳米表征测量学等。

纳米科技的最终目标是以原子、分子为起点，从纳米材料或纳米结构出发，利用纳米加工技术，制造出具有特殊功能的材料、新型器件和系统。

为实现上述目标，几年来相关的科技人员对于纳米材料和结构的深入探索已经丰富和拓展了凝聚态物理、化学、材料学、生物学与医学等诸多领域的研究内容，也揭示了若干新现象和未知的过程。通过深入认识纳米尺度下复杂的物理－化学和生物现象，有效地促进了纳米材料的研发、纳米结构的设计和制备、新功能的发现，在一些重要的领域内取得了长足的进步，如促进了新型催化材料、光电材料和能源材料的应用探索。纳米科技的重要性主要体现在如下四方面。

① 纳米科技的研究是未来技术的重要源泉之一，也是提升国家未来竞争力的重要手段；

② 发达国家希望通过纳米研究整合基础研究、应用研究和产业化开发，引领下一次产业革命；

③ 纳米科技为发展中国家提供了在技术上跨越式发展的机遇；

④ 纳米科技是绿色技术的重要基础，为可持续发展、解决国计民生问题提供方案。

近几年来，各国对纳米研究计划的实践和纳米科技研究的进展使人们再次肯定。自2005年以来，各国对纳米科技的研究都突出了以满足国家重大需求为目标的应用研究，希望以纳米科技的研究成果为依托，在未来的20～30年内产生新技术、催生新产业。

### 1.4.1　纳米技术的产业化前景

从全球范围来看，纳米粉体材料中的纳米碳酸钙、纳米氧化锌、纳米氧化硅等几个产品已形成一定的市场规模。纳米粉体中应用广泛的纳米陶瓷材料、纳米纺织材料、纳米改性涂料等材料也已研发成功，并初步实现了产业化生产。纳米粉体颗粒在医疗诊断制剂、微电子领域的应用正由实验研究成果向产品产业化生产方向转移，受益于纳米技术的不断革新、生产工艺的逐渐完善、纳米材料的生产成本不断降低、新的应用领域不断开拓的影响，到2018年全球纳米材料的市场规模超过900亿美元。在全球范围内，纳米技术产品的应用主要集中在电子电气、健康与个人护理、能源存储设备、交通和包装等领域。在全球纳米材料区域分布中，北美和欧洲市场占据前两位。欧洲市场上纳米材料多用于医药领域。在亚洲市场，由于政府的大力支持、逐渐增强的环保意识和对特殊材料的强烈需求，近五年来纳米材料发展迅猛。从全球纳米材料投资结构来看，美国的投资占比最大，为30%以上，其次是日本，占比在20%左右，欧盟位居第三，占比为15%。

各方面的调查和预测都表明，纳米技术市场的发展前景十分广阔，不容忽视。纳米技术对未来产业的影响表现在以下几个方面。

**1.纳米技术推动信息革命**

自21世纪以来，高速、大容量、高性能的发展趋势，对微电子技术提出了更高集成度、更高速、更低功耗的要求，在这种要求的推动下，芯片集成度以每18个月翻一番的速度提高。现今微电子技术已从深亚微米进入纳米尺度，这不仅仅是尺度量级的过渡，更是代表了加工手段质的飞跃。纳米尺寸光刻技术的实现，大大地促进了集成电路向纳米尺度的发展，使最小加工尺寸45 nm的集成电路芯片开始批量生产。随着信息技术的发展，加工尺寸还将不断向22 nm、10 nm等更小尺度延伸。随着尺寸的减小，量子限域效应和加工过程中引入的缺陷对器件和电路将产生重要影响，这对现有技术提出了新的挑战，也对纳米技术产生了期盼。普遍认为，纳米技术会引领新一代信息器件发展及其制造技术的变革，并成为未来信息产业的重要支柱。纳米技术的发展存在两条技术路线：在微电子小型化“自上而下”发展的同时，人们探索着原子分子组装功能材料和器件的“自下而上”发展纳米电子器件、系统的新途径。两者的结合是纳米器件、电路和系统发展的新领域，给相应的科学技术发展提出了重大要求。未来信息产业的需求为研究新材料、新器件、新技术提供了动力，也揭示出新材料、新器件、新技术研究具有更加广阔的前景。

**2. 纳米技术提高生命健康水平**

生物医学的不断进步，一方面源于人类对社会进步和健康事业发展的不断需求，另一方面也得益于其他科学技术发展所带来的新概念、新思想、新方法、新材料、新器件及相关技术的推动。纳米科学技术与生物学、医药学的结合，正在迅速发展成为新的科学研究前沿和热点，并将对未来生物技术和医药产业产生重大影响。当今，纳米生物和纳米已成为生物、医学领域中新生的分支，它们有如下优势：一是使人类在分子水平上认识和理解病变机理，由于人类基因序列图谱草图绘制的完成，人类对自身认识将有望达到分子水平，并利用纳米技术在细胞的分子结构和分子基因水平上真正认识和理解病变机理，为根治疾病提供理论基础；二是大幅度提高医学诊断和疾病检测的精度，研制出可以直接插入活细胞内进行探测的纳米级微型探测器，并植入人体内不同部位或随血液在体内流动，对人体内细胞的健康状态和病变信息进行实时检测，有利于早期发现病变和早期治疗；三是基因治疗、靶向分子治疗有望快速发展。随着对纳米尺度基因载体的深入研究，基因治疗中的瓶颈问题——基因的体内转运，有望取得重大进展。纳米药物具有提高生物利用度、减少用药量、节约药物资源、降低毒副作用、增强靶向性、提高疗效等特点，纳米技术在药物研究与开发，包括新药创制中具有重要的应用前景。利用纳米颗粒可以将药物准确地输送到目的地——靶点，定向杀灭肿瘤细胞。

**3. 纳米技术促进环境改善和污染治理**

环境保护包括污染治理和绿色技术两个方面。污染治理主要包括污水治理、空气治理等。在污水治理方面，利用纳米粒子的强氧化还原作用、吸附效应和催化效应来处理污水中重金属污染物和有机有毒污染物。在空气治理方面，利用纳米材料所具有的催化活性，提高燃料的燃烧效率，从而减少废气的排放；它还可催化降解气体中的污染物，利用纳米材料因巨大比表面积而具有的优良吸附性来吸附分离气体中的有害成分。随着人民生活水平的提高，人们对直接关系自身健康和生活质量的材料提出了更高的要求，绿色环保材料成为发展趋势，也是国家环保战略的重要部分。

#### 4. 纳米技术提高能源利用率和节能减排

能源方面的研究重点主要有三个方面。一是传统能源材料的高效利用和低排放。以石油、天然气、煤炭等为代表的传统能源材料的供应日趋紧张；纳米技术在提高这些材料的利用效率、降低其在使用过程中的污染排放方面具有重要意义。二是新型储能和能量转换材料。纳米新能源材料是指能实现新能源的转化和利用，以及发展新能源技术中所要用到的关键材料，将是发展新能源的核心和基础。三是与新型光伏、热电电池有关的纳米技术，由于太阳能电池发电具有无污染、资源普遍和永不枯竭等特点，因此符合当前国家对环境保护的要求，可解决资源日渐短缺的问题，但是在现阶段，它的成本还偏高，大规模使用受到经济上的限制，纳米技术的引入有望改变这一现状。

#### 5. 纳米技术推动传统产业升级换代

纳米材料以其特有的光、电、热、磁等性能为传统材料的发展带来前所未有的革命，将增强我国材料领域的国际竞争力，有助于改变我国在国际分工中的不利地位，推动我国传统产业的升级换代，促进我国由材料大国向材料强国的转变。例如，随着各类电子设备向高效节能、高集成化方向的迅猛发展，传统磁性功能材料已经无法满足要求。纳米晶金属磁性功能材料的应用对高新技术产业的形成和发展，对传统金属磁性功能材料的改造和更新换代将产生重大影响。纳米润滑添加剂作为一种性能优异的新型固体润滑添加剂，其应用前景十分广阔。金属材料表面的纳米化可以显著提高材料表面强度、疲劳寿命及耐磨损、耐侵蚀、耐气蚀、耐腐蚀性，这为传统工程材料的性能升级和新型高性能结构材料的研制提供了一条独特的途径。纳米硬质合金在难加工和精密加工领域具有广阔的应用前景，已成为高附加值硬质合金的发展方向。纳米陶瓷及其复合材料是具有韧性的高强度材料，将有一批新技术、新产品推出，这对推动社会经济的快速发展有重要意义。高分子纳米复合材料的力学性能(刚性、韧性和耐热性等性能）有明显提高，对提升塑料、橡胶、纤维等传统产业的产品质量具有重要意义；纳米材料在化工催化、环保过滤、光学器件等领域有重要用途，在纺织、建材等行业也有十分广阔的应用前景。

### 1.4.2　国外纳米科技的发展概况

纳米技术经过几十年的发展，在各个领域的应用都获得了长足进步，纳米技术产业已经具有一定规模。到 2018 年，全世界范围内已有 60 多个国家制订了各自的纳米技术研究计划，超过 5 000 家公司和研究所正在开展纳米技术研究。其中，约有 2 400 家属于服务行业，1 500 家负责生产纳米技术产品。2018 年全球纳米技术市场总值约为 8 000 亿美元，预计到 2024 年将增长到 1.25 万亿美元。鉴于纳米科技研究对科学发展的深远影响以及纳米技术作为未来技术的重要源泉之一，纳米科技已成为许多国家提升核心竞争力的战略选择。

**1. 美国**

美国对纳米科学和技术一直非常重视，凭借着雄厚的经济和科技实力，确立了其在纳米科技领域的领先地位，仅在纳米技术专利方面就拥有 20 000 多项。1991 年美国国家关键技术委员会将纳米技术列为政府重点支持的 22 项关键技术之一，美国国家基金会亦将纳米技术列为优先支持的关键技术。自 1999 年开始，美国政府决定把纳米技术研究列入 21 世纪前 10 年的 11 个关键领域之一，美国《商业周刊》提出的 21 世纪可能取得重要突破的 3 个领域中就包括了纳米技术领域（其他两个为信息科学与技术、生命科学与生物技术）。自 2000 年开始，美国在“国家纳米技术计划”（National Nanotechnology Initiative，NNI）的框架内，对纳米技术的投资逐年增加，2017 ～ 2019 年 NNI 计划经费投入情况见表 1.1。2011 年的 NNI 计划的战略规划根据 NNI 总体目标确定了八大领域：① 基本现象及过程；② 纳米材料；③ 纳米器件及系统；④ 设备研究，测量技术和标准；⑤ 纳米制造；⑥ 主要研发设施；⑦ 环境、健康与安全；⑧ 教育和社会维度。较之前的各年份规划相比增加了第 8 大领域，规划还详细指出各相关机构在每个领域中所涉及的重点，预算更是增加到了 18 亿美元。

2011 年，美国总统奥巴马在卡内基梅隆大学发布了美国“先进制造伙伴（AMP）”计划，该计划联合工业界、各个高校和联邦政府对新兴技术（纳米技术、信息技术、生物技术等）加快投资，创造高品质的制造业，提供更多就业机会及提高全球竞争力。

**2. 日本**

日本很早就将纳米技术作为优先科技研究项目，斥巨资资助这方面的研究。早在 20 世纪 80 年代，日本就实施了与纳米技术有关的计划。1991 年，制订了投资 2.25 亿美元进行大规模开发纳米技术的 10 年计划。筑波交叉学研究中心将纳米技术列为两个主要发展方向之一。在 21 世纪刚到来的时候，日本政府把纳米技术列为国家科研的新重点，并设立了“从战略上发展纳米技术的研究委员会”。投入 3.1 亿美元进行研究开发，并设立了专门的纳米材料研究中心，力争在高新技术领域中处于领先地位。在 2001 ～ 2005 年和 2006 ～ 2010 年“科技技术基本计划”中，把以纳米科学技术为基础的新科学技术列为 4 个重点发展领域之一（另 3 项重点领域为生命科学、信息通信和环境保护）。近年来日本关于纳米技术研究的重点是：纳米材料的功能和制造，通信用高速高密度的电子器件和光存储器，纳米生物技术和纳米医学，并向上述学科技术的交叉融合方向发展。日本经济产业省亦制订发展纳米技术产业的规划，现已有 271 家企业参与纳米技术的研究开发规划，并投入巨额资金，其中2002年有99家企业投入经费327亿日元，2003年投入经费又增加了24%。10家制造集成电路的企业联合成立"90 nm线宽半导体技术研究中心"，投资315亿日元，于2003年6月开始工作。

表1.1　2017～2019年NNI计划经费投入情况　　百万美元

| 机构 | 2017实际投入 | 2018实际投入 | 2019预计投入 |
|---|---|---|---|
| CPSC | 1.9 | 1.0 | 1.0 |
| DHS | 0.4 | 0.4 | 0.3 |
| DOC/NIST | 80.7 | 70.1 | 57.9 |
| DOD | 143.3 | 143.7 | 125.9 |
| DOE | 341.2 | 327.2 | 327.2 |
| DOI/USGS | 0.1 | 0.1 | 0.0 |
| DOJ/NIJ | 2.0 | 1.7 | 1.7 |
| DOT/FHWA | 0.3 | 1.5 | 1.5 |
| EPA | 10.7 | 10.7 | 4.5 |
| HHS | 472.3 | 469.1 | 464.3 |
| FDA | 11.6 | 12.5 | 12.5 |
| NIH | 449.6 | 445.5 | 440.7 |
| NIOSH | 11.1 | 11.1 | 11.1 |
| NASA | 9.5 | 7.8 | 6.0 |
| NSF | 465.7 | 420.8 | 387.7 |
| USDA | 24.2 | 23.3 | 20.7 |
| ARS | 3.0 | 3.0 | 2.0 |
| FS | 6.2 | 5.3 | 3.7 |
| NIFA | 15.0 | 15.0 | 15.0 |
| 合计 | 1 552.3 | 1 477.4 | 1 395.6 |

注：CPSC　Consumer Product Safety Commission　（消费产品安全委员会）

DHS　Department of Homeland Security　（国土安全部）

DOC/NIST　Fundamental research and development of measurement and fabrication tools, analytical methodologies, metrology, and standards for nanotechnology　（测量和制造工具的技术研究与开发，分析方法、计量学和纳米技术的标准）

DOD　Department of Defense　（国防部）

DOE　Department of Energy　（能源部）

DOI/USGS　Department of the Interior, Geological Survey　(内政部,地质勘探局)

DOJ/NIJ　Department of Justice, National Institute of Justice　(司法部,司法研究所)

DOT/FHWA　Department of Transportation, Federal Highway Administration　(运输部,高速公路管理局)

EPA　Environmental Protection Agency　(环境保护署)

HHS　Department of Health and Human Services　(卫生部)

FDA　Food and Drug Administration　(食品和药物管理局)

NIH　National Institutes of Health　(国家卫生研究院)

NIOSH　National Institute for Occupational Safety and Health　(国家职业安全与健康研究所)

NASA　National Aeronautics and Space Administration　(国家航空航天局)

NSF　National Science Foundation　(国家科学基金会)

USDA　United States Department of Agriculture　(美国农业部)

ARS　Agricultural Research Service　(农业研究局)

FS　Forest Service　(林务局)

NIFA　National Institute of Food and Agriculture　(国家粮食和农业研究所)

### 3. 欧洲

(1) 欧盟。

欧盟中很多国家都投入大量人力、物力,开展纳米科技的研究开发工作,并都已建立起装备良好的纳米技术研究中心。欧盟第五框架计划(1998 ～ 2001年)对纳米技术研究拨款 5.4 亿欧元,欧盟第六框架计划(2002 ～ 2006 年)对纳米技术研究拨款 13 亿欧元,将纳米技术和纳米科学作为 7 个重点发展的战略领域之一,并确定了纳米技术和纳米科学、多功能智能材料、新型生产工艺和器件等重点研究领域。欧盟第七框架计划(2007 ～ 2013 年)对纳米技术、材料和工艺的研发投入 48.65 亿欧元,包含五大部分内容,合作研究九大优先主题领域,其中涉及纳米技术的优先领域是“健康”“信息与通信技术”“纳米科学,纳米技术,材料与新的生产技术”等。这实际上代表着欧盟研发纳米技术的方向。2005 年 6 月欧盟公布了《欧洲纳米技术发展战略》,主要包括:加大资金投入;鼓励建立技术平台,特别是加强纳米医学、纳米电子和纳米化学等横向联合;建设多个顶尖研究中心及一个支持欧洲研究人员参与世界竞争的机构;推动纳米技术成果转化;建立纳米技术数据库;建立纳米技术专利许可证管理体系;推动跨学科人才培养等。

(2) 英国。

早在 1986 年英国贸工部就提出了“国家纳米技术倡议 (NION)”,英国的研究理事会也开展了一系列支持纳米技术的研发活动,并增加了对纳米技术的投资。英国成立了纳米技术战略委员会,制订了国家纳米技术研究计划,分别于

2002年7月和2003年7月制订了英国的纳米技术发展战略和微纳米制造网络计划，加大对纳米技术研发的投资，决定以后6年内拨款1.3亿欧元，支持企业和大学对工业纳米技术的研究和开发，在机械、光学、电子学等领域选了8个项目进行研究。英国皇家学会2004年发表的研究报告《纳米科学与纳米技术：机遇与不确定性》成为纳米技术方面国际公认的一个权威报告。2010年3月，英国政府发布了"英国纳米技术战略"，表明了政府对于成功和安全发展纳米技术的承诺。英国政府公布的国家纳米技术战略，既强调纳米技术研发与创新及研发成果的商业化，又重视纳米技术和纳米材料可能带来的环境、健康和安全风险，注重这个领域的研究，并采取立法措施。在Cranfield大学成立了以纳米技术为研究目标的精密工程研究中心，已有约1 000家公司投身于纳米技术的研究和生产，并有将近100个研究队伍分布在学术界。

(3) 德国。

20世纪80年代，德国开始支持纳米技术的研发。1998年之后，德国教育与研究部(BMBF)等制订了支持纳米技术研发战略和专门计划，创建了6个纳米技术能力中心网络(现已增加至9个)，并逐年增加纳米技术领域的研发经费，从1998年到2004年政府资助纳米技术的经费已增长了4倍，约为每年1.2亿欧元。2005年，政府、企业和风险投资商对纳米技术的研究与开发的投入比2004年增加10亿欧元。2006年，政府投资了大约3.3亿欧元进行纳米技术的研发。为确保纳米科学研究的大国地位，德国已建立起一个紧密的网络，目的是将从事纳米科学技术研究、开发和生产的220个研究中心和大学研究所、114个大型企业及450个中小企业连接在一起。

德国发展纳米科技的特点是与生产密切结合，要占领纳米技术市场，进入汽车制造、光学工业、制药和医疗技术、电子行业等。德国企业界也投入了巨资进行相关研发，2006年巴斯夫公司投入了巨额经费开发这一领域，在2006～2008年间用于纳米技术研究的经费达到1.8亿欧元。此外，德国积极实施纳米研究人才培养计划，并启动纳米标准、专利、培训和再教育等方面的相关计划。2006年，德国教育和研究部开始启动"纳米技术行动计划2010"，政府每年出资6 500万美元支持汉堡大学和兰因茨大学的纳米技术研究中心，进行微机械技术的研究和开发。德国还拟建立或改组6个政府与企业联合的研发中心，进行有关纳米技术的研究。

2011年，德国颁布了"纳米技术行动计划2015"，计划包括6个行动领域：气候／能源、健康／营养、运输、安全性和通信等。该计划的实施将为德国提供一个可持续的开发和使用纳米技术的新框架，有利于德国在这项尖端技术上提升自己在欧洲的领先地位。2012年，德国联邦环境部、德国联邦职业与健康安全研究所与巴斯夫研究所联合启动实施了"纳米材料安全性"长期研究项目。该项目总经费预算 500 万欧元，研究纳米粒子对肺部长期影响的问题。2010 年，德国政府用于支持纳米技术的项目和机构的资金达 4 亿欧元，比 2006 年增加了 50% 以上，而在同一时期用于纳米安全和风险的研究资金增加超过 70% 以上，达到了 1.4 亿欧元。目前，德国的纳米科学研究已经达到国际领先的地位，以研究纳米技术产品为主的公司的数量也明显增多。据估计，现在美国和欧洲与纳米技术相关的企业的数量几乎相当，而其中总部设在欧洲的公司中大约一半来自德国。

(4) 法国。

2003 年，法国启动了“国家纳米科学计划”，增加纳米技术的投资，建立了大型的研究开发网络和中心，加强政府、大学、产业界的合作。法国科学基金会 2003 年投资 7 700 万欧元，计划涉及纳米科技的 5 大研究主题。2004 年政府投资纳米技术的研发经费为 2.55 亿欧元，在 4 年中平均每年增加 25%。微纳米电子技术被列为信息技术领域发展的重中之重。此外，法国在 2003 ～ 2004 年投资 1.4 亿欧元建成微纳米技术大型中心网络，包括 5 个大型技术研究中心，为纳米关键技术的发展提供了高水平的研究平台。

“国家纳米科学与纳米技术计划”(PNANO 计划) 由法国科研署(Agence National de Recherche, ANR) 于 2005 年启动，通过竞标方式组织项目，年度研发投入约 3 500 万欧元。该计划面向学术机构和私营研究部门，鼓励公共和私营部门联合申请；投资面向所有技术领域，如纳米产品、纳米材料、纳米生物等。

“国家微纳技术网络”(RMNT) 是法国“研究与技术创新网络”之一，该网络的目标在于建立公共研究部门与企业之间的伙伴关系，促进技术转移，旨在催生和跟踪一批能满足经济发展的工业项目，并促进新的企业的创新和发展。该网络计划面向微纳技术领域所有的实验室和企业，并给予中小企业特别的关注。

“NANO2008” 工业支持计划由法国工业部主管，每年投入 9 800 万欧元。

Crolles Ⅱ 计划是法国政府投入巨资支持的纳米技术研发项目。该项目主要由意法半导体、摩托罗拉和飞利浦组成的产业技术研发联盟从事研发工作，当地政府给予了大力的支持。

为公共研究机构和私营研发机构的联合项目提供支持是法国公共机构介入研发活动的主要方式。在国家层面，这些公共机构主要是研究部、经济部、财政部和工业部，同时，地方政府也在研发平台和工业研发项目上给予支持。

2006 ～ 2008 年，法国政府投入 15 亿欧元支持“竞争力” 中心(集群) 计划项目。法国政府共计确定了 71 个“竞争力” 中心，其中，Sophia Antipolis 的 SCS 中心、巴黎大区的 Systematic 中心，以及最受瞩目的 Grenoble 的 Minalogic 全球微纳米技术中心都是纳米科学和纳米技术领域中的佼佼者。截至 2018 年末，法国格勒诺布尔微纳技术工业园投资 3 亿多欧元用以推进纳米技术的工业化应用。

(5) 俄罗斯。

2001年,俄罗斯制订了"2002～2006年俄罗斯科技优先发展方向"专项计划,首次将纳米技术列入其中;2002年又出台了"2010年前及未来俄罗斯科技领域的基本发展政策",确定了俄罗斯科技发展的9个优先发展领域和国家关键技术,其中纳米技术再次被列入优先发展领域。多年来,俄罗斯基础研究基金会大力支持纳米技术研究项目,每年用于纳米技术领域的研究费用约600万美元,每年资助的重点项目超过30个。

2006年9月7日,俄罗斯联邦政府批准了2007～2010年"发展纳米技术基础结构"联邦专项计划的构想,并计划为该项目拨款约300亿卢布(1美元约合26卢布),其中大部分资金来自联邦预算。在专项计划的框架内,成立专门的直接投资基金会,负责为纳米技术和纳米材料领域的项目提供财政支持。为了大力发展和建立俄罗斯纳米技术工业的基础设施,在未来几年内,政府在这一领域的投入将达到1 500亿卢布,另外还将在联邦纳米技术专项计划框架内再投入280亿卢布,用于纳米技术研发基础建设及设备购买。

2007年初,俄罗斯总统普京主持召开了国家纳米技术会议。同年4月26日,他在年度国情咨文中指出,纳米技术是俄罗斯科技战略的火车头,呼吁议会尽快立法,为纳米技术研发投入专项资金。2007年6月,俄罗斯联邦政府决定制订一个专门计划,在近五六年内,将投资3～4亿卢布用于发展纳米技术。与此同时,统一俄罗斯党的一些议员向俄罗斯国家杜马提交了《俄罗斯纳米技术集团》议案。根据这项议案,隶属于俄罗斯联邦政府的俄罗斯纳米技术集团将成为全俄罗斯最大的非商业性组织,该集团将享有开展各类商业活动的权利,不受破产法的约束,每年将会有最高10%的资金拨给该集团作为管理经费,其利润不得没收或分配。

2007年6月18日,俄罗斯联邦政府成立国家纳米技术委员会的决议草案在俄罗斯国家杜马获得通过,该决议草案建议由俄罗斯当时任第一副总理的谢尔盖·伊万诺夫担任国家纳米技术委员会主席。根据此决议,俄罗斯联邦政府决定为"发展纳米技术基础结构"联邦专项计划拨款,将国家纳米技术委员会的资金提高至1 000亿卢布。为确保政府落实国家纳米技术和纳米工业领域的各项方针政策,时任俄罗斯总理的米哈伊尔·弗拉德科夫签署了国家纳米技术委员会成立的决议书。

此外,2007年俄罗斯联邦政府还批准了名为"完善纳米技术基础研发设施(2007～2010年)"的联邦专项计划。专项计划拨款总额约为300亿卢布,其中大部分资金来自联邦预算。俄罗斯联邦政府专门针对这项计划成立投资基金会,直接负责为纳米技术和纳米材料相关的研究项目提供财政支持。同时,俄罗斯科学院下属的库尔恰托夫研究所被列为国家纳米工业的带头科研机构,成为重点资助对象。自2007年至2011年间，俄罗斯纳米技术工业产值每年增速保持在8%左右，而从2012开始至今，增速达到15%。

### 1.4.3 我国纳米科技的发展情况

我国对纳米科技的重要性已有一定认识，20世纪80年代末就开始展开纳米科技的系统研究。20世纪90年代末又重点对纳米材料和纳米器件展开立项研究，新世纪开始后，纳米技术的研发又聚焦到生物技术上来。这些研究得到了国家发展改革委、国家自然科学基金委、科技部、教育部、中国科学院等国家部委的有力支持。我国在纳米材料及相关基础研究方面获得了一批重要成果，已有上百所大学、研究所、企业建立了纳米科技研究中心，形成了一支7 000多人的高水平的科研队伍。现在我国纳米科技的基础研究在国际上已有一定影响，应用开发研究(如:纳米材料，扫描探针显微术，分子电子学，微机械和微机电系统等)方面也有较大进展，出现了新局面，为纳米科技的继续发展奠定了基础。

2001年，我国成立了国家纳米科学技术指导协调委员会，同年7月，科技部、国家计委、教育部、国家自然科学基金委、中国科学院联合发布了《国家纳米科技发展纲要(2001 ~ 2010)》(图1.1)。为落实此发展纲要，科技部又发布了《国家纳米科技发展指南框架》。根据上述纲要和指南，各部委在“十五”期间分别通过

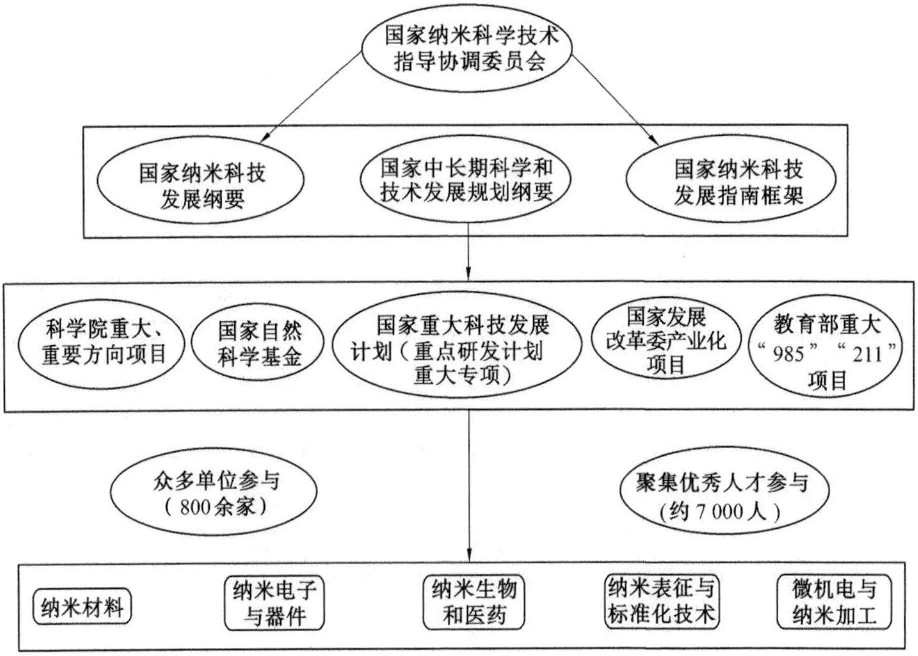


图1.1　我国纳米科技总体布局情况

“863 计划”“973 计划”“攻关计划”，国家自然科学基金委和中国科学院的重大、重点项目，教育部的“振兴计划”、国家发展改革委的“产业化示范工程”和“大科学工程”等计划，对纳米科技的研究发展工作给予资金上的大力支持，到 2004 年底，这些部门投入了约 12 亿元人民币。

2006 ～ 2009 年，“纳米研究”重大科学研究计划，共支持纳米材料、器件、生物与医学、能源与环境等 43 项，经费投入约 15 亿元人民币。根据国情和国际纳米科技研究变化的特点，科学技术部明确了“纳米研究”计划的支持重点为以满足国家重大需求为牵引、重大应用为导向的基础研究，也强调推动前期支持的基础研究成果走向应用。如在器件方面，支持了 MRAM 存储器、PCRAM 存储器、宽光谱高效太阳能电池、锂离子电池、全高清和敏感功能的场发射平板显示器、高增益 Ⅲ－Ⅴ 族半导体光电传感器六项实用器件研究，还支持了碳纳米管为基的纳米器件、准一维半导体纳米材料的结构调控、物性测量及器件中两项原理性器件的研究。另外，科学技术部高新技术发展及产业化司、社会发展科技司等也对纳米技术的应用研究和可转移技术进行了重点支持。

此外，在平台建设方面，国家发展改革委投入 1.8 亿元人民币建设国家纳米科学中心，投入 0.8 亿元建设国家纳米技术工程中心。建立国家级纳米科技发展的公共技术平台，清华大学、北京大学、哈尔滨工业大学等高等院校，也都建立了“纳米科技研究中心”，与数量众多的地方性纳米科技中心遥相呼应，形成我国纳米科技基础研究和应用基础研究的网络。2005 年 5 月，直属于国家纳米科学中心的国家纳米技术与工程研究院在天津泰达经济技术开发区正式成立，形成了“纳米科技基础研究 — 应用研究 — 产业化”的技术转移链条的雏形。

2006 年，中国科学院苏州纳米技术与纳米仿生研究所创建，面向国际科技前沿、国家战略需求与未来产业发展，开展相关领域基础性、战略性、前瞻性研究。截至 2018 年末，中国科学院苏州纳米技术与纳米仿生研究所投资建设了三大公共平台：纳米加工平台拥有完备的微纳加工实验线，加工精度从微米到数十纳米，实现了 6 in－4 in－2 in－小片兼容；测试分析平台具备全面的纳米尺度下的单分子和纳米结构的测试设备，具有一系列具有自主知识产权的引领性的国际先进测试分析技术；纳米生化平台拥有微流体、单分子及高通量等先进技术装备，具备开展生物 / 化学制药、药物传递、体外诊断、生物微机电系统、生物材料、细胞和微生物工程、基因组学和蛋白组学等多方面工作的能力。

### 1.4.4　我国纳米科技的产业化发展情况

通过攻关项目的实施，我国在纳米科技、纳米产品的开发和产业化方面，特别是在纳米材料的产业化方面取得了显著的成绩。

在纳米产品产业化方面，已获得多项重要成果，如“超双亲 / 双疏纳米清洁材料及其制品”项目所研发的超双疏纺织品技术，已在鄂尔多斯、杉杉、波司登等大公司获得生产转化。在超双亲自清洁建筑材料方面，已研制成自清洁玻璃、自清洁瓷砖等系列产品，其中自清洁玻璃已应用在国家大剧院玻璃幕墙上。研制成的木器纳米水性涂料，已达到了木器涂料的标准，解决了单位、宾馆、家庭等装修中存在的有机溶剂的环境污染问题，并已经建立了 2 000 t 的生产线。在纳米晶软磁合金及其制品方面，已经开发出四大类 20 余种纳米晶铁芯，产量达到 300 万只以上，对我国电力电子的发展起到了重要的推动作用。“纳米磷灰石类骨晶体 / 聚酰胺复合生物活性硬组织修复制品”项目设计开发了 7 个规格 20 多个品种、符合临床手术要求的硬组织修复体，适用于肢体骨、脊柱、指骨、颅骨、眼眶骨、颌骨、小关节替代和修复。目前，该产品已通过大量和严格的生物学实验和研究评价，获得国家药监局批准，并已开展临床应用，应用于人体骨修复 20 余例，医生和患者对效果均满意。

20 世纪 90 年代，我国一些有远见的企业家就对纳米科技的开发和产业化感兴趣，并开始投资生产。1995 ～ 1997 年，从事纳米材料生产开发的公司约有 20 余家，1997 ～ 1999 年增加到 70 多家。到 2000 年 7 月，以纳米字样注册的纳米技术公司有 100 多家，社会资金投入为 7 ～ 8 亿元。到 2001 年底，我国纳米技术的公司已发展到 330 多家，投资约 60 亿元。2002 年从事纳米产业的公司增至 500 多家，投资约 200 亿元。

到 2004 年底，纳米产业公司猛增到 800 多家，投资约 400 亿元，其中，从事纳米材料生产的企业约占 15%，从事纳米技术及其应用的约占 85%。在这 800 多家纳米技术应用企业中，应用纳米技术、提升传统产业方面的约占 72%；环境和水处理产业约占 6%；纳米药物产业约占 6%；纳米能源产业约占 4%；纳米电子产业约占 3%；交通和农业方面的占 1%；高技术制造业约占 4%；其他行业约占 4%。

进入 2005 年，纳米产业按领域分布趋于合理，生物医药、新型制造业、环境、能源、资源开发、交通、农业以及高科技领域中纳米材料和纳米技术的应用逐渐增多。纳米粉体企业数量略有下降，但形成了一定规模，品种齐全，产品初步形成了系列化，涵盖金属、合金、氧化物、碳化物、氮化物、半导体材料、钛酸盐、碳酸盐等。纳米粉体材料产品基本与国际接轨，能基本满足国内各个领域的需求，一些品种的产品开始进入国际市场。每年产量超过千吨的纳米粉体材料主要有纳米碳酸钙、纳米氧化锌、纳米氧化钛、纳米氧化铝、纳米氧化锆、纳米钛酸盐等。我国生产的纳米氮化硅、氮化铝和氮化钛，在制备方法上有所创新、在产品成本上有所降低，已在国际上有一定竞争力，产品已出口到美国、日本、德国、韩国等。2005 年国内纳米技术应用发展势头较好的行业有精细化工、纺织、建筑、轻工、电力、材料工业、涂层、包装等。

我国虽在纳米科技的研发和产业化方面取得不少进展，但和发达国家相比，还有甚大的差距。我们必须重视这个问题，充分认识发展纳米科技的重要意义，大大增加此领域的资金、人力、物力的投入，抓住机遇迎头赶上，使我国在飞跃发展的国际纳米科技领域中，在这影响世界科技和经济未来发展的最重要领域中，占据应有的、必要的地位，部分研究跃居国际领先水平。

### 1.4.5 我国纳米科技发展面临的瓶颈问题

(1) 总体投入偏低，领域发展不均衡。我国纳米科学技术方面的总体投入远低于发达国家的投入比例，稳定性支持不够，平台建设方面与发达国家还有很大差距。而且，我国纳米科学技术的投入大部分研究集中在纳米材料领域，领域发展不够均衡，存在着条块分割、低水平重复和分散等问题。如纳米材料是我国的强项，其中碳纳米管发展迅猛，已经在手机触摸屏、锂离子电池导电浆料等领域实现产业化。在生物医药领域，虽然与国外研究同时起步，但目前产业明显滞后。由于缺少工业基础的有效支撑，与未来技术密切相关的纳米加工、纳米器件、新能源等领域的发展相对薄弱。总体上看，尽管在基础科学研究方面，我国纳米科学领域处于世界前列，但是，我国纳米技术整体水平和主要发达国家相比差距还很大。

(2) 创新链上下游之间缺乏有机互动。产学研结合不够的现象在纳米科学技术创新体系中依然存在，纳米创新链互动关系的内在动力不足，纳米科学技术创新链上下游之间还没有形成有机互动。一方面，对纳米科学技术中基础问题的深入系统分析总结不够充分，这也影响到我国纳米科学技术的持续稳定发展和产业化应用。另一方面，我国企业的早期介入不够，导致以应用为导向发展纳米科学技术的力度不够，成果转化较为缓慢。企业还未成为纳米技术产业创新链中的主角，缺乏从基础研究到产业化的无缝连接机制，纳米技术成果还不能顺利转化。虽然国内已建立了几十条纳米材料和技术的生产线，但是产品主要集中在技术门槛较低的纳米粉体制备及其应用方面，且呈现低水平的扩张之势。

(3) 战略布局有待加强，原创性重大成果偏少。从源头讲，我国纳米科技的发展没有从发展战略方面考虑研究布局。从政府投入来看，纳米研究国家重大科学研究计划、国家重点基础研究发展计划(973 计划)、国家高技术研究发展计划(863 计划)、国家自然科学基金及各省市科技部门都在不断强化项目资助，但各部门之间缺乏有效沟通和协调机制，经费投入领域涉及面非常广，研究方向太过分散，不同机构之间的跟踪研究、重复研究普遍存在。

(4) 标准方面工作滞后。随着经济全球化进程的不断深入，标准在国际竞争中的作用日益凸显，继产品竞争、品牌竞争之后，标准竞争成为一种层次更深、水平更高、影响更大的竞争形式。因此，国际上越来越重视标准化工作，纷纷将标准化工作提高到国家发展战略的高度。尽管我国是国际上率先制定纳米技术标准的国家之一,但已制定的纳米标准所涉及的产业面十分狭窄,现有纳米技术标准也主要以基础研究单位提出的文本标准为主,缺乏应有的实用性和市场适应性。亟待加强对各类纳米技术和产品标准的研究和制定,包括基础标准、产品标准、工艺标准、检测实验方法标准及安全、卫生、环保标准等。形成企业标准、行业标准、国家标准和国际标准分级体系,充分发挥标准化在提高自主创新能力、保障产品质量、维护公平竞争、促进国际贸易和提升我国综合竞争力的重大作用。

## 复习思考题

1. 纳米科学技术包含哪些主要科技领域?

2. 纳米科学技术有哪些主要技术特点?为什么一些宏观的现象和规律在纳米领域不再适用?

3. 简述发展纳米科学技术的重要性,为什么国外技术发达国家都投入大量人力、物力发展纳米科学技术?

4. 发展纳米科学技术的理论基础是什么?

5. 简述纳米技术的产业化前景。

6. 主要技术发达国家发展纳米科技的发展情况如何?

7. 简述我国纳米科技的发展情况。

8. 简述我国纳米科技的产业化发展情况。

9. 简单总结 20 年来国内外纳米科技发展的主要成果。

## 参考文献

[1] 白春礼. 扫描隧道显微术及其应用[M]. 上海:上海科学技术出版社,1992.

[2] 白春礼. 原子和分子的观察与操纵[M]. 长沙:湖南教育出版社,1994.

[3] 白春礼. 纳米科学技术[M]. 昆明:云南科技出版社,1995.

[4] 陈成钧. 扫描隧道显微学引论[M]. 华中一,译. 北京:中国轻工业出版社,1996.

[5] TANIGUCHI N. Nano-technology-integrated processing systems for Ultra-precision and Ultra-fine products[M]. New York:Oxford University Press, 1996.

[6] VORBURGER T V,DAGTA J A. Industrial uses of the STM and AFM[J]. Annals of the CIRP,1997,46(1):597-620.

[7] 白春礼,田芳,罗克. 扫描力显微术[M]. 北京: 科学出版社,2000.

[8] 张立德. 纳米材料[M]. 北京:化学工业出版社,2000.

[9] MASUZAWA T. State of the art on Micro-machining[J]. Annals of the CIRP,2000, 49(1):473-488.

[10] CORBETT J. Nano-technology-international developments and emerging products [J]. Annals of the CIRP,2000,49(1):523-546.
[11] 尹邦跃. 纳米时代——现实与梦想[M]. 北京:中国轻工业出版社,2001.
[12] 江林,范可强,梁健,译注. 纳米世界探秘[M]. 北京:北京大学出版社,2001.
[13] 黄德欢. 纳米技术与应用[M]. 上海:东华大学出版社,2001.
[14] 薛增泉. 纳米科技探索[M]. 北京:清华大学出版社,2001.
[15] 李奋生,史红虎. 纳米经济[M]. 长春:长春出版社, 2002.
[16] 顾宁,付德刚,张海黔. 纳米技术与应用[M]. 北京:人民邮电出版社,2002.
[17] 朱屯,王福明,王习东. 国外纳米材料技术进展与应用[M]. 北京:化学工业出版社, 2002.
[18] 刘吉平,郝向阳. 纳米科学技术[M]. 北京:科学出版社,2002.
[19] 张立德. 第 4 次浪潮——纳米冲击波[M]. 北京:中国经济出版社,2003.
[20] 朱静. 纳米材料和器件[M]. 北京:清华大学出版社,2003.
[21] MENZ W, MOHR J, PAUL O. 微系统技术[M]. 王春海,于杰,译. 北京:化学工业出版社,2003.
[22] ALTING L, KIMURA F. Micro engineering[J]. Annals of the CIRP, 2003,52(1):635-658.
[23] 杨志伊. 纳米科技[M]. 北京:机械工业出版社,2004.
[24] 袁哲俊. 纳米科学技术的新进展[J]. 制造技术与机床,2004(8):21-30.
[25] 莫锦秋,梁庆华. 微机电系统设计与制造[M]. 北京:化学工业出版社, 2004.
[26] 李庆祥,李玉和. 微装配与微操作技术[M]. 北京:清华大学出版社,2004.
[27] 雀铮. 微纳加工技术及其应用[M]. 北京:高等教育出版社,2005.
[28] 周兆英,王中林,林立伟. 微系统和纳米技术[M]. 北京:科学出版社, 2007.
[29] NIEMEYER C, MIRKIN C. 纳米生物技术——概念、应用和前景[M]. 马光辉,译. 北京:化学工业出版社, 2008.
[30] 任红轩,鄢国平. 纳米科技发展——宏观战略[M]. 北京:化学工业出版社, 2008.
[31] 中国科学院纳米科技领域战略研究组. 中国至 2050 年纳米科技发展路线图[M]. 北京:科学出版社,2011.

第 2 章

# 探针式显微镜

扫描探针显微镜(SPM)经过近 30 年的发展,已经应用到科学研究的各个方面。为适应不同研究的需要,扫描探针显微镜本身的发展也非常迅速,许多新型的显微仪器和探测方法相继诞生。这些显微仪器适用于不同的领域,具有不同的功能。虽然它们功能各异,但都有一个共同的特点:使用探针在样品表面进行扫描。科学界把这类显微仪器归纳到一起,统称为扫描探针显微镜。到目前为止,扫描探针显微镜从发明初期的单一工作模式发展到包括可以测量黏弹性的相位模式在内的多种工作模式(如原子力显微镜),并在通用型方面也高度发展,形成了一个庞大的、高度自动化的 SPM 家族。

## 2.1　探针式显微镜发明前微观表面形貌检测技术的发展

### 2.1.1　概述

扫描隧道显微镜的发明，一方面是科技迅速发展的需要，提出了研究微观表面形貌和微观世界的迫切要求；另一方面微观表面形貌的检测技术已发展到很高水平，同时与之相关的科学技术，如量子力学、微电子学、精密机械、计算机技术等也都已发展到相当高的水平，基础技术条件成熟，使这项重大发明成为可能。

对于表面微观形貌的检测，过去也产生了多种测量技术，测量精度和分辨率在不断提高。表面微观形貌的测量，从原理上讲可分为两大类：第一类是光成像，包括光折射放大成像和光干涉成像。光折射放大成像检测方法的代表是光学显微镜和透射电子显微镜；光干涉成像法的代表是光学干涉显微镜和美国 WYKO 公司的 TOPO 移相干涉仪。第二类是对试件表面进行扫描，逐点检测，从而获得表面微观形貌的信息，这类表面检测方法的代表是表面轮廓仪和扫描电子显微镜。扫描隧道显微镜就是这第二类表面检测方法的最新成就。此外还有点投影放大法，例如场离子显微镜，但它应用不多。这些表面微观形貌的检测方法近年来发展很快，但到扫描隧道显微镜发明前，还都没有达到原子级的测量分辨率。扫描隧道显微镜和原子力显微镜的发明和发展，无疑是表面微观形貌检测技术的一次重大突破和飞跃，使微观形貌检测技术跃进到一个新的高度。

### 2.1.2　光学成像法和光干涉成像法检测表面微观形貌

**1. 光学显微镜**

人类很早就发明了放大镜，最大可放大十多倍，能观察物体形貌的分辨率为 0.1 mm。1665 年发明了光学显微镜，它可将被测物体放大数百倍，使人类对客观世界的观察研究进入到肉眼看不到的微观世界。借助光学显微镜，人们发现了细菌和生物细胞，医疗技术产生了飞跃。光学显微镜经多次改进，在减少色差和球面像差方面做了大量的工作，现在的光学显微镜最大放大倍数达到1 250 倍。如再采用油浸镜头或用紫外光线，放大倍数还能再提高一些。

光学显微镜的光路图如图 2.1(a) 所示，它由光源、物镜、目镜三部分组成。光学显微镜使用方便，应用广泛，但受光波波长限制，放大倍数无法再提高。

**2. 透射电子显微镜**

透射电子显微镜（TEM）出现在 20 世纪 30 年代，到 20 世纪 50 年代进入了实用阶段。透射电子显微镜和光学显微镜的原理极为相似,只是用波长极短的电子束代替可见光线,用静电或磁透镜代替光学玻璃透镜(使电子运动偏转),最后在荧光屏上成像。图2.1(b)是透射电子显微镜的光路图,可以看到它与光学显微镜的光路(图2.1(a))极为相似。透射电子显微镜的电子束,在常用的加速电压50～100 kV下,波长为0.006 13～0.003 87 nm,仅为可见光的十几万分之一,小于固体原子间的距离0.2～0.4 nm和原子尺寸0.1～0.3 nm,因此有可能得到原子级的分辨率。此外,透射电子显微镜的电磁透镜可以达到很高的放大倍数,因此,TEM的放大倍数极高,点分辨率可达0.3 nm,线分辨率可达0.144 nm,已达原子级的分辨率。用TEM观察物体内部显微结构时,可看到原子排列的晶格图像,并已能观察到某些重金属原子的投影图像。

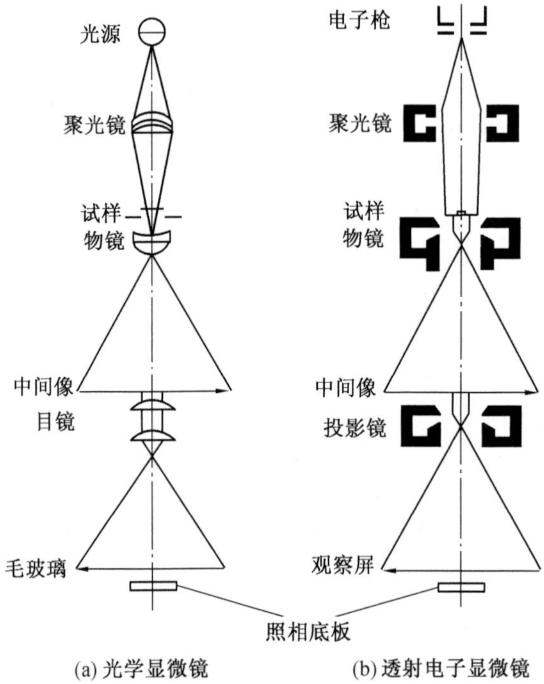


图2.1　光学显微镜和透射电子显微镜光路图

透射电子显微镜的镜筒内部要求处于高真空,以减少电子与气体分子碰撞,需要$1.33\times10^{-2}\sim1.33\times10^{-3}$ Pa的真空度,同时高真空度可避免电子枪高压引起放电。加速电压高的电子显微镜,电子枪需要更高的真空度,故在高分辨率电子显微镜的试件真空室内,需要优于$1.33\times10^{-4}\sim1.33\times10^{-5}$ Pa的真空度。

但这种显微镜检测是通过电子束透过试件而放大成像的,电子束穿透材料的能力不强,因此被测试件只能做得极薄,例如金属试件的厚度不能超过100～200 nm,加工如此薄的试件有相当的难度。对不便制成薄片的试件,可制成浮雕型的复型膜，但将明显降低其测量分辨率。透射电子显微镜在观察研究材料内部结构和变形位错等时，是一种极好的工具，但因试件不易制造，应用范围受到限制。

**3. 激光干涉测量法**

激光测量表面微观形貌有不同方法。WYKO 公司生产的 TOPO 移相干涉仪是移相干涉显微镜的典型代表，其光学原理如图 2.2 所示。激光干涉测量法可以直接测量干涉场上各点的相位，具有很高的空间分辨率和测量精度。TOPO 测量仪的垂直分辨率为 0.1 nm，水平分辨率为0.4 nm，测量速度快，在几十秒内就能测算出表面粗糙度参数，并能给出干涉条纹图和被测表面的彩色三维微观形貌图，如图2.3 所示。

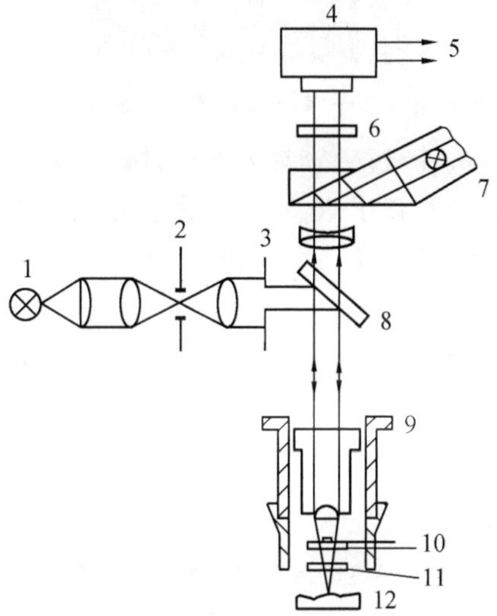


图 2.2　美国 WYKO 公司生产的 TOPO 移相干涉仪的光学原理

1— 光源；2— 视场光阑；3— 孔径光阑；4—CCD 面阵探测器；5— 输出信号；6— 干涉滤波片；7— 目镜；8— 分光镜；9— 压电陶瓷；10— 参考板；11— 分光板；12— 被测件

### 2.1.3　用扫描法检测表面微观形貌

**1. 表面轮廓仪**

用探针对试件表面廓形进行接触测量，是一种古老的方法。随着测量技术的提高，现在用来测量表面粗糙度的轮廓仪，可以测出表面截面的廓形分辨率达 0.05 μm 以上。为了避免针尖磨损，轮廓仪的测针尖通常用金刚石制造。针尖曲率半径为 0.05 μm 左右，不易磨得更尖，这限制了测量分辨率的提高，且测量

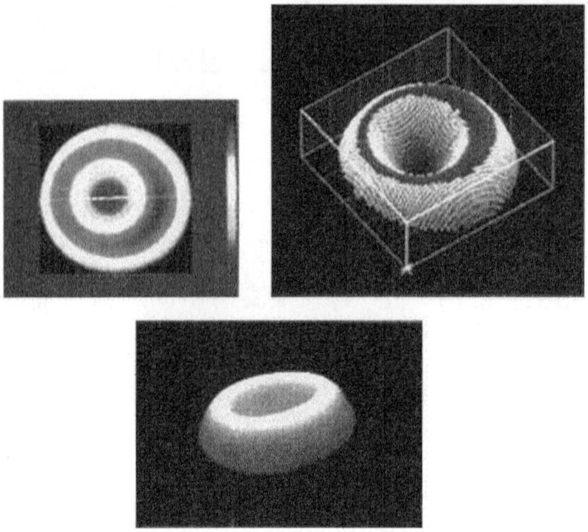

图 2.3　用激光移相干涉显微镜测出的表面三维微观形貌图

时针尖受一定压力压向试件，过尖容易划伤试件。

现在一些新的轮廓仪配备了 $X$、$Y$ 双向精密微动工作台，探针在试件表面进行 $X$、$Y$ 双向往复扫描，再用计算机处理信息，可以得到表面微观形貌的三维立体图像。

轮廓仪的检测原理（对试件表面进行扫描以获得表面微观形貌的信息）和近代的 STM 和 AFM 极为相似，只是后者用了更尖锐的探针和更灵敏的探针位移检测方法。

### 2. 扫描电子显微镜

扫描电子显微镜（SEM）从 20 世纪 60 年代开始应用以来，使用日渐广泛。图 2.4 是扫描电子显微镜系统工作原理图。它的工作原理是利用高能量、细聚焦的电子束在试件表面扫描，激发二次电子，并利用二次电子信息对试件表面的组织或形貌进行检测、分析和成像。扫描电子显微镜由下列各部分组成：

① 电子光学系统。包含电子枪、电磁透镜、像散器、试件台等。

② 扫描及倍率变换系统。包括扫描信号发生器、扫描线圈及放大倍率变换器等。

③ 信号检测放大系统。包括静电聚焦极、闪烁体探头、光导管、光电倍增管、前置放大器和主放大器等。

④ 图像显示记录系统。扫描电子显微镜是通过细聚焦的电子束在试件表面上进行逐点扫描而形成检测图像的，它的放大是通过改变电子束的偏离度，即改变扫描面积来控制，在试件和荧光屏之间是没有透镜的。

扫描电子显微镜主要性能包括：电子束加速电压、放大倍率、分辨率、景深、

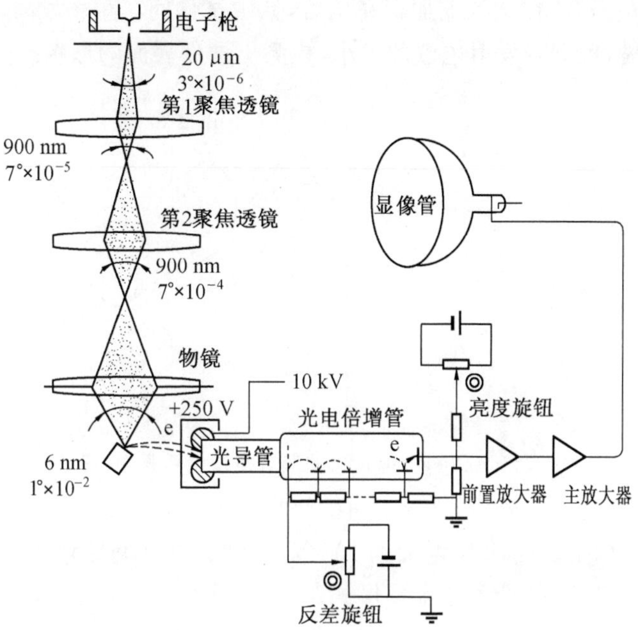


图 2.4　扫描电子显微镜系统工作原理图

试件尺寸和可移动范围等。常用加速电压为 0 ～ 30 kV 或 0 ～ 50 kV，放大倍率在 10 ～ 150 000 范围内连续可调，试件在试件室中可按观察需要进行升降、平移、旋转或倾斜。

扫描电子显微镜如用普通热钨丝电子枪，二次电子的分辨率为 5 ～ 6 nm；如用场发射电子枪，则分辨率可提高到 2 ～ 3 nm。扫描电子显微镜还有一个很好的性能，即检测时有很大的景深。因此，即使试件表面很粗糙，高低起伏很大，也能得到很清晰的表面廓形图像。

扫描电子显微镜检测时最后成像的信息，是来自试件表层 5 ～ 10 nm 的深度范围，因此是用于检测试件表面的微观形貌和表层组织极好的检测方法。但这种方法受最大放大倍数的限制，达不到原子级的测量分辨率。

### 3. 应用场发射原理的形貌描绘仪

场发射原理(field emission method) 由 R. Young 于 1956 年提出，但直到 1971 年 R. Young 和 J. Ward 才提出了应用场发射原理的形貌描绘仪(topografiner)。图 2.5 是该形貌描绘仪的示意图。它在基本原理和操作上，是最接近扫描隧道显微镜的仪器。探针针尖装在顶块上，可由 $X$ 向和 $Y$ 向压电陶瓷驱动，做 $X$ 向和 $Y$ 向扫描运动。试件装在下面的 $Z$ 向压电陶瓷元件上，由反馈电路控制，保持针尖和试件间的距离。R. Young 使用的针尖曲率半径为几十纳米，针尖和试件间的典型距离为 100 nm。在试件上加正高压后，针尖试件间产生场发射电流。探针在试件表面扫描，根据场发射电流的大小，检测出试件表面的形貌。

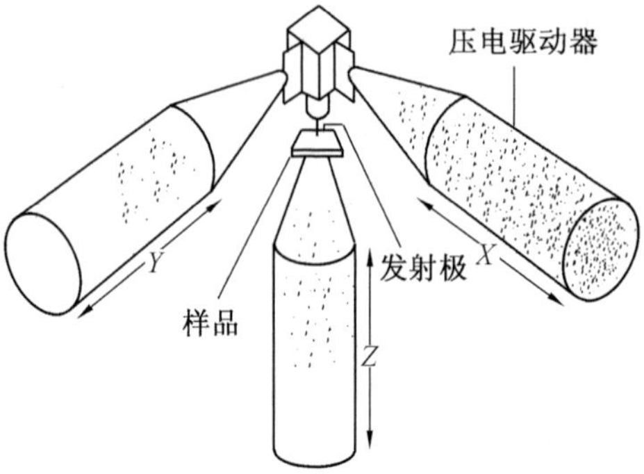


图 2.5　R. Young 等提出的形貌描绘仪示意图(1971)

在 R. Young 的实验中，将针尖与试件间距离自 18 nm 增加到 40 nm，为维持正常电流，外加偏压自 61 V 增加到 101 V，在针尖试件间距增大后，测量分辨率明显下降。图 2.6 是用形貌描绘仪测得的光栅形貌图，达到的纵向分辨率为 3 nm，横向分辨率为 400 nm。测量分辨率虽不是很高，但它开创了一条纳米级微观表面形貌不接触测量的新途径。

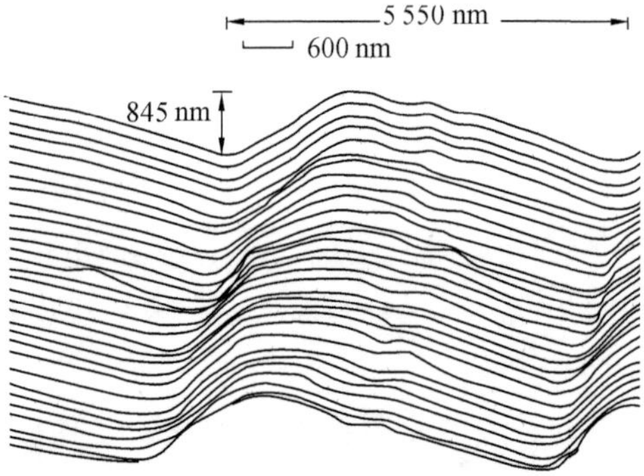


图 2.6　用形貌描绘仪测得的光栅形貌图

R. Young 用形貌描绘仪继续进行研究，将针尖再靠近试件，同时加上小于功函数的偏压，观察了从场发射到金属 — 真空 — 金属(MVM) 产生隧道电流的过程。发现外加偏压 $V_b$ 和产生的电流 $I_S$ 间有三个特性区。

① 探针离试件较远的 F－N(fowler-nordheim) 场发射区。F－N 场发射区真空势垒较高，需要加较高的偏压 $V_b$ 才能克服势垒而产生场发射电流，偏压和场发射电流为指数关系。

② 探针针尖与试件间距离 $z$ 很小的 MVM(metal-vacuum-metal) 隧道电流区。MVM 隧道电流区内隧道电流 $I_S$ 和距离 $z$ 对偏压 $V_b$ 甚为敏感。

③ 中间过渡区。图 2.7 是不同针尖与试件间距 $z$ 和产生电流 $I_S$ 的三个区域所加的不同偏压 $V_b$。图 2.8 是这三个区域中外加偏压 $V_b$ 和隧道电流 $I_S$ 间的关系。

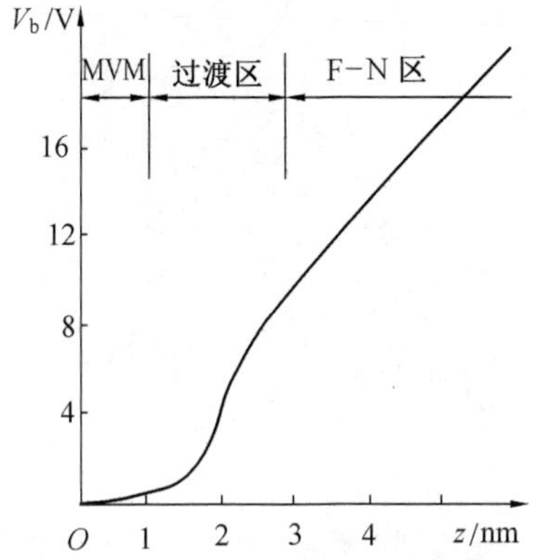


图 2.7　针尖与试件间电流的三个区域

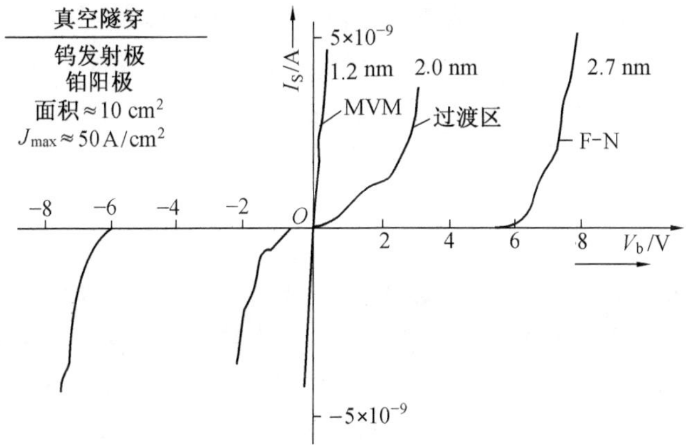


图 2.8　从场发射到隧道电流的过渡

R. Young 研究发现，在 MVM 区内，较小的外加偏压 $V_b$ 即可产生隧道电流，并且隧道电流 $I_S$ 的大小对距离 $z$ 极为敏感。他们观察到的 $I_S$ 与 $V_b$ 为线性关系时，估计针尖与试件间距离 $z$ 为 1.2 nm。但他们的研究到此为止，虽已有上述发现，却并未在检测试件形貌时利用 MVM 区的隧道电流效应，与一项重大发明失之交臂，甚为可惜。

## 2.1.4　场离子显微镜

场离子显微镜(Field-Ion Microscopy，FIM) 是 1951 年由 E. Muller 发明的，它是首个能在某些金属表面上见到单个原子排列的仪器。图 2.9 是 FIM 的工作

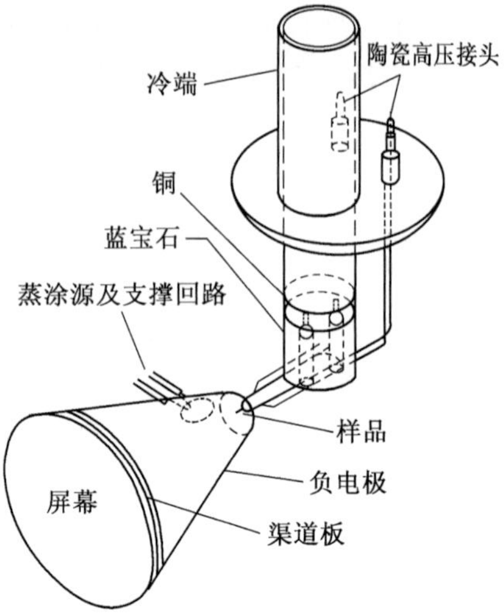


图 2.9 场离子显微镜(FIM)的工作原理示意图

原理示意图。被观察的试件制成针尖形，曲率半径 $R \approx 10$ nm，在真空度优于 $1.33\times10^{-6}$ Pa的真空室中充入氦气，其压力为0.67 Pa。在针尖加10 kV量级的正高压，对面相距为 $L$ 处是接地的荧光屏。在针尖附近形成了高而非均匀电场，He原子被极化并被吸引到针尖上，被针尖表面非常高的电场所电离，形成He离子。He离子加速飞向接地的荧光屏，其轨迹被针尖附近的电场的局域变化强烈影响，在荧光屏上显现被测材料针尖末端场离子分布的图像。图2.10是FIM在针尖附近形成He离子以及He离子运动的原理示意图。在FIM的典型值 $L=10$ cm，$R=10.0$ nm时，放大倍数 $M$ 为 $10^5\sim10^7$，针尖端的原子典型直径是0.3 nm，经放大后在荧光屏上可形成3 mm的斑点。试件针尖表面处于强电场作用下，针尖极易损伤。为取得较清晰的图像和减小针尖的损伤，针尖通常冷却到液氮温度以下，不能制成针尖形的材料，不能用FIM检测。

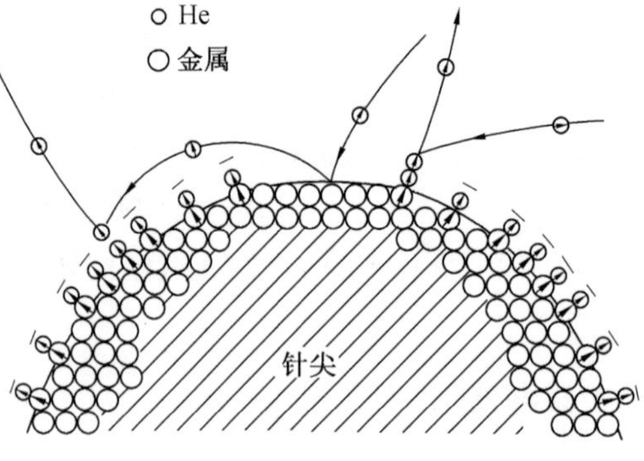


图 2.10 FIM在针尖附近形成He的离子化

用FIM研究较多的是难熔金属针尖，如W、Mo、Pt、Ir等。FIM是一个点投射显微镜，能看到针尖处的原子排列，但FIM图像是非线性的，难于标定。图2.11是T. Tsong提供的钨针尖的FIM图像，从中可以很清楚地看到钨针尖上原子的排列。

图2.11　钨针尖的FIM图像

1987年，T. Tsong对FIM和STM做了较全面的对比，要点如下。

① FIM的试件限于针尖的末端，图像面积小于64 $nm^2$，STM的试件不受此限制。

② FIM只能在低温和真空中进行检测，STM则较少受限制。

③ FIM和STM的检测都能达到原子级分辨率，但FIM的试件只能是尖锐的针尖形，而STM则可以是任何平面形。

④ FIM的图像是非线性的，难于标定，STM图像基本上是线性的，易于标定。

由于以上要点，FIM仅在有限的范围内应用。

## 2.2　扫描隧道显微镜

### 2.2.1　扫描隧道显微镜的发明

1982年，在IBM公司瑞士苏黎世实验室工作的德裔青年物理学家G. Binnig和他的老师H. Rohrer发明了扫描隧道显微镜（STM）。由于STM可用于观察、测量物体表面纳米级的表面形貌，也就是它能观察、测量物质表面单个原子和分子的排列状态及电子在表面的行为，为表面物理、化学、生命科学和新材料研究，提供了一种全新的研究方法。后来随着研究的深入，STM还可用于在纳米尺度下的单个原子和分子的搬迁、去除、添加和重组，可构造出新结构的物质。这一成就意义重大，被公认为20世纪80年代世界十大科技成果之一，它的发明者因此荣获1986年诺贝尔物理学奖。

图2.12是1982年由G. Binnig和H. Rohrer构思，C. Gerber和E. Weibel共同完成的世界上第一台扫描隧道显微镜的结构示意图。图2.13是该扫描隧道显微镜系统的原理示意图。探针针尖通常用W或Pt－Ir合金制成，黏固在$X$、$Y$、$Z$三向压电陶瓷传感器上。运用粗调节器和$Z$向压电传感器精调，将针尖移动到与试件表面距离为十分之几纳米之内，针尖的电子波函数与试件表面的波函数交叠，再在针尖和试件间加上偏压$V_b$，使针尖和试件间产生量子力学中的隧道电流现象。隧道电流经电流放大器转换成电压，与参考电压值比较，将其差值放大，提供负反馈以驱动$Z$向压电元件带动针尖，以保证隧道间隙和隧道电流恒定。当针尖在$XY$平面扫描时，针尖在$Z$向升降，描绘试件表面的微观轮廓形貌。将得到的形貌信息采集起来，通过计算机信息处理，可以得到试件表面原子级的微观形貌图像。

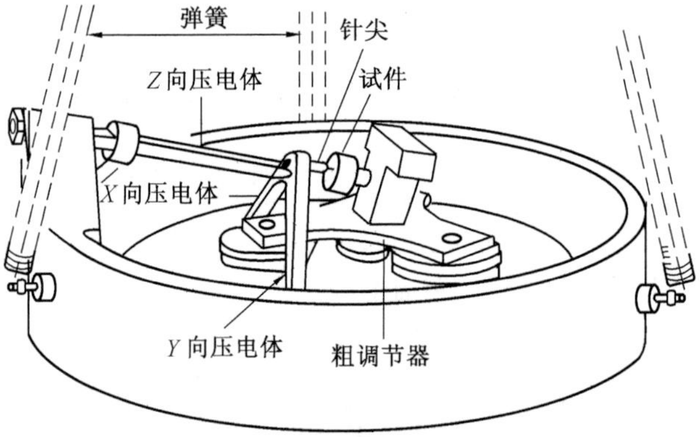


图2.12　世界上第一台扫描隧道显微镜的结构示意图(1982)

G. Binnig和H. Rohrer能够发明扫描隧道显微镜，不仅是由于他们深厚的科学素养、深刻的科学洞察力，而且还是由于他们坚持不懈、刻苦努力的工作。经长期的工作，他们于1979年提出了STM这一新型显微镜的专利申请，1981年制成了第一台STM实验样机，并获得了若干高分辨率显微图像，1982年公布这项重大科研发明成果。他们在获得诺贝尔奖后的演讲中谈到，是他们原来从事的超导物理研究给了他们灵感。在超导研究中，有时需要通过隧道效应来测量超导体表面的隧道谱，因此发现通过真空中的隧道效应，不仅可观察到试件表面的隧道谱图，而且能得到某些试件表面形貌方面的信息，即这一方法还可能提供显微观测的功能。后来他们师生二人读到R. Young的形貌描绘仪的论文，于是得到启发，将显微镜的探针接近试件，使针尖和试件间距离缩小到十分之几纳米，达到产生隧道电流的程度，再使针尖在试件表面扫描，即可利用隧道电流来

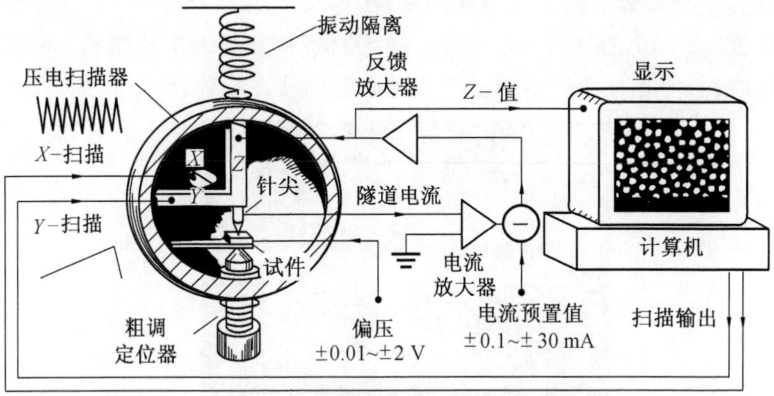


图 2.13　第一台扫描隧道显微镜系统的原理示意图

检测表面微观形貌了。

他们的研究结果获得了极大的成功，研制成功的扫描隧道显微镜，达到前所未有的惊人高分辨率，能直接观察到原子和分子的电子结构。

他们在诺贝尔奖获奖演讲中，还很遗憾地谈到，假如 R. Young 先生能够及时意识到真空中隧道效应的重要性，假如他能及时想到缩小针尖与试件表面间的距离，那么 STM 公布发表时的发明人名字早就该换人了。遗憾的是R. Young 没有意识到这一点，更没有去缩短那一点微不足道的小距离(肉眼根本觉察不到)，于是 R. Young 发明的所谓“形貌描绘仪”只能永远地在历史上被记载为一种“最接近 STM”的显微仪器了。令人感到惋惜的还有，R. Young 先生还曾认真研究、改进他们的仪器，并实验过一些办法，但收效甚微。曾经他想到了隧道效应，并还讨论了图谱学方向的应用，但唯独没有想到将其应用在他的形貌描绘仪上。仅此一步没有深入，就使他和一项重大科技发明失之交臂。

STM 的基本原理是基于量子力学的隧道效应。在正常情况下互不接触的两个电极(探针和试件)之间是绝缘的，然而，当把这两个电极之间的距离缩短到小于 1 nm 时，由于量子力学中粒子的波动性，电流会在外加电场作用下穿过绝缘势垒，从一个电极流向另一个电极，正如不必再爬过高山，却可以通过隧道而从山下通过一样。当其中一个电极是非常尖锐的探针时，由于尖端效应而使隧道电流加大。当探针在试件表面扫描时，它将感觉到表面微观形貌的高低，甚至原子和分子的高低，以及表面的电子状态。将得到的信息采集起来，再通过计算机信息处理，可以得到试件表面能显示原子和分子的纳米级三维表面形貌图像。

扫描隧道显微镜的发明，使科学家们得以直接看到个别原子和分子的电子结构，实现了过去科学家们自原子学说提出后长期梦寐以求的直接观察原子图像的“梦想”。1983 年，G. Binnig 等人首次演示了在 Si (111) $-7\times7$ 表面上具有阶梯的真实原子和分子的电子结构图像，图像尺寸为 32 nm×32 nm，每个阶梯的高度约为1.2 nm，如图 2.14 所示。从此原子和分子的电子结构，不再是科学家的理论假设，而是在实际中能触知和观察到的实在物体。

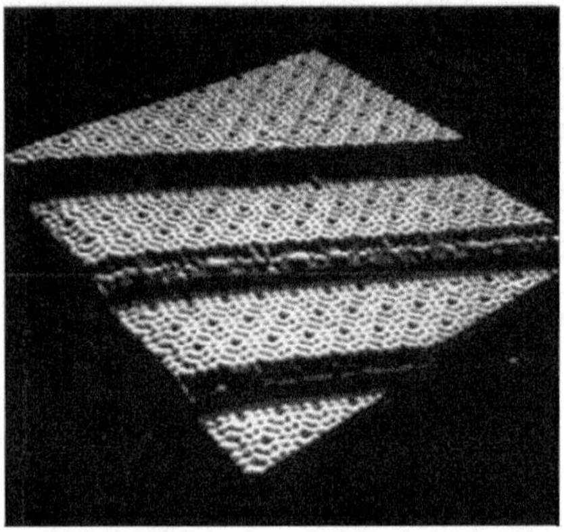

图2.14　在Si(111)－7×7表面上具有阶梯的STM图像，图像尺寸为 32 nm×32 nm(G.Binnig)

由于 STM 检测的是针尖与试件间的隧道电流，因此，不仅试件表面形貌的高低起伏，而且表面的局域电子状态都影响隧道电流及测量结果，故 STM 测得的试件表面图像，实际上是表面形貌和表面电子状态的综合结果。仅在试件表面无特殊电场的情况下，STM 测得的图像才表示表面的微观形貌。

STM 的发明实际上突破了三方面的重大关键技术：

① 用探针借助隧道电流的大小，感知试件表面微观形貌的高低，达到纳米级分辨率。

② 用 *XYZ* 三向精密扫描运动，获得被测试件表面上全面积的微观形貌信息。

③ 用计算机进行信息处理，获得试件表面微观形貌的纳米级三维形貌图像。

### 2.2.2　扫描隧道显微镜的基本工作原理

#### 1. 工作原理简介

G. Binnig 和 H. Rohrer 发明的扫描隧道显微镜的检测原理，是基于量子力学的隧道效应。当显微镜的尖锐探针靠近试件达到小于 1 nm 的间距时，将形成图 2.15 所示的 STM 隧道结示意图。在探针上加负偏压(该偏压通常为几十毫伏，使电子具有大于费米能级的能量)，探针和试件间将产生隧道效应，带电粒子流穿过间隙势垒，射向试件表面，形成隧道电流。该隧道电流的大小与隧道间隙间为负指数关系。

两导体间的隧道电流，可以用多种数学模型表示，关于隧道电流，下面将再做进一步分析。这里用最简单的数学表达式说明其原理。当隧道结上加的负偏

压为 $V_b$ 时，势垒的高度取平均值 $\varphi(\varphi=(\varphi_1+\varphi_2)/2)$，且 $V_b<\varphi$，间隙 $z$ 为纳米数量级时，将产生隧道电流。隧道电流的密度 $J$ 为

$$J=C_1 e^{\mp C_2 z} \tag{2.1}$$

可见，隧道电流的密度 $J$ 对针尖与试件间的距离 $z$ 非常敏感。对于大多数金属试件，距离每减小0.1 nm，隧道电流的密度 $J$ 将增加一个数量级。这种隧道电流对隧道间隙的极端敏感性，就是 STM 测量原理的理论基础。

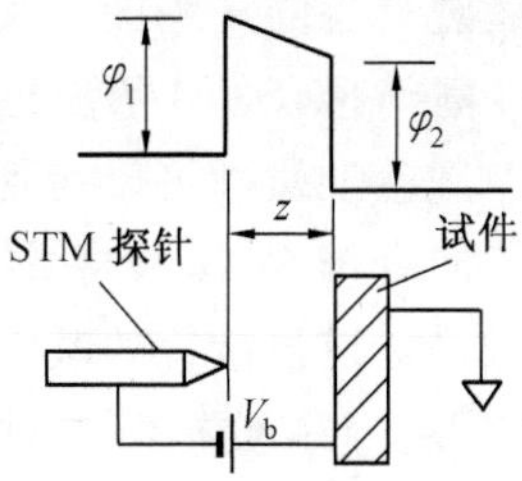


图 2.15　STM 隧道结示意图

**2. STM 测量工作时的扫描模式**

STM 可以有两种测量模式，即等高测量模式和恒电流测量模式。

(1) 等高测量模式。

这种测量模式的原理如图 2.16(a) 所示。采用这种等高测量模式时，探针以恒定高度在试件表面扫描，隧道电流将随试件表面起伏而变化，因此测量隧道电流变化就能得到试件表面形貌信息。这种测量方法只能用于测量表面起伏很小(小于 1 nm) 的试件，且隧道电流大小与试件表面高低的关系是非线性的。由于上述限制，这种测量模式使用较少。

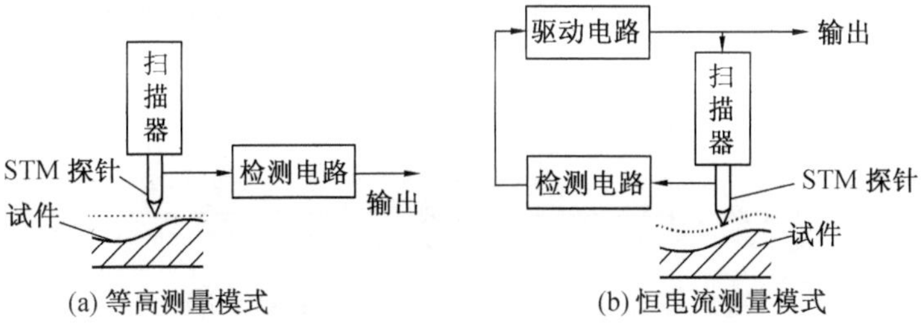


图 2.16　STM 的测量工作模式原理图

(2) 恒电流测量模式。

这种测量模式的原理如图 2.16(b) 所示。采用这种测量模式，探针在试件表面扫描时，要保持隧道电流恒定不变，即使用反馈电路驱动探针(或试件)，使探针与试件表面的距离(隧道间隙) 在扫描过程中保持不变，这时探针将随试件表面的高低起伏而跟踪其变化。记录反馈的驱动信号，即得到试件表面的形貌信息。这种测量模式将隧道电流对隧道间隙的敏感性，转移到反馈扫描器的驱动电压与其位移间的关系上，避免了等高测量模式时的非线性，提高了纵向测量的测量范围和测量灵敏度。现在 STM 大都采用这种测量模式，纵向测量分辨率可以达到0.005 ～ 0.01 nm。

获得表面微观形貌的信息后，通过计算机进行信息数据处理，最后得到试件

表面微观形貌的三维图像和相应的尺寸。

一般情形，STM的隧道电流是通过探针尖端的一个原子，因而STM的横向分辨率理论上最高可以达到原子级尺寸，即0.05～0.1 nm。对STM实际能达到的横向分辨率，以后将进行进一步分析讨论。

扫描隧道显微镜的基本工作原理是检测（或控制）探针与试件间的隧道电流，这就决定了被检测的试件必须是导体或半导体，这是STM最大的不足之处。

### 3. STM的隧道电流反馈控制系统

扫描隧道显微镜在检测时，在探针与试件间加偏压$V_b$，以形成隧道电流。所加偏压必须小于势垒高度$\varphi$，一般情况所加偏压为几十毫伏。

现在的STM都采用恒电流测量模式，其隧道电流反馈控制系统的原理框图如图2.17所示。它通过反馈电路来控制探针扫描时的隧道电流，使其保持恒定。由于探针和试件材料已确定，所设置的偏压也已确定，因此隧道电流与隧道间隙间为负指数函数关系。

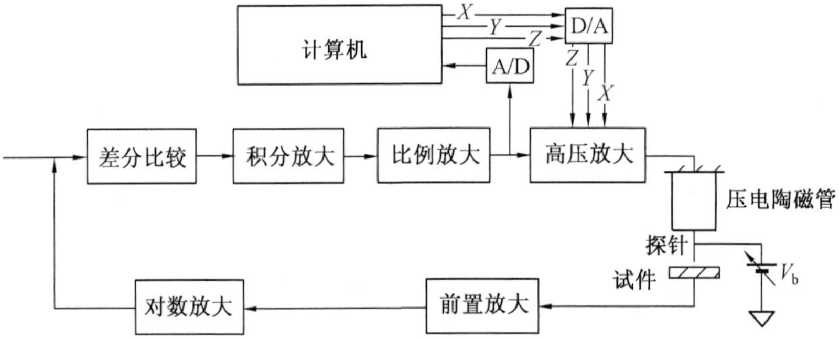


图2.17　隧道电流反馈控制系统的原理框图

STM检测试件形貌时进行横扫描，隧道间隙将随试件表面起伏而变化，隧道电流将随之产生显著变化，经对数放大器线性化后，反馈控制压电陶瓷管的伸缩使探针升降，恢复原设定的隧道间隙值，使隧道电流保持恒定。横扫描时的探针升降值即是试件表面的微观形貌起伏值。

隧道电流反馈控制系统由前置放大器、对数放大器、差分比较器、积分放大器、比例放大器、高压放大器以及隧道结组成。探针进行横向扫描时，隧道间隙发生的变化使隧道电流按负指数规律变化。隧道电流经前置放大器放大后，转换成隧道电压输出，经过对数放大器线性化处理后，送入差分比较器并与设置的预定电压相比较；将变化部分送至积分比例放大器，做稳定及放大处理后，再送入直流高压放大器放大，以控制压电陶瓷管产生与间隙变化差方向相反的位移补偿，使隧道间隙保持不变，隧道电流保持恒定。

上述控制压电陶瓷管产生的位移补偿电压信号作为试件高低起伏的数据，用于绘制 STM 图像。

**4. STM 测量时试件廓形图像的生成**

用 STM 测量时，探针在试件表面 $X$ 向扫描，得到一条有关试件表面形貌信息的廓形曲线，探针在 $Y$ 向做微位移，再在 $X$ 向扫描，获得第二条有关试件表面形貌信息的试件表面廓形曲线。这样连续测量，将被测表面全部扫描测量，获得被测表面全部廓形曲线，如图 2.18 所示。通过计算机进行信息数据处理，求出试件表面廓形的各等高线，并以不同颜色代表不同高度，即获得试件表面廓形的三维立体图形，图 2.19 是 STM 检测图像的实例，图中所示是碘原子吸附在铂(Pt)表面，用 STM 检测得到的图像。STM 测量图像分辨率极高，不但可看到原子排列，还可看到缺原子处。

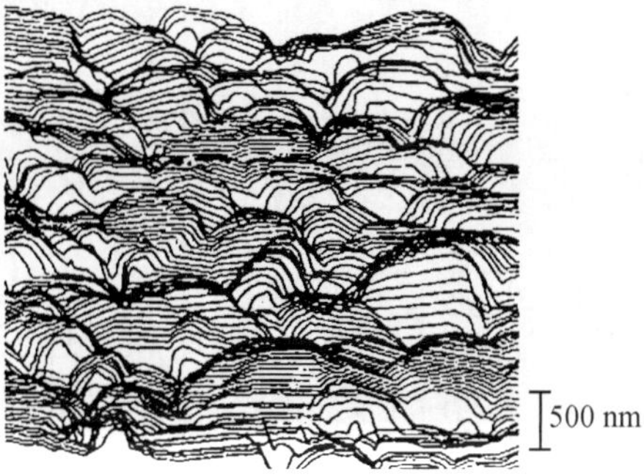


图 2.18　试件表面全部多条扫描廓形曲线

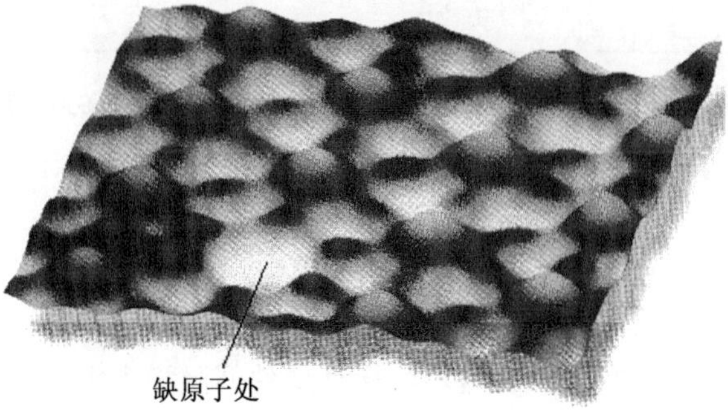


图 2.19　STM 检测图像，尺寸 3 nm × 3 nm(Schardt)

**5. 扫描隧道显微镜系统组成简介**

扫描隧道显微镜系统，一般由三部分组成：

① 显微镜主机。显微镜主机是实现探针在试件表面扫描检测的机械系统，是 STM 的核心部分。这部分包含：显微镜的探针及其微进给系统($Z$ 向)、探针检

测试件时的粗调和微调机械系统、实现检测时的扫描运动的微进给系统（$X$ 向和 $Y$ 向）、仪器的振动隔离系统等。

② 控制系统。控制系统包含隧道电流的反馈控制系统、压电陶瓷扫描器的运动控制系统、探针－试件粗调和微调的运动控制系统、操作监控系统等。

③ 检测信号的处理和图像显示系统。检测信号的处理和图像显示系统主要是计算机和各种软件处理系统。

现以美国 Digital Instrument(DI) 公司的 Nanoscope Ⅱ 型扫描隧道显微镜（20 世纪 90 年代初产品）为例，说明 STM 的主要系统组成。图 2.20 为该 STM 系统组成的原理框图。

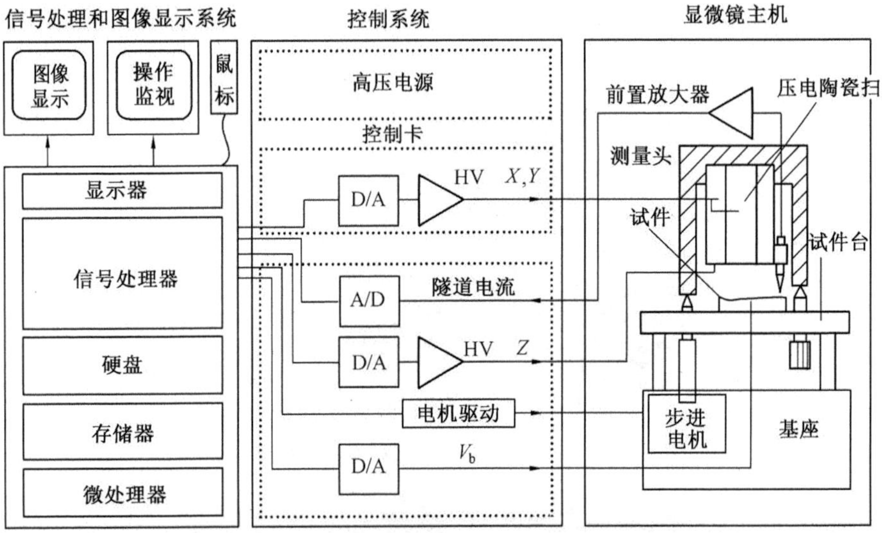


图 2.20　STM 系统组成的原理框图（DI 公司 Nanoscope Ⅱ）

扫描隧道显微镜主机包含：探针系统——探针连在三维压电陶瓷扫描器上，可做垂直微升降和 $X$、$Y$ 方向扫描，探针－试件间加偏压，以形成隧道电流；粗调系统——步进电机用作探针－试件间距离的粗调；隔振系统——探针－试件系统有良好的隔振装置，以避免检测时受到振动的干扰。

扫描隧道显微镜的控制系统包含：探针试件间隧道电流的检测系统；隧道电流信号经前置放大器放大和 A/D 转换后，反馈控制压电陶瓷的 $Z$ 向高压电源，实现 $Z$ 向微进给，以保持隧道电流恒定；扫描运动控制信号通过 D/A 转换，控制压电陶瓷扫描器的 $X$、$Y$ 向高压电源，以实现 $X$、$Y$ 向要求的扫描运动；步进电机驱动系统，根据要求实现探针试件间的粗调。

扫描隧道显微镜的信号处理和图像显示系统，主要是计算机和各种软件处理系统，包含：操作监视器，它可以显示探针－试件的相对位置图像，并可显示要求的正确相对位置，以便于检测时的操作；检测信号采集处理系统，它一方面采集探针的 $Z$ 向垂直升降微进给位置信号，另一方面采集 $X$ 向扫描微进给位置信号，将其合成后获得试件表面 $X$ 向二维廓形曲线；将不同 $Y$ 向位置的二维 $X$ 向廓形曲线组合，即获得试件表面的三维廓形曲面。此表面的三维廓形曲面，经计算机图形处理后，以不同颜色代表不同的等高线，即获得试件表面三维立体颜色图像，在计算机显示器屏幕上显示出来。STM 检测信号的采集处理和显示，对计算机有较高的要求，不仅有大量信号的存储、计算和处理量，同时还要能容纳占有较大空间的专用软件包。但在计算机技术高速发展的今天，新的微型计算机已完全能满足 STM 的信号处理和显示功能要求。

扫描隧道显微镜采用不同的扫描微进给方式，不同的探针试件间粗调机构和振动隔离方案，使显微主体结构有很大不同，但是，STM 的整体系统构成原理还是相同的。图 2.20 中 STM 的系统组成可作为参考。

现在对于扫描隧道显微镜要求有较强的功能，如有的要求能在真空和低温中进行检测工作，有的要求能在液体中进行检测工作，这就要求对显微镜主机的相应部分做必要改变或对其增添必要的附件，后面将有进一步说明。

### 2.2.3　隧道效应的原理及检测机理分析

隧道效应是扫描隧道显微镜检测的理论基础，因此有必要对量子力学中隧道效应的基本原理做简单概括和分析说明。

**1. 电子流(微观粒子流)的二象性**

电子流的隧道效应只能用量子力学来阐述。根据量子力学的原理，微观粒(电)子具有粒子性和波动性的二象性。在微观状态下：

① 当物体的特征线度 $x$ 远大于微观粒子的德布罗意波长 $\lambda$，即 $x \gg \lambda$ 时，可忽略其波动性，而主要呈现粒子性，这时可按经典力学来处理问题，即

$$\frac{\lambda}{x} = \frac{h}{xp} \ll 1 \tag{2.2}$$

式中　$h$—— 普朗克常数；

　　　$p$—— 粒子的动能。

② 当微观粒子的德布罗意波长 $\lambda$ 和物体的特征线度 $x$ 处于同一数量级时，微观粒子呈现明显的波动性，这时必须按量子力学的规律研究问题。

STM 处于工作状态时，隧道间隙尺度为纳米级。这时由电势 $V_b$ 加速的电子，其能量为 $E = eV_b$(eV)，其质量为 $m$，电子的德布罗意波长 $\lambda$(nm) 为

$$\lambda/\text{nm} = \frac{h}{\sqrt{2meV_b}} \approx \sqrt{\frac{1.5}{V_b}} \tag{2.3}$$

当在隧道结探针上加偏压 $V_b = 0.1$ V 时，可求得此时电子的德布罗意波长

$\lambda = 3.87\ \text{nm}$，即 $\lambda$ 和隧道间隙 $a$ 处于同一数量级。这说明在 STM 工作状态下，电子同时具有波动性和粒子性的二象性，必须用量子力学的规律来处理问题，电子的运动需用波函数表示。

**2. 隧道电流的波函数方程**

为便于计算，这里将探针与试件间的势垒隧道结简化成"金属－真空－金属"，即 MVM 的矩形势垒，如图 2.21 所示。

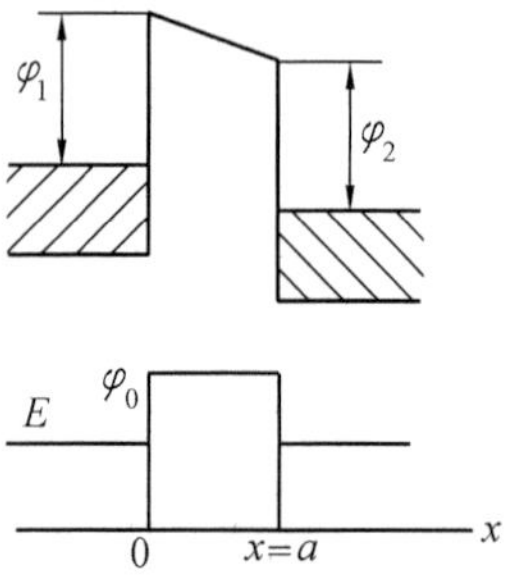


图 2.21　隧道结势垒示意图

矩形势垒的高度为 $\varphi_0 = (\varphi_1 + \varphi_2)/2$，宽度为 $a$，可看到

$$\left.\begin{aligned} &\varphi(x) = 0 \quad && (x < 0) \\ &\varphi(x) = \varphi_0 \quad && (0 \leqslant x \leqslant a) \\ &\varphi(x) = 0 \quad && (x > a) \end{aligned}\right\} \tag{2.4}$$

在势垒加偏压 $V_b$ 后，带电粒子（能量为 $E$、质量为 $m$）沿 $x$ 方向自左向右射向势垒。设带电粒子是在静势场中运动，即函数中时间 $t$ 不同，故由定态薛定谔方程，可得电子运动的波函数 $\psi(x)$，即

$$-\frac{h^2}{2m} \cdot \frac{\mathrm{d}^2\psi(x)}{\mathrm{d}x^2} + \varphi(x)\psi(x) = E\,\psi(x) \tag{2.5}$$

在 $x < 0$ 和 $x > a$ 时，$\varphi(x) = 0$，式(2.5) 成为

$$\frac{\mathrm{d}^2\psi(x)}{\mathrm{d}x^2} + \frac{2m}{h^2} \cdot E\psi(x) = 0 \tag{2.6}$$

在 $0 \leqslant x \leqslant a$ 时，$\varphi(x) = \varphi_0$，式(2.6) 成为

$$\frac{\mathrm{d}^2\psi(x)}{\mathrm{d}x^2} + \frac{2m}{h^2} \cdot (E - \varphi_0)\psi(x) = 0 \tag{2.7}$$

式中　$h$—— 普朗克常数；

　　$m$—— 电子质量。

求解可得薛定谔方程的通解，即

$$\psi_1(x) = A \cdot \mathrm{e}^{\mathrm{i}kx} + B \cdot \mathrm{e}^{-\mathrm{i}kx} \quad (x < 0) \tag{2.8}$$

$$\psi_2(x) = C \cdot \mathrm{e}^{\xi x} + D^{-\zeta x} \quad (0 \leqslant x \leqslant a) \tag{2.9}$$

$$\psi_3(x) = F \cdot \mathrm{e}^{\mathrm{i}kx} \quad (x > a) \tag{2.10}$$

式中，$k = (2mE/h^2)^{\frac{1}{2}}$，$\xi = [2m(\varphi_0 - E)/h^2]^{\frac{1}{2}}$，$A$、$B$、$C$、$D$、$F$ 为定常数。故总的波函数为

$$\psi(x,t) = \mathrm{e}^{-\frac{\mathrm{i}}{h}Et}\,\psi(x) \tag{2.11}$$

**3. 电子流穿过势垒的透射系数**

利用波函数及其导数在 $x = 0$ 和 $x = a$ 处连接的条件及波函数归一化的条件，

可求得通解中的常数 $A$、$B$、$C$、$D$ 及 $F$。式(2.8)～(2.10)中，$A$、$B$ 为两势垒的入射波振幅，$C$、$D$ 为反射波振幅，$F$ 为穿过势垒的透射波振幅。由于我们感兴趣的是带电粒子穿过势垒的透射系数 $T$，则 $T$ 可表示为

$$T=\frac{|F|^2}{|A|^2} \tag{2.12}$$

当 $E<\varphi_0$ 时，可求得透射系数 $T$，即

$$T=\left[1+\frac{\varphi_0^2 sh^2 \zeta a}{4E(\varphi_0-E)}\right]^{-1} \tag{2.13}$$

式(2.13)表示，当 $E<\varphi_0$ 时，带电粒子可穿透势垒在右边出现，这就是带电微观粒子的隧道效应。$T$ 又有下列两种情形：

(1) 在势垒宽而高时，即 $a$ 和 $\varphi_0$ 值均较大时，有

$$\zeta a=\left[\frac{2m(\varphi_0-E)}{h^2}\right]^{\frac{1}{2}}\cdot a\gg 1 \tag{2.14}$$

由式(2.13)可得

$$T=16E(\varphi_0-E)\varphi_0^{-2}\mathrm{e}^{-2\zeta a} \tag{2.15}$$

此时透射系数 $T$ 将随势垒宽度 $a$ 的增大而迅速地以负指数的形式减小。

(2) 当势垒窄而低时，即 $a$ 和 $\varphi_0$ 值均减小，使 $\zeta a\gg 1$，透射系数将成为

$$T\approx 1-\frac{m\varphi_0^2}{2Eh^2}\cdot a^2 \tag{2.16}$$

这时透射系数将较大，透射率将随势垒宽度 $a$ 的平方变化。

式(2.15)和式(2.16)说明，在 $E<\varphi_0$ 时，会有隧道效应发生。$a$、$m$ 和$(\varphi_0-E)$值越小，透射系数越大，即带电粒子能更顺利地穿透薄的势垒。在 $a$、$m$ 和$(\varphi_0-E)$值增大到一定程度而成为宏观状态时，就不再能观察到隧道效应。透射系数的大小反映了隧道电流信号的强弱。

**4.隧道电流的概率电子流密度**

穿过隧道间隙的透射波的概率电子流密度 $J_2$ 为

$$J_2=\frac{h}{2m\mathrm{i}}\left(\psi'_2\frac{\mathrm{d}\psi_2}{\mathrm{d}x}-\psi_2\frac{\mathrm{d}\psi'_2}{\mathrm{d}x}\right)=$$

$$\frac{h}{2m\mathrm{i}}\left[F\cdot\mathrm{e}^{\mathrm{i}kx}\frac{\mathrm{d}}{\mathrm{d}x}(F\cdot\mathrm{e}^{\mathrm{i}kx})\frac{\mathrm{d}}{\mathrm{d}x}(F\cdot\mathrm{e}^{-\mathrm{i}kx})\right]=\frac{hk}{m}|F|^2 \tag{2.17}$$

式中　$\psi$—— 电子运动的波函数。

将式(2.12)和式(2.13)代入式(2.17)，得到

$$J_2=\frac{hk}{m}\cdot T\cdot|A|^2=\frac{hk}{m}\left[1+\frac{\varphi_0^2 sh^2\zeta a}{4E(\varphi_0-E)}\right]^{-1}|A|^2 \tag{2.18}$$

即穿过隧道势垒的透射波的概率密度也遵循隧道透射率的规律。通常加在隧道结上偏压较小，$E<\varphi_0$，此时透射的电子流概率密度的大小，取决于势垒的高度

和宽度。

**5. 隧道效应用于微观形貌检测机理的分析**

从上面对量子力学隧道效应理论分析可知，在隧道结上施加大于费米能级的能量（使$E<\varphi_0$）的条件下，探针与试件表面间距离 $a$ 的微小变化，即隧道间隙的微小变化，将使隧道电流呈负指数的显著变化。因此，也可根据隧道电流的变化，测知或控制探针与试件表面间距离的微小变化，这就是隧道效应使用在STM检测微观形貌的机理。由于隧道电流对隧道间隙变化极其敏感，如果距离减少0.1 nm，隧道电流将增加一个数量级，故 STM 在垂直试件方向可有较高的测量灵敏度，分辨率最高可达 0.005 ~ 0.01 nm。

根据上述分析，在 $E<\varphi_0$ 条件下，STM 的扫描模式也可根据隧道势垒的厚度来确定。在测量极平滑的表面时，因最大不平度远小于隧道间隙，可将隧道间隙设置得很小，这时势垒窄，隧道电流信号强，因而可获得较高的测量分辨率。这时，允许采用等高扫描的测量模式。在测量有较大起伏的表面形貌时，因其最大不平度有可能超过隧道间隙，这时因要求的分辨率稍低些，可将隧道间隙设置得大些，即势垒的厚度加大，隧道电流的透射率因而要降低。同时需加大偏压，以得到必要的测量灵敏度。在这种情况下，应采用恒隧道电流的测量模式，即根据隧道电流变化反馈控制探针升降，以实现恒电流的测量模式。

## 2.2.4 STM 图像的分析和各因素对测量结果的影响

**1. STM 图像的分析**

STM 所测得的图像简单看起来就是被测试件的微观表面廓形，但对其进一步分析就没有这样简单了。STM 测得的图像是通过用探针扫描试件表面，根据隧道电流的变化而测得的表面廓形。电子流的变化是隧道结的 MVM 区中金属（试件）的真空一侧的电子流变化情况。但上述分析建立在如下假设上：① 试件的被测点的微区，即电子流概率密度的有效区，是与探针相垂直的平坦表面；② 被测点处和被测面上的电场是均匀的，不会使电子流产生变化。但实际试件表面并不是上述的假设表面，因而 STM 所测得的图像必然受到上述因素的影响，和试件的真实微观表面廓形有一定的差别。

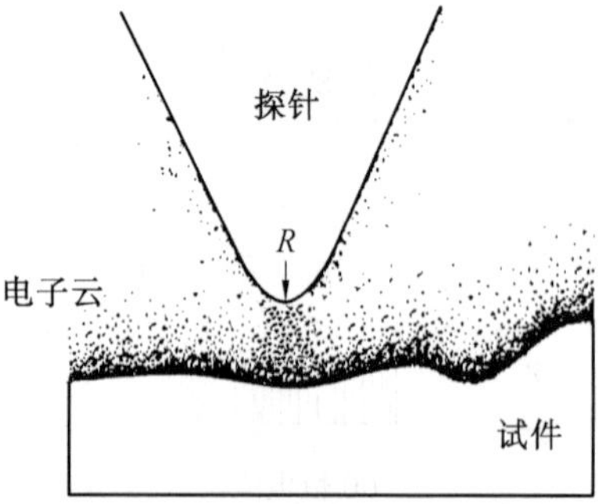

图 2.22　STM 的探针扫描工作的示意图

图 2.22 是 STM 的探针扫描工作的示意图。可以看到，仅对探针扫描试件上的平坦区，前面的理论分析才是正确的；但在扫描试

件表面倾斜处，探针尖端局部球面和试件的最小间隙，并不总是在探针的下方，这将造成测量误差。被测表面起伏波动越大，测量误差也越大；被测表面越平坦，测量结果的误差也越小。此外，探针尖端曲率半径 $R$ 也对测量误差有影响。当探针尖端曲率半径 $R$ 增大时，测量误差也增大；当 $R$ 减小时，测量误差也减小，测量结果接近实际的表面廓形。

试件表面电子云状态也将影响隧道电流，影响测量结果。原子外层的电子数多少、原子间的化学键连接状态、原子外层电子受温度或电场或磁场等的激发状态、试件表面的形状起伏、试件表面有无原子吸附或其他污染等都将影响试件表面的电场及测量结果。不同种类的原子或分子团具有不同的电子态密度和功率谱，此时 STM 测出的等电子态密度轮廓，不再对应于试件表面原子的起伏，而是对应于表面原子起伏和不同原子各自态密度组合的综合结果。

STM 工作时，探针与试件间的隧道间隙 $a$ 值一般在亚纳米级。探针尖端的原子和试件表面的原子在这样小的距离时，将产生原子间的作用力。一般情况下，两原子间距离大于 0.2 nm 时，原子间作用力为吸力；两原子间距离小于 0.2 nm 时，原子间作用力为排斥力。材料受原子间作用力将会产生变形，影响测量结果。变形量将因材料性质、表面状态不同而异。

综上所述，STM 测量试件表面廓形得到的图像结果，实际上是受到诸多因素综合影响而获得的试件表面微观廓形的近似图像。

**2. STM 测量扫描模式对测量结果的影响**

STM 的测量扫描模式有等高测量扫描模式和恒电流测量扫描模式，对于同一试件表面，将会因测量扫描模式不同而测出有差别的表面廓形图像。

图 2.23 是 STM 在同一试件表面用两种不同测量扫描模式所测得的不同结果的数据图像示意图。从图 2.23 可以看出，用探针等高测量扫描模式得到的结

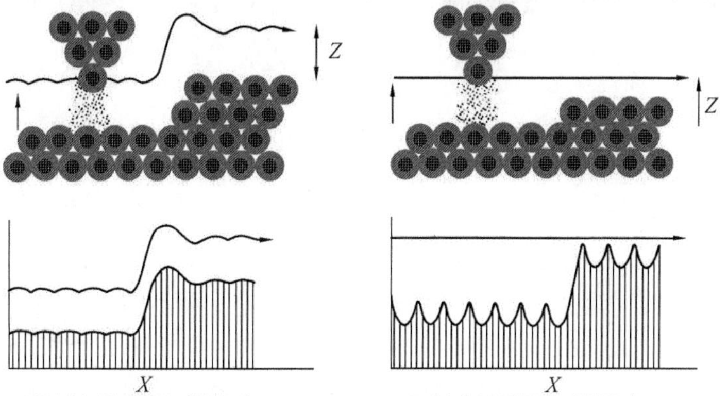

(a) 恒电流测量扫描模式　　(b) 等高测量扫描模式

图 2.23　STM 用不同测量扫描模式所得的结果对比

果经数据处理修正其非线性后，仍然和恒电流测量扫描模数得到的结果数据有明显差别，因而用这两组数据最后得到的测量廓形图像，必然是有很大差别的。

**3. 试件表面廓形起伏对测量结果的影响**

如果试件表面起伏较大，则当探针在试件表面扫描时，由于针尖曲率半径的影响，探针的作用点与名义成像点会产生较大偏差，偏差程度与试件表面廓形的斜率有关。

从图 2.24 可看到，恒电流测量模式下的隧道间隙，测量读数为 $\Delta z_x + a$，但真正起作用的隧道间隙为 $a$，起作用的隧道间隙 $a$ 是探针与试件的廓形斜面所形成的。

测量结果 $z'_x + a$ 可表示为

$$z'_x + a = z_x + \Delta z_x + a \tag{2.19}$$

即 $z'_x = z_x + \Delta z_x$，测量误差为 $\Delta z_x$，有

$$\Delta z_x = \left(\frac{1}{\cos\theta} - 1\right)(R + a) \tag{2.20}$$

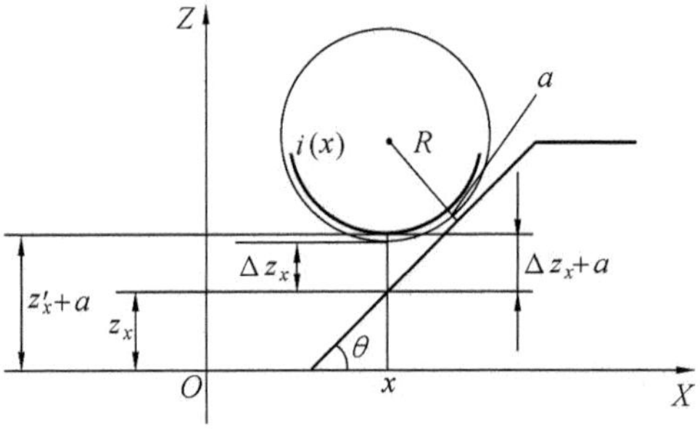


图 2.24　试件表面倾斜造成的测量误差

一般 $R \gg a$，在分析试件表面廓形起伏较大的情况，式(2.20) 可以近似表示为

$$\Delta z_x = \left(\frac{1}{\cos\theta} - 1\right)R \tag{2.21}$$

试件表面的角 $\theta$ 越小，测量误差也越小，当试件为平坦表面时，则 $\theta = 0$，$\cos\theta = 1$，即测量误差为零。

一般情况下，试件表面廓形不能由我们决定，这时为得到较精确的测量结果，根据式(2.21)，就要求采用曲率半径 $R$ 尽量小的探针针尖。曲率半径 $R$ 越小，测量误差也越小。

在测量起伏较大的廓形时，如探针尖端曲率半径太大，将产生额外的测量误差。探针尖端的曲率半径 $R$，不得大于试件廓形内凹处的曲率半径，否则探针尖端不能进入试件廓形内凹处。

现以测量正弦函数曲面为例,分析其测量误差。设正弦函数表面的振幅为 $A$,波长为 $\lambda$,则它的方程为

$$z_x = A + A\sin\left(\frac{2\pi}{\lambda}x\right) \tag{2.22}$$

其表面曲率半径 $R_z(x)$ 可表示为

$$R_z(x) = \left|\frac{[1 + z'^2(x)]^{3/2}}{z''(x)}\right| \tag{2.23}$$

式中

$$z'(x) = \frac{2\pi A}{\lambda}\cos\left(\frac{2\pi}{\lambda}x\right) \tag{2.24}$$

$$z''(x) = -\left(\frac{2\pi}{\lambda}\right)^2 A\sin\left(\frac{2\pi}{\lambda}x\right) \tag{2.25}$$

将 $z'(x)$ 和 $z''(x)$ 值代入式(2.23),得

$$R_z(x) = \left|\frac{\left[1 + \left(\frac{2\pi A}{\lambda}\right)^2 \cos^2\left(\frac{2\pi}{\lambda}x\right)\right]^{3/2}}{-\left(\frac{2\pi}{\lambda}\right)^2 A\sin\left(\frac{2\pi}{\lambda}x\right)}\right| \tag{2.26}$$

当 $x = \frac{\lambda}{4}$ 或 $\frac{3}{4}\lambda$ 时,$R_x(x)$ 存在最小值,即

$$R_{z\ \min} = \frac{\lambda^2}{4\pi^2 A} \tag{2.27}$$

要求探针针尖的曲率半径 $R < R_{z\ \min}$,即

$$R < \frac{\lambda^2}{4\pi^2 A} \tag{2.28}$$

$A = 1$ nm,$\lambda = 10$ nm 时,从式(2.28)可看出 $R$ 值应满足 $R < 2.5$ nm。

STM 使用不同尖端曲率半径的探针测量正弦函数廓形,在 $A = 1$ nm,$\lambda = 10$ nm 时,得到的结果如图 2.25 所示。在 $R=1$ nm 时,测得的试件廓形与实际廓形基本一致;在 $R=10$ nm 时,测出的廓形已有相当大误差;在 $R=30$ nm 时,测得的廓形已有很大的测量误差。为减少测量误差应尽量使用尖锐的探针针尖进行测量。

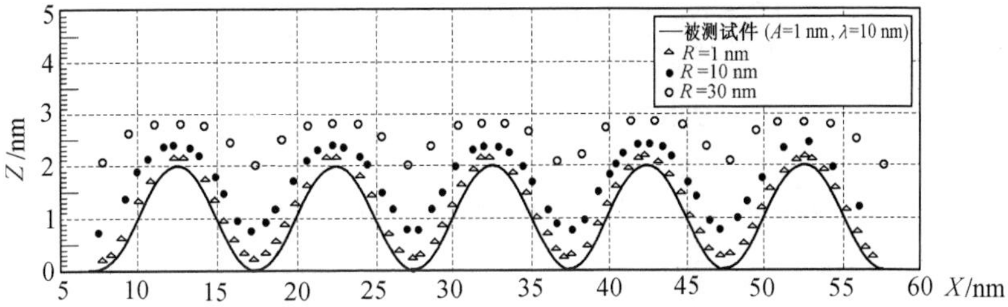


图 2.25　针尖曲率半径不同时,正弦廓形测量得到的测量结果

### 4. 探针与试件间的相互作用力对测量结果的影响

STM 工作时，探针与试件间的距离（即隧道结的宽度）一般为亚纳米级，此时探针尖端的原子与试件表面原子间的相互作用力，将对测量结果产生不可忽略的影响。探针尖端原子与试件表面原子间的相互作用力，将在下面讲原子力显微镜时再做详细分析，这里仅做简单说明。

当两原子间距离缩小到 0.1 nm 量级时，原子间的相互作用力就显示出来。两原子的相互作用，造成其间的势垒高度降低，使系统的总能量降低，于是二者之间产生吸引力。如两原子间的距离继续减小到原子直径时，由于原子间的电子云的不相容性，二者间的作用力表现为排斥力。原子间的吸引力和排斥力转变的临界点在隧道结宽度为 0.2 ～ 0.3 nm 处，视材料性质和环境条件而稍有偏差。

在隧道结上加较小偏压（即加大于费米能级的能量，使 $E < \varphi_0$），探针与试件表面间距离 $a$ 减小时，隧道电流将增大。随着试件表面的起伏增大，所测得的表面局域电子态密度的起伏将增大，即探针与试件表面间的相互作用力对表面局域电子态的起伏有放大作用。为此，可用图 2.26 中的弹性变形模型加以说明。

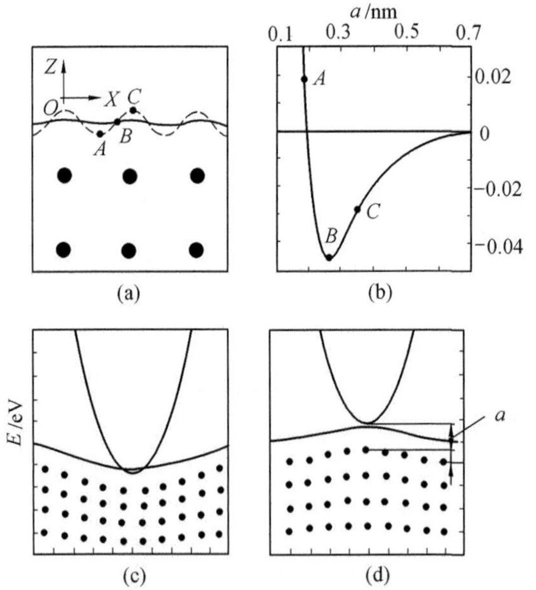


**图 2.26　探针与试件表面间力相互作用示意图**

图 2.26(a) 中虚线表示表面费米能级上的局域态密度。当 STM 在恒电流测量模式工作时，探针将沿虚线扫描（$A \to B \to C$）。图 2.26(b) 是当探针接近试件表面时二者之间的 Morse 势能。在极值点 $B$ 的左侧，探针与试件表面相互排斥

(如点 $A$),在点 $B$ 的右侧则相互吸引(如点 $C$)。当探针扫描到点 $A$ 时,探针与试件表面相互排斥,产生的变形如图 2.26(c) 所示;而当探针扫描到点 $C$ 时,探针与试件表面相互吸引,产生的变形如图 2.26(d) 所示。因此,探针实际扫描轨迹的起伏,是表面费米能级上局域态密度的起伏,再加上试件表面变形的起伏。实际测量结果将大于表面费米能级上局域态密度的起伏。

用STM测量同一试件表面,如设置的隧道间隙 $a$ 不同,测出的试件廓形将不同。因为隧道间隙 $a$ 小时,探针和试件表面间的偏压减小,探针试件表面间作用力变化将更敏感,对表面局域电子态的起伏的放大作用将加大。

华中理工大学的曹伟博士曾做过一个实验,用同一台 STM 检测同一试件的表面廓形,探针与试件间加的偏压为85 mV,改变设置的隧道间隙 $a$,使产生的隧道电流分别为 0.5 nA 和1 nA,即后者探针与试件更接近,探针与试件表面间的作用力后者将大于前者。测量得到的试件表面廓形图如图 2.27(a) 所示,图中横坐标 $V_X$ 为加在陶瓷扫描管上使其产生 $X$ 向扫描的电压。从图中给出的测量结果可以明显看出,在探针更接近试件表面,即探针与试件表面相互作用力较大时,测得试件廓形的表面起伏将明显大于探针与试件表面间距离较大时(即相互作用力较小时),如图 2.27(b) 所示。

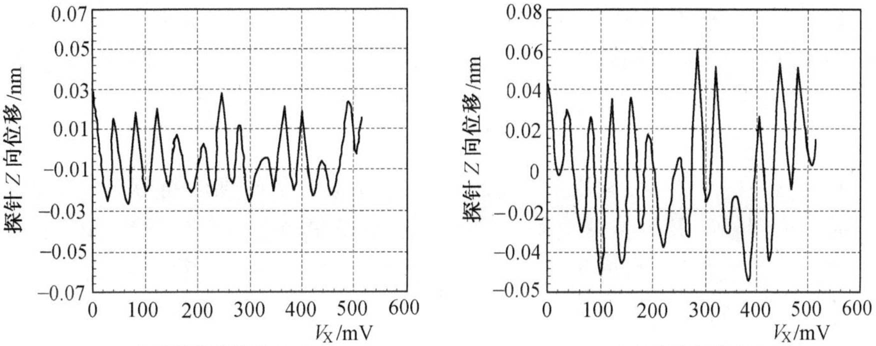


(a) 隧道电流为0.65 mA　　(b) 隧道电流为1 mA

**图 2.27　探针和试件表面间的作用力对测量结果的影响**

从以上分析可知,在 STM 采用恒电流测量模式时,探针与试件间的相互作用力对试件表面的费米能级上的局域态密度起伏的测量结果有放大作用,即对几何形貌的测量将产生一定的干扰。减小测量误差的方法是增大所设置的隧道间隙 $a$ 值,或减小探针尖端的曲率半径。但增大所设置的隧道间隙 $a$ 值,会降低测量灵敏度,此外还必须增大所设置的探针与试件间的偏压。而偏压增大,实际上会影响试件表面的电子云和表面的费米能级上的电子局域态密度,因此会对测量结果造成一定的影响。

**5. 试件表面电子局域态密度分布对STM测量结果的影响**

用STM测量试件廓形，无论采用等高测量模式还是恒电流测量模式，隧道电流都将受到表面被测处原始电子局域态密度的影响，并影响到表面廓形的测量结果。对不同试件的表面，各处的电子局域态密度是不等的。如试件表面原子种类不同、原子和原子间的连接方式不同、原子状态不同或试件表面吸附有原子或分子时，由于不同种类的原子或分子团具有不同的电子局域态密度和不同的功函数，故STM测出的等电子局域态密度轮廓，不完全对应于试件表面原子的起伏，而是对应表面原子起伏与不同原子各自电子局域态密度组合的综合结果。

影响原子的表面电子局域态密度的最主要因素，是原子外层轨道中的电子及这些电子所处的状态。不同元素的原子，其外层轨道具有不同的电子数、不同的化合价数和不同的功函数。半导体材料具有独特的表面电场特性，它可以有多种不同的原子排列，其电子局域态密度分布是不均匀的。相邻原子的连接形态方式不同，如成为晶态、非晶态、团簇、化合物、化合键的连接形式等，都会导致电子局域态密度不同。同一晶体的相同原子，因在晶体中的位置不同、键的连接形式不同，电子局域态密度分布也将不同。各元素的相同原子，可以处于不同的原子组合形式，例如，碳原子可以组合成石墨、金刚石、团簇（如$C_{60}$）或碳纳米管等；原子可以处于不同的激发状态，如固态、液态、气态或离子态等；特定的原子排列，能将电子的运动约束在量子域中，形成特殊的电子运动形态。以上这些都将影响STM的测量结果。

但是从另一角度看，利用STM能检测局域态电子密度的特性，可以用来测量过去无法测量的某些特殊电子运动形态。例如在量子力学中研究电子和原子尺度结构的相互作用，给出量子力学的基本方程解。在某些情况下，如形成量子围栏时，将形成特定电子态密度分布，形成电子波浪，过去这种电子波浪是无法用实验观察的。

IBM的科学家采用原子搬迁的方法，在单晶铜表面准确地用48个Fe原子围成一个直径为14.3 nm的圆圈。每个Fe原子是位于铜单晶表面3个等距离排列的Cu原子的中心位置（在该位置，Fe原子的位置是稳定的），相邻Fe原子间距为0.9 nm。这些Fe原子的圆圈形成量子围栏，将电子圈在中心。关在围栏中的电子局域态密度，受到围栏中Fe原子的影响，形成电子波浪。图2.28是IBM的科学家测量到的STM图像，用STM不仅测量到48个Fe原子组

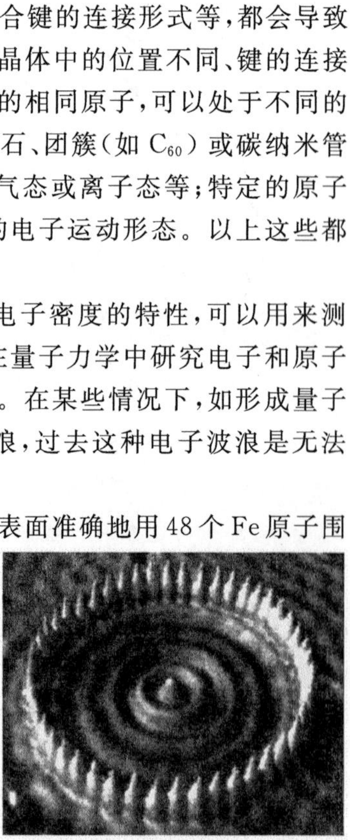

图2.28 用STM观察到的电子波浪

成的量子围栏，还可清晰地测出围栏中美丽的电子波浪。测量仪器 STM 使人们能够直观地观察到过去只有在书中理论分析所描述的电子态密度分布图形。对这些实测得到的电子态密度波浪图像进行的精确测量，表明它们恰好代表电子在这种围栏中应处的能量位置，证明量子力学理论的正确性。

**6. STM 测量时的偏压对测量结果的影响**

STM 测量时加在探针与试件间的偏压将形成一定的电场，该电场必然会影响试件表面电子局域态密度，也必然会影响试件表面的 STM 测量结果。实验也证明，对同一试件使用同一 STM 和同一探针测量，测量时探针和试件间所加偏压的大小和极性不同，将会形成不同强度或极性的电场，对试件测量结果也产生不同的影响。

图 2.29 是 Si(111) $-7\times7$ 表面的 STM 原子图像，其中图 2.29(a) 的扫描偏压是 $V_b=+2$ V，图 2.29(b) 的扫描偏压是 $V_b=-2$ V，二者的扫描电流绝对值都是 0.6 nA。图中所示菱形结构是 Si(111) $-7\times7$ 表面的一个单胞，共 12 个原子，通常称围绕在单胞洞周围的原子为角吸附原子，而远离单胞洞的原子为中心吸附原子。

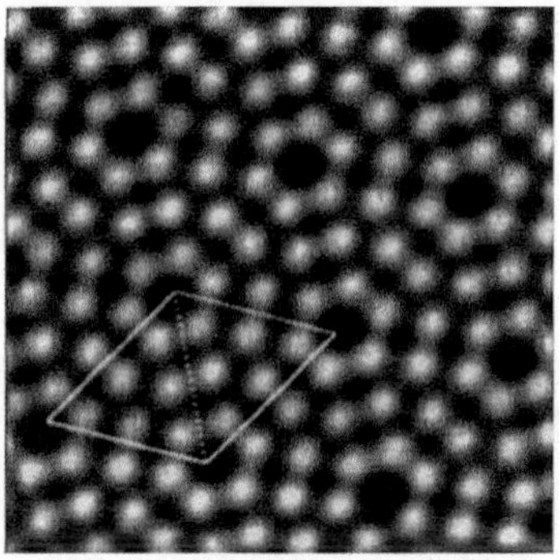

(a) 扫描偏压 $V_b=+2$V

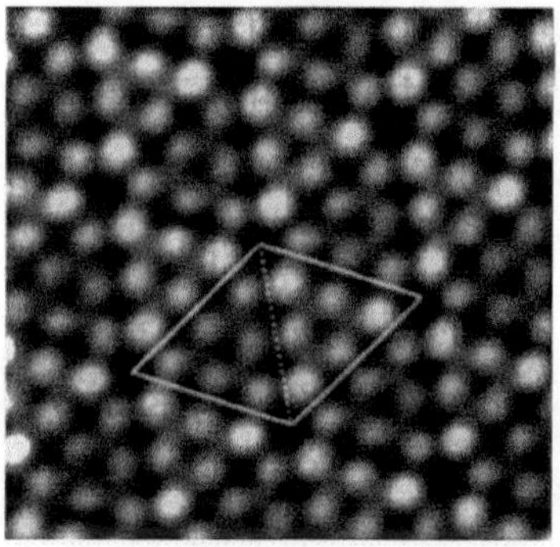

(b) 扫描偏压 $V_b=-2$V

图 2.29　Si(111) $-7\times7$ 表面的 STM 原子图像，图像尺寸为 8.4 nm × 8.4 nm(黄德欢)

当扫描偏压为正偏压，即 $V_b=+2$ V 时，图 2.29(a) 的原子图像中所有 12 个原子高度都相同；当扫描偏压为负偏压，即 $V_b=-2$ V 时，图 2.29(b) 的原子图像中，12 个原子的电子态与它们在单胞内的位置有关，12 个原子将分成几种高度。高度最低的是左边 6 个原子中的 3 个中心吸附原子，比它稍高些的是左边 6 个原子中的 3 个角吸附原子，再高一层的是右边 6 个原子中的 3 个中心吸附原子，最高层是右边 6 个原子中的 3 个角吸附原子。各相邻原子层之间的高度差为 0.05 nm，可以用 STM 测量出来。从图 2.29(b) 的原子图像中也可看出各个原子的不同明亮程度，说明它们的高度不同。

实验也证明，用 STM 检测 Si(111) $-7\times7$ 表面时，所用偏压值不相同，得到的图像也有差别，这是使用STM检测时应该注意的问题。

**7. 表面污染对STM测量结果的影响**

前面对STM测量的分析，是基于探针和试件表面无污染的理想条件，但在大气环境下实际的STM测量很难达到上述条件。

在空气中，探针表面和金属试件表面都会有一层氧化层或吸附层，钨质的探针针尖也很容易在空气中氧化。当探针与试件表面距离为隧道间隙时（例如 $a > 0.3$ nm时），中间污染层也会把探针的力传递到试件表面，使其产生变形。污染层对表面电子局域态密度起伏的测量结果将起放大作用，对STM的测量过程产生严重的干扰。

H. Marin进行了4种不同条件的测量，研究了表面污染对STM测量结果的影响，实验中探针为钨针，试件为多层石墨。

① 在大气环境下测量，隧道电流值约为300 nA时，实测隧道间隙值约为15 nm，而且有较大的滞后特性，说明有非弹性变形存在。

② 在高真空中测量，探针和试件表面均经初步清理，此时可以认为表面无吸附层，在隧道电流值约为40 nA时，实测隧道间隙值约为5 nm。

③ 在高真空中将试件加热到1 000 ℃保持1 h，去除试件表面的氧化层后进行测量，在隧道电流值约为30 nA的范围时，实测隧道间隙值约为2 nm，已无滞后现象。

④ 在实验条件③的基础上，将探针针尖进行场发射去除针尖表面的污染物后再进行测量，在隧道电流值约为300 nA的范围时，实测隧道间隙值不到0.3 nm，比有污染层时的测量值降低了50倍，这说明污染层对测量结果影响甚大。

华中理工大学亦进行过类似的实验，使用新腐蚀的钨针尖和新剥离的石墨层表面，用STM在恒电流模式下测量，隧道电流值约为20 nA时，隧道间隙值约为1.5 nm。在基本相同的条件下，5天后再测量，隧道电流值仍保持约为20 nA时，隧道间隙值需增大到约为2.2 nm。

表面污染层不仅会造成STM测量的图像畸变，同时还会增加测量中的噪声信号。

在对测量精度有较高要求时，多数材料应在真空中测量。在真空中，探针与试件材料可较长时间保持清洁，不被污染。用STM在大气中测量时，为避免氧化污染，探针常采用Pt－Ir合金制造，而不用钨针。

# 2.3　原子力显微镜

## 2.3.1　原子力显微镜简介

### 1. 原子力显微镜的发明和多种扫描探针显微镜的发展

扫描隧道显微镜(STM) 虽然可以检测试件微观形貌达到原子级分辨率，但是它只能用于检测导体和半导体材料试件。为解决检测非导体试件微观形貌的重大难题，美国斯坦福大学的 G. Binnig(STM 的发明者) 和 C. Quate、C. Gerber 等在 1986 年发明了原子力显微镜(AFM)。

原子力显微镜的发明并不偶然，因为在研究 STM 的工作机理和提高它的检测分辨率时发现，在 STM 测量时，探针针尖－试件的原子间作用力相当大，并且直接影响测量结果。原子力显微镜就是利用针尖－试件间原子的相互作用力，作为检测试件微观形貌时的检测信号。随着 AFM 的不断研究改进，它不仅可以检测导体、半导体和非导体试件的微观形貌达原子级分辨率(纵向分辨率达 0.01 nm)，而且可以在液体中进行检测，使过去长期梦想的"在液体中观察液固界面的化学行为"成为现实，而且可以在液体中观察、研究活细胞的形貌和活动，使生物学的研究跃升到一个新的水平。

原子力显微镜除了可用于表面原子级形貌检测之外，由于它能高灵敏度地检测针尖所受的作用力，因此可以用于测量试件表层纳米尺度范围内的力学行为，例如材料微观表层的弹性模量、塑性变形、显微硬度、蠕变等。加上测横向力部分后，AFM 扩展成为摩擦力显微镜。这些新发展大大扩展了 AFM 的功能和应用范围。

在对 AFM 的作用机理和提高其测量分辨率的研究中发现，在测量时，针尖－试件原子间的相互作用力不仅有相互吸引的范德瓦耳斯力、振荡力、相互排斥的库仑力，同时还存在毛细力、摩擦力、磁力、静电力、化学力等。其中摩擦力、磁力、静电力、化学力等，在特定的场合，是某些试件非常重要的性能参数，于是又发展了新的摩擦力显微镜(FFM)、磁力显微镜(MFM)、静电力显微镜(EFM)、化学力显微镜(Chemical Force Microscopy，CFM)，因这些显微镜都是检测扫描时针尖－试件间的作用力，故这些显微镜又称扫描力显微镜(Scanning Force Microscopy，SFM)，统称扫描探针显微镜(SPM)。

摩擦力显微镜(FFM) 的发展和应用，对研究界面摩擦磨损行为和机理，做出了重要贡献，使新的纳米摩擦学获得了迅速的发展。磁力显微镜(MFM) 的发展和应用，对近期迅速发展的磁性材料的磁性能检测和磁记录技术的发展，起到了积极的推动作用。化学力显微镜(CFM)的发展和应用对化学变化机理的研究，发挥了重要作用。

原子力显微镜和其他扫描探针显微镜，现在已成为发展纳米科学和技术及其相关学科的极为重要的工具。

**2. 原子力显微镜的基本工作原理**

原子力显微镜检测试件表面微观形貌的原理与扫描隧道显微镜极为相似，只是前者被监测的参数是探针针尖和试件表面原子间的相互作用力，而STM被监测的是探针针尖和试件表面原子间的隧道电流。

当探针针尖和试件表面间的距离缩小到纳米数量级时，探针尖端原子和试件表面原子间的相互作用力就显示出来。原子间距离缩小产生相互作用，造成原子间的高度势垒降低，使系统的总能量降低，于是二者之间产生吸引力。如果两原子间距离继续减小接近到原子直径量级时，由于两原子间的电子云的不相容性，两原子间的相互作用为排斥力。原子力显微镜就是通过检测探针针尖和试件表面原子间的相互作用力而进行测量的。

图2.30是原子力显微镜的工作原理示意图。探针装在一个对微弱力非常敏感的微悬臂上，探针针尖与试件表面非常接近(不接触测量)或刚接触(接触测量)，保持相互作用力在控制范围内，通过压电陶瓷控制试件在$X$、$Y$向做扫描运动。由于试件表面微观形貌高低起伏，将使带针尖的微悬臂自由端随着表面起伏而上下变形。通过用隧道电流或激光光束偏移，来检测微悬臂的自由端在$Z$向的变形位移，可以根据微悬臂的变形位移和弹簧刚度或微悬臂振动频率的改变，实现对探针针尖和试件表面原子间的相互作用力或力梯度的测量。通过$Z$向反馈控制针尖作用力，$X$、$Y$向压电陶瓷的扫描运动和针尖$Z$向位移数据输入计算机经数据处理，可获得被测试件表面微观廓形的三维立体形貌图像。由于

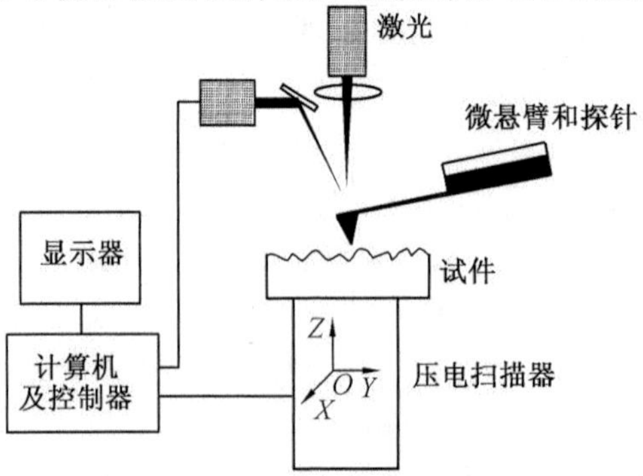


图2.30 原子力显微镜的工作原理示意图

针尖对试件的作用力极为微小，AFM 检测固体试件时，可基本上不划伤试件表面。

AFM 在接触测量时，检测的是针尖－试件表面原子间的相互排斥力（库仑力）。不接触测量时检测的是针尖－试件表面原子间的相互吸引力（范德瓦耳斯力），这时针尖－试件表面间的距离稍大，故测量分辨率不如接触测量法。近年来，AFM 测量技术有很大改进，如采用轻敲扫描测量模式、微悬臂振荡的测力梯度方法、微悬臂与针尖结构和制造工艺的改进等，大大提高了 AFM 的测量分辨率和扩大了其应用范围，实现了原子级的测量成像。

**3. 早期的 AFM**

图 2.31 是 1986 年 G. Binnig 和 C. Quate、C. Gerber 等发明的第一台原子力显微镜的结构示意图。探针由金刚石制成，装在一块尺寸为 0.8 mm × 0.25 mm，厚度为 25 μm 的金箔制成的微悬臂上。微悬臂的上下由压电陶瓷控制，与试件轻微接触时，探针针尖与试件表面原子间产生微弱的相互排斥力，排斥力为$10^{-11} \sim 10^{-8}$ N。

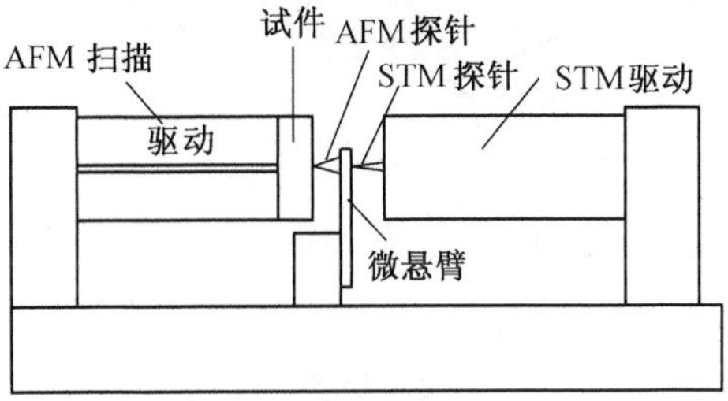

(a) 原子力显微镜的结构

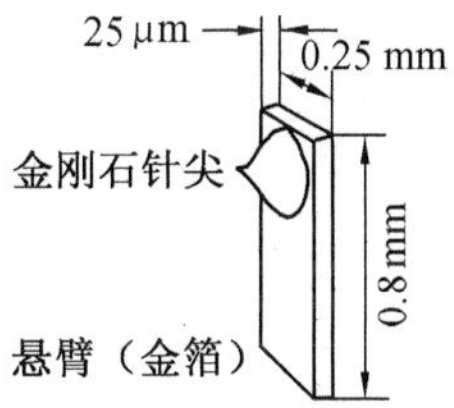

(b) 微悬臂和探针

图 2.31　G. Binnig 等人发明的第一台原子力显微镜的结构示意图（1986）

试件由工作台带动做 $X$、$Y$ 向扫描。试件通过扫描及力反馈来控制排斥力在扫描过程中保持恒定。在扫描过程中，带有探针的微悬臂端将随试件表面的起伏而升降。微悬臂的升降量被安装在它背后的 STM 检测出来，这样在扫描过程中即可测出试件表面微观形貌数据，再通过计算机数据处理而获得试件表面形貌的三维图像。这台 AFM 解决了非导体试件微观形貌检测的难题。

第一台 AFM 研制成功后，曾用于检测 $Al_2O_3$ 陶瓷的表面，获得了较好的检测结果，它的纵向分辨率小于0.1 nm，横向分辨率为 3 nm。1987 年，Stanford 大学的C. Quate 等又改进了原子力显微镜，用 $SiO_2$ 制成 V 形微悬臂，利用微悬臂的 V 形尖端作为针尖（微悬臂与试件表面构成大约 20° 的夹角）。他们用这台仪器检测了石墨和 $MoS_2$ 的表面，获得了原子级分辨率的图像。

1988 年，P. Hansma、V. Elings 等研制成功了立式 AFM，如图 2.32 所示。试件装在能做 $X$、$Y$、$Z$ 三方向位移的扫描器上。微悬臂用挠性弹簧片制成，顶端安装针尖。利用粗调与精调螺丝将针尖移动到与试件表面轻微接触，通过扫描器使试件相对于针尖做扫描运动。针尖－试件表面原子间的作用力，由偏转传感器进行检测。放大后的力信号与参考值做比较，差值信号再经放大后驱动反馈电路，使用恒力检测模式，获得试件表面微观形貌的检测图像。

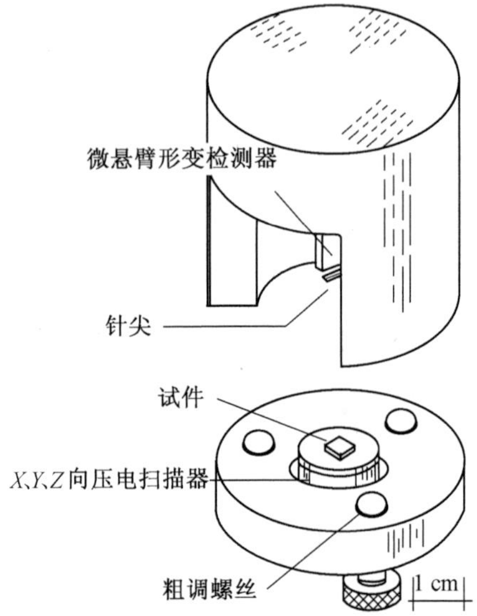


图 2.32　立式 AFM（P. Hansma 等，1988）

立式 AFM 在对针尖－试件表面原子间相互作用力检测过程中的检测方法和仪器的结构等方面与第一台 AFM 相比，已有较大的改进。P. Hansma 等不仅用这台 AFM 检测工程材料的微观形貌，还用它进行了生物学中细胞的观察研究。

原子力显微镜后来又经过了多次改进，现代的 AFM 不仅有原子级的分辨率（纵向0.01 nm，横向 0.1 nm），针尖对试件的作用力也极小，基本不划伤试件，因而能测量软质试件，而且现在又具有多项新的测量功能。

**4. 原子力显微镜的总体结构组成**

现代的原子力显微镜，由于采用的扫描运动机构的不同和检测针尖微悬臂受力变形的方法不同，而有多种不同的总体结构组成，但是它们的总体系统原理都是一致的。图 2.33 为某种具有代表性的 AFM 的总体系统原理框图。AFM 的总体系统由显微镜主体、电控系统、微机信号处理和显示系统三部分组成。

(1) AFM 的显微镜主体。

显微镜主体是总仪器的核心，它主要是由三部分组成：① 能做 $X$、$Y$、$Z$ 三向微位移的压电陶瓷扫描管组成的安放试件的工作台。② 探针和力敏微悬臂。探针要求针尖曲率半径极小以提高横向分辨率；微悬臂由微力弹簧片制成，要求纵

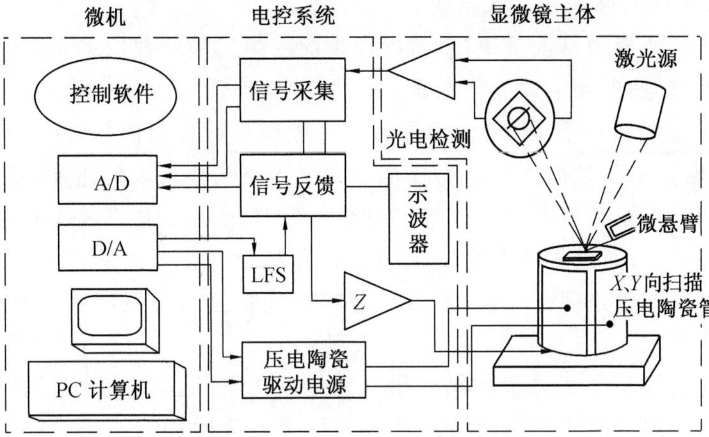


图 2.33　AFM 的总体系统原理框图

向弹性系数很低以提高测力灵敏度，横向刚度则要求很高，以避免微悬臂的侧向变形。③ 针尖－微悬臂受力变形测量系统。因针尖－微悬臂受力变形的测量灵敏度直接影响 AFM 的测量灵敏度，故要求尽量提高其测量灵敏度。现代的 AFM 采用了多种不同的针尖－微悬臂受力形变的测量方案，图 2.31 中的 AFM 采用激光照射微悬臂背面，当针尖微悬臂受力变形后，反射的激光将产生偏移，由二象限检测器检测偏移量，从而测出针尖受力的变化值。此外还可用 STM 检测带针尖的微悬臂端的 $Z$ 向位移(图 2.31)。现在还采用力调制技术检测针尖和微悬臂所受的力。这种方法使用振荡的针尖－微悬臂进行扫描，变化的力梯度将使微悬臂的振荡频率改变，根据悬臂振荡频率和相位的变化，测出作用力和力梯度的大小，这种检测方法因测量灵敏度高，应用日渐广泛。

AFM 的其他机械结构，如探针针尖和试件表面距离的粗调和微调机构、隔振系统等，与 STM 的机械结构基本相同。

(2) 电路控制系统。

由于扫描力显微镜是在原子尺度上研究试件表面，被检测的信号十分微弱，一般在纳米量级，因此对其电路设计的要求是十分严格的。

原子力显微镜的电路控制系统如图 2.33 中所示，包括：针尖受力变化的信号的数据采集系统；使试件进行 $X$、$Y$ 向扫描的压电陶瓷驱动电路；针尖受力变化的反馈控制系统，其中包括信号放大、比较电路、增益放大电路、积分电路等；$Z$ 轴压电陶瓷驱动电源等。在 AFM 采用不同的针尖受力检测方案时，相应的数据采集系统将随之变化。AFM 的电路控制系统除针尖受力信号的采集系统外，与扫描隧道显微镜的控制电路的差别不大。

(3) 微机信号处理和显示系统。

微机信号处理和显示系统包括:试件表面图像扫描和数据采集、力相关函数的控制和采集、处理和结果的图像显示。

试件表面图像扫描、采集和显示程序可以实现试件表面拓扑图像的实时采集、灰度图像显示及数据存储。扫描范围、扫描方向、数据采集速度、工作模式等相关参数都可根据需要设定。仪器的软件能够作出有关力的函数曲线,例如在恒力扫描模式下,通过改变参比电流可以得到载荷变化与微悬臂法向偏移量的关系曲线等。图像处理程序包括二维、三维和线扫描图像及图像分析和处理功能。

从上述的原子力显微镜的结构组成系统中可看到,其中装有探针的力敏微悬臂和精确检测扫描力大小的检测系统是原子力显微镜的特殊关键部件,而其他部分,包括压电陶瓷扫描系统、机械系统、电路控制系统和微机信号采集处理系统等都和扫描隧道显微镜基本相同,可采用 STM 的成熟经验。

## 2.3.2 原子力显微镜的测量和扫描模式

### 1. AFM 检测的要求

AFM 是通过检测探针针尖和试件表面原子(分子)间的相互作用力而测出试件的表面微观形貌图像。探针针尖和试件表面非常接近时,二者间的作用力极为复杂,有磁力、静电力、摩擦力(接触时)、黏附力、毛细力、原子(分子、离子)间的排斥力(库仑力)、吸引力(范德瓦耳斯力)等。AFM 的检测成像用的是原子(分子、离子)间的排斥力(接触测量)或吸引力(非接触测量),而其他各种作用力对 AFM 的检测成像并无帮助,只是起干扰作用。

AFM 有多种测量和扫描模式,选用哪一种具体测量和扫描模式,不仅与 AFM 的检测成像的分辨率和灵敏度直接有关,而且也影响其他各种力对测量的干扰大小。确定测量和扫描模式时,要考虑实验的具体要求和可能条件。

### 2. 作用力的测量模式

探针针尖－试件表面间作用力的测量模式,实际上也就是测量试件微观形貌的模式。AFM 常用的测量模式有:

① 恒力测量模式。恒力测量模式是最常用的测量模式之一。测量原理是通过针尖随试件微观形貌表面高低做 $Z$ 向运动,通过反馈回路调整针尖－试件间距离,保持微悬臂变形量恒定,从而控制力的恒定。这种情况与 STM 检测时保持隧道电流不变的测量模式类似。经常采用的是试件装在能做 $Z$ 向微进给运动的工作台上,伺服调整针尖－试件间距离,达到控制力的恒定。这种测量模式可通过反馈回路的输出变化,精确测出 $Z$ 向运动的大小。

② 测量微悬臂形变量的测量模式。测量微悬臂形变量的测量模式不控制针尖－试件间的作用力恒定，而是根据作用力的变化使微悬臂产生不同的形变，测量系统通过直接测量微悬臂的形变量，从而测出作用力。如果力的相对变化不大，测量可以达到足够的精度。这种测量模式没有使用反馈回路，因此可使用稍高的扫描速度。

③ 恒力梯度测量模式。恒力梯度测量模式采用振动微悬臂，测量系统通过锁相技术来测量信号。调制信号可选在微悬臂机械共振频率附近。为控制微悬臂振幅恒定，可保持共振频率 $\omega_1$ 不变，这是由于关系式 $\omega_1 \propto (k-F')^{1/2}$。上式中 $k$ 是微悬臂的弹性系数，$F'$ 是力梯度。探针将沿恒力梯度轨迹线运动。

④ 力梯度测量模式。力梯度测量模式并不保持力梯度恒定，而是测量由于力梯度变化引起的振动频率的变化，即用频率调制(FM)检测器直接检测微悬臂的振动频率变化，从而得到力梯度的变化值。如再利用相位成像技术，可进一步提高它的测量灵敏度。这一方法的优点是能很有效地应用高 $Q$ 值悬臂。

**3. AFM 检测时的扫描成像模式**

AFM 检测试件表面微观形貌时，采用三种不同的扫描成像模式：① 接触扫描成像模式(contact mode)；② 非接触扫描成像模式或抬高扫描成像模式(non-contact mode 或 lift mode)；③ 轻敲扫描成像模式(tapping mode)。图 2.34 是这三种扫描成像模式的示意图。

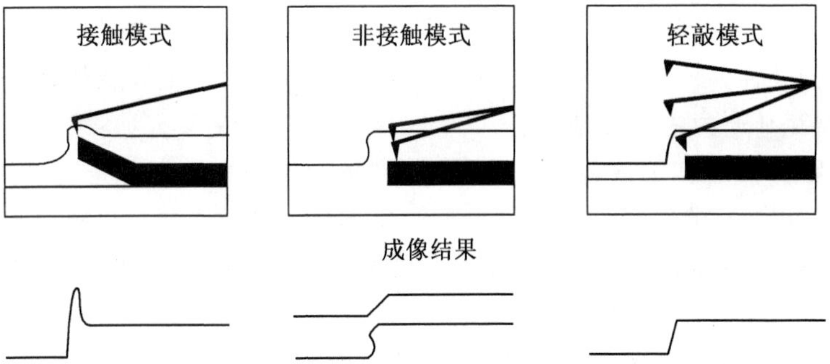


图 2.34　AFM 的三种扫描成像模式的示意图

(1) 接触扫描成像模式。

采用接触扫描成像模式时，探针针尖始终与试件表面接触并在表面上滑动。针尖－试件间的相互作用力，是接触原子的外层电子相互排斥的库仑力，库仑力大小为$10^{-11}$ ～$10^{-8}$ N。

采用接触扫描模式时，探针针尖直接和试件表面接触，因此可以稳定地获得高分辨率的试件表面微观形貌图像，有可能达到原子级的测量分辨率。检测时，微悬臂作用在探针上的弹簧压力一般很小(小于 $10^{-9}$ N)，对普通的硬试件表面不致造成划伤。

接触扫描测量模式存在下列缺点：

① 检测弹性模量低的软质试件时，试件表层在针尖力的作用下会产生变形，甚至划伤，这将使测出的表面形貌图像出现假象。

② 在大气条件下，多数试件表面都吸附着覆盖层（凝集水蒸气、有机污染物、氧化层等），厚度一般为几纳米。当探针针尖接触吸附层时，毛细现象会使吸附层下凹或黏附到针尖上，引起额外的黏附力，增加总的作用力，造成检测成像的畸变。

③ 针尖和试件接触并滑行，容易使探针针尖磨损。

将试件浸在液体内进行接触扫描测量，可以消除毛细力的作用，同时静电力也被消散或屏蔽，因而可以降低测量力而获得高分辨率的测量图像，这是一种很好的测量方法。但有些材料是不允许浸在液体内的（如半导体硅片），有些材料在液体内会表层变软，有些会膨胀。用氮化硅探针在水中检测，氮化硅在水中有轻微的负电荷，它同正电荷的胶乳颗粒有静电压吸引作用，容易得到双针尖的假象。如果用氨基硅烷修整探针表面，将使针尖带正电荷，抑制正电荷颗粒的吸附，提高测量成像的质量。

(2) 非接触扫描成像模式。

当探针针尖接近试件时，二者的原子（分子）间将同时存在相互作用的排斥力（库仑力）和吸引力（范德瓦耳斯力）。排斥力属短程力，作用距离在十分之几纳米数量级；范德瓦耳斯力属很弱的长程力，作用距离达数十纳米。当针尖－试件间距小于某临界值（在十分之几纳米范围）时，排斥力占主导地位；大于该临界值时，范德瓦耳斯力占主导地位。

在实际非接触扫描成像模式测量时，测量的作用力是以范德瓦耳斯力为主的吸引力，针尖－试件间距离大致为 5 ～ 20 nm。由于范德瓦耳斯力很微弱，测量灵敏度不高，为提高测量灵敏度，常采用微悬臂振动的调制信号检测法、相位成像技术等。这种扫描模式下针尖－试件间距离较大，必然会降低测量分辨率。非接触测量法现在达到的分辨率为纳米级，很难再达到原子级的测量分辨率。

非接触扫描测量模式的主要优点是探针和试件不接触，针尖测量时不会使试件表面变形，适用于弹性模量低的试件。此外，针尖和试件不接触，测量不受毛细力的影响，同时针尖也不易磨损。但非接触扫描测量模式测量灵敏度相对于其他扫描模式要低些。

(3) 轻敲扫描成像模式。

轻敲扫描模式是新发展起来的扫描成像技术。这种扫描方式介于接触模式和非接触模式之间，可克服接触和非接触两种扫描成像模式的缺点。在轻敲扫描模式的扫描过程中，微悬臂是振荡的，其振幅一般在 20 nm 以上，大于非接触扫描时的振幅，探针针尖在振荡时间断地与被测表面接触。由于探针针尖接触试件表面，故能有与接触扫描成像模式同样高的分辨率。由于接触时间短，且针尖运动方向和被测表面接近垂直且敲击力极小，故扫描时对被测表面的破坏几乎可以忽略。

在大气中测量时，微悬臂受压电晶体或磁性线圈驱动，在其机械共振频率附近振荡。扫描时探针针尖轻敲试件表面，微悬臂不再完全自由振荡，其振幅将减小。测振反馈系统可控制并调节振动的振幅，控制敲击力在要求的数值并使之恒定，保持探针针尖和试件表面间的振荡距离恒定，从而测量出试件表面的微观形貌。AFM 采用这种轻敲扫描成像模式时的探针针尖振荡检测原理如图 2.35 所示。采用轻敲扫描成像模式时，针尖和试件间的作用力很小，通常为 $10^{-12}$ ～ $10^{-9}$ N。探针针尖敲击运动的方向和被测表面接近垂直，试件表面材料受横向摩擦力、压缩力和剪切力的影响很小，不易损坏被测表面。故用这种扫描模式可以检测柔软、易碎和黏附性较强的试件，且不破坏被检测的表面。

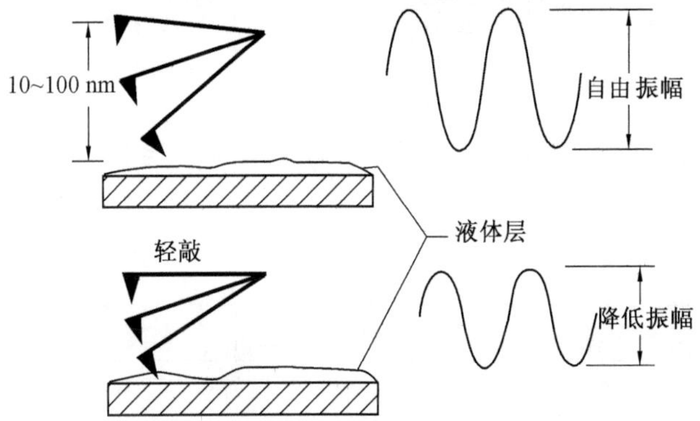


图 2.35　AFM 采用轻敲扫描成像模式时的探针针尖振荡检测原理图

在液体中测量时，微悬臂的振荡受液体的阻力作用振幅减小，但整个液体也被振荡来驱动微悬臂振荡。液体中振荡的微悬臂进一步减小了作用在试件上的横向摩擦力和剪切力，减少了被测表面的损伤。液体中轻敲扫描成像模式测量的稳定成像力已小于 200 pN。

轻敲扫描成像模式显著提高了 AFM 的检测性能，它已是高质量 AFM 测量时的基本扫描模式。用这种扫描模式可获得相当多试件的高分辨率图像，包括：硅片表面、薄膜、金属、绝缘体、感光树脂、高聚物和生物样品等。在水中对吸附在云母上的DNA分子成像时，使用探针针尖曲率半径为50 nm，能测出宽度只有 5 nm 的 DNA 分子。使用轻敲扫描成像模式很明显地提高了 AFM 在液体中测量成像的分辨率。

### 2.3.3 探针－试件间的作用力

#### 1. 探针－试件间的各种作用力

(1) 各种长程力和短程力。

自然界中存在 4 种基本作用力:强、弱相互作用力,电力、磁力和重力的相互作用力。在微观尺度上,电磁相互作用是主要的,在原子和分子的微观世界中,电磁相互作用力是基础,能够引起并制约其他各种作用力,如摩擦力、黏附力、毛细力等。与 AFM 测量有关的不同相互作用力的类型和作用范围见表 2.1,这些力中除强、弱相互作用力可忽略外,其他力在 AFM 的测量中都是必须考虑的。

表 2.1　与 AFM 测量有关的不同相互作用力的类型和作用范围

| 作用力 | | 举例 | 相互作用距离 |
|---|---|---|---|
| 长程力 | 磁力 | 生物铁磁体 | 小于 0.1 m |
| | | 磁畴 | 小于 $10^{-7}$ m |
| | 静电力 | 针类－试件间电容 | 小于 $10^{-7}$ m |
| | 毛细力 | 玻璃上水膜 | 小于 $10^{-3}$ m |
| | | 针尖－试件间凹面 | 小于 $10^{-9}$ m |
| | 液固界面力 | | 小于 $10^{-7}$ m |
| | 范德瓦耳斯力 | 针尖－试件间($R \gg Z$) | 小于 $10^{-8}$ m |
| 短程力 | 黏附力 | 跳跃接触 | 小于 $10^{-9}$ m |
| | 排斥力 | 针尖试件接触 | 小于 $10^{-10}$ m |
| | 弱相互作用力 | | 小于 $10^{-15}$ m |
| | 强相互作用力 | | 小于 $10^{-15}$ m |

(2) 探针针尖接近试件过程中发生作用的各种力。

在 AFM 实验中,针尖接近试件过程中,首先遇到的作用力是空气介质的阻尼(发生在轻敲扫描成像模式和悬臂振动测量)。探针－试件间距离在 10 $\mu$m 左右时,将形成空气阻尼膜,阻尼膜会影响探针悬臂的振荡,并且有可能导致探针错误地逼近试件。当探针－试件间距离在100～1 000 nm 时,静电力和磁力相互作用将是主要的,AFM 测量时应注意控制消减这两种力的干扰。

所有在空气中的试件,表面都有一层薄的吸附水膜,几个单层的吸附水膜就能产生几百纳米吸引力的毛细力(在空气干燥时可减小到 10 nN 数量级)。这种表面效应发生在离试件表面 10～100 nm 处。轻敲扫描成像模式可以减轻表面吸引作用,要完全消灭毛细力的作用,需将探针和试件完全浸入液体中,这时气－液界面消失，不再发生表面吸引力。AFM 在空气中测量时，针尖的作用力在$10^{-11}$ ～$10^{-10}$ N 数量级。

针尖－试件距离达到 10 nm 左右时，原子（分子、离子）间吸引的范德瓦耳斯力开始起作用，随着距离的缩小，范德瓦耳斯力将略有增强。针尖－试件间距离小到1 nm 以内时，原子间相互排斥的库仑力开始起作用，随距离的再缩小排斥力迅速增大，到某临界距离时，排斥力将超过吸引力，这时针尖－试件间的作用合力将是排斥力。针尖－试件距离再接近，排斥力继续增大，直到针尖或试件损坏。

针尖－试件接触后，如再有横向扫描运动，则黏附力和摩擦力都将起作用，这些力对 AFM 的测量成像都有影响。

（3）AFM 测量时利用的相互作用力。

AFM 检测试件表面微观形貌时，是检测针尖－试件间的相互作用力：在接触测量时，检测的是它们间的相互排斥力；在非接触测量时，检测的是它们间的相互吸引力。

针尖－试件间相互作用的排斥力，主要是原子（分子、离子）间相互排斥的库仑力；针尖－试件间相互作用的吸引力，主要是原子间相互吸引的范德瓦耳斯力。固体原子间相互排斥的库仑力是由表面总的电荷密度引起的，如果试件是理想刚体，则 AFM 在恒力测量模式下得到的图像是试件表面所有能量级上真空一侧的局域密度，因此，AFM 的测量结果更能反映试件表面的真实状态。在采用非接触测量时，AFM 是利用原子间相互吸引的范德瓦耳斯力进行工作的，因范德瓦耳斯力很微弱，针尖－试件间距离又较大，故测量分辨率和灵敏度均低于接触测量。原子间相互排斥的库仑力和相互吸引的范德瓦耳斯力是 AFM 进行测量的理论基础，下面将做深入的分析。

（4）针尖－试件间其他作用力及其在各种扫描力显微镜中的应用。

在针尖－试件间，除 AFM 测量时利用的库仑力和范德瓦耳斯力外，还有多种相互作用力：如磁力、静电力、摩擦力、黏附力、毛细力、化学力等。这些力在原子力显微镜测量时不起主导作用，反而会对 AFM 测量产生干扰，造成测量误差，因此在 AFM 测量时应尽量设法减小这些力的干扰。但在某些特定条件下，这些力中有一种或数种起主导作用，还可以利用它们进行专门的检测，称为特殊的扫描力显微镜（SFM）。图 2.36 归纳了针尖－试件间的一些主要相互作用力。

在原子显微镜检测中，原子（分子、离子）间的库仑力或范德瓦耳斯力是成像力。在 AFM 的不接触测量时，磁力和静电力有可能产生干扰，应注意避免。在接触测量时，试件表面的水膜使毛细力起作用；黏附力和摩擦力都对针尖形成额外的作用力；如针尖作用力大时，还会有表面的弹性力和塑性力。因此在用 AFM 进行接触测量时，应尽量减小这些干扰力。

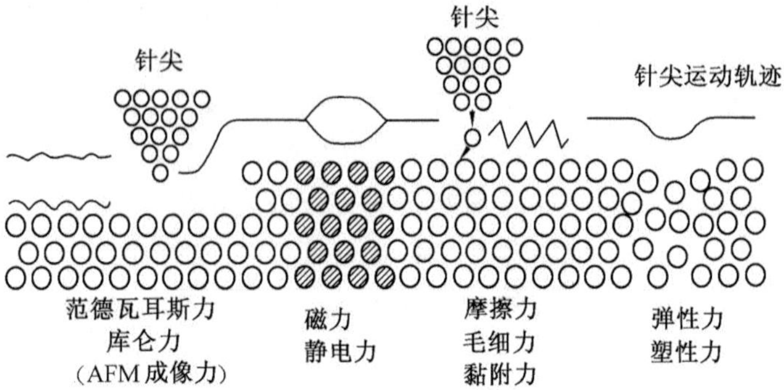


图 2.36　针尖－试件间的一些主要相互作用力

针尖－试件间其他作用力可用于特殊检测的需要，例如，利用针尖－试件间相互作用的磁力，可制成检测材料磁性能的磁力显微镜(MFM)；利用针尖－试件间相互作用的静电力，可制成检测材料表面电场电势的静电力显微镜(EFM)；利用针尖－试件接触滑行时的摩擦力，可制成研究材料摩擦磨损行为的摩擦力显微镜(FFM)；利用针尖作用在试件表面时造成的弹性和塑性变形，可制成检测材料极薄表层力学性能的检测仪器。上述仪器都属于扫描力显微镜(SFM)，这些新的扫描力显微镜的研制成功和实际应用，已在多门学科领域内取得了大量新的科研成果，有力地促进了纳米科技的发展。

**2. AFM 工作时针尖－试件间的相互作用力**

AFM 工作时可有接触测量、非接触测量和轻敲式测量模式。针尖和试件接触，将使力的作用复杂化，摩擦力、毛细力等多种力都将参与测量，使力的分析难度增加。现在为简化力的分析，以非接触测量时的针尖－试件间的相互作用力为代表并忽略各种干扰力，来研究 AFM 工作时的针尖－试件间的相互作用力。

(1) 相互排斥的库仑力和相互吸引的范德瓦耳斯力。

非接触测量时，如忽略各项干扰力，则针尖和试件在不同距离时的表面原子(分子、离子)间的相互作用力，是相互排斥的库仑力和相互吸引的范德瓦耳斯力的合力。

① 原子间的排斥力。原子(分子)间的排斥力是由于原子外面的电子云相互排斥而产生的，原子间的排斥力很强，在 AFM 测量时排斥力在 $10^{-11}\sim10^{-8}$ N 数量级，是短程的相互作用力，作用距离在 $10^{-10}$ m，随距离增加排斥力迅速衰减。针尖－试件间距变化，特别是在它们间距极小时，将显著改变它们原子周围的电荷密度分布，产生相互作用力。从图 2.37 可看到针尖原子和石墨表层原子间距离 $z$ 改变时，原子周围电子云密度改变的示意图。图中针尖原子处于石墨晶体组织的 $H$ 位(即不在碳原子顶上)。在图 2.37(a) 和图 2.37(b) 中，当 $z=0.249$ nm 时，可看到在垂直剖面和水平剖面中，围绕针尖原子和石墨碳原子的电子云密度

的分布情况。当针尖原子和石墨表层原子间距离 $z$ 缩小到 $z=0.134$ nm时，从图 2.37(c) 的垂直剖面和图 2.37(d) 中的水平剖面中，可看到针尖原子和石墨碳原子周围的电子云相互挤压，产生原子间的相互排斥力，这就是原子间相互排斥的库仑力的产生机理。

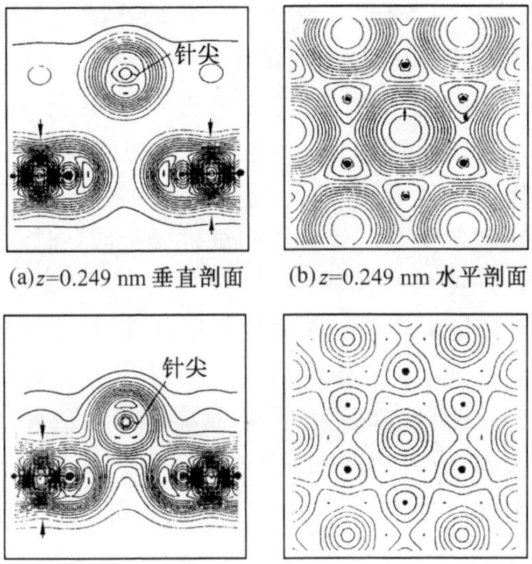

(a) $z$=0.249 nm 垂直剖面　(b) $z$=0.249 nm 水平剖面
(c) $z$=0.134 nm 垂直剖面　(d) $z$=0.134 nm 水平剖面

图 2.37　针尖在 $H$ 位时，针尖－试件(石墨) 不同距离 $z$ 时的电荷密度分布

② 原子间的相互吸引力。原子(分子) 间相互吸引的范德瓦耳斯力是原子或分子靠近时相互极化而产生的微弱引力。范德瓦耳斯力由三部分组成：a. 偶极－偶极相互作用力，即两个偶极子之间的作用力；b. 偶极－感应偶极间的相互作用力，即偶极子同被它感应的偶极子间的相互作用力；c. 色散力，它存于中性的原子或分子间。这些中性的原子或分子的时间平均偶极矩为零，但是电子不断围绕原子核运动，在某一瞬间可能产生一定的偶极矩，使得中性原子或分子之间产生瞬间偶极矩作用，从而产生了色散力。上述三种力中色散力是范德瓦耳斯力的主要成分。范德瓦耳斯力虽然弱，但属于长程力，作用距离可达 $10^{-8}$ m 以上。

可将针尖近似地认为是曲率半径为 $R$ 的局部球形，试件表面是平面，范德瓦耳斯力 $F_V$(负号表示吸引力) 可近似表示为

$$F_V = -\frac{AR}{6} \cdot \frac{1}{z^2} \tag{2.29}$$

式中　$R$—— 探针针尖曲率半径；

$z$—— 探针针尖和试件表面间距离；

$A$——Hamake 常数，$A \approx 5 \times 10^{-19}$ J。

如果 $R=100$ nm，$z=5$ nm，由式(2.29)可算出 $F_V=0.33$ nN，如 $z$ 增大，则 $F_V$ 将更小。在接触测量时，范德瓦耳斯力可忽略不计。在非接触测量时，为达到要求的测量灵敏度，范德瓦耳斯力需要放大很多倍，才能用于 AFM 的测量。

(2) 针尖－试件原子间作用力和距离的关系。

在真空中，针尖－试件原子间作用力与距离的典型关系曲线如图 2.38 所示(1 Å=0.1 nm)。当探针针尖逐渐接近试件到一定距离($A$ 点)时，原子间相互吸引的范德瓦耳斯力开始发生作用。距离继续减小，范德瓦耳斯力逐渐增大。针尖再接近试件时，排斥力开始起作用，但这时排斥力甚微，范德瓦耳斯力起主导作用，故吸引力继续增大。到 $B$ 点时，范德瓦耳斯力的增大值等于排斥力的增大值，这时总的吸引力达到最大值。针尖再向试件接近时，排斥力的增大值超过范德瓦耳斯力的增大值，总吸引力逐渐减小。到 $C$ 点时，排斥力和范德瓦耳斯力相等，相互平衡，故总作用力等于零。针尖再接近试件时，排斥力值已超过范德瓦耳斯力，排斥力起主导作用，总的作用力表现为排斥力。针尖再继续接近试件时，排斥力继续增大，直到针尖和试件接触，这时排斥力达到最大值。从图 2.38 中的曲线可看到，最大的排斥力要比最大的吸引力大很多，此外，利用排斥力作用时，针尖和试件是直接接触的，故 AFM 的测量分辨率和灵敏度较利用吸引力测量时要高不少。

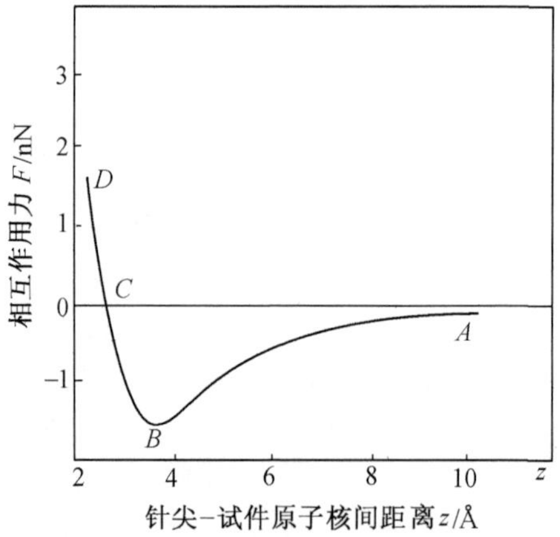


**图 2.38　针尖－试件原子间作用力与距离的典型关系曲线**

图 2.38 中的平衡点(点 $C$)，即在该点范德瓦耳斯吸引力和库仑排斥力的合力为零，一般在针尖－试件原子核间距离为 0.2～0.25 nm 处。

针尖接近试件过程中，原子间作用力的变化(图 2.38)可以有不同的数学描述，Morse 函数是一种常用的数学描述。在选择平衡点(合力为零)作为相互作用能 $u$ 的零点时，$u$ 可表示为

$$u=u_0(e^{-2kz}-2e^{-kz}) \tag{2.30}$$

式中 $u_0$—— 原子的化学吸附结合能；

$k$—— 常数。

原子间作用力和相互作用能的关系为：1 eV /0.1 nm＝1.6 nN。

图 2.38 中的曲线也称 Morse 曲线，它描述了针尖－试件间作用力与距离的关系。

以上的分析未考虑试件中原子的分布位置。AFM 的测量分辨率达原子级，因此针尖的横向位置和试件中原子的相对位置，将影响原子间的相互作用力。从图 2.39 可看到，Al 针尖对准 Al 试件原子（$T$ 位）和针尖对准空位（$H$ 位）时，相互作用力有明显差别。经实测，在 Al 原子顶部（$T$ 位）的作用力比在空位（$H$ 位）的要小，作用力的差别对 AFM 测量试件形貌是有影响的。

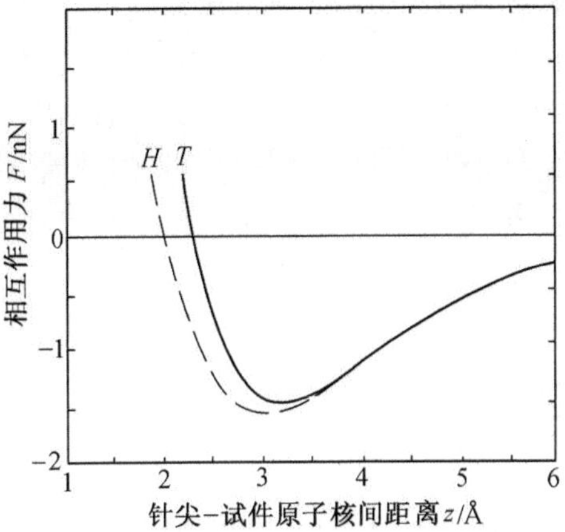


图 2.39 Al 针尖和 Al 试件原子位置不同时的相互作用力

（3）针尖和试件接触的概念。

AFM 测量时，多数采用接触测量，利用排斥力对试件表面进行测量成像。因而首先必须明确针尖和试件接触的概念。

针尖和试件距离逐渐接近时，它们的原子（分子、离子）外围的电子云间将产生相互排斥的库仑力。开始时排斥力极小，随两者距离的缩小，电子云间相互接近、接触、压迫，最后相互透入，两者间的排斥力也逐渐增大。相互接近、相互排斥的过程是个渐变的过程，因此要严格地定义二者从哪一时刻开始接触是很难的。

两物体逐渐接近直到接触，二者间相互作用力的变化如下：当两物体逐渐接近时，二者间相互作用的力开始以范德瓦耳斯力为主导，作用合力是吸引力；当距离小于某临界值后，排斥的库仑力成为主导，相互作用合力成为排斥力。在上述临界点时二者间的作用合力为零。现在公认的物体接触的概念是：当两物体逐渐接近到二者之间的相互作用合力为零的临界点时，两物体被认为开始接触。也就是说，当两物体之间相互作用的合力是排斥力时，这两物体被认为是相互接触的；两物体之间相互作用的合力是吸引力时，这两物体被认为是相互不接触的。

(4)AFM 的接触测量和不接触测量。

根据上述接触的定义，凡是利用针尖－试件间排斥力进行测量的 AFM，无论这排斥力多么微弱，都被认为是属于接触测量。接触测量时只要能控制检测时的排斥力极微弱，探针即不会划伤试件。

图 2.40 为 AFM 接触测量和不接触测量时所实际采用的力区段。接触测量时为避免针尖划伤试件表面，在测量灵敏度允许的条件下，利用排斥力尽量小的区段。随着微力测量技术的发展，现在的 AFM 接触测量时，典型的针尖－试件表面原子间的排斥力为 $10^{-10} \sim 10^{-9}$ N，并力图达到 $10^{-11}$ N。在不接触测量时，利用力区段为针尖－试件接近吸引力较大，并尽量接近最大吸引力的区段，因为利用这一力区段，可在 AFM 不接触测量时达到最高的测量灵敏度。不接触测量，不利用“针尖－试件表面距离小且吸引力小”的力区段，这是因为此时针尖－试件过分接近，不接触不易控制，很容易导致针尖－试件的直接接触。

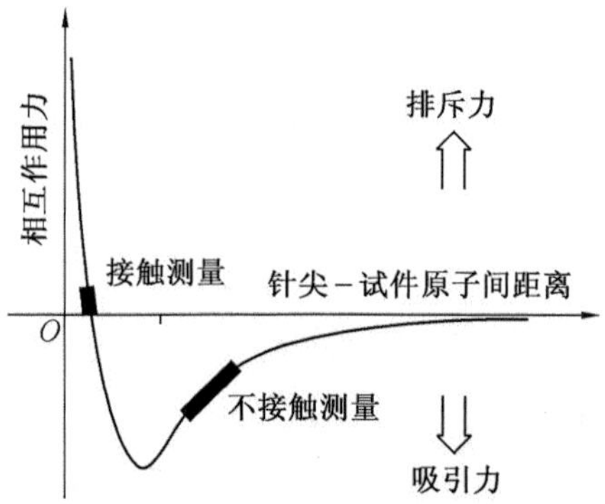


图 2.40　AFM 接触测量和不接触测量时所实际采用的力区段

在空气中测量时，试件表面的吸附水膜会产生额外的毛细力，使检测用的排斥力不能降得很小，检测弹性模量低的软质试件时，有可能产生针尖划伤试件。AFM 在液体中进行测量时，毛细力消失，使检测用的排斥力可以小到 $10^{-11}$ N 量级，这时检测软的生物细胞等，也能正确测量成像。

### 3. 悬臂－针尖－试件相互作用的动力学分析

在针尖逼近试件的过程中，针尖－试件原子间的作用力是靠微悬臂弯曲变形所产生的弹簧力所平衡的。因此要研究扫描时针尖－试件间作用力的变化，必须对悬臂－针尖－试件的相互作用进行动力学分析。

为描述针尖对试件逼近过程，需将悬臂－针尖－试件的相互作用合并在一起进行描述。很多种方法都可用来进行这方面的分析，其中平衡态的势能场为基础的方法较好，这是由于它计算量较分子动态模拟法要小，且物理意义明确。然而热能的分布要考虑针尖与试件晶格上对相互作用有影响的几十个原子的作用。要解这个大的微分方程组将十分困难，只能采用简化的方法。为简化起见，这里选用Lennard—Jones势(简称LJ势)来分析这一过程，因它可用能量定律来表达。虽然 LJ 势一般只应用于两个分子间的相互作用，但可以通过对微观物体相互作用进行积分来实现对宏观相互作用的近似。

(1) 针尖－试件相互作用的势能。

采用一个球面代表针尖，另一个平面代表试件，在忽略阻滞效应的前提下，针尖－试件原子间的 LJ 对偶势能的一般形式为

$$u(r)=4\varepsilon\left(\frac{\sigma^{12}}{r^{12}}-\frac{\sigma^{6}}{r^{6}}\right) \tag{2.31}$$

式中　$r$—— 两原子间距离；

$\varepsilon$—— 两原子间作用能的系数；

$\sigma$—— 在 $u(r)=0$ 时的两原子间距离。

式(2.31) 中排斥力项为

$$u_{12}(r)=\frac{4\varepsilon\sigma^{12}}{r^{12}} \tag{2.32}$$

吸引力项为

$$u_{6}(r)=-\frac{4\varepsilon\sigma^{6}}{r^{6}} \tag{2.33}$$

在针尖－试件间距离为 $z$ 时，二者之间的排斥和吸引势能可写成

$$u_{12}(z)=4\pi^{2}\varepsilon\rho_{1}\rho_{2}\sigma^{5}R\,\frac{1}{1\,260}\,\frac{\sigma^{7}}{z^{7}} \tag{2.34}$$

$$u_{6}(z)=-4\pi^{2}\varepsilon\rho_{1}\rho_{2}\sigma^{5}R\,\frac{\sigma}{6z} \tag{2.35}$$

总势能为

$$u(z)=-\frac{2}{3}\pi^{2}\varepsilon\rho_{1}\rho_{2}\sigma^{5}R\left[\frac{\sigma}{z}-\frac{1}{210}\,\frac{\sigma^{7}}{z^{7}}\right] \tag{2.36}$$

式中　$z$—— 针尖－试件间距离；

$R$—— 针尖端曲率半径；

$\rho_1$ —— 针尖的波函数电荷密度；

$\rho_2$ —— 试件的波函数电荷密度。

针尖－试件间的作用力 $F(z)$ 为

$$F(z)=\frac{\partial u(z)}{\partial z}=-\frac{2}{3}\pi^{2}\varepsilon\rho_{1}\rho_{2}\sigma^{4}R\left[\frac{\sigma^{2}}{z^{2}}-\frac{1}{30}\,\frac{\sigma^{8}}{z^{8}}\right] \tag{2.37}$$

针尖－试件间的力梯度 $F'(z)$ 为

$$F'(z)=\frac{\partial F(z)}{\partial z}=\frac{3}{4}\pi^{2}\varepsilon\rho_{1}\rho_{2}\sigma^{3}R\left[\frac{\sigma^{3}}{z^{3}}-\frac{2}{15}\,\frac{\sigma^{9}}{z^{9}}\right] \tag{2.38}$$

图 2.41 是根据式(2.36)给出的针尖－试件间距离 $z$ 变化与势能 $u(z)$ 变化的关系曲线,从中可看到不同 $z$ 值时的势能变化规律。图 2.41 中势能的变化规律和我们已知的针尖－试件间作用力的变化规律(图 2.38)是一致的。

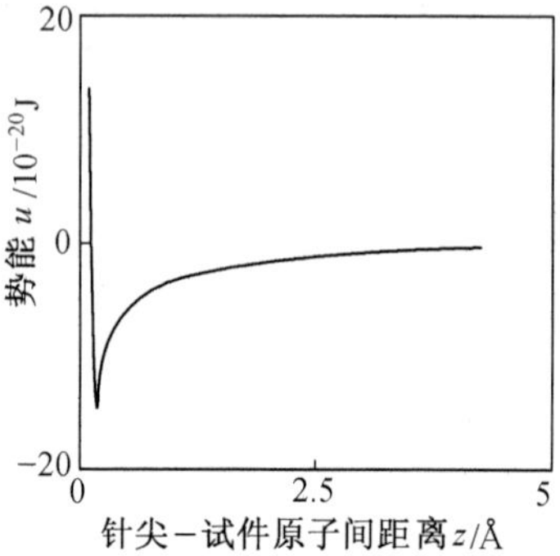


**图 2.41　针尖－试件系统的总能量变化**

AFM 的检测系统是由悬臂－针尖－试件组成的,针尖－试件间距离 $z$ 变化造成作用力变化,作用力的变化将由微悬臂的形变(位移)产生的弹簧力进行平衡。现以试件表面位置为基准,则针尖位置为 $z$,微悬臂位置为 $z_A$,微悬臂的弹簧系数为 $k$,则微悬臂产生的弹簧力应等于针尖－试件间的相互作用力,即

$$k(z-z_A)=F(z)=-\frac{2}{3}\pi^2\rho_1\rho_2\sigma^4R\left[\frac{\sigma^2}{z^2}-\frac{\sigma^8}{30z^8}\right] \tag{2.39}$$

令

$$F_0=-\frac{2}{3}\pi^2\rho_1\rho_2\sigma^4R$$

则

$$k(z-z_A)=F_0\left[\frac{\sigma^2}{z^2}-\frac{\sigma^8}{30z^8}\right] \tag{2.40}$$

在 AFM 工作时,需知道 $z$ 和 $z_A$ 的函数关系,即

$$z_A=z-\frac{F_0}{k}\left[\frac{\sigma^2}{z^2}-\frac{\sigma^8}{30z^8}\right] \tag{2.41}$$

这时悬臂－针尖－试件系统的总能量 $u_T$ 应是针尖－试件相互作用能与悬臂弯曲势能之和,即

$$u_T=\frac{1}{2}k(z-z_A)^2+F_0\sigma\left[\frac{\sigma^7}{210z^7}-\frac{\sigma}{z}\right] \tag{2.42}$$

在针尖的 $z$ 值变化时,悬臂的 $z_A$ 值也将相应变化,达到平衡状态时总能量为最低值。

为看清 $u_T-z-z_A$ 的变化关系,将式(2.42)绘成曲线图(图 2.42),绘图时取 $\sigma=0.341$ nm,$\varepsilon=3.79\times10^{-22}$,$R=2.0$ nm,$\rho_1=\rho_2=(2.5)^{-3}\times10^{-1}$ nm,$k=0.1$ N/m,图中曲线是 $z_A=1.0$ nm、1.5 nm、2.0 nm、2.5 nm、3.0 nm 时的系统总能量 $u_T$ 与针尖－试件距离 $z$ 的关系曲线。对每一个 $z_A$ 值就有一条 $u_T-z$ 的

关系曲线，每条曲线均能找到总能量 $u_T$ 的最低点，针尖到达该点的 $z$ 值处即达到平衡位置。

(2) 针尖－悬臂运动的滞后循环。

分析图 2.42 的曲线可看到，在 $z_A=1.0$ nm 时，曲线有一个能量最低的极值，约在 $z=0.2$ nm 处；在 $z_A=3.0$ nm 时，曲线也有一个能量最低的极值，约在 $z=0.3$ nm 处。在 $1.0\ \text{nm} < z_A < 2.0$ nm 时，曲线有两个极值，这两个极值不相等，这将造成工作时针尖的跳跃，从一个极值跳到另一个极值。这就是针尖－悬臂运动造成滞后循环的原因。

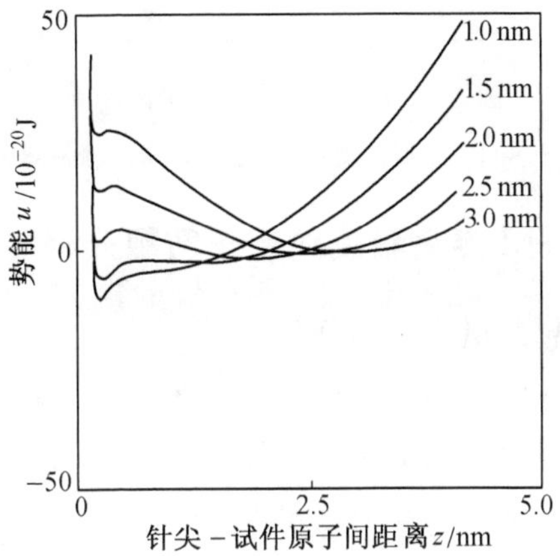


图 2.42 针尖－试件间距离和系统总能量的关系

图 2.43 是典型的针尖－悬臂运动的滞后循环，是将悬臂弯曲$(z-z_A)$对应于悬臂位置 $z_A$ 作图而成的。从点 1 开始针尖接触试件并减小 $z_A$，当经过点 2 到达点 3 时，针尖遇到两个总能量极值，并停在第一个极值上，在点 3 针尖遇到一个较低能量值，并跳到点 4 上。进一步减小 $z_A$ 值，将使针尖到达更接近试件的位置点 5。从点 5 针尖开始后退，到达点 4 后继续退到点 6，这时针尖又遇到两个极值，从点 6 针尖跳到点 2 处的最低能量值。继续减小 $z_A$，将把针尖带回点 1，完成整个运动循环。由点 2 到点 3，以及由点 4 到点 6 所描述的 $z_A$ 值所跨越区域有两个极值，针尖从一个极值到另一极值，必须超越两个极值间的能量势垒。此时针尖将停留在该极值点(该极值不一定是最低极值)，直到势垒被降低，使针尖能越过。图 2.43 只是粗略地表示原理，但对了解原子力显微镜的操作是非常必要的。

经分析，系统总能量的最小极值受很多参数的影响，如微悬臂的 $k$ 值、针尖和试件的表面能等，都对针尖－试件的相互作用力和运动起着非常重要的作用。例如，如果微悬臂的 $k$ 值足够大，能量曲线将只有一个最小极值，这时针尖逼近试件的过程中将不出现跳跃，不出现针尖－悬臂运动中的滞后循环。

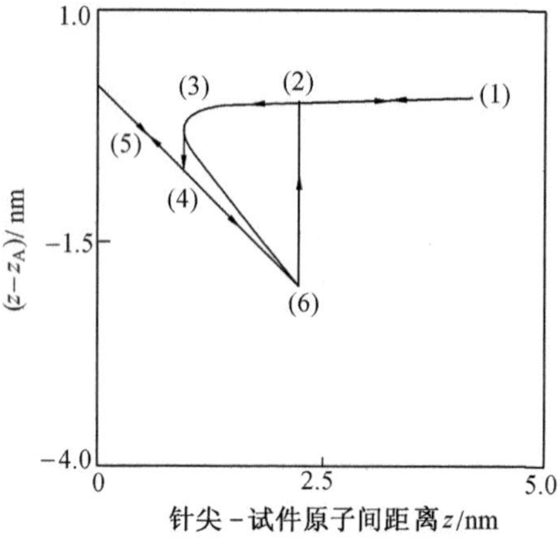


图 2.43　典型的针尖－悬臂运动的滞后循环

## 2.3.4　影响 AFM 测量精度的若干问题分析

### 1. 探针作用力引起的试件表面变形

AFM 检测时，探针针尖和试件间的相互作用力将引起试件表面局部的变形，影响测量结果。对弹性模量高的硬试件，由于变形量不大，可忽略不计；但对弹性模量低的软质试件，表面的变形量相当大，在测量分辨率达原子级的测量结果中，有时就占相当大的比例。

D. Tomanek 等以连续弹性变形理论为基础，将试件假设为横向连续，纵向间距为一个晶格常数 $d$ 的叠层，然后分析了具有原子级尖锐度的针尖对试件表面作用时发生的变形。该模型忽略了不少细节，但能给出表面变形的显式解，对总体上分析 AFM 的各影响因素是有帮助的。

试件为软质的多层石墨(HOPG)，总厚度无穷大，层间距为 $d$，由横向连续的无穷大介质叠合而成。试件的抗弯刚度为 $D$，横向刚度为 $k$，$Z$ 向压缩系数为 $G$。

设作用在试件每层上的力分布为 $F_n(\boldsymbol{r})$，每层的纵向变形量为 $W_n(\boldsymbol{r})$，根据连续弹性变形理论，各层的纵向变形量 $W_n$ 和作用力 $F_n(\boldsymbol{r})$ 的关系为

$$F_1(\boldsymbol{r})=(D\nabla^4-k\ \nabla^2)+G(W_1-W_2) \tag{2.43}$$

$$F_n(\boldsymbol{r})=(D\nabla^4-k\ \nabla^2)+G(-W_{n-1}+2W_n-W_{n+1})\quad (n\geqslant 2) \tag{2.44}$$

式中　$\nabla$—— 拉普拉斯算子。

设 $z_n(\boldsymbol{r})$ 为第 $n$ 层相对于未变形时最上层的纵向距离，则

$$z_n(\boldsymbol{r})=nd+W_n(\boldsymbol{r}) \tag{2.45}$$

式(2.44)、式(2.45) 是微分方程组，可以在极坐标系中求解。

华中理工大学曹伟在上述工作的基础上，以石墨试件为代表，研究了在探针作用下的表面变形问题。在探针针尖圆弧半径增大时，作用半径增大，引起的横

向变形作用范围加宽，纵向变形量将减小。在试件的抗弯刚度较小，即材料较软时，针尖曲率半径的变化对纵向最大变形量相当敏感，这时为减小试件表面的变形量，应采用曲率半径较大的探针针尖。但采用曲率半径较大的探针针尖将降低 AFM 的测量分辨率。

**2. 微悬臂对测量结果的影响**

AFM工作时，针尖－试件系统可用图 2.44 的串联弹簧系统表示。该弹簧系统的弹性系数 $k$ 可表示为

$$k=\left[\frac{1}{k_c}+\frac{1}{k_t}+\frac{1}{k_g}+\frac{1}{k_s}\right]^{-1} \tag{2.46}$$

式中　$k_c$—— 微悬臂的弹性系数；

$k_t$—— 探针的弹性系数；

$k_g$—— 试件表面吸附层的弹性系数；

$k_s$—— 试件表面的弹性系数。

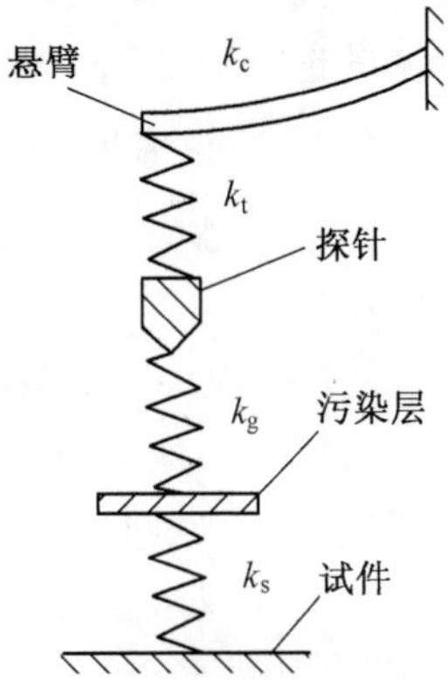


图 2.44　AFM 的针尖－试件系统的弹性变形模型

AFM 测得的只是微悬臂的变形位移 $\Delta z$，故定义输入系统的弹性系数 $k_i$ 为

$$k_i=\left[\frac{1}{k_t}+\frac{1}{k_g}+\frac{1}{k_s}\right]^{-1} \tag{2.47}$$

在等间隙测量模式下，当试件廓形有 $\Delta h$ 高度变化时，悬臂的变形位移 $\Delta z$ 为

$$\Delta z=\frac{k_i}{k_c+k_i}\Delta h \tag{2.48}$$

由于针尖与试件间的作用力与它们中间的距离 $z$ 的关系是非线性的(应是 Morse 曲线关系)，因此 $k_i$ 值可能有较大变化。但在 $\Delta h$ 值很小时，式(2.48) 的规律还是正确的，可以从式(2.48) 得到一些定性的关系：

① 在 AFM 采用接触测量时，$k_i>0$，实测高度 $\Delta z$ 将小于试件表面真实的起伏。

② 在 AFM 采用恒力测量模式时，针尖－试件间的相互作用力需保持不变。当检测中作用力发生的变化为 $k_i\Delta h$ 时，反馈系统通过改变 $\Delta z$，使悬臂的变形力产生变化，从而达到平衡

$$k_c(\Delta z-\Delta h)=k_i\Delta h$$

故实际测到的位移变化为

$$\Delta z=\left[1+\frac{k_i}{k_c}\right]\Delta h \tag{2.49}$$

故在恒力测量模式时，测出的试件廓形高低幅度大于真实的高低幅度，即测量结果在垂直方向有放大作用，造成测量廓形的误差。

③ 在 AFM 测量时，针尖的预置力越大，纵向测量结果的放大作用也越大，即

纵向畸变也增大。为减小测量误差，应尽量采用小的针尖预置力。

④ AFM 测量结果的纵向放大量(畸变）与微悬臂的刚度有关。在采用等间隙测量模式时，从式(2.48）可知，应采用刚度 $k_c$ 较低的微悬臂较为有利，可以减小纵向测量误差。但如采用恒力测量模式时，从式(2.49）看，为减小纵向测量误差，采用刚度较高的微悬臂，与采用等间隙测量模式时正好相反。因此可知，微悬臂刚度的选择与 AFM 的测量模式有关。

**3. 探针针尖曲率半径对测量结果的影响**

在采用不接触测量模式时，AFM 测得的图像是试件表面“所有能量级上真空一侧的局域密度”，而 STM 所测得的是反映“费米能级上真空一侧的局域密度”，因此 AFM 的测量结果更能反映试件表面的真实状态。在前面介绍 STM 一章中我们已较深入地分析了探针针尖曲率半径对其测量分辨率的影响，对 STM 的这些理论分析，也同样适用于 AFM。针尖曲率半径的变化将影响针尖表面原子周围的电荷局域密度和试件表面原子间相互作用。AFM 的探针针尖曲率半径越小，测量分辨率越高。只是在采用非接触测量时，针尖和试件间的距离较大，降低了测量分辨率，即使采用极尖锐的探针，测量分辨率仍达不到原子级。该问题在前面已较详细地分析过，这里不再重复。

在采用接触测量模式时，探针针尖和试件表面接触，针尖在试件表面上沿着高低起伏的廓形扫描。探针针尖的曲率半径如果太大，将不能进入试件表面廓形中的小凹槽和波谷，不能测出试件表面廓形细部，降低了测量分辨率。探针针尖的曲率半径将直接影响其横向测量分辨率。同一个试件表面用不同曲率半径的探针针尖测量，得到的 AFM 图像有明显差别，下面的实例可以证明。

H. Kado 等开发一种用 ZnO 晶须做 AFM 探针针尖的方法，探针针尖曲率半径小(针尖曲率半径小于 10 nm)，故测量分辨率很高，解决了窄槽的检测。ZnO 晶须用氧化法制造，在 ZnO 表面加 Zn 微粉，用沸石做催化剂，用不完全燃烧反应生成 ZnO 晶须。在 V 形 $Si_3N_4$ 微悬臂顶端针尖上，用环氧树脂粘上 ZnO 晶须，做探针针尖。

图 2.45 是聚酰亚胺(polyimide）带微窄槽薄膜的 AFM 图像，是 $Si_3N_4$ 四棱锥探针针尖测得的。由于探针针尖曲率半径较大($R \geqslant 50$ nm)，此图像分辨率不高，看不清凹槽中的组织结构，也测不出窄槽的深度。

图 2.46 是同一聚酰亚胺薄膜试件的 AFM 图像，但是使用了在 V 形 $Si_3N_4$ 微悬臂顶端用环氧树脂粘上 ZnO 晶须制成的探针针尖。由于 ZnO 晶须探针针尖曲率半径小(针尖曲率半径 $R < 10$ nm)，故测量分辨率高。从图中可明显看清凹槽中的组织结构，测得槽深为 3 ～ 5 nm，两槽间距离为60 ～80 nm。

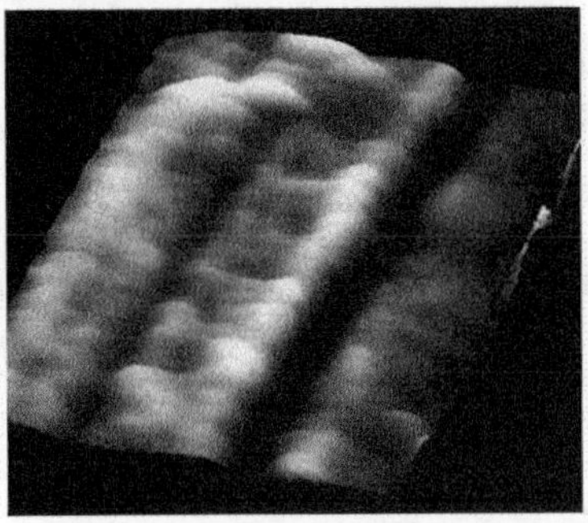

图 2.45　使用商品的 $Si_3N_4$ 四棱锥探针针尖检测所获得的聚酰亚胺薄膜 AFM 图像

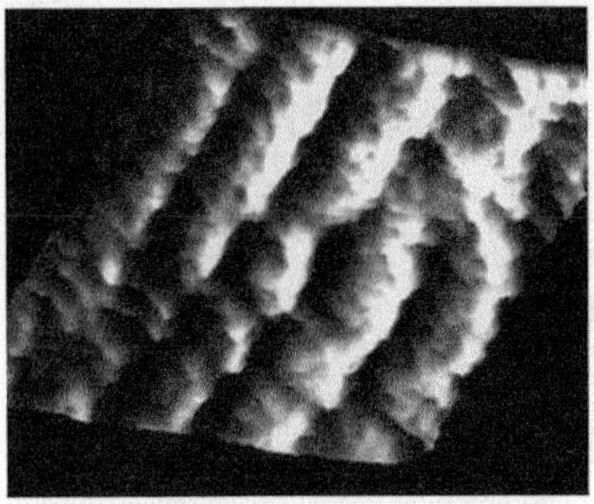

图 2.46　使用 ZnO 晶须做探针针尖检测，所获得的聚酰亚胺薄膜 AFM 图像

#### 4. 试件表面廓形高低起伏不平对测量结果的影响

AFM 测量试件表面轮廓形貌，是基于试件表面廓形较平坦的前提下，才能获得精确的结果。如果试件表面具有大起伏的廓形时，就将产生测量误差，廓形起伏的细部将无法测出。

AFM 在采用不接触测量模式时，试件表面起伏测量误差和 STM 测量时的情况基本类似，只是探针针尖离试件表面的距离更大(STM 测量时针尖试件表面间距离 $z$ 为十分之几纳米，而 AFM 非接触测量时 $z$ 值为 5～20 nm)，明显降低了测量的分辨率。非接触测量时，因表面廓形起伏测量误差情况和 STM 的测量误差类似，这里不再重复。

AFM 在采用接触测量模式时，试件表面廓形的大起伏，将产生较大的测量误差。主要测量误差有：

① 纯几何的测量误差，即针尖和试件表面接触点改变，造成的测量误差。

② 针尖－试件间的横向作用力，使探针弯曲，造成测量误差。

③ 针尖－试件间作用力与距离的非线性，造成测量误差。

(1) 纯几何误差。

如果探针针尖的曲率半径无穷小，探针针尖成为一点，则在接触测量时，探针针尖点 $T$ 描绘的将是正确的试件表面廓形。但实际针尖曲率半径为 $R$，试件表面因起伏高低而倾斜成角 $\theta$，如图 2.47 所示。当探针针尖扫描到 $x_P$ 位置时，针尖和廓形曲面接触点不是在 $P$ 点，而变成 $P'$ 点。在 $x_P$ 位置正确的廓形高度应是 $z_P$，而现在针尖点 $T$ 的高度

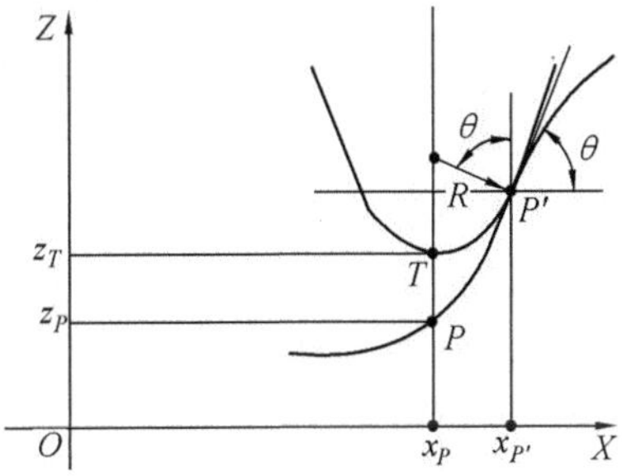


图 2.47　试件表面倾斜接触点改变引起的测量误差

为 $z_T$，造成 $P$ 点的测量误差 $\Delta_P$ 为

$$\Delta_P = z_T - z_P$$

测量误差与针尖曲率半径 $R$、试件表面廓形曲线的倾斜角 $\theta$ 以及曲线形状变化有关。在针尖曲率半径 $R$ 值小、被测表面倾角 $\theta$ 值小时，测量误差值亦小。

图 2.48 所示为 AFM 用接触测量模式时，试件表面廓形的变化所引起的测量误差情况。在 A 区内，被测表面和 $Z$ 轴垂直，这时没有测量误差，为准确测量区。在 B 区内，被测表面有不同程度的倾斜，倾角越大则测量误差也越大，为测量误差区。在 C 区内，试件表面为内凹表面，探针测量这部分时，针尖两侧的 $P_1$、$P_2$ 点和谷壁接触，谷底部分探针针尖不能进入，为测量盲区。

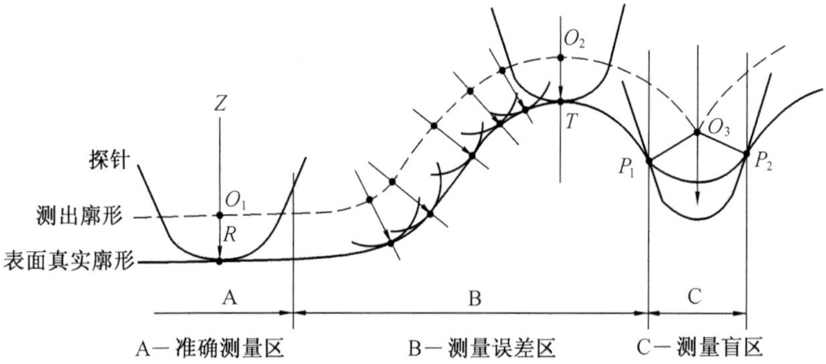


**图 2.48　试件表面不同形状时的测量误差**

从图 2.48 还可看到，试件表面的真实廓形（图中实线）和测出的廓形（图中虚线）并不相同。探针尖端并不是纯粹的几何尖点，而是局部球面。扫描检测时，此球面和试件表面廓形各点相切。由于试件表面廓形的起伏倾斜，因此探针尖端球面和试件表面廓形的切点，并不总在针尖的端点，而经常是在侧斜面相切。此针尖球面的运动轨迹将包络试件表面的廓形，故测量得到的试件表面廓形，实际上是针尖球面圆心 $O$ 点的运动轨迹线。探针尖端球面的曲率半径 $R$ 越大，测得廓形和真实廓形的差别也越大，即测量误差也越大。

因此在测量大起伏表面时，应尽量采用尖端曲率半径小的探针，以减小测量误差。

(2) 作用力倾斜引起的测量误差。

当被测表面与 $Z$ 轴垂直时，针尖和试件间的相互作用力在 $Z$ 轴方向，作用力被用于测量，由于无横向力，不会引起探针的弯曲变形，此时没有作用力倾斜导致的测量误差。

当被测表面有倾斜角 $\theta$ 时，针尖和被测表面在侧斜向接触，如图 2.47 所示。作用力一般是与接触点表面相垂直，故作用力 $F$ 和 $Z$ 轴成角 $\theta$。针尖－试件间的相互作用力 $F$ 可分解为水平分力 $F_x$ 和垂直分力 $F_z$，即

$$F_x = F\sin\theta \tag{2.50}$$

$$F_z = F\cos\theta \tag{2.50a}$$

AFM 测力系统能感受到的只有垂直分力 $F_z$，故 AFM 测到的力不是真正的作用力 $F$，而是作用力的垂直分量 $F_z$，这将造成测量误差。

水平分力 $F_x$ 是横向力，作用在探针上，会使探针扭曲，探针针尖偏离被测点将产生较大的测量误差。因此设计微悬臂和探针时，应考虑使它有足够的横向刚度。另外增大针尖的锥角，可增大探针的刚度，减小横向力造成的测量误差。现在 AFM 用的微悬臂和探针的横向弯曲刚度一般不高。

(3) 作用力非线性引起的测量误差。

在图 2.38 中，针尖－试件原子间作用力和距离的变化曲线（Morse 曲线）是在试件表面为平坦表面时得出的。如果试件表面是起伏的曲面，试件上每点与针尖原子间作用力将受试件该点周围原子的作用力所影响和制约。因此探针针尖在试件表面扫描时，作用力曲线的升降将不能和试件表面廓形的升降起伏完全同步，由于 Morse 曲线的严重非线性，测量大起伏表面将产生相当大的测量误差。

即使试件表面是一个完全没有缺陷的晶体平面（晶面），探针在上面扫描测量时，当针尖在原子顶上时（$T$ 位）和针尖在空位时（$H$ 位），测得的 Morse 曲线也不相同，将导致测量误差。这在图 2.39 中已探讨过。

图 2.49 是作用力非线性引起测量误差的示意图。从图 2.49(a) 可以看到试件中原子的位置，虚线为表面局域态电子密度的分布。如 AFM 采用恒力测量模

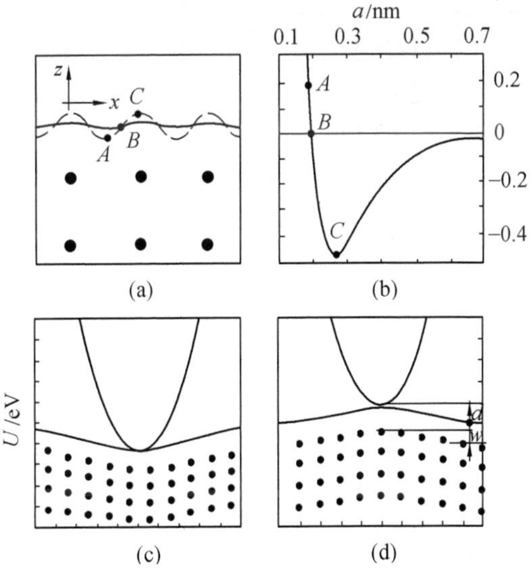


图 2.49　作用力非线性引起的测量误差示意图

式,针尖扫描运动的轨迹应当是 $A \rightarrow B \rightarrow C$。

图 2.49(b) 是针尖-试件距离变化时作用力变化的 Morse 曲线。当探针针尖在点 $A$ 时,因针尖和试件表面原子间距离小,相互作用力是排斥力,这将使试件表面产生内凹的变形(图 2.49(c))。当探针在点 $B$ 时,相互作用力为零,试件表面不发生变形。当探针在点 $C$ 时,探针与试件间的距离大,此时已在吸引作用力的范围内,试件表面将产生凸起变形(图2.49(d))。这就是说,在 AFM 的测量过程中,试件表面的起伏高低,对测量结果起到放大作用。这里虽没有考虑因试件表面廓形高低而使 Morse 曲线产生的非线性升降和形状改变,但因 Morse 曲线的非线性升降量小于廓形起伏的变化,可以忽略此因素的影响,故图 2.49 示意的原理是正确的。试件表面廓形的大起伏,在测量时得到放大,造成测量误差。

## 2.4 其他扫描探针显微镜

### 2.4.1 扫描噪声显微镜

扫描噪声显微镜(Scanning Noise Microscope,SNM)是在 STM 基础上发展起来的一种新显微镜。这种显微镜在隧道结上没有偏压,是通过检测隧道结上的均方噪声电压并利用反馈电路来控制均方噪声电压恒定的。由于均方噪声电压与隧道电阻成正比,控制均方噪声电压恒定,因此保证了隧道电阻恒定,也即保证了探针与试件间的隧道间隙恒定。探针针尖将随试件表面廓形高低而升降,从而检测出试件表面的微观形貌。

扫描噪声显微镜实际上提供了一种控制隧道间隙的新方法。这种新显微镜的主要缺点是信噪比劣于 STM,但对于一些特殊用途,如对热电子电压的测量,在电化学研究中需要零平均电流时,这种扫描噪声显微镜有其使用优势。

### 2.4.2 弹道电子发射显微镜

弹道电子发射显微镜(Ballistic Electron Emission Microscope,BEEM)是在 STM 基础上发展起来的另一种新显微镜。这种新显微镜能直接对金属/半导体等的界面特性进行实时无损伤探测,具有纳米级分辨率,这对研究半导体物理极为有用。

图 2.50 是弹道电子发射显微镜的工作原理图。BEEM 检测的试件是金属/半导体构成的肖特基势垒异质结。在探针针尖和试件间加偏压 $V_b$,从针尖发出的隧道电流将进入试件表面的金膜,这种低能电子在金属中的衰减长度约为 10 nm。如金膜厚度在 10 nm 左右时,隧道电流将能到达界面处。

在探针针尖和试件间所加偏压 $V_b$ 大于界面势垒 $V_{b0}$ 时，隧道电流将有足够能量穿过势垒进入集电极而形成弹道电流 $I_c$。但如果外加偏压 $V_b$ 小于界面势垒 $V_{b0}$，则隧道电流将不能穿过势垒，集电极没有电流。连续改变所加偏压 $V_b$，就能得到所加偏压 $V_b$ 和弹道电流 $I_c$ 的函数关系，这种函数关系称为 $I_c-V_b$ 谱。$I_c-V_b$ 谱能够直接表征界面上局域肖特基势垒高度以及界面的结构缺陷等。当探针针尖在试件表面金属膜上用恒电流模式扫描时，可以同时采集到表面上各点的 STM 信号和弹道电流 $I_c$ 信号，就是可以同时得到表面微观形貌图像和界面图像。

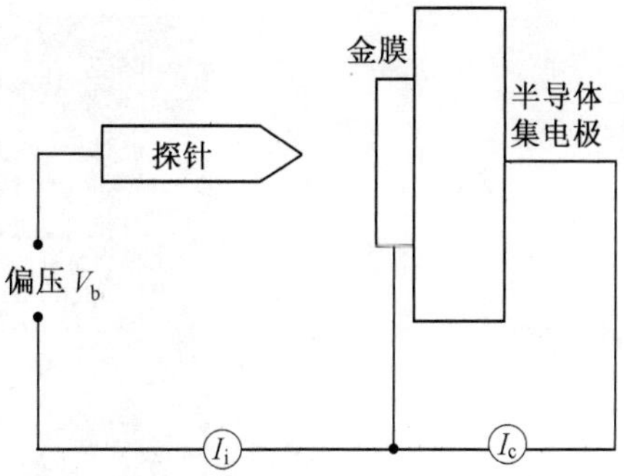


图 2.50 BEEM 的工作原理图

BEEM 是目前唯一能够在纳米尺度上无损伤探测表面和界面结构的先进分析仪器，这种仪器采集的集电极电流 $I_c$ 通常小于 100 pA，灵敏度很高，国外也仅少数单位有此仪器。我国中科院化学所已成功研制 BEEM，并用于对 Au/Si、Au/GaAs 的观察和研究。

### 2.4.3 化学力显微镜

化学力显微镜(Chemical Force Microscope，CFM) 可用于检测不同材料间的化学键力。当针尖和试件表面距离缩小到某临界距离以内时(0.4 ～ 0.2 nm)，针尖原子和试件表面原子间的作用力中，化学键力将成为主要的作用力。改变针尖和试件材料，可以得到不同材料间的化学作用力。但用显微镜测量得到的针尖原子和试件表面原子间的作用力，不仅与针尖试件的材料性质有关，同时也与针尖的形状有关。锥形针尖在数学上处理很复杂，因此不能用理论计算提供针尖和试件表面间作用力的准确数值，对于那些要与理论值相比较的测量研究，这点显得尤为重要。

化学力显微镜的发展，要求无论是对几何形状还是材料性质都能够准确控制的针尖。现在采用的是球形针尖，即在原来锥形针尖上粘上一粒微米尺寸的小球，如图 2.51 所示。

使用球形针尖的化学力显微镜已丧失了空间分辨率，已不能用于检测试件的表面微观形貌。但是针尖小球的几何形状和化学性质能够得到很好的控制，表征信息清晰，可以给出非常精确的力学参数信息，用它测量时可以获得准确的粒子间作用力、不同化学基团间的作用力等，并可用于力谱线的测量。用这种更换球形针尖化学力显微镜可测出不同材料粒子间的力谱线，实际测量得到的数据与描述粒子间作用力的理论推算结果吻合得相当好。

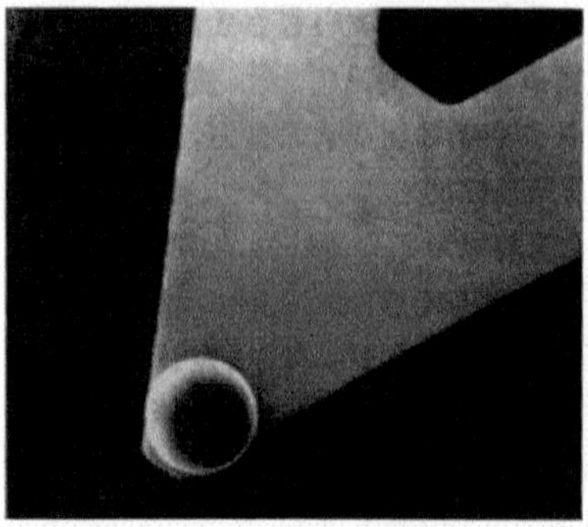

图 2.51　化学力显微镜测量用的球形针尖

### 2.4.4　扫描离子电导显微镜

扫描离子电导显微镜(Scanning Ion-Conductance Microscope,SICM)能分辨生物细胞达分子量级的尺寸,其工作原理如图 2.52 所示。把微导管放置于生物体表面,始终保持一定的导电度,根据电导获取的信息制成扫描图像。用微吸管(外径 0.1 ～ 0.2 mm,内径 0.05 ～ 0.1 mm)在 0.1 mol/L 的 NaCl 溶液中检测。为提高检测的可靠性,使用 Ag/AgCl 的微小电极针尖和孔形电极针尖,采用电压 0.03 ～ 0.4 V、电流 0.1 ～ 1 nA,从计算得知离子传导速率为 $10^{-8}$ ～ $10^{-7}$ s,整个系统电流放大为 0.1 V/nA。这一系统是根据微孔流过的电流进行检测,近似于细胞离子隧道的检测。根据扫描时的电流变化值测出生物体表面微观外形。

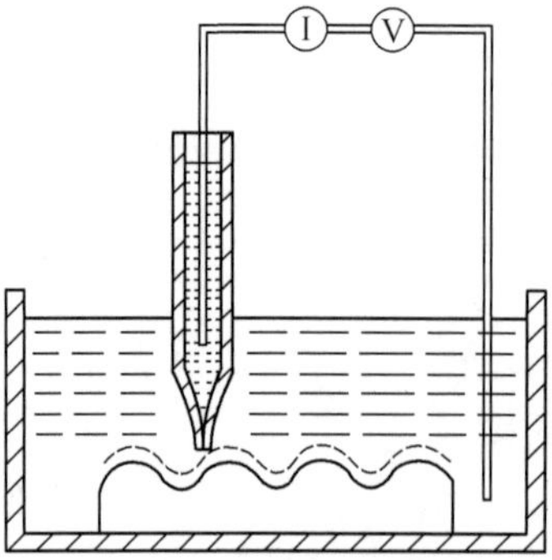


图 2.52　扫描离子电导显微镜原理图

## 2.5　光子扫描隧道显微镜和近场光学扫描显微镜

### 2.5.1　光子扫描隧道显微镜

光子扫描隧道显微镜(Photon Scanning Tunneling Microscope,PSTM)利用光学探针探测试件表面附近被全反射光所激励的瞬衰场,即利用光子隧道效应，获得表面试件的形貌信息。PSTM 有较高的测量分辨率，远高于入射光的半波长。

图 2.53 是光子扫描隧道显微镜的工作原理示意图。当界面两边的折射率满足一定条件时，一束内全反射光会导致界面的另一侧产生一个瞬衰场。瞬衰场的强度随离界面距离的远近而成指数关系变化，将光学探针针尖调节到试件表面的瞬衰场内，入射光的一些光子会穿过界面和光学探针之间的势垒，产生光子隧道效应。通过光子隧道的光子经过光导纤维传到光电倍增管，转换成电信号。以后部分的工作情况与 STM 相同。从以上 PSTM 的工作原理和工作方式看，它与 STM 极为相似，只是 STM 的检测试件形貌是基于电子隧道效应，而 PSTM 的检测是基于光子隧道效应，而其余部分的工作原理，则是基本相同的。

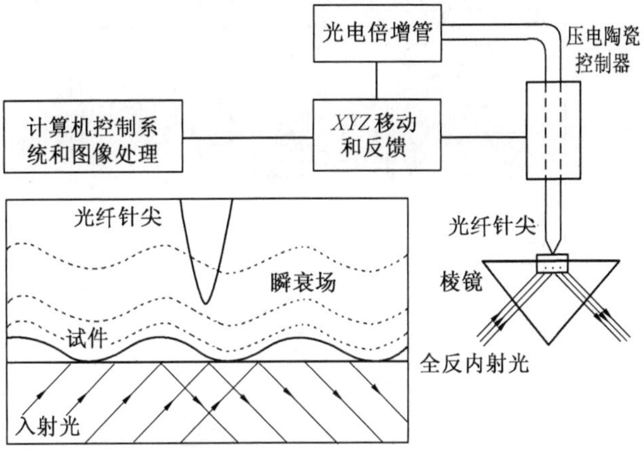


图 2.53　光子扫描隧道显微镜的工作原理示意图

PSTM 已用于检测波导瞬衰场的衰减长度和表面微观形貌，以及检测石英表面和光学光栅等。

## 2.5.2　近场光学扫描显微镜

近场光学扫描显微镜(Near-field Optical Scanning Microscope，NOSM)的测量通过利用被测表面附近(距离远小于波长 $\lambda$)近光场的特性来探测表面形貌及特性。贴近表面的近场光的传播规律与特性，与光的照明方式有关，其光强分布与表面微观形貌相对应。例如当利用全内射的照明时，在界面光学折射率小的那边，将形成快逝波场，随界面距离的增加，光强将按指数衰减。如使一个孔阑限制的光纤探针进入此波场，即可测得其光强变化，用与 STM 类似的方式可以测得表面的形貌。NOSM 测量的原理是：如果光源或光纤探针的尺度远小于光波长，并且光纤探针与被测件间距离远小于光波长，那么所得到的分辨率可大大超过常规光学显微镜的分辨率($\lambda/2$)的限制。

图 2.54 是 NOSM 系统的结构原理图。主要测量过程如下：激光器 3 发出的激光通过 $\lambda/2$ 和 $\lambda/4$ 波片，经光电耦合器 2 进入孔阑限制的光纤探针 1。激光从光纤探针顶尖射出，通过小孔（孔阑）照向被测件 4，一部分光被吸收，另一部分光通过。探针和被测件之间距离的微小变化，将使透过（或折射）的光强产生显著变化。通过的光经显微物镜 6、分光棱镜 7、成像透镜 8 和可移动棱镜 9 后分成两路：一路通过目镜 10 观察；另一路通过分光镜 11 后到光电倍增管 14，将光信号变为电信号，经电路处理后反馈控制扫描压电陶瓷 5，维持光纤探针和被测物间的距离不变。从分光镜 11 出来的另一路光，经分光镜 12 后又分成两路，分别经光电倍增管 13 和 15 变成电信号通入计算机 16。计算机一方面控制 *XYZ* 微动压电陶瓷驱动器 17，另一方面给出被测件的表面微观形貌的测量结果。

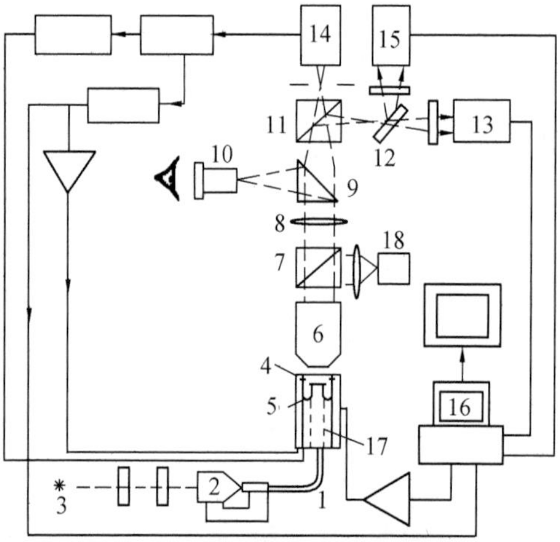


**图 2.54　近场光学扫描显微镜系统结构原理图**

1—光纤探针；2—光电耦合器；3—激光器；4—被测件；5—扫描压电陶瓷；6—显微物镜；7—分光棱镜；8—成像透镜；9—可移动棱镜；10—目镜；11、12—分光镜；13、14、15—光电倍增管；16—计算机；17—*XYZ* 微动压电陶瓷驱动器；18—照明光源

NOSM 光纤探针的关键是它的限制孔阑，要求孔径极小。要制成极微小的孔阑，通常先将细石英棒加工研磨成尖锐的针尖，然后在针尖外表面镀上一层不透光的金属层，将针尖端部和试件表面摩擦挤压，使针尖外面金属层端部产生挤压变形，直到在辅助的显微镜中看到细微的光点。用这种方法可以制成直径为 10 ～ 20 nm 的孔阑。

NOSM 的光纤探针和被测件不接触，故被测件可以处于自然状态下。NOSM 的分辨率很高，它与光源的波长无关，而是由光纤探针的孔阑直径和针尖－试件间的间隙大小决定的。现在 NOSM 的测量分辨率约为 $\lambda/20$ (20 nm)，理论上可以达到 3 nm 或更高。此外，NOSM 的整个测量过程自动、高速、可靠，已开始成为结构生物学的主要研究工具，在大分子结构测定、DNA 测定、生命过程监测和药物作用研究等方面发挥了很重要的作用。

近场光学显微测量既可透射照明，也可反射照明，可测金属，也可测非金属和非导体材料，可以在各种实验条件下检测，甚至可以在试管中检测，不仅可以检测试件的形貌，还可以检测纳米光谱以及其他光学特性。因此近场光学显微测量技术有非常宽广的应用前景。

## 复习思考题

1. 对比扫描隧道显微镜和其他表面微观廓形检测方法。
2. 扫描隧道显微镜的发明突破了哪些重要技术关键？
3. 简述扫描隧道显微镜检测表面微观廓形的基本原理和方法。
4. 简述扫描隧道显微镜的主要结构组成部分。
5. 什么是扫描力显微镜和扫描探针显微镜？
6. 简述原子力显微镜的基本工作原理。
7. 简述原子力显微镜的主要结构组成。
8. 简述原子力显微镜的测量扫描模式。
9. 原子力显微镜探针－试件间作用力的分析。
10. 影响原子力显微镜测量精度的各因素分析。

## 参考文献

[1] TERSOFF J, HAMANN. Theory of the scanning tunneling microscope[J]. Physical Review B., 1985, 31(2): 805-813.
[2] 沈仲均，冯茂仁. 量子力学[M]. 上海：上海科学技术出版社，1988.
[3] 洪班德，崔约贤. 电子显微术在热处理质量检验中的应用[M]. 北京：机械工业出版社，1990.
[4] 白春礼. 扫描隧道显微术及其应用[M]. 上海：上海科学技术出版社，1992.
[5] 于劲. 超光滑光学表面粗糙度扫描探针显微术计量——理论、技术与应用[D]. 长春：中科院长春光机所，1994.
[6] 白春礼. 原子和分子的观察与操纵[M]. 长沙：湖南教育出版社，1994.
[7] 李尚平. 超精表面微观形貌扫描隧道显微检测技术及装置的研究[D]. 武汉：华中理工大学，1994.
[8] 曹伟. 用于表面微观形貌检测的扫描电子显微理论与技术的研究[D]. 武汉：华中理工大学，1995.
[9] 白春礼. 纳米科学技术[M]. 昆明：云南科技出版社，1995.
[10] 姜斌，恽正中. 扫描探针技术的进展[J]. 仪器仪表学报，1996，17(1)：83-84.

[11] 林鸿溢,王越.纳米物理学进展[J].仪器仪表学报,1996,17(1):75-76.
[12] 陈成钧.扫描隧道显微学引论[M].华中一,译.北京:中国轻工业出版社,1996.
[13] 刘安伟.探针－样品相互作用对 STM 测量影响的研究[D].天津:天津大学,1996.
[14] TANIGUCHI N. Nano-technology-integrated processing systems for ultra-precision and Ultra-fine Products[M]. Tokyo: Oxford University Press,1996.
[15] VORBURGER T V,DAGTA J A. Industrial uses of the STM and AFM[J]. Annals of the CIRP,1997,46(2):597-620.
[16] 倪光炯,王炎森,钱景华,等.改变世界的物理学[M].上海:复旦大学出版社,1998.
[17] 白春礼.来自微观世界的新概念——单分子科学与技术[M].北京:清华大学出版社,2000.
[18] 张立德,牟季美.纳米材料和纳米结构[M].北京:科学出版社,2001.
[19] 尹邦跃.纳米时代——现实与梦想[M].北京:中国轻工业出版社,2001.
[20] 江林,范可强,梁健.纳米世界探秘[M].北京:北京大学出版社,2001.
[21] 黄德欢.纳米技术与应用[M].上海:东华大学出版社,2001.
[22] 薛增泉.纳米科技探索[M].北京:清华大学出版社,2002.
[23] 张立德.第 4 次浪潮——纳米冲击波[M].北京:中国经济出版社,2003.
[24] 袁哲俊.纳米科学技术的新进展[J].制造技术与机床,2004(8):21-30.
[25] NACY A B,RICHARD J C,POLLOCK M. Interpretation Issues in forcemicroscopy[J]. J. Vac. Sci. Tech.,1991,9(4):2548-2556.
[26] 白春礼.扫描隧道显微术及其应用[M].上海:上海科学技术出版社,1992.
[27] 白春礼.原子和分子的观察与操纵[M].长沙:湖南教育出版社,1994.
[28] 李尚平.超精表面微观形貌扫描隧道显微检测技术及装置的研究[D].武汉:华中理工大学,1994.
[29] 曹伟.用于表面微观形貌检测的扫描电子显微理论与技术的研究[D].武汉:华中理工大学,1995.
[30] 戴长春,黄桂珍,张新文.多功能扫描探针显微镜的设计与实现[J].仪器仪表学报,1996,17(1):269-271.
[31] 高鹏,袁哲俊.纳米压痕系统中施载/扫描传感器的设计[J].传感技术学报,1997,10(2):29-32.
[32] 高鹏.纳米级表层显微力学探针检测原理、装置和技术的研究[D].哈尔滨:哈尔滨工业大学,1997.
[33] 温诗铸.纳米摩擦学[M].北京:清华大学出版社,1998.
[34] 白春礼,田芳,罗克.扫描力显微术[M].北京:科学出版社,2000.
[35] 张立德,牟季美.纳米材料和纳米结构[M].北京:科学出版社,2001.
[36] 江林,范可强,梁健.纳米世界探秘[M].北京:北京大学出版社,2001.
[37] 顾宁,付德刚,张海黔,等.纳米技术与应用[M].北京:人民邮电出版社,2002.
[38] 薛增泉.纳米科技探索[M].北京:清华大学出版社,2002.
[39] DEWOLF P,BRAZEL E,PANGON N. Tunneling AFM and conductive AFM with

nano scope AFMs[OL]. www. di. com.
[40] PRATER C B, STRAUSSER Y E. Tapping - Mode™ atomic force microscopy - applications to semiconductors[OL]. www. di. com.
[41] SERRY F M, REVENKO I, ALLEN M J. Application of atomic force microscopy for contact lens manufacturing[OL]. www. di. com.
[42] SIS. Ultra-objective scanning probe microscopy for objective microscopes[OL]. www. sis - gmbh. com.

# 第3章

# 纳米材料

纳米材料是纳米科学与技术发展的基石，如何制造具有优异性能的纳米材料，以及如何对纳米材料进行性能调控及加工制造是当今研究的主要方向。纳米材料种类繁多，例如纳米颗粒、量子点、纳米线、纳米管、纳米薄膜等。并且不同的材料表现出不同的物理化学特性，进而决定着应用场合的不同。因此，探索纳米材料制造合成工艺以获得具有优异性能的新型材料，是纳米科学发展的必经之路。目前，较为成熟的合成制造手段包括气相法、液相法、溅射法、烧结法等。本章首先对纳米材料的分类及特性进行介绍，然后详细阐述纳米颗粒、纳米薄膜、纳米块体、原子团簇、碳纳米管以及纳米复合材料的性能及制造方法，并简要叙述其在微电子、新能源、生物医学、航空航天领域的应用。

# 3.1　纳米材料的发展与纳米材料定义

## 3.1.1　纳米材料的历史发展

纳米材料学是纳米科学技术中富有活力、研究内涵十分丰富的，也是最重要的领域之一。近 30 年来纳米材料的研究获得了极大的进展，世界各国都投入了很大的人力、物力进行这方面的开发研究。现在纳米材料学已是材料科学中最重要的分支之一。

人类制备纳米材料的历史至少可以追溯到一千多年以前，中国人用优质松油在密闭窑内进行不完全燃烧，产生大量黑烟，冷却后刮下即为纳米级炭黑微粉，再加一定比例的胶即制成墨。中国考古发掘出来的千年前的铜镜，仍然光亮如新，经研究，其表面有 $SnO_2$ 颗粒构成的纳米薄膜防锈层。因此可以说中国是世界上最早会制备和使用纳米微粉材料的国家。遗憾的是当时人们并没有认识到这是纳米材料，也没有给予重视。

1861 年，随着胶体化学的建立，科学家开始对 1～100 nm 的粒子系统进行研究，但限于当时的科学技术水平，仅是从化学角度作为宏观体系的中间环节进行研究。20 世纪初开始用化学方法制备铂纳米颗粒，作为催化剂使用。1929 年，Kchlshuthe 用 Al、Cr、Cu 等金属做电极，在空气中产生弧光放电，得到 15 种金属氧化物的溶胶。1945 年，Balk 在低压惰性气体中获得金属纳米粒子。1962 年，日本的 R. Kubo 观察到金属微粒具有与块状物质不同的热性质，提出超微颗粒的量子限制理论，即著名的久保理论。1963 年，R. Uyedo 发展了气体蒸发法(或称气体冷凝法)采用此法可获得单个金属微粒的形貌和晶体结构。1970 年，江崎、朱兆祥、张立纲等制备了能隙大小不等的半导体多层膜，实现了量子阱和超晶格。1984 年，德国 Gleiter 采用惰性气体凝聚法制备了清洁表面的纳米粒子，发现 $TiO_2$ 纳米陶瓷在室温下出现了良好的韧性。1985 年，美国 R. Smalley 和英国 Kroto 等合作用激光轰击石墨靶，用质谱仪发现了 $C_{60}$，他们因此在 1996 年获诺贝尔化学奖。1991 年，日本 NEC 公司的 S. Iijima 在用电弧放电法合成 $C_{60}$ 分子时，意外地发现了碳纳米管。

1990 年，在美国巴尔的摩召开的国际第一届纳米科学技术会议上，正式把纳米材料科学作为材料科学的一个新的分支，从此以后纳米材料引起了全世界的重视。1992 年在墨西哥召开了首届国际纳米材料学术会议，1994 年在德国斯图加特召开第二届国际纳米材料学术会，1996 年在中国召开第三届国际纳米材料会议，1988 年在美国夏威夷召开第四届国际纳米材料会议，2000 年在日本仙台召开第五届国际纳米材料会议。

纳米材料的发展历史，大致可以划分为三个阶段：

第一阶段是在1990年以前，主要是在实验室探索用各种方法制备纳米微粉颗粒，研制纳米薄膜和纳米块体，探索纳米材料不同于常规材料的特殊性能，并在20世纪80年代末期一度形成热潮。这一阶段的研究对象，一般是局限在单相材料和单一材料，这类材料通常称为纳米相或纳米晶材料。

第二阶段是到1994年前，研究的热点和主导方向是利用纳米材料的奇特物理、化学和力学性能，设计研制复合材料。这一阶段的复合材料有：纳米微粒和纳米微粒复合（0—0复合）、纳米微粒与常规块体复合（0—3复合）、纳米微粒与纳米薄膜复合（0—2复合）。这类复合材料通常称为纳米复合材料。

第三阶段是从1994年到现在，研究的主导方向是纳米组装体系。人工组装的纳米结构材料体系，有时也被称为纳米尺度的图案材料，现在日益受到重视。纳米组装体系的基本内涵，是以纳米颗粒以及纳米丝、纳米管为基本单元，在一维、二维和三维空间组装排列成具有纳米结构的体系，包括纳米阵列体系、介观组装体系、薄膜嵌镶体系等。这一阶段纳米材料学的研究特点是，利用已有纳米材料单元，按人的意愿设计组装，并创造新的纳米微结构体系，有目的地使该体系具有人们所希望的某些优异特性。

### 3.1.2 纳米材料定义

在对纳米材料的特性有一定的研究后，20世纪80年代，纳米材料定义为在1～100 nm尺度范围内的纳米颗粒（纳米晶）和由纳米颗粒组成的薄膜和块体。现在纳米材料的广义定义是指在三维空间中至少有一维处于纳米尺度范围内，或由纳米基本单元构成的材料。纳米材料的基本单元，按三维空间中未被纳米尺度约束的维数划分，可以分为四类：① 零维，指空间三维尺寸都处于纳米尺度，如纳米微颗粒、原子团簇等；② 一维，指在三维空间有两维处在纳米尺度，如纳米丝、纳米棒、纳米管等；③ 二维，指在三维空间有一维在纳米尺度，如纳米薄膜、多层薄膜等；④三维，指在三维空间都不在纳米尺度。由纳米材料基本单元组成的块体，属于三维纳米材料。

纳米材料的基本单元定义为1～100 nm尺度范围，是由这一范围的材料特性所确定的。因为这些材料的基本单元往往有量子特性，对零维、一维和二维的基本单元，分别又有量子点、量子线和量子阱之称。该尺寸范围材料基本单元的物理、化学和力学性能，都有很多特殊之处，既有别于超过100 nm的普通的块体的宏观性能（体系），又不同于小于1 nm的原子团簇和原子（分子）的微观性能（体系）。1～100 nm的尺度范围被称为介观体系，纳米材料正是属于介观体系的材料。

纳米材料大部分是人工制备的，属于人工材料。但自然界中也有纳米材料，如动物的牙齿表层都是纳米微粒构成的。海洋中存在着大量的胶体粒子，研究这些海洋纳米胶体粒子，对了解海洋和生命的起源有很大帮助。蜜蜂的腹部存在纳米磁性粒子，这些磁性微粒具有指南针的功能，可以帮助蜜蜂判别方向。据研究，信鸽、海洋洄游鱼类、海龟等也是靠体内的纳米磁性微粒来确定其长途行动方向的。

### 3.1.3　纳米材料的分类

纳米材料按其性能、结构和实际应用可做如下分类：

① 纳米微粉材料（零维纳米材料）。纳米微粉材料指直径小于 100 nm、大于 1 nm 的微粉和颗粒。由于它的物理、化学、力学性能和普通块体材料的性能有显著差异而被重视。有不少材料的纳米微粉已正式生产使用。

② 纳米纤维（一维纳米材料）。纳米纤维指直径为纳米级的纳米丝、纳米线、纳米棒和纳米管。碳纳米管具有很多优异性能，已成为研究的热点。

③ 纳米薄膜（二维纳米材料）。纳米薄膜指厚度在纳米级的薄膜和每层厚度在纳米级的多层薄膜。薄膜是由纳米量级的晶粒或颗粒构成，膜的性能强烈依赖于构成的晶粒，也体现了一定的纳米结构特征。近年来纳米薄膜特别是多层纳米薄膜发展迅速，应用日益广泛。

④ 纳米块体材料。纳米块体材料是指由纳米基本单元所制作的块体，因其性能优于普通的块体材料而被应用。

⑤ 纳米微结构材料。纳米微结构材料是指 $C_{60}$、碳纳米管等由原子团簇构成的特殊结构。其因具有非常优异的特性而被大家重视研究。

⑥ 纳米复合材料。纳米复合材料是由不同纳米单元材料组成的复合材料。它是最近才发展起来的新复合材料，是当前纳米材料研究发展的新方向。

## 3.2　纳米颗粒（微粉）材料

### 3.2.1　纳米颗粒的基本概念

纳米颗粒通常是指直径为 1～100 nm 的超细微粉材料，它的粒径大于原子簇（cluster），而小于普通的微粉。不仅肉眼看不到纳米微粉，而且一般的光学显微镜也无法观察到纳米微粉。纳米颗粒属于介观体系，即小于宏观体系而大于微观体系。为了纳米颗粒的尺寸分布能与微细颗粒、原子团簇区别，图 3.1 给出了它们各自的尺寸分布范围。

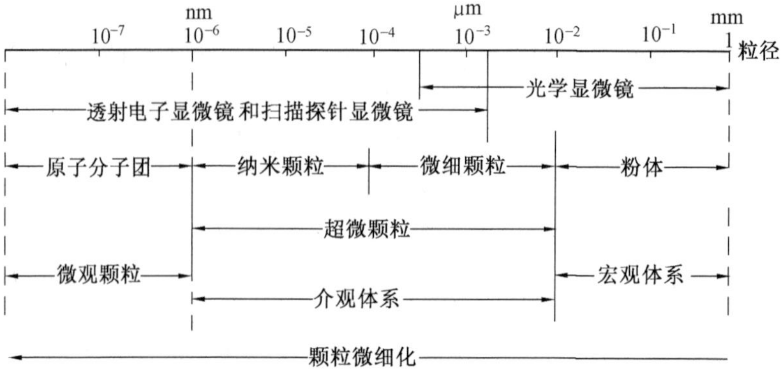


**图 3.1　各类颗粒的粒径分布范围**

纳米颗粒的粒径在 1～100 nm 范围内，颗粒中的原子数应在 $10^3$～$10^5$ 范围内。纳米颗粒的大小概念，可从如下的对比中获得。一般的尘埃颗粒尺寸为数微米，血液中的红细胞直径为6 000～9 000 nm，可见波的波长为 400～760 nm，一般细菌的尺寸在数百纳米到数微米，病毒尺寸在数十纳米。纳米颗粒尺寸极小，只能用高倍透射电子显微镜和扫描探针显微镜才能进行观察。

纳米颗粒之所以被大家公认属于独立的体系，主要原因不仅是尺寸范围的不同，更重要的是它的物理、化学、力学性能方面有其明显的特点。例如，纳米颗粒具有量子效应，而普通的微细体颗粒就不具备量子效应。原子团簇同时具有量子效应和幻数效应，而纳米颗粒只有量子效应而不具备幻数效应。纳米颗粒的体积效应和表面效应，使它的多项物理、化学和力学性能显示出明显的特殊性，使纳米颗粒成为"物质的特殊状态"。

由于纳米颗粒材料具备了特殊的光学、热学、电学、磁学、力学以及化学方面的特殊性能，因而它在光吸收、光电转换、雷达波吸收、传热、红外吸收和反射、磁记录、催化、粉末冶金、燃料、涂料、气敏传感等方面，有巨大的应用前景。纳米材料可以用作吸波隐形材料、高密度磁记录材料、防辐射材料、光电子材料、太阳能电池材料、磁流体材料、单晶硅和精密光学器件抛光材料、微电子封装材料、高效催化剂、高效助燃剂、传感器的敏感元件、高韧性陶瓷、抗癌药剂等。

### 3.2.2　纳米微粒的结构形貌

纳米微粒多数为球形或类球形，有分散的，也有连成链条状的。用高倍超真空电子显微镜观察纳米球形微粒，在微粒表面可观察到原子台阶，并且内部结构排列比较整齐。纳米微粒的制造方法不同时，纳米微粒不仅粒径不同，同时微粒还有多种不同形状。例如，对纳米 Cr 微粒，当粒径小于 20 nm 时，微粒基本是球形，并形成链条状，如图 3.2(a)所示。对于粒径大于 20 nm 的 $\alpha$－Cr 微粒，它的二维形态为正方形或矩形，如图 3.2(b)所示。对于粒径大于 20 nm 的$\delta$－Cr微粒，它的截面投影呈六边形，如图 3.2(c)所示。

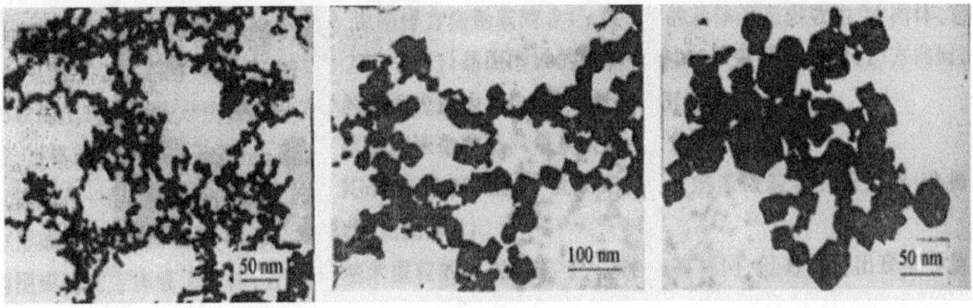


(a) Cr 粒径<20 nm　　(b) $\alpha$-Cr 粒径>20 nm　　(c) $\delta$-Cr 粒径>20 nm

图 3.2　纳米 Cr 微粒的外形(TEM 图像)

镁的纳米微粒有时呈六角条状或六角等轴形。银的纳米微粒还观察到具有五边形十面体形状。纳米 $Mn_2O$ 微粒呈球状晶粒，如图 3.3(a)所示，但制造工艺不同，有时微粒呈针形，如图 3.3(b)所示。有些材料的纳米微粒呈丝状或管状。碳的微晶粒的形貌更是变化多端：金刚石的微晶粒呈八面体或十二面体；$C_{60}$ 呈球形；碳纳米管则呈细管状。图 3.4 中是碳纳米管外形的 TEM 图像。用催化裂解法制成的是无序碳纳米管，呈棉花状(见图 3.4(a))；用化学气相沉积法可制成定向排列的碳纳米管(见图 3.4(b))。

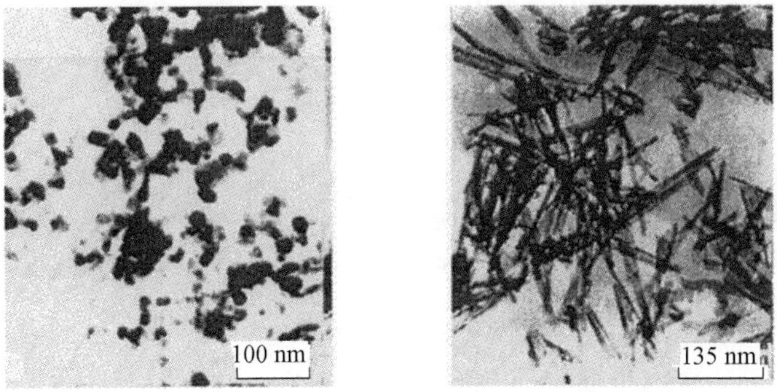


(a)球形晶球　　(b)针形晶球

图 3.3　纳米 $Mn_2O$ 微粒的外形(TEM 图像)

在高倍电子显微镜下，纳米微粒的形貌千姿百态，R. Uyed 系统总结了 30 多种金属纳米颗粒的晶体惯态，见表 3.1。

在纳米微粒中存在位错、层错、孪晶、堆垛层错等缺陷，例如多重孪生粒子由五或二十四面体立方结构的晶体构成，它们之间由孪晶面连接，存在位错，当粒径较大时，还可以观察到位错塞积群。

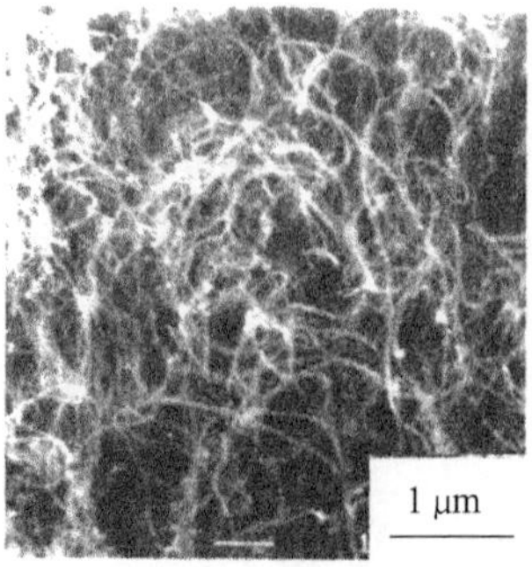


(a)无序碳纳米管

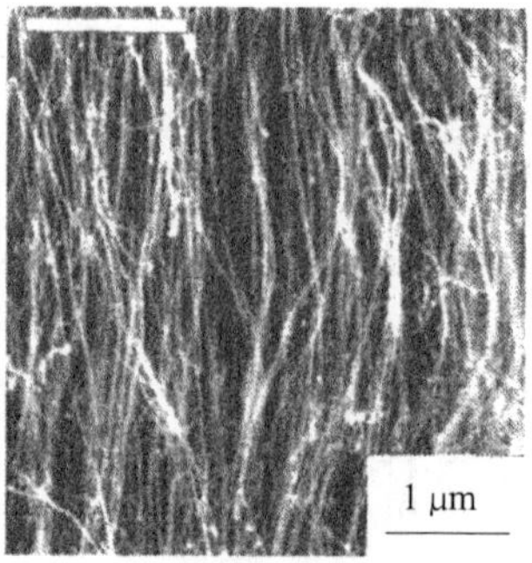


(b)定向碳纳米管

图 3.4 碳纳米管的外形(TEM 图像)

表 3.1 几种典型的纳米金属微粒的晶体惯态

| 金属材料 | 微晶体惯态 |
| --- | --- |
| Mg | 球,六角手榴弹形,六角板孪晶 |
| Al | 孪晶,平截八面体,多面体,二十面体,三角板 |
| W | 圆棱边立方体 |
| Si | 多面体孪晶 |
| As | 三角棱锥,多面体,孪晶 |
| Fe | 平截菱形十二面体,等边三角板,等腰三角板 |

### 3.2.3 纳米颗粒的量子效应

#### 1. 电子能级的离散性

纳米颗粒属于小颗粒的大集合体,其电子能态和块体材料明显不同。当颗粒尺寸进入纳米级时,量子效应导致原块体金属的准连续能级产生离散现象,可将低温下的单个小粒子的费米面附近电子能级看成等间隔的能级。小颗粒在低温下的量子尺寸效应很明显。

#### 2. 量子尺寸效应

当颗粒尺寸下降到某一定值时,金属费米能级附近的电子能级,由准连续变为离散能级的现象,以及半导体微粒存在不连续的最高被占据分子轨道和最低未被占据的分子轨道能级,这种能隙变宽现象称为量子尺寸效应。对于只有有限个数的导电电子的超微粒子,低温下能级是离散的。当能级间距大于热能、磁能、静磁能、静电能、光子能量或超导态凝聚能时,量子尺寸效应起作用,将导致纳米微粒的磁、光、热、电以及超导电性等与宏观特性有显著差别。

**3. 宏观量子隧道效应**

微观粒子具有贯穿势垒的能力，称为隧道效应。最近又发现一些宏观量，如微颗粒的磁化强度，量子相干器中的磁通量等，亦具有隧道效应，这些称为宏观量子隧道效应。

宏观量子隧道效应的研究，对基础研究和实际应用都有重要意义，它确定了磁带和磁盘进行信息储存的时间极限。量子尺寸效应、隧道效应将是未来微电子和纳米电器件的基础，它对现在微电子器件的进一步微型化起决定性作用，必须予以重视和研究。

## 3.2.4 纳米颗粒的表面效应

**1. 纳米颗粒的粒径和表面原子数的关系**

纳米微粒尺寸小、表面能高，位于表面的原子占总原子数的比例很大，这些直接影响纳米微粒的物理、化学和力学性能。表3.2列出了纳米颗粒直径大小和表面原子数的关系。

表3.2 纳米颗粒直径大小与表面原子数的关系

| 纳米颗粒直径 $d$/nm | 包含原子总数/个 | 表面原子所占比例/% |
|---|---|---|
| 10 | $3\times10^4$ | 20 |
| 4 | $4\times10^3$ | 40 |
| 2 | $2.5\times10^2$ | 80 |
| 1 | 30 | 99 |

纳米颗粒的粒径和表面原子数的比例关系，还可从图3.5看到。从表3.2和图3.5中的数值都可看出，当纳米微粉的粒径变小时，表面总原子数急剧增加，这将明显增加其活性。

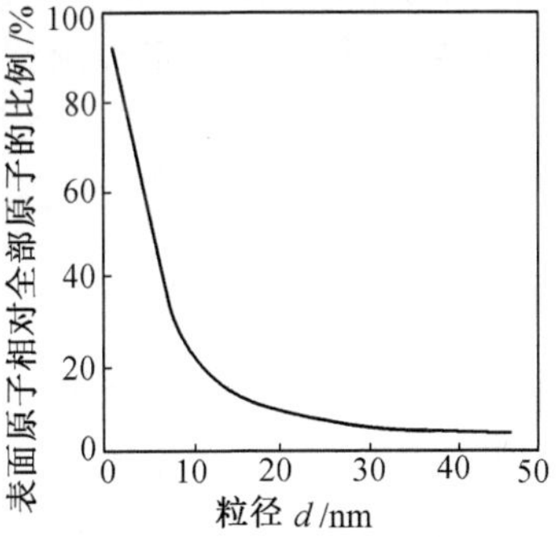

图3.5 粒径和表面原子数比例的关系

**2. 纳米微粉的粒径对比表面积的关系**

纳米微粉的粒径减小，对同样质量的微粉，其颗粒数迅速增加，表面积更是急剧增加，这将改变纳米颗粒的物理和力学性能，将增加其化学活性。表3.3中还给出了铜(Cu)纳米微粒的粒径变化，与每个颗粒中的原子数、表面原子所占比例、比表面积和比表面能的关系。

从表中的数值可看到，当Cu纳米微粉的粒径从100 nm减小到10 nm时，比表面积从6.6 $m^2/g$增大到66 $m^2/g$，提高了一个数量级，当粒径从10 nm继续减小到 1 nm 时，比表面积从 66 $m^2/g$ 增大到 660 $m^2/g$，又提高一个数量级，粒径为 1 nm 较粒径为 100 nm 的比表面积提高了两个数量级。

表 3.3 铜纳米微粉的粒径与每个颗粒中的原子数、表面原子所占比例、比表面积和比表面能的关系

| 粒径 $d$ /nm | 每颗粒中的原子数 | 表面原子所占比例 /% | 比表面积 /($m^2\cdot g^{-1}$) | 比表面能 /($J\cdot mol^{-1}$) |
|---|---|---|---|---|
| 100 | $8.46\times10^7$ | | 6.6 | $5.9\times10^2$ |
| 20 | | 10 | | |
| 10 | $8.46\times10^4$ | 20 | 66 | $5.9\times10^3$ |
| 5 | $1.06\times10^4$ | 40 | | |
| 2 | | 80 | | |
| 1 | | 99 | 660 | $5.9\times10^4$ |

### 3. 纳米微粉的粒径与其比表面能的关系

从表 3.3 中的数值可知，当纳米微粉的粒径为 100 nm→10 nm→1 nm 时，其比表面能亦相应地迅速增加，为 $5.9\times10^2$ J/mol→$5.9\times10^3$ J/mol→$5.9\times10^4$ J/mol，表面能提高了两个数量级，因而表面原子具有很高的活性，极不稳定，很容易与其他原子结合，使纳米微粉的化学活性大大提高。例如纳米金属粒子在空气中会燃烧，无机的纳米粒子暴露在空气中会吸附气体，并与气体起化学反应。

纳米微粉比表面能的提高，可用图 3.6 的物理模型来说明。假设颗粒为圆形，实心圆代表位于表面的原子，空心圆代表位于内部的原子。如颗粒的直径为 3 nm，原子间距为 0.3 nm，从图中可看到实心圆原子的近邻配位不完全，*E* 位的原子缺一个近邻配位原子，*C* 位和 *D* 位原子缺两个近邻配位原子。*A* 位原子缺三个近邻配位原子，故 *A* 位原子极不稳定，有强烈趋向移向 *B* 位。近邻配位不完全的表面原子，有很强的化学活性，很容易与其他原子结合。纳米微粉的粒径越小，近邻配位不完全的原子比例越大，比表面能越高，化学活性也越高。

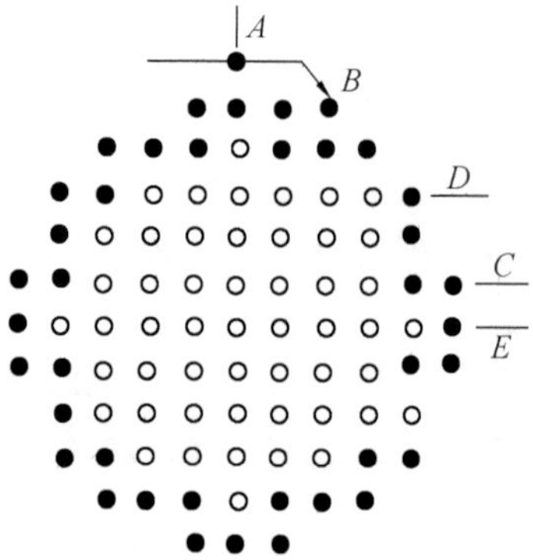

图 3.6 纳米颗粒比表面能提高原理模型

纳米微粉化学活性的提高有极大的实际应用意义。例如在火箭的固体燃料推进剂中添加质量分数为 1% 的纳米铝粉或镍粉，每克燃料的燃烧热可增加 1 倍。超细硼粉一高铬酸铵粉可作为炸药的有效助燃剂，纳米铁粉也可以作为固体燃料的助燃剂。使用粒径更小的化学催化剂，可以在同样催化效果的前提下，明显节省催化剂的用量。

### 3.2.5　纳米颗粒的热效应

纳米颗粒的热效应表现为熔点的降低、烧结温度的下降、微粒晶化温度的下降等。其他还有一些热效应现象，如传热性能、热膨胀系数等因素，对纳米微粒的特性和应用也有一定的影响。

**1. 纳米颗粒熔点的降低**

由于纳米微粉的粒径小、表面能高、比表面原子数多、表面原子近邻配位原子不全、表面原子的活性大，因此纳米微粉的熔化能和熔点较常规块体有大幅下降。例如，常规 Ag 块体的熔点约为1 173 K (900 ℃)，而纳米 Ag 粉在低于373 K(100 ℃)时即开始熔化。常规 Pb 块体的熔化温度为 600 K (327 ℃)，而粒径20 nm的球形 Pb 微粉的熔化温度降低到 288 K (15 ℃)；常规黄金(Au)块体的熔化温度为 1 336 K (1 063 ℃)，粒径 10 nm 的 Au 微粉熔点降低到 1 231 K (940 ℃)；当 Au 微粉粒径为 5 nm 时，熔点降低到 1 103 K(830 ℃)；当 Au 微粉粒径降低到 2 nm 时，熔点降低到 603 K (330 ℃)。图 3.7 是不同粒径的纳米 Au 微粉的熔化温度，可看到当 Au 微粉的粒径小于 5 nm 后，熔化温度急剧下降。

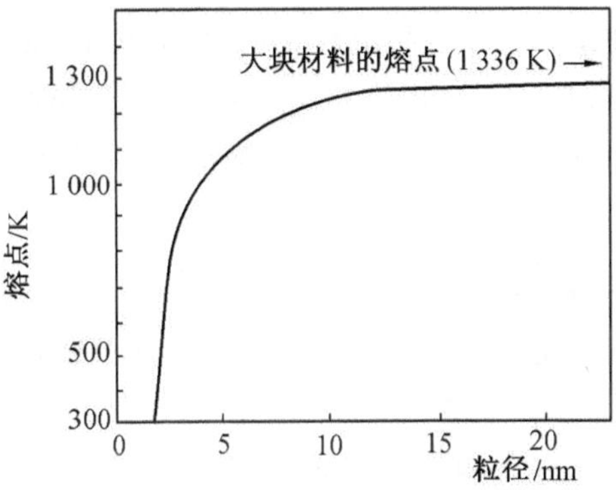


图 3.7　Au 微粉在不同粒径时的熔点

**2. 烧结温度的下降**

烧结温度是指将预压成形的微粉块体在低于熔点的温度进行加热烧结，使这些微粉结合成接近于常规材料的密度和力学性能的最低加热温度。

由于纳米微粉的比表面积大、比表面能高、表面原子的活性强，压制成块体后其界面有高能量，在烧结过程中高界面能加速原子运动，有利于界面中孔的收缩，空位团消没，因此在较低的温度下即可获得均匀致密的优质烧结体，即可使烧结温度明显下降。

例如，常规 $Al_2O_3$ 微粉的烧结温度为 2 073～2 173 K，$Al_2O_3$ 纳米微粉的烧结温度可下降到 1 423～1 773 K，致密度可达 99.7%。常规 $Si_3N_4$ 微粉烧结温度高于 2 273 K，而用纳米 $Si_3N_4$ 微粉可以使烧结温度下降 673～773 K。对于 $TiO_2$ 微粉的烧结温度，使用平均晶粒粒径为 12 nm 的超微粉在 773 K 烧结就能得到比平均粒径为 1.3 μm 的微粉晶粒在 873 K 温度烧结更高的硬度，如图 3.8 所示。

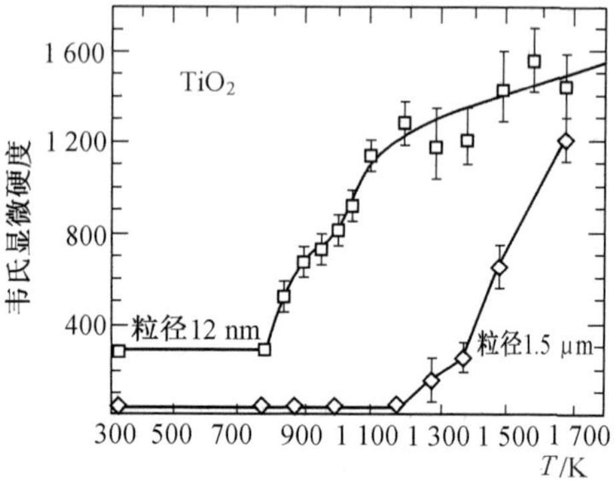


图 3.8　不同粒径 $TiO_2$ 微粉烧结得到的硬度

**3. 非晶微粒的晶化温度降低**

普通非晶 $Si_3N_4$ 在 1 793 K 时晶化成 α 相，纳米非晶 $Si_3N_4$ 在 1 673 K 加热 4 h全部晶化成 α 相。纳米微晶粒开始长大的温度随粒径减小而降低。例如，粒径为 8 nm、15 nm 和 35 nm 的 $Al_2O_3$ 粒子的粒径快速长大的温度分别为1 073 K、1 273 K、1 423 K。

**4. 纳米微粉的热膨胀系数可调节**

不同粒径的纳米颗粒的热膨胀系数不同，因此可以选择最适宜的粒径和不同粒径混合，使其热膨胀系数调节到要求的数值。

纳米微粉烧结温度的降低具有重要的实际应用意义，例如一些高温陶瓷因烧结温度降低，大大降低了制造工艺难度。使用一些低烧结温度纳米微粉，可使烧结温度下降，不损坏与烧结体相连的易损部分。

### 3.2.6　纳米磁微粒的磁学性能及其应用

纳米磁微粒的小尺寸效应与量子尺寸效应和表面效应等，使它具有了常规粗晶磁粒所不具备的磁特性，纳米磁微粒的特殊磁性能表现在下面几方面。

**1. 超顺磁性**

当磁性微粉的粒径减小时，开始阶段矫顽力增大，但粒径小到某尺寸后，矫顽力开始降低，最后到某临界粒径时，矫顽力成为零，这时铁磁材料会变成顺磁状态，导致超顺磁性的产生。临界粒径的大小因材料不同而异。例如，α－Fe 的临界粒径为 5 nm，$Fe_3O_4$ 的临界粒径为 16 nm，$\alpha-Fe_2O_3$ 为 20 nm，小于该临界粒径时变为顺磁体。

图 3.9 是 Ni 纳米微粉在不同粒径时的矫顽力 $H_c$，当 Ni 微粉的粒径从 90 nm减小到 70 nm 时，矫顽力 $H_c$ 逐渐增大达到最高值，当粒径再减小时，矫顽力 $H_c$ 就明显下降，当 Ni 微粉粒径小到 15 nm 时，$H_c$ 趋近于 0，说明 Ni 微粒已进入超顺磁状态。

产生超顺磁状态是由于微粒尺寸过小。各向异性减小到与热运动能相比拟时，磁化方向就不再固定在一个易磁化方向，易磁化方向做无规律变化，最后导致超顺磁现象产生。

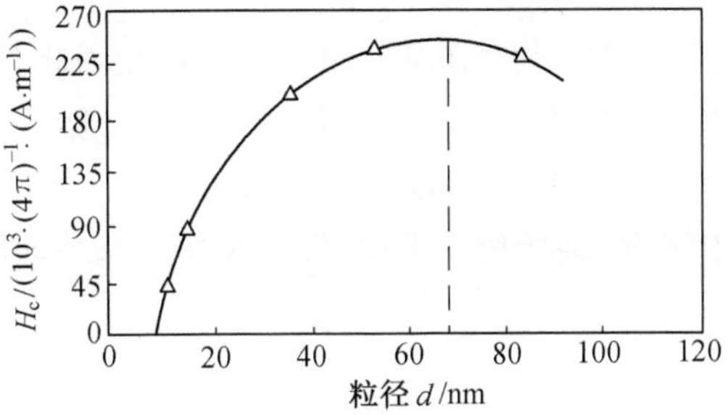


图 3.9　Ni 纳米微粉在不同粒径时的矫顽力

**2. 矫顽力**

纳米磁微粒尺寸高于超顺磁临界尺寸时，通常呈现高的矫顽力，纳米磁微粒比粗晶磁粉的矫顽力要高很多。例如，用惰性气体蒸发冷凝法制成的纳米 Fe 微粉，随着粒径变小，饱和磁化强度 $M_s$ 略有下降，但矫顽力 $H_c$ 却显著增加。图 3.10说明在不同温度时矫顽力 $H_c$ 亦不同。由图可知，粒径为 16 nm 的 Fe 微粉，在 5.5 K 时矫顽力 $H_c$ 达到 $1.27\times10^5$ A/m。在室温时，Fe 微粉的矫顽力 $H_c$ 仍保持在 $7.96\times10^4$ A/m，而常规 Fe 的矫顽力 $H_c$ 低于79.62 A/m，要比纳米磁微粒的矫顽力低很多。

**3. 巨磁阻效应**

巨磁阻在一定磁场作用下，电阻急剧减小，其减小的幅度，比通常磁性材料的磁电阻数值约高 10 余倍。1992 年，美国报道了 Co－Ag、Co－Cu 颗粒膜中存在巨磁阻效应。1994 年，IBM 公司研制成巨磁阻效应的读出磁头，将磁盘记录密度一下子提高 17 倍，达 5 GB/in$^2$(1 in＝2.54 cm)，2008 年报道磁盘记录密度又进一步提高到 11 GB/in$^2$。巨磁阻效应的另一重要用途，是用于微弱磁场探测器。

**4. 磁性纳米微粉用于磁记录材料**

磁性纳米微粉由于其尺寸小，具有单磁畴结构，矫顽力很高，用它制作的磁

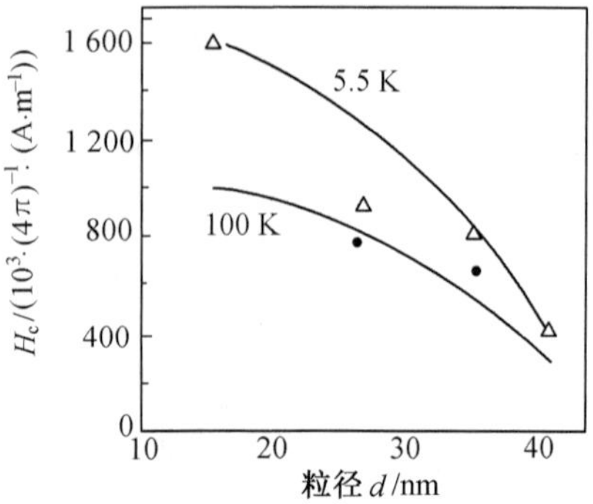


图 3.10　Fe 纳米微粉的粒径与矫顽力的关系

记录材料可以使信噪比提高，改善图像质量。作为磁记录单位的磁性粒子大小，应满足如下要求：① 颗粒的长度应远小于记录波长；② 颗粒的宽度应远小于记录深度；③ 一个单位的记录体积中，应有尽可能多的磁性粒子；④ 磁记录的磁颗粒要求为单磁畴针状微粒，体积应尽量小，但不得小于变成超顺磁性的临界尺寸(约为 10 nm)。

**5. 纳米微晶软磁材料**

Fe－Si－B 是一类重要的非晶态软磁材料，在这类材料中加入 Nb、Cu 等微粉形成晶核，可使晶粒细化。1998 年，著名的纳米微晶软磁材料 Finement 问世，其组成为 $Fe_{73.5}Cu_1Nb_3Si_{13.5}B_9$，它的磁导率 $\mu_0$ 高达 $10^5$ H/m，饱和磁感应强度为 1.30 T，其性能大大优于铁氧体等材料。例如，用于工作频率 30 kHz 的这种材料 2 kW 开关电源变压器，质量仅为300 g，体积仅为铁氧体变压器的 1/5，变压器效率高达 96%。

## 3.2.7　纳米微粒的光学性能及其应用

纳米微粒由于其尺寸和物理特征量在同一数量级，例如，当纳米微粉的粒径、超导相干波长、波尔半径以及电子的德布罗意波长在同一数量级时，小颗粒的量子效应十分显著。这种量子尺寸效应和表面效应对纳米微粒的光学特性有很大影响，有时会使纳米微粒具备某些新的光学特性。

**1. 对光的宽频带的强吸收效应**

普通大块金属具有不同颜色光泽，这是由于这些金属对可见光不同波长的反射和吸收能力不同。当金属纳米微粒的粒径减小到某临界值后，其对光的反射率变得极低，不同金属纳米微粒几乎都变成黑色。例如 Pt 纳米微粒对光的反射率仅为 1%，Au 纳米微粒对光的反射率低于 10%。

有些纳米微粒材料对红外有一个宽频带强吸收谱，例如，纳米 $Si_3N_4$、SiC 和

$Al_2O_3$ 等就有这种特性。纳米粒子的大比表面积，使平均配位数值下降，不饱和键和悬键增多，有一个较宽的振动模分布，因此存在一个较宽的红外吸收频率的分布。另外有些纳米微粒，对红外线有很强的反射作用。红外强吸收和强反射特性，有很重要的生产、实际应用意义，可用于制造红外吸收材料、红外保暖材料、红外隐形材料等。

有些纳米微粒材料，如 ZnO、$Fe_2O_3$、$TiO_2$ 等，对紫外线有强吸收作用，这是由于这些纳米微粒的半导体性质，即在紫外光照射下，电子被激发由价带向导带跃迁，引起了紫外光吸收。另外还有些纳米微粒对紫外线有强烈的反射作用。纳米微粒对紫外光强吸收和反射效应，也有实际应用意义。

**2. 纳米微粒对光吸收带的蓝移和红移现象**

多数纳米微粒对光吸收带存在蓝移现象，即光吸收带较普通块体材料移向短波长方向，例如，纳米 SiC 颗粒和普通块体 SiC 的峰值红外吸收频率分别是 814 $cm^{-1}$和 794 $cm^{-1}$，即纳米 SiC 颗粒的红外吸收频率蓝移了 20 $cm^{-1}$。纳米 $Si_3N_4$ 颗粒的峰值红外吸收频率较 $Si_3N_4$ 块体材料蓝移了 14 $cm^{-1}$。

在某些情况下，纳米微粒的光吸收带相对粗晶呈红移现象，即光吸收带向长波长方向移动。例如，在 200～1 400 nm 波长范围，单晶 NiO 呈现 8 个光吸收带，纳米 NiO 微粒(粒径 54～84 nm)有 7 个光吸收带峰，其中 4 个光吸收带较单晶 NiO 呈现蓝移现象，另 3 个光吸收带则呈现红移现象。

**3. 纳米微粒的发光现象**

当纳米微粒的尺寸小到某值时，可在一定波长的激光激发下发光。1990 年，日本 H. Tabagi 发现，粒径小于 6 nm 的 Si 微粒，在受激发状态下可以发射可见光，随粒径减小，发射光的强度增强，并且发射带向短波长方向移动，在粒径大于 6 nm 时，无发光现象。除 Si 外，还有其他纳米微粒也能发光。

**4. 纳米微粒对红外线吸收和反射现象的实际应用**

(1)红外吸收纤维。

国外已有在纤维中加入 $Al_2O_3$、$TiO_2$、$SiO_2$、$F_2O_3$ 纳米微粉，使这种纤维具有较强的红外线吸收能力。这种纤维制成的衣服可以增加保暖作用，在同样保暖作用条件下，采用红外吸收纤维制成的衣服质量可减少 30%。用红外吸收纳米微粒加入纤维内制成的军服，可以对士兵身体释放的红外线起到很好的屏蔽作用。人体释放的红外线大致在 4～16 $\mu$m 的中红外频段，很容易用红外探测器发现，因此这种吸收红外线纤维制成的衣服，具有红外隐形的功能。

(2)红外反射材料。

用红外反射纳米微粒制成薄膜，具有红外反射性能。这种薄膜有单层膜也有多层干涉膜，这种多层干涉膜也就是电介质多层膜，红外反射性能良好，并可在低于 900 ℃的高温下使用。

红外反射膜在灯泡工业中有应用前景。现在灯泡照明时大约有 69%的电能转化为红外线，不仅浪费电能而且降低灯泡寿命。$TiO_2-SiO_2$ 红外反射多层膜在 500～800 nm 波长（可见光波段）之间有很好的透光性，透光率可达 75%～80%，但对于 1 250～1 800 nm 的红外线则有很强的反射能力。用这种微米级厚度的膜涂敷在电灯泡内壁，特别是高压钠灯和碘弧灯等强光的灯泡，可以节省电力 13%～15%，而不降低光强。

(3)紫外光吸收材料。

最近发现纳米 $Al_2O_3$ 微粉对波长在 250 nm 以下的紫外光有很强的吸收能力，这一特性可用于提高日光灯的性能。日光灯是利用水银激发产生的紫外谱线使灯管壁的荧光粉发光而用于照明的。但波长为 185 nm 的短波紫外光大部分未被利用而向外泄漏，不仅影响日光灯的寿命，而且对人体有害，这是长期困扰日光灯工业的技术难题。如将不多量的纳米 $Al_2O_3$ 微粉加入到稀土荧光粉内，不仅可明显减少短波紫外线的外泄，使日光灯光谱更接近日光的光谱，减少对人体的损伤，而且可提高日光灯的光转换效率，增加日光灯的寿命。

将对紫外光有强吸收能力的纳米微粉（如 $TiO_2$、$ZnO$、$SiO_2$、$Al_2O_3$ 等）添加到防晒油、化妆品内，可以将太阳光中对人体有害的 300～400 nm 波段的紫外光吸收掉，起到防晒保护作用。但应注意，不能直接将纳米微粉加入防晒油，这是由于纳米微粉颗粒太细，将被皮肤吸收。应在具有强紫外光吸收能力的纳米微粉表面，包敷一层对人体无害的有机聚合物，增大其粒径，这样就能有效地提高防晒油的性能。

塑料和油漆常因受到日光中的紫外光照射而老化变脆。如在塑料和油漆表面上涂一层含有能吸收紫外光的纳米微粉的透明涂层，就可以延缓塑料的老化变脆和油漆的老化脱落。

(4)雷达隐形材料。

光波是一定波长范围内的电磁波，不同材料和粒径的纳米微粒，对不同波段的电磁波有强吸收能力。雷达波也是电磁波的一种，雷达使用时常常变化其波长以增加其保密性，可以将不同材料、不同粒径的纳米微粉加在一起，加一定量的磁性纳米微粉，再配合飞机驾驶舱内的信号控制发出干扰，使敌方雷达波的反射信号被吸收、改变频率，或使其产生波形畸变、波形变化不定，达到隐形的效果。

(5)静电屏蔽材料。

某些具有半导体性质的纳米微粉，具有的导电特性要比常规氧化物高，可用作静压屏蔽层。粒径较粗的纳米微粉可有不同颜色，因此用这些不同颜色纳米微粉制成的涂料喷涂，不仅可起静电屏蔽作用，而且可有不同颜色。过去都用炭黑涂料做静电屏蔽层，都是黑色的，颜色单一不美观。

化纤衣服和化纤地毯常因摩擦生电而带静电，容易吸灰尘，容易放电而产生火花，给使用者带来不便。如在化纤制品中加入少量金属纳米微粒（粒径不能过小），就能使静压效应大大减弱。

化纤制品和纺织品中加入少量纳米 Ag 微粉，还可以起到杀菌和去臭味的作用。

### 3.2.8 纳米微粒悬浮液和动力学特性

纳米微粒在液体中易形成悬浮液，这是由于纳米微粒体积小、质量轻，同时有布朗运动存在的原因。微粒有布朗运动时不会稳定地停留在某一固定位置上，这样纳米微粒不会因重力而发生沉淀。当然从另一方面看，纳米微粒也有可能因相互碰撞而团聚，颗粒由小变大而沉积。

当液体中的纳米微粒有浓度差时，由于布朗运动将引起物质迁移现象。微粒越小，运动速度越大，微粒越大则运动速度越慢。一般以扩散系数 $D$ 来度量扩散速度，表 3.4 是金纳米微粉的粒径与扩散系数 $D$ 的关系。

**表 3.4 溶胶中金纳米微粒的粒径与扩散系数的关系(291 K)**

| 粒径/nm | 扩散系数 $D/(10^9 \cdot m^2 \cdot s^{-1})$ |
|---|---|
| 1 | 0.213 |
| 10 | 0.021 3 |
| 100 | 0.002 13 |

当微粒的质量大于液体的质量时，重力作用将使微粒下降，但对于扩散系数大的物质，因布朗运动引起的扩散作用与重力作用引起的沉降方向是相反的，因而相互抵消，微粒越小则扩散作用阻碍沉淀越明显。当沉降速度与扩散速度相等时，物系达到平衡状态。如果溶胶中的微粒粒径大小不等并且微粒质量大于溶体质量，在这类物系达到平衡时，悬浮液上部的微粒的平均粒径要小于底部微粒的平均粒径。

纳米微粒不沉淀，悬浮达到平衡而形成悬浮液的特性可以被利用，一些不易溶解于水的药剂，可以制成微细的纳米微粒悬浮液作为注射针剂使用，这类悬浮液不沉淀，药剂微粒因粒径极小，注射入人体后能透过细胞壁和血管壁而起到治疗作用。

# 3.3 纳米微粒材料(零维纳米材料)的制造技术

美国众多专家认为,纳米粉末在今后一段时间仍是纳米技术市场的主流产品,因此对纳米微粒材料的生产制造必须给予重视。

近年来发展了多种不同的纳米微粒材料制造技术,但到目前为止,纳米微粒材料的各种制造方法、品种和粒径大小都是有限的,并且多数制造方法生产效率较低,制造成本高,在一定程度上限制了纳米材料的广泛应用。

现在纳米微粒材料制造方法分气相法和液相法两大类,这些制造方法又分为应用物理原理和应用化学反应原理两类。此外,制造纳米微粒材料还可以采用固体机械粉碎法,但不易获得微细的高纯度纳米微粒,因此用得不普遍,下面介绍纳米微粒的主要制造方法。

## 3.3.1 材料加热气化冷凝制造法

将材料加热气化,然后在惰性气体中冷凝制成纳米微粒材料的方法属于气相的物理原理制造方法。其基本工作原理如图 3.11 所示。原材料放在坩埚(或其他容器)内加热,气化成蒸气(烟雾),在低压的惰性气体中,刚诞生的超微粒子逐渐冷却并相互碰撞,先形成原子簇,再聚合长大成超微纳米微粒,对于有些材料则微粒连成链状超微粒子。这些超微纳米微粒积聚在冷却棒(或其他冷却器)表面,最后用聚四氟乙烯刮刀刮下并收集,便获得纳米微粉。

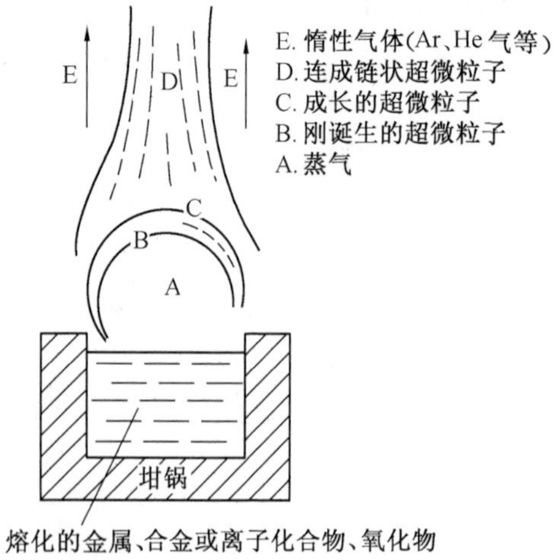


图 3.11 加热气化冷凝法原理图

使用加热气化冷凝法制造纳米微粒材料的方法，有如下特点：① 表面清洁；② 粒度整齐，粒径分布窄；③ 粒度易于控制。在该方法中，有多种使材料气化的加热方法：① 使用电阻加热；② 直接通电加热；③ 使用高频感应加热；④ 使用电子束加热；⑤ 使用激光加热。

**1. 电阻加热法制备纳米微粒材料**

图 3.12 是电阻加热法制备纳米微粒材料的原理图。被气化蒸发的材料放在舟状加热器内，舟状加热器用 W、Mo、Ta 等外面有保护的螺旋纤维制成，通电后产生热使蒸发材料气化，因加热温度受电阻丝耐热限制，这种方法现在主要用于 Ag、Al、Cu 等低熔点金属的蒸发。应注意，被蒸发材料在加温后应不和加热电阻丝起化学和物理熔合。这种制造方法简单易行，更适合于实验室中应用。

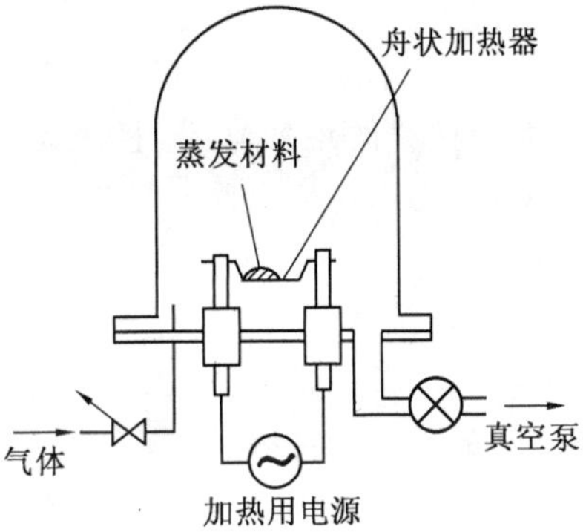


图 3.12　电阻加热法制备纳米微粒材料

**2. 高频感应加热法制备纳米微粒材料**

图 3.13 是用高频感应法加热坩埚内的蒸发材料，使之升温气化，从而制备纳米微粒材料的方法，这种方法常用于金属等导电材料纳米微粉的制造。使用高频加热时，耐火坩埚内进行金属的熔融蒸发，电磁波的作用使熔化金属产生流动，使融体内的合金获得较好的均匀性。此外，这种方法容易控制温度，可以在长时间内以恒功率运转。同时该方法可以通过变化温度和改变使用的惰性气体，来控制产生的纳米微粒的粒径。

**3. 电子束加热和激光加热法制备纳米微粒材料**

① 使用电子束照射可以使蒸发材料加热、气化，最后冷凝制成纳米微粉。电子束加热法的优点是可以用于制造 W、Mo、Nb 等高熔点金属以及 Zr、Ti 等活性大的金属纳米微粉。一般是将被蒸发材料制成细丝（纤维），将电子束直接对准细丝的尖端，使其熔融蒸发，可以不用坩埚，因此可以解决高温时坩埚容易与蒸发材料起作用而损坏的难题。用这种方法可以制造出优质的纳米微粉，但设备

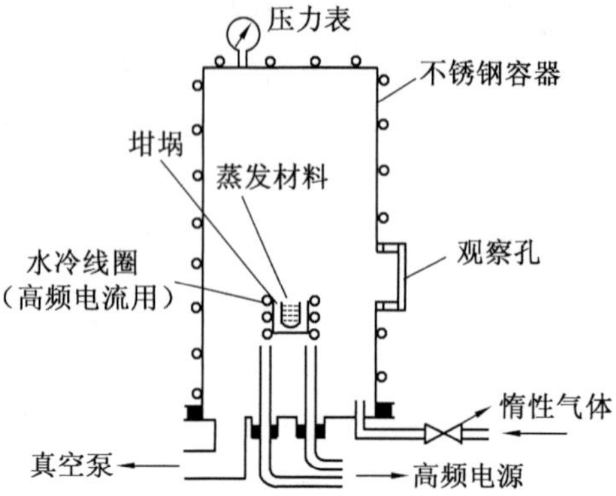


图 3.13 高频感应加热法制备纳米微粒材料

昂贵，制造技术复杂。

② 用激光照射可以使蒸发材料加热气化，最后冷却凝聚成纳米微粉。激光照射法可以用于制造多种不同材料的纳米微粉，且激光源可以放在制造系统外面，通过 Ge 透镜而进入蒸发室，使用比较方便。激光源不受蒸发室的影响，不会被污染。

使用激光照射法制造纳米微粉时，应注意蒸发材料能否有效吸收激光。例如金属表面更容易吸收 Nd:YAG 激光，Nd:YAG 激光的波长比 $CO_2$ 激光的波长小一个数量级，在 1.06 $\mu$m 的近红外区内易被金属吸收，故加热效率高。可使用 200 W 左右的脉冲 Nd:YAG 激光，在 He 等惰性气体中照射。现已用这种方法制成 Fe、Ni、Cr、Ti、Zr、Mo、Ta、W、Al、Cu 以及 Si 等材料的优质纳米微粉。

## 3.3.2 等离子体溅射加热法制造纳米微粒材料

### 1. 基本原理

等离子体中存在大量高活性物质的离子，在高速运动时有很大的能量，同时因等离子体的尾焰区温度较高，因此等离子体照射区温度迅速升高，蒸发材料易被加热气化，同时高速离子的溅射也使蒸发材料的原子被撞击出去。这种材料气化方法属于气相物理过程。如果等离子体中含有化学活性物质，则很容易和蒸发材料起化学反应，生成反应物的气相微粒，这时就属于气相化学过程。现在等离子体溅射加热制造纳米微粒材料，多数是用气相物理过程，制造出多种金属纳米微粉，但有时也用气相化学过程制造 $Al_2O_3$、$Y_2O_3$、$TiO_2$、$ZrO_2$ 等纳米微粒材料。

### 2. 直流电弧等离子体法制造纳米微粒材料

直流电弧等离子体制造法是在惰性气氛中（或反应气氛中）通过直流放电，使气体电离产生高温等离子体，等离子体被集束照射原料，使原料熔化并蒸发，蒸气(烟雾)在惰性气体 Ar 或 He 中冷却,形成纳米微粒。图 3.14 是这种直流电弧等离子体制造纳米微粉的原理图。

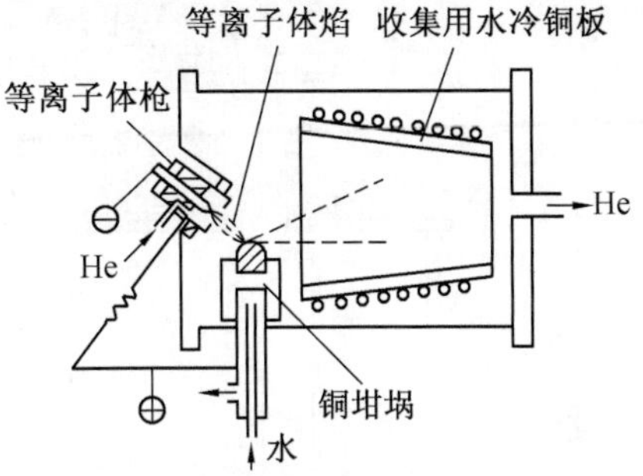


图 3.14　直流电弧等离子体法制造纳米微粒材料

由于等离子体温度高,并且有离子溅射作用,几乎可以制造任何金属材料的纳米微粉。在蒸发室侧壁有观察孔,可以看到产生烟雾的多少,从而得知纳米微粉的生产情况。用这种方法制造 Cu、Al 等高导热性材料微粉时,生产效率很低,主要原因是等离子体产生的热量被 Cu(Al)很快传给铜坩埚再传给冷却水,因热量迅速被冷却水带走,影响原料的气化效率。对熔点很高的金属,如 W、Mo、Nb 等,因传热系数较低,反而容易获得高温,产生纳米微粉的效率和产量也较高。

**3. 混合等离子法制造纳米微粉材料**

混合等离子法是将射频(RF)等离子体作为主要热源,再辅以 DC 等离子组合的混合方式,经反应而生产纳米微粒材料的方法。图 3.15 是这种混合等离子法装置的原理图。石英管外的高频感应线圈产生高频磁场,将气体电离,产生 RF 等离子体。载气带原料经等离子体加热反应产生超微粒子,最后附着在冷却壁上。由于载气和原料进入 RF 等离子体的空间容易将等离子弧焰搅乱,故另加沿等离子室轴向喷射的 DC(直流)等离子弧束为辅助,防止 RF 等离子弧焰被干扰而影响纳米微粉的制备。

混合等离子法有下列特点:① RF 等离子产生时没有电极,因此没有电极物质混入产出的纳米微粉中,获得的纳米微粉纯度较高;② RF 等离子体流速慢、原料加热时间长、加热气化和反应充分;③ 可以使用惰性气体,也可使用非惰性气体产生等离子体,因此不仅可以用物理原理生产纳米微粉,也可以使用化学反应生产纳米微粉。

**4. 离子溅射法制造纳米微粉材料**

离子溅射法生产纳米微粉的原理,如图 3.16 所示。用两块金属板做阳极和阴极,其中阴极是制微粉的原材料。两电极间充入低压(40～250 Pa)Ar 气,两电极间施加电压 0.3～1.5 kV。电极间的辉光放电使Ar电离。$Ar^+$ 冲向阴极靶材

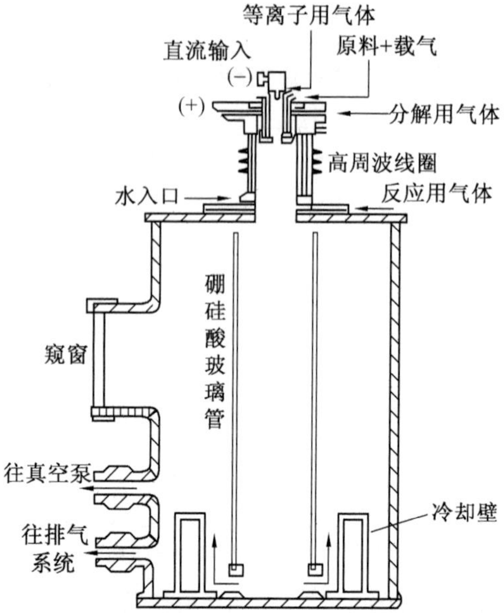


图 3.15 混合等离子法制造纳米微粉材料

料表面产生超微粒子，逐渐冷却后，在附着面上沉积下来，用刮刀刮下即得到纳米微粉。

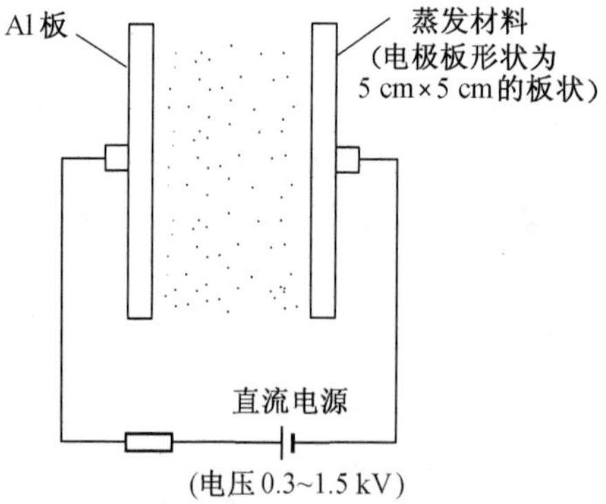


图 3.16 离子溅射法制造纳米微粉材料

用离子溅射法时，靶面达到高温，可以生产多种金属纳米微粉，包括低熔点和高熔点金属。如果再辅以高压气流冲击靶表面，可提高微粉产量，再在高压气流中加入反应气体，例如13 kPa的 $H_2$(15%)和 He(85%)的混合气体，则可以获得化学反应物的纳米微粉。

### 3.3.3 爆炸法制造纳米微粒材料

**1. 通电爆炸丝法制造纳米微粒材料**

通电爆炸丝法制造纳米微粉的工作原理，如图 3.17 所示，这种方法适用于工业上连续生产金属和合金纳米微粉。金属丝被两电极夹固在充满惰性气体(5 MPa)的反应室内，两电极间同时并联一个大电容。金属丝在 50～800 kA 的大电流下加热，在金属丝刚被烧断的瞬间，因大电容放电而在金属丝熔断处产生电火花爆炸，而将熔融的金属丝炸成纳米微粒。纳米微粒冷却后，沉降在反应室底部。金属丝用自动送丝装置送入两电极夹头内，从而使上述过程重复进行。

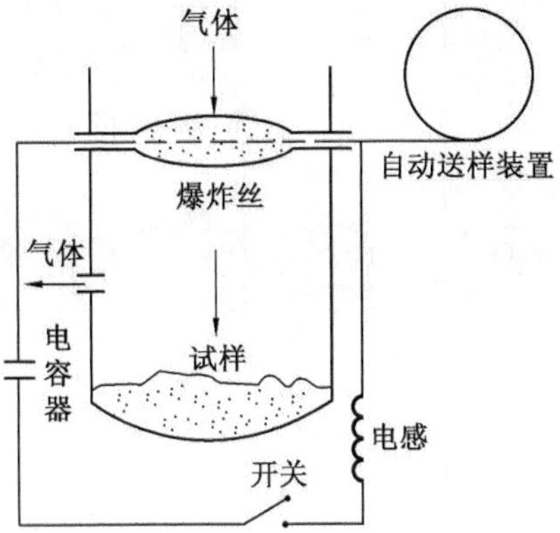


图 3.17 通电爆炸丝法制造纳米微粉

如果向反应室内的惰性气体中充入一定比例的氧气，使初生的金属微粒氧化，则可以制造某些易氧化金属的纳米金属氧化物微粒材料。

**2. 爆炸法制造金刚石纳米微粉**

俄罗斯开发了一种用爆炸法制造纳米金刚石微粉的方法。将石墨粉放入一个非常坚固的钢质的大反应室内，将反应室密闭，用炸药在反应室内爆炸，在爆炸的高温高压瞬间，石墨粉转化成纳米金刚石微粉。俄罗斯已用这种方法批量生产了较大量的纳米金刚石微粉。

### 3.3.4 化学反应气相凝聚法制造纳米微粒材料

**1. 化学反应气相凝聚法制造纳米微粒材料**

前面讲的将材料加热气化再冷凝聚合制造纳米微粉的方法，其优点是容易控制纳米微粉的制造过程和控制得到微粉的粒径大小，但该方法能制造的微粉品种有限。化学反应可以制成很多品种的化合物，但不易控制微粉的团聚过程，不易控制所得微粉的粒度和形态。化学反应气相凝聚法是结合上面两类方法优点而成的制造纳米微粉方法。

图 3.18 为化学反应气相凝聚法制造纳米微粒材料的原理示意图。这种方法的基本原理是，用高纯惰性气体作为载体，携带金属有机前驱物(如六甲基二硅烷等)进入钼丝炉，炉温在 1 100～1 400 ℃，气压保持在 100～1 000 Pa 的低压状态。在此环境条件下，原料先分解成团簇，再凝聚成纳米微粒，纳米微粒附着在内部充满液氮的低温转动衬底上。最后用刮刀刮下纳米微粉，再放入收集器内。

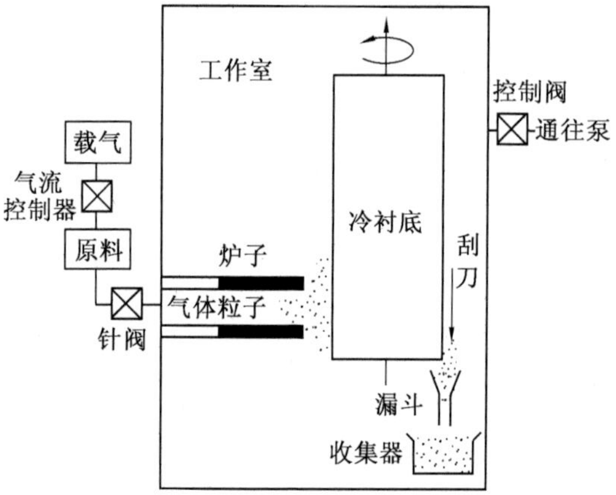


图 3.18 化学反应气相凝聚法制造纳米微粉

### 2. 火焰燃烧—化学气相凝聚法制造纳米微粒材料

图 3.19 是用火焰燃烧—化学气相凝聚法制造纳米微粒材料的原理示意图。这种方法的基本原理和上面讲的化学反应气相凝聚法基本相同，只是将钼丝炉换成平面火焰燃烧器，来产生化学反应所需高温。平面火焰燃烧器是由并列的多个喷嘴组成，含有金属有机前驱物蒸气的载气(如 He 等)和燃烧气体($C_2H_2$、$CH_4$ 等)混合，通过燃烧器喷嘴而在外面燃烧。反应室的压力保持在 100～500 Pa的低压。金属有机前驱物经火焰加热，在燃烧器前面热解而形成纳米微粒，纳米微粒附着在驱动的冷却鼓轮外面，经刮刀刮下后收集。这种方法生产效率高，并且由于平面燃烧器火焰分布均匀，得到的纳米微粉粒度分布窄而均匀。

### 3. 不完全燃烧法制造炭黑纳米微粉

中国制墨用的炭黑纳米微粉，是用不完全燃烧法制成的。将松木、松油或桐油等放在限量供应空气的窑内进行不完全燃烧，产生浓厚的黑烟，黑烟逐渐冷却，附在窑壁上，即成为纳米级炭黑微粉。通过窑壁的观察孔，可观察燃烧过程

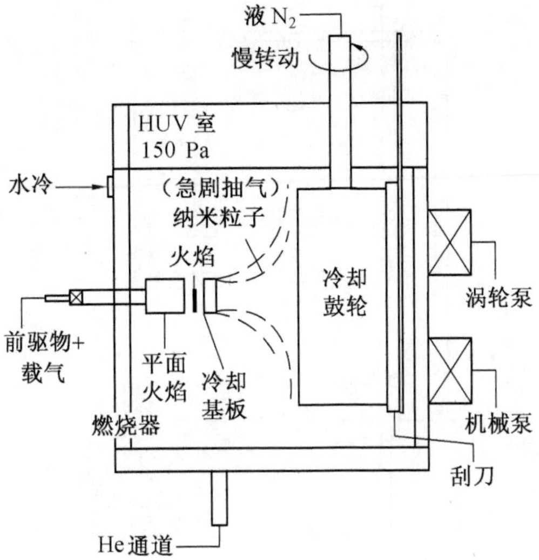


**图 3.19　火焰燃烧－化学气相凝聚法制造纳米微粉**

和黑烟产生的情况，调节供应的空气量，使其既能维持继续燃烧，又能多产生黑烟。最后从窑壁上刮下附着的黑粉，即是所生产的炭黑纳米微粉。

将炭黑微粉加胶经一定的工艺即制成墨。中国制墨的历史超过千年，因此从某种意义上讲，中国是世界上最早制造纳米微粉的国家。中国制造的墨质量好，还曾多次获得国际大奖。

**4. 直接通电加热的化学气相凝聚法制造纳米微粒材料**

图 3.20 是直接通电加热使材料气化并经化学反应制造纳米微粒材料的原理示意图。这种方法主要用于制造优质 SiC 等碳化物的纳米微粉。将棒状的石墨电极压在块状的 Si(蒸发材料)上，然后通电。因低温时 Si 导电性能差，故开始时 Si 需在下部加热，等 Si 温度升高后，导电性变好，就能通入大电流(AC 数百 A)。石墨电极由红热变成白热(温度达 2 200 ℃以上)，与石墨电极接触的 Si 部分熔化，沿石墨电极上爬，并和碳发生化学反应，发出很大烟雾(纳米 SiC 微粒)，在低压的惰性气体(Ar 或 He)环境中，将烟雾冷却收集，即得到纳米 SiC 微粒材料。

生产时，在 400 Pa 的 Ar 气中，通电流 400 A，纳米 SiC 微粉的回收生产率约 0.5 g/min，生成的 SiC 微粉中混有少量的 Si。在使用惰性气体 Ar 时，主要形成具有一定结晶习性的大颗粒。而在使用惰性气体 He 时，则形成较小的球形颗粒。

用该方法除可以制造 SiC 微粉外，还可制造 Cr、Ti、V、Zr 的结晶性碳化物纳米微粉。

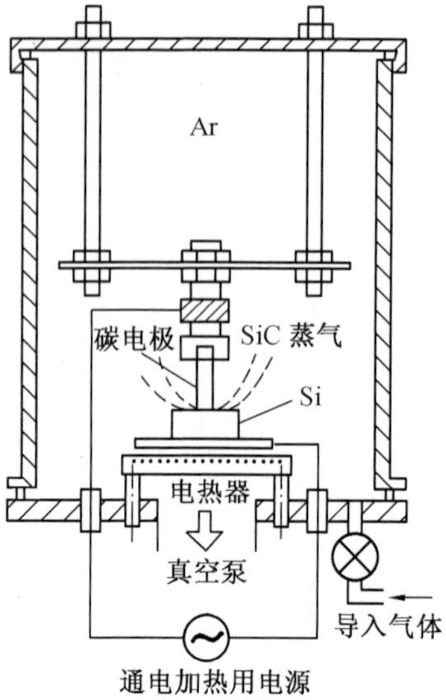


图 3.20 通电加热化学气相凝聚法制造纳米微粒

### 3.3.5 激光诱导化学气相凝聚法制造纳米微粒材料

激光诱导化学反应法，可以使两种气体在激光诱导作用下，进行化学反应生成纳米微粉材料，这种方法已正式用于生产。

1981 年，美国 MIT 的 J. Haggerty 申请获得用激光诱导产生 SiC、$Si_3N_4$ 等纳米微粉的专利，并于 1986 年建成年产几十吨纳米微粉的装置。图 3.21 是 J. Haggerty用激光诱导化学气相反应凝聚法制造纳米微粉装置的示意图。在制造 SiC 纳米微粉时，现在常用的原料(反应气体)是 $SiH_4$ 和 $C_2H_2$，也可以是 $SiH_4$ 和 $CH_4$。当这两种气体进入反应室后，受 $CO_2$ 强激光照射，这些气体原料对波长 10.6 $\mu$m 的 $CO_2$ 激光有强吸收性，因此在激光照射后，温度急剧升高，形成火焰，并做气相合成反应，即

$$2SiH_4(气)+C_2H_4(气)\longrightarrow 2SiC(固)+6H_2(气)\uparrow \tag{3.1}$$

或

$$SiH_4(气)+CH_4(气)\longrightarrow SiC(固)+4H_2(气)\uparrow \tag{3.2}$$

生成的 SiC 微颗粒(不能吸收激光的能量)形成 SiC 纳米微粉烟雾，被反应室中的惰性保护气体 Ar 带走，经过过滤器时，Ar 气能通过并被回收继续使用，而 SiC 纳米微粉则被留下，聚集收取成为产品。

该系统如用于制造 $Si_3N$ 纳米微粉，则只需改变原料气体，全部制造过程基本相同。制造 $Si_3N_4$ 纳米微粉时，原料气体用 $SiH_4$ 和 $NH_3$，在 $CO_2$ 激光照射下，两种原料气体吸收激光，急剧升温，并完成化学反应

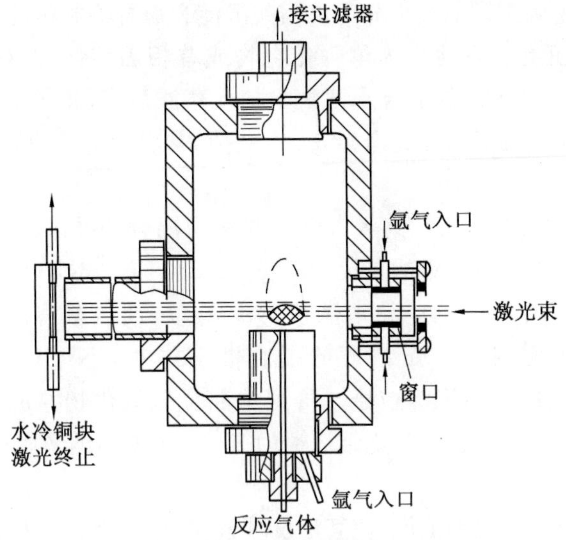


图 3.21 激光诱导化学气相凝聚法制造纳米微粉

$$3SiH_4(气)+4NH_3(气)\longrightarrow Si_3N_4(固)+12H_2(气)\uparrow \tag{3.3}$$

生成的 $Si_3N_4$ 纳米微粉亦在过滤器处聚集收取。

该生产工艺中用的 $CO_2$ 激光可以是散焦状态，也可是聚焦状态，聚焦状态功率密度可高达 $10^3\sim10^4$ W/cm$^2$。激光照射使反应气体中形成反应焰，中心处为高温反应区，反应过程很快。为避免生成的纳米微粒碰撞而形成大颗粒，应使用惰性气体保护，气压大概为 8～100 Pa。为加速生成的微粉冷凝而获得超细微粉，需使用冷壁反应室，可用水冷式反应器壁或透明辐射式反应器壁，这样可构成大的温度梯度，使微粉能快速冷凝。调节工艺参数，可控制生产的纳米微粉粒径的大小，从数纳米到 100 nm 均可，粒径波动值小于 10 nm，质量稳定。

### 3.3.6 液相法制造纳米颗粒材料

液相法制备纳米微粒的共同特点是以均相的溶液为出发点，通过各种途径使溶质与溶剂分开，溶液内形成一定大小的纳米颗粒，成为所需纳米材料的前驱体，热解后得到纳米微粒材料。液相法制备纳米微粉的主要方法有下面几种。

**1. 沉淀法**

沉淀法通常在溶液状态下将不同化学成分的物质混合，在混合液中加入适当的沉淀剂，得到纳米微粒的前驱体沉淀物，再将沉淀物干燥或焙烧，最后获得要求的纳米微粒材料。下面是几种有代表性的方法。

(1)共沉淀法。

含多种阳离子的溶液中加入沉淀剂后，所有离子完全沉淀的方法称为共沉淀法。共沉淀法从原理上又可分为单相共沉淀和混合物共沉淀两种方法。

① 单相共沉淀。沉淀物为单一化合物或单相固溶体时，称为单相共沉淀。例如，在 $BaCl_2$ 和 $TiCl_4$ 的混合水溶液中加入草酸后，可得单一化合物 BaTiO—$(C_2O_4)_2 \cdot 4H_2O$ 沉淀物，经高温(450～750 ℃)热分解等反应，可以制备 $BaTiO_3$ 纳米微粉材料。

② 混合物共沉淀。沉淀物为混合物时称为混合物共沉淀。例如，制备四方氧化锆和全稳定立方氧化锆的共沉淀微粉，用 $ZrOCl_2 \cdot 8H_2O$ 和 $Y_2O_3$(化学纯)为原料来制备 $ZrO_2 \cdot Y_2O_3$ 纳米微粉。将 $Y_2O_3$ 用盐酸溶解得到 $YCl_3$，加入 $ZrOCl_2 \cdot 8H_2O$ 配制成一定浓度的混合液，再加入 $NH_4OH$ 使其缓慢生成 $Zr(HO)_4$ 和 $Y(OH)_3$ 的沉淀粒子。得到的混合氢氧化物共沉淀物，经洗涤、脱水、焙烧，最后得到具有很好的烧结活性的 $ZrO_3(Y_2O_3)$ 纳米微粉。

(2)均相沉淀法。

控制溶液中的沉淀剂浓度，使其浓度缓慢增加，保持溶液中的沉淀处于平衡状态，并且沉淀能在整个溶液中均匀地出现，这种方法称为均相沉淀法。例如，采用低的尿素分解速度，使生成的沉淀剂 $NH_4OH$ 均匀分布在金属盐的溶液中，从而得到多种盐的均匀沉淀物，用于制备锆盐和球形 $Al(OH)_3$ 纳米微粒等。

(3)金属醇盐水解沉淀法。

金属醇盐水解沉淀方法是利用一些金属有机醇盐能溶于有机溶剂，并能发生水解而生成氢氧化物或氧化物沉淀的特性来制造纳米微粉的一种方法。例如，制备 $BaTiO_3$ 纳米微粒，由 Ba 与醇直接反应得到 Ba 的醇盐，并放出氢气。有氨的 $TiCl_4$ 和醇反应得到 Ti 的醇盐，然后滤掉氯化铵。将上述两种醇盐混合液溶入苯中，使 Ba 与 Ti 的比例为 1∶1，再回流 2 h，在此溶液中缓慢加入少量的蒸馏水并进行搅拌，由于水解作用，产生白色的晶态 $BaTiO_3$ 超微颗粒沉淀，再经后续处理获得 $BaTiO_3$ 纳米微粉。

**2. 喷雾法**

喷雾法是将溶液进行雾化，然后经过化学与物理相结合的方法获得超微粒子的方法。该方法的基本过程是:溶液的制备、喷雾、干燥、收集和热处理等。喷雾法可根据雾化和凝聚过程分为下面三种方法。

(1)喷雾干燥法。

喷雾干燥法是将金属盐的水溶液送入雾化器，由喷嘴高速喷入干燥室，获得金属盐的微粒，收集后经过焙烧，得到所需成分的超微微粉。例如铁氧体的超细微粉可以用这种方法制备，将镍、锌、铁的硫酸盐的混合水溶液喷雾，获得 10～20 $\mu$m混合硫酸盐的球状粒子，经1 073～1 273 K焙烧，即可获得镍锌铁氧体软磁超微粒子，微粒的粒径在 200 nm 左右。

(2)雾化水解法。

雾化水解法是将一种盐的超微粒子由惰性气体载入含有金属醇盐的蒸气室，金属醇盐蒸气附着在超微粒子表面，与水蒸气反应分解后形成氢氧化物微粒，经焙烧后获得金属氧化物的超细微粉。该方法获得的纳米微粉纯度高、粒径分布窄、粒径尺寸可调，例如高纯 $Al_2O_3$ 纳米微粉可用这一方法制备。

(3)雾化焙烧法。

雾化焙烧法是将金属盐溶液经压缩空气，由窄小的喷嘴喷出而雾化成小液滴，雾化室处于较高温度，使金属盐小液滴热解生成了超微粒子。例如，将硝酸镁和硝酸铝的混合液用此法可合成镁、铝尖晶石超细微粉。

**3. 水热合成法**

水热合成法也称高温水解法，是液相法制备纳米微粒的一种新方法。一般是在 100～350 ℃和高气压环境下使无机或有机化合物与水化合，通过加速渗析反应和物理过程的控制，得到改进的无机物前驱体，再经过滤、洗涤、干燥，从而获得高纯和超细的各种纳米微粉材料。水热合成法可有不同的化学反应方法，如水热氧化、水热沉淀、水热合成、水热还原、水热结晶等。用水热合成法制备的超细微粉，最小粒径可达数纳米的水平。

目前用水热合成法制造纳米微粒的例子很多，下面是几个实例。

① 用碱性碳酸镍及氢氧化镍水热还原工艺，可以制成最小粒径 30 nm 的镍粉。

② $Zr_5Al_3$ 合金粉末在 100 MPa，温度为 773～973 K，经水热氧化反应，可以得到粒径为10～35 nm 的单斜晶氧化锆、正方氧化锆和 $\alpha-Al_2O_3$ 的混合微粉。

③ 锆粉在 100 MPa 和温度为 523～973 K 时，经水热氧化反应，可以得到粒径为 2 nm 的单斜晶氧化锆纳米微粉。

④ 用一定的 0.25 mol/L $SnCl_4$ 溶液与浓硝酸混合，在衬有聚四氟乙烯的高压容器内，在 150 ℃时加热 12 h，冷却后的白细微粉经水洗、干燥而获得粒径 5 nm的四方 $SnO_2$ 纳米微粉。

**4. 溶胶一凝胶法**

溶胶一凝胶法的基本原理是将金属醇盐或无机盐经水解直接形成溶胶，或经沉淀再经解凝形成溶胶，再使溶胶聚合成凝胶，然后将凝胶干燥、焙烧去除有机成分，最后获得无机材料纳米微粒。溶胶一凝胶法制备纳米微粉，一般经过如下过程：

① 溶胶的制备。通过仔细控制醇盐溶液的沉淀过程，使其成为分散颗粒而直接形成溶胶，也可以先用沉淀剂沉淀，再经解凝使团聚的沉淀颗粒分散而制成溶胶。

② 溶胶转化成凝胶。通过化学或物理方法，使溶胶形成开放骨架结构而失

去流动性，实现胶凝化。

③ 凝胶干燥。采用加热或其他方法使凝胶中的溶剂蒸发，得到松散的粉料，在较高温度下焙烧而最后获得纳米微粉。

用溶胶一凝胶法制备纳米微粉的例子很多，下面是制备 $TiO_2$ 纳米微粉的例子。在室温下，将 40 mL 钛酸丁酯(288 K)逐滴加到去离子水中，水量可为 256 mL或 480 mL，边滴加边搅拌，钛酸丁酯经过水解、缩聚形成溶胶，超声振荡 20 min，用红外灯烘干，得到疏松的氢氧化钛凝胶。将凝胶磨细，然后在 673 K 和 873 K 焙烧 1 h，得到 $TiO_2$ 超细微粉。

## 3.4 纳米薄膜材料

### 3.4.1 纳米薄膜材料的种类

纳米薄膜分两类，一类是由纳米晶粒堆砌而组成的薄膜，另一类是在纳米粒子间有较多孔隙，由无序原子或另一种材料填充的纳米复合薄膜。纳米颗粒镶嵌在另一种基体材料中形成颗粒薄膜，就属于第二类的纳米薄膜。有时也把不同组元构成的多层膜，如超晶格，称为纳米复合薄膜。

纳米薄膜有单层膜和多层膜，它是指单层膜中膜的厚度或多层膜中各层膜的厚度为纳米尺寸量级的薄膜。纳米薄膜材料具有纳米材料的特殊结构，即晶粒或晶界都属于纳米量级。典型的纳米薄膜应该是以纳米粒子或原子团簇为基质的薄膜体。纳米薄膜表现出其纳米微粒组成的特性，如量子效应等。镶嵌有原子团的功能薄膜，往往显示其功能原子团的功能特性，该结构相当于大原子构成的超原子薄膜，还有些薄膜具有准三维特征。

纳米薄膜有单层膜和多层复合膜。目前对纳米薄膜的研究多数集中在纳米复合薄膜，这是一类具有广阔应用前景的纳米材料。纳米复合薄膜按其用途，可分为纳米复合结构薄膜和纳米复合功能薄膜两大类。纳米复合结构薄膜主要是利用纳米微粒的特性来提高纳米薄膜的机械力学特性；纳米复合功能薄膜主要是利用纳米微粒的优异的光学、电学、磁学方面特殊性能，使纳米功能薄膜具有某方面的特殊功能。纳米复合薄膜的特性可以用其组成的纳米微粒的成分、性能、工艺条件等参数的变化来调节，因此可以在较多自由度的条件下，来控制、调节纳米复合薄膜的功能特性。

多层金属膜是指由一种金属或合金交替沉积而形成的组合，或者是结构交替变化的金属或合金薄膜材料，如果多层金属膜中各层金属或合金膜厚度均为纳米级，则为纳米多层金属膜，并具备纳米膜的特性。纳米多层膜中各成分都有接近化学计量比的成分构成。从 X 射线衍射谱中可以看出，所有金属相及大多数陶瓷相都为多晶结构，谱峰有一定的宽化，表明晶粒粗细在纳米量级。对纳米多层金属薄膜，多数结构界面平直清晰，看不到明显的界面非晶层，也看不到明显的成分混合区存在。

纳米薄膜的组成材料可以是金属、半导体、绝缘体、有机高分子等纳米微粒材料，故纳米复合薄膜根据使用性能要求可以有多种不同的组合：金属－半导体、半导体－绝缘体、金属－绝缘体、金属－高分子材料、半导体－高分子材料等。每一种组合又可以是众多类型的不同性能的复合薄膜，因此纳米复合薄膜具有广阔的应用前景。

### 3.4.2　纳米薄膜的特性

纳米薄膜属于二维纳米材料，在空间有一维是受纳米尺度约束的，即纳米微粒材料有一个方向暴露在外面。纳米薄膜的特性实际上就是薄膜组成的纳米微粒的特性。因此纳米薄膜实际表现了纳米微粒特有的光学、力学、磁学、催化、电学等方面的特殊优异性能，是常规材料所不具备的特性。

多层纳米薄膜和纳米复合薄膜，由于各层的性能和结构相互制约和互补，又表现出一些新的性能特点。

#### 1. 机械力学性能

(1)硬度。

纳米多层膜的硬度与材料系统的组成成分、膜厚及制造工艺有关。某些优化的组合可以出现超硬度效应，例如在 TiC－Fe 系统中，当单层膜厚为 $h_{TiC}=8$ nm，$h_{Fe}=6$ nm 时，多层膜的硬度达到 42 GPa，远远超过其硬质成分 TiC 的硬度。但在其他系统组成则无此现象，薄膜硬度远低于其硬质相的硬度。

(2)韧性。

多数多层纳米薄膜可以提高材料的韧性。增韧机制主要是裂纹尖端钝化，层片拔出，以及沿界面的开裂等。但是如果膜的厚度过薄，则纳米薄膜韧性将降低。

(3)摩擦系数和耐磨性。

纳米薄膜合理的原材料搭配，可以使摩擦系数降低，特别是单分子的 LB 膜和自组装膜可以明显使摩擦力下降。

纳米薄膜的耐磨损性与薄膜的成分、结构组织和层数有关，因此可以进行合理设计以获得高的耐磨损性。

#### 2. 电磁学性能

(1)磁学特性。

纳米磁性微粒材料具有不少优良的磁性能，纳米磁性微粒材料制造的磁性纳米薄膜,能使这些优良磁性能得以实际充分应用。例如,使用磁性薄膜涂覆磁力显微镜的探针针尖,可提高磁力显微镜的测量分辨率,使用纳米级颗粒磁粉制造的纳米磁性薄膜,可明显提高磁信号的记录密度。

多层磁性薄膜型磁记录介质,使平面磁记录向垂直型磁记录发展,大大提高了磁记录密度。新研制成功的磁光记录薄膜,已具有很高的信号记录密度。铁磁层和非磁层交替的多层磁性薄膜,具有很强的纵向各向异性特点,在短波条件下有相当高的信号存储密度。

(2)巨磁阻效应(GMR 效应)。

1988 年,法国 Fert 教授首先在$(Fe/Cr)_n$ 多层膜中发现了巨磁阻效应,即在一定磁场作用下,电阻急剧减小,其磁电阻变化率达 20%。后来有人发现某些磁性多层薄膜具有特别强的巨磁阻效应,可高达 80%～100%。

(3)电学特性。

当导体和半导体的颗粒缩小到纳米尺度时,电学行为发生很大变化。当材料颗粒变细时,电导增加,但粒径小于某临界值后,它有可能失掉原来的导电性能。Fauchet 等用等离子体辅助 CVD (PECVD)法制备纳米晶 Si 膜。测试其电导性时发现,纳米晶 Si 膜的电导大大增加,比常规非晶膜提高了 9 个数量级:纳米晶 Si 膜的电导率为 $10^{-2}$ S/cm,而常规非晶 Si 膜的电导率为 $10^{-11}$ S/cm。

**3. 光学特性**

前面已讲过纳米颗粒材料的光学性能特点,如对光的宽频带强吸收效应、对光吸收带的蓝移和红移现象、纳米微粒的发光现象等。这些纳米颗粒的光学性能特点也同样表现在纳米薄膜上,纳米薄膜利用了这些光学特性而开拓它的多种实际应用。例如红外吸收膜可制作保暖材料和红外隐形材料。日光灯内壁加紫外光吸收膜,可提高电光转换效率和延长日光灯的寿命。利用对电磁波的吸收效应,可制作雷达隐形材料等。

**4. 气敏特性**

采用等离子体增强化学气相沉淀法(PECVD)制备的 $SnO_2$ 超微粒薄膜,具有比表面积大、存在大量的配位不饱和键、表面活性大、容易吸附各种气体并在表面进行反应等特性,是制备传感器很好的功能膜材料。$SnO_2$ 超微粒薄膜的气敏特性,表现在表面吸附很多氧,对醇敏感,可用于检测不同的醇,如甲醇、乙醇、正丙醇、乙二醇等。

### 3.4.3 纳米薄膜(二维纳米材料)的制造

纳米薄膜的制造方法,按其原理可分为物理方法和化学方法两大类,如按过程的物质形态,主要有气相法和液相法两种。单层均质的纳米薄膜已有较多的制造方法，因此现在纳米薄膜制造的研究发展，主要集中在制备多层纳米薄膜和纳米复合薄膜。

用物理原理制备纳米薄膜又有多种不同的方法，主要包括蒸发、直流或射频溅射、离子束溅射、分子外延 CB 膜、离子镀等，其中包含气相法和液相法。现将常用的制备纳米薄膜的物理方法归纳于图 3.22。

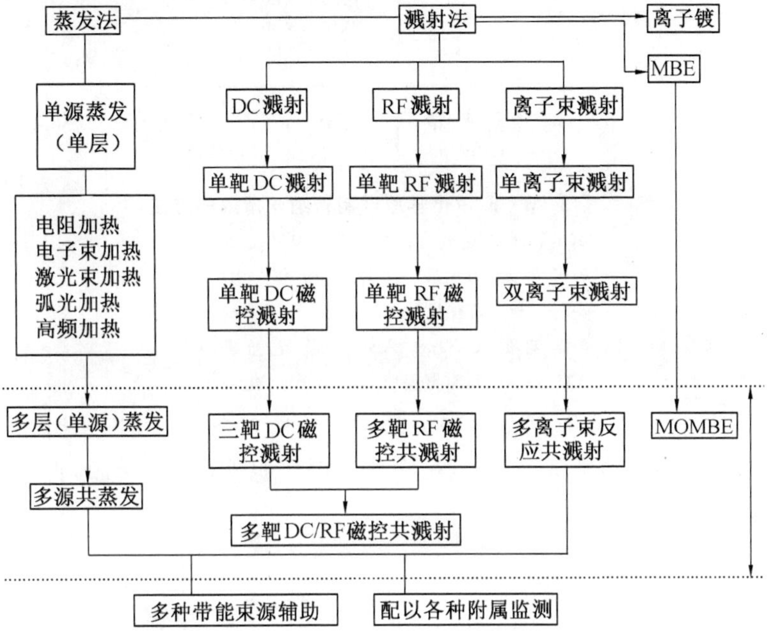


图 3.22　应用物理原理制备纳米薄膜的方法

DC 溅射——直流离子溅射；RF 溅射——射频离子溅射；MBE——分子外延；MOMBE——金属有机物分子外延

用化学原理制备纳米薄膜也有多种不同方法。主要包括化学气相沉积（CVD）、溶胶一凝胶法、电解、电镀等。用化学原理制备纳米薄膜也包含气相法和液相法。常用的制备纳米薄膜的化学方法归纳于图 3.23。

**1. 用物理原理制备纳米薄膜举例**

（1）高速超微粒子沉积法。

高速超微粒子沉淀法的基本原理是用蒸发或溅射方法获得超微粒子，再用一定气压的惰性气体作为载流气体，通过喷嘴喷到基板上，然后在基板上沉积成纳米薄膜。

美国喷气制造公司采用这种工艺成功地制成纳米多层膜、陶瓷一有机膜、颗粒膜等。图 3.24 是这种加工方法的原理示意图。加工时使用多喷嘴，同时喷出含不同超微粒子的惰性气体，沉积成多组分的复合纳米薄膜。当基片温度低于微粒子材料的蒸发温度时，绝大部分微粒子碰撞基片表面而附着在基片上，形成

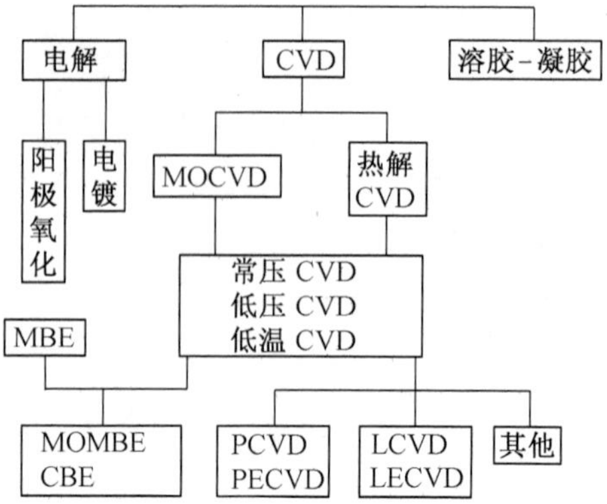


**图 3.23 应用化学原理制备纳米薄膜的方法**

MOCVD——金属有机物化学气相沉积；MBE——分子外延；PCVD——等离子体 CVD；MOMBE——金属有机物分子外延；PECVD——等离子体辅助 CVD；LCVD——激光辅助 CVD；LECVD——低能团簇 CVD；CBE——化学外延

纳米薄膜。图 3.24(a)是制备多组分的单层纳米复合薄膜情况。图 3.24(b)是制备多组分的多层纳米薄膜情况，在位置 A 时沉积成第一层薄膜，再移到位置 B 沉积成第二层薄膜。

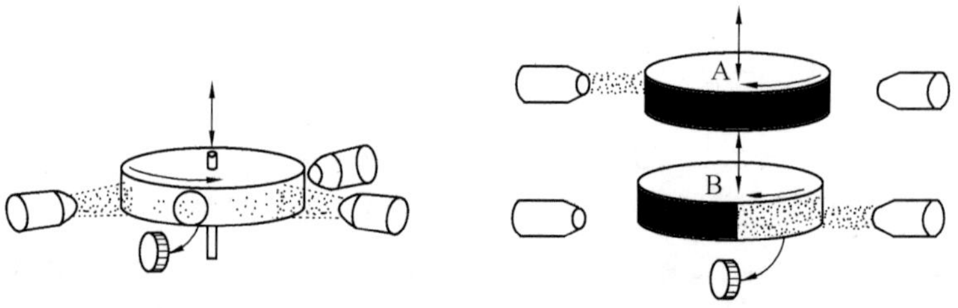


(a) 制备多组分单层薄膜　　(b) 制备多层薄膜

**图 3.24 高速超微粒子沉积法制备纳米复合薄膜**

(2)溅射法制备纳米镶嵌膜。

溅射法可用于制备金属纳米粒子镶嵌在高聚物基体中的镶嵌膜，图 3.25 是该方法的原理图。有两个相位差为 90°的磁控溅射靶：一个是铜靶，用直流驱动，在 $Ar^+$ 的溅射下，可产生铜的纳米粒子；另一个是聚四氟乙烯靶，由射频电源驱动(13.56 MHz)，靶直径为 55 mm，在 $Ar^+$ 的溅射下，能在光学玻璃上形成聚四氟乙烯薄膜。基片(光学玻璃)座为一个旋转的不锈钢圆筒。当制备 Cu－高聚物镶嵌膜时，交替驱动铜靶和聚四氟乙烯靶，控制各靶的溅射时间来调控铜粒子的密度与分布。

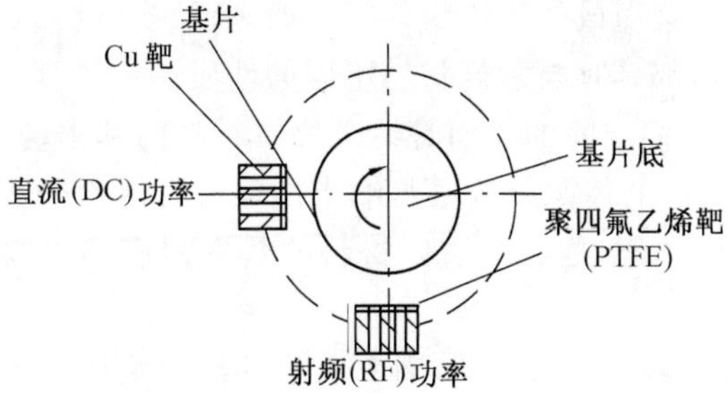


图 3.25 溅射法制备镶嵌膜原理图

**2. 用化学原理制备纳米薄膜举例**

化学气相沉积法(CVD)是常用的制备纳米薄膜的方法，其原理是利用有薄膜元素的一种或几种气相化合物(或单质)，在衬底表面上进行化学反应而生成薄膜。Classen 等宣布在 $SiO_2$ 或 $Si_3N_4$ 基板上用 CVD 法成功地制备了纳米尺寸的硅孤岛状晶粒。韩高荣等用 CVD 法成功地制备了 Si－SiC 纳米复合薄膜材料，薄膜是由大量 5 nm 左右的 Si 晶粒和少量 SiC 晶粒组成，其中纳米 Si 晶粒约占 90%，呈现较好的纳米镶嵌复合薄膜结构。图 3.26 所示为常压化学气相沉积(APCVD)装置示意图，该反应装置的特点是：反应气体通过匀速移动的喷头直接喷到基板上，精确控制反应温度和反应时间，可以控制生成晶粒的大小，从而获得优质纳米复合薄膜材料。

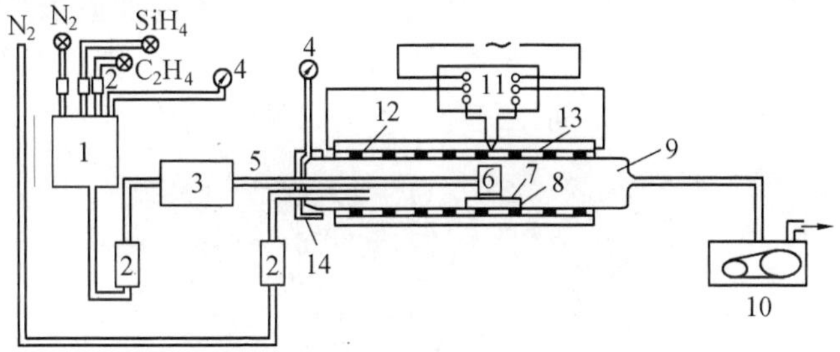


图 3.26 常压化学气相沉积装置示意图

1—混气室；2—转子流量计；3—步进电机控制器；4—真空压力表；5—不锈钢喷管；6—喷头；7—基板；8—石墨基座；9—石英管反应室；10—机械泵；11—WZK 温控仪；12—电阻丝加热源；13—保温层陶瓷管；14—密封铜套

## 3.5 纳米块体材料

### 3.5.1 纳米块体材料的结构

**1. 纳米块体材料的结构特点**

纳米块体材料又称纳米固体材料或纳米结构材料，是由颗粒或晶粒尺寸为

1～100 nm的粒子凝聚而成的三维块体。一般来说，当材料的颗粒或晶粒尺寸减小到 1～100 nm 时，都具有与常规材料不同的性质。

纳米微粒加上它们之间的界面是纳米块体材料的基本构成。由于纳米颗粒的尺寸很小，界面所占的体积分数已与纳米微粒所占体积分数在同一数量级，因此纳米块体材料的界面已是纳米块体材料的基本构成，对材料的性能起着极重要的影响。

研究纳米块体材料的微观结构，对深入了解纳米块体材料的特性十分重要。纳米固体材料根据其组成的纳米微颗粒不同，可分为纳米晶体材料、纳米非晶体材料和纳米准晶体材料三类。采用透射电子显微镜、X 射线衍射仪等对纳米固体的研究表明，纳米固体材料是由颗粒组元和界面组元所构成。三类纳米固体材料的组成为：

① 纳米晶体材料，由晶粒组元和晶界组元所构成。

② 纳米非晶体材料，由非晶组元和界面组元所构成。

③ 纳米准晶体材料，由准晶组元和界面组元所构成。

晶粒组元、非晶组元和准晶组元统称为颗粒组元，晶界组元和界面组元统称为界面组元。界面组元是纳米固体材料的重要特殊点，界面组元原子的密度，比同成分的晶体少 10％～30％，同时近邻原子配位数也有较大变化。

纳米微晶界面的原子结构，取决于相邻晶体的相对取向及边界的倾角，如果晶体取向是随机的，则纳米固体物质的所有晶界将有不同的原子结构，晶界处的原子距离也将不同。图3.27是纳米晶体材料在晶体取向为随机时的晶界状态示意图，从中可看到晶界处原子间距离相互不同，只能按平均值考虑。

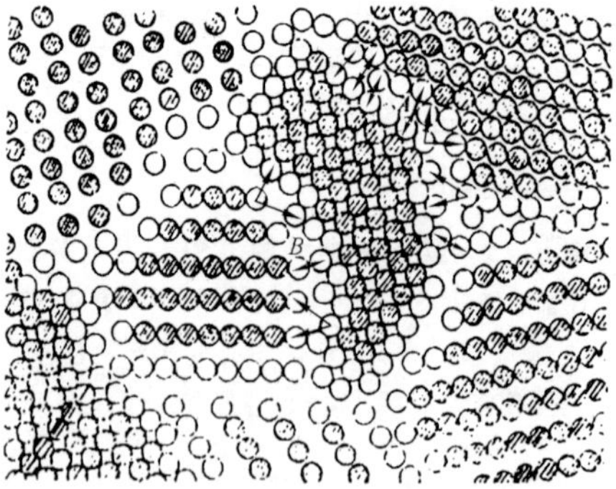

图 3.27　纳米微晶固体结构示意图

纳米非晶固体材料与纳米微晶不同，它的颗粒组元是短程有序的非晶态，界面组元的原子排列比颗粒组元内的原子排列更混乱，是一种无序程度更高的纳米材料。

纳米固体界面的微观结构，是影响纳米材料性能的极重要因素，现在有多种界面结构模型，主要有：① 类气态模型，认为界面原子的排列是一种类气态的无序程度很高的结构；② 有序模型，根据 TEM 观察到晶体界面处的孪晶、层错和位错亚结构，提出纳米材料界面原子排列是扩展有序的或局域有序的；③ 结构特征分布模型，认为纳米材料结构不是单一的，有无序的，有短程有序的，有扩展有序的，有的甚至是长程有序的。

**2. 纳米固体材料的结构缺陷**

纳米固体材料实际上是缺陷密度非常高的材料。纳米固体材料的结构缺陷有三种类型：① 点缺陷，包含空位、空位对、空位团、溶质原子、杂质原子等；② 线缺陷，包含位错、刃形位错、螺形位错、混合型位错等；③ 面缺陷，包含层错、相界、晶界、三叉晶界、孪晶界等。其中对纳米固体材料性能影响最大的是位错、三叉晶界和空位。

(1)纳米固体材料中的位错。

高分辨率 TEM 已在纳米晶 Pt 中观察到位错、孪晶、位错网等。据研究，位错与纳米固体材料中的晶粒尺寸大小有关，当粒径大于某临界尺寸时，位错稳定地处于晶粒中；而粒径小于该临界尺寸时，位错趋向于晶界组元内。

(2)纳米固体材料中的三叉晶界。

三叉晶界是三个或三个以上相邻晶粒之间的交叉区域，如图 3.28 所示。三叉晶界对材料的力学性能影响很大。三叉晶界可描述为螺旋位错结构，它的结构依赖于相邻晶粒特有的晶体排列。随相邻晶粒晶向混乱程度增加，三叉晶界中缺陷亦增多。

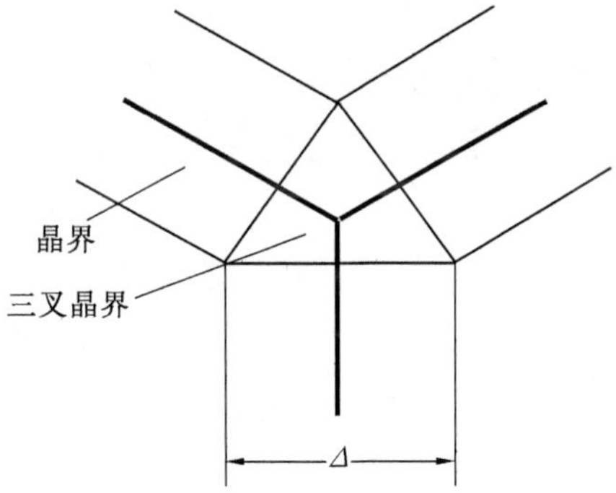


图 3.28　三叉晶界示意图(Δ 为晶界厚度)

(3)纳米固体材料中的空位。

纳米固体材料中的晶界和三叉晶界占相当大比例，界面中的原子悬键较多，使空位、空位团和孔洞等点缺陷增多。空位主要存在于晶界上，空位团主要分布在三叉晶界上，孔洞一般处于晶界上。孔洞的多少决定纳米固体材料的致密程度，孔洞随退火温度的升高和退火时间延长而收缩。现在纳米相材料的致密度只能达到 90 %左右。

### 3.5.2 纳米固体材料的性能

#### 1. 纳米固体材料的强度

纳米固体材料的强度随颗粒粒径的减小而增加，服从普遍的 Hall-Petch 关系，即

$$\sigma_y = \sigma_0 + K \cdot d^{-1/2} \tag{3.4}$$

式中 $\sigma_y$——屈服应力；

$\sigma_0$——移动单个位错所需克服点阵摩擦的力；

$K$——常数；

$d$——平均晶粒粒径。

纳米固体材料的强度，较普通材料约增加 20%以上。

#### 2. 纳米固体材料的硬度

多数纳米固体材料的硬度 $H$ 服从普遍的 Hall-Petch 关系

$$H = H_0 + K \cdot d^{-1/2} \tag{3.5}$$

即纳米固体材料的硬度随晶粒粒径的减小而增加。例如，前面图 3.8 中所示的粒径为12 nm的 $TiO_2$ 烧结块体的硬度，明显高于粒径 1.5 μm 的 $TiO_2$ 烧结块体材料的硬度。

但现在也观察到有些纳米块体材料，如用蒸发凝聚原位加压制成的纳米晶 Pd 块体等，在晶粒的粒径减小时，硬度亦随之降低。

#### 3. 纳米固体材料的弹性模量

纳米固体材料的弹性模量都低于普通大晶粒多晶体材料，表 3.5 是 Pd 和 $CaF_2$ 纳米晶固体材料和普通大晶粒多晶体材料的弹性模量对比，可看到纳米晶体材料的弹性模量较普通大晶粒多晶体材料要低很多。

**表 3.5 Pd 和 $CaF_2$ 纳米晶固体材料与大晶粒多晶体的弹性模量对比**

| 性　能 | 材　料 | 普通多晶体材料 | 纳米晶固体材料 | 增量百分比 |
|---|---|---|---|---|
| 弹性模量 | Pd | 123 | 88 | −28% |
| $E$/GPa | $CaF_2$ | 111 | 38 | −66% |
| 切变模量 $G$/GPa | Pd | 43 | 32～25 | −20% |

弹性模量的物理本质表征原子的结合力，纳米固体材料弹性模量降低的原因可能是由于界面内原子间距离增大。应注意纳米固体材料的弹性模量虽较普通材料降低了，但它的强度却增加了。

**4. 纳米固体材料的塑性和韧性**

纳米固体材料的特殊结构及界面的庞大体积分数，使它的塑性、冲击韧性和断裂韧性与粗晶材料相比有很大增加。一般材料在低温下常常出现脆性，但纳米固体材料在低温时仍有良好的塑性和韧性。

纳米陶瓷固体材料的塑性和韧性的增加特别明显。普通的陶瓷在室温时显示很强的脆性，非常容易产生脆性断裂。纳米固体陶瓷材料有很好的塑性和韧性，能弯曲而并不断裂。纳米晶 $TiO_2$ 固体材料在弯曲很大时发现有形变裂纹，但裂纹并不扩展，也不导致断裂。

纳米固体材料具有较高的塑性和韧性，其机理可能是由于晶粒微细，存在大量界面组元，从而大大减少了应力集中，使微裂纹产生和扩展的概率大大降低所致。

**5. 纳米固体材料的超塑性**

超塑性是指在一定应力下伸长率达到或超过 100%的塑性变形。现在已发现有些纳米固体材料有很强的超塑性。

2000 年，中科院金属所卢柯等发现，用电解沉积法制成的纳米晶 Cu 材料具有很强的超塑性，延展伸长率超过 5 100%。原来未延展前的纳米晶 Cu 材料的晶粒尺寸为 28 nm，试件尺寸16 mm×4 mm×1 mm，在室温下冷轧，试件沿轧制方向不断伸长，而宽度方向尺寸变化甚小(小于 5%)，最后纳米晶 Cu 试件成为一条表面光滑四周无任何裂纹的薄带条，厚度约为20 μm(轧机的极限厚度)。轧制过程中，试件宏观外形变化的照片如图 3.29 所示。轧制过程中曾检测试件硬度，开始时硬度略有增加，在伸长率超过 800%后硬度不再增加，根据这一情况分析，超塑延伸 5 100%还不是纳米晶 Cu 材料的超塑变形的极限。同样的 Cu 材料，经 500 ℃真空条件下退火，晶粒长大到 100 μm，同样在室温下冷轧，当延伸率达到 700%时，样品四周已有明显裂纹产生。这说明纳米晶 Cu 材料的超塑性能，

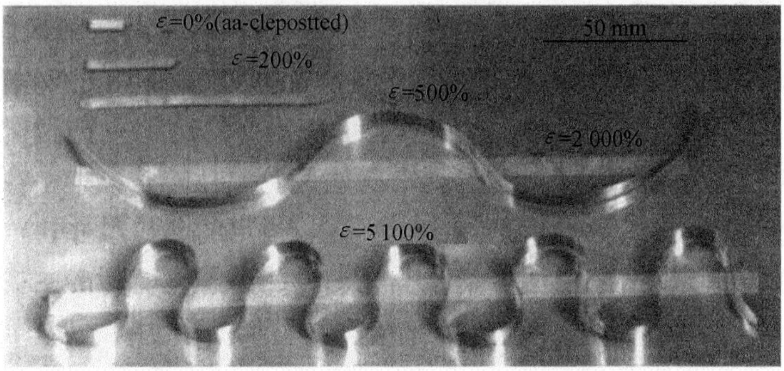


图 3.29 纳米晶 Cu 材料超塑性延展的宏观照片(中科院卢柯)

主要是由于晶粒细化而产生的。

**6. 纳米固体材料的热学性能**

(1)比热容。

纳米固体材料的比热容，一般大于普通的多晶体材料。例如，在150～300 K范围内，纳米晶Pd材料的比热容较多晶体Pd的比热容大29%～54%；纳米晶Cu材料的比热容较多晶体Cu大9%～11%；粒径80 nm的纳米晶$Al_2O_3$材料的比热容较粗晶$Al_2O_3$高8%。

(2)热膨胀。

纳米固体材料的热膨胀都明显高于常规粗晶材料。例如粒径为8 nm的纳米Cu材料，在110～293 K温度范围内的热膨胀系数为$31\times10^{-6}\ K^{-1}$，而单晶体Cu的热膨胀系数为$16\times10^{-6}\ K^{-1}$，前者的热膨胀系数差不多比后者大一倍，经研究发现，晶界对热膨胀的贡献比晶内约高3倍，这可能就是纳米固体材料热膨胀系数高于普通材料的原因。

纳米固体材料的热膨胀系数与温度和颗粒的粒径有关。例如$\alpha-Al_2O_3$的烧结体，当颗粒的粒径为80 nm时的热膨胀系数为$9.3\times10^{-6}\ K^{-1}$，粒径为$10^5$ nm时的热膨胀系数为$8.9\times10^{-6}\ K^{-1}$，粒径为5 μm时的热膨胀系数为$4.9\times10^{-6}\ K^{-1}$。晶粒尺寸增大，热膨胀系数下降，上述$\alpha-Al_2O_3$材料，粒径从80 nm增大到15 μm，热膨胀系数差不多降低了一半。

(3)热稳定性。

纳米固体材料的热稳定性非常重要，因为这涉及性能优良的纳米固体材料能在多高温度下使用。多数纳米固体材料都有一个晶粒突然长大的临界温度，低于这个临界温度，晶粒一般都不长大，但超过这个临界温度时，晶粒即迅速长大。例如，纳米晶Fe材料在温度超过750 K时加热10 h，晶粒增大到10～200 μm，变成α-Fe多晶体。纳米晶Pd和纳米晶Cu在温度超过750 K加热，晶粒长大到20 μm。

图3.30是纳米非晶$Si_3N_4$在不同温度加热时的粒径增长情况。可以看到，加热温度低于1 473 K时，粒径无变化，但加热温度超过此临界值后，粒径急剧增大。

**7. 纳米固体材料的光学、磁学等性能**

纳米固体材料的光学、磁学、电学等性能，基本都表现出其纳米微颗粒的优良功能特性，与普通的粗晶多晶体材料相比还有很多优良功能特性。因此纳米固体材料用作功能材料有其广阔的应用前景。

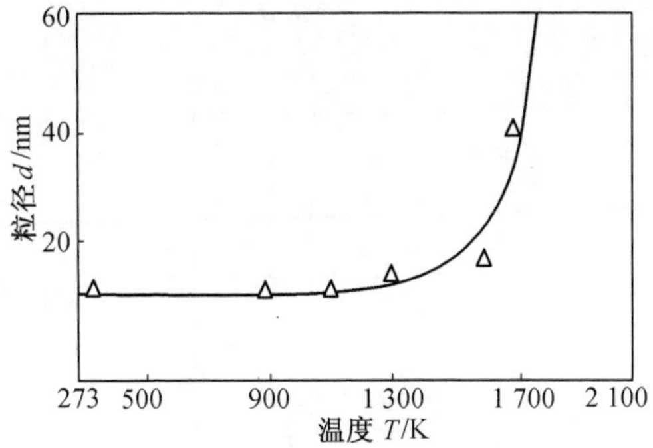


图 3.30　纳米非晶 $Si_3N_4$ 不同温度时的粒径变化

### 3.5.3　纳米固体材料的制备方法

#### 1. 纳米金属和合金材料的制备方法

(1)惰性气体蒸发凝聚原位加压制备法。

纳米固体材料中的金属和合金材料属于二次凝聚晶体或非晶体，第一次凝聚是由金属原子形成纳米颗粒，在保持新鲜表面的条件下，将纳米颗粒压在一起，形成块状凝聚固体。为避免纳米颗粒被氧化污染，采用一步法制备技术，步骤为：① 在惰性气体保护下制备纳米颗粒材料；② 颗粒材料收集；③ 原位压制成块体，将其烧结而成纳米团体材料。

图 3.31 是用惰性气体保护，进行蒸发、凝聚、原位加压法制备纳米金属(合金)材料的装置示意图。该装置的金属原料在惰性气体保护下蒸发凝聚制成纳米颗粒材料的方法与前面讲过的制备纳米颗粒材料的方法基本相同。纳米颗粒凝聚在液氮冷却的冷表面上，用聚四氟乙烯刮刀刮下，经漏斗落入低压压实装置中进行轻度压实，再由机械手送到高压原位加压装置压成块状，压力 1～5 GPa，温度 300～800 ℃，可以获得相对密度为 90%～97%的纳米块体材料。在蒸发源 A、B 材料不同时，可获得纳米合金熔体。这种方法制成的纳米固体材料纯度高，相对密度也较高。

(2)高能球磨法结合加压成块法。

在干燥的球形装料机内，在高真空氩气保护下，通过高速运行的硬质钢球和研磨体之间的相互碰撞进行机械研磨，微粉颗粒反复进行熔结、断裂、再熔结的过程，使晶粒不断细化，最后达到纳米尺寸。纳米微粉再经过热挤压、热等静压等技术制成纳米块体材料。

各种非晶、准晶、纳米晶、超导材料、稀土、永磁合金、超塑性合金等都可用这种方法制成纳米固体材料，制造成本较低。其缺点是纳米颗粒易被污染氧化，不易获得清洁的纳米颗粒表面，影响最后的纳米块体材料的质量。

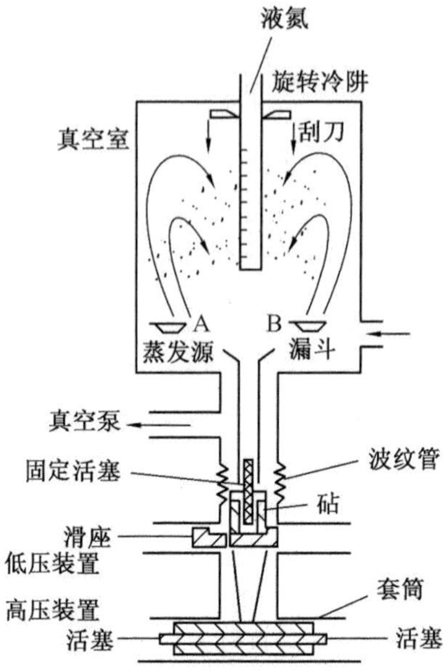


图 3.31 惰性气体蒸发凝聚原位加压装置原理图

(3)非晶体晶化法。

非晶体晶化法是通过控制非晶态固体的晶化动力学过程,使试件晶化为纳米尺寸的晶粒。这种方法平时分两步进行,先获取非晶态固体,然后进行晶化而获得纳米微晶组织。非晶体晶化法是近年来发展的纳米固体材料的制备工艺新方法,已制成不少材料的纳米固体,但受到非晶态固体制备的限制,只适用于非晶态形成能力强的金属合金系。

**2. 纳米陶瓷材料的制备**

纳米陶瓷材料亦称纳米相陶瓷材料,是晶粒在纳米尺度的陶瓷材料。纳米陶瓷优越性表现在:① 超塑性,例如纳米晶 $TiO_2$ 金红石在低温下有超塑性;② 在保持原来常规陶瓷的断裂韧性的同时,强度大大提高;③ 烧结温度可降低数百度,并且烧结速度也有很大提高。

纳米陶瓷材料的制备,都是先制成纳米陶瓷微粉,将纳米陶瓷微粉加压成形,再烧结而成纳米陶瓷块体材料。纳米微粉的质量直接影响纳米陶瓷的质量,通常纳米陶瓷微粉包含有:① 纳米颗粒;② 纳米颗粒组成的团聚体;③ 由团聚体组成的大颗粒。颗粒团聚体对烧结过程有很大影响,烧结时团聚体内的纳米颗粒优先烧结,团聚体直径越大则烧结后的晶粒也越大。优质的纳米微粉应该没有颗粒团聚体和大颗粒。

在陶瓷微粉加压成形后的坯料中包含有气孔,有分布于纳米微粉间的微孔,有分布于团聚体间的小孔,有分布于大颗粒间的孔洞。烧结过程就是微晶的长大、气孔的收缩和消灭的过程。纳米陶瓷材料的质量取决于微晶粒的大小以及烧结成块体的密度。下面简单介绍纳米陶瓷材料常用的制备方法。

(1)无压烧结法。

无压烧结的工艺过程是，室温下将纳米陶瓷坯料压制成形，在一定的温度下进行烧结，使其致密化而成纳米陶瓷块体材料，这种制备方法工艺简单，但在烧结过程中很容易出现晶粒快速长大和形成小孔和孔洞，不易获得致密的组织结构。为防止烧结过程中晶粒的迅速长大，可以加入一种或多种稳定剂。例如，在纳米 $ZrO_2$ 微粉中加入体积分数为 5% 的 MgO 稳定剂，在200 MPa下等静压，1 523 K时烧结 1 h，晶粒长大甚慢，得到的烧结块体的相对密度达 95%。在 $ZrO_2$ 纳米微粉中加稳定剂 $Y_2O_3$，经 300 MPa 静水压成形，1 470～1 570 K 时烧结2 h，相对密度可达 99%。

(2)热压烧结法。

热压烧结法亦称应力有助热结法，是在加热烧结过程中同时对坯件加压力的方法。用这种烧结法时，烧结温度可以较无压烧结法低几百度，能制造出不含稳定剂的优质致密纳米陶瓷块体材料。例如，烧结 $TiO_2$ 纳米陶瓷时，坯料先经预烧结达到 0.7～0.8 倍的理论密度，再进行最后烧结。热压烧结时烧结温度为 770 K，加压 1 GPa，得到的 $TiO_2$ 纳米块体的相对密度为 95%，晶粒的粒径只有十几纳米。在用无压烧结法时，只有在 1 270 K 时才能达到同样的密度，但这时晶粒的粒径已急剧长大到 1 μm 左右。

使用热压烧结法时，加温烧结时所加的压力必须超过一定的阈值，才能烧结出致密的块体。例如烧结 $TiO_2$ 纳米陶瓷时，烧结温度为 783 K，在加压 57 MPa 时，当致密度达到 91%后，再延长加温时间，致密度亦不再增加；但将压力增加到 93 MPa 后，相同的加热温度，块体的致密度最后上升至 97%。

纳米陶瓷材料烧结温度和延长加热的时间，一方面影响块体的致密度，另一方面又影响晶粒的迅速长大。要获得致密和细晶粒的烧结块体，应选择合适的烧结温度和使用快速加热法，这样可以获得很好的效果。现在有人采用微波加热烧结法，效果很好。微波加热升温速度快(500 ℃/min)、升温时间短(约 2 min)，烧结时间也很短，可以使烧结的纳米陶瓷块体中的晶粒还来不及长大，烧结过程即已完成。

## 3.6　原子团簇

### 3.6.1　原子团簇

原子团簇(atom cluster)是在 20 世纪 80 年代出现的一类新发现的化学和物

理物种。原子团簇是指几个至几百个原子的聚集体，是粒径等于或小于 1 nm 的原子聚集体。原子团簇的典型代表为 $Fe_n$、$Cu_nS_m$、$C_nH_m$（$n$ 和 $m$ 都是整数）和碳簇（$C_{20}$、$C_{36}$、$C_{50}$、$C_{60}$、$C_{70}$ 和富勒烯等）。

原子团簇是介于单个原子与固态的原子集合体。原子团簇比无机分子大，比具有平移对称性的块体材料小。它们的原子结构（键长、键角和对称性等）和电子结构均不同于分子，也不同于块体。原子团簇不同于具有特定大小和形状的分子，是以弱的结合力结合的松散原子团簇和周期性很强的晶体。原子团簇的形状可以是多种多样的，它们尚未形成规整的晶体，除了惰性气体外，它们都是通过化学键紧密结合的聚集体。绝大多数原子团簇的结构还不清楚，但已知有线状、层状、管状、洋葱状、骨架状、球状等。

原子团簇可分为一元原子团簇、二元原子团簇、多元原子团簇和原子簇化合物。一元原子团簇包括金属团簇（$Na_n$、$Ni_n$、$Fe_n$ 等）和非金属原子团簇。非金属原子团簇又可分为碳簇（如 $C_{50}$、$C_{60}$、$C_{70}$ 和富勒烯等）和非碳团簇（如 $B_n$、$P_n$、$S_n$、$Si_n$ 等）。二元原子团簇包括 $In_nP_m$、$Ag_nS_m$、$Cu_nS_m$、$C_nH_m$ 等。多元原子团簇有 $V_n(C_6H_6)_m$ 等。原子团簇化合物是原子团簇和其他分子以配位化学键结合形成的化合物。

原子团簇有许多奇异的特性，如极大的比表面积使它具有异常高的化学活性和催化活性、光的量子尺寸效应和非线性效应、电导的几何尺寸效应、$C_{60}$ 掺杂及掺包原子的导电性和超导性、碳纳米管和碳葱的导电性等。

不同于纳米颗粒，原子团簇还包括由数百个离子和分子通过化学或物理结合力而组合在一起的聚集体。原子团簇中的原子数是固定的整数，这也称为幻数，纳米颗粒则无幻数概念。原子团簇的物理和化学性质随所包含的原子数而变化。它在性质上既不同于单个原子和分子，又不同于固体和液体的纳米颗粒，也不能用上述两者性质做简单的线性外延或内插来表达，而是介于气态和固态之间的物质结构的新形态，有时被称为“物质第五态”。

目前能大量制备并分离的团簇是 $C_{60}$ 及富勒烯。1985 年美国 R. Smalley 和英国 H. Kroto 合作在 Rice 大学的实验室发现了 $C_{60}$ 团簇，同时还发现了 $C_{70}$ 团簇。在 20 世纪 80 年代末，掀起了探索 $C_{60}$ 的特殊物理性质和微结构的热潮，成为凝态物理研究的热点。进一步研究表明，构成碳团簇的原子数（称为幻数）为 20、24、28、32、36、50、60 和 70 等时，具有高稳定性，而其中 $C_{60}$ 最为稳定。

原子团簇的研究是多学科的交叉，是跨合成化学、化学动力学、晶体化学、量子化学、结构化学、原子簇化学等的化学分支，又是跨原子、分子物理、表面物理、核物理、晶生长、非晶态物理的分支，同时又和表面科学、材料科学引入的概念和方法交织在一起，构成当前的团簇物理学。

### 3.6.2 碳团簇和 $C_{60}$

**1. 丰富多彩的碳物质世界**

碳团簇是所有原子团簇中被研究最多也是最有成果和最受重视的原子团簇。

碳元素是所有已知元素中最变化多端，对生物最重要的元素，碳元素占人体质量的 18%，是生物有机体的骨架元素。碳元素的同素异形体有人们早已熟悉的性能差异极大的无定形碳、金刚石和石墨。在 20 世纪 80 年代发现的以 $C_{60}$ 为代表的富勒烯分子和 90 年代发现的碳纳米管，是有很大性能特点的新的碳元素同素异形体。碳既能形成金刚石和石墨之类的原子型晶体，又能形成 $C_{60}$ 和碳纳米管类的分子型晶体。各类的碳物质性能差别极大，有时甚至是对立性质的，例如：最硬（金刚石）的与最软（石墨）的；绝缘体（金刚石）与导体（石墨）和良导体（石墨烯）；绝热体（石墨层间）与良导热体（金刚石）；全透光（金刚石）与全吸光（石墨）等。

在整个宇宙的元素中，碳元素所占的比例约为 0.3%，宇宙中碳的丰度列为第 6 位。由于碳量十分丰富，并能形成多种复杂的化合物，它在宇宙的进化中起着重要作用，是宇宙前期生物分子进化的关键元素。

**2. 碳团簇和 $C_{60}$ 的发现**

在太阳、彗星和星云中发现有 $C_2$、$C_3$ 等。1983 年，D. Haffman 和 W. Kratschmer 等发现星际尘埃有强吸收紫外线的驼峰光谱，后证明是 $C_{60}$ 的光谱。

1984 年，美国 Rice 大学的 R. Smalley 等和从英国来访的 H. Kroto 合作，用激光轰击石墨靶，并用苯来收集碳团簇，用质谱仪分析时发现了 $C_{50}$、$C_{60}$、$C_{70}$ 和 $C_{84}$ 等大原子团簇，其中 $C_{60}$ 的含量比其他原子团簇多了 3 倍。他们的学生 J. Health 改进了制备方法，使 $C_{60}$ 比其他原子团簇多了 40 倍，但仍只能得到几毫克的 $C_{60}$。因 $C_{60}$ 的量太少，要进行进一步研究很困难，直到 1991 年R. Curl改进了 $C_{60}$ 的制造方法，才能制备较多量的 $C_{60}$。

由于 $C_{60}$ 是以六角形石墨烯为基础生成的，R. Smalley 使用计算机拼凑六角形单元来模拟 $C_{60}$ 的结构，没有成功。后来在拱顶结构的启发下，用 20 个正六边形和 12 个正五边形拼成 32 面体的多边体，这个多边体正好是 60 个角，这样建立了 $C_{60}$ 的结构模型。因 $C_{60}$ 外形像足球，被取名为巴基球（fullerene），以纪念美国建筑师 Buckmin Fullerence 设计的圆拱。

1996 年 10 月 9 日，瑞典皇家科学院宣布，美国的 R. Smalley、J. Curl 和英国的 H. Kroto 因发现碳原子结合成的球状分子 $C_{60}$ 而荣获诺贝尔化学奖。

碳原子数低的碳簇如 $C_2$、$C_3$ 等常以线形链状形式存在，略大一些的碳簇如

$C_6$、$C_8$、…、$C_{29}$则以单环异构体较为稳定。碳原子数大于30时，形成的平面碳层有悬键，为减少悬键数石墨烯会弯曲，悬键相连收缩成五元环，最终促使其形成封闭笼状碳簇，使其总能量降低而结构更稳定。笼状碳簇的特征是碳原子数为偶数，呈中空笼状，碳原子全部在笼的外壳上。这种由碳网形成的笼形分子被命名为富勒烯。

碳团簇结构中还发现了多种外形不同的复合碳团簇，有球壳重叠的多重球烯（洋葱碳）、海胆碳、蚯蚓碳、锥形碳、石墨立方体、圆盘状和螺旋状碳等。

**3. $C_{60}$分子和晶体的结构**

$C_{60}$是由60个碳原子所组成的空笼状球形结构，是以六角形元环石墨烯为基础所组成，为形成封闭结构使总能量降低而得到稳定结构，需配合一定数量的五角形元环。现在$C_{60}$结构模型是60个顶角（每个顶角一个碳原子）和32个面的多边形（其中20个正六边形和12个正五边形）的球形分子，其截面呈正20面体，如图3.32(a)所示。$C_{60}$是空笼状球形结构，外径约0.7 nm，内径约0.4 nm。$C_{60}$外面有电子云层，如将电子云层考虑在内，则$C_{60}$的直径约为1 nm，如图3.32(b)所示。

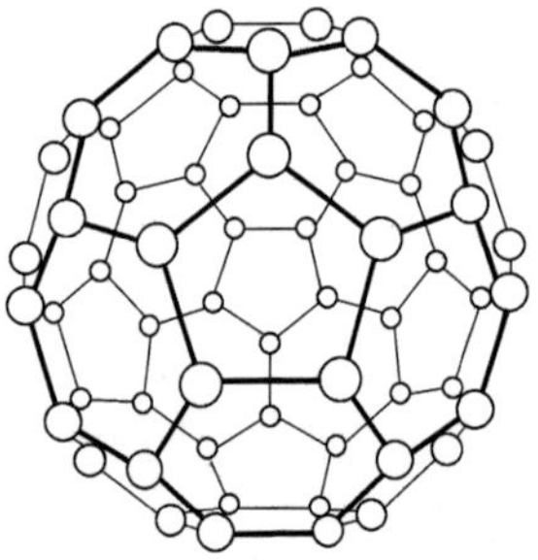

(a)$C_{60}$分子结构模型

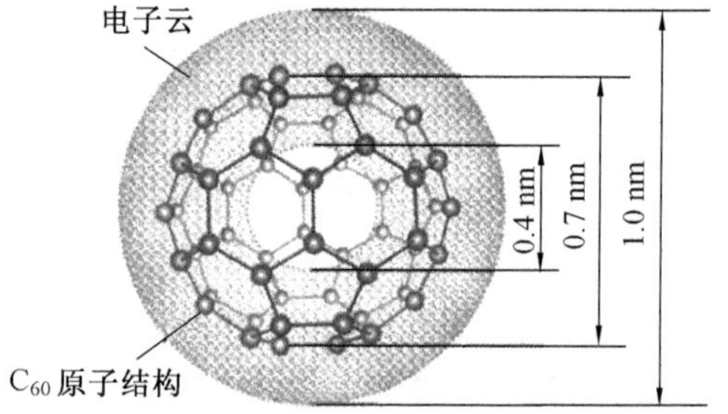


(b)$C_{60}$分子结构尺寸模型

**图3.32　$C_{60}$分子结构模型**

$C_{60}$分子中所有的碳原子都分布在表面上，球的中心是空的。碳原子间的连接以2个单键和一个双键彼此相连，所以整个球形分子形成一个三维大π键，具有较高的反应活性。每一$C_{60}$分子以角振动数$10^9\ s^{-1}$急剧地旋转，在温度90 K以下才停止。$C_{60}$分子对称性很高，仅次于球对称，通过每一个顶点存在5个对称轴。每个顶点（碳原子）为2个正六边形和1个正五边形的聚合点，六边形内角为120°，五边形内角为108°。

$C_{60}$晶体为面心立方结构，晶体常数为1.42 nm。$C_{60}$之间主要是范德瓦耳斯力结合。相邻$C_{60}$的中心距为0.984 nm，相邻六角环平面间距离为0.327 nm，最近原子间距为0.336 nm。图3.33是$C_{60}$晶体的(001)晶面结构模型。团簇分子之间没有化学键存在，也就是说$C_{60}$晶体是一种分子晶体。在不同温度下，$C_{60}$晶

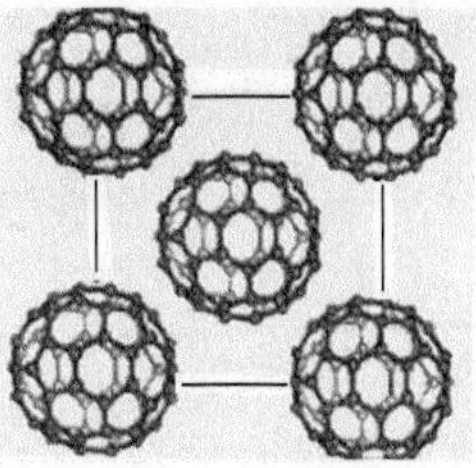

图 3.33 $C_{60}$ 晶体的(001)晶面结构模型

体可以从一种取向转变成另一种取向，$C_{60}$ 晶体结构和结晶条件有关，是可以改变的。在压力作用下，$C_{60}$ 的晶体结构也会产生明显变化。$C_{60}$ 的透射电子显微镜图像为典型的正六边形晶体，$C_{70}$ 晶体的 TEM 图像为正方形和矩形。

碳团簇除 $C_{60}$ 外还有 $C_{50}$、$C_{70}$ 等，其结构根据瑞士数学家欧拉(Euler)的定理推算。要将一个球形封闭，六边形数量可以变化，但必须有 12 个五边形，在任意多面体中，棱边数 $E$、顶点数 $V$ 和面数 $F$ 必须符合下面关系式：

$$E+2=V+F \tag{3.6}$$

$$F=F_{五}+F_{六} \tag{3.7}$$

对于 $C_{60}$，$E=90$，$V=60$，$F=F_{五}+F_{六}=12+20=32$，是符合 Euler 定理的。$C_{70}$ 是由 25 个六边形和 12 个五边形组成，$E=105$，$V=90$，$F=F_{五}+F_{六}=25+12=37$，亦符合 Euler 定理。

**4. $C_{60}$ 的性能与应用**

$C_{60}$ 分子很稳定，可抗辐射，抗化学腐蚀，但易放出电子。$C_{60}$ 的升华温度为 400 ℃。$C_{60}$ 可以参与某些化学反应而分子结构不被破坏。纯 $C_{60}$ 在 25 ℃时分解需要 2 000 年，即在室温下是非常稳定的。$C_{60}$ 的单晶体在 270 K 时，其热导率为 0.4 W/(m·K)。将 $C_{60}$ 以 6 700 m/s 的速度打在不锈钢上，$C_{60}$ 会完好无损地反弹回来，这表明 $C_{60}$ 的抗压性高于多数粒子。

$C_{60}$ 最引人注目的性能是它的超导性。1991 年美国贝尔实验室的 Hebard 等发现 $C_{60}$ 和碱金属形成的化合物具有超导性，是目前最好的三维有机超导体。不同掺杂的 $C_{60}$ 超导起始温度不同；掺杂某些钾的超导起始温度为 $T=18$ K；掺杂铷的 $C_{60}$ 的超导起始温度为 $T=28$ K；同时掺杂铯和铷的超导起始温度为 $T=33$ K。相继又研究成功 $Rb_1Ti_2C_{60}/C_{70}$ 的超导起始温度 $T=48$ K。

在面心立方体中，每个 $C_{60}$ 有两个四面体间隙和一个八面体间隙。掺杂时碱性金属进入这些 $C_{60}$ 晶体间隙而产生不同的相：

① 超导相 $A_3C_{60}$。$A_3C_{60}$ 是面心立方结构，具有立方对称性，是三维超导材料。在 $K_3C_{60}$ 中，3 个电子从钾原子转入导带，$C_{60}$ 分子的能级呈半充满状态，可以导电。

② 绝缘相 $A_6C_{60}$。$A_6C_{60}$ 是体心立方结构，碱金属离子填充在四面体空隙中，$K_6C_{60}$ 的能级被 6 个电子全部充满，因而不导电，成为绝缘体。

③ $A_4C_{60}$ 相属正交晶系，也是绝缘体。

$C_{60}$ 三维超导材料和氧化物超导体相比，优点是三维导电，并且容易加工。

$C_{60}$ 和 $C_{70}$ 溶液具有光限性，当光流量较小时，$C_{60}$ 和 $C_{70}$ 溶液是透明的，光可以透过。当强光超过阈值后，$C_{60}$和$C_{70}$溶液立即变成不透明，使光不能透过。这种性质可用于强光保护敏感器。

$C_{60}$可以和惰性气体He及Ne起作用。美国M. Saunder发现每$10^6$个$C_{60}$分子中约有1个$C_{60}$分子含有1个氦原子，他们将该化合物的分子式写成He@$C_{60}$，后来又发现了有Ne@$C_{60}$化合物，这是首次发现惰性气体He和Ne能和其他元素结合而成化合物，迄今为止，还没有发现这两种惰性气体有其他形式的化合物。

通过物理和化学方法，已成功地将金属元素钇、镧、镍、钴、钆等置于$C_{60}$内，成为富勒烯感应体。如果能将锂和氟原子放置于$C_{60}$内，则有可能制造出高能电池。图3.34(a)为内包钆的碳富勒烯$C_{60}$感应体，并含有大量的羟基，可用作核磁共振成像的造影剂。最近已成功地制备出硅富勒烯，并已将金属原子放入富勒烯体内成为结合体。图3.34(b)为内包锆的硅富勒烯结合体，构成伪分子。图3.34(c)为内包钛的硅富勒烯结合体，范德瓦耳斯作用力很弱，几乎等于两个独立的富勒烯。

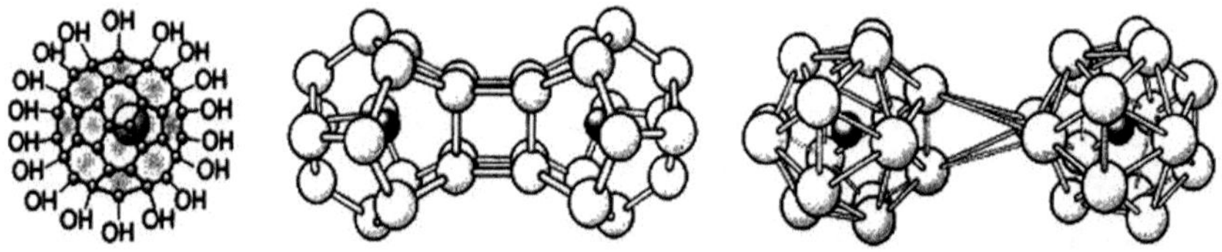


(a)内包钆的富勒烯感应体　(b)内包锆的富勒烯结合体　(c)内包钛的富勒烯结合体

**图3.34　将金属元素锆、钛、钆等置于富勒烯体内成为结合体**

法国Duclos等观察到在20～50 GPa的超高压条件下，固体$C_{60}$向金刚石晶体转变。

美国Micro Met Technolog Inc.将富勒碳与铁用一种简单而廉价的方法进行复合，得到一种组织均匀细密并且有很高强度的复合材料，这种材料还有很好的延展性和铸造性。后又将这种复合材料进一步进行热处理，使这种复合材料中的富勒碳有半数以上转变成纳米级金刚石微晶，使它具有了高硬度和高耐磨性。

**5. $C_{60}$的制造技术**

现在$C_{60}$已能批量制备，极大地促进了对$C_{60}$的研究工作。

图3.35是制造$C_{60}$装备的示意图。反应室内充有氦气，压力约为13.3 kPa。石墨电极棒间发生电弧，处于足够的高温和He保护的环境下，产生含$C_{60}$的黑色烟尘，在阀门和仪表控制下碳的烟灰缓慢冷却。碳弧释放出聚合成层片的碳原子，惰性气体He使碳层片在电弧附近保持较长的时间，碳层片逐渐自动封闭而形成富勒碳球体。现在$C_{60}$的产生率已由10%～20%提高到45%。在2002年

$C_{60}$的价格约 1 200 美元/g，相当于黄金价格的 100 倍。现在生产出来的是以 $C_{60}$为主的富勒碳。

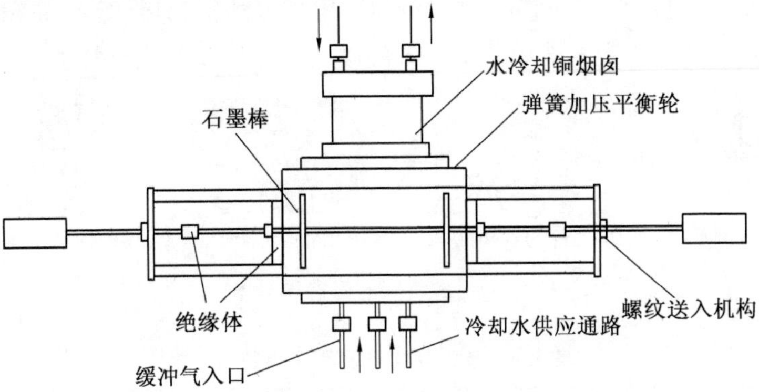


图 3.35 制造 $C_{60}$装备的示意图

$C_{60}$的主要合成条件可归纳为两点：① 产生碳原子团簇；② 一定的真空度环境并有 He 或 Ar 惰性气体保护。生产 $C_{60}$的工艺参数如下：电极电压 12～25 V (DC 或 AC)，电极电流 20～200 A；氦气分压为 2.7～67 kPa(间歇式动平衡)。在电流增加时碳团簇的产量也增加。

$C_{60}$的提纯过程为先净化烟灰，再用乙醚洗涤除去碳氢化合物。精选有两种方法：第一种方法是将烟灰溶于苯，除去不溶物质，再缓慢加热，干燥后即得到 $C_{60}$的结晶物质；第二种方法是在真空或惰性气体环境中，将烟灰加热到400 ℃，$C_{60}$可以升华出来从而与其他物质分离。

## 3.7 碳纳米管

### 3.7.1 碳纳米管的种类和结构

碳纳米管是晶形碳的一种新的同素异形体，是富勒碳家族的重要成员。由于碳纳米管的独特结构特性和广泛的应用远景，在 1991 年碳纳米管被发现后，就引起极大的重视，投入很大的人力物力进行研究开发。

**1. 晶体碳家族和碳纳米管的发现**

(1)晶体碳家族。

碳纳米管的发现使碳家属中又增添一个重要成员，使晶体碳体系趋于完整。过去除了无定形碳外，对于晶形碳只知道有三维的金刚石和二维的石墨，1985 年发现 $C_{60}$后增添了零维的富勒碳，但还缺少一维碳晶体而使体系不完整。1991

年，日本 S. Iijima 发现了碳纳米管，使整个碳家属体系趋于完整，如图 3.36 所示。这样，晶体碳体系中有：① 三维的金刚石（图5.36(a)）；② 二维的石墨烯（图 3.36(b)）；③ 一维的碳纳米管（图 3.36(c)）；④零维的富勒烯（图 3.36(d)），也称巴基球（$C_{60}$、$C_{70}$等）。表 3.6 中归纳了各种碳的异构体及其主要特性。

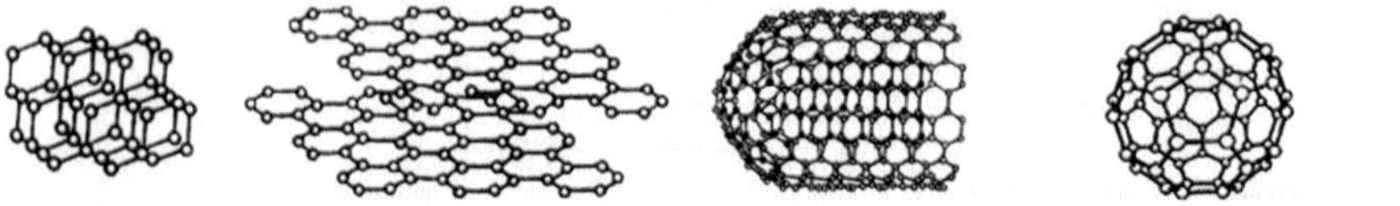

(a)三维的金刚石　(b)二维的石墨烯　(c)一维的碳纳米管　(d)零维的富勒烯($C_{60}$等)

图 3.36　晶体碳的同素异形体

表 3.6　碳的异构体及其主要特性

| 维数 | 零维 | 一维 | 二维 | 三维 | 三维 |
|---|---|---|---|---|---|
| 异构体 | $C_{60}$富勒烯 | 碳纳米管 | 石墨烯 | 金刚石 | 无定形碳 |
| 杂化 | $sp^2$ | $sp^2$，sp | $sp^2$ | $sp^3$ | $sp^3$ |
| 密度/($g \cdot cm^{-3}$) | 1.72 | 1.2～2.0 | 2.26～2.0 | 3.515 | 2～3 |
| 键长/nm，(C═C) | 0.14，0.146 | 0.144 | 0.142 | 0.154 | 0.144 |
| 电子特性 | 半导体 $E_g=1.9$ eV | 导体或半导体 | 导体 | 绝缘体 $E_g=5.47$ eV | 绝缘体 |

碳纳米管是富勒碳家族的重要成员，是晶形碳的一种新的同素异形体。晶形碳可以细分为金刚石、石墨和富勒烯。富勒烯又包含有：① 巴基球（以 $C_{60}$ 为代表）；② 碳纳米管（单壁碳纳米管和多壁碳纳米管）；③ 巴基葱（多层巴基球，呈套球状）。

(2)碳纳米管的发现。

在 1985 年 $C_{60}$ 巴基球被发现后，很多人都努力寻找一维碳晶体。1991 年，日本的 S. Iijima 在研究 $C_{60}$ 的实验时，不断改变 $C_{60}$ 生成的条件，使两个石墨电极保持很小间隙并形成稳定电弧，在13.3 kPa的氩气中，阳极被蒸发，在阴极石墨上发现有一些针状物质，长度约 1 mm，这些针状碳倾向于在电极的某些部位成束生长。S. Iijima 在电子显微镜下观察这些针状物质，发现它们是由一些同心的纳米管状结构组成。在 50 万倍电子显微镜下观察到，碳纳米管的横截面是由 2 个或多个同轴管组成，相邻两层管壁间距离约为 0.34 nm，这种管状结构是由类似于石墨的六边形网格所组成的管状物。碳纳米管一般两端封闭，直径在几纳米到几十纳米之间，长度可达几微米到几十微米。这些独特的石墨管状物后来被命名为碳纳米管。

1993年，S. Iijima在电极中加入铁作为催化剂，在氩气保护下放电打弧，制备出单壁碳纳米管，这些单壁碳纳米管直径分布在0.7～1.6 nm范围内，最长可达700 nm。同时期IBM公司的Bethune等使用铁、镍、钴作为催化剂（其中钴催化剂效果最好）填充在石墨阳极中，在氩气保护下打弧，在反应器内壁上获得“蜘蛛网”状物质（单壁碳纳米管），得到的单壁碳纳米管具有较一致的直径（约1.2 nm），并且集结成束。

2000年，中国科学院物理所解思深研制成功了内径为0.7 nm和0.5 nm的单壁碳纳米管。直径为0.7 nm的碳纳米管端部封闭结构是两个$C_{60}$半球，直径为0.5 nm的碳纳米管两端是$C_{36}$的半球。

2000年，北京大学薛增泉等用电子显微镜观察到“倒T形”碳纳米管结构，它是一根很细的直径为0.33 nm的碳纳米管(4,0)，垂直生长在直径1.5 nm的母体碳纳米管(11,11)上。直径为0.33 nm的碳纳米管是在室温下能稳定存在的直径最小的单壁碳纳米管。

### 2. 碳纳米管的种类和结构

(1)碳纳米管的品种。

碳纳米管品种很多，形态各异，有单壁碳纳米管、多壁碳纳米管，此外碳纳米管也并不都是平直和均匀的，有时会出现L形、T形、Y形、螺旋形、变径形管。这些结构的出现是由于碳的六边形网格中引入了碳五边形和碳七边形所致。碳五边形引起正弯曲，碳七边形引起负弯曲。日本的E. Osawa绘制了各种碳纳米管的人性化的图形：普通封口型、变径型、洋葱型、海胆型、竹节型、念珠型、纺槌型、螺旋形以及其他异型，如图3.37所示。这些不同外形的碳纳米管生动地显示了其丰富的结构形态。

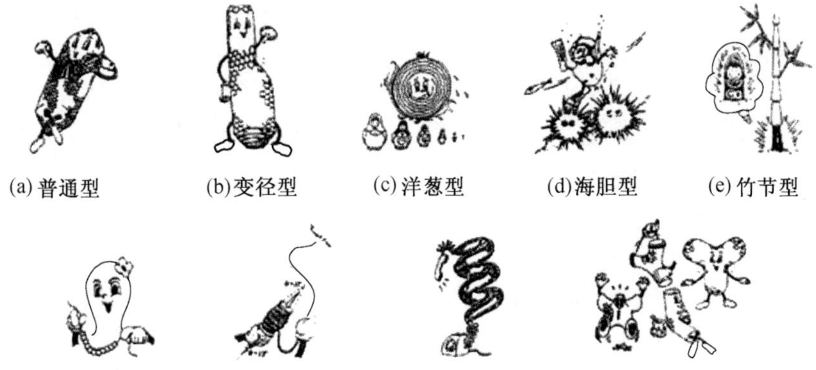

(a)普通型 (b)变径型 (c)洋葱型 (d)海胆型 (e)竹节型

(f)念珠型 (g)纺槌型 (h)螺旋形 (i)其他异型

图3.37 碳纳米管的各种形态示意图(E. Osawa)

碳纳米管虽都是由片状的六角形石墨烯卷曲而成，但按卷曲的角度不同，又可分成扶手椅型、锯齿型和手性型。碳纳米管导电性能又有导体性和半导体性，直径小的碳纳米管，电子在其中只能沿轴线方向运动，并且电子运动具有量子行为。碳纳米管的端部一般是由半球形结构封闭的，但也有开口形的，端帽的结构也比较复杂，不同直径碳纳米管的端帽，其原子构成的结构不同，并且有时还出现多角形、锥形、半环形等。

(2)单壁碳纳米管结构。

一根单壁碳纳米管可以看作由一层石墨片(石墨烯)卷曲闭合而成。碳原子六边形的排列方向与卷曲方向之间的夹角 $\theta$，称为手性角或螺旋角。$\boldsymbol{C}_{\mathrm{h}}=(n,m)$ 称为螺旋矢量，$n,m$ 均为整数。碳纳米管可以用结构指数$(n,m)$来表示，也可用直径和螺旋角 $\theta$ 来表示，二者是等价的。单壁纳米管的导电性取决于这一结构指数。由于$(n,m)$的指数不同，碳纳米管的结构分为三种(图 3.38)：① 当 $n=m$，$\theta=30°$时，碳纳米管成为扶手椅型结构(图 3.38(a))，这时碳纳米管为导电体；② 当 $m=0$，$\theta=0$ 时，碳纳米管成为锯齿型结构(图 3.38(b))；③ 当 $n$ 和 $m$ 均不等于零，并且 $0°<\theta<30°$时，碳纳米管为手性(螺旋)形结构(图 3.38(c))。

上述三种不同类型的碳纳米管性能有较大差别。所谓“手性”，是由于在化学命名中常将上述结构称为“轴向手性”。结构的手性不同常影响它的光学和电学特性，按照手性对碳纳米管进行定义，是为了便于研究它的光学和电学特性。下面分析这三种碳纳米管的原子结构组成。

将碳纳米管展开使成为一石墨层片，如图 3.39 所示，在图中画出碳纳米管的结构单元 $OABC$。$\boldsymbol{C}_{\mathrm{h}}$ 为碳纳米管的圆周矢量，也称为手性矢量。结构指数$(n,m)$型碳纳米管的 $\boldsymbol{C}_{\mathrm{h}}$ 值为(图中 $n=m=5$)

$$\boldsymbol{C}_h=n\boldsymbol{a}_1+m\boldsymbol{a}_2=(n,m) \tag{3.8}$$

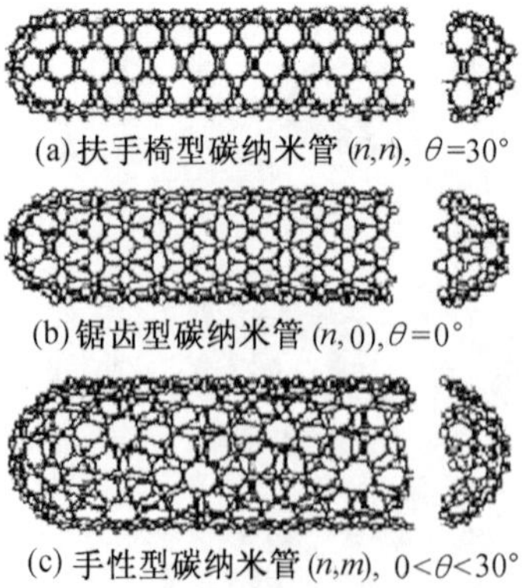

(a) 扶手椅型碳纳米管 (n,n), θ=30°

(b) 锯齿型碳纳米管 (n,0), θ=0°

(c) 手性型碳纳米管 (n,m), 0<θ<30°

图 3.38　不同手性的碳纳米管

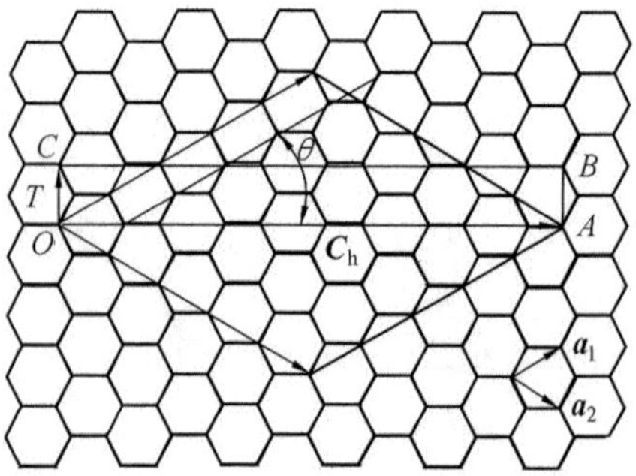


图 3.39　碳纳米管(5,5)结构单元示意图

$$d_t = L/\pi \tag{3.9}$$

式中　$n, m$——整数，$0 \leqslant |m| \leqslant n$；

$\boldsymbol{a}_1, \boldsymbol{a}_2$——单位矢量，$\boldsymbol{a}_1$ 和 $\boldsymbol{a}_2$ 的交角为 60°；

$d_t$——碳纳米管直径(nm)；

$L$——碳纳米管横剖面的周长(nm)。

$$L = |\boldsymbol{C}_h| = \sqrt{\boldsymbol{C}_h \boldsymbol{C}_h} = a\sqrt{n^2 + m^2 + nm} \tag{3.10}$$

式中　$a$——晶格常数(nm)。

$$a = \boldsymbol{a}_1 \boldsymbol{a}_1 = \boldsymbol{a}_2 \boldsymbol{a}_2 \tag{3.11}$$

$$\boldsymbol{a}_1 \boldsymbol{a}_2 = a^2/2 \tag{3.11a}$$

可求得晶格常数 $a$=0.144 nm。在碳纳米管中 C—C 键长为 0.144 nm，则扶手椅型碳纳米管(5,5)的直径 $d_t$ 为 0.688 nm。

手性角 $\theta$ 代表石墨层片六边形相对于纳米管轴的螺旋角。手性角 $\theta$ 定义为矢量 $\boldsymbol{C}_h$ 和 $\boldsymbol{a}_1$ 之间的夹角，$\theta$ 的范围为 $0° < \theta < 30°$。$\theta$ 值可表示为

$$\cos\theta = \frac{\boldsymbol{C}_h \boldsymbol{a}_1}{|\boldsymbol{C}_h||\boldsymbol{a}_1|} = \frac{2n + m}{2\sqrt{n^2 + m^2 + nm}} \tag{3.12}$$

式(3.12)将手性角 $\theta$ 与 $n$、$m$ 联系起来。锯齿型碳纳米管的手性角 $\theta = 0°$，扶手椅型碳纳米管的手性角 $\theta = 30°$。

图 3.40(b)为手性型(螺旋形)单壁碳纳米管的 STM 图像，作为对照给出了手性型碳纳米管的外形结构示意图，如图 3.40(a)所示，可看到二者的外观较为相似。

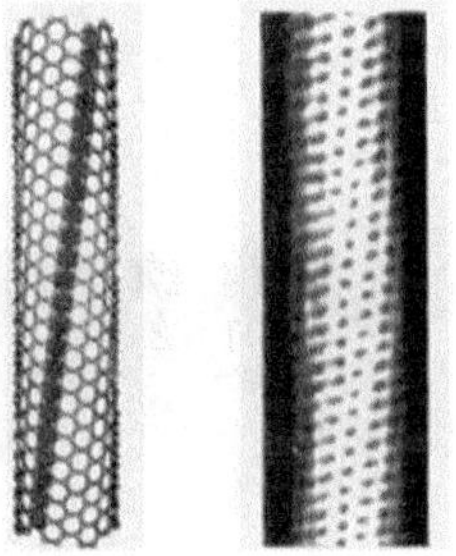

(a)示意图　(b)STM 图像

图 3.40　手性型碳纳米管

(3)多壁碳纳米管。

现在制成的碳纳米管经常是多壁碳纳米管，层数少的为 2～5 层，多的数十层甚至数百层，多壁碳纳米管可以理解为多层碳纳米管套装而成。在实际的研究和应用中，不仅单壁碳纳米管有重要的地位，小直径或层数较少的多壁碳纳米管也具有重要的应用。

图 3.41 为碳纳米管的高倍率透射电子显微镜照片，其中图 3.41(a)为单壁碳纳米管，图3.41(b)、(c)、(d)为多壁纳米管。图 3.42 是多壁(多层)碳纳米管的外形结构示意图，可看到多壁碳纳米管实际上是直径不同的碳纳米管套装而成。多壁碳纳米管各层的直径是由小到大逐渐增加，经实测，多壁碳纳米管层间的距离约为 0.34 nm。

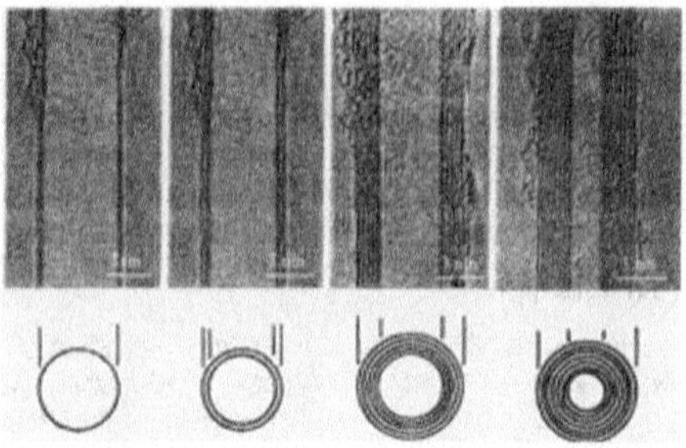

(a) 单壁　(b) 多壁　(c) 多壁　(d) 多壁

图 3.41　碳纳米管的高倍率 TEM 图像

图 3.42　多壁碳纳米管结构示意图

由于多壁碳纳米管各层直径不同，各层碳纳米管的手性亦不同，多数为导体性的，有的则是半导体性的。经实验研究发现，虽然碳纳米管本身为导体，但电子的流向只能是沿其长度方向，并且电子流动具有量子阶跃特性。多壁碳纳米管各层之间是绝缘的。图 3.43 所示的实测结果，可以证明各层之间是绝缘的。实验将多壁碳纳米管用导电胶粘在导体电极上，将多壁碳纳米管逐渐插入到水银中去，水银是通电的另一极。碳纳米管插入水银的深度增加时，其电导呈阶跃式增加，这是由于多了一层碳纳米管进入水银，多一层碳纳米管并联通电，使电导成倍数递增。而同一层碳纳米管插入水银的深度增加，电导并无变化。如果多层碳纳米管各层间能导电，则不会有这电导的阶跃式增加现象。现在见到的多层碳纳米管的最小内层直径，大约是0.4 nm。

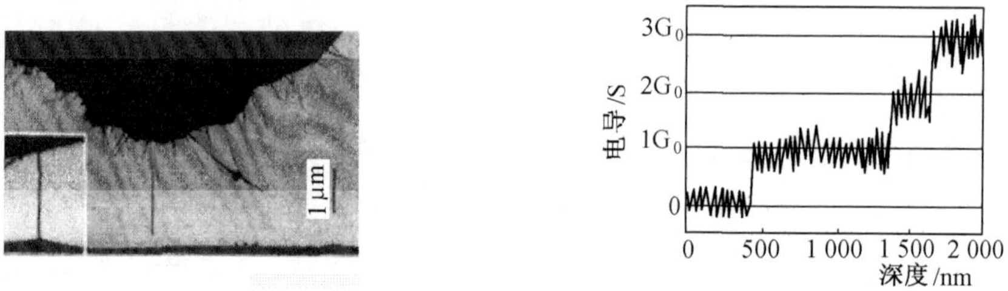


图 3.43　多壁碳纳米管电导特性

(4)碳纳米管顶端的封口和弯曲生长。

单壁碳纳米管的生长必须有催化剂，但催化剂作用机制现在还不清楚。顶端开口(或底端开口)的大直径的碳纳米管能持续竖直生长并保持六元环单一化结构，但直径小于 3 nm，生长时很容易弯曲。出现五元环结构，将使生长的碳纳米管弯曲，并且增加碳纳米管封口的概率，从而阻止纳米管的继续生长。

碳纳米管的生长温度为 2 000～3 000 K 时，很容易自动封闭而形成碳屋顶。碳屋顶一般是半球形的富勒烯，不再有碳的悬键，因此不能再继续吸收碳原子，使碳纳米管继续生长。扶手型碳纳米管(5,5)和锯齿型碳纳米管(9,0)，直径都是 0.7 nm，端部封顶都是半个 $C_{60}$ 的结构，但是二者的端帽是不同方向切割的，图 3.44 是这两种碳纳米管端部封闭结构的示意图。直径0.5 nm的碳纳米管和 $C_{36}$ 直径相当，顶端封口将是半个 $C_{36}$。直径更大的碳纳米管的端部封口，是含碳原子更多的富勒烯结构，如 $C_{70}$、$C_{80}$ 等。

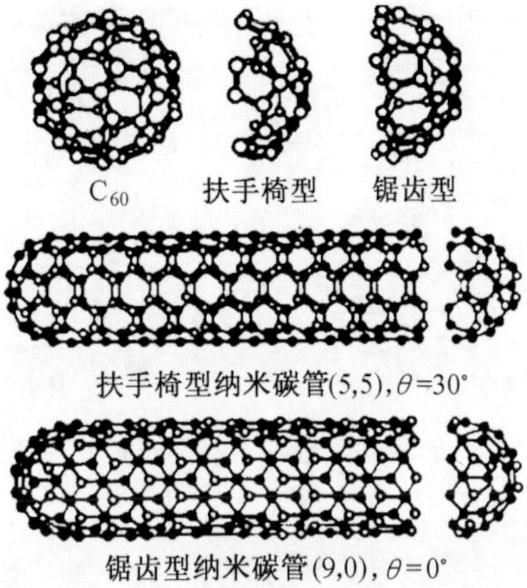


图 3.44　单壁碳纳米管的端部封口结构

多壁碳纳米管端部也常常封口，在高分辨率电子显微镜下可以看到，多壁碳纳米管的端部各层是各自封闭的，如图 3.45 所示。

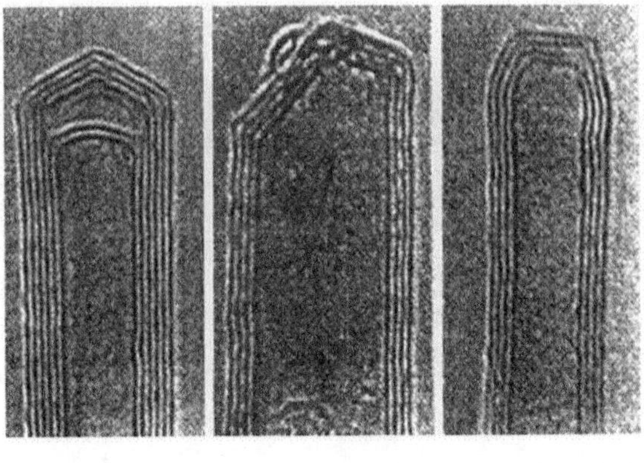

图 3.45　多壁碳纳米管端部封口的 TEM 照片

制造碳纳米管时，要使纳米管长得长，应采取措施，令纳米管端部不封口。对于端部开口的碳纳米管，在室温下是稳定的。

碳纳米管生长时如受外界干扰，将生成五元环(五边形)和七元环(七边形)，这将使生成的碳纳米管不是直的，而产生变形弯曲，如图 3.46 所示。五边形将产生正曲率，使纳米管的直径从左向右减小，而七边形则产生负曲率，使纳米管的直径从左向右增加。图 3.46(a)中五元环和七元环连在一起,使碳纳米管直径变化,产生竹节形。图 3.46(b)中五元环和七元环分别在直径两侧,使碳纳米管产生弯曲。

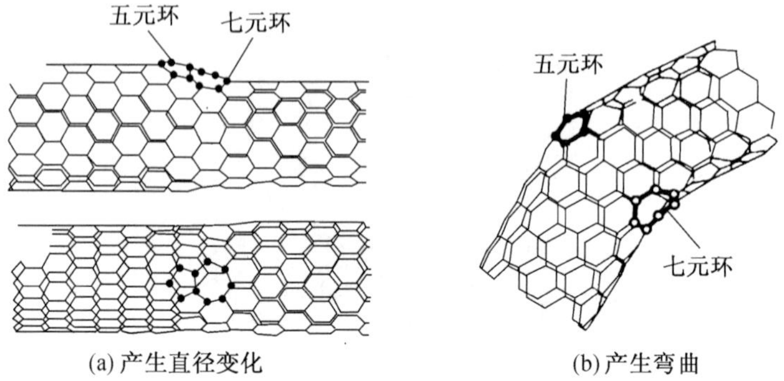


**图 3.46　五元环和七元环使碳纳米管变形弯曲**

(5)直径最小的碳纳米管。

1991 年,S. Iijima 观察到的多壁碳纳米管直径约为 2 nm。1992 年,P. Ajayam 观察到的碳纳米管直径约 0.7 nm,相当于 $C_{60}$ 的直径。L. Sun 观察到内层直径为 0.5 nm 的多壁碳纳米管,C. Qing宣布观察到内层直径为 0.4 nm 的多壁碳纳米管。2000 年,N. Wang 观察到直径为0.4 nm的单壁碳纳米管,直径与 $C_{20}$ 相当。直径更小的碳纳米管已不易在室温稳定存在,因此直径 0.4 nm 的碳纳米管已是在室温下能独立稳定存在的最细的碳纳米管。直径 0.4 nm 的碳纳米管大概是(3,3)扶手椅型结构,属导体型,如图 3.47 所示。

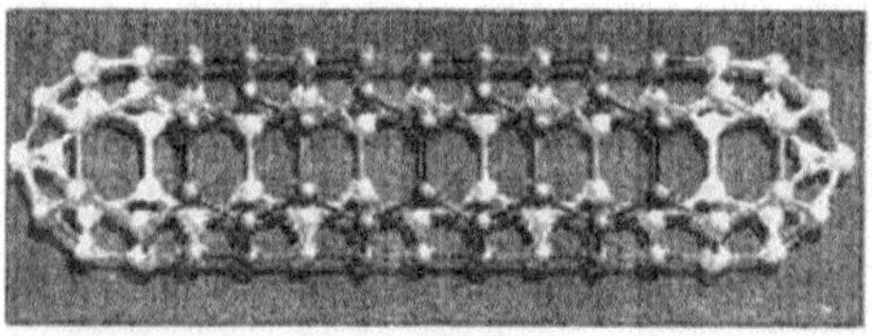

**图 3.47　最细的碳纳米管(直径 0.4 nm)**

2001 年,香港科技大学的 Z. Tang 等发现,直径0.4 nm的单壁碳纳米管在 15 K 温度时,具有超导特性,引起了各界的重视。

(6)倒 T 形碳纳米管。

2000 年,北京大学薛增泉等首次用电子显微镜观察到“倒 T 形”碳纳米管结构。在 200 kV 高能电子束的轰击下,碳纳米管局部结构被破坏,开始碳纳米管上出现了一个小洞(图 3.48(a)),然后逐渐生长出一根很小的碳纳米管(图 3.48(b),图 3.48(c)),小碳纳米管结构呈柱型对称,基本垂直于直径为 1.5 nm (11,11)的原始母体碳纳米管。小碳纳米管的直径为 0.33 nm (4,0),可以在几乎不引入任何应力的条件下与母体碳纳米管相连接。

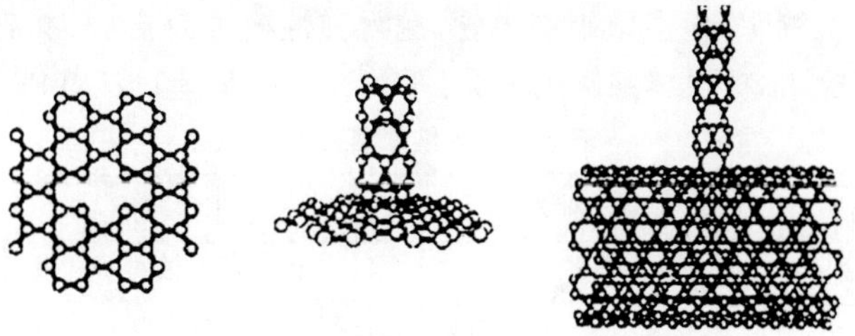

(a)出现小洞　(b)长出小碳纳米管　(c)小碳纳米管长高

图 3.48　从母体大碳纳米管上长出小碳纳米管

直径小于 0.4 nm 的独立的碳纳米管在室温下是不稳定的，但生长在大碳纳米管上的直径为 0.33 nm 的小碳纳米管却是稳定结构，不仅在室温是稳定的，甚至到 2 000 ℃的高温时(真空条件下)，该 0.33 nm (4,0)的小碳纳米管仍是稳定的，这种小碳纳米管不能在平衡条件下生长形成，但是却能在特殊不平衡条件下生长，并在室温下仍然稳定存在。

直径 0.33 nm (4,0)的小碳纳米管呈半导体性，直径 1.5 nm (11,11)的母体大碳纳米管属于金属导体性，小碳纳米管可作为门极来控制大碳纳米管中的电流。因此，有人认为这种倒 T 形的碳纳米管可以用作单电子晶体管，可以作为纳米电子学和分子电子学的基础电子器件。

## 3.7.2　碳纳米管的特性和用途

### 1. 碳纳米管特性概述

碳纳米管作为一维纳米材料，质量轻、结构稳定，具有许多优异的力学、电学和化学特性，具有广阔的应用前景。首先，有希望用于微/纳电子元件、雷达波吸收材料；其次，通过化学方法对碳纳米管进行修饰处理，可改善其强度、导电、光学和磁学性能，有希望使其成为光导材料、非线性光学材料、软铁磁性材料、分子载体等；第三，将活性物质植入碳纳米管中，使其成为生物传感器，用于检测疑难病症，并且用于药物合成工业。表 3.7 是碳纳米管的一些主要优异特性。

### 2. 碳纳米管的力学特性及其应用

(1)碳纳米管的弹性模量。

碳纳米管具有较高的弹性模量。因碳纳米管尺寸太小，弹性模量的实验测量具有较大难度。现采用的检测方法是受力弯曲变形、振动等方法，不同测量方法测得的数据有一定差别。根据实测碳纳米管的弹性模量与直径直接有关，直径越小其模量值越高，特别是多壁碳纳米管更为显著。

M. Treacy 采用将碳纳米管单端固定另一端自由振动，根据碳纳米管的热振动振幅原理检测碳纳米管的弹性模量。被检测碳纳米管直径小于1.5 nm，长度约36.8 nm。检测11根多壁碳纳米管，测得弹性模量为0.4～4.15 TPa，平均值为1.8 TPa。检测27根单壁碳纳米管，平均弹性模量为1.25 TPa。

表3.7　碳纳米管的特性

| 性　质 | 单壁碳纳米管 | 对　比 |
|---|---|---|
| 尺　　寸 | 直径0.6～1.8 nm | 电子束刻蚀可产生宽50 nm、厚几纳米的线 |
| 密　　度 | 单壁时0.6 $g/cm^3$，多壁时1.3～1.8 $g/cm^3$ | 铝的密度为2.9 $g/cm^3$ |
| 拉伸强度 | 45 GPa | 高强合金钢在2 GPa时断裂 |
| 抗弯性能 | 能够弯曲成大角度，然后又重新变直而不会受损 | 金属与碳纤维在大角度弯曲时将会在晶界处破裂 |
| 电流容量 | 估计1 $GA/cm^2$ | 铜导线在大约1 000 $kA/cm^2$下烧毁 |
| 场致发射 | 电极间距在1 μm时，1～3 V可以激发荧光 | 铝尖端发光需要50～100 V/μm，寿命很短 |
| 热导率 | 在室温下有希望达到6 kW/(m·K) | 纯净金刚石大约是6 kW/(m·K) |
| 温度稳定性 | 真空中2 800 ℃以下，大气中750 ℃以下是稳定的 | 微芯片中的金属导线在600～1 000 ℃熔化 |
| 价　　格 | 约1 200美元/g | 黄金售价约为10美元/g |

(2)碳纳米管的力学性能。

中国科学院物理所解思深等用一种特制的小样品拉伸装置，直接测量了宏观体多壁碳纳米管的力学性能。实验测得多壁碳纳米管的弹性模量为0.3～0.6 TPa，约为钢的10倍，抗拉强度为3～6 GPa。沈阳金属所成会明等将催化裂解法制备的单壁碳纳米管束用有机物混合黏制成复合纤维，测得该复合纤维的平均抗拉强度高达(3.6±0.4)GPa，根据单壁碳纳米管在复合纤维中所占的体积比，可算出单壁碳纳米管的抗拉强度为(2.3～14.2)GPa，而单根单壁碳纳米管的强度高达(22.2±2.2)GPa，可以认为碳纳米管是人类已知材料中抗拉强度最高的纤维。

碳纳米管具有较大的长径比，很高的弹性模量和强度。由于碳纳米管内部中空，在承受较大负载时，产生较大弹性变形或产生可恢复的塑性变形，仍不发生脆性断裂。这些优良的机械力学特性，使碳纳米管有很大实用前景。

(3)基于碳纳米管优异机械力学性能的应用实例。

① 扫描探针显微镜的探针。碳纳米管的直径小、扫描探针尖端很尖、能导电，用作扫描探针显微镜，可以大大提高显微镜的横向分辨率。过去显微镜用的

W 探针、Pt—Ir 探针、Si 探针、$Si_3N_4$ 探针针尖曲率半径一般在 30～50 nm，精细制作时也只能到 10 nm。而用碳纳米管探针时针尖曲率半径可以小于 1 nm，使扫描探针显微镜检测时很容易达到原子级分辨率。碳纳米管的弹性模量、强度、刚度都很高，探针不小心垂直碰撞试件时可插入试件内，倾斜碰撞时探针会弯曲变形而不损坏，如图 3.49 所示。因此碳纳米管是理想的 STM 和 AFM 等扫描探针显微镜的探针材料。

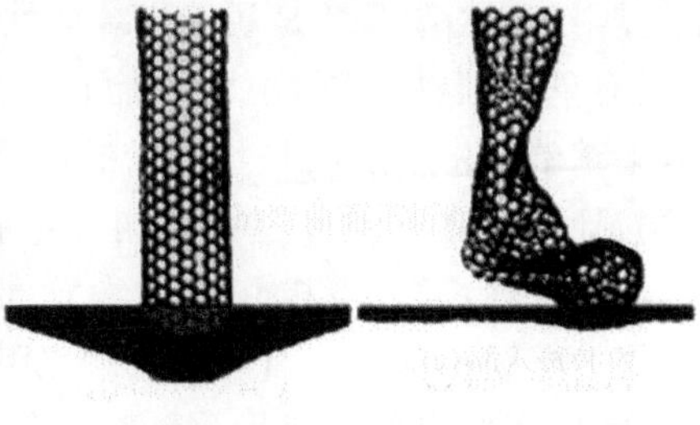

(a)插入试件内　　(b)弯曲而不折断

图 3.49　SPM 的碳纳米管探针针尖

② 复合材料。现在已经研制成功性能良好的碳纳米管一聚合物复合材料、碳纳米管一金属基复合材料、碳纳米管一陶瓷基复合材料。为使碳纳米管与聚合物的界面有较好的结合强度，可采用聚合物单体在碳纳米管表面原位聚合法来制备碳纳米管一聚合物复合材料。经检测，碳纳米管表面形成了聚合物层，有很高的连接强度。有的研究认为，碳纳米管与基体的良好连接和良好的润滑性，是由于二者之间存在化学键连接，该问题尚待进一步研究。用聚氯乙烯极薄层将单壁碳纳米管束包裹起来成绳进行拉伸实验时，单壁碳纳米管绳是作为一个整体被拉断，可以承受很大的拉力。因此设想可以用碳纳米管制作太空绳、太空电缆等。

碳纳米管可以承受重击而不损坏，因此设想可以用碳纳米复合材料制作汽车的保险杠、防弹衣、防弹装甲板等。

③ 纳米秤。单端固定的悬臂梁碳纳米管，可以用作纳米秤。当悬臂梁碳纳米管的自由端加上微重粒子时，碳纳米管的自振频率产生变化，根据自振频率的变化，可以计算出微粒子的质量。图 3.50 是纳米秤的原理示意图，当微粒粘到纳米管的自由端后，其一次共振频率较单独碳纳米管的频率下降约 40%，为 $f=968$ kHz。计算得知，微颗粒的质量为 $(22\pm6)\times10^{-15}$ g，这微小的质量相当于病毒的质量，这种纳米秤是现在最灵敏的秤。

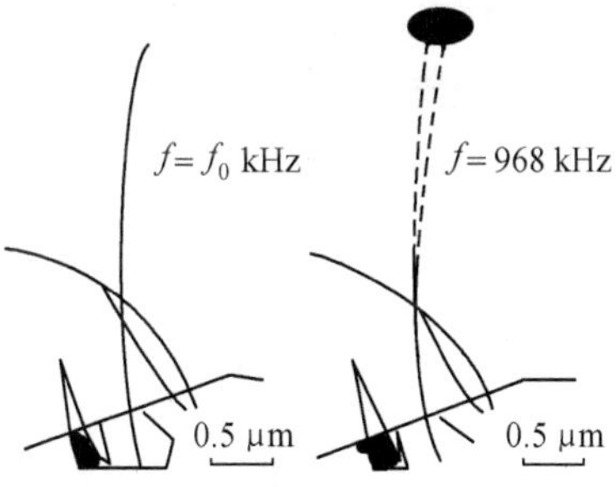


图 3.50　碳纳米管构成的纳米秤

### 3. 碳纳米管的电学和磁学性能

(1)碳纳米管的电导。

碳纳米管具有螺旋管状结构，有可能是导体，也有可能是半导体。R. Saito

经理论分析认为，根据碳纳米管的直径和螺旋角分布估计，大约有 1/3 碳纳米管是金属导电性的，2/3 是属于半导体性的，还有少数碳纳米管具有超导性。

对单壁碳纳米管，电流只能在其轴线方向流动，细碳纳米管具有量子电特性，多壁碳纳米管层间是不导电的，并且各层碳纳米管因直径和螺旋角（手性角）不同，导电性亦不同。过去检测导电碳纳米管的电阻时，测得的电阻值非常分散，后来发现，通电电极和碳纳米管间的接触电阻变化很大从而造成了测量误差，因为电极和碳纳米管间的接触电阻远大于碳纳米管本身的电阻，碳纳米管端部的封口亦造成电阻变化。真正代表碳纳米管电阻的应是两端开口的沿纳米管轴向的电阻。

碳纳米管的独特电学性能，是由于电子的量子限域所致，电子只能在单层石墨中沿纳米管的轴向运动，径向运动受限制，因此它们的波矢是沿轴向的。日本 NEC 公司的 Hamada 等计算了小直径单壁碳纳米管的电子能量与波矢的关系，如图 3.51 所示。图中费米能级 $E_F=0$ 时，较低能态为全占据态，较高能态为全空态。可看到扶手椅型(5,5)纳米管和锯齿型(9,0)纳米管（图 3.51(a)，图 3.51(b)）的全占据态和全空态在 $E_F=0$ 时相互连接，因此只需无限小的能量就能将一个电子激发到一个空的激发态，因此这两种碳纳米管具有金属导电性。对于锯齿型(10, 0)纳米管，全占据态和全空态之间有一个有限带隙，因此这种碳纳米管属于半导体性。

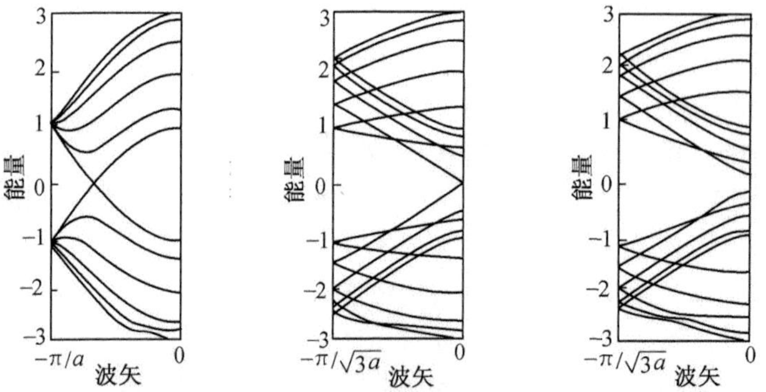


(a) 扶手椅型纳米管(5,5)　(b) 锯齿型纳米管(9,0)　(c) 锯齿型纳米管(10,0)

**图 3.51　三种类型碳纳米管电子能量随波矢的变化**

R. Smalley 等测量了单根半导体性单壁碳纳米管的电流和偏置电压关系，得到的 $I-V$ 曲线如图 3.52 所示。从图中曲线看到，偏置电压 $V$ 升高时，电流 $I$ 并不是线性增加，而是呈阶跃性升高。一部分跃升量为 0.5～0.6 eV，另一部分跃升量为 1.7～2.0 eV，这和理论计算碳纳米管金属导电性时的能隙约 0.5 eV，半导体性时的能隙为 1.6～1.9 eV 相吻合。碳纳米管的这种 $I-V$ 曲线的阶跃特性，说明了小直径碳纳米管的量子电特性。

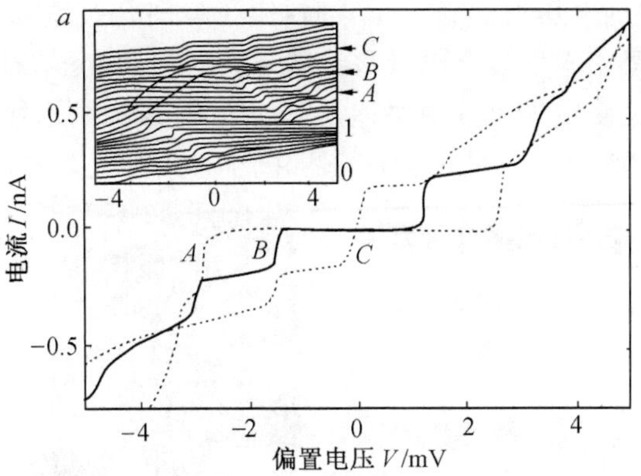


图 3.52　碳纳米管的电流－偏置电压曲线(R. Smalley)

A—门电压为 88.2 mV;B—门电压为 104.1 mV;C—门电压为 120 mV

经电子衍射检测表明,单壁碳纳米束内的各纳米管直径分布较窄,但手性分布却是随机的。因此一束碳纳米管中,同时存在金属导电性通道和半导体通道。碳纳米管的金属导电性明显高于 Cu,因此允许较高的电流密度。多壁碳纳米管和单壁碳纳米管束都属于复合的导电体。

(2)碳纳米管制备各种单电子元件。

现在用碳纳米管已制成多种单电子器件,如单电子晶体管、单电子开关电路等,被认为是发展纳米电子学和分子电子学的重要基础元件。这部分内容将在纳米电子学中讲解。

(3)超导性。

金属导体型碳纳米管的电阻很小,具有较理想的本征低电阻,低温电阻率约为60 $\mu$m · Ω,这是由于只有两个传播子带跨越费米能级,在传输过程中重要体现隧道效应。

早期的研究指出,碳纳米管束可能有超导性,并预言 0.7 nm 的碳纳米管可能有超导性。2001 年,香港大学 Z. Tang 的研究证明,直径为 0.4 nm 的(3,3)碳纳米管在 15 K 温度时具有超导性。现在正有人研究用掺杂和改变纳米管的制造方法等,来提高碳纳米管的超导温度。

(4)电磁效应及其应用。

磁纳米管具有负磁阻,具有比其他结构碳更大的磁化系数,大磁化系数可能来源于碳纳米管圆周上的环形电流。

2001 年,P. Kim 等利用碳纳米管的电动力性能制成碳纳米管镊子。具体制作过程如图3.53(a)所示。先在略带锥形的细玻璃管外镀金,分开制作成两个金电极,用导电胶将碳纳米管粘在金电极上成为碳纳米管镊子。这种碳纳米管镊子在外加直流电压为 0 V 时镊子口是张开的。在外加电压增加时,碳纳米管钳口逐渐靠近，当外加电压增加到 8.5 V 时，镊子口闭合夹紧，如图 3.53(b)所示。在镊子的开合过程中未发现金电极和碳纳米管的塑性变形。目前已能使用该碳纳米管镊子夹起很多纳米尺度的物体，如聚苯乙烯球和纳米线等。该碳纳米管镊子的工作机制还不清楚，钳口的闭合夹紧是由于静电作用还是电磁作用尚待研究。

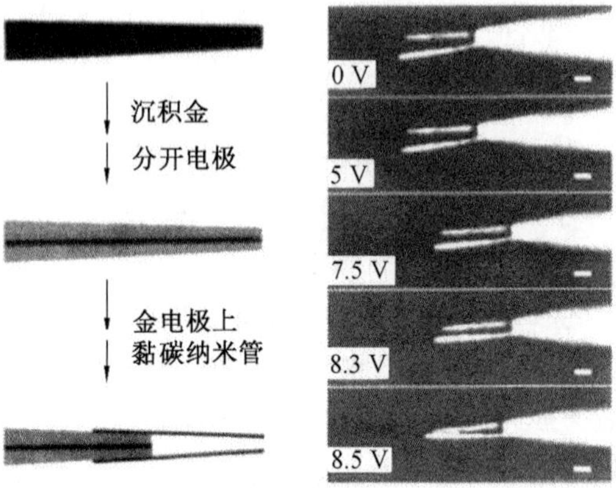


(a)纳米管镊子制造过程　(b)纳米管镊子加电压开合情况

图 3.53　碳纳米管镊子

## 4. 碳纳米管应用预测

碳纳米管还有很多特性，如光学特性、储气特性、化学和电化学特性等。根据碳纳米管的各种优异特性，表 3.8 给出了可能应用的预测。

表 3.8　碳纳米管的用途预测

| 用　途 | 设　　想 | 存　在　问　题 | 可行性程度 |
|---|---|---|---|
| 化学和遗传学探讨生物传感器 | 碳纳米管探针的 AFM 可探测 DNA 片段和鉴别化学标记物<br>提示存在哪几种基因衍生物 | 这是至今所发明的用于表面化学成像的唯一方法，尚未广泛使用<br>至今仅仅用于很短的 DNA 片段 | 已实验室验证 |
| 机械存储器 | 台座上碳纳米管阵列所构成的二进制存储器已测试<br>电压驱使一些纳米管接触(通)，另外一些分开(断) | 装置的开关速度还未测试<br>机械存储器的速度比常用的存储芯片慢得多 | 已实验室验证 |
| 纳米镊子 | 将两根纳米管与附着在玻璃棒上的电极连接，改变电压能使其开合<br>镊子能拾起、移动 500 nm 大的物体 | 虽然镊子可拾起比自身宽度大的物体，但纳米管的黏着性很强，以至大多数物体不能被释放，有更简单的方法移动这种极细小的物体 | 已实验室验证 |

续表 3.8

| 用途 | 设想 | 存在问题 | 可行性程度 |
| --- | --- | --- | --- |
| 超灵敏传感器 | 半导体纳米管在室温下暴露于强碱、卤化物和其他气体中时，它的电阻会大大地改变，因此有希望制备更好的化学传感器 | 纳米管对许多物质(包括氧和水)都十分敏感，因此鉴别不同化学物与气体的特性，尚待研究 | 已实验室验证 |
| 氢和离子的储存 | 纳米管可在其中空的内部储存氢，使其成为高效廉价的燃料电池<br>还可以储存锂离子，做成寿命更长的电池 | 至今氢吸附率还不能制造商品化的燃料电池<br>锂离子方面的工作仍处于初级阶段 | 期望 |
| SPM 的探针 | 纳米管探针可使扫描探针显微镜横向分辨率提高 10 倍以上，能更清楚地观察原子和蛋白质等 | 虽然已实现产业化，但每一个纳米管仍需单独制备<br>不能改善垂直分辨率 | 实现产业化 |
| 超强度复合材料 | 纳米管有很大的弹性模量和强度，不易断裂 | 纳米管复合材料制造的轿车，在失事时有缓冲作用<br>可用于建造建筑物，使其在地震时仅产生摇晃而不会断裂 | 期望 |
| 纳米电器件纳米导线 | 碳纳米管的导体、半导体性及量子电特性 | 已实验成功少数纳米电子器件，仍在实验研究中 | 已制成少数纳米电子器件 |
| 制作纳米丝及纳米电缆 | 纳米管中空特性可用作制造纳米丝的模 | 制造工艺很复杂，成本高 | 已实验室验证 |

### 3.7.3 碳纳米管(一维纳米材料)的制造

#### 1. 多壁碳纳米管的制造

自从 1991 年多壁碳纳米管被发现以来，研究提高碳纳米的制造技术一直在进行中。现在已能批量生产管径均匀和高纯度的多壁碳纳米管。现在制备多壁碳纳米管的主要方法有三种：石墨电弧法、激光蒸发法和化学气相沉积法(又称催化裂解法)。

(1)石墨电弧法。

石墨电弧法是最早用于制备碳纳米管的方法,后经优化工艺,每次可得到克量级的碳纳米管。图 3.54 是用石墨电弧法制备多壁碳纳米管的工艺装置原理图。在真空反应室内充惰性气体,如氦气或氮气,采用较粗的石墨棒作为阴极,较细的石墨棒作为阳极。在电弧放电过程中阳极石墨棒不断被烧蚀气化而消耗,石墨蒸气部分转化成碳纳米管,在石墨阴极上沉淀出环状产物,在反应室内壁沉淀出灰尘状产物,其中都含有碳纳米管,但产量和纯度均不高,再经分离提纯而获得碳纳米管。

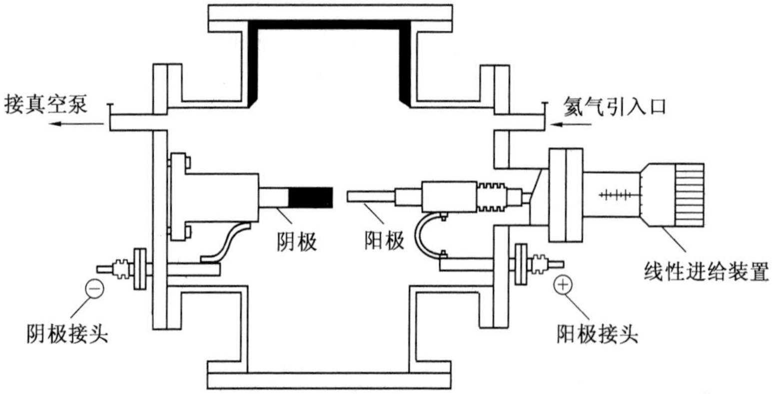


图 3.54 石墨电弧法制备多壁碳纳米管的工艺装置原理图

对这种工艺方法后来出现不少工艺改进措施,使多壁碳纳米管的产量和质量得以明显提高。R. Smalley 将阴极改为可以冷却的铜电极基体上装石墨电极,降低了阴极温度,使碳纳米管的沉淀加速并减少了碳纳米管的缺陷。N. Wang 用氮气代替惰性气体氦,能合成纯度较高的多壁碳纳米管。后来又在阳极石墨棒中打洞然后添加铁、镍、钇等催化剂,有效地提高了碳纳米管的生产率。

1999 年,M. Ishigami 改用液氮代替惰性气体氦,用石墨电弧法生产多壁碳纳米管,这种方法可以连续进行,图 3.55 为液氮石墨电极法制备碳纳米管装置示意图。两石墨电极间产生电弧,蒸发出来的碳原子形成多壁碳纳米管,然后被液氮冷却冲下,这样可连续生产,并获得高质

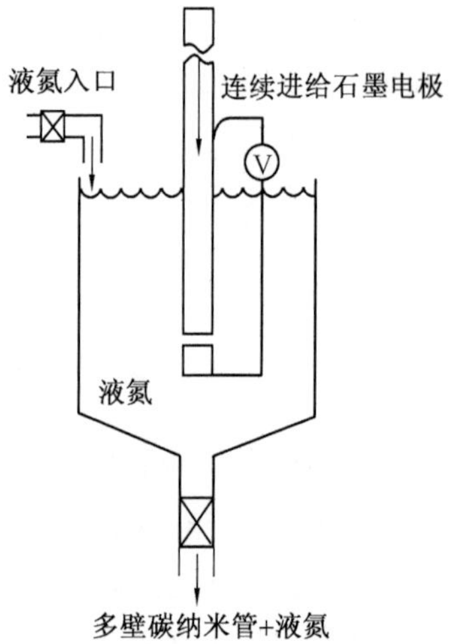


图 3.55 液氮石墨电极法制备碳纳米管装置示意图

量的多壁碳纳米管。

(2)激光蒸发法。

图 3.56 为激光蒸发石墨棒法制备碳纳米管的原理示意图。这种方法可以用于制造多壁碳纳米管,也可以用于制造单壁碳纳米管。在 1 200 ℃的电阻炉中,用激光束照射石墨靶,使之蒸发。流动的氩气带动产生的碳纳米管,使它沉积到水冷的铜柱上成絮状物而被回收。

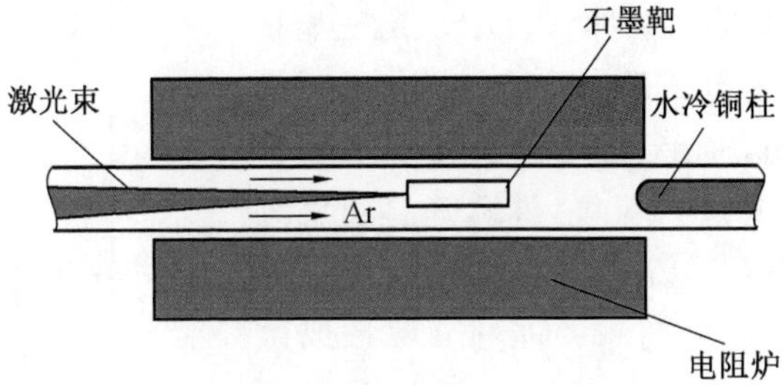


图 3.56　激光蒸发石墨棒法制备碳纳米管示意图

碳纳米管需要有一定的环境条件才能生长,如强电场、金属催化剂颗粒、氢原子或低温表面等。碳纳米管开口的一端有碳原子的悬键,能吸收碳原子,使碳纳米管继续生长,需注意避免碳纳米管的端部封口。

(3)化学气相沉积法。

化学气相沉积法制备多壁碳纳米管有多种方法,下面介绍较常用的两种方法。

① 催化裂解法。催化裂解法亦称催化热解法,这方法的基本原理是使用 Fe、Ni、Co 等过渡金属作为催化剂,在一定的压力和温度下,使乙炔、乙烯、苯等碳氢化合物分解并转化为碳纳米管。图3.57就是这种催化裂解法制造多壁碳纳米管的工艺装备原理图。用这种方法制备多壁碳纳米管时,得到的纳米管直径很大程度上取决于催化剂颗粒的直径。因此通过对催化剂品种和粒径的选择和对工艺参数的控制,可以获得纯度高、尺寸分布均匀的多壁碳纳米管。这种方法制成的碳纳米管需经高温退火后置处理,以提高碳纳米管的质量。

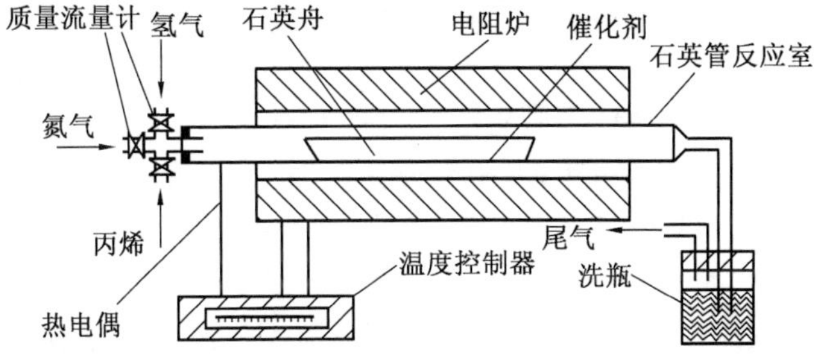


图 3.57　碳化裂解法制备多壁碳纳米管装置原理图

催化裂解法的主要问题是超细颗粒的催化剂制备困难，且催化剂喷洒不易均匀。因碳纳米管只能在催化剂体上生长，故生产效率不高。

② 浮动催化法。浮动催化法制备多壁碳纳米管装置的原理如图3.58所示。采用碳的原料为苯($C_6H_6$)或正己烷($C_6H_{14}$)，催化剂为二茂铁($Fe(C_5H_5)_2$)，助催剂为噻吩($C_4H_4S$)或三苯膦($(C_6H_5)_3P$)，二者混合成反应溶液。操作过程如下：将反应室密闭，通入氮气并升温，升温到800 ℃时切断氮气并通入氢气，继续升温到反应温度为1 000～1 200 ℃。用氢气作为载气将反应溶液引入反应室。催化剂和助催剂分解形成微细Fe颗粒，Fe颗粒作用于苯热分解出的C原子，而使C原子生长成碳纳米管。生成的多壁碳纳米管沉积于收集器底部。

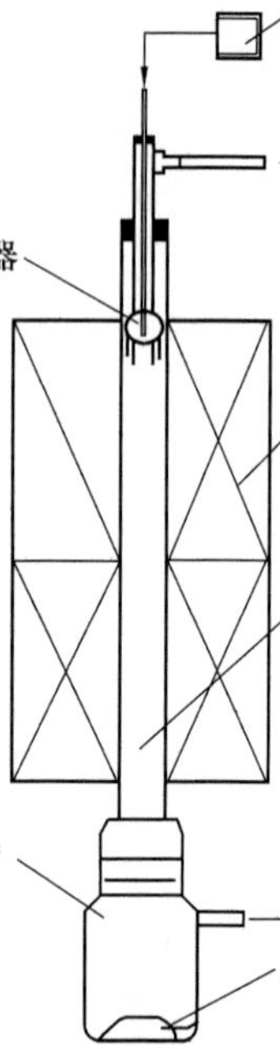


图3.58 浮动催化法制备碳纳米管装置原理图

**2. 单壁碳纳米管的制备**

(1)石墨电弧法。

在改变催化剂和工艺参数条件下，制备多壁碳纳米管的石墨电弧法可以制造单壁碳纳米管，其装置原理如图3.59所示。

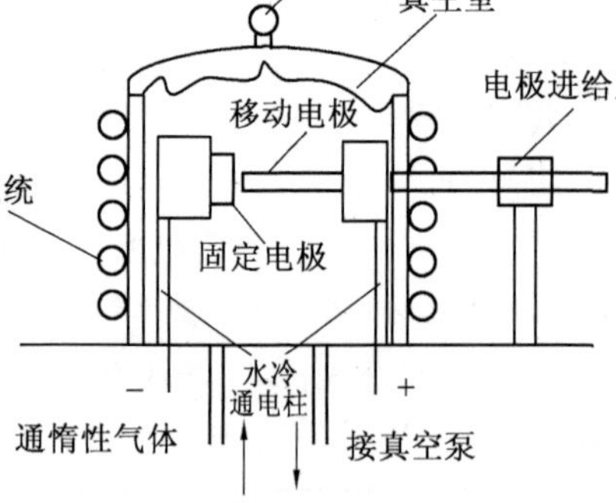


图3.59 石墨电弧法生产单壁碳纳米管原理图

阳极为直径6 mm的石墨棒，阴极为直径16 mm的石墨棒。在阳极石墨棒中钻直径3.5 mm小孔，填充含1%钇(Y)、4.2%镍(Ni)和石墨粉的混合物作为复合阳极。反应室先抽真空，然后通入$6.6\times10^4$ Pa的氦气(He)。接通电源后，两电极间产生电弧，控制电流在100 A，电压30 V。产生电弧数分钟即停电，充分水冷后即可收集产物，主要有：① 悬挂在反应室内壁和阴极间的网状物；② 阴极端部的圆柱状沉积物；③ 阴极沉积物周围的衣领状产物；④ 反应室壁上的炭灰生成物。产生的单壁碳纳米管主要集中在前面三种产物内，其中衣领状产物中的单壁碳纳米管束最为密集。碳纳米管束一般由 20 多根 1.4 nm 左右的单壁碳纳米管以范德瓦耳斯力结合在一起而成。单壁碳纳米管直径在 10～20 nm，管束内的碳纳米管不易分开。图 3.60 为得到的相互缠绕的网状单壁碳纳米管束的 TEM 照片。

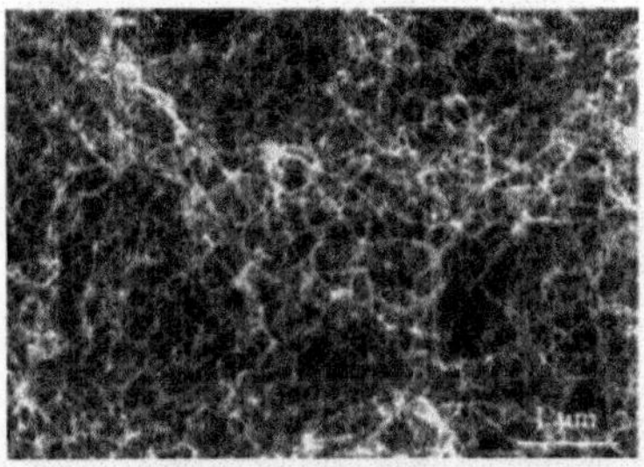

图 3.60　相互缠绕的网状单壁碳纳米管束的 TEM 照片

(2)氢气保护电弧放电法。

中国科学院沈阳金属所成会明等开发了一种半连续生产的氢气保护电弧放电制备单壁碳纳米管的方法，该方法的原理示意图如图 3.61 所示。这种方法也是用石墨电弧制备单壁碳纳米管，但较前面的方法有下面几点重要的改进：

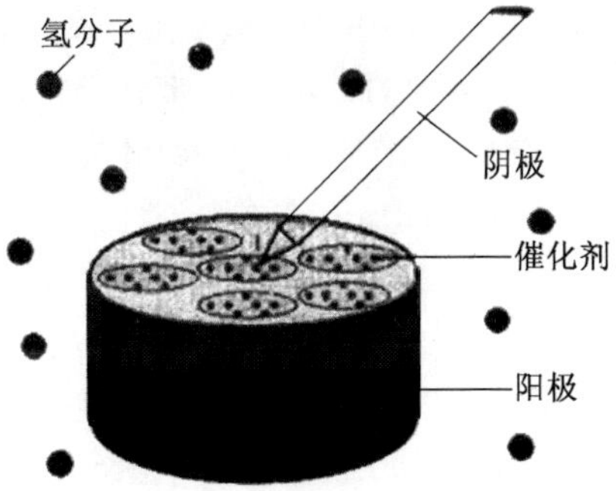


图 3.61　氢气保护电弧放电制备碳纳米管原理图

① 用氢气取代氦气作为缓冲气体，有效提高了产品的纯度。

② 阴极棒与阳极圆盘表面成 30°～50°斜角，阴极直径 10 mm，一端削尖，在电弧作用下可在反应室内形成一股等离子流，及时将碳纳米管产物带出高温反应区，有利于碳纳米管的连续生长、提高产量并成为半连续生产方式。

③ 阳极制成大直径(50 mm)圆盘，填充混合均匀的反应物。反应物是由催

化剂(2.5%镍(Ni)及1%钴(Co))、生长促进剂(0.8%硫(S))和石墨组成。当部分阳极区域的反应原料用完后，可调节阴极位置，利用阳极其他区域的反应物继续生成碳纳米管，成为半连续生产。

④ 当阴极和阳极间倾斜角调整合适，并用氩气和氢气的混合气体做缓冲气体，可以生长出定向单壁碳纳米管束长绳，直径几微米到100 μm，长度可达10 cm。图3.62是该单壁碳纳米管长绳中的一根单壁碳纳米管束的TEM照片。但现在得到的单壁碳纳米管长绳强度还不高，说明中间还存在有缺陷，需要研究改进。

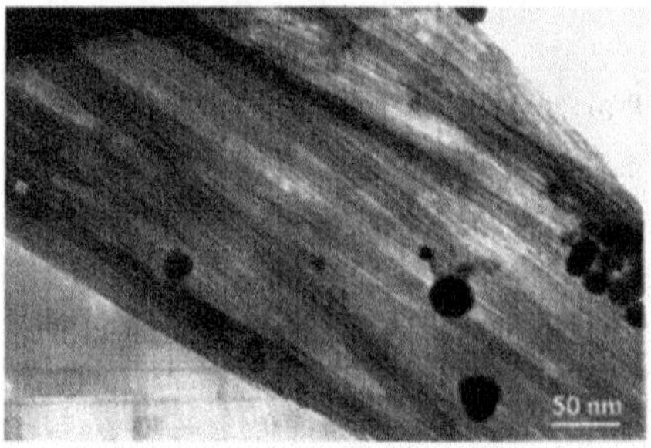


图3.62　单壁碳纳米管长绳中的一根管束(TEM)(成会明)

(3)激光蒸发法。

激光蒸发法亦可生产单壁碳纳米管，其装置与生产多壁碳纳米管的装置相同(图3.56)，但被激光照射的石墨棒中需掺杂0.6%镍(Ni)和0.6%钴(Co)作为催化剂，金属粉微粒直径1 μm，得到的絮状碳纳米管产物沉积在水冷的铜柱收集器上。这些细小纤维为单壁碳纳米管束，长度超过100 μm，管束直径10～20 nm，每根碳纳米管的直径为1.38 nm左右。

(4)化学气相沉积法。

在改变催化剂成分和严格控制工艺参数条件下，用化学气相沉积法(CVD)能制备出单壁碳纳米管。但过去产出的单壁碳纳米管中常混有多壁碳纳米管，直到最近这方面才获得明显的进展，现在化学气相沉积法已是生产优质单壁碳纳米管的主要方法。

**3.碳纳米管的可控定向生长**

前面讲的石墨电弧法和激光蒸发法虽可制成本身质量较好的碳纳米管，但这两种方法生产效率低，产量很难提高到kg水平，并且获得的碳纳米管高度纠缠，经常掺有催化剂金属微粒和碳粒。这种碳纳米管产物的提纯、操纵、组装和构成碳纳米管器件，就十分困难。因此研究发展可控定位定向生长的碳纳米管制备技术具有重要意义。

早期碳纳米管的可控定向生长，是使它在受限的环境中生长，如在介孔硅的细孔中或在氧化铝的孔道中生长。最新的研究发现，将催化剂微粒黏镀到基底的特定位置，碳纳米管仅从催化剂微粒上生长，故碳纳米管可以在特定位置自动生长，形成排列规则的管束结构，这自我排列成管束的动力就是碳纳米管之间的范德瓦耳斯力。

(1)使用氧化铝多孔模板定向生长碳纳米管阵列。

使用多孔介质模板可使碳纳米管在模板孔中生长，从而获得定向生长的碳纳米管阵列。多孔 $Al_2O_3$、Si、$SiO_2$ 模板是较好的制造碳纳米管的模板。多孔 $Al_2O_3$ 模板的孔呈六角棱状，分布高度有序并均匀，孔径在较大范围内可调(5～300 nm)，孔的深度亦可改变(几百纳米到几十毫米)。多孔氧化铝模板通常是在硫酸或草酸溶液里通过阳极腐蚀法来制备的。图 3.63 所示就是用草酸阳极腐蚀法制备的多孔氧化铝模板。

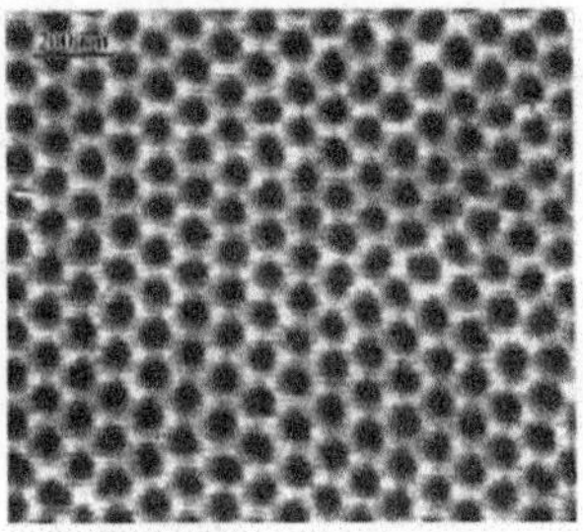

图 3.63　多孔氧化铝模板(朱静)

用多孔氧化铝模板制备定向生长碳纳米管阵列的工艺过程，如图 3.64 所示。先在模板的孔内用电化学沉积法沉积催化剂(Fe、Ni、Co 等)，然后在 Ar 与碳氢化合物混合气体中，通过催化裂解法在模板的孔中生成碳纳米管，最后用化学试剂将氧化铝模板腐蚀掉，留下的就是定向有序生长的碳纳米管阵列。

(a)氧化铝模板　(b)加 Fe 催化剂颗粒　(c)碳纳米管阵生长，去模板

图 3.64　氧化铝模板法制备碳纳米管阵列的过程

改变氧化铝模板孔的直径和模板厚度，可以生成不同直径和长度的多壁碳纳米管。该方法的主要问题是氧化铝多孔模板是特制的，并且制造工艺较复杂。改变使用的催化剂种类，也可以生成单壁碳纳米管，但工艺条件要求较为严格，难度会增加不少。

(2)多壁碳纳米管阵列的可控定向生长。

范守善等最新研究成功使用甲烷($CH_4$)作为碳源的 CVD 方法，可以生长出几近完美的单壁和多壁碳纳米管，并能实现可控定向生长，这是碳纳米管制造技术的一大进展。

可控定向生长方法的原理是将催化剂在衬底上沉积成特定图形，使碳纳米管在特定图形处定向生长。具体制备定向生长多壁碳纳米管的方法是，先用N型硅片在HF/甲醇溶液中经电化学腐蚀得到多孔硅作为制备碳纳米管的衬底。衬底具有能透气的亚微米级微孔的宏观多孔层。在衬底表面用掩膜蒸镀5 nm厚的铁膜作为催化层，实验中催化剂铁膜图形为3 nm方孔阵列。将该衬底放入2 in的管式炉中，在700 ℃温度下通入流量为1 000 $cm^3$/mm的乙烯气流，维持15～60 min进行CVD生长，生成的碳纳米管由于范德瓦耳斯力而形成管束。所有的碳纳米管束方柱都展现出尖锐的边缘和棱角，还未观察到过逸出的零星碳纳米管。碳纳米管束形成的方柱与衬底垂直，图3.65即是用这种方法制成的碳纳米管管束阵列的SEM图像。

**图3.65 定向生长的方柱形碳纳米管束阵列(朱静)**

在高灵敏度TEM检测时看到各方形纳米管束都是由排列整齐的多壁碳纳米管组成。经检测，催化剂铁颗粒和衬底牢固粘连，碳纳米管顶端未发现有铁颗粒。由于碳纳米管是在铁催化剂颗粒上生长的，因此碳纳米管有可能是从下端继续生长的。实验证实，多孔Si衬底对碳纳米管的生长优于平坦的Si衬底，这说明多孔衬底有利于反应气体进入碳纳米管下端，有利于自下生长的纳米管的生长。

碳纳米管的生长机制，过去都认为是从碳纳米管顶端向上生长的，如图3.66(b)所示，但本实验显示催化剂颗粒并没有离开衬底，因此只有认为碳纳米管是从底端继续生长才能解释。为证明碳纳米管能自底端生长，朱静等用碳同位素$^{12}C$和$^{13}C$进行多壁碳纳米管生长实验，先生成$^{12}C$的碳纳米管，然后在原位再生成$^{13}C$的碳纳米管，实验结果证明$^{13}C$的碳纳米管确实在下面，因此碳纳米管确是从底端继续生长的，图3.66(a)是碳纳米管从底端继续生长的示意图。

如果催化剂颗粒和衬底黏结不牢，则催化剂颗粒将附在多壁碳纳米管顶端，这时碳纳米管将从顶端连续生长，如图3.66(b)所示。如果生成的碳纳米管密度不高，则不能得到有序的排列生长，如碳米管的密度很高则生成的碳纳米管将排列整齐向上生长。

曹安源等制备定向碳纳米管薄膜的方法是以二甲苯为碳源，二茂铁为催化剂，采用催化裂解法制备定向多壁碳纳米管薄膜(碳纳米管方向和薄膜垂直)，故碳纳米管的长度即是薄膜的厚度。二茂铁在温度为190 ℃左右分解出铁纳米颗粒作为催化剂，二甲苯在反应温度为700～900 ℃时分解出碳原子簇，在铁颗粒表面上聚合成多壁碳纳米管，二甲苯不断裂解，产生的碳原子簇使碳纳米管不断向高度方向生长，当碳源停止供应时，碳纳米管端口随即封闭而停止生长。用这种

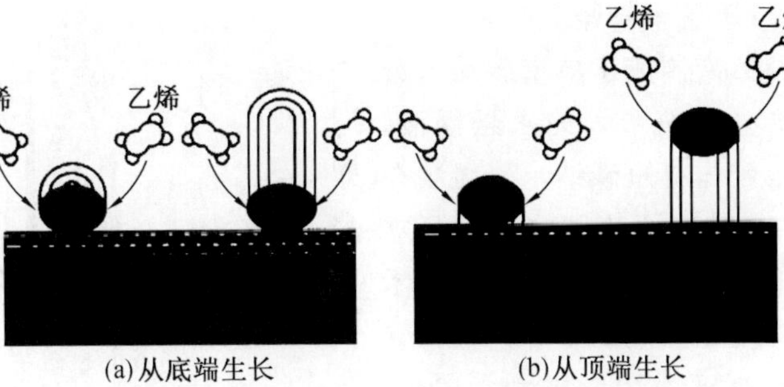


图 3.66 多壁碳纳米管的两种不同生长机制

方法时，多壁碳纳米管是从顶端继续生长的，顶端可检测到铁的微粒。制备时，碳纳米管密度非常高，估计可达 100 根/$\mu m^2$，定向性好，图 3.67 是这种方法制成的多壁碳纳米管薄膜的 SEM 照片，可看到碳纳米管排列整齐、定向性好。

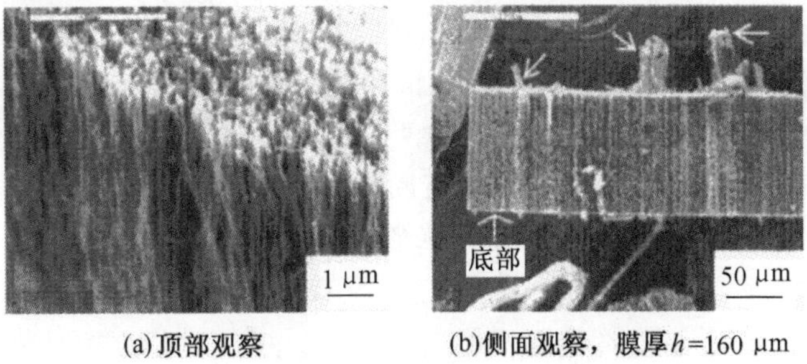


(a)顶部观察　(b)侧面观察，膜厚$h$=160 μm

图 3.67 定向生长的多壁碳纳米管薄膜(SEM)

(3)单壁碳纳米管的 CVD 表面定位定向生长。

单壁碳纳米管的 CVD 定向定位生长，可以用小孔的模板法，也可用光刻沉积的催化剂小岛，用热解 CVD 法制备，生成的单壁碳纳米管可以垂直地生长在基底表面上的模板小孔中或催化剂小岛上。生长在催化剂小岛上的单壁碳纳米管，由于范德瓦耳斯力的作用而聚集成束，垂直立在基底表面上。

用化学气相沉积法制备高质量的单壁碳纳米管是最近才研制成功的新工艺。范守善等的方法是：以 $CH_4$ 为碳源，以沉积于氧化铝基底上的氧化铁纳米颗粒作为催化剂，在 850～1 000 ℃的高温环境下，可在 CVD 过程中生产出优质的单壁碳纳米管。CVD 过程必须在高温（>850 ℃）下进行，以避免小直径（<5 nm）单壁碳纳米管的结构缺陷；选择 $CH_4$ 为碳源很关键，因 $CH_4$ 在高温下非常稳定，不会因自热解而使催化剂中毒及增加产品中的杂质。优质的催化剂可保证生成单壁碳纳米管的质量和生成效率，可使用 Fe/Mo 双金属构成的催化剂，以氧化铝－硅混合材料制成的溶胶－凝胶作为载体，催化剂应是开孔结构以提高生成效率。用上述 CVD 方法生成的单壁碳纳米管直径主要为 1.7 nm，尺寸分布在 0.7～5 nm 范围。

(4)将短单壁碳纳米管竖立起来。

北京大学顾镇南制成了单壁碳纳米管水溶胶体，即单壁碳纳米管的水悬浮液。薛增泉用这种溶胶体将短碳纳米管组装在晶态金薄膜表面，实现了使碳纳米管竖立起来的目的。用STM观测，看到碳纳米管确实都是分离地竖立起来了。碳纳米管的直径约1 nm，高度为10～30 nm。实验中还检测了碳纳米管的输运电流能力，每根纳米管输运的电流约50 nA。各碳纳米管输运电流的情况如图3.68所示。

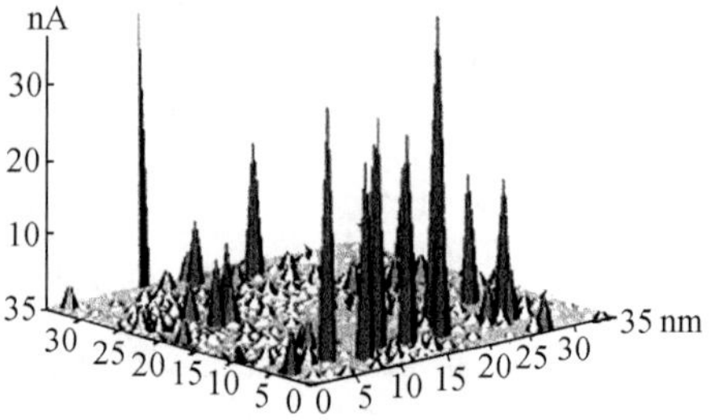

图3.68 竖立在金表面的碳纳米管输运的电流(薛增泉)

(5)超长碳纳米管束的制备。

①超长定向碳纳米管束的制备。中科院物理所谢思深使用溶胶凝胶技术和催化裂解碳氢化合物的方法，制备出超长多壁碳纳米管束，长度可达2 mm。管束中的碳纳米管排列整齐，定向性好，管束直径为20～40 nm，经检测这些管束中的碳纳米管确是生长到2 mm长而没有断裂。

②连续碳纳米管束的制备。碳纳米管的优异物理力学性能，使其有广宽的应用前景，但经常希望有较长的碳纳米管线(束)。现在能制成的碳纳管长度在几百微米，最长也仅几毫米，远远不能满足要求。一个代替方案是将许多短碳纳米管连接起来，成为一根长碳纳米管线(束)。范守善等的制备方法是：从一个几百微米长的碳纳米管阵列中，用拉丝方法拔出一根碳纳米管细束，由范德瓦耳斯力的作用，这根碳纳米管细束的末端将连着另一根碳纳米管细束，最后可得到很长的碳纳米管线，这一方法有些像从蚕茧上拉出蚕丝。这种碳纳米管细束通常是非常薄的膜，有几微米厚，几百微米宽，由几百根碳纳米管平行排列而成。碳纳米管线的宽度，理论上由拉丝工具孔径决定，现在还不易做得很小，故碳纳米管线也不易做得非常细。图3.69是从碳纳米管阵列拉丝而成碳纳米管长线的示意图。经实测要拉出一根200 μm宽的碳纳米管线约需要0.1 mN的力，而要拉断这根线则需要0.5 mN的力(线越宽所需力越大)。为提高此碳纳米管线的抗拉强度，可在真空中通电加热处理，实验中加电压70 V，时间持续3 h，抗拉强度提高了6倍。

图3.69 从纳米管阵列拉丝成碳纳米管长线示意图

# 3.8　纳米复合材料

现在实际使用的纳米材料，绝大部分是复合纳米材料，复合纳米材料已是现在纳米材料研究的重点。复合材料的结构是以一个相为连续相，称为基体，而另一相是以一定的形态分布于连续相中的分散相，称为增强体。当增强体是纳米尺度时，如纳米微粒、纳米晶片、纳米晶须、纳米纤维等，就称为纳米复合材料。纳米复合材料的强度、韧性和其他性能都明显优于单组分的纳米材料，因此具有广泛应用前景。

## 3.8.1　纳米复合材料的分类

### 1. 纳米复合材料基体

按复合材料的基体形状，纳米复合材料可分为 0—0 复合、0—2 复合和 0—3 复合，此外有人把纳米层状结构也称为纳米复合材料。近年来新发展的介孔材料(气凝胶材料)，已被用作纳米复合材料的母体，通过物理或化学方法将纳米微粒填充在介孔中或分布在介孔表面上，这种介孔复合材料也属于纳米复合材料。

(1)0—0 复合型纳米复合材料。

0—0 复合型纳米复合材料即不同成分、不同相或不同种类的纳米粒子复合而成的固体。复合体的纳米粒子可以是金属与金属、金属与陶瓷、金属与高分子、陶瓷与陶瓷、陶瓷与高分子等构成的复合体。当以一种材料颗粒为基体并为微晶组织时，另一种材料颗粒将成为弥散的加强体。纳米微粒加强体有的弥散于晶体内(图 3.70(a))，有的弥散在晶界处(图 3.70(b))，有的同时弥散于晶粒内和晶界处(图 3.70(c))，有的加强体亦称为晶粒，两种晶粒成为混合体(图 3.70(d))。

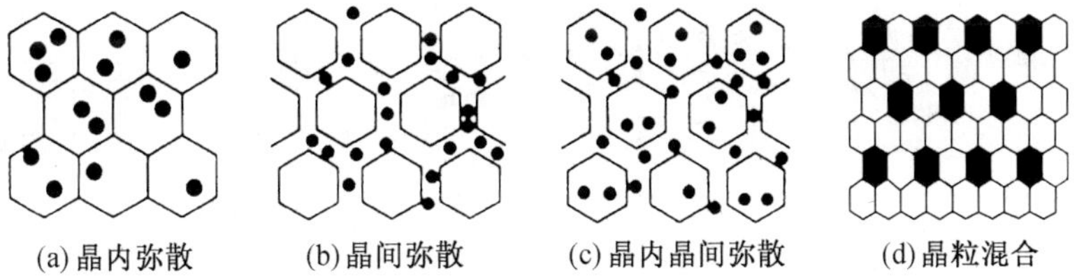


图 3.70　纳米复合材料的不同复合方式

(2)0—2 复合型纳米复合薄膜。

0—2 复合型纳米复合薄膜即纳米微粒分散到二维的纳米薄膜中，这种 0—2 复合材料又可分为均匀分散和非均匀分散(随机分布)两大类。制备 0—2 复合材料最重要的几个参数是：纳米微粒的粒径大小、掺入微粒的体积分数和微粒在基体膜中的分布情况。

(3)0—3 复合型纳米复合材料。

0—3 复合型纳米复合材料即纳米微粒加入到常规的三维固体内。加入的纳米材料颗粒将成为弥散的加强体，纳米微粒的分布与图 3.70 相同。加入的纳米微粒材料可以是金属、陶瓷或有机高分子等，常规三维固体的基体材料可以是金属、陶瓷或有机高分子等，因此可以有多种不同组合。由于 0—3 复合材料加入的纳米微粒材料的数量可控，增加成本不多，但能使该固体材料的性能明显提高，因此受到大家的重视并已成为研究的热点。

**2. 纳米复合结构材料**

可将不同的纳米复合材料组成纳米复合结构材料，以获得独特的优异性能来适应不同需求。这类纳米复合结构材料种类繁多性能各异。H. Gleiter 将纳米复合结构材料进行分类，如图 3.71 所示。

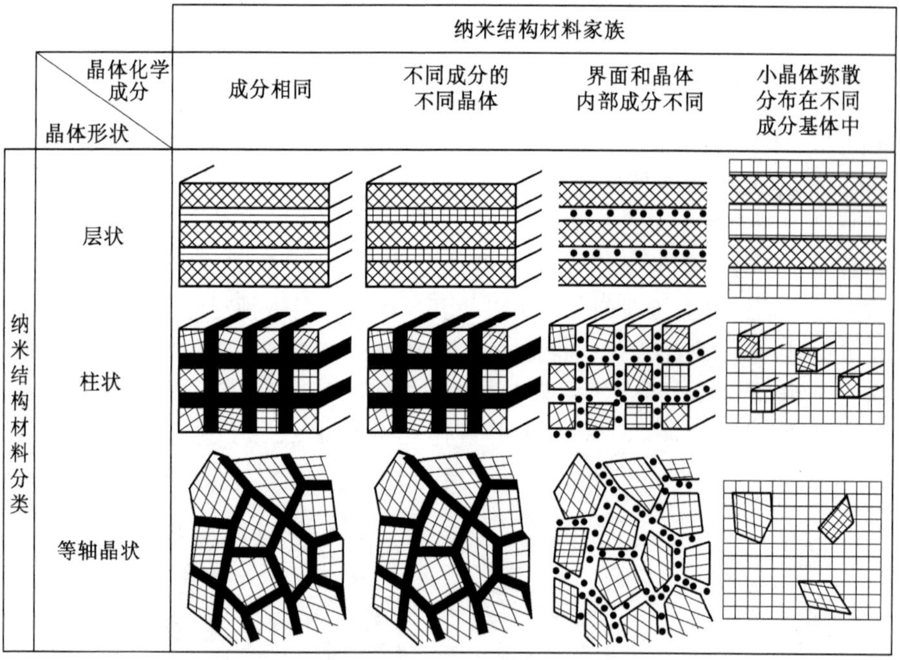


图 3.71　纳米复合材料的分类图(H. Gleiter)

### 3.8.2　纳米复合材料优异性能的应用实例

**1. 高强度合金**

日本仙台东北大学用非晶晶化法制备了高强度高延展性的纳米复合合金材

料,如纳米Al—Ce—过渡族金属合金的复合材料等。纳米复合合金具有比同类合金高得多的强度(1 340～1 560 MPa)和延展性,其组织结构特点是在非晶态基体上分布纳米粒子。例如,对于 Al—Mn—金属镧化物和 Al—Ce—过渡族金属合金,是在非晶态基体中分布 30～50 nm 的 20 面体粒子,粒子外面包有10 nm 厚的晶态铝,该合金的复杂纳米结构,是产生高强度和高延展性的主要原因。

**2. 增韧复相陶瓷**

德国 Julicn 材料研究所采用粒径小于 20 nm 的 SiC 微粉做基体,再加入 10%或 20%的粒径为 10 μm 的 α—SiC 粗粉,充分混合后,在低于 1 700 ℃、350 MPa的热等静压下烧结成 SiC 块体材料,其强度等综合力学性能没有降低,而断裂韧性较未加粗粉的 SiC 纳米块体材料提高 25%,达到 $K_{IC}$=5～6 MPa。

德国某研究单位制备了 $Si_3N_4$—SiC 纳米复合材料,不仅具有了高强度,韧性亦明显提高。S. Bhaduri 制备的纳米 $Al_2O_3$—$ZrO_2$ 复相陶瓷,明显提高了室温下的断裂韧性。这种纳米 $Al_2O_3$—$ZrO_2$ 复相陶瓷由原位燃烧法合成,其中 $ZrO_2$ 为四方相,平均晶粒尺寸为 12. 7 nm,$Al_2O_3$ 的晶粒为 44 nm。将制得的纳米 $Al_2O_3$—$ZrO_2$ 微粉经 495 MPa 等静压,在 1 200 ℃预烧 2 h,再经 1 200 ℃、170 MPa下热静压烧结 1 h,得到相对密度为 98 %的 $Al_2O_3$—$ZrO_2$ 陶瓷,经测定,其室温断裂韧性为 8. 38 MPa · $m^{1/2}$,而普通粗粒的 $Al_2O_3$—$ZrO_2$ 陶瓷的断裂韧性仅有6. 73 MPa · $m^{1/2}$。

**3. 超塑性陶瓷**

20 世纪 80 年代,超塑性陶瓷已在实验室中研制成功。日本 Wakai 等在加入 $Y_2O_3$ 稳定剂的四方二氧化锆陶瓷中(粒径小于 300 nm)观察到了超塑性。后来在此材料基础上,又加入 20%$Al_2O_3$ 制成复相纳米陶瓷材料,平均粒径 500 nm,超塑性达到 200%～500%。Nieh 等在四方二氧化锆陶瓷材料中加入 $Y_2O_3$,观察到超塑性达到 800%。1990 年,Wakai 等在细晶粒 $Si_3N_4$ 陶瓷材料中加入 20% SiC,在制成的复相陶瓷中观察到,在 1 600 ℃时延伸率达到 150%。

**4. 巨磁阻材料**

1988 年,法国的肯特首先在 Fe—Cr 多层膜中发现巨磁阻效应。1992 年,美国报道发现Co—Ag、Co—Cu 颗粒膜中存在巨磁阻效应。1994 年,IBM 公司研制成功巨磁阻效应的读出磁头,将磁盘记录密度提高了 17 倍,达到 5 GB/$in^2$,最近报道磁盘记录密度又提高到11 GB/$in^2$。巨磁阻效应还可用于微弱磁场探测器以及测量位移和角度的传感器等。

**5. 量子磁盘**

1997 年,美国 Minnesota 大学 S. Chou 等研制成功量子磁盘,磁存储密度达

到 $4\times10^{11}$ GB/in$^2$，使磁盘尺寸缩小了 10 000 倍。图 3.72 就是这种量子磁盘的 SEM 图像。

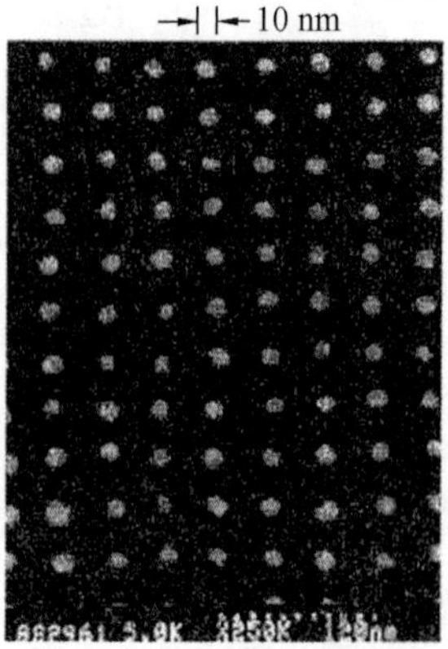

图 3.72　量子磁盘的 SEM 图像

量子磁盘是由直径为 10 nm，长度为 40 nm 的 Co 棒阵列组成，阵列中 Co 棒间的距离为 40 nm。这种磁性纳米棒阵列实际上是一个量子棒阵列。由于纳米磁性单元是分离的，磁记录方向与磁盘表面垂直，因而可以大大提高磁信号存储密度。

量子磁盘的制造并不十分困难，可将 Co 沉积入孔规律排列的介孔材料的孔内而制成。

**6. 纳米结构高效电容器阵列**

美国 NASA 报告中提到，到 2010 年有可能将纳米电容器阵列应用于通信、电子等国防工业中。这种纳米电容器阵列，是采用有序阵列孔洞模板来制造的，现在尚处于研制实验阶段。制造时先将丙烯腈单体放入模板孔洞内，然后聚合成聚丙烯腈，加热裂化使在孔内形成碳纳米管。在碳纳米管内组装聚丙烯腈管，经化学电镀使管内组装上 Au 丝作为阳极。在模板的另一面溅射一层 Au 膜，和碳纳米管相连作为阴极。这样就形成了平行排列的纳米电容器阵列，纳米电容器阵列在较小的体积内有很大的电容量。

**7. 纳米激光器**

杨培东在纳米线上成功地制造出了世界上最小的激光器——纳米激光器。在金的衬底上使用模板，在规定的区域内垂直生长纯 ZnO 纳米导线阵列，如图 3.73 所示。ZnO 纳米导线的直径为 20～150 nm，高度 10 μm。在室温下，当另一种激光将纳米导线中的纯 ZnO 晶体激活时，ZnO 晶体将发射出波长半峰宽度极窄的激光。这种纳米激光器不仅能发射紫外光，经过调整后，还能发射从蓝色到深紫外的光。

(a)模板　(b)纳米线阵列　(c)纳米线阵列　(d)纳米线放大图

图 3.73　ZnO 纳米线阵列的纳米激光器

**8. 同轴纳米电缆**

同轴纳米电缆是指中心部为导体或半导体的纳米丝，外面包敷同轴的异质纳米壳体(绝缘体或导体)。由于同轴纳米电缆具有独特的性能、丰富的科学内涵和广泛的应用前景,引起了人们极大的兴趣。

1997 年,法国的 C. Colliex 在分析电弧放电产物时发现了 C－BN－C 同轴纳米电缆,他们的制备方法是用石墨阴极与 $HfB_2$ 阳极在 $N_2$ 气氛中产生电弧放电,阳极提供 B,阴极提供 C,$N_2$ 气氛提供 N,Hf 作为催化剂。获得的产物中有部分同轴纳米电缆,同轴纳米电缆有两种:第一种是中心为 BN 纳米丝外包石墨的双层同轴纳米电缆;第二种的中心是碳丝,中间层为 BN,外壳层又是碳层,形成 C－BN－C 三层的同轴纳米电缆。

1998 年,张跃刚用激光烧结法合成了直径为几十纳米、长度达 50 μm 的双层和三层同轴纳米电缆。他们在实验中使用的原材料是 BN、C 、$SiO_2$ 的混合粉末,得到的同轴电缆是中心为 β－SiC 纳米丝,外层为非晶 $SiO_2$ 的β－SiC—$SiO_2$ 双层同轴纳米电缆,如图 3.74 所示。如果原料的粉末中再加入 $Li_3N$,则将生成另一种同轴纳米电缆,中心为 β－SiC,中间层为非晶 $SiO_2$,最外层为 BNC 的三层同轴纳米电缆。

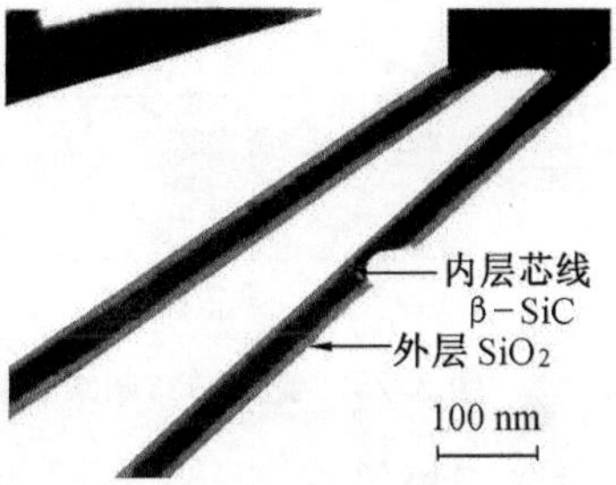

图 3.74　β－SiC—$SiO_2$ 同轴纳米电缆

在这之后,又有多人使用不同方法制造出不同材料的同轴纳米电缆,中心直径在 4～12 nm,电缆外径在 20～65 nm,长度为几十微米到几百微米。

**9. 纳米复合纤维**

可制成具有保暖、隐形、杀菌、防静电功能的纳米复合纤维及织物。将具有红外吸收特性(或红外反射特性)的纳米微粒掺入化学纤维内(或黏附在纤维上)即可制成纳米复合纤维。用这种纳米复合纤维织成的衣服可防止红外线外泄,具有很强的保暖功能,织成军服可以有红外隐形功能。

将 Ag 纳米微粒增添到纤维内制成纳米复合纤维,这种纳米复合纤维具有杀菌除臭的功能。将导电的金属纳米微粒加到纤维内制成纳米复合纤维,这种纳米复合纤维织成的衣服或地毯将具有防静电的功能。

**10. 化学催化剂**

将化学催化剂沉积在介孔材料表面而制成复合纳米材料,催化剂微粒有大量带有悬键的表面露在外面,可以大大提高催化剂的效能,同时可以明显节省催化剂的用量。

**11. 海水去盐**

纳米材料的比表面大,表面原子的键合状态和内部原子不同,键态失配,出现非化学平衡，因而具有化学活性较强的表面效应。利用这些特性，可将这类纳米复合材料用于氢气储存、海水去盐淡化等。

美国政府网站上介绍了一套使用碳纳米管束的海水去盐处理装置，如图3.75所示。该装置中使用排布的碳纳米管束做成高比表面、高传导性的电极，在一定电压的电场作用下，将通过的海水中的盐分吸附到电极表面，达到海水去盐。

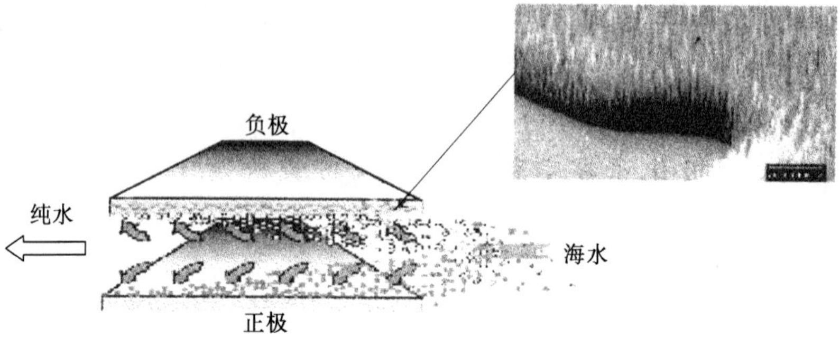


图 3.75　使用排布碳纳米管束为电极的海水去盐处理示意图

**12. 发光二极管——人工多层纳米膜**

发光二极管(LED)是白炽灯、日光灯后的新一代电源，它能耗低、体积小，有极大发展应用前景。LED 是由半导体人工多层纳米膜细成，这种控制在原子尺度的半导体人工多层纳米膜结构，是通过分子束外延法或金属一有机化学气相沉积法得到的。图 3.76 就是 GaN/InGaN/GaN 发光二极管的一组图片。上部高分辨率图像显示的是 GaN/InGaN/GaN 的异质结区域，形成量子阱结构。图的右下部是该量子阱的能级示意图，电子可以被捕在阱内，当加外电场时，阱内电子被激发，产生发光效应。发出光的颜色由捕获该电子的阱的尺寸决定，故控制 InGaN 膜的厚度，即控制了阱的宽度，并控制了发出光的波长(即颜色)。白色的 LED 光源，可以通过组合几个不同颜色的 LED 光源来获得；也可用蓝色的 LED 光源和磷光体组合而成。

**13. 医学应用**

磁性纳米复合材料可以用作药物载体。例如，用胶质包裹治癌药物并黏附磁性纳米微粒使其成为磁性复合纳米药物。利用磁性将治癌药物直接引导到癌病变区，胶层逐渐溶化释放出药物。这可使治癌药物集中作用于癌病变区，提高治疗效果，同时还可以避免药物对人体伤害。

磁性纳米复合材料还可用于检测癌症，可分离并检测出癌细胞。使用磁性纳米粒子 $Fe_3O_4$ 包镀聚苯乙烯，然后使之与免疫抗体结合，将该磁性复合体放入人体，它只与携带抗体的癌细胞结合，利用其磁性，很容易将癌细胞分离并检测出来。

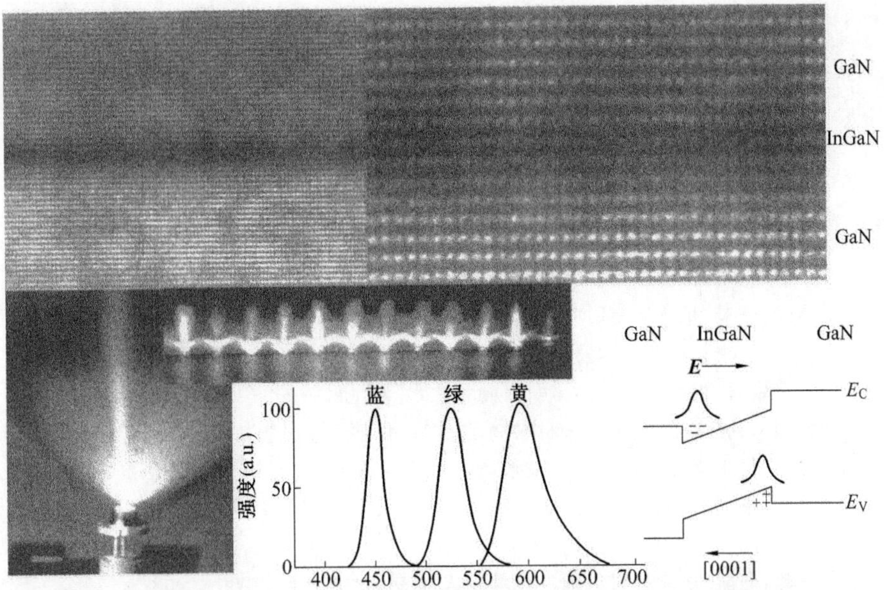


图 3.76　GaN/InGaN/GaN 发光二极管的工作原理和高分辨率图像

## 复习思考题

1. 简述纳米材料的定义与分类，并简述纳米材料特点和发展应用前景。
2. 简述纳米颗粒材料的特异性能。
3. 简述纳米颗粒材料的制造技术。
4. 简述纳米薄膜材料的特性和纳米薄膜材料的制造技术。
5. 简述纳米块体材料的特性和纳米块体材料的制造技术。
6. 简述原子团簇的发现及 $C_{60}$ 的性能和应用。
7. 简述碳纳米管的发现，并简述碳纳米管的结构、优异性能和应用前景。
8. 简述碳纳米管的制造技术。
9. 简述复合纳米材料的种类、性能和应用实例。

## 参 考 文 献

[1] 温诗铸. 纳米摩擦学[M]. 北京：清华大学出版社，1998.
[2] 川合知二. 图解纳米技术的应用[M]. 陆求实，译. 上海：文汇出版社，2004.
[3] 严东生，冯端. 材料新星——纳米材料科学[M]. 长沙：湖南科学技术出版社，1998.
[4] 白春礼. 来自微观世界的新概念——单分子科学与技术[M]. 北京：清华大学出版社，2000.

[5] 张志琨,崔作林.纳米技术与纳米材料[M].北京:国防工业出版社,2000.
[6] 张立德.纳米材料[M].北京:化学工业出版社,2000.
[7] 中国科学院综合计划局.创新者的报告[M].第6集.北京:科学出版社,2000.
[8] 张立德,牟季美.纳米材料和纳米结构[M].北京:科学出版社,2001.
[9] 曹茂盛,关长斌,徐甲强.纳米材料导论[M].哈尔滨:哈尔滨工业大学出版社,2001.
[10] 徐国财,张立德.纳米复合材料[M].北京:化学工业出版社,2001.
[11] 薛增泉.纳米科技探索[M].北京:清华大学出版社,2001.
[12] 李奋生,史红虎.纳米经济[M].长春:长春出版社,2002.
[13] 高濂,李蔚.纳米陶瓷[M].北京:化学工业出版社,2002.
[14] 张玉龙,李长德.纳米技术与纳米塑料[M].北京:中国轻工业出版社,2002.
[15] 王世敏,许祖勋,傅晶.纳米材料制备技术[M].北京:化学工业出版社,2002.
[16] 徐国财,张立德.纳米复合材料[M].北京:化学工业出版社,2002.
[17] 顾宁,付德刚,张海黔.纳米技术与应用[M].北京:人民邮电出版社,2002.
[18] 朱屯,王福明,王习东,等.国外纳米材料技术进展与应用[M].北京:化学工业出版社,2002.
[19] 李玲,向航.功能材料与纳米技术[M].北京:化学工业出版社,2002.
[20] 成会明.纳米碳管——制备、结构、物性及其应用[M].北京:化学工业出版社,2002.
[21] 曹茂盛,曹传宝,徐甲强.纳米材料学[M].哈尔滨:哈尔滨工程大学出版社,2002.
[22] 张立德.第4次浪潮——纳米冲击波[M].北京:中国经济出版社,2003.
[23] 吴大诚,杜仲良,高绪珊.纳米纤维[M].北京:化学工业出版社,2003.
[24] 朱宏伟,吴德海,徐才录.碳纳米管[M].北京:机械工业出版社,2003.
[25] 朱静等.纳米材料和器件[M].北京:清华大学出版社,2003.
[26] 杨志伊.纳米科技[M].北京:机械工业出版社,2004.
[27] 川合知二.图解纳米技术[M].朱平,范启富,孟雁,译.上海:文汇出版社,2004.

第 4 章

# 纳米级精密测量技术

精密测量技术对于一个国家科学技术的发展起着不可或缺的作用，如果没有先进的测量技术和手段对加工结果进行检测衡量，就很难制造出综合性能优越的产品，更遑论发展尖端科技，因此各个国家都十分重视发展精密测量技术。现代科学技术研究逐渐深入到微小领域，研究和探测结构的功能尺寸从毫米、微米级拓展到了纳米级，这使人类在认识和改造自然方面达到了原子层面。而纳米技术的发展，同样也离不开纳米级测量技术的推动。纳米级精密测量技术是光学、电子、传感器、图像处理及计算机技术等学科的融合交叉，它的发展需要诸多学科的推动支持，各国在纳米级精密测量技术方面进行了大量研究。

## 4.1 纳米级的尺寸精度和位移的测量方法

在纳米级的尺寸精度和位移的测量中，常规的机械量仪、机电量仪和光学显微镜等，已不易达到要求的测量分辨率和测量精度，而且很容易损伤被测表面。现在纳米级尺寸精度测量技术中光干涉测量占很重要地位。

光干涉测量技术利用光的干涉条纹以提高测量分辨率。光干涉测量的测量分辨率和光波的波长有关，可见光和紫外光的波长较长，干涉条纹间距达数百纳米，不能满足纳米级测量要求。纳米级测量用波长很短的激光或X射线，故可以有很高的测量分辨率。用这种原理的测量方法有：① 双频激光干涉测量；② 激光外差干涉测量；③ 超短波长（如X射线等）干涉测量；④ 基于F－P(Fabry-Perot)标准具的测量技术等。

### 4.1.1 双频激光干涉测量法

激光波长很短，故可以有很高的测量分辨率。双频激光干涉法测量长度，比单频激光测量明显减少环境干扰的影响，可以达到纳米级分辨率和较高的测量精度。

图6.1是双频激光长度测量系统的原理图。氦氖激光管1输出的激光在轴向强磁场2的作用下分裂成频率为$f_1$、$f_2$，旋向相反的两束圆偏振光，再经过1/4波片成为垂直和水平两个方向的线偏振光，再经过透镜组4成为平行光束。$f_1$和$f_2$的频率差$\Delta f$为1.2～1.8 MHz，$\Delta f$与原来的氦氖激光频率（$\approx 4.7\times 10^8$MHz）相比是极小的。激光$f_1$和$f_2$经过分光镜5分成两路，反射的一路激光（4%～10%）经干涉测量器7获得$\Delta f$的拍频信号作为参考信号。其余大部分激光到偏振分光镜6，垂直的线偏振光$f_1$全部被反射到固定反射棱镜$M_1$，再反射回来。水平的线偏振光$f_2$全部通过偏振分光镜6，到移动反射棱镜$M_2$再反射回来，由于移动反射棱镜$M_2$随被测件移动，频率$f_2$将变成$f_2\pm\Delta f_2$。这两路反射回来的激光经过偏振分光镜6又汇合在一起，再经反射镜进入干涉测量器7而获得$\Delta f\pm\Delta f_2$的拍频信号，和前面的参考信号$\Delta f$比较，可以获得$\pm\Delta f_2$的具有长度单位当量的交流电信号。由于变化量$\Delta f_2$是一种频率调制信号，中心频率$\Delta f$与被测件的移动速度无关，故测量灵敏度高且稳定。此外，测量时用的是频率差$\Delta f$，环境变化将使$f_1$和$f_2$同时变化，但其差值$\Delta f$则变化不大，故双频激光测量受环境干扰影响要比单频激光测量时小得多。

但双频激光测量时的测量精度仍受环境干扰的影响，主要是受到温度、气压、湿度和气流变化的影响。为提高测量精度，可采用空气参数补偿或激光光路

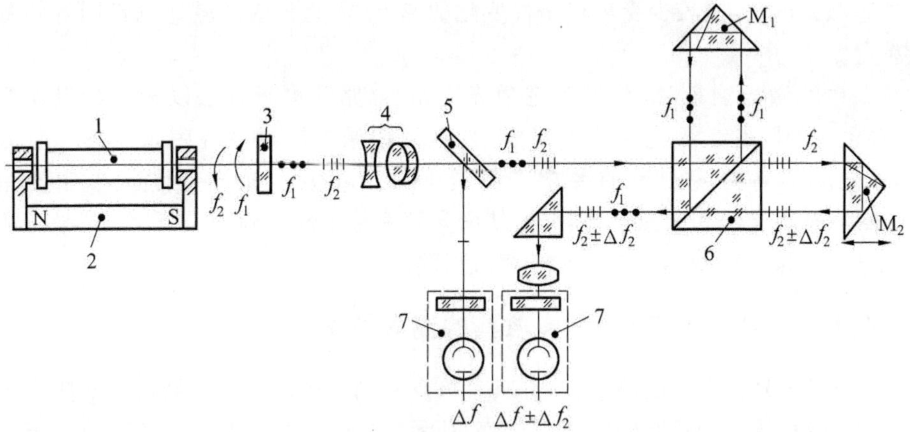


图 4.1　双频激光长度测量系统的原理图

1—氦氖激光管；2—轴向强磁场；3—1/4 波片；4—透镜组；5—分光镜；6—偏振分光镜；7—干涉测量器；$M_1$—固定反射棱镜；$M_2$—移动反射棱镜

真空封闭、管路封闭(实际应用尚有困难)。空气参数补偿是指在测量环境下用精度较高的测温传感器、压力传感器和湿度计测出具体的温度、气压和湿度，计算出它们对激光测量造成的误差值，在激光测量结果中给予修正(现在使用计算机，该误差可以直接自动修正)。在要求较高测量精度时，空气参数补偿是十分必要的。表 4.1 是美国 HP 公司提供的同一激光测量系统在有、无空气参数补偿时的测量误差值，可看到加空气参数补偿后，测量精度可大大提高。现在商用双频激光测量系统，分辨率为 0.01 μm，有空气补偿后，测量精度可以达到 ±0.1 μm。

表 4.1　较差环境条件下空气参数补偿对双频激光测量误差的影响(测长 200 mm)

| 误差项目 | 有空气参数补偿/μm | 无空气参数补偿/μm |
|---|---|---|
| 激光波长误差 | 0.004 | 0.004 |
| 补偿误差 | 0.028 | 1.8 |
| 行程终止误差 | 0.014 | 0.90 |
| 电测误差 | 0.005 | 0.005 |
| 光学非线性 | 0.002 2 | 0.002 2 |
| 余弦误差 | 0.01 | 0.01 |
| 合　　计 | ±0.067 | ±2.725 |

日本东京精密株式会社生产的光纤激光测量系统使激光在光纤中传输，可大大减少环境条件变化的影响。但激光在光纤中传输，不能用双频法测量，因为原来相互垂直的两路偏振光经光纤传输后，已不再相互垂直。据该公司称，用光

纤单频激光测量,因较少受环境条件变化的影响,可达到双频激光测量同等的测量精度。

高精度激光测量时,除了改进激光光路、电路和测量方法以减少测量误差外,很关键的问题是激光频率的稳定,现在商用激光测量系统中采用的稳频方法,不能满足高精度测量的要求。美国 LODTM 大型光学金刚石车床使用 SP125 氦氖激光器和碘原子稳频器,使激光频率稳定性达到 $10^{-9}$ Hz。该激光测量系统的测量分辨率达 0.625 nm,测量精度达 2 nm。

## 4.1.2 频率跟踪 F－P 标准具的测量技术

基于 F－P 标准具的测量技术,具有极高的测量灵敏度和测量精度。频率跟踪 F－P 标准具的测量系统如图 4.2(a)所示,来自一个可调谐激光器的光穿过 F－P标准具,激光频率被锁定于某一输出峰值处,将此被锁定的频率与一参考激光(如碘稳频激光)的输出进行比较,测出二者的频率差,据此即可测量出 F－P 标准具谐振腔长度的变化。

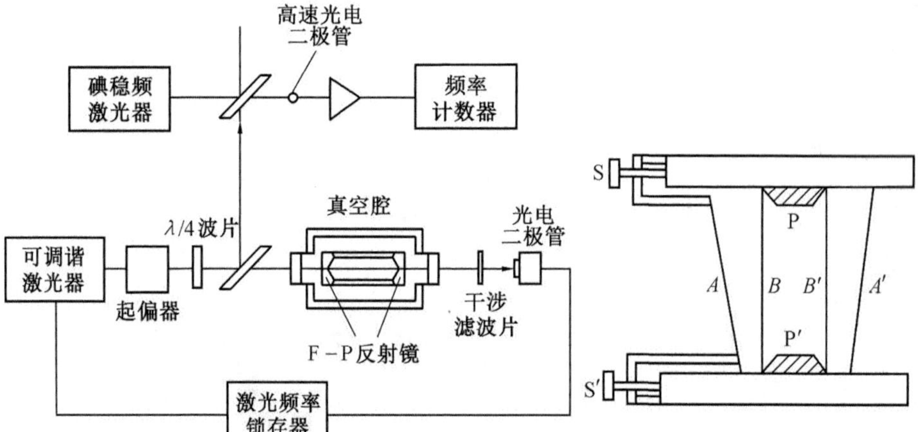


(a) 测量系统　　(b) 谐振腔

图 4.2　频率跟踪 F－P 标准具的测量原理

F－P 标准具的核心部分是谐振腔,是由两块平面度和平行度极高的平面镜所构成。这两个平面镜有很高的反射率,只有很少部分光透过镜片输出。具有半波长($\lambda/2$)为腔长的整数分之一的光,在腔内形成驻波,其输出得到加强。如果波长有很小变化,输出能量急剧降低。在测量中 F－P 标准具的一块平面镜与被测物相连接,可调谐激光器出现峰值信号时,谐振频率是被测物位移的函数。对于腔长为 1 cm 的 F－P 标准具,1 nm 的位移所对应的谐振频率改变量为 47 MHz,故理论上 F－P 标准具的测量分辨率可以高达 $10^{-7}$ nm。但实际上由于各种因素的影响，只能实现 $10^{-3}$ nm 的测量分辨率。

F－P 标准具采用两个光束相互干涉，光束干涉可以得到明亮而清晰的干涉条纹，并且各亮条纹被黑暗背景所隔开，便于精密测量。F－P 标准具的谐振腔结构原理如图 4.2(b)所示。它的主要件是两块平行放置的平面玻璃，其直径为 10～70 mm，厚度为 3～10 mm。两玻璃板的外侧表面 $A$ 和 $A'$ 成 10°的斜角，使从这外表面反射回来的光不再和原来的光重合。两玻璃板内侧表面 $B$ 和 $B'$ 镀有银或铝等有较高振幅反射比的金属。两玻璃板固定在支架上，并用铟钢制成的间隔块 P 和 P′隔离开，再用弹簧通过间隔块 S 和 S′压紧，使 $B$ 和 $B'$ 保持高度平行以形成谐振腔。可以更换不同长度的间隔块 S 和 S′，以获得不同的谐振频率。

如果谐振腔的 $B$ 和 $B'$ 面的距离固定不变，则该仪器称为 F－P 标准具。如果谐振腔的 $B$ 和 $B'$ 面间的距离可以改变，则该仪器称为 F－P 干涉仪。

F－P 标准具虽然灵敏度和测量精度很高，但由于它的结构较复杂，制造精度很高，调整难度大，测量范围很小，因此其应用受到一定的限制。

### 4.1.3 X 射线干涉显微测量技术

X 射线干涉显微测量技术是一种测量范围大、较易实现的纳米级测量方法。经早期实验证明，X 射线波长 $\lambda$ 的数量级为 0.1 nm，晶体中原子间距离也是这个数量级。1912 年，Laue 建议用晶体作为 X 射线的衍射光栅，但 X 射线干涉显微测量技术则是近年才发展的。均匀的单晶硅尺寸稳定，其晶格常数可以用作长度基准。将三块单晶硅片平行放置，X 射线入射第一块硅片后产生衍射，其光束分为两路，经第二块硅片再次衍射，在与被测物连接为一体的第三块硅片上光束汇合，产生干涉并形成干涉条纹。被测物移动一个 Si(220)晶格间距 0.2 nm，干涉信号变化一个周期。由干涉条纹数和相位，可以实现0.005 nm分辨率的位移测量。

晶体是由原子或原子团的点阵组成的，即由晶胞的重复排列组成的。单色 X 射线沿与晶面成 $\theta$ 角的方向入射，如图 4.3(a)所示。在结晶学里规定 $\theta$ 角为入射角（和可见光规定的入射角定义不同），并称之为掠射角。入射到晶体的 X 射线，部分被层形点阵的第一层所反射，部分进入晶体内部。进入晶体内部的 X 射线，将被层形点阵的 2，3，…层反射。设晶体的面间距为 $d$，则由图可知

$$\sin\theta=\frac{AB}{d} \tag{4.1}$$

即

$$AB=BC=d\sin\theta$$

由于 1、2 层的光程差为 $2d\sin\theta$，则各层反射线满足相互加强形成衍射条纹的条

件，即

$$2d\ \sin\theta = p\lambda \tag{4.2}$$

式中　$p$——晶体点阵的层数，$p=1,2,\cdots$。

晶体衍射光栅的结构原理如图 4.3(b)所示。三个结构相同并且点阵间距相同的衍射光栅 S、M、A 排列，如图 4.3(b)所示。X 射线进入分光光栅 S 后，分为两个沿不同路径传播的相干部分，光栅 M 进一步将这两路 X 射线各自又分成两路，最后在光栅 A 处汇合。光栅 A 为运动光栅，将沿图中的箭头方向移动，经光栅 M 处来的两束 X 射线 1 和 2 在光栅 A 处相遇产生一组干涉条纹，然后由运动光栅 A 转换。这组干涉条纹和运动光栅之间相互作用，将随衍射条纹周期性正弦变化的射线束 1 和 2 产生强度变化。它的变化周期决定于衍射条纹的周期，而不决定于输入 X 射线的波长。从上述分析可知，这种仪器测量的是衍射条纹的周期性正弦变化，因此从原理上讲，应属衍射仪。

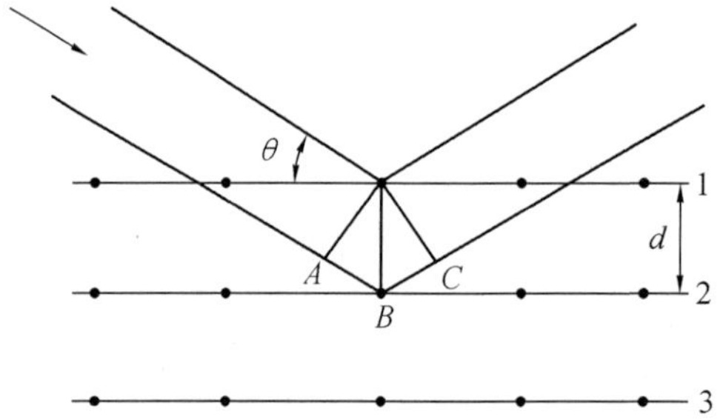


(a) X 射线在晶体点阵层间的反射

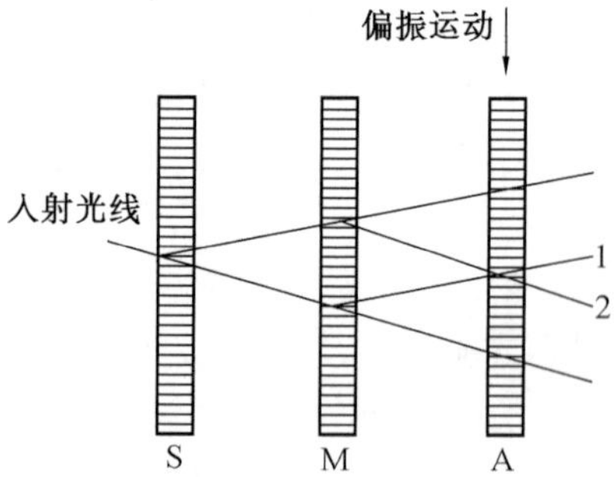


(b) 晶体衍射光栅的结构原理

**图 4.3　X 射线的衍射光栅干涉测量原理**

X 射线干涉仪最初由 Bonse 和 Had 提出并实现，是由硅晶体中切出两个宽槽来形成三个光栅，以取得三个光栅的一致性和原子级匹配。该干涉仪由安装在机构上的晶体的精确运动来实现纳米级的测量。

## 4.1.4　衍射光学尺测量

衍射光学尺的结构与 X 射线干涉仪类似，其最小栅距为 1～5 μm，即出射光的强度变化周期为 1～5 μm。采用多相位测量技术可将每周期进行 1/1 000 细分，从而达到 1～10 nm 的分辨率。这种测量方法的测量精度主要决定于光栅线距的刻划精度和三个光栅的一致性。

## 4.2　纳米级精度的多维尺寸测量

超精密加工和超精密零件经常需要进行多维尺寸的测量。下面介绍两种有代表性的纳米级精度的多维尺寸测量系统。

### 4.2.1　超精密坐标测量机

图 4.4 所示为美国国家标准和工艺研究所(National Institute Standard and Technology,NIST)研制的 M3 型分子坐标测量机(Molecular Measuring Machine)。这是目前测量水平最高的微型精密三坐标测量系统。被测件放在检测室内进行测量,有效检测尺寸为50 mm×50 mm×100 μm。检测室内的三向尺寸的测量原理,如图 4.5 所示。该测量机使用了多项测量新技术。$X$ 和 $Y$ 向的测量,使用了高精度高分辨率的激光测量系统,$Z$ 向的测量使用了原子力显微镜测量系统,测量分辨率达到 0.1～0.01 nm,在进行坐标测量时,可以达到分子(纳米级)测量精度。为减少测量时受环境的干扰,在检测室外装有恒温罩、声隔离罩、振动隔离罩、真空隔离罩等。坐标测量机是为下一代纳米器件装置,特别是纳米电子器件(如超大规模集成电路芯片等)的生产检测而研制的。

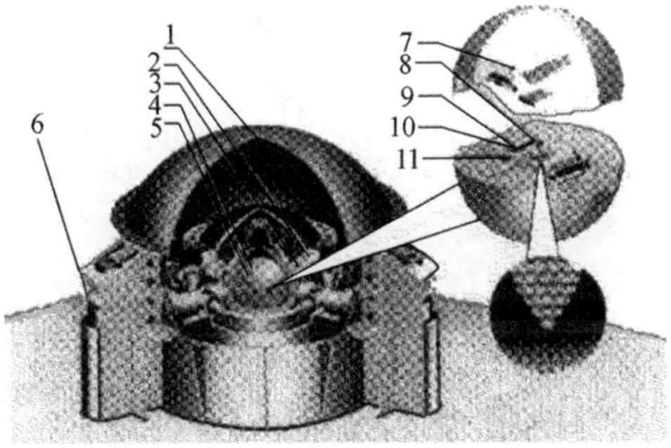


图 4.4　分子坐标测量机(NIST)

1—声隔离罩;2—真空系统;3—振动隔离罩;4—恒温罩;5—芯部结构;6—空气隔振垫;7—$Y$ 向溜板;8—STM 探针;9—测量参考反射镜;10—光学干涉仪;11—$X$ 向溜板

### 4.2.2　超精密机床的多坐标在线测量系统

在超精密多坐标在线测量系统中,为提高测量分辨率和测量精度,除采用高分辨率和高精度的测量仪器外,还在每个坐标方向上采用多路测量,以提高测量精度。美国大型超精密光学金刚石车床 LODTM 的多坐标在线激光测量系统,

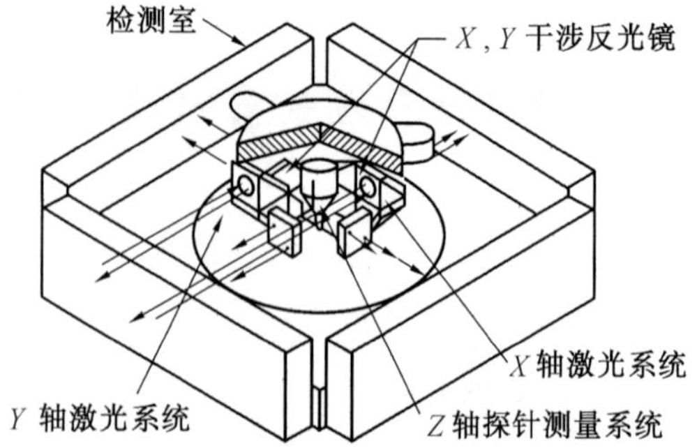


图 4.5　分子坐标测量机的测量原理

是一个典型的实例，图 4.6 所示为美国大型超精密光学金刚石车床 LODTM 的多坐标在线激光测量系统。该机床为立式车床形式，具有极高的运动精度。该在线测量系统为获得纳米级的测量精度，采用专门研制的、分辨率为0.625 nm的SP125 型的高精度双频激光测量仪。激光采用碘稳频，具有极高的频率稳定性。双频激光测量仪的功率为 15 mW，在通过分光镜分为 7 路激光进行测量时，每路激光仍有足够的功率。测量系统要求能精确测出切削加工过程中刀尖的准确运

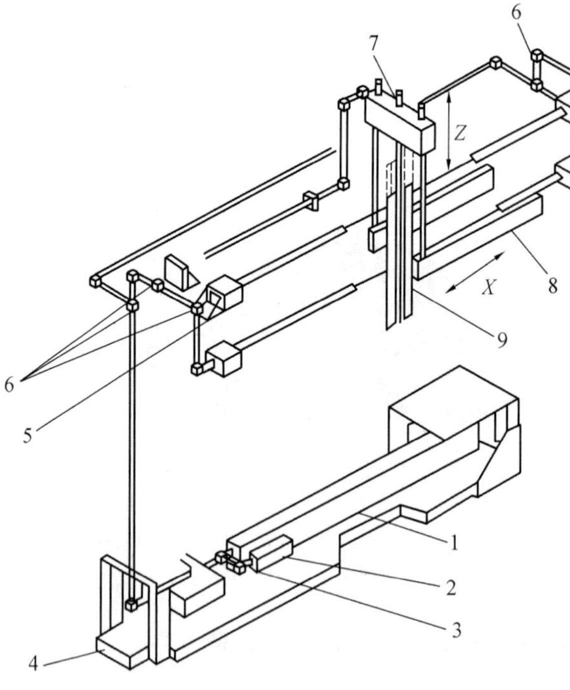


图 4.6　大型光学金刚石车床 LODTM 的多坐标在线激光测量系统

1—SP125 He/Ne 激光器；2—He/Ne 激光；3—检测器反馈；4—基座；5—测溜板运动的 4 路激光（未全画）；6—分光镜；7—测刀架运动的 3 路激光；8—测 Z 向运动直尺；9—测 X 向运动直尺

动位置，通过反馈控制，使它能加工出形状精度极高的非球曲面零件。要得到刀尖的准确运动位置，可通过用激光测量大溜板在机床横梁上的 $X$ 向运动位置和刀架在溜板上 $Z$ 向的运动位置，再计算出刀尖的位置。大溜板（质量为 1.8 t）在横梁做水平的 $X$ 向运动，用 4 路激光检测大溜板的 $X$ 向运动位置。使用 4 路激光测量的原因是可以同时检测出 4 组大溜板 $X$ 向运动的数据，在计算机数据处理时对于倾斜误差进行修正。刀架（质量为 200 kg）在溜板上做垂直的 $Z$ 向运动，在溜板的顶部有 3 路激光，检测刀架的 $Z$ 向运动位置，使用 3 路激光测量的原因，也是可同时检测出 3 组刀架 $Z$ 向运动数据，在数据处理时修正刀架倾斜的误差。7 路激光测得的数据输入计算机内，经一定的数学模型软件计算，可得到准确的、极高测量精度的刀尖运动的瞬时空间位置，从而进行反馈在线补偿。

双频激光测量系统安放在机床横梁左侧的独立检测基架上，而不是安放在机床横梁上（参考后面的图 4.10），这样可避免因机床工作时的振动和横梁的变形所造成的测量误差。检测基架用热膨胀系数很低的铟钢制造，可以减少热变形造成的测量误差。

## 4.3　纳米级表面形貌和粗糙度的测量

试件表面的微观形貌和表面粗糙度可有多种方法检测，简述如下。

### 4.3.1　表面轮廓仪

用探针对试件表面廓形进行接触测量是一种古老的方法。由于测量技术的提高，现在测表面粗糙度的轮廓仪，可以测出表面截面的廓形分辨率达 0.05 μm 以上。轮廓仪的测针尖为避免磨损，用金刚石制造，针尖曲率半径为 0.05 μm 左右，不易磨得更尖，这限制了测量分辨率的提高，测量时针尖受一定力压向试件，容易划伤试件。

现在一些新的轮廓仪配备了 $X$、$Y$ 双向精密微动工作台，测针尖在试件表面进行 $X$、$Y$ 双向往复扫描，再用计算机进行信息处理，可以得到表面的微观形貌的三维立体形貌图像。

轮廓仪的检测原理（对试件表面进行扫描以获得表面微观形貌的信息）与近代的 STM 和 AFM 极为相似，只是后者使用了更尖锐的测针和更灵敏的测针位移检测方法。

### 4.3.2　干涉显微镜测表面粗糙度

干涉显微镜测表面粗糙度的方法已经使用很久，测量分辨率 $Ra$ 可达

0.01 μm。但过去一直是靠测量者来分析测得的干涉图像，因此测量精度受到限制。如果今后能用计算机的图形处理技术来处理测得的干涉图像，则不仅可提高表面粗糙度的测量分辨率和测量精度，而且可以获得试件表面的三维立体形貌图像。

现在干涉显微镜测量时使用的光不是单色光，并且光波的波长 λ 较长，因此测量精度和测量分辨率都受到限制。现代新的激光干涉测量表面粗糙度和表面微观形貌方法，虽也是检测获得的干涉图像，但因激光是单色光且波长很短，故测量精度和测量分辨率都明显高于原来的干涉显微镜。

### 4.3.3 激光测量表面形貌

随着尖端技术和国防工业的发展，自由曲面特别是光学自由曲面应用日益广泛，精密自由曲面的测量成为重要技术问题。自由曲面形貌的测量现在主要使用激光扫描坐标测量法。激光测量表面形貌时，因使用的激光干涉形貌测量仪的测量分辨很高，量程大，测出的表面轮廓图形是包含了表面形貌和表面粗糙度（微观形貌）的综合图形，需再进行计算机数据处理，分离后才能得到单独的表面形貌和表面粗糙度。激光表面形貌测量，有接触测量和非接触测量两种方法，分别叙述如下。

(1)接触式激光干涉形貌测量。

接触式激光干涉形貌测量原理如图 4.7 所示，从激光器发射的激光束经过分光镜片后分成两路，一路经固定的参考镜反射，另一路经固定在测针臂上反射镜（移动反射镜）反射，两路激光产生干涉，干涉条纹的相位和移动反射镜的位移

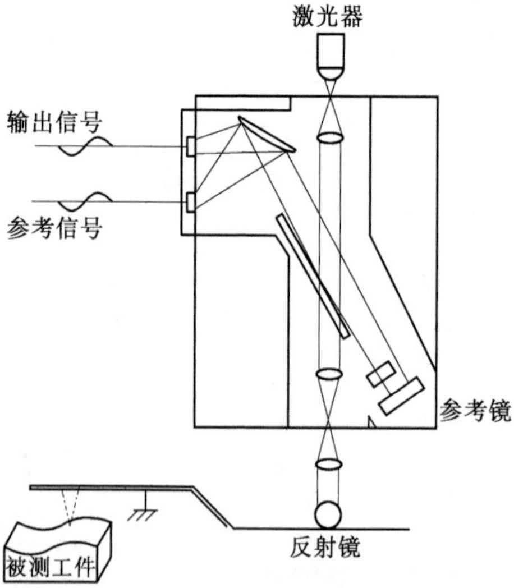


图 4.7 接触式激光干涉形貌测量原理

成正比。测量时，金刚石测针做水平扫描，测针将随被测表面廓形高低而做垂直移动，测针臂上的移动反射镜亦做相应的垂直位移，使激光干涉相位随之产生相应的变化。当测针对表面扫描后，可得到对应于该表面廓形的激光干涉条纹图。通过相应的计算机软件处理，可得到被测表面的形貌和粗糙度廓形图像。

接触式激光干涉测量形貌方法，具有较高的测量分辨率和较大的量程(例如 Form Talysulf Pg11240 型测量仪的垂直方向测量分辨率为 0.8 nm，量程为 20 mm)。这类仪器结构较简单，价格不很贵，但扫描速度较慢，被测表面有台阶时将有较大测量误差，且较软的被测表面将被金刚石测针划伤。

(2)非接触式激光干涉形貌测量。

非接触式激光干涉形貌测量原理如图 4.8 所示，从激光器发射的激光束经过分光镜片后分成两路，聚焦成极细激光束，一路激光照射到工件表面的固定参考点，另一路激光在被测表面做水平扫描，将随被测表面廓形高低而产生相位变化，两路激光产生干涉，干涉条纹的相位将随廓形高低而变化。对表面扫描可得到对应于该表面廓形的激光干涉条纹图像。

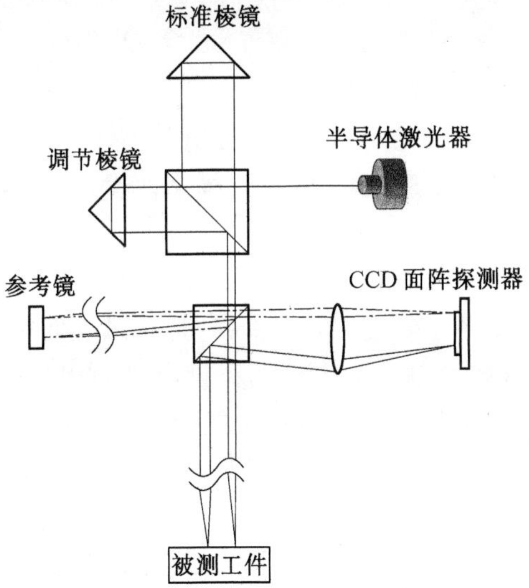


图 4.8 非接触式激光干涉形貌测量原理

这种非接触式激光干涉形貌测量方法，扫描速度快、可实现自动化测量、无磨损、不会划伤被测表面、测量分辨率高、测量范围大。例如 Wyko Nt8000 型非接触式激光干涉形貌测量仪，测量分辨率为 0.1 nm，测高量程为 8 mm，在低分辨率测量挡时，测量范围更大。但这种测量方法对被测表面的清洁度要求较高，此外，对于反射性较差和倾角较大的表面，测量时将有较大失真，且仪器价格较昂贵。

(3)计算机图形处理获得被测表面的三维立体图像。

激光干涉形貌测量时，对试件表面进行坐标扫描可测得对应于该表面廓形的激光干涉条纹图像。需对激光干涉形貌测量结果进行计算机图形处理，现在的激光干涉形貌测量仪都带有计算机并配备有软件，可进行相应的图形处理。图 4.9 是激光干涉形貌测量结果的计算机图形处理示例：图 4.9(a)是测得的表面形貌干涉条纹图；图 4.9(b)是表面高度的平面图；图 4.9(c)是表面高度的立体坐标图；图 4.9(d)是表面的立体外观图像。

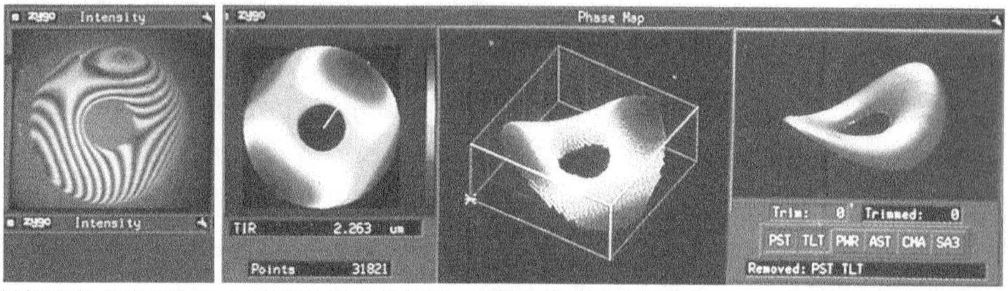


(a)测得的干涉条纹图 (b)高度的平面彩色图 (c)高度的立体坐标图 (d)立体彩色外观图

图 4.9 激光干涉形貌测量结果的计算机图形处理

(4)自由表面的测量结果评定。

自由曲面测量结果的评定方法，将因自由曲面性质不同而异。自由曲面可分为已知设计模型(CAD 模型)和未知设计模型两类，二者的测量评定方法略有不同。

①已知设计模型自由曲面的测量结果评定。当设计模型已知时，可将测得的廓形表面和理论曲面经过一定的坐标变换，达到最佳匹配，再选择一定的评定参数，即可进行形貌误差评估。此方法的关键在于利用坐标变换使离散测量面与理论曲面在最小二乘条件下最大可能地重合，使所有测量点到基准面的距离误差最小。当系统误差被有效消除后，即可获得可靠的评定结果。

为使测量表面能更好拟合，有人提出使实测曲面与理论曲面的特征点、特征线和特征面完全重合而达到“最佳匹配”状态的计算方法。还有人提出“参数曲面形状”误差计算的迭代逼近的计算方法。这些方法虽可减小测量面的拟合误差，但因计算复杂，使用得不多。

②未知设计模型自由曲面的测量结果评定。对于未知设计模型的自由曲面，需要首先重构基准曲面来实现测量面的误差评定。曲面(基准曲面)重构是 CAD、CAM、逆反工程等领域中的热点问题。传统的曲面重构采用参数化方法，根据拓扑结构的不同，有基于三角域和四边域两种参数表示，如 Bezier 曲面、B—spline 曲面、NURBS 曲面等，此外还提出不少新的曲面重构方法。复杂自由曲面的重构是一个较大难度的问题。得到重构的基准曲面后，与测量面进行比较，

即可得出测量面的误差评定。

### 4.3.4 激光测量表面粗糙度

(1)平面的表面粗糙度检测。

激光检测平面的表面粗糙度,可用不同的原理和方法。

第一种方法是检测激光照射试件表面时的不同反射率。激光照射被测试件表面时,反射率因表面粗糙度不同而有差异,可根据激光反射率测出表面粗糙度。此方法的优点是不接触测量,方法简单,易于自动化。缺点是:①表面粗糙度虽相同,但加工痕迹不同或材料不同,将测出不同的结果;②不能得到表面粗糙度的具体数值和形貌。由于以上缺点,这类检测方法现在应用不广。

第二种方法是用激光对试件表面进行坐标扫描,获得试件表面的高分辨率轮廓图像。因被测表面是平面,故测得的结果即为试件表面粗糙度。此方法因测量精度和分辨率高,可得到粗糙度数值和表面微观廓形图像,现在用得较普遍。

(2)曲面的表面粗糙度检测。

用激光干涉形貌测量仪检测曲面时,测量仪的测量分辨率很高,测出的表面轮廓图形是包含了表面形貌和表面粗糙度(微观形貌)的综合轮廓图形,因此不能像测平面那样直接根据被测表面的微观廓形作为表面粗糙度的评定,而需要将该表面的基准曲面进行分离,然后才能得到能做表面粗糙度评定用的表面微观廓形。此理论基准自由曲面可以是已知的设计模型自由曲面,也可以是重构的自由曲面。在微观廓形分离时,需先确定波度和粗糙度的长度界限,从而设定表面滤波时的参数。原始测量表面经分离基准形貌曲面后,得到的微观廓形表面即是粗糙度表面,可用普通粗糙度评定方法进行评定。图 4.10 所示为测量自由曲面时粗糙度评定的实例,其中图 4.10(a)所示为用激光干涉形貌测量仪测得的原始测量面;图 4.10(b)所示为该自由曲面的理论基准曲面;图 4.10(c)所示为经理论基准曲面分离后的可进行粗糙度评定的微观廓形表面。

(a)原始测量面　(b)基准形貌曲面　(c)经分离后的粗糙度表面

图 4.10 自由曲面测量面的粗糙度评定

### 4.3.5 扫描电子显微镜检测表面形貌

扫描电子显微镜(SEM)从 20 世纪 60 年代开始被应用以来,使用范围日益广泛。它是利用高能量、细聚焦的电子束在试件表面扫描，激发二次电子，利用二次电子信息对试件表面的组织或形貌进行检测、分析和成像的一种电子光学仪器。

扫描电子显微镜放大倍率在 20～50 000 倍范围内连续可调，在普通热钨丝电子枪条件下，二次电子的分辨率为 5～6 nm，如用场发射电子枪，则分辨率可提高到 2～3 nm。扫描电子显微镜还有一个很好的性能，即检测时有很大的景深，因此即使试件表面很粗糙、高低起伏很大，也能得到很清晰的表面组织图像。

扫描电子显微镜检测时可获得试件表面的微观组织和形貌的图像，但不能测出微观廓形高低的具体尺寸，因此不能用于检测表面粗糙度，也不能测出表面微观廓形的三维立体图像。

扫描电子显微镜检测时最后成像的信息，是来自试件表层 5～10 nm 的深度范围，因此用于检测试件表面的微观形貌和表层组织，是极好的检测方法。但这种方法受最大放大倍数的限制，达不到原子级的测量分辨率。

### 4.3.6 扫描探针显微镜测量表面微观形貌

扫描探针显微镜，主要指扫描隧道显微镜(STM)和原子力显微镜(AFM)，是近些年发展起来的高分辨率检测表面微观形貌和尺寸的最新技术。

扫描探针显微镜检测的原理是用极尖的探针针尖对被测表面进行扫描，扫描隧道显微镜是控制探针针尖和被测表面间的隧道电流，原子力显微镜是控制探针针尖和被测表面原子间的相互作用力，借助纳米级的三维微位移控制系统测出该表面的三维微观立体形貌图像。

扫描隧道显微镜和原子力显微镜具有极高的、达原子级的测量分辨率，垂直方向分辨率达 0.01 nm(晶体中原子间距离为 0.1～0.3 nm)，水平方向分辨率 0.1 nm，可以直接观察到试件表面纳米级的表面形貌，也就是它能观察测量物质表面单个原子和分子的排列状态和分布。

## 4.4 超精密测量的环境条件

为实现超精密测量，必须要有符合超精密测量的环境条件。环境条件包括：恒温条件、隔振防振条件、空气洁净条件、湿度条件、噪声条件、光照条件、防静电条件等。其中恒温条件、隔振防振条件和空气洁净条件是最重要的必须保证的条件。

### 4.4.1 恒温条件

国际上采用 20 ℃作为长度测量的标准温度。高精度测量和超精密加工必须保持严格的恒温条件，同时被测器件进入恒温室内（或浸入恒温槽内）必须停放足够长的时间才能进行测量（或加工）。

如果温度有变化，由于被测件和测量工具的热膨胀系数不同，必然造成测量误差，二者热膨胀系数差别越大，造成的测量误差也越大。

现在恒温等级和允许的温度差，见表 4.2。

**表 4.2　恒温等级和允许的温度差**

| 恒温等级 | 0.2 级 | 0.5 级 | 1 级 | 2 级 |
|---|---|---|---|---|
| 允许最大温度差 | ±0.2 ℃ | ±0.5 ℃ | ±1 ℃ | ±2 ℃ |

随着加工和测量的精度不断提高，原来的恒温等级已不能满足实际需要。例如：长度100 mm的钢件，温度升高 1 ℃，将引起 1.1 μm 的长度膨胀。长度100 mm的铝件，温度升高 1 ℃，将引起2.3 μm的长度膨胀。ϕ100 mm 的硅片，温度升高 1 ℃，将引起 0.24 μm 的线性膨胀，在集成电路的制造中，这当然是不允许的。再如环境温度变化直接影响激光测量系统的测量精度，要保证高精度激光测量，必须保证严格的恒温条件，必要时再加空气参数误差修正，以提高测量精度。

现在恒温控制技术已发展到很高水平，实现±0.1 ℃和±0.01 ℃的恒温空气环境已不是难事。美国 LLL 实验室的 LODTM 超精密机床已达到了极严格的恒温控制。图 4.11 所示是 LODTM 机床周围的典型空气温度测量记录，目前已能控制(20±0.005) ℃的局部空气恒温环境。图 4.12 所示是 LODTM 机床用恒温水的典型水温测量记录，可看到能控制水恒温达到(20±0.000 5) ℃的极高水平。用恒温水来浇淋机床的各发热部分，保持机床的严格恒温。

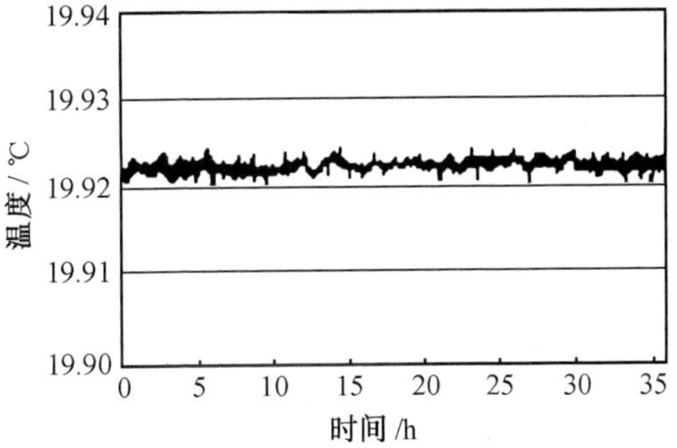


图 4.11　LODTM 机床周围的典型空气温度测量记录

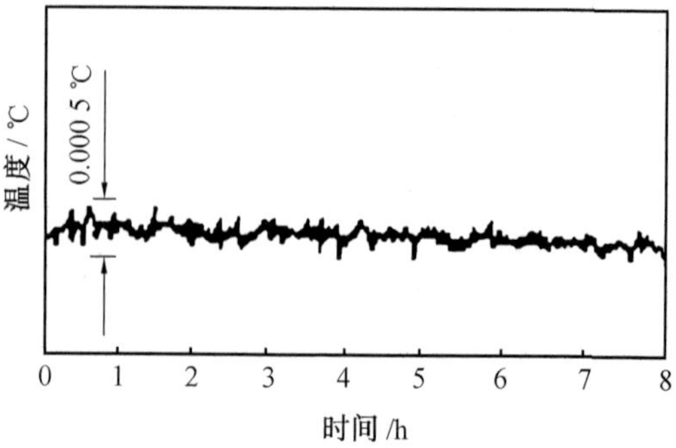


图 4.12　LODTM 机床用恒温水的典型水温测量记录

要保证这样严格的恒温条件当然是极难的，一般需采用特殊措施，如大恒温室套小恒温室、加恒温罩、局部用恒温油（或水）浇淋、把整个设备浸入恒温的油槽内等，这样才能获得高恒温精度的局部环境。

### 4.4.2　空气的相对湿度条件

空气的相对湿度也是重要的环境条件，在恒温条件下必须控制相对湿度。一般情况下，相对湿度应控制在 35%～45%之间，湿度的波动范围相应规定了±10%、±5%、±2%几个等级，可根据实际需要选定。

半导体工业对空气的相对湿度要求很严格，需要将湿度波动控制在±1%。

### 4.4.3　消振和隔振条件

在纳米级精密测量和超精密加工中，必须使振动的干扰降低到极小。一方面要采取动平衡等措施消除和降低内部振源的振动，采取隔振和添加阻尼等措施尽量衰减、降低内部的振动，另一方面还必须要尽量消除减少附近的振动振源，并采取防振隔振措施，尽量减小外界振动的传入。

一般来说要消除衰减频率较高的振动比较容易，而对低频振动要消除和隔离较难，较低频率的振幅应控制在 0.125 μm 以下。类似放置 100 万倍电子显微镜等设备、刻线宽度为亚微米级的半导体加工设备、扫描隧道显微镜等设备对微小的振动干扰也极为敏感。对超精密加工和测量，即使振动加速度在 $2\times10^{-2}$ m/s$^2$以下、振幅在 0.5 μm 以下、振动频率在 0.5～10 Hz 以下的微振动，也都会有干扰影响，因此必须注意消振和隔振。

要隔离外界的振动，应有带隔振沟的防振地基，上面再加隔振垫层或隔振器。隔振器有：①弹簧隔振器（支承或悬挂）；② 橡胶隔振器；③ 弹簧和橡胶组合隔振器；④ 空气弹簧隔振器等。

空气弹簧隔振器也称空气隔振垫，是由内有压缩空气的橡胶囊制成，它的固有频率可以做得很低，并有较高的内部阻尼，可以防止振荡，对振动的隔离效果较好。高质量的空气隔振垫对低频振动和微振动也都有较好的隔振效果，因此这种空气隔振垫在隔振要求很高时用得较多。

空气也能传递振动，故小的设备需加隔振罩，放置大设备的恒温室的墙上，应加橡胶或泡沫材料的吸振块。

图 4.13 的 LODTM 大型光学金刚石车床，是用空气隔振垫支承在防振地基上，以隔离外界的振动。因设备质量、体积大，为稳定可靠，用 4 个空气隔振垫支承。为了避免 4 个空气隔振垫承受力不均，其中两个空气支承内部是相通的，能自动平衡而起到三点定位支承的作用。该空气隔振垫支承系统有自动保持机床水平的伺服控制装置，可在机床工作时重心位置改变，仍能保持机床水平。

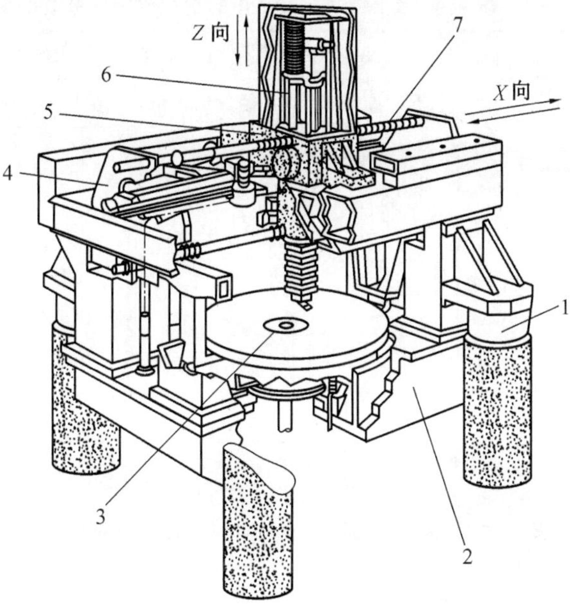


**图 4.13　美国 LODTM 大型光学金刚石车床的支承和测量系统**

1—空气隔振垫；2—床身；3—工作台（直径 1.5 m）；4—测量基准架；5—大溜板；6—刀座（有质量平衡）行程 0.5 m；7—激光防护波纹管

## 4.4.4　空气洁净条件

空气环境洁净是高精度测量和超精密加工的重要环境条件。空气环境中的尘埃会影响超精密加工和测量工作，这个问题在超大规模集成电路的制造中特别敏感，即使很少尘埃落在硅基片上，也将使芯片成为废品。

我国规定的空气洁净度等级见表 4.3。

随着微电子工业的发展，对空气洁净度的要求日益严格。被控制的微粒直径从 0.5 μm 减小到 0.3 μm，有时甚至减小到 0.1 μm。美国联邦标准 209D 增加了 1 级和 0.1 级洁净度级别。表 4.4 是美国标准 209D 中的空气洁净度等级。

**表 4.3　我国规定的空气洁净度等级**

| 等　级 | 每立方米 | 每　　升 | 每立方米 | 每　　升 |
|---|---|---|---|---|
| | 空气中含直径不小于 0.5 μm 尘粒数 | | 空气中含直径不小于 5 μm 尘粒数 | |
| 100 级 | ≤35×100 | ≤3.5 | | |
| 1 000 级 | ≤35×1 000 | ≤35 | ≤250 | ≤0.25 |
| 10 000 级 | ≤35×10 000 | ≤350 | ≤2 500 | ≤2.5 |
| 100 000 级 | ≤35×100 000 | ≤3 500 | ≤25 000 | ≤25 |

**表 4.4　美国标准 209D 中的空气洁净度等级**

| 等级 | 每立方英尺中的尘埃粒数 | | | | |
|---|---|---|---|---|---|
| | 直径≥0.1 μm | 直径≥0.2 μm | 直径≥0.3 μm | 直径≥0.5 μm | 直径≥5 μm |
| 1 级 | ≤35 | ≤7.5 | ≤3 | ≤1 | — |
| 10 级 | ≤350 | ≤75 | ≤30 | ≤10 | — |
| 100 级 | — | 750 | ≤300 | ≤100 | — |
| 1 000 级 | — | — | — | ≤1 000 | ≤7 |
| 10 000 级 | — | — | — | ≤10 000 | ≤70 |
| 100 000 级 | — | — | — | ≤100 000 | ≤700 |

注：英尺符号为 ft，1 ft=0.304 8 m

## 4.5　提高三维测量系统测量精度需注意的问题

### 4.5.1　采用先进的高灵敏检测方法

要获得最高的测量灵敏度和测量精度，首先应当采用最先进的高灵敏度检测方法，这是最核心和最关键的首要条件。例如美国 NIST 的分子测量机，在其核心的测量部分采用了扫描探针显微镜测量系统，使其测量分辨率达到 0.1～0.01 nm。再如美国 LLL 国家实验室的 LODTM 大型光学金刚石车床上用的在线测量系统，采用高灵敏度的激光测量系统，分辨率达到0.625 nm。如不采用最先进的高灵敏度检测技术，不可能获得如此高的测量灵敏度。选择测量方法时，必须注意采用的测量方法是稳定可靠的。

为便于选择并采用最佳的符合实际使用条件的高灵敏度检测方法，表 4.5

给出了一些纳米级精度测量方法，并对这些方法的测量分辨率、测量精度、测量尺寸范围等性能做了对比。

表 4.5　几种纳米级测量方法的测量性能对比

| 测量方法 | 分辨率/nm | 测量精度/nm | 测量范围/nm | 最大速度/($nm \cdot s^{-1}$) |
|---|---|---|---|---|
| 双频激光干涉测量法 | 0.625 | 2.00 | $1\times10^{12}$ | $5\times10^{10}$ |
| 光外差干涉测量法 | 0.100 | 0.10 | $5\times10^{7}$ | $2.5\times10^{3}$ |
| F－P 标准具测量法 | 0.001 | 0.001 | 5 | 5～10 |
| X 射线干涉测量法 | 0.005 | 0.010 | $2\times10^{3}$ | $3\times10^{3}$ |
| 衍射光学尺测量法 | 1.00 | 5.00 | $5\times10^{7}$ | $10^{6}$ |
| 扫描隧道显微镜测量法 | 0.01 | 0.01 | $3\times10^{4}$ | 10 |
| 原子力显微镜测量法 | 0.01 | 0.01 | $3\times10^{4}$ | 10 |

### 4.5.2　正确选择被测件上的测量点，在必要时采用多点测量

对被测件进行三维测量时，被测面如有倾斜将直接造成测量误差，因此根据阿贝原则，必须正确选择测量点的位置，使测量面的倾斜等造成的阿贝测量误差最小。

图 4.14 所示为一台超精密车床的二维激光测量系统。测主轴 $Z$ 向运动的测量点，即 $Z$ 向移动棱镜的安放位置是取在主轴轴心处。测刀架 $X$ 向移动的测量点，即 $X$ 向移动棱镜的安放位置、高低和水平方向，都是取在正对金刚石刀具处。如此选择测量点可使被测件(主轴和刀架)倾斜造成的阿贝测量误差最小。但测量用的反射棱镜，由于种种原因经常不允许安放到机床主轴后端的中心位置，而只能放到主轴箱的一侧。这时主轴箱运动时的偏斜误差，将使 $Z$ 向测量误差增大。为解决该问题可以采用多点测量的办法。

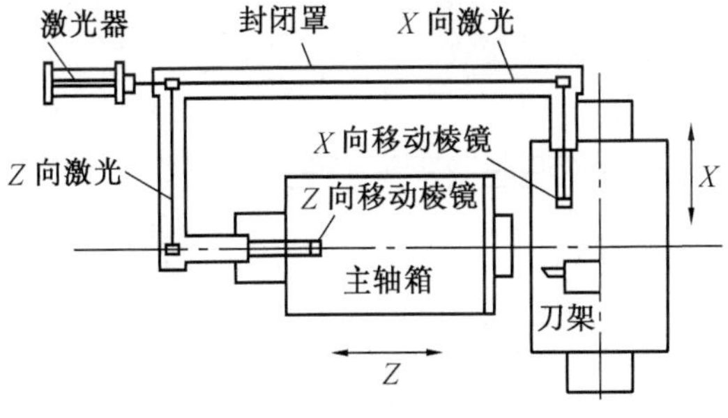


图 4.14　正确选择测量点减小测量误差

图 4.15 所示是一个双层工作台的 $Y$ 向运动位置，由两路激光 $Y_1$ 和 $Y_2$ 进行测量，将测得的 $Y_1$ 和 $Y_2$ 两组数据，根据其倾斜角进行插值计算，即可消除工作台在水平面内运动偏斜引起的测量误差。

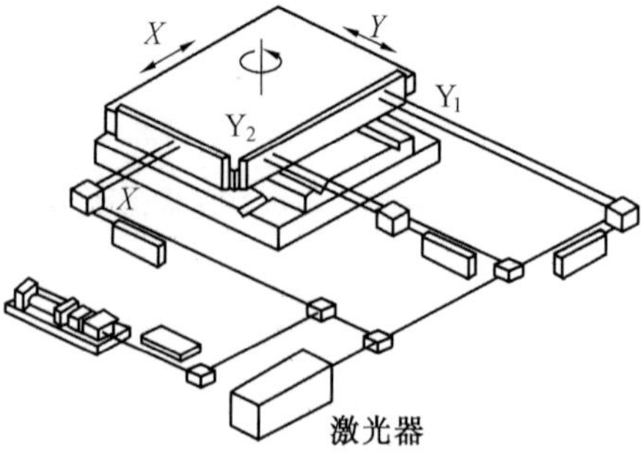


图 4.15 工作台 Y 向运动位置两路激光测量

测量体积和质量较大的运动件的位置时，甚至可以取 4 个测量点。例如美国大型光学金刚石车床 LODTM，测量在横梁上运动的大溜板(质量为 1 800 kg)的位置时采用了 4 路激光进行测量，测量取在被测面的左上角、右上角、左下角、右下角，用测得的 4 组数据建立数学模型，进行插值计算，即可消除大溜板运动时产生的偏斜和倾斜所造成的测量误差。

## 4.5.3 选择正确稳定的测量基准

在多维测量系统中，选择正确稳定的测量基准对提高测量精度有重要影响。测量系统有正确稳定的测量基准，必须在机床(坐标测量机)的总体布局设计时给予重视考虑。

图 4.16 中超精度机床的 Z 向运动由主轴箱完成，X 向运动由溜板刀架完成，两者互相独立。故机床的二维激光测量系统也是独立的，X 向和 Z 向测量系统的固定反射镜都是固定安装在稳定不动的机床床身上，相互不受干扰。但如机床的 X、Z 向运动采用十字形导轨结构来完成，则测量刀架X向运动的测量系统的固定反射镜只能安装在做 Z 向运动的大溜板上。大溜板 Z 向运动误差，必然会影响 X 向运动系统的测量精度。

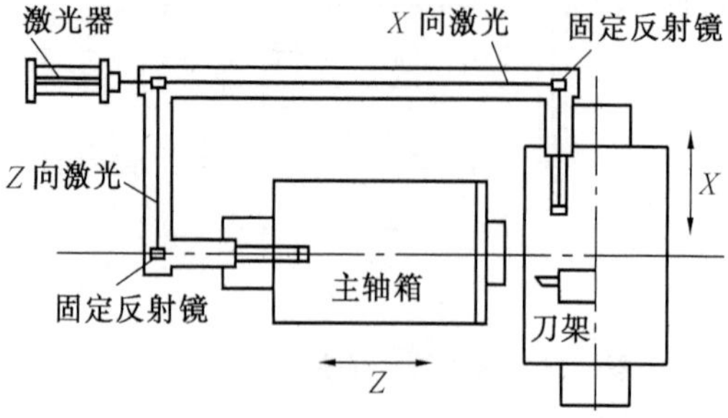


图 4.16 测量系统安装在稳定不动的床身上

对三维以上测量系统的测量基准的合理确定，要更复杂些。例如美国大型光学金刚石车床要测量大溜板 X 向运动，质量为 1 800 kg 的大溜板在机床的横梁上移动，将使机床横梁产生较大变形，如将测量大溜板运动的 X 向激光在线测量系统安装在机床横梁上，横梁变形必然会造成较大测量误差。因此该机床专门制造了独立的测量基准架（图 4.13），X 向激光测量系统的固定反射镜，安装在该独立的测量基准架上，这样可避免加工过程中大溜板移动使机床横梁变形而造成的测量误差。该机床的测量基准架是用低热膨胀系数的铟钢制造，以减少热变形的影响。

### 4.5.4　机床（或坐标测量机）应有能隔离振动的稳定支承

现在超精密机床和高精度坐标测量机都采用空气隔振垫（空气弹簧）支承，使外界的振动被隔离而不被传到机床上来，一般用 3 个空气隔振垫支撑在机床底部，可以隔离 1.5～2 Hz 以上的外界振动。使用空气隔振垫都有自动找水平的伺服控制系统，以免机床工作时因重心改变而倾斜。空气隔振垫需要隔离很低频率的振动，故其弹性系数很低（即很软的弹簧），为避免引起振荡，空气隔振垫必须有很大的内部阻尼。

对大型设备，用三点支承不够稳定可靠，美国大型光学金刚石车床 LODTM 用 4 个很大的空气隔振垫将机床架起来，从图 4.13 中可以看到这些空气隔振垫。这 4 个空气隔振垫中有两个是内部相连通的，受力时能自动平衡，这样用 4 个空气隔振垫仍可以起到三点支承一平面的效果。

普通中小型机床设备，空气隔振垫一般都是放在机床床身下面，美国 LODTM 大型超精密机床的空气隔振垫是架在机床上较高的部位。支承点放在机床底部和支承点放在机床较高位置，不同的支承方案对机床抗振性有很大影响。图 4.17 是这两种空气隔振垫放置不同位置支承时的对比原理图。由图可知，空气隔振垫支承在机床较高位置（图 4.17(b)）比底部支承（图4.17(a)）可以

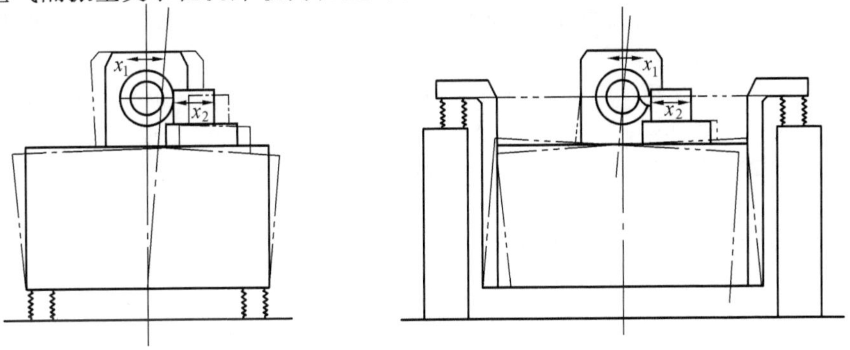


(a)　底部支承　$x_1-x_2=4$　　　(b)　高位支承　$x_1-x_2=0$

图 4.17　空气隔振垫支承位置对抗振性的影响

明显降低机床的重心,使机床更稳定不易振动。即使机床产生振动,如支承点在机床底部时,被测件的测量位置将有较大振幅;而在高位支承时,被测件的测量位置是在中心点,振幅要小得多。被测件的测量敏感位置的振幅大小直接影响测量精度,故宜采用高位支承。高位支承可以提高机床设备的抗振性,增加稳定性,降低振动振幅。

## 复习思考题

1. 简述纳米级尺寸精度和位移的测量原理和方法。
2. 简述纳米级精度的多维尺寸测量技术的最新进展。
3. 简述纳米级表面的微观形貌和表面粗糙度测量技术的最新进展。
4. 超精密测量要求怎样的恒温、隔振、超净等环境条件?
5. 三维精密测量系统要提高测量精度需注意哪些问题?

## 参考文献

[1] 日本精密工学会,日本工业技术振兴学会. 超精密技术赴美国研究调查报告[R],1985.
[2] 童竞. 几何量测量[M]. 北京:机械工业出版社,1987.
[3] 李鹏生. 新技术在几何计量中的应用[M]. 哈尔滨:哈尔滨工业大学出版社,1989.
[4] 房丰洲,袁哲俊. 超精密机床定位测量技术[M]. 中国机械工程,1994(2):49-51.
[5] 房丰洲,袁哲俊. 超精密机床开放式测量系统的研究[M]. 制造技术与机床,1994(7):17-19.
[6] 胡小唐,庄在龙,张国雄. 扫描探针显微镜(SPM)在精密尺寸计量中的应用[J]. 仪器仪表学报,1996,17(1):180-184.
[7] 徐毓娴,李庆祥,白立芳,等. 微型零件三维几何尺寸测量系统[J]. 仪器仪表学报 1996,17(1):319-321.
[8] NORIO TANIGUCHI. Nano-technology-integrated processing systems for ultra-precision and ultra-fine products[M]. Tokyo: Oxford University Press,1996.
[9] VORBURGER T V,DAGTA J A. Industrial uses of the STM and AFM[J]. Annals of the CIRP,1997,46(2):597-620.
[10] 袁哲俊,王先逵. 精密和超精密加工技术[M]. 2 版. 北京:机械工业出版社,2007.
[11] 李荣彬,杜雪,张志辉. 自由曲面光学设计与先进制造技术[M]. 香港:香港理工大学出版社,2005.

# 第5章
# 纳米级超精密加工和原子操纵技术

随着制造加工技术向微纳米领域迈进，纳米级加工技术成为解决精密加工、芯片制造等问题的关键技术。一方面，利用金刚石刀具、高能束等可以对材料进行去除、增材等加工，可实现纳米级精度的加工制造。包括采用超精密机床的超精密铣削、磨削等，以及利用电子束、激光束、离子束进行切割、打孔、焊接、表面改性等。另一方面，基于扫描探针显微镜的原子操作技术可以直接对单个纳米材料甚至原子进行搬迁、组装等操作，也可利用 SPM 操作技术进行原子去除及刻蚀加工，获得纳米级图案及结构。本章主要对纳米级超精密加工和原子操纵技术的机理、研究现状及应用进行详细分析。

# 5.1 纳米级加工的物理实质和特点

## 5.1.1 纳米级加工的物理实质分析

纳米级加工的物理实质和传统的切削磨削加工有很大不同，一些传统的切削磨削方法和规律已不能适应纳米级加工。欲得到 1 nm 的加工精度，加工的最小单位必然在亚纳米级。由于原子间的距离为 0.08～0.3 nm，纳米级加工实际上已达到加工精度的极限。纳米级加工中试件表面的一个个原子或分子将成为直接的加工去除对象，因此纳米级加工的物理实质就是要切断原子间的结合，实现原子或分子的去除。各种物质是以共价键、金属键、离子键或分子结构的形式结合而组成。要切断原子或分子的结合，就要研究材料原子间的结合能量密度。切断原子间结合所需的能量，必然要求超过该物质的原子间结合能，因此需要的能量密度是很大的。表 5.1 中是若干种材料的原子间结合能密度。在机械加工中工具材料的原子间结合能必须大于被加工材料的原子间结合能。

表 5.1 不同材料的原子间结合能密度

| 材料 | 结合能/(J·cm$^3$) | 备注 | 材料 | 结合能/(J·cm$^3$) | 备注 |
|---|---|---|---|---|---|
| Fe | $2.6\times10^3$ | 拉伸 | SiC | $7.5\times10^5$ | 拉伸 |
| $SiO_2$ | $5\times10^2$ | 剪切 | $B_4C$ | $2.09\times10^6$ | 拉伸 |
| Al | $3.34\times10^2$ | 剪切 | CBN | $2.26\times10^8$ | 拉伸 |
| $Al_2O_3$ | $6.2\times10^5$ | 拉伸 | 金刚石 | $5.64\times10^8$～$1.02\times10^7$ | 晶体的各向异性 |

在纳米级加工中需要切断原子间的结合，故需要很大的能量密度，为$10^5$～$10^{11}$ J/cm$^3$ 或 $10^{-21}$～$10^{-16}$ J/原子。传统的切削磨削加工消耗的能量密度较小，实际上是利用原子、分子或晶体间连接处的缺陷而进行加工的。用传统切削磨削加工方法进行纳米级加工，无法切断原子间的结合，因此直接利用光子、电子、离子等基本能子的加工，必然是纳米级加工的主要方向和主要方法。但纳米级加工要求达到极高的精度，使用基本能子进行加工时，如何进行有效的控制以达到原子级的去除，是实现原子级加工的关键。近年来纳米级加工有很大的突破，例如用电子束光刻加工超大规模集成电路时，已实现 0.1 μm 线宽的加工；离子刻蚀已实现微米级和纳米级表层材料的去除；扫描隧道显微技术已实现单个原子的去除、搬迁、增添和原子的重组。纳米加工技术现在已成为现实的、有广阔发展前景的全新加工领域。

### 5.1.2　传统精密加工方法提高精度原则的局限性

传统精密加工提高精度的原则主要有下面几条：

① 母性原则。母性原则要求进行加工工作母机的精度高于工件精度，因母机床的误差将遗传给工件，加工中的振动、热变形、装夹应力等都将使加工件精度下降。因此要使加工件精度提高，应选用精度更高的母机床，显然这在纳米级加工中是无法办到的。

② 创新性原则。在加工中采用误差在线测量和补偿等方法，可以使加工件精度高于母机床精度。但精度提高是有极限的，很难达到纳米级加工精度的要求。

③ 超微量切削原则。高精度的工件精加工时的切除量应尽量小，要达到纳米级的去除量，超精密切削用刀具的刃口钝圆半径 $\rho$ 必须也是纳米级，研磨时用的磨料亦必须是超细微粉。纳米加工中刀具常常不能满足要求。

④ 超稳定加工原则。超精密切削或磨削（研磨）时有材料切除，必然产生变形和应力应变而产生切削热，这都将使加工件产生不稳定因素。

纳米级加工因已达到极高精度，依靠传统的加工方法和上述提高精度的原则，经常不能满足要求，必须寻找新的加工途径。采用电子、光子、离子等基本能子的直接加工和化学刻蚀可以不产生加工变形和应力应变，应是纳米级加工的方向。但如何控制其加工精度，实现原子级去除，是今后需要研究解决的问题。

### 5.1.3　纳米级加工方法

纳米级加工技术包括机械加工、化学腐蚀、能量束加工、复合加工、扫描隧道显微技术加工等多种方法。机械加工方法有单晶金刚石刀具的超精密切削，金刚石砂轮和 CBN 砂轮的超精密磨削和镜面磨削、珩磨、砂带抛光等固定磨料工具的加工，以及研磨、抛光等自由磨料的加工等。能量束加工可以对被加工对象进行去除、添加和表面改性等工艺，例如用激光进行切割、钻孔和表面硬化改性处理，用电子束进行光刻、焊接、微米级和纳米级钻孔、切削加工，离子和等离子体刻蚀等。属于能量束的加工方法还包括电火花加工、电化学加工、电解射流加工、分子束外延等。SPM 加工是最新技术，可进行原子级操纵，实现原子搬迁、去除和增添，还可以进行纳米级微结构的刻蚀加工等。

### 5.1.4　纳米级加工精度

纳米级加工精度包含纳米级尺寸精度、纳米级几何形状精度和纳米级表面的质量。

**1. 纳米级的尺寸精度**

① 较大尺寸的绝对精度很难达到纳米级。零件材料的稳定性、内应力、本身质量造成的变形等内部因素和环境的温度变化、气压变化、测量误差等都将产生尺寸误差。因此现在的长度基准已不再采用标准尺为基准,而采用光速和时间作为长度基准。1 m 长的实用基准尺的精度要达到绝对长度误差小于 0.1 μm,这已经是非常不易了。

② 较大尺寸的相对精度或重复精度达到纳米级在某些超精加工中会遇到,如某些特高精度孔和轴的配合、某些精密机械精密零件的个别关键尺寸、超大规模集成电路制造过程中要求的重复定位精度等。现在使用激光干涉测量和 X 射线干涉测量法,都可以达到 0.1 nm 级的测量分辨率和重复精度,高精度测量可以保证这部分加工精度的要求。

③ 微小尺寸加工达到纳米级精度是精密机械、微机械和超微机械中遇到的难题,无论是加工或测量都需要继续研究发展。

**2. 纳米级的几何形状精度**

纳米级的几何形状精度在精密加工中经常遇到,例如精密轴和孔的圆度和圆柱度,精密球(如陀螺球、计量用标准球)的球度,制造集成电路用的单晶硅基片的平面度,光学、激光、X 射线的透镜和反射镜、要求非常高的平面度或是要求非常严格的曲面形状等。因为这些精密零件的几何形状直接影响它的工作性能和工作效果。

**3. 纳米级的表面质量**

表面质量不仅仅指它的表面粗糙度,而且包含它内在表层的物理状态。如制造大规模集成电路的单晶硅基片,不仅要求很高的平面度、很小的表面粗糙度,而且要求无表面变质层(或极小的变质层)、无表面残留应力、无组织缺陷、无划伤。高精度反射镜的表面质量、变质层会影响其反射效率。微机械和超微机械的零件对其表面质量亦有极严格要求。

## 5.2 超精密机械加工技术

### 5.2.1 超精密切削

**1. 超精密切削的尺寸精度和几何精度**

超精密切削时零件的尺寸精度和几何精度,主要靠超精密机床的精度来保证,现在的超精密机床可以达到亚微米级加工精度。使用双坐标数控超精密机床,可以加工圆柱面、平面和非球曲面,达到很高的尺寸精度和几何精度。现以超精密机床为例,说明超精密机床能达到的精度。

美国LLL的大型光学金刚石车床LODTM(图5.1)可以达到相当高的精度,经美国国家标准局(NBS)进行精度检测,实测结果见表5.2。

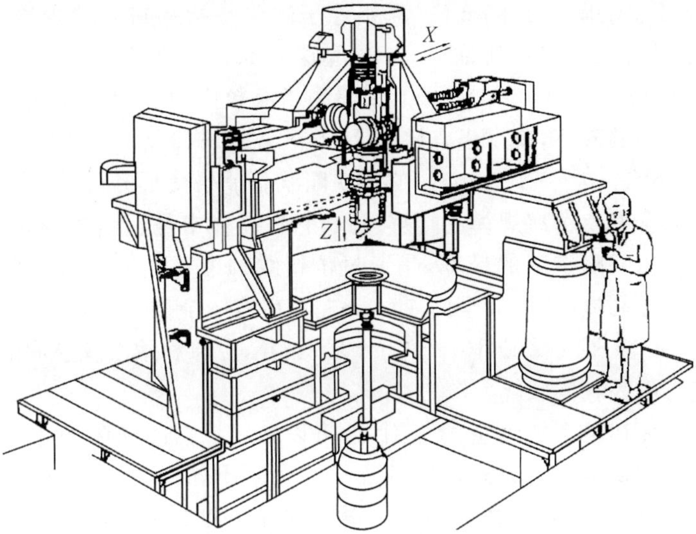


图5.1 美国LLL的LODTM大型光学金刚石车床

表5.2 美国LLL的大型光学金刚石车床LODTM的精度 μm

| | 主轴回转误差(静态) | 50 r/min时的回转误差(P—V值) | 直线定位误差 | 导轨运动直线度误差(P—V值) | 激光测量系统综合误差 |
|---|---|---|---|---|---|
| X向 | 0.025 | <0.051 | <0.051 | <0.102 | <0.002 5 |
| Y向 | 0.051 | <0.051 | <0.051 | <0.102 | <0.002 5 |

**2.超精密切削时的材料去除**

超精密切削材料去除时,为保证工件尺寸精度要求,最后一次的切削深度必须小于尺寸精度值。同时为保证加工出优质的镜面,进给量必须很小,因此切削厚度很可能小于材料的晶粒大小,切削往往在晶粒内部进行。因此超精密切削时必须注意极薄切削厚度时的一些特殊切削规律。

(1)刀刃必须十分锋锐并且耐磨。

只有刀刃极锋锐时,才能在极小切削厚度时正常切削。为保证工件的精度并加工出优质的镜面,刀具必须磨损极小。一般情况下超精密切削都使用天然单晶金刚石刀具,因金刚石硬度高、极耐磨、传热性好,与有色金属工件间摩擦系数小，能刃磨得极为锋锐。

(2)工件材料缺陷的影响。

超精密切削时往往切入晶粒内部，因此工件材料内部微观的缺陷分布和材质的不均匀性将直接影响切削效果。材料内的微观缺陷可归纳为下列几种情况：

① 晶格原子缺陷($10^{-3}$ μm)。晶格原子缺陷是指晶格内缺少原子或分子。晶格原子缺陷空间的破坏，就是一个一个地去除原子或分子。

② 点缺陷($10^{-3}$～$10^{-1}$ μm)。点缺陷是指晶粒内缺少原子团或有杂质原子团。点缺陷空间的破坏，就是以点缺陷为起点，逐渐增加晶格缺陷的破坏。

③ 位错缺陷($10^{-1}$～10 μm)。位错缺陷就是晶格变形和位移。位错是有一列或若干列原子发生了有规律的错排现象，它在晶体中是连续的线状分布，故亦称线缺陷。位错缺陷空间的破坏，是通过位错线的滑移或微裂纹而引起晶体内的滑移变形。在晶体内，一般是间隔1 μm左右就有一个位错缺陷。

④ 晶界、空隙和微裂纹(10～$10^3$ μm)。晶界、空隙和微裂纹空间的破坏是以缺陷面为基础的晶粒间破坏。

切削应力区在某个缺陷空间范围内，将以该区域空间缺陷的相应破坏方式而破坏。不同的缺陷破坏方式所需的加工能量是不同的，如缺陷尺寸小则破坏需要的加工能量大，缺陷尺寸大则破坏需要的加工能量小。超精密切削时切入到晶粒内部，切削应力区内的缺陷尺寸很小，故切除单位体积材料需要消耗很大的切削能量，即切削厚度很小时，切除同样体积材料，要比普通切削多消耗很多的切削能量。

(3)超精密切削的最小极限切削厚度。

单晶金刚石刀具可以刃磨得极为锋锐，在超精密机床上可以切削有色金属和非金属，获得 $Ra$ 为 0.02～0.002 μm 的镜面。当金刚石刀具经过特别仔细研磨，达到特别高的锋锐度时，在切削厚度极小时，仍能正常切削。日本大阪大学 N. Ikawa 教授和美国 LLL 实验室合作研究超精密切削的最小极限切削厚度，实验在超精密机床 PERL II 上进行，用极锋锐的金刚石刀具切削无氧铜。实验证明，在金刚石刀具极锋锐的条件下，切削厚度 $a_c$ 小到 1 nm 时，仍能正常切削，能切下连续的极薄切屑。图 5.2 是该实验在切削厚度分别为 30 nm、3 nm 和 1 nm 时切下切屑的照片。从照片图中可看到，在切削厚度小到 $a_c=1$ nm 时，切下的切屑仍是正常的连续切屑。

### 5.2.2 精密镜面磨削

磨削时的尺寸精度和几何精度主要靠精密磨床保证，可以达到亚微米级精度，在某些超精密磨床上可以磨出数十纳米精度的工件。

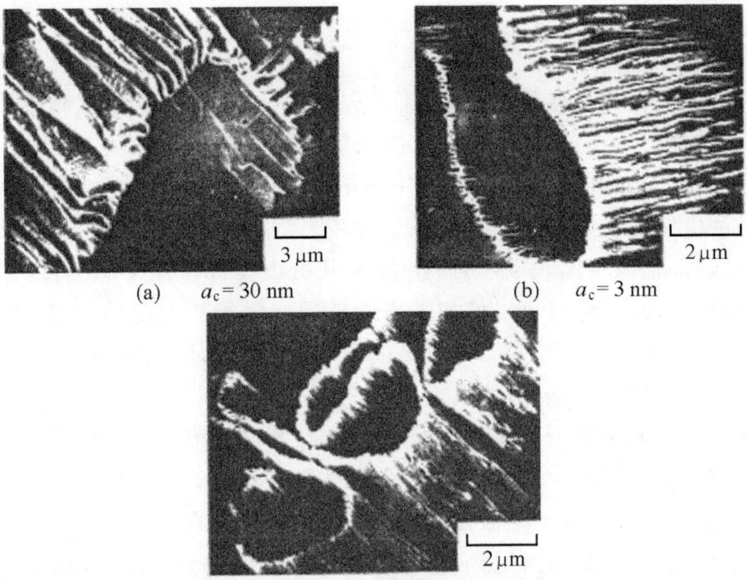


(a) $a_c = 30$ nm (b) $a_c = 3$ nm

(c) $a_c = 1$ nm

图 5.2 用金刚石刀具在极小切削厚度时切下的切屑(N. Ikawa)

在精密磨床上使用细粒度磨粒砂轮可以得到 $Ra$ 为 0.1～0.05 μm 的磨削表面，最近出现的使用金属结合剂砂轮的在线电解修整砂轮的 ELID 精密镜面磨削技术，可以获得 $Ra$ 为0.01～0.002 μm 的镜面。图 5.3 所示是 ELID 精密镜面磨削法磨出的平面和内孔，可以看到磨削表面的粗糙度值 $Ra$ 极小，是优质的镜面。

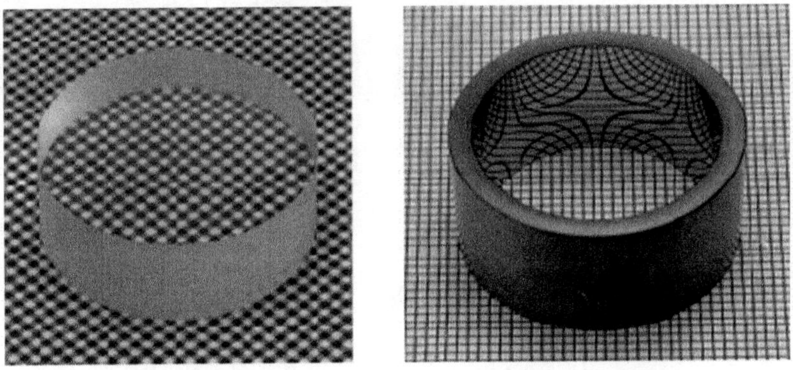

(a) 玻璃件磨端平面 (b) 硬质合金件磨内孔

图 5.3 用 ELID 精密镜面磨削法磨出零件的优质镜面

切削和磨削钢时的切削抗力和能耗随切削厚度的减小而急剧增大。普通切削和磨削钢时，当切削或磨削深度在 50 μm 以上时，剪切抵抗应力约为 500 N/mm$^2$；当切深度减小到 1 μm 以下时，剪切抵抗应力达到 $1.3\times10^4$ N/mm$^2$；当切深更小时，剪切抵抗应力更将明显急剧增大。

### 5.2.3 精密研磨和抛光

精密研磨和抛光是使用超细粒度的自由磨料，在研具的作用和带动下冲击加工表面，使其产生压痕和微裂纹，依次去除表面的微细突出处，达到加工出 $Ra$ 为 0.01～0.002 μm 的镜面。研磨剂中一般都有化学活性剂，所以研磨抛光实际上也是一种机械和化学复合作用的加工过程。研磨抛光在超精密加工中应用广泛，不仅可以得到很小的表面粗糙度值，而且可以得到很高的平面度(或要求的曲面形状精度)，控制好时可以使加工表面变质层极小。现在超大规模集成电路的硅基片、标准量块、光学平晶、光学平面镜、棱镜、高精度钢球、计量用的标准球等，都使用研磨抛光作为最后的精加工工序。

研磨抛光还大量应用于曲面的最后精加工。各种光学透镜和反射镜最后的精加工，一般都使用研磨抛光，以便能加工出 $Ra$ 为 0.01～0.002 μm 的镜面。手工研磨抛光效率很低，且不易保证曲面的几何精度，故国外已发展了多种精密曲面抛光机床。这类精密曲面抛光机床，都有精密在线测量系统，在机床上检测加工工件的几何精度，根据测出的误差继续进行抛光加工。加工出的曲面镜，不仅表面是优质的镜面，同时具有很高的几何精度。为加工大型光学反射镜，美国专门研制了大型精密 6 轴数控抛光机。图 5.4 所示是日本 Canon 公司研制的一台大型数控精密抛光机。该抛光机的工作台可做 $X$ 和 $Y$ 方向运动，并可旋转，抛光头可自动控制向下的加工量。工件在机床前部进行抛光加工后，可以移到机床

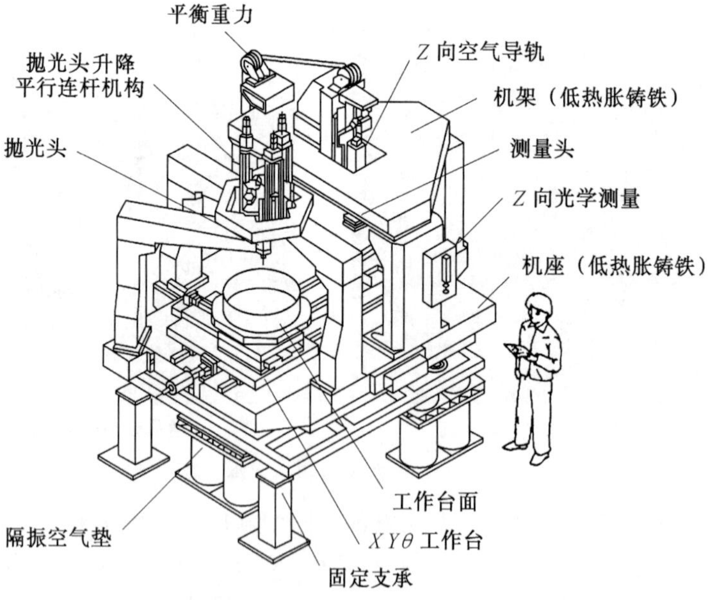


图 5.4 精密曲面抛光机(Canon 公司)

后面，该处有精密测头，可以测量工件的几何形状精度。测头的 $Z$ 向垂直运动有空气导轨和光学测量系统，可保证其测量运动精度。整台机床由空气隔振垫支承，以防止振动。

## 5.3　纳米切削的分子动力学模拟

### 5.3.1　纳米切削分子动力学模拟的基本原理

虽然我们已能用锋锐的金刚石刀具实现极小的切削厚度(1 nm)，并在精密磨削和研磨时能在工件表面磨去极薄极微量的材料，但对这种超精密纳米切削过程中的材料变形切除机理、被加工表面和亚表面的变形形成过程、刀具和工件材料的相互作用等问题却了解甚少。

在进行超精密纳米切削时，切削区极小，只包含数个、数十个或数百个原子层，加工过程在本质上是原子的运动离散现象，工件是原子和分子的集合体。纳米切削会产生一系列介观物理现象，如微磨损和量子尺寸效应等，如再用传统连续介质力学基础上的切削理论来解释，显然是不合适的。

用传统方法研究纳米切削，因受到实验观测条件的限制，有一定困难，而用分子动力学来模拟和分析纳米切削，完全可以克服这些困难。用分子动力学模型来研究纳米切削，需要深入到极小切削区中，通过了解微观世界的原子(分子)的运动和它们之间的相互作用，来研究切削过程。它是研究探索各种现象本质和某些新规律的一种有效的新方法，是联系微观世界与宏观世界的一种强有力的计算机模拟方法。

20 世纪 80 年代末，日本和美国的学者 N. Ikawa、S. Shimada、W. Hoover、I. Belak 等就开始了用分子动力学来研究纳米切削、针尖刻划和微观界面的摩擦磨损。我国天津大学林滨和哈尔滨工业大学罗熙淳等也已开始进行磨削和切削的分子动力学模拟。建立纳米切削分子动力学模型，一般是建立表面数个、数十个或数百个原子层的模型，来研究在切削、摩擦磨损过程中原子(分子)的运动和相互作用。

纳米切削分子动力学模拟的基本原理如下。

**1. 分子间作用力的计算**

分子间作用力的计算，主要是通过对势函数这样的经验势求导的方法进行的。其中 Morse 势函数最常用，它的势能 $u(\boldsymbol{r}_{ij})$ 的表达式为

$$u(\boldsymbol{r}_{ij})=A\{\exp[-2\beta(\boldsymbol{r}-\boldsymbol{r}_{\min})]-2\exp[-\beta(\boldsymbol{r}-\boldsymbol{r}_{\min})]\} \tag{5.1}$$

式中　$r$ —— 粒子位置矢量；

　　　$A$ —— 结合能系数，对于不同结构取不同值。

势函数确定后，原子 $i$ 和原子 $j$ 之间的作用力 $F_{ij}$ 可以通过势函数对 $r_{ij}$ 求导得到，即

$$F_{ij}=\frac{\mathrm{d}u(r_{ij})}{\mathrm{d}r_{ij}} \tag{5.2}$$

式中　$r_{ij}$ —— 原子 $i$ 和原子 $j$ 之间的距离。

作用在第 $i$ 个原子上的总原子力 $F_i$ 等于其周围所有其他原子对该原子作用力的合力，即

$$F_i=\sum_j F_{ij}=\sum_j \frac{\mathrm{d}u(r_{ij})}{\mathrm{d}r_{ij}} \tag{5.3}$$

**2. 周期边界条件**

在建模时，要按照工件和刀具材料的晶体结构来给出它们原子的初始位置。分子动力学模拟系统中粒子数较少，为减小粒子数少于实际系统而带来的尺寸效应，分子动力学采用周期边界条件。即将 $N$ 个粒子集中在尺寸为 $L$ 的原胞中，原胞周围是和原胞完全相同的复制原胞，称为镜像原胞。原胞在各个方向上的周期复制，就形成了宏观物体的样本。因此只需根据原胞周围的边界条件，便可计算原胞内粒子的运动，大大减少了计算工作量。

**3. 运动方程的建立和求解**

为简化计算忽略量子效应，系统中粒子将遵循牛顿定律。在时间为 $t$ 时，粒子的运动方程为

$$\frac{\mathrm{d}^2 r_i(t)}{\mathrm{d}t^2}=\frac{1}{m_i}\sum_{i<j}F_i(r_{ij}) \quad (i=1,2,3,\cdots,N) \tag{5.4}$$

模拟开始时，由边界条件得到各粒子的初始位置，初始速度可从该温度下的麦克斯韦分布提取。适合于分子动力学模拟的算法有多种，其中 Verlet 法因使用简单，占用存储量不太大，并且稳定性好，经常被采用。

得到计算结果后，可以对切削力、刀具和工件的应力等进行定量计算和定性分析，并可制成仿真动画，对超精密纳米切削过程的各种现象进行观察分析，研究切屑去除的机理和加工表面形成的机理等。

### 5.3.2　加工塑性材料时的纳米切削分子动力学模拟

图 5.5 是 N. Ikawa 等建立的用金刚石刀具切削 Cu、Al（塑性材料）时的二维纳米切削分子动力学模型。金刚石刀具的刃口半径为 $\rho$，假设切削时刀具无磨损。试件切削区内的材料原子分为固定边界原子层、恒温原子层和牛顿原子层三个部分。其中边界原子被固定在各自原来的位置，不考虑晶格的振动，以减小

边界效应和保证晶格镜构的对称性。恒温层的原子需要被标度以保持该区域温度的恒定。刀具原子按牛顿原子处理，牛顿区原子的运动服从牛顿第二定律。

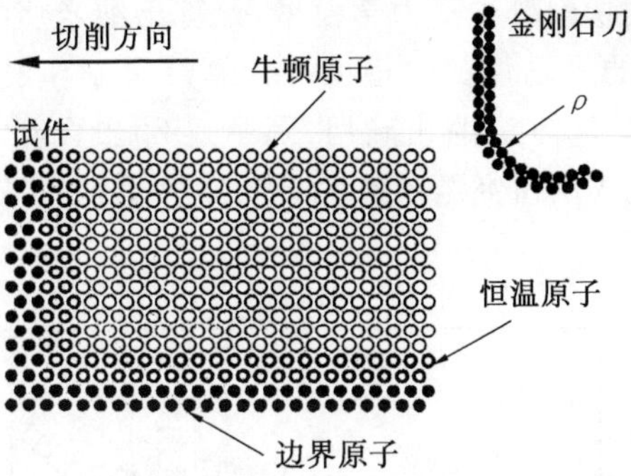


图 5.5　纳米切削二维分子动力学模型(N. Ikawa)

刀具原子和试件材料原子间的相互作用力可通过势能函数计算，在忽略其量子效应前提下，建立原子的运动方程。通过对运动方程的数值求解，便可得到试件与刀具原子的位移与速度，从而仿真出不同时刻原子的运动轨迹。根据运动轨迹可以对切削过程中材料的去除过程和加工表面的形成过程做出合理的解释。N. Ikawa 等用二维纳米切削分子动力学模型研究了 Cu、Al 纳米切削过程中的力和变形的规律、表面形成过程及各工艺参数的影响、可能的最薄切削厚度等。

图 5.6 所示是 I. Belak 等建立的用金刚石刀具正交切削 Cu(111)表面时的三维纳米切削分子动力学模型。金刚石刀具固定不动，而铜试件自左向右以 1～100 m/s 速度运动，刀刃钝圆半径约为2 nm。模拟计算中，采用结合序列模型(bond-order model)表示金刚石刀具中碳原子与试件表面原子的共价作用，用嵌入原子模型表示铜原子的内聚力。他们用该分子动力学模型系统分析研究了纳米切削行为和过程。在纳米微切削过程中材料急剧发生位错，材料的塑性变形

图 5.6　纳米切削三维分子动力学模型(I. Belak)

机理表现为位错及其迅速扩展。在正交切削过程中,刀刃起着直线位错源的作用。

I. Belak 根据他的切削分子动力学模型,计算出纳米切削时单位宽度切削力和单位体积切削能量的平均值。他将模拟计算结果制作成图5.7。为证明他的切削分子动力学模拟计算方法的正确性,图中还列出了多名其他研究者的研究结果数据做对比,其他人的研究结果有些是从实验得到的,有些是用分子动力学模拟计算得出的。

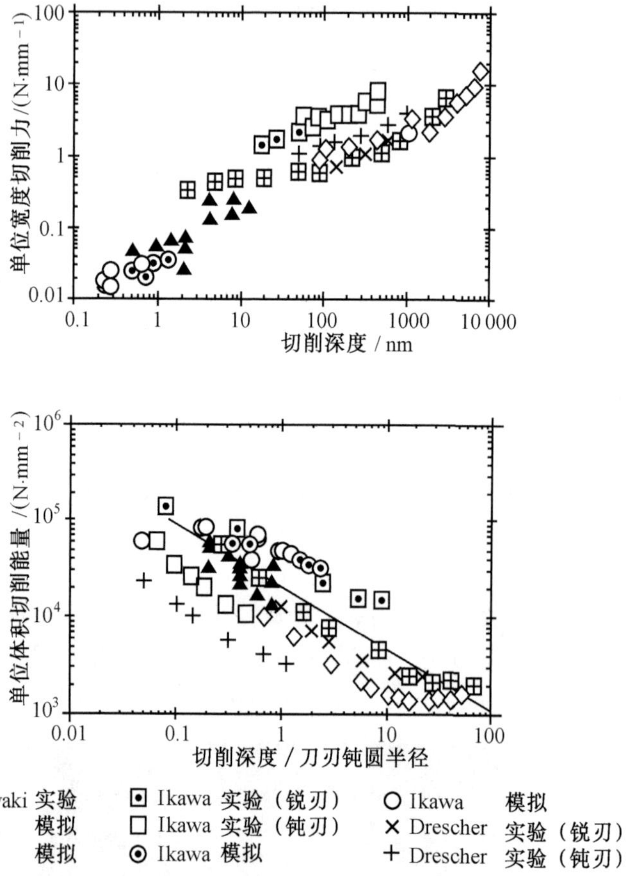


图 5.7 切削力与切削能量的不同研究结果对比(I. Belak)

分析分子动力学模拟计算结果和过去获得的实验结果数据,可看到微观与宏观切削中切削能量与切削深度变化斜率不同,这反映了尺寸效应的影响和塑性变形机理的不同。在宏观尺度的切削中,材料塑性变形是晶粒之间原有位错的扩展,而在微观尺度的切削中,材料塑性变形是通过晶粒内部产生新的位错而进行的。

### 5.3.3　加工脆性材料时的纳米切削分子动力学模拟

脆性材料进行纳米切削时，材料的变形切除过程和切塑性材料完全不同。当切削厚度极小时，被切材料存在脆塑转化而被切除；切削厚度稍大时，被切材料将因脆性破裂而被切除。无论是前者还是后者，材料中的缺陷都起很大影响。

图 5.8 是 S. Shimada 等建立的用金刚石刀具切削脆性材料无缺陷单晶硅(111)时的二维纳米切削分子动力学模型。图 5.8(a)是脆性材料硅的脆塑转化加工过程。由于刀尖的切入，接近刀尖处的工件原子的势能被改变，导致硅原子势能的突然增加，打破了原来原子的排列，引起晶格结构向无序状态的相变，这就是脆性材料被塑性变形切除的基本原理。图 5.8(b)是脆性材料硅产生裂纹，导致脆性破损而被切除的过程。由于刀尖的切入，接近刀尖处的工件硅原子势能的突然增加，引起晶格结构向无序状态的相变，这种无序状态的发展集中在刀尖前部的下面，发展到一定程度将在它的前部形成空穴。刀尖处的高应变能为形成空穴提供能量，当应变能转变为动能时，空穴扩展，最后形成清晰的裂纹。空气与硅晶体的化学反应，增加了原子的动能，促使裂纹加速扩展。材料中的缺陷，将促进裂纹的产生和扩展。通过对内部无缺陷的单晶硅的切削过程的模拟，发现切削无缺陷的单晶硅，同样会产生裂纹和材料的脆性破损。

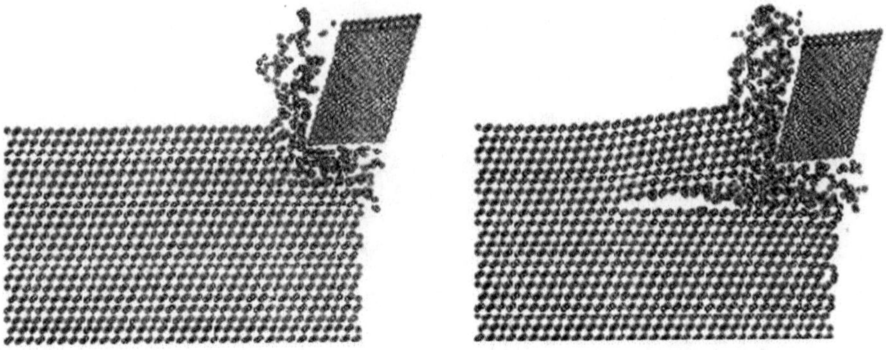

(a) 切削厚度 $a_c = 0.5\ \mu m$　　(b) 切削厚度 $a_c = 1\ \mu m$

图 5.8　脆性材料进行纳米切削时的分子动力学模拟(S. Shimada)

## 5.4　三束加工技术

三束加工是指电子束加工、离子束加工和激光束加工，可用于刻蚀、打孔、切割、焊接、表面处理和表面改性等。

### 5.4.1 电子束加工技术

**1. 电子束加工原理**

电子的特征尺寸和质量都非常小，半径为 $2.8\times10^{-6}$ nm，质量为 $9\times10^{-29}$ g，但其动能通过加速可达数十万甚至数百万电子伏特（1 eV＝$1.6\times10^{-16}$ J），被加速的电子能够击进工件的表面，其穿透深度 $H$(cm)为

$$H=2.2\times10^{-12}U^2\rho^{-1} \tag{5.5}$$

式中 $U$——电子势能(J)；

$\rho$——被加工材料密度($\mathrm{g\cdot cm^{-3}}$)。

电子束直接加工时，被加速的电子不是将其能量仅施于表面的原子，而是施于电子穿透层，而且电子的动能也并不直接转化为被撞原子的动能，而是传递给其外部轨道上的电子。因此电子束直接加工是以热能的方式去除穿透层表面的原子。

电子束光刻加工时，电子束聚焦成很小的束斑（直径为 0.1 μm），照射敏感材料使其感光，再用化学腐蚀而获得精细的线条和图形。用电子束光刻法可以刻蚀出 0.1 μm 宽度的线条和精细图形，而成为制造集成电路芯片的最基本工艺方法，得到实际生产的广泛应用。

**2. 电子束的热效应及其直接加工**

在真空中将阴极发射出来的负电子向正极加速，聚焦成极细的能量密度极高的束流，电子束的能量密度可达 $10^9$ W/cm$^2$。高速高能量密度的电子束冲击到工件材料上时，在几分之一微秒的瞬间，入射电子与工件原子相互碰撞，发生能量变换。与此同时，部分电子向工件材料内部深入，部分电子发生弹性碰撞被反射出去，成为反射电子。电子束撞击到工件表面，发生能量变换使原子加速振动，动能转化为热能。由于电子束能量密度高、作用时间短，产生的热量来不及扩散，就将被冲击处的材料熔化、气化并在真空中被抽走。这就是利用电子束热效应加工的基本原理。高能电子束有很强的穿透能力，穿透深度为几微米到几十微米。例如加速电压为 50 kV 时，加工铝的穿透深度为 10 μm，而且以热的形式传输到相当大的区域。电子束加工过程可用图 5.9 的加工过程的模型来说明。

控制电子束的强弱和偏转方向，配合工作台的 $X$、$Y$ 方向的位移，可实现打孔、成形切割、刻蚀、焊接和表面处理等工艺。可以在 0.5 mm 厚的不锈钢板上加工出直径 3 μm 的小孔，切割 3～6 μm的窄缝，可在硅片上刻出宽为 2.5 μm、深为 0.25 μm 的细槽。

利用电子束的热效应直接进行加工，从原理上讲不能获得纳米级加工精度。

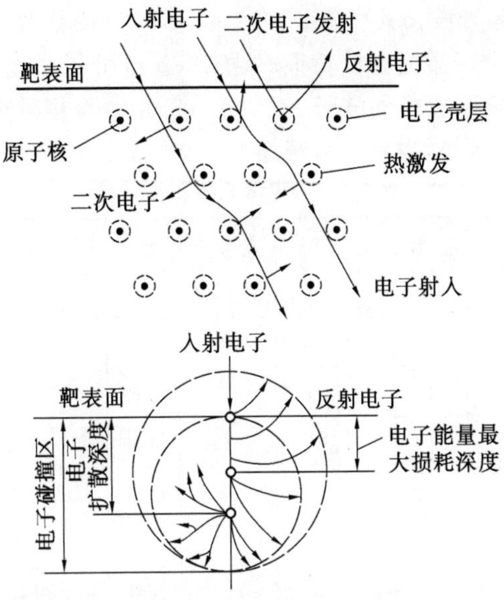


图 5.9 电子束加工过程模型

### 3. 电子束光刻加工

使用电子束光刻可在敏感材料上进行光刻曝光,再用化学刻蚀法加工出极细线条和精细图形。由于电子束射线的波长比可见光短得多,因此可以得到很高的线条图形分辨率,在超大规模集成电路芯片的生产制造中,用电子束光刻曝光法可以加工出 0.1 μm 宽度的线条和复杂精细的图形,并有可能进一步发展而加工出更小宽度的线条。

现正研究用波长更短的超紫外线或 X 射线,聚焦成更细的光斑来进行光刻加工,或是进行扫描曝光,使其能刻蚀出更细的线条和更精密的复杂图形。

## 5.4.2 激光束加工技术

激光束加工是光束加工中经常用的一种加工方法。

光束的基本粒子是光子,光子虽无质量但有很高的能量,当光的频率为 $\nu$,波长为 $\lambda$ 时,光子的能量 $E$ 为

$$E=h\nu=hc/\lambda \tag{5.6}$$

式中 $h$——普朗克常数,$h=6.63\times10^{-34}$ J·s;

$c$——光速,$c=3\times10^{8}$ m/s。

激光束是能量密度极高的束流,激光束加工是光束加工中常用的方法。激光束加工是靠能量转换后的热效应进行加工的。激光有连续激光和脉冲激光两种,激光由于激发的介质不同,波长覆盖面很宽。$CO_2$ 激光的波长最长($\lambda=$

10.63 μm),YAG 激光波长其次($\lambda$=1.06 μm),对应的能量转换区过大,不适宜于纳米级加工。准分子激光的波长很短,如 $Xe_2^*$ 准分子激光的波长 $\lambda$=0.169~0.176 μm,$Kr_2^*$ 准分子激光的波长 $\lambda$=0.145 7 μm,聚焦的束斑直径小,对材料的穿透性强,热影响区小,适宜于精密加工。常用激光器及其性能见表 5.3。

**表 5.3 常用激光器及其性能**

| 种类 | 工作介质 | 基体 | 激活离子 | 激光波长/μm | 发散角/(°) | 输出方式 | 输出能量或功率 | 主要用途 |
|---|---|---|---|---|---|---|---|---|
| 固体 | 红宝石 | $Al_2O_3$ | $Cr^{3+}$ | 0.694 3 | $10^{-2}$~$10^{-3}$ | 脉冲 | 几焦至几十焦 | 打孔,焊接 |
| | 钕玻璃 | 玻璃 | $Nd^{3+}$ | 1.065 | | 脉冲 | | 打孔,焊接 |
| | 掺钕钇铝石榴石(YAG) | $Y_3Al_5O_{12}$ | $Nd^{3+}$ | 1.065 | | 脉冲 | | 打孔,切割,刻蚀,焊接,微调 |
| | | | | | | 连续 | $10^2$~$10^3$ W | |
| 气体 | $CO_2$ | $CO_2-He-N_2$ | $CO_2$ | 10.63 | | 脉冲 | 几焦 | 切割,焊接,表面改性 |
| | | | | | | 连续 | 几十焦至几千焦 | |
| 准分子 | XeCl | XeCl | $Xe_2^*$ | 0.169~0.176 | | 脉冲 | 4 J/脉冲 | 打孔,微细加工 |
| | KrF | KrF | $Kr_2^*$ | 0.145 7 | | | 10 500 J/脉冲 | |

注:$Xe_2^*$、$Kr_2^*$ 为准分子

激光加工的应用范围非常广泛,并且特点非常突出,主要特点有:

① 加工精度较高。准分子激光束聚焦直径小于 1 μm,可以用于微细加工。这种方法属于非接触加工,作用力小,准分子激光加工时孔壁较直,且热变形也不很大。

② 加工材料广泛。激光可加工各种金属和非金属材料,尤其在加工陶瓷、玻璃、宝石、金刚石、硬质合金和石英等难加工材料时,激光加工非常有效。对透明材料可通过色化或打毛后进行加工。

③ 加工方便,通用性好。激光加工时不需真空和特殊防护。对某些特殊要求的加工件,可透过玻璃等透明材料进行加工。用同一激光设备,可通过调整激光加工工艺参数,如光束大小、输出能量、脉冲宽度等进行打孔、切槽、刻蚀、切割、表面改性等不同工作。

④ 加工速度快,加工效率高。激光加工方法很多,应用范围极为广泛。图 5.10 给出了各种激光加工方法及其所需的能量和脉冲宽度。

常用的激光中,YAG 激光($\lambda$=1.06 μm)和 $CO_2$ 激光($\lambda$=10.63 μm)由于波长较大,每个光子的能量太小;准分子激光的波长很短($\lambda$=0.145 μm),光能密度高达 $10^{-19}$ J,大于铁的原子间结合能($1.6\times10^{-20}$ J),从理论上讲可以用于纳米级加工。但激光加工并非用光能直接撞击去掉表面原子,光能首先转化为工件

表面原子的外部轨道上电子的势能，然后由原子的热能或动能去掉原子，一般是多个光子撞击一个原子，使其动能超过原子间结合能，从而达到去除原子的效果。

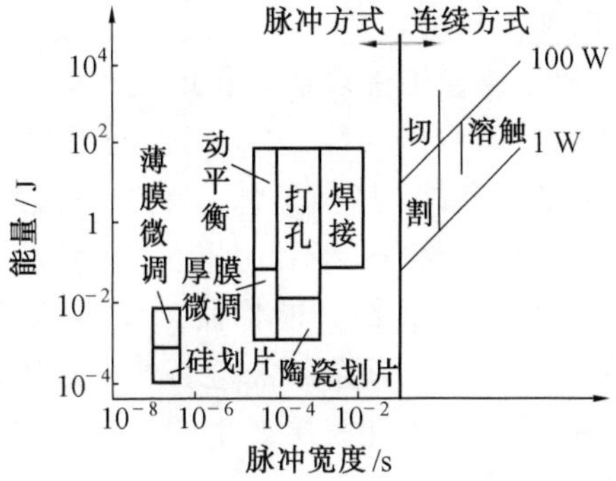


图 5.10　各种激光加工方法及其所需能量和脉冲宽度

激光加工可以进行加工小孔、切割、刻线、图形刻蚀(扫描烧蚀)和表面处理等。图 5.11 所示是用准分子激光刻蚀加工的微小图形。准分子激光加工的典型扫描速度为每秒几厘米，每次扫描烧蚀深度为 10 nm 到数微米，可重复刻蚀而达到图形要求深度。在用激光的热效应进行烧蚀加工时，准分子激光因波长短，热量集中，故工件受热变形较小，表面变质层亦较小，加工效果较好，但仍然很难精确控制达到极高精度和很高的表面质量，因此现在没有被用在纳米级精密加工中。最近新发展的飞秒级蓝宝石激光虽加工精度和加工表面质量都很高，但加工效率很低，且设备昂贵。

图 5.11　准分子激光刻蚀加工的微小图形

### 5.4.3　离子束加工技术

#### 1. 离子束加工的基本原理

离子束溅射加工包括离子刻蚀、离子抛光、离子清洗、离子注入以及离子镀膜技术等。现在离子束加工已是精加工中的一项新技术，成为开发尖端产品、提高关键精密零件功能与特性的重要手段之一。

离子束溅射加工的基本原理，是在真空条件下，将惰性气体氩(Ar)、氪(Kr)、氙(Xe)等电离而产生离子束，再经过加速、集束、聚焦后，溅射到工件表面来实现各种离子束加工的方法。离子束溅射加工的原理，不同于通过热能转换效应而起作用的光子束和电子束加工，因离子直径为 0.1 nm 数量级，与被加工材料的原子尺寸和质量为同一数量级，故其加工原理是将离子的动能直接传递并转化为被加工材料原子的动能，使其大于原子间的结合能，即直接将工件表面原子碰撞出去，以达到加工的目的。离子束加工不是通过热能的转换，故理论上可能有较高的加工效率和较高的加工精度。

离子束溅射加工时，离子碰撞工件表层原子的过程是一个相当复杂的过程。离子加速后具有高达 10 keV 量级的动能，轰击工件表面时，有很强的穿透能力。离子和工件原子弹性碰撞的过程中，将有工件原子的一次溅射、二次溅射、回弹溅射、离子被排斥反弹、成为置换离子等不同情况。高动能离子冲击工件表面，将能量传递给工件表层原子，其中大部分能量使工件原子（分子）被溅射出工件表面，该现象称为离子束溅射现象。其余的能量将转变成工件材料晶格的振动、位错和热能。离子束溅射加工时，工件表层产生的热量不多，机械应力和损伤也较少，有利于提高加工精度。

图 5.12 所示是离子束加工时离子碰撞工件原子的过程模型，有以下几种情况：

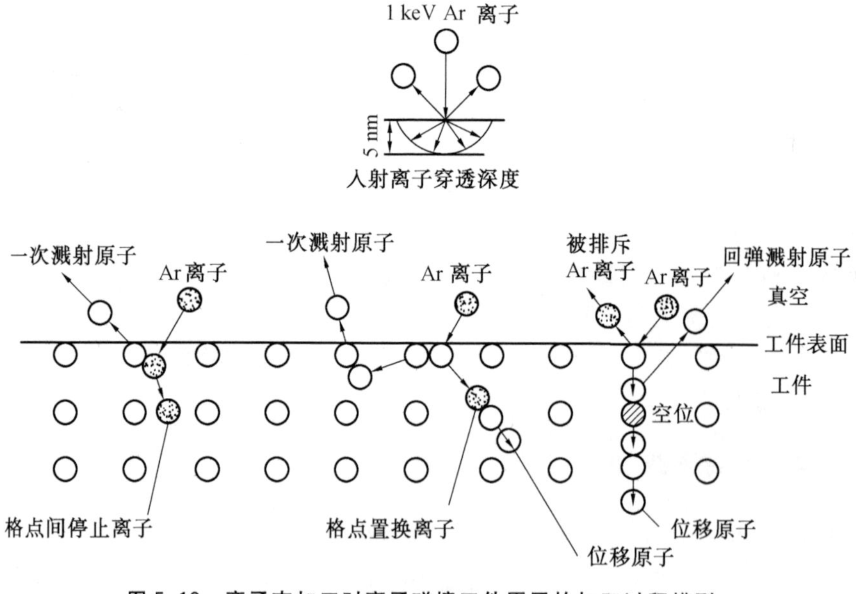


**图 5.12 离子束加工时离子碰撞工件原子的加工过程模型**

① 一次溅射。由离子直接碰撞工件表层材料中的原子（分子），使该原子（分子）被分离而溅射出工件表面。

② 二次溅射。离子碰撞工件表层材料中的原子（分子），这个原子（分子）又去碰撞别的原子（分子），使后来被碰撞的原子（分子）被分离而溅射出工件表面。

③ 回弹溅射。有些被碰撞的原子（分子）又去碰撞别的原子（分子），但自己

却被回弹而溅射出工件表面。这种情况是反向溅射或背散射。

④ 离子被排斥反弹。有些离子在碰撞工件的原子(分子)时,自己被反弹出工件表面外,成为被排斥反弹的离子。这种情况下,离子未完成溅射去除工件原子的作用。

⑤ 置换离子。离子碰撞工件表面时被留在工件表层中,成为置换离子或晶格间的填隙原子。这种情况下,离子未能完成溅射去除工件原子的作用。

当离子是直接弹性碰撞时,在一次碰撞中所传递的动能为

$$E = 4E_0 m_0 m/(m_0 + m)^2 \tag{5.7}$$

式中 $E$—— 传递给原子的能量(eV);

$E_0$—— 入射离子的能量(eV);

$m_0$—— 入射离子的质量(u);

$m$—— 被撞击原子的质量(u)。

分析上式可知,当 $m_0 = m$ 时, $E = E_0$,溅射效果最好。例如要用离子束对 $SiO_2$ 玻璃材料进行溅射加工,可选用的离子有 Ar(相对原子质量 40)、Kr(相对原子质量 89)、Xe(相对原子质量 131)。由于被加工的玻璃材料中 Si 的相对原子质量为 28,$O_2$ 的相对分子质量为 32(16×2=32),则选用 Ar 离子对 $SiO_2$ 玻璃进行溅射加工效率最高,因 Ar 的相对原子质量是 40,与 Si 的相对原子质量 28 及 $O_2$ 的相对分子质量 32 比较接近。

使用离子束对工件表面进行撞击,溅射去除工件表层原子时,离子的动能增加(即离子的速度增加)将使溅射去除原子的效率增加。但离子的动能增加到某最佳值后,继续增加离子的动能,反而使溅射去除原子的效率降低。这是因为过高动能的高速离子,将深入工件表层内,成为置换离子被留在工件材料表层中,成为离子注入加工,这时原子的溅射去除效率反而下降。

离子束的入射角与工件原子的溅射去除效率直接有关。入射角太小时工件原子的溅射去除效率低,增大入射角可增加原子的溅射去除效率。在入射角为 60°左右时,工件原子的溅射去除效率最高。再增大入射角则离子将部分注入工件表层成为置换离子,工件原子的溅射去除效率反而下降。

**2. 离子束加工方法**

(1)离子束溅射去除加工法。

离子束溅射去除加工法的原理是利用高动能离子轰击工件表面,造成工件表层原子的一次溅射去除和二次溅射去除。这是一种典型的原子和分子去除的微细加工方法和超精密加工方法。

图 5.13 是离子束溅射去除加工装置的结构原理图,它由等离子体离子源、真空室、聚焦装置、工作台、电源等组成。惰性气体 Ar、Kr、Xe 等先进入低真空

度(1.3 Pa)的离子室中，通过阴极2与阳极5之间的直流电弧放电使它被电离，成为等离子体。以中间电极3为界，在阴极与中间电极、中间电极与阳极之间形成两个等离子体区。前者等离子体密度较低，后者在非均匀强磁场的压缩下，在阳极孔区形成高密度的等离子体。通过控制电极7和引出电极8，使等离子拉成束状，加速并进入高真空区($1.3\times10^{-6}$ Pa)。离子束再通过静电透镜组成的聚焦装置10聚成高密度细直径的离子束，轰击工件表面。

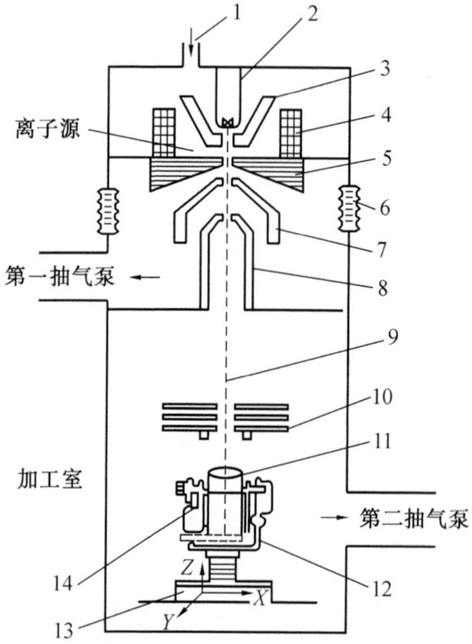


**图5.13　离子束溅射去除加工装置**

1—惰性气体入口；2—阴极；3—中间电极；4—电磁线圈；5—阳极；6—绝缘子；7—控制电极；8—引出电极；9—电子束；10—聚焦装置；11—工件；12—摆动装置；13—工作台；14—回转装置

工件装在可进行双坐标直线位移的工作台上。离子束可根据加工要求聚焦成不同的直径，最小离子束直径可达0.5～0.1 μm。离子束可直接对工件表面进行刻蚀，即用离子束轰击工件表面，使工件表面原子溅射去除，加工出有相当深度的各种微小精细的图形结构。

图5.14所示是用$Be^{2+}$(铍)离子束刻蚀法加工出的线条图形结构，试件材料为硅铝合金，线条宽度为0.1 μm，深度约0.5 μm。$Be^{2+}$离子束强度为260 keV，离子密度为$2.0\times10^{12}$个/$cm^2$。用同样离子束刻蚀加工方法，还可加工出线宽为50 nm的类似图形结构。

当加工需要时，可在离子束溅射加工的工作台上，再增加绕垂直轴旋转的回转工作台，还可增加绕水平轴摆动的摆动装置。增加这些附件后，就可以用离子溅射加工法来加工精密的三维结构和三维曲面的工件，还可以用来加工非球曲面等。

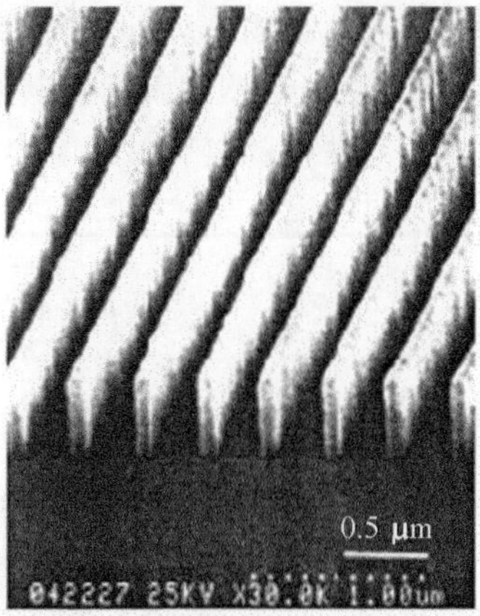


图 5.14　离子束刻蚀法加工出的微结构

离子束溅射去除加工法是一种有很大发展前途的超精密加工方法，可以刻蚀复杂精密的图形结构，可以加工三维立体结构和三维曲面，刻蚀超大规模集成电路芯片的图形等。离子流刻蚀加工时，加工材料不受限制，不仅可以对各种金属，而且可以对陶瓷、石英玻璃、硅片及多种非金属的表面进行加工，并可以达到很高的重复精度。现在新出现的所谓离子铣、离子磨、离子减薄、离子研磨抛光等，实际上都是离子流溅射去除的不同形式的加工方法。

(2)离子束注入加工。

离子束注入加工就是将所要注入的元素进行电离，并将正离子分离和加速，形成具有极高动能(数百 keV)的高能离子流。用离子流轰击工件表面，因离子具有很高动能而穿透深入表层内，其电荷被中和，成为置换离子或晶格间的填隙原子，留在工件表层内。离子注入物体表面深度，可以达到表层内 1 μm 以内，注入到工件表层中的新材料原子(离子)使工件表层材料的化学成分、结构和性能产生变化。离子注入表面，产生大量位错和钉孔，强化表面组织，可以使金属材料表面改性。

离子束注入加工已用于制造集成电路时的半导体芯片掺杂，在单晶硅中注入磷和硼等杂质，已用于晶体管、集成电路、太阳能电池的制造。金属材料的表面改性是一种表面处理，例如将氮注入高速钢刀具表面，可提高刀具耐磨性，将氧注入铁中，可提高铁的耐酸性。

(3)离子束溅射镀膜加工。

离子束溅射镀膜加工是一种原子级的材料附着加工，也称为离子束溅射附着加工。这种方法的加工原理如图 5.15 所示。使用具有高动能的离子流轰击靶，靶为溅射镀膜材料制成，离子流轰击靶使靶材料原子(分子)溅射离开靶而附着在工件表面，在工件表面上形成镀膜。离子束溅射镀膜加工时，靶面与离子流的方向形成一定角度，而工件被镀膜面必须与溅射原子(分子)方向垂直。由于被离子溅射出来的中性原子(分子)有较大动能，所以这种方法镀膜的附着力比蒸镀和电镀要高，同时效率也较高。溅射镀膜法应用广泛，不仅可在金属表面镀膜，同时也可在非金属(如纸、聚四氟乙烯、陶瓷等)表面上镀合金薄膜、金属化合物薄膜和氧化物薄膜等。溅射镀膜又是一种干式镀膜法，对不宜浸水物体(如纸等)亦可进行镀膜。用溅射镀膜法镀的薄膜附着力强、质量高，例如在表壳上用离子溅射法镀的氮化钛膜呈金黄色，美观又耐磨。

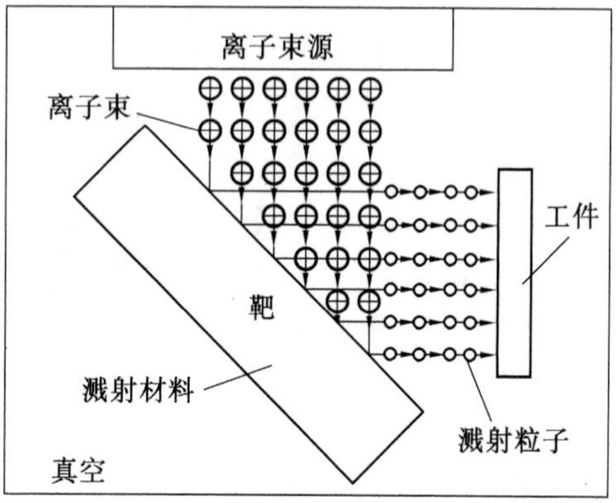


图 5.15　离子束溅射镀膜加工原理

当前离子镀膜已发展并实现了离子束辅助沉积技术(ion assisted coat, IAC)。它兼有离子镀膜与离子注入的主要优点，同时克服了两者的缺点。现在已采用镀膜与注入交替进行的方式以达到综合效果。

(4)离子束曝光刻蚀。

离子束曝光刻蚀，可以：①使用精密图形掩膜，使光刻胶感光，刻蚀得到精细图形结构；②用离子束直接扫描，使光刻胶感光，刻蚀得到精细图形结构。

离子束曝光刻蚀的优点是有高分辨率和高灵敏度。离子的质量远大于电子，离子在通过精密图形掩膜时，在透入基片表面的感光抗蚀膜中时，产生的离散作用小，引起的邻近效应也小，因此分辨率高，能够对线宽小于 0.1 $\mu$m 的精密微细图形进行曝光。离子的质量和尺寸远大于电子，射入感光抗蚀膜后受到的阻力也大，因此离子在感光抗蚀膜内的射程也短，其能量被感光抗蚀膜充分吸收，这就提高了它的曝光灵敏度。实验证明，在相同的感光抗蚀膜条件下，离子束曝光的灵敏度要比电子束曝光的灵敏度高一个数量级以上。因此用离子束曝光可以缩短曝光时间。离子束曝光刻蚀的高分辨率和高灵敏度，使它具有较大的实用前景。

## 5.5　原子与近原子尺度制造

在过去的 30 年中，随着扫描隧道显微镜的发明，人类已经可以操控单个原子，为即将到来的原子与近原子尺度制造(ACSM)时代奠定了基础。ACSM 包括将原始材料或部件转化为满足用户需求的产品的所有必要步骤，其过程不仅涉及原子级精度，还包括对材料在原子与近原子尺度下进行去除、增加或转移，是一个全新的制造领域。

### 5.5.1　ACSM 的制造方式

**1. 原子层刻蚀技术**

原子层刻蚀（ALE)作为一种新兴的半导体加工技术，采用依次交替的自限性化学改性工艺去除晶圆最上层原子层中被化学改性的区域。一个典型的例子是使用氯气和氩离子交替反应刻蚀硅。如图 5.16 所示，首先将氯气反应吸附在硅薄膜表面；然后清除多余的氯气及反应物；接着引入氩离子定向离子轰击硅氯结合层；最后去除多余的气体。不断重复上述步骤直到达到所需的材料去除量。在氯气反应吸收的步骤中，氯气与硅的结合层将仅在待刻蚀表面形成单原子层，同时该原子层会阻止反应吸收的继续进行。去除多余的氯气后，通过离子轰击、高能中性离子等方式进行刻蚀，刻蚀会使硅薄膜与上一步中吸附氯气产生的单原子层反应，形成挥发性物质。一旦待刻蚀层都被去除，即完成了一次循环。反应只发生在氯气吸附的样品表面，这样每一次循环中的吸附和反应过程都可以通过材料去除率进行优化。因此，原子层刻蚀技术可以在不造成亚表面损伤的情况下实现原子级精度的精加工表面。

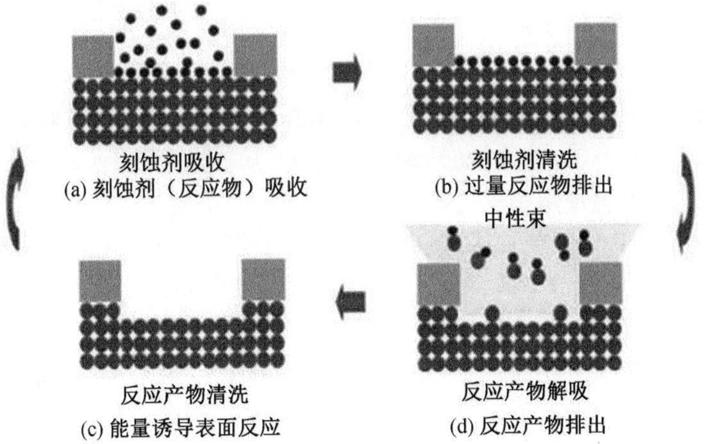


图 5.16　四步原子层刻蚀过程

摩尔定律的延续越来越依赖于高精度的制造工艺，因为采用此类工艺能够产生大面积、高质量的纳米尺寸结构。由于晶体管性能对于生产过程中的工艺变化非常敏感，因此高精度制造工艺对于生产 14 nm 以下半导体变得尤为重要。与连续反应离子刻蚀(RIE)相比，ALE 能够在保证较好原子尺度表面粗糙度下达到单原子层制造精度，并且不造成亚表面损伤，如图 5.17 所示。

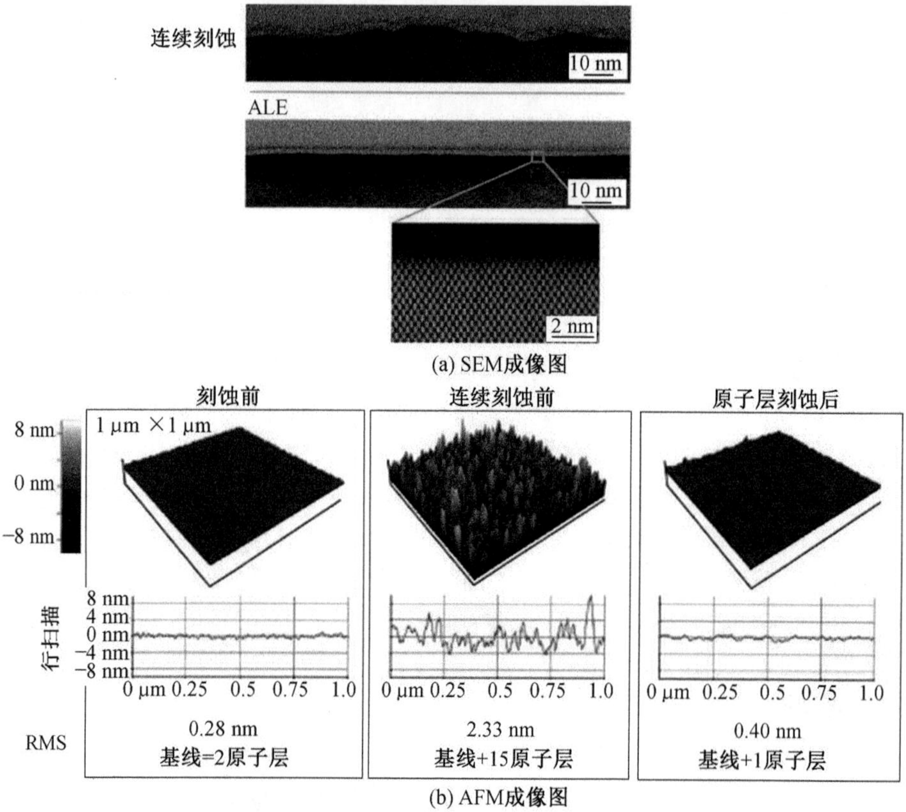


**图 5.17 化学机械平坦化刻蚀前、连续干法刻蚀及原子层刻蚀(ALE)外延硅表面质量的比较**

ALE 工艺的发展开始于 20 世纪 90 年代。为了实现纳米级晶体管的相关应用，这项工艺已经被应用于氧化硅和氧化铪（$HfO_2$）基底与多种物质反应吸收和被多种高能离子轰击的研究中。自限性 ALE 工艺中最大的挑战是控制加工过程中的吸附和反应阶段。通常情况下，吸收层会均匀地产生在基底表面。在反应过程中，需要严格控制阈值能量以保证只有目标材料被刻蚀而不是其他可反应材料。然而，由于实际加工过程中存在选择性损失、表面改性、净沉积和自发刻蚀等问题，理想的原子级高精度加工表面依然难以实现。

**2. 原子力显微镜加工技术**

原子力显微镜（AFM）已经被用作单晶硅的单原子去除。与传统的基于机械摩擦、断裂和变形的 AFM 探针不同，Chen 等人在严格控制实验环境湿度的条件下，基于剪切诱导的机械化学反应，研发了一种使用 AFM 去除单硅原子层的新方法。硅晶圆在 247 MPa 压力下与固定在扫描探针显微镜（SPM）悬臂上的直径为 2.5 μm 的二氧化硅（$SiO_2$）小球进行摩擦，摩擦过程在硅(100)表面形成了深度为(0.14±0.3)nm 的凹陷，这个深度与单层硅原子的厚度 0.136 nm 非常接近，图5.18所示为样品的 TEM 图像。原子的去除是通过剪切诱导的机械化学反应实现的，该反应依赖于尖端材料最上层及其反面的水分子的吸收，并且只有当压力超过 247 MPa 时才会发生这种反应，因为在这样的压力下 Si－Si 键能发生应力水解反应。图 5.19 所示为材料的去除机理：(1)硅原子与水分子反应形成表面羟基(图 5.19(d))；(2)界面两侧表面的羟基发生脱水反应从而形成界面桥接(图 5.19(e))；(3)在机械剪切作用下，通过破坏基底中的化学键达到从基底中去除硅原子的目的(图 5.19(f)和(g))。

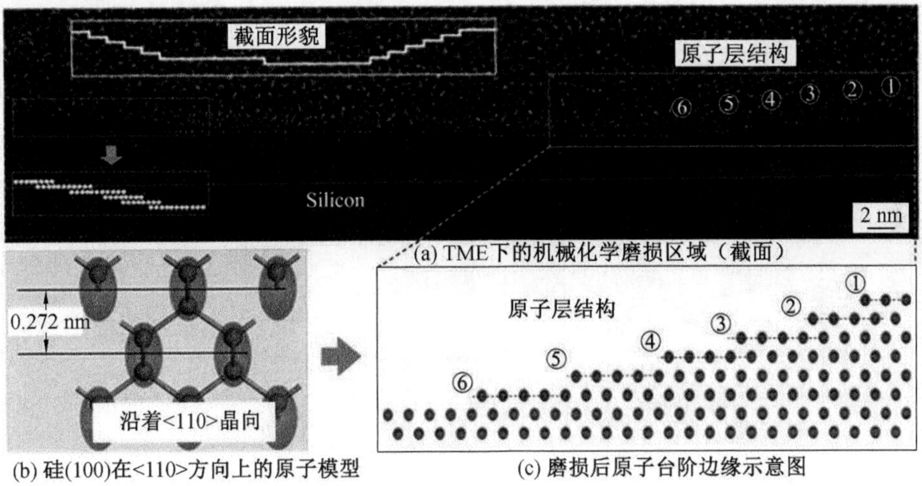


图 5.18　机械化学腐蚀区域的亚表面零损伤

除了基于机械化学反应的原子力显微镜，还有基于探针的纳米制造技术，如基于探针的纳米电加工和基于探针的激光辅助纳米制造。然而，这些技术可实现的特征尺寸仍然在几纳米到几百纳米的范围内，尚未实现单原子层或单原子去除。

### 3. 原子层沉积

原子层沉积(ALD)能够基于气相沉积技术生成各种材料的薄膜。与原子层刻蚀(ALE)类似，它是一种有序且自限的化学反应。它在厚度为 0.1 nm 级可成膜的大深宽比结构制造上表现了出色的一致性。原子层沉积已经在工业中有许多应用。图 5.20 说明了原子层沉积的过程。基底与交替脉冲形式的气态化学前驱体反应。这种半反应基本上用于材料的合成，其中前驱体脉冲在指定时间段内进入真空腔体，通过自限过程充分地与基底表面完全反应，且反应后的表面去除不超过一个单原子层；用惰性气体清除任何未反应的前驱体或反应副产物；在逆反应物前驱体脉冲和清除后，就可以创建最多一层的所需材料。重复这样的过程直至达到所需的膜厚度。

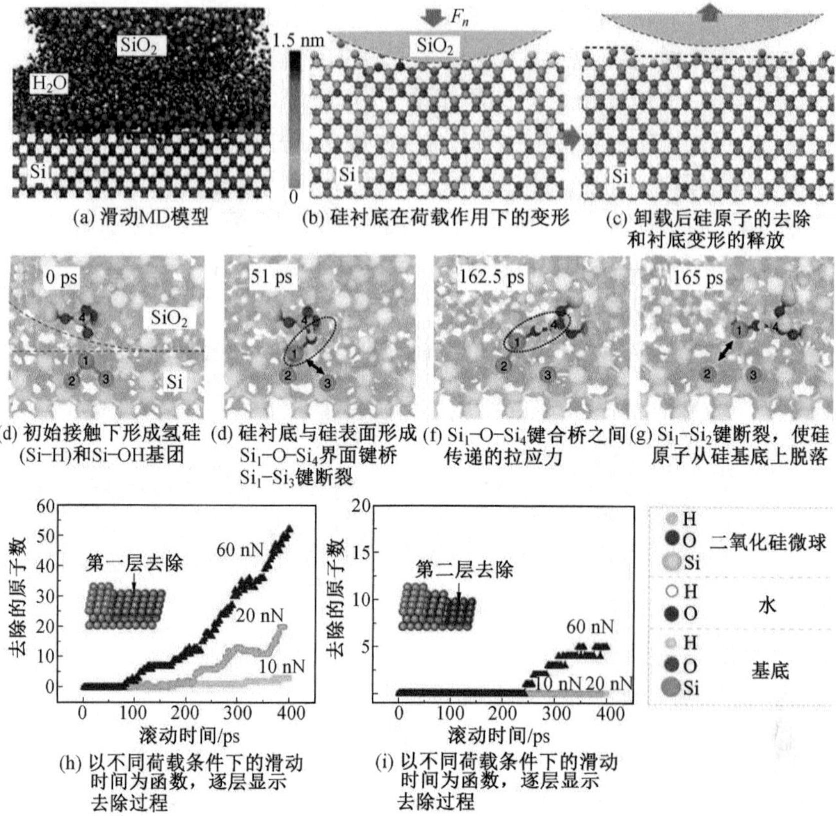


图 5.19 原子去除过程的分子动力学(MD)模拟

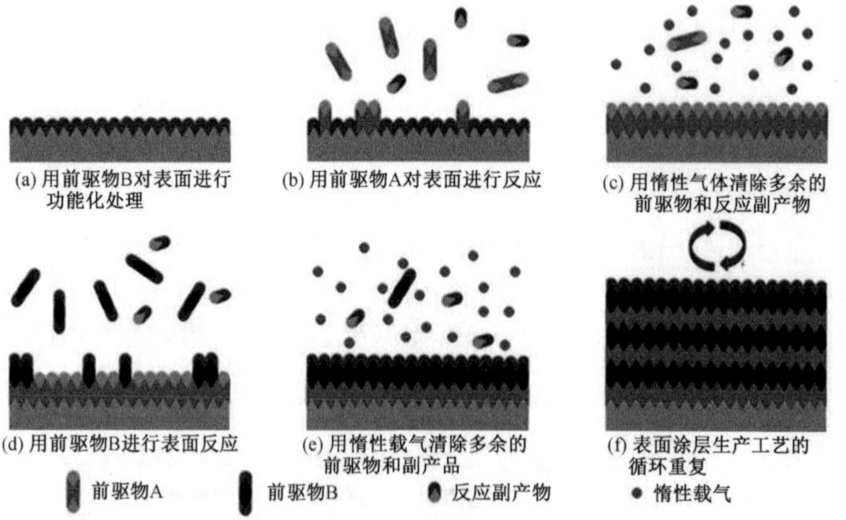


图 5.20 ALD 制备工艺

原子层沉积提供了出色的一致性，为保证大深宽比三维结构的一致性提供可能，这是因为化学反应自限于不超过一层前驱体的表面。相比于化学气相沉积(CVD)和物理气相沉积(PVD)，原子层沉积不会受到大深宽比和阴影效应的影响，如 $Li_{5.1}TaO_z$ 在深宽比高达 300 的三氧化二铝($Al_2O_3$)纳米模板上的沉积实例如图 5.21 所示。采用该方法可以沉积各种材料，包括金属、绝缘体和半导体。原子层沉积中每个循环的沉积厚度通常小于 0.1 nm，并且可以获得原子级光滑的表面。基于空间的原子层沉积技术的沉积速率约为每小时 3 600 nm。原子层沉积已广泛应用于微电子器件的制造，例如金属栅极，n 型金属氧化物半导体外延，以及鳍式场效应晶体管。然而，作为一个沉积过程，原子层沉积通常应用于不限制线宽的大面积区域；并且最小沉积层由前驱体分子结构决定。

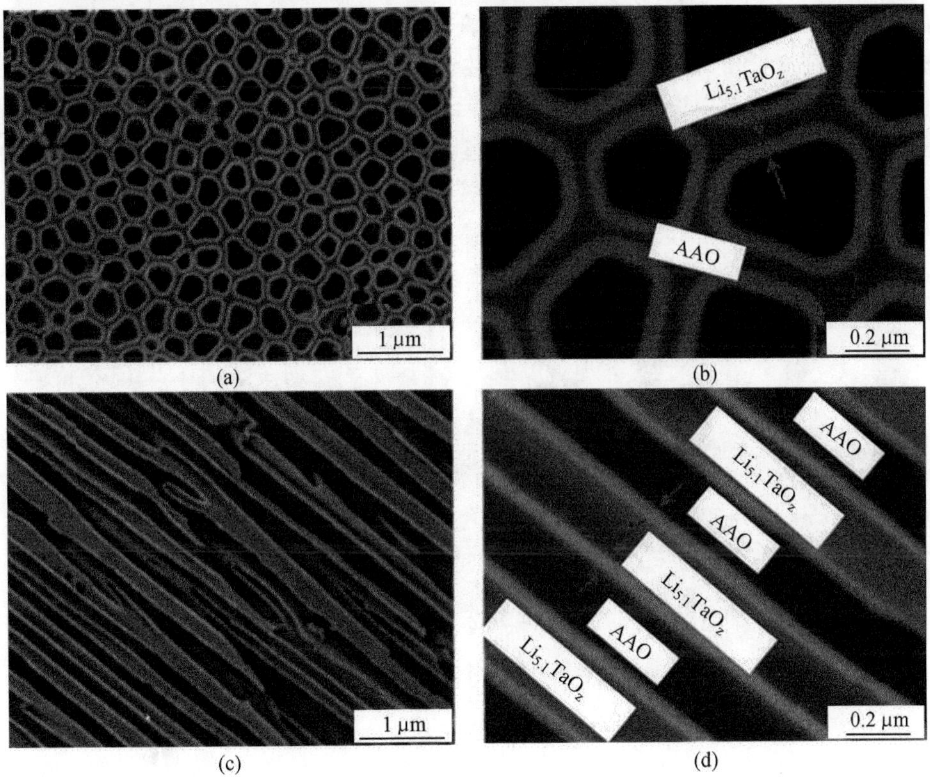


图 5.21　在 300 : 1 $Al_2O_3$ 纳米模板上进行原子层沉积形成 $Li_{5.1}TaO_z$ 共形沉积(最终深宽比 470 : 1)

**4. 大分子自组装**

自组装是指若干个已有任意组件在无外力干预作用下，自发地通过各组件间特定的局部耦合作用形成自组织结构或图形的加工过程。由于大分子是原子级精密制造(APM)的潜在材料，这里只讨论大分子自组装过程。生物基 APM

使用天然的、可编程的分子，如 DNA、蛋白质和生物聚合物等作为原料来生产原子级精度的分子对象，其基本机理是基于化学反应和生物合成的大分子自组装。为实现这种增材制造，不仅需要原料及其可控装配，还需要具有原子尺度分辨力的精确输运机制。目前，蛋白质、多肽和结构 DNA 是应用最广泛的 APM 纳米材料，其中蛋白质工程和结构 DNA 纳米技术主要依赖于大分子自组装。非生物基的折叠化合物遵循同样的原理，基于更广泛的分子结构和化学性质。

(1) 蛋白质组装。

近年来，研究人员大力研究蛋白质基材的组装过程及其装配"插座"。2014 年，协同组装多组分蛋白质纳米材料的设计取得突破性进展，并在此基础上发展了蛋白质数值计算建模和设计算法。这种蛋白质材料不仅被设计成蛋白质一蛋白质接口，用于指导新型自组装蛋白质纳米材料的形成，还为组装过程提供能量驱动。如图 5.22 所示，蛋白质不仅能被设计成高精度的双组分纳米材料，同时也可能在单一材料中设计出多个新型接口，这意味着组装由两种以上组件构成的复杂材料的可能性越来越大。在靶向药物传递、疫苗设计、等离子体等领域的先进应用中，设计具有原子级精度和可控装配的均匀蛋白质纳米结构将作为一项关键技术，进一步推动这些领域的发展，同时也需要研究精确的图案化技术以作为保障，从亚纳米向 100 nm 尺度提升。

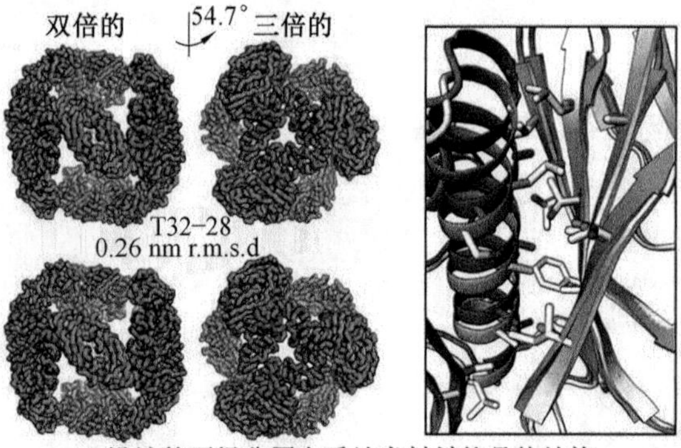

(a) 设计的两组分蛋白质纳米材料的晶体结构

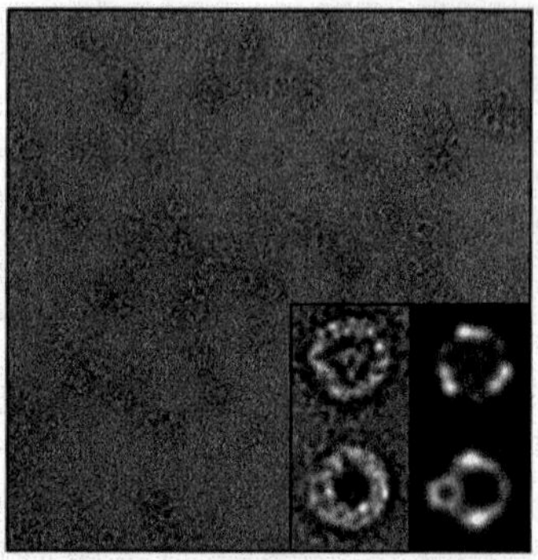
(b) 设计的两组分蛋白质纳米材料的电子显微图

图 5.22 蛋白质组装

(2) 肽组装。

肽是由肽(酰胺)键连接的氨基酸单体的短链。与蛋白质相比，肽含有大约 50 个或更少的氨基酸。基于氢键模式的二级结构元素排列，α一螺旋和 β一链在肽材料中占主导地位。因此，肽材料由一种或多种(具有相同的二级结构)基础构件组装而成。根据基础构建单元，组装形貌可基于其主传播模式(纵向、横向或两者兼而有之)进行定义，最终可形成线性、各向异性(纤维或管)或正交异性结构的肽材料，如图 5.23 所示。装配及其机制仍在继续探索中。

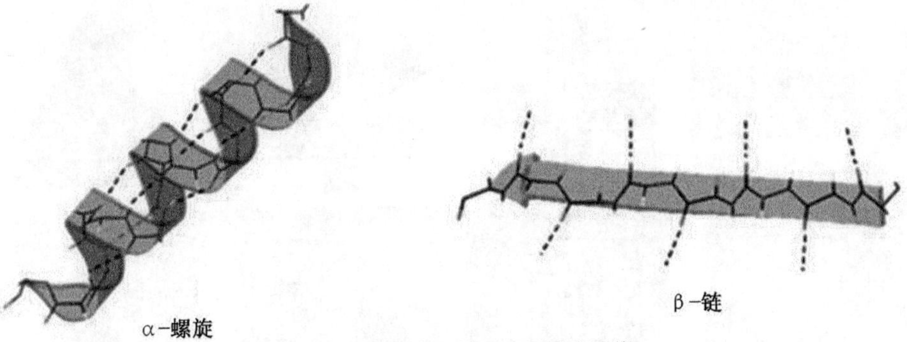


(a) α-螺旋和β-链蛋白质折叠元件

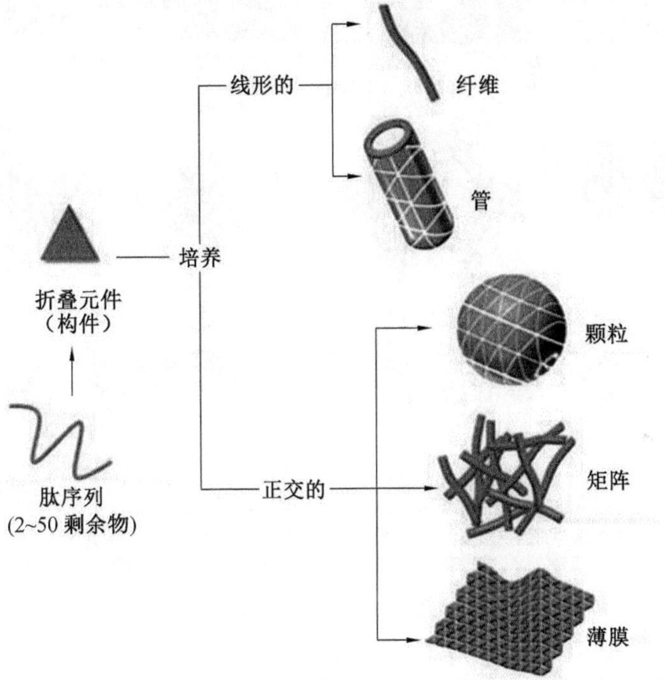


(b) 自组装肽的结构（线性和正交形式）与序列、折叠和材料形式之间的关系

图 5.23　肽二级结构元件及其不同组装形式

(3) DNA 组装。

DNA 分子作为纳米结构和器件的分子构件已有 30 多年的历史。核酸不仅仅是遗传信息的载体，在纳米技术中还被用作一种非生物工程材料。由于核酸对碱基配对规则的限制，通过对碱基序列的合理设计，可以形成具有精确控制纳米尺度特征的靶结构。目前，一系列方便的设计规则与可靠的组装方法可以用来设计日益复杂的 DNA 纳米结构，如图 5.24 所示。

DNA 中的四个碱基分别是腺嘌呤(A)、胞嘧啶(C)、鸟嘌呤(G)和胸腺嘧啶

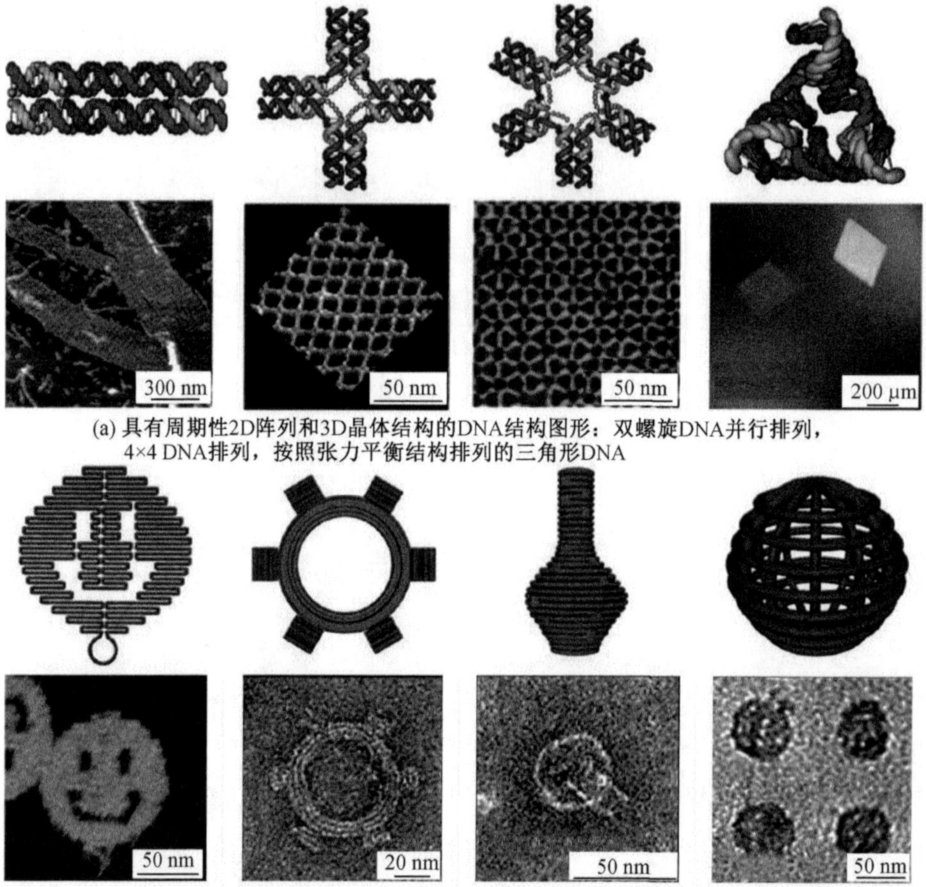


(a) 具有周期性2D阵列和3D晶体结构的DNA结构图形：双螺旋DNA并行排列，4×4 DNA排列，按照张力平衡结构排列的三角形DNA



(b) DNA折叠微结构：DNA类笑脸的2D折叠模型，以齿轮形状排列的3D DNA折叠模型，以花瓶形式排列的3D曲线单层DNA折叠模型，以及DNA网格式折叠结构

图 5.24　微观结构图形

(T)。对于核酸，当两个序列互补时，两个分子只能相互结合形成双螺旋结构。这意味着，碱基配对过程中，A 只与 T 结合，C 只与 G 结合。因此，DNA 链的碱基序列能比较容易地决定结合模式和整体结构。例如，如图 5.25 所示，三角形张拉整体结构的刚性 DNA 基序中灰度不同的三条链呈现出三重的旋转对称性，箭头表示三条链的末端。通过对 DNA 晶体进行光学成像可以发现，这种自组装的三维晶体是尺寸超过 250 μm 的肉眼可见物体，由于碱基对规则的限制，这种大晶体具有原子级精度。通过对基序的合理设计，可以形成具有纳米尺度特征且尺寸可被精确控制的复杂结构。这些结构可以基于拼接组装的方式由较小的结构开始，逐步组装成复杂结构，也可使用 DNA 的折叠来形成折叠结构。

(a)　　　　　　　　　　　　　　　　(b)

图 5.25　DNA 自组装张拉整体三角形独特的股线组织和张拉整体三角形晶体的光学图像

**5. 定位定向组装**

无论是超分子组装还是 DNA 结构、蛋白质工程，甚至是化学合成，自组装都面临着复杂元件的编码问题。例如，DNA 结构工程面临的最大挑战是自组装中的高错误率，另一个潜在的挑战是结构规模的扩大。在装配过程中进行位置控制可以潜在地规避上述问题。很明显，定位定向装配需要原子级精确的基础构件和定位系统。另外，为了获取大尺寸的结构，构建过程需要较快的执行速度。根据综述，蛋白质、肽、DNA 结构和螺旋形寡聚体可以用来构建材料，针对它们的收集与释放等传输机制非常有必要进行探索研究。另外，基于位置的装配方法同样需要进一步探索，例如使用现场激活工具（如催化剂和切割）的特定操作。为了能够获取大尺寸结构，要定位这些基础构件，原子级的精确定位需要能够被快速执行。

2003 年，Zettl 在劳伦斯伯克利实验室和加利福尼亚大学伯克利分校的团队制造了已知最小的非生物纳米马达。如图 5.26 所示，这种纳米电机使用多壁碳纳米管作为转子的轴承和电导体。多壁碳纳米管（MWNT）作为一个金属板转子（R）的支撑轴，可为电机提供一个旋转自由度。通过与硅芯片集成，电接触由执行器的整体组装实现。它可被应用于大尺度物体的电动控制中。基于生化、光学、磁场和电场等各种能源的纳米电机目前都有问世，然而正如文献[17]中所述，当前的纳米电动机大多证明了悬浮状态下纳米颗粒的存在力矩，但悬浮状态下纳米颗粒尚不能传递力或扭矩。它们的结构仍然很简单，可靠性也很差。研制高效的原子定位系统仍然是一项需要不断发展的极具挑战性的任务。

值得注意的是，DIP－PEN 纳米光刻（DPN）技术采用了定位定向组装的方法。DPN 是一种基于显微镜的扫描探针纳米制造技术，其可在小于 50 nm 的分辨率下，沉积具有多种稳定和功能结构的软质和硬质材料。目前 DPN 已被用于沉积各种材料，包括小型有机分子、聚合物、DNA、蛋白质、肽、金属离子和纳米颗

(a) 概念设计

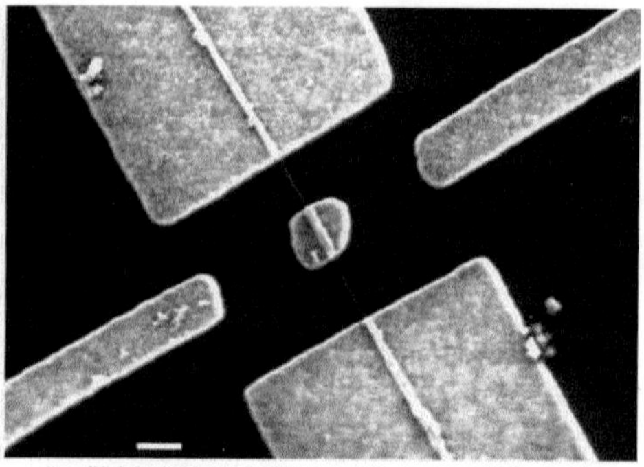
(b) 氢氟酸酸刻之前的扫描电子显微镜图像

图 5.26　纳米机电系统(NEMS)执行器

粒。通常情况下,分子墨水可以覆盖在 DPN 纳米光刻设备尖端,并通过弯液面渗透到表面,如图 5.27(a)所示。覆盖过程可以通过气相沉积实现或者将尖端浸入稀释的分子墨水溶液中完成。沉积速率决定于分子的扩散速度,可以通过尖端/表面的驻留时间和弯液面的尺度来决定特征尺寸。尽管原子力显微镜扫描是一个进度较慢的过程,最近发展的多尖端、平行、高流量以及拥有大面积制备功能的 DPN 纳米光刻技术的发展将打开新的思路(图 5.27(b))。所期待的是将 DPN 与分子搭建模块结合以实现原子级精度的制造。

(a) 分子墨水通过弯液面从纳米尺度尖端渗透到平面

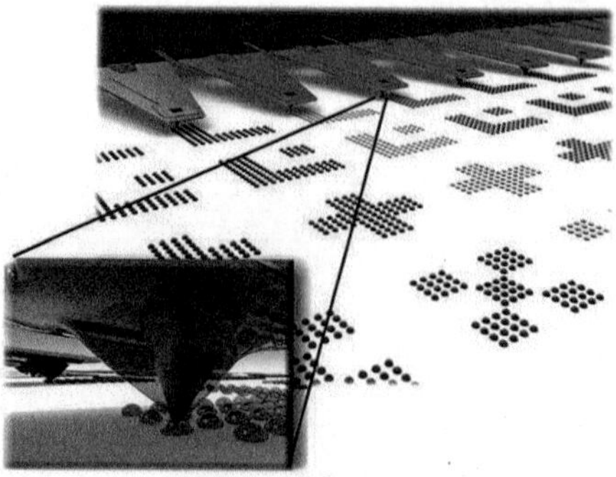
(b) 利用多尖端的DPN纳米光刻技术实现高产出量

图 5.27　典型 DPN 纳米光刻原理

## 5.5.2　应用

### 1. 量子计算机

由于量子算法执行某些任务的步骤更少,量子计算机被认为具有比普通经典计算机更高的计算效率。随着量子算法的发展和量子纠错码的发现,量子计算机正逐渐成为更加受到关注的领域。最早的固态量子计算机发展概念之一是使用具有磷原子阵列的硅晶体，这样可以为两个核自旋态提供一个基本量子位(qubit)。这种装置是基于硅中的掺杂来实现的，这些对硅掺杂的引入依赖于低能注入或来自高掺杂接触区的扩散。然而掺杂的可控精度约为 10 nm，而量子器件的实现需要以原子精度将单个磷原子定位到硅中。

扫描隧道显微镜已经成为一种单原子操纵工具，并用来以原子级精度定位磷掺杂。在该方法中，通过在氢钝化的硅(100)表面上采用基于 STM 的光刻来控制单个磷掺杂原子在硅(100)表面的吸附与随后的结合，以原子级精度控制磷掺杂原子。如图 5.28(a)所示，硅(100)面首先被加热至 1 250 ℃保持一分钟以清洁表面，在 1 500 ℃下氢分子裂解为氢原子，直至硅表面达到饱和。采用高真空状态工作的扫描隧道显微镜探针，在提供的电压偏置下解吸附氢原子，形成原

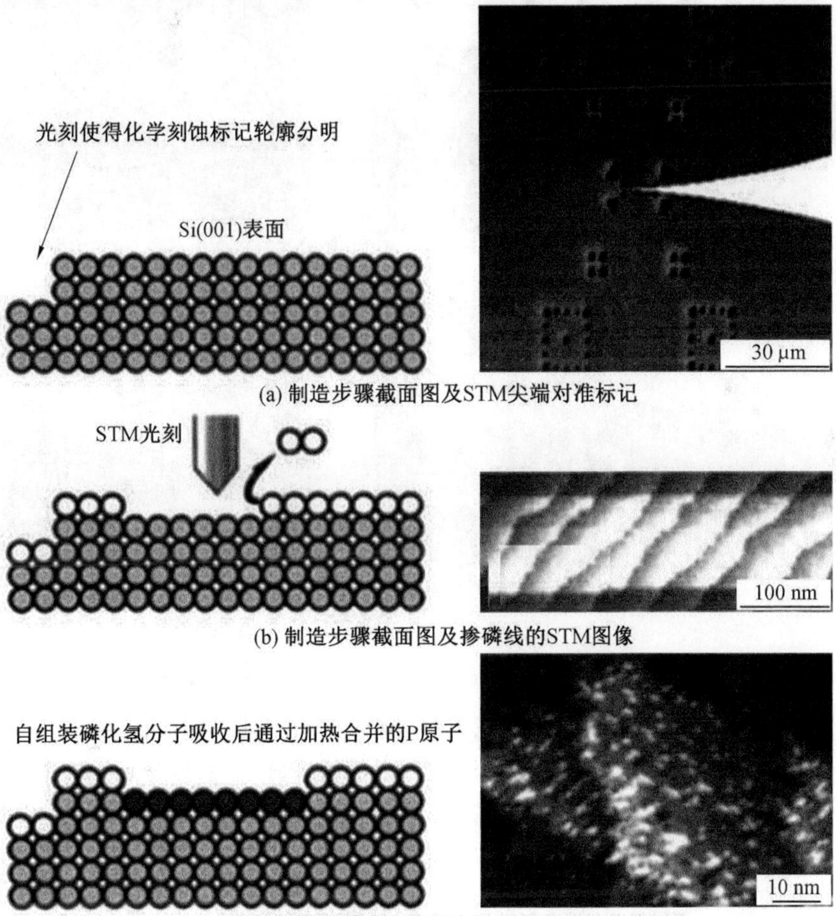


(a) 制造步骤截面图及STM尖端对准标记

(b) 制造步骤截面图及掺磷线的STM图像

(c) 制造步骤截面图及抗氢层去除前的光学显微镜图像

图 5.28　将单原子磷掺杂到硅(100)表面的抗氢光刻

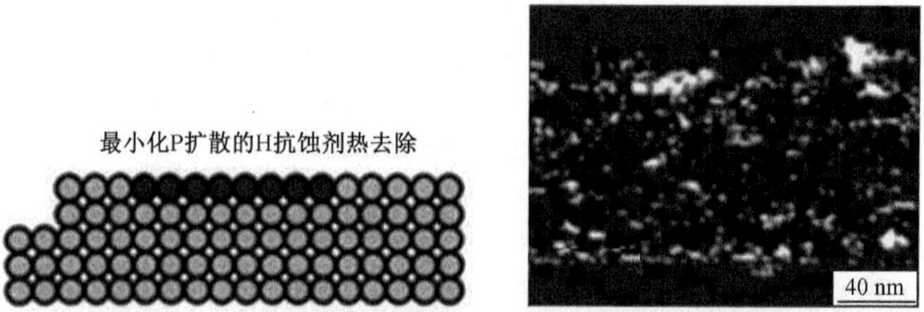


(d) 制造步骤截面图及抗氢层去除后的光学显微镜图像

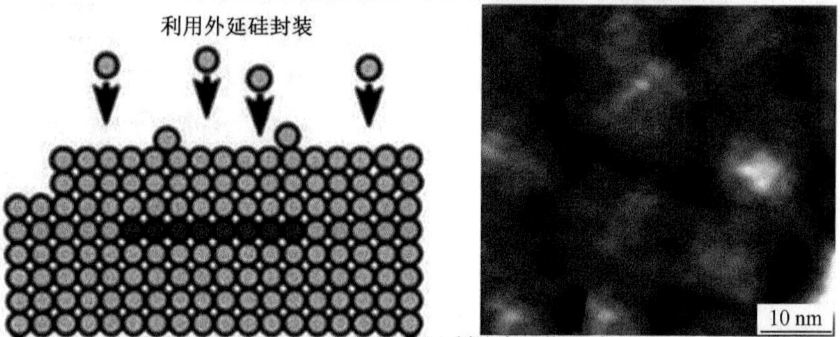


(e) 制造步骤截面图及25 nm分子束外沿硅过生长的光学显微镜图像

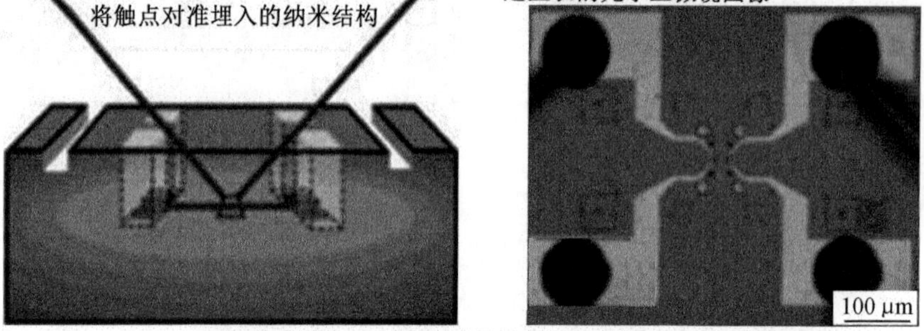


(f) 最终器件的3D示意图及器件导线接触的光学显微镜图像

续图 5.28

子级精度的图案，然后在其表面引入 $PH_3$ 分子。由于磷原子掺入的退火温度低于氢的解吸附温度，抗氢层在磷原子掺入到衬底表面前有效阻止了其表面扩散。得益于在高剂量率下三个二聚体位点内的三个 $PH^3$ 分子解离成 $PH_2$ + H，因此阻止了进一步反应的发生。$PH^2$ 碎片加热至 350 ℃后，将与氢原子复合并解吸附。由此产生的一个有效游离 Si 位点使得另一个 $PH_2$ 立即解离为 PH+H。直到所有的 $PH_2$ 都与 H 发生了重组，剩余的 PH 离解生成 P。最后，通过随后喷射的 Si 吸附原子将 P 原子在 350 ℃下掺入 Si 的极表层。STM 氢光刻技术已经用于制造原子级硅器件，并通过发展一种全新的方式使每个器件与多个电压和电流相连接，来实现真正的三维原子尺度器件。基于 STM 氢光刻技术制造的一些量子器件如图 5.29 所示。

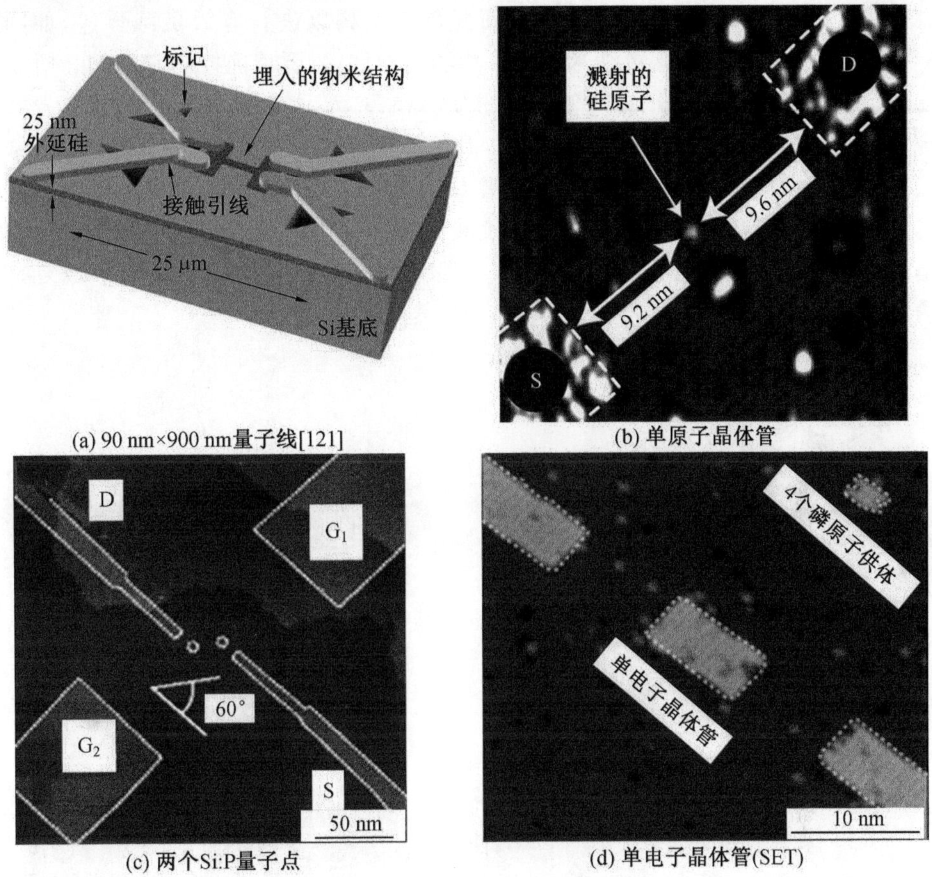


图 5.29　基于单原子的器件

**2. 生命科学**

细胞是一种信息密集的具有原子级装配精度的复杂机械。不同于基于 Si 的量子计算机，单原子掺杂的定位至关重要。结构性 DNA 蛋白工程需要原子级精确的组装和控制。由于 DNA 链的严格配对规则，DNA 可以编程；但这种控制并不像在自然界中那样准确，这要求 ACSM 将其制造能力推向原子级别。与 DNA 相比，RNA 和蛋白质具有更精细的原子级尺度特征。目前人们在探索各种蛋白质组装接口并理解其底层机制上已经取得了进展，这些工作使得一系列应用成为可能，如分子与细胞生物物理学、仿生系统、能量转移和光子学、人类健康的诊断和治疗。例如，DNA 结构可构建用于诊断和治疗的疾病靶向单元。将 DNA 设计成空心笼，将多种药理物质引导至其中。基于 DNA 计算，DNA 结构可用作检测疾病标志物和基于外部刺激释放药物的载体。这种应用已由 Douglas 等人实现，他们开发了逻辑门控纳米机器人，将分子有效载荷传输到细胞，检测细胞表面输入以进行条件触发激活，并重新配置其结构以进行有效负载传递，如图5.30所示。为了组装DNA纳米结构形成功能器件，需要精确控制它们的相对方向和位置，并集成用于DNA计算的蛋白质。在DNA计算中，组装的位点特异性控制对于实现这种精确排列非常重要。研究人员已经证明，稳定的DNA纳米结构具有将药物精确地输送至靶细胞的潜力。然而，将DNA纳米结构从单纯的好奇心转变成实际的解决方案仍然具有挑战性，因为合成DNA的成本和自组装的错误率都非常高。大分子的定向组装（如DNA、蛋白质和多肽）有望为形成复杂的原子功能结构提供额外的控制。

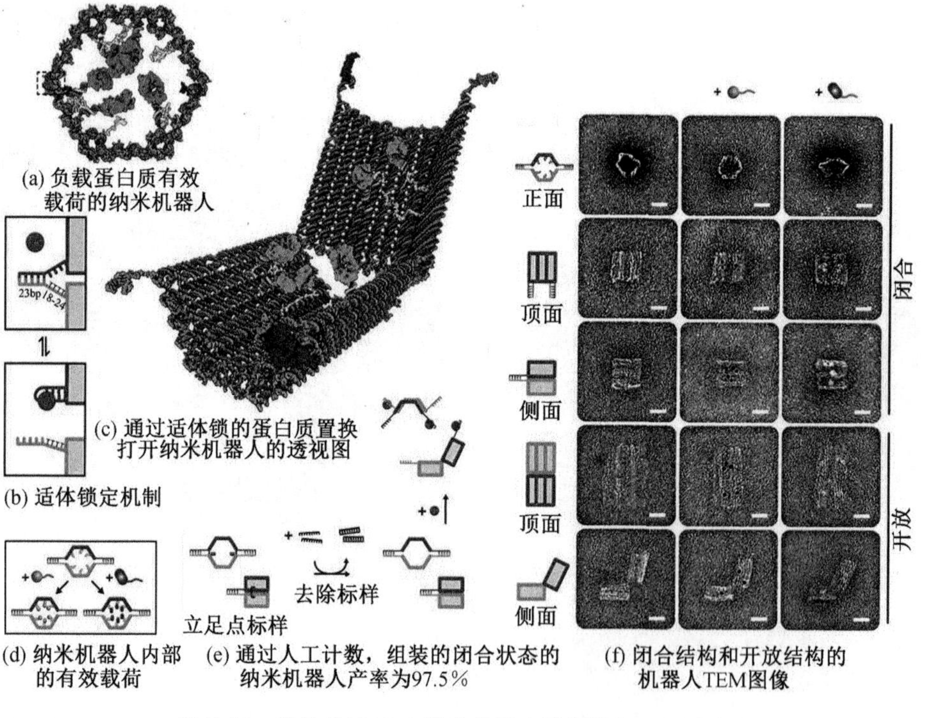


图5.30 适体门控DNA纳米机器人的设计和TEM分析

### 3. 超高性能材料

和早期的科学幻想一样，研究人员描述了一种被称为“单分子线”的超高性能材料，这种材料可以切割玻璃、金属和生物体，还可以用来建造太空电梯。建造如此坚固的材料是具有挑战性的。如果观察我们周围的材料，它们的强度远低于其理论估计值，如图5.31所示。这是由于材料中存在诸如孔洞、裂纹、晶格结构中的位错等缺陷。因此，提高材料性能仍有很大的发展空间。例如，Szlufarska等人提出了一种精确的原子机制，使“纳米结构”陶瓷材料SiC具有极高的硬度和延展性，这要归功于协同晶粒滑动、晶粒旋转和类似于粘滑行为的晶间位错形成的交互作用。分子动力学研究表明，n－SiC 的硬度估计值为 39 GPa，与晶粒尺寸为 5～20 nm 时 30～50 GPa 的“超硬度”实验值一致。因此，控制材料的纳米结构不仅可以提高其性能，还可能带来额外的材料特性。然而，目前近原子尺度加工在材料的改进上仍然是有限并有待提升的。

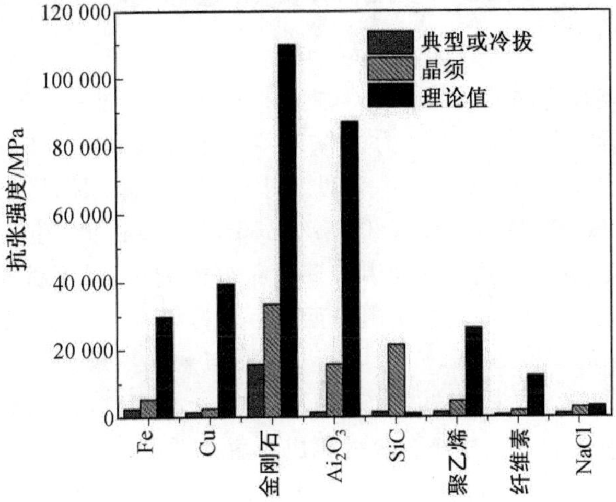


图 5.31　材料的理论强度

**4. 分子电路**

分子电子学是关于以分子为构建模块作为分子电子元件并进行组装的学科。分子电子学在诸如导电聚合物、光致变色、有机超导体、电致变色等电子和光子学的许多应用领域体现出显著的影响力。自组装和直接组装是在电极上吸附分子的重要方法，其中一个重要的技术是如何将探针电极连接到分子的任何一侧。能够在具有分子精度的表面上有选择地定位和批量复现是非常重要的。理想的分子连接要求两个元件之间具有原子级精确的接口，还要具有最佳的导电路径。并行化和自动化是将分子电子器件集成到与微电子系统对接的高可靠性阵列中的关键因素。

**5. 其他应用**

虽然 ACSM 还处于起步阶段，但它在许多方面显示出了重要的意义与广阔的应用前景，如药物开发、高效太阳能光电池、高效大功率密度燃料电池、单分子和单电子传感器、生物医学传感器、高密度计算机内存、高度选择性催化剂、显示和照明系统、智能材料等。根据 Umbrello 和 Baum 最近对原子精密制造的评估，近原子尺度加工将对物质财富、环境问题、军事事务、监控、人工智能和太空旅行的许多领域产生广泛影响。它对物质财富、环境、军事和太空旅行产生积极影响，而对军事(特别是暴力行动)和人工智能产生消极影响，对于监控的影响是不明确的。他们建议发展有效的政府策略来增加原子精度制造的益处，减小其带来的伤害。

## 5.6 碳纳米管互连技术

互连技术，就是将同一芯片内各个独立的元器件，通过一定的方式连接成具有一定功能的电路模块的技术。为了保证实现电路模块运行的可靠性及稳定性，对互连材料和互连技术提出了一定的要求，作为集成电路的互连导线最初所采用的是铝互连线，Al 的电阻率仅 2.7 $\mu\Omega \cdot cm$，与 n+和 p+硅的欧姆接触电阻可以降至 $10^{-6}$ $\Omega/cm^2$，并且与硅和磷玻璃有很好附着性，易于沉积与刻蚀，凭借这些优点，Al 成为集成电路最早使用的互连金属材料。但是，铝互连线存在着电迁移现象(Electron Migration，EM)以及 Al/Si 接触的尖楔现象，虽然在结构上得到了一定程度的改善，但当集成度增加，互连线变的更细时，EM 现象则变得尤为突出，所以寻求新的互连导线金属材料成为解决此问题的关键。其中，金属铜的电阻率小于 2.0 $\mu\Omega \cdot cm$，能极大地降低互连线的电阻，减小引线的宽度和厚度以及分布电容来提高集成电路的密度，且铜互连方案更大的优势表现在可靠性上，铜的抗 EM 性能好，没有应力迁移。因此，在电路功耗密度不断增加、EM 现象更加严重的情况下，铜凭借其优异的性能取代了铝互连线，成为目前普遍采用的互连材料，其重要性更为显著。

随着器件特征尺寸的不断减小，制造工艺将极大地限制互连线在电子器件的使用。从电子器件的电学性能角度考虑，虽然铜互连线所能传输的电流密度可达 $10^6 A/cm^2$，然而随着线宽的减小，表面粗糙度和晶粒边界的电子散射将引起导线相对电阻率显著上升，从而使得铜互连导线引起的延迟变大，电路运行速度降低；并且越细的导线将会导致更高的电流密度，尤其当集成电路技术进入 32 nm后，互连导线需要承载的电流密度将达 $10^7 A/cm^2$，这将超越铜互连线的导电能力，并且出现电子迁移问题的可能性也随之变大，从而使温度升高，影响连接线路的稳定性，这将明显降低器件的寿命。不久将来 CMOS 技术将达到其物理极限，量子效应会变得很明显，这将导致电子器件无法遵循传统半导体物理的原理工作。因此，为了解决目前铜互连线的难题，需要寻找新的互连替代材料及工艺。

### 5.6.1 碳纳米管作为互连导线的优越性能

1991 年日本电镜学家 Lijima 在利用电弧放电技术制备 $C_{60}$ 的过程中首次发现 CNTs(Carbon nanotubes)。CNTs 是由六边形排列的碳原子构成，是具有中空管状结构的材料，其径向尺寸为纳米量级，轴向尺寸为微米量级。碳纳米管分为单壁碳纳米管（Single-walled carbon nanotubes，SWNTs）和多壁碳纳米管（Multi-walled carbon nanotubes，MWNTs），SWNTs 的直径一般为 1～6 nm，最小直径为 0.5 nm，MWNTs 通常是由 2～50 个单层管组成的同轴管，层间距约为 0.34 nm。由于 CNTs 的结构尺度处于纳米量级，其表面的电子结构和晶体结构发生了明显变化，因此产生了宏观物体所不具备的特殊效应，并且由于其独特的一维纳米结构而具有许多优良的性能。

（1）机械性能。CNTs 具有极高的机械强度和理想的弹性模量，其弹性模量可达 1 TPa，与金刚石相当，为已知材料的最高弹性模量，其弹性应变最高可达 12%，CNTs 还具有超高强度的耐磨性和自润滑性，其耐磨性要比轴承钢高 100 倍，摩擦系数为 0.06～0.1。

（2）电学性能。CNTs 受到直径、长度、手性等结构参数影响将表现出金属导电性或半导体导电性，而且由于其特殊结构的量子限域效应，电子只能沿 CNTs 轴向进行有效的运动，径向则受到限制，其中，铜互连线中的电子平均自由程只有 40 nm，且尺寸越小时，其电子平均自由程与铜连线的径向尺寸相当，而 CNTs 的电子平均自由程大于 1 μm，保证电子在平均自由程内的传输是没有散射的，并且，由于 CNTs 的 $sp^2$ 的成键结构和电子的弹道式输运，其承载的电流密度为 $10^9$～$10^{10}$ A/$cm^2$ 量级，明显高出铜互连导线 3 个数量级。

（3）热学性能。由于 CNT 的一维导体结构，与电子的平均自由程类似，它的声子的平均自由程也相当长，微米量级的 SWNTs 仍显示出声子弹道传输现象。由于声子的散射直接影响材料的散射特性，长的平均自由程将减小声子散射的机会，体现出高的热导率，可达到 1 750～5 800 W/(m·K)，是铜在相同温度下的 10 倍多，而且径向的热传导非常小。并且 CNTs 本身还具有良好的热稳定性，真空状态下可在 2 800 ℃保持稳定，同时表现出很好的热学性能，这对于未来纳米集成电路的散热有重要的意义。

此外，CNTs 还具有优良的润滑、磁学、光学性能以及气体吸附性能等，CNTs 互连线与目前的 Cu 互连线相比，具有明显的优势，这也引起了集成电路器件制造领域专家的关注。CNTs 的优良性能使其成为国内外研究的前沿与热点。在集成电路制造中，通过“自下而上”的技术可以实现 CNTs 的放置，可解决目前“自上而下”制造工艺所面临的困境，然而后续的互连技术则成为关键部分。CNTs 互连技术是结构制造、功能器件制备或其组装不可或缺的环节，主要目的是为获得机械连接或支承、电连接、电绝缘或者其他特殊性能，其连接质量直接决定了功能器件的可靠性。随着 CNTs 制品朝着高功率、高密度、高可靠性以及绿色封装等方向迅速发展，对于互连性能的要求越来越苛刻，CNTs 互连技术的重要性因而也越显突出，CNTs 将在未来的片上互连制造中扮演重要角色。因此，关于碳纳米管的互连技术也就成为当今专家学者研究的前沿和热点，并且实现 CNTs 的有效互连将具有极大的学术价值和应用前景。

### 5.6.2 碳纳米管互连形式

CNTs 具有机械、电学、热学等优异性能，然而在 CNTs 的实际应用中，由于管径为几纳米的 SWNTs 本身具有 6.5 kΩ 的量子电阻，在用作超大规模集成电路(Very large scale integration，VLSI)的互连导线时，需要将多根 SWNTs 并联使用，所以在 VLSI 互连应用方面，采用 SWNTs 束、MWNTs 束及大直径的多壁碳纳米管作为主要的互连形式。

在实际应用方面，与铜互连线具有相同尺寸的碳纳米管束互连线在与电极充分接触的情况下，可以明显地降低互连电阻并解决铜连线的尺寸效应问题，并且这对于 RC 延迟占主导的长互连线，其互连延迟也可以得到有效的降低。除此之外，还可以有效地降低电容，明显降低相邻互连线之间的耦合，这对于降低局域互连的延迟和功耗具有很大意义。然而，目前生长紧密排列的 SWNTs 束互连线还很困难，几乎所有的碳纳米管束互连线生长工艺都集中 MWNTs 束上，这主要受到互连制备工艺的限制。但是，基于 MWNTs 束的互连形式又主要集中在垂直的通孔上，主要受到两方面的限制：一是由于通孔尺寸小，承受的电流密度相对较大，最有可能产生稳定性问题，因此更加稳定的碳纳米管在通孔上更加有应用的优势；二是目前还没有相对成熟的工艺能够在水平(与晶圆平面平行)的两个方向上生长出较长的紧密排列的碳纳米管束。因此，此互连形式在对水平互连线的应用上，生长工艺受到极大挑战。

基于上述互连方式的考虑以及水平方向的应用需求，大直径的 MWNTs 互连线也成为研究的热点，理论和实验证明在 MWNTs 的所有层与电极充分连接，所有层都可以导电，因此大直径 MWNTs 的性能优于铜甚至 SWNTs，将成为优异的互连形式，但是实际应用中的大直径 MWNTs 的电导比理论预测值低，这主要是本身的缺陷密度以及层数等因素导致的，这需要提升大直径 MWNTs 制备的工艺水平。虽然 SWNTs 在实际应用方面不及 MWNTs，但是 SWNTs 结构简单，易于表征，也易于建模，也成为专家学者在探索互连方面的主要对象。

### 5.6.3 碳纳米管互连技术

目前，尽管碳纳米管的制备技术发展很快，也比较完善，但将其作为互连导线集成到电路中的技术还不太成熟，主要集中在 CNTs 的互连工艺方面，主要问题在于，当互连的尺寸和互连精度的量变超过一定的尺度范围时，尺寸效应将导致互连过程的能场作用规律和互连原理产生质变，这将严重制约着 CNTs 电子器件互连线路的可靠性及稳定性。为克服这一技术性难题，当前的互连工艺主要从微观领域采用物理或化学等方法来实现。

**1. 化学气相沉积技术**

CNTs 的制备过程主要采用电弧放电和化学气相沉积技术(Chemical vapor deposition，CVD)，其中，CVD 过程是通过含碳气体在催化剂作用下裂解实现。因此，专家学者利用这一特点，直接将 CNTs“自下而上”(Bottom－Up)生长在所需的电极上，然后根据需要，配合机械转移及黏合技术将 CNTs 置于其他的电极，再利用倒装芯片键合技术实现两电极上 CNTs 的互连。图 5.32 所示为采用倒装芯片互连的方法实现碳纳米管束的集成及其与基底的黏结。首先在底部的基片和需倒装的基底上采用 CVD 方法生长出齐整的高密度碳纳米管束，然后利用典型的倒装芯片键合技术，将上方倒装基片上的碳纳米管束与底部基片的对齐，再在外力作用下将上方基片的碳纳米束插入到底部基片上的碳纳米管束间隙处，这样 CNTs 会因范德瓦耳斯力而保持在一起，形成互相连接更高密度的碳纳米管束。

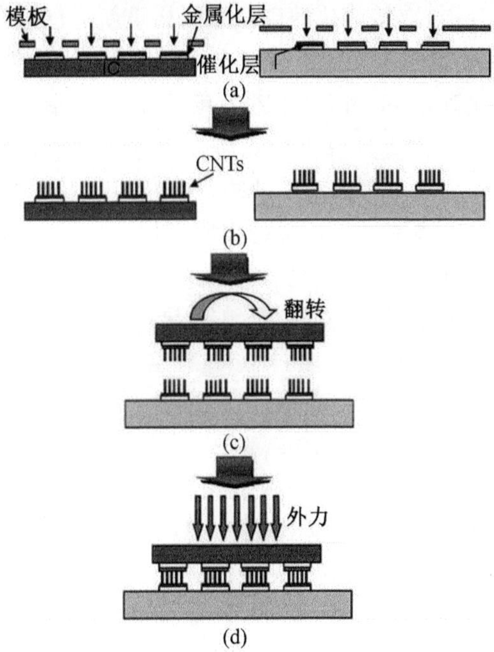


图 5.32　CVD 结合倒装键合技术实现 CNTs 的互连

在传统 CVD 技术的基础之上，专家学者则对此进行改善，提出了等离子体增强的化学气相沉积技术(Plasmon enhancement chemical vapordeposition，PECVD)以实现 CNTs 的互连过程。总结发现，通过 CVD 方法实现 CNTs 与电极互连的过程中，多数是为解决碳纳米管束或基团与电极的互连，而 CVD 技术基本都需要复杂超精细的模板，且碳纳米管不能总是按照预先设置好的区域进行生长，并由于直接在金属层上放置催化颗粒，会有移位的现象，这对今后互连线的工艺容差也是一个潜在的问题。

**2. 高能束辐照技术**

在碳纳米管的高能束辐照互连方面，采用的高能束主要是电子束、离子束和激光束三种，但由于激光束的波长比较大，存在着衍射极限，且聚焦辐照的尺寸比较大，不及聚焦电子束或离子束几纳米尺度的分辨率，所以易对大幅度面积内的 CNTs 造成缺陷损伤，并有可能使之转化为无定形碳。因此，目前还没发现通过激光束辐照方式进行 CNTs 精确互连的报道，而对碳纳米管结构进行调控方面，荷能粒子束辐照是一项非常有用的技术，它能够以一种高度可控的方式改变材料的结构特性，其中荷能粒子主要是电子和离子。下面就主要介绍采用电子束与离子束实现互连的方法。

Terrones 等率先采用透射电子显微镜对加热到 800 ℃的 SWNTs 的交错连接部位进行电子束轰击，连接部位的碳原子网格重新进行组合，获得了 X、Y 和 T 型的互连结点，实现了完全 C—C 原子互连网络的连接，连接处的成键结构为 $sp^2$ 和 $sp^3$ 组合形式。此外，Terrones 等还采用分子动力学（Molecular dynamics, MD）方法对模型进行了仿真计算。仿真研究发现，高能电子束轰击将会对互连部分的 SWNTs 表面造成一定的空位缺陷，在空位周围出现较多的悬键，并且在高温条件下，两 SWNT 表面缺陷周围的碳原子则会通过悬挂键之间的自组装作用形成一些碳链的结合，随着时间的推移，形成的碳链逐渐增加，最终两 SWNT 在连接处会通过重构碳原子网格而互连到一起。但是 Terrones 指出，在互连结点处以及互连结点之外的辐照区域，辐照过程会对 CNTs 结构造成严重的辐照损伤，从而影响其线路性能。除通过对 CNTs 的碳原子网格结构进行重组外，还可通过电子束诱导沉积（Electron beam induced deposition，EBID）的方式实现 CNTs 互连过程，即采用电子束辐照碳氢化合物，使之分解产生无定形碳，可在 CNTs 连接处形成类似钎焊的互连结点。例如，采用扫描电子显微镜，在 20～30 kV的电压下，对 MWNTs 所处环境中的碳氢化合物进行辐照，使之分解为无定形碳，接着将其转移到 TEM 中，用 80 keV 的高能量电子束进行辐照，进行无定形碳到石墨型碳的转变过程，以提高其电学性能，其互连结点的 SEM 照片如图 5.33 所示。实验过程选用如此高的能量，主要是为了提高转变的速率，石墨型碳原子移动需要的电子能量阈值为 100 keV，如果超过这个能量，将会对 CNTs 造成辐照损伤，对石墨化过程不利。并且通过在高真空 $2\times10^{-7}$ mbar，700 ℃的较高温度下的退火过程来实现无定形碳到石墨型碳的转变过程，实现了 CNTs 的机械连接。

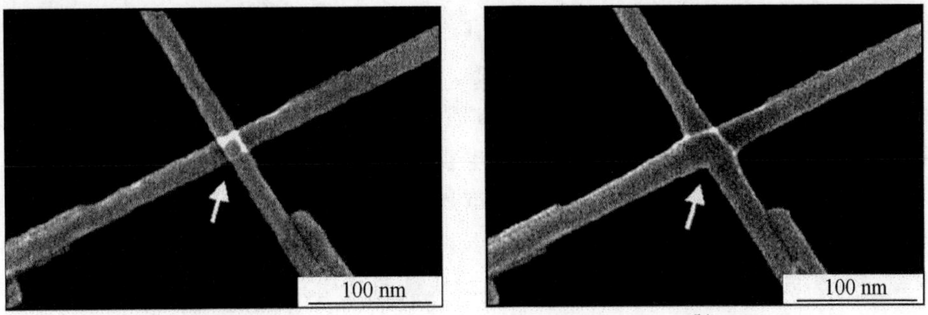


(a)　　(b)

图 5.33　EBID 方法实现 CNT－CNT 的互连结点

与电子束辐照方法类似，一部分学者则利用高能量的离子束对 CNTs 进行辐照，通过碳原子网格结构重组实现互连过程。离子束轰击可以改变互连结点处的网格结构，然而离子辐照还可以使纳米管结构中的碳原子离位，从而产生空位缺陷，而且持续大量的离子轰击显然将促使纳米管出现严重损伤，导致大量间隙碳原子越来越多，从而出现管体坍塌和管腔消失，最后互连结点处将转化成无定形碳纳米线（Amorphous carbon nanowires，ACNWs），但通过离子束辐照的方式实现 CNTs 的连接，会对辐照的区域造成严重的损伤。Ishaq 等采用离子束方式对 CNTs 进行互连研究，实验在 800 K 的温度下，采用辐照剂量为 $5\times10^{16}$ ions/$cm^2$、辐照能量为 40 keV 的 Ar 离子束辐照碳纳米管，如图 5.34 所示。结果表明碳纳米管不仅保持明显的空腔结构，而且两相邻碳纳米管连接成交叉或平行的互连结点。碳纳米管互连结点的形成是离子束辐照和高温共同作用下碳纳米管空位附近的悬挂键饱和碳原子网格再构实现的，不能用传统的离子束辐照材料的机制来解释。离子束辐照碳纳米管的级联碰撞效应和溅射效应会产生出大量碳原子，导致碳纳米管产生很多缺陷，加之原子迁移效应，高温又可以使相当多的缺陷得到恢复。另外，研究还发现了离子束辐照的碳纳米管薄膜在导电性和场发射性能方面都得到了明显的增强。

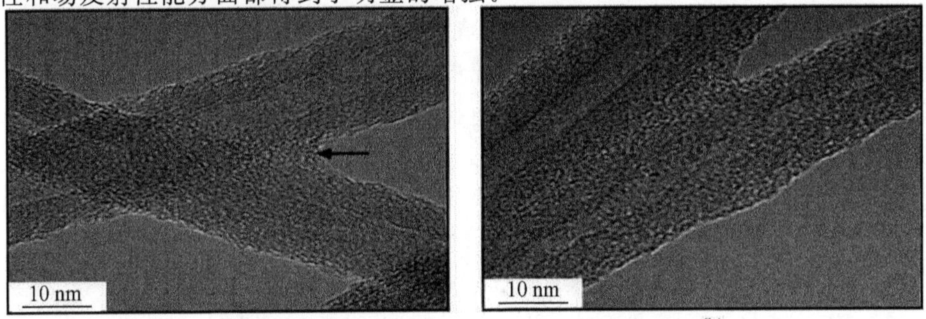


(a)　　(b)

图 5.34　离子束辐照实现 MWNTs 的互连结点

### 3. 超声波振动互连技术

上海交通大学 Zhang 研究团队开展了利用超声波振动方式进行 CNTs 互连的研究。其研究小组对聚团的 SWNTs 超声波分散后沉积到基片表面，利用介电泳效应使其搭接到硅基底的金属钛电极上，电极的尺寸为 40 μm×40 μm×105 nm，两电极间的桥接距离为 1 μm，然后采用粗糙度为 0.2 nm、表面积 50 $\mu m^2$ 的单晶 $Al_2O_3$ 焊头实施纳米焊接过程，互连过程采用的压力为 78.4 mN，超声频率为 60 kHz，这样超声能量通过焊头会转移到互连表面，从超声波软化处理理论出发，在室温条件下超声振动 0.2 s 实现了 SWNTs 与金属电极的互连，实验结果表明，连接处有很高的机械强度，并且金属型的 SWNTs 每 μm 的阻抗为 8～24 kΩ。针对 CNTs 间的互连，Piper 等采用分子动力学研究了交错 X 型 SWNTs 在热与机械振动条件下的焊点形成机理。作者通过分析 2 800 K 高温纯热焊情形下的 CNTs 互连机理，以及对比研究较低温度 1 000 K 下机械振动影响下的 CNTs 焊接结果与成因，指出作为机械振动可辅助受热的 SWNTs 形成多接头焊点。此方法虽然在碳纳米管互连处形成较少的键，但可通过研究合适的振动频率和波的方式以获得更优化的碳纳米管互连结点。

### 4. 基于扫描探针显微镜的互连技术

基于扫描探针显微镜的互连技术包括：(1)基于扫描探针显微镜场致蒸发的互连技术。场致蒸发效应的基本原理是让导电探针与基底充分接近，在脉冲电压的作用下，导电探针与样品之间会由于局部电场增强效应而产生足够高的电场，导致针尖上的金属原子发生离子化，并在极高电场的作用下穿过表面势垒，将导电探针针尖上的原子蒸发到样品表面，从而在样品表面形成纳米尺度的原子团，实现互连过程。利用导电探针上金属原子蒸发的方式一定程度上可实现纳米导电焊接点，但随着互连过程的进行，探针针尖处的原子的离子化程度越来越大，探针针尖损伤变得越来越严重，此时将会出现针尖变钝而无法达到预期增强电场的现象。(2)基于扫描探针显微镜阳极氧化的互连技术。其原理基本与传统的电解池原理类似，SPM 针尖与基底分别构成了电化学反应的阴极和阳极，针尖与基底间的水膜起到了电化学反应中电解液的作用，提供基底表面原子氧化反应所需要的氧化离子，当 AFM 导电探针和基底间施加一定电压时，AFM 针尖和基底的纳米级间隙中会形成一个 $10^8$～$10^{10}$ V/m 的强电场，在此强电场的作用下针尖与基底间吸附水膜中的水分子将会被电解，其中聚集到阳极的负离子则会与基底表面的原子发生电化学反应，进而在基底表面生长出氧化物结构，将会把需要连接的 CNTs 包裹起来，完成互连过程。然而，电场氧化操作一般需要硅作为基底才能实现，其互连结点为氧化硅材料，这决定了此方式只能实现一定程度的机械固连，并且氧化物高度通常仅为几纳米，对于特殊管径的 CNTs 无法实现有效的互连。

**5. 薄膜卷覆技术**

薄膜卷覆法的基本原理是利用了润湿的 CNTs 薄膜在干燥过程中强烈的收缩特性，以卷覆连接另外的 CNTs，发挥长丝间的范德瓦耳斯力和机械摩擦作用，使 CNTs 形成了有效的物理结合。Gong 等就是利用双壁碳纳米管薄膜卷覆实现了与双壁碳纳米管的互连，连接处的抗拉强度(270 MPa)已接近原始状态。该技术在实验过程中，可以实现一定大尺度 CNTs 的连接，但是在解决 CNTs 互连过程中，强化处理阶段容易使 CNTs 塌陷或者炭化，并且此技术在实现芯片、微纳功能器件中纳米尺度下单根碳纳米管之间的 Y 型及 T 型极的互连，限制了其进一步应用。连接问题上则受到限制，而且不能解决 CNTs 与电极的互连，限制了其进一步应用。

**6. 钎焊技术**

钎焊是采用比母材熔点低的钎料和焊件一同加热，使钎料熔化(焊件不熔化)后湿润并填满母材连接的间隙，钎料与母材相互扩散，从而形成牢固连接的方法。在 CNTs 互连的过程中，各国学者通过采用不同的钎料，不同的钎料沉积技术，并选取不同的加热方式，以实现 CNTs 与 CNTs、基底的连接。Dockendorf 等利用“钢笔”原理沉积含有金纳米粒子的墨水，然后采用介电泳效应使单根的 CNTs 对齐到电极，然后将其放到热的基板上进行加热，先加热到 300 ℃以使溶剂蒸发，使纳米粒子聚集到一起，然后使熔点约为 864 ℃的 Au 纳米粒子熔化，再经退火实现 CNTs 的连接，结果表明，互连结点有很好的传导性能。图 5.35 所示是一维纳米材料操纵与有效可控纳米焊接。选用 55 nm 的金纳米线作为钎料，借助双探针纳米操纵系统夹持纳米线钎料放置于连接处，并使双探针与纳米线钎料的两端相接触，通 0.7～0.85 mA 电流进行 1～2 min 预热以软化钎料，然后施加幅值 0.7～1.0 V、脉宽 100 m 的方波电脉冲，通过瞬间电加热将纳米线钎料熔化，从而在纳米线搭接点处实现两根 Au 纳米线的纳连接，此方法实现了纳米线连接的可控性，然而纳连接的电学性能还处于进一步的理论与实验研究中。钎焊技术能实现有效的互连，但采用基底整体加热的方式将会造成其上 CNTs 塌陷损伤，影响线路的电热学性能。有些学者考虑采用“锡焊”方式，通过选用纳米接触式探针以实现焊点处钎料的熔化，但操作过程易对探针造成污染，从而影响焊点质量，并且纳米尺度下“锡焊”的相关作用机理还不完善。因此，寻找一种非接触式纳米加热方式成为该方向研究的重点。为此，哈尔滨工业大学杨立军、王扬等采用光纤探针近场辐照 AFM 金属探针诱导表面等离子体激元波的方式实现银纳米焊料的熔化，以此完成两搭接碳纳米管的互连过程，而互连前后 AFM 表面形貌没有变化，这为纳米器件制造提供了一种新的思路。

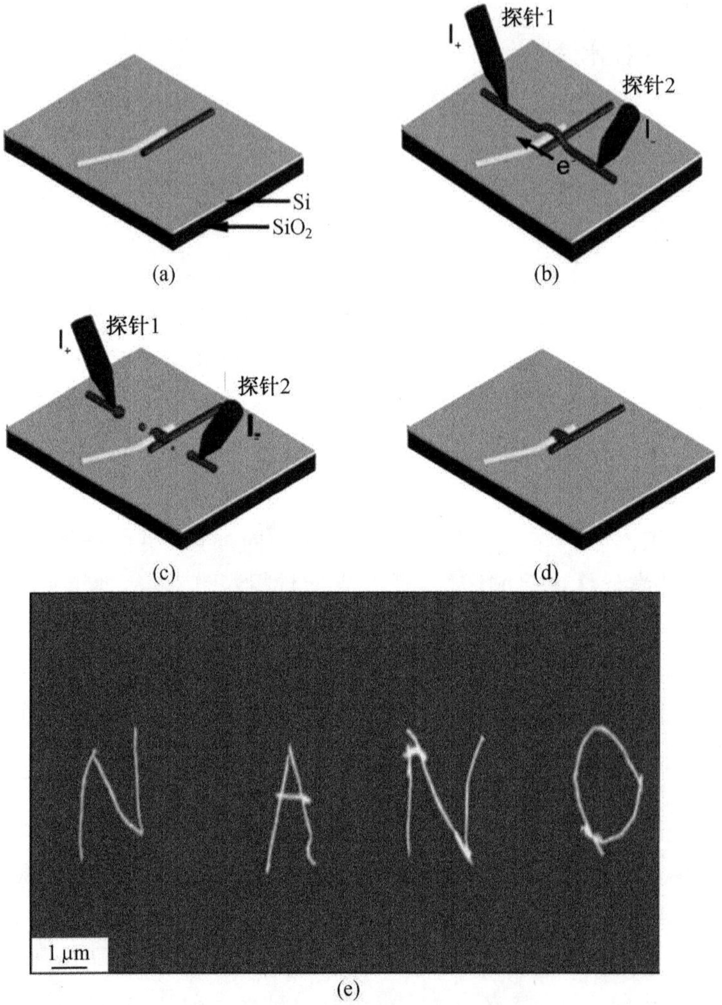


图 5.35 纳米操纵与纳米电焊技术复合实现“NANO”字样

**7. 滴点沉积、化学沉积的互连技术**

美国西北大学的 Mirkin 教授研究小组开发的蘸笔纳米平版印刷术(Dip－pen nanolithography,DPN),是一种简单方便的从 AFM 针尖到基底传输分子的方法,其分辨率可与电子束刻蚀等方法相媲美,可在纳米尺度范围内实现多组分的可控组装,对样品需求量少,破坏作用小。目前此滴点技术在解决 CNTs 互连方面,主要采用微细喷嘴在 CNTs 端部“写”微米电极的方式实现 CNTs 与电极的连接,但是后续对电极的加热退火中,容易对基底上的 CNTs 造成塌陷变形,由于受到喷嘴尺寸的影响,此技术不能实现 CNT 与 CNTs 间有效可控的纳米点连接。

综上所述，从互连材料的角度来看，碳纳米管能满足互连导线的要求，然而对于碳纳米管互连方面，合理可靠的互连技术显得尤为重要。现有的 CVD 技术能制备出规则垂直排列的碳纳米管束，通过热压键合方式能与电极实现良好的连接，然而此技术需要制作精细复杂的模板，且在水平方向互连受到工艺条件的极大限制。大直径 MWNTs 则表现出灵活多变性，可以通过操作 CNTs 实现所需的构型，在保证有效可控的纳米操纵技术基础之上，使用钎焊技术实现碳纳米管之间的互连以及碳纳米管与电极的连接，可成为碳纳米管束之间互连的有效手段，但在互连处存在着接触电阻，为了减小电阻，需要确保焊点与碳纳米管充分接触，以提高热电性能，考虑到焊料的尺寸问题，“自下而上”的纳米点沉积技术将会成为钎焊技术中纳米钎料沉积的主要方式。因此基于 DPN 与钎焊的复合技术有望成为今后集成电路碳纳米管导线有效可控纳米点互连的主要手段。

### 5.6.4　碳纳米管互连技术的应用前景

随着纳米科学的发展，新的纳米结构、纳米材料及其卓越性能不断被人们发现和认识，完美的内在导线互连技术将会预示高性能装备制造的广阔应用前景，但也对制造科学基础研究提出了挑战，由此成为世界各国高科技竞争的焦点。

**1. 高能效燃料电池**

碳纳米管高达 2 000 $m^2/g$ 的面积质量比，可使燃料电池表面化学反应面积产生质的飞跃，从而大幅度提高氢能转换效率。但其制造过程需要碳纳米管之间互连以及碳纳米管与外部器件和装置的纳－微－宏跨尺度连接制造技术，致使在互连过程中需要考虑纳米尺度下的量子力学效应、连接界面的物理化学作用机制等科学问题。但是，要实现纳米结构燃料电池的工业应用，还需要解决纳米材料（如碳纳米管）的低成本、大批量制造以及纳米结构与“纳－微－介观－宏观”尺度器件的连接、装配和跨尺度集成等技术，所以碳纳米管及其互连技术是制造高能效燃料电池的未来研究的重点。

**2. 大规模集成电路**

线宽的量变导致制造原理和互连工艺的质变，需要其装备及制造互连流程不断进行技术升级和变革。美国纽约州伦斯勒理工学院科学家的最新实验显示，在 45 nm 及以下的制造工艺中，碳纳米管材料的性能已经超过目前普遍使用的铜互连工艺，采用碳纳米管来作为芯片上互连导线的材料，可以降低阻抗，从而降低功率，包含详细量子效应的芯片模拟实验表明：CNTs 可用作 3D 互连材料，电流密度高出铜互连线三个数量级。美国斯坦福大学在日本东芝公司的协助下，成功设计出了世界上第一个频率高达 1 GHz 的碳纳米管互连 CMOS 电路芯片，在 1.1 万晶体管芯片上构建的 256 个环形振荡器实现了 1 GHz 的运行速度，可与其他先进的CMOS芯片媲美。为实现CNTs在芯片上的实际应用，迫切需要突破CNTs操纵、互连等关键技术，《国家中长期科技发展规划纲要》将“极大规模集成电路制造装备及成套工艺”列为16个重大专项计划之一，所以碳纳米管及其互连技术大规模集成电路制造的发展需要。

**3. 高质量纳米器件**

目前，利用纳米结构或纳米材料的某些典型特征以及相关的互连工艺，已开发出面向环境、疾病监测的极高灵敏度气体、蛋白等纳米传感器与系统。巴西和美国科学家采用CNTs发明了精度在0～17 kg的“纳米秤”，能够称量单个病毒的质量，随后德国科学家研制出能称量单个原子的“纳米秤”。纳米敏感结构是纳米传感器与系统的核心，但要将其纳米尺度下的优良特性转化成宏观的功能，需要与微电极、宏观器件载体进行跨尺度连接与封装，是CNTs实现功能化、器件化和产品化的重要环节和关键技术。

随着纳米功能器件逐渐向三维集成结构和实用化发展，跨尺度结构与器件的排列、操纵与互连成为纳米制造中的重要研究方向之一。通过对CNTs的排列、操纵、互连等过程，经历纳一微一宏不同尺度的制造过程演变，可以制造出具有更高性能的宏观器件与系统，其制造工艺过程与装备是纳米制造面临的重大挑战之一，而基于尺度效应的碳纳米管互连技术将成为该方向研究的关键。

## 5.7 原子操纵技术的发展和操纵机理的探析

### 5.7.1 原子操纵技术的发展

扫描隧道显微镜发明的初期，主要是用于测量试件表面的纳米级形貌，不久后又发明的原子力显微镜等也是如此。在实际使用中发现，这些扫描探针显微镜（SPM）的用途远远不止微观形貌的检测。扫描探针显微镜可以观察物质表面的原子级结构，从而分析其化学物理性质，并且可以在纳米的尺度上对材料表面进行各种加工处理，构造纳米级微图形和结构，甚至可以操纵单个原子和分子。扫描探针显微镜的这一新用途，使人类从现在微米尺度的加工技术，跨入到超精密加工的极限领域，可以进行纳米尺度和原子尺度的加工，使SPM成为未来加工纳米器件（如纳米电子器件等）和切割分子（生物分子、DNA基因等）的重要加工手段。

扫描探针显微镜可以实现操纵试件表面的单个原子和分子、移动搬迁原子（分子）、从试件表面提取去除原子（分子）、将原子（分子）增添放置到试件表面。

当显微镜的探针对准试件表面某个原子并非常接近时，试件上的该原子受到两方面的力，一面是探针尖端原子对它的原子间作用力，另一面是试件其他原子对它的原子间结合力。如探针尖端原子和它的距离小到某临界极小距离时，探针针尖可以带动该原子跟随针尖移动而又不脱离试件表面，实现了试件表面的原子搬迁移动。在显微镜探针针尖对准试件表面某原子时，再加电偏压或脉冲电压，使该原子成为离子而被电场蒸发，达到去除原子而形成空位的目的。

当原子被 SPM 提取去除时，所加偏压或脉冲电压的正负，是根据材料形成离子的正负极性而决定的。实验证明，正负脉冲均可提取 Si 原子，说明 Si 原子既可以成正离子，也可以成负离子而被电场蒸发。控制探针针尖和试件间脉冲的电压大小和极性，可以使探针针尖的原子或吸附的原子发射到试件表面，成为在试件表面增添放置的原子。

### 5.7.2　用 SPM 进行原子操纵的机理探析

虽然我们已经实现了用 SPM 对单个原子进行操纵：搬迁移动原子、提取去除原子和增添放置原子，但对操纵原子的机理研究得还很不够。在单原子操纵过程中，在 SPM 针尖和试件表面距离不同时，作用的物理机理也不同。

① 当针尖和试件表面间距离很小（小于 0.4 nm）时，针尖一试件表面原子间的化学键作用常起主导作用。因为针尖一试件表面距离很小时，如外加偏压不变，则隧道电流急剧增大，针尖一试件表面原子的“电子云”部分重叠，两者之间的化学键将起作用。在这样小距离时进行原子操纵，一般是将恒电流反馈切断，针尖试件表面接近到某一临界距离时，原子间的化学键和范德瓦耳斯力将起主导作用。这时试件表面原子将随针尖移动，实现试件表面原子的搬迁移动，或是实现原子的提取去除。当针尖一试件表面间距离极小，原子间的化学键和范德瓦耳斯力起主导作用时，虽针尖一试件表面之间不再施加偏压，针尖仍可以操纵原子。日本工业技术院Tokumoto等的实验可以证实，在这种针尖一试件距离极小情况下，不加偏压亦可对原子进行操纵。

② 当针尖一试件表面间距离较大（大于 0.6 nm）时，针尖一试件表面间的纯电场或纯电流效应，将对原子操纵起主导作用，而原子间的化学作用（化学键）已退居次要地位。采用这类原子操纵方法时，针尖一试件间的距离 $a$（预先设定，一般为 1 nm$>a>$0.6 nm）可由隧道电流的负反馈来保持。在针尖一试件表面间施加一个适当幅值和脉宽的电脉冲，以形成一个强大的电场。原子操纵常用的电脉冲，电压为数伏，脉宽为数十毫秒。由于针尖一试件表面间的距离小于 1 nm，该电脉冲将产生一个强度在 $10^9 \sim 10^{10}$ V/m 数量级的强大电场。试件表面对准 STM 针尖的原子被强电场离子化，成为带电荷的离子，被强电场蒸发飞逸，实现原子被提取去除。原子被提取去除后，在试件表面留下原子空穴。

操纵金属原子用正电脉冲，使金属原子成为正离子；操纵非金属原子用负电脉冲，使非金属原子成为负离子，而被强电场蒸发。操纵 Si 原子则可以用正电脉冲，也可以用负电脉冲，因为 Si 原子可以成为正离子，也可以成为负离子，都可以被强电场蒸发。

要将针尖的原子(或针尖表面吸附的原子)蒸发而放置到试件表面，操纵原理如下。控制所施加脉冲的正负极性和脉冲大小，可以使针尖的原子(或针尖吸附的原子)在强大电场下离子化，成为带电荷的离子，在强电场的作用下，从针尖被蒸发出来而沉积到试件表面上，实现单原子的放置增添。

掌握这种单原子操纵的电场蒸发机理，就有可能符合要求地操纵原子，实现单原子的搬迁移动，提取去除或放置增添原子。

黄德欢进行了实验研究，目的是要研究在进行操纵原子实现原子提取去除时，被电场蒸发去除的原子的去向。实验中用 STM 的针尖在 Si 试件表面提取去除了 282 个 Si 原子，经检测观察，其中只有 53 个 Si 原子仍留在 Si 试件表面(但已离开了原来位置)。这说明被电场蒸发的 Si 原子，大部分(81%)已离开了试件表面，仍留在试件表面的原子是少数(19%)。已离开了试件表面的 Si 原子，其中有些原子被电场蒸发直接飞逸到空中，有些原子被电场蒸发而暂时吸附在针尖表面，再从针尖表面飞逸到空中。那些被电场蒸发离开原位但仍留在试件表面的 Si 原子，有些是被电场蒸发但仍沉积到试件表面，有些原子可能是撞在针尖上而弹回试件表面。

上面的实验证明，大部分被蒸发提取的原子已飞逸离开试件表面，留在试件表面的只是其中的少数原子。留在试件表面的少数原子，沉积的位置很难控制，因此这些原子很难再被利用来制作新的原子级微结构。

## 复习思考题

1. 为什么传统精密加工方法提高精度的原则有局限性？

2. 对超精密切削、磨削和研磨能达到的精度和表面质量做简要分析。

3. 简述电子束、激光束和离子束加工的基本原理、能达到的加工精度和应用范围。

4. 简述用 STM 实现原子(分子)搬迁的基本原理和方法。

5. 简述用 SPM 实现去除原子和放置原子的基本原理和方法。

6. 简述用 SPM 的探针针尖直接对试件进行雕刻加工的原理和方法。

7. 简述用 SPM 的探针针尖按灰度图形雕刻三维微浮雕图像的原理和方法。

8. 简述用 SPM 进行连续原子(分子)操纵来加工微结构的原理和方法。

9. 简述用 SPM 进行电子束光刻加工的原理和方法。

10. 简述用 SPM 进行局部阳极氧化法加工微结构的原理和方法。
11. 简述用 SPM 针尖电场聚集原子组装成三维立体微结构的原理和方法。
12. 简述用 SPM 在 Si 试件表面加工出金属或半导体纳米线的原理和方法。

# 参考文献

[1] 白春礼. 扫描隧道显微术及其应用[M]. 上海:上海科学技术出版社,1992.
[2] 白春礼. 原子和分子的观察与操纵[M]. 长沙:湖南教育出版社,1994.
[3] 白春礼. 纳米科学技术[M]. 昆明:云南科技出版社,1995.
[4] 周明,董申,袁哲俊. 材料的微观性能对纳米加工表面质量的影响[J]. 仪器仪表学报,1996,17(1):296-298.
[5] YUAN Z J,ZHOU M,DONG S. Effect of diamond tool sharpness on minimum cutting depth and cutting surface integrity in ultraprecision machining[J]. Journal of Materials Processing Technology,1996,62:327-330.
[6] NORIO TANIGUCHI. Nano-technology-integrated processing systems for ultra-precision and ultra-fine products[M]. Toyoko: Oxford University Press,1996.
[7] VORBURGER T V,DAGTA J A. Industrial uses of the STM and AFM[J]. Annals of the CIRP,1997,46(2):597-620.
[8] 温诗铸. 纳米摩擦学[M]. 北京:清华大学出版社,1998.
[9] 袁哲俊,王先逵. 精密和超精密加工技术[M]. 北京:机械工业出版社,1999.
[10] 白春礼. 来自微观世界的新概念——单分子科学与技术[M]. 北京:清华大学出版社,2000.
[11] 罗熙淳,梁迎春,董申. 单晶硅纳米加工机理分子动力学研究[J]. 航空精密制造技术,2000,3:21-24.
[12] 黄德欢. 纳米技术与应用[M]. 上海:东华大学出版社,2001.
[13] 罗熙淳. 基于分子动力学的微纳米加工表面形成机理研究[D]. 哈尔滨:哈尔滨工业大学,2002.
[14] 朱屯. 国外纳米材料技术进展与应用[M]. 北京:化学工业出版社,2002.
[15] 薛增泉. 纳米科技探索[M]. 北京:清华大学出版社,2002.
[16] 郑丽芬,胡晓东,胡小唐. 基于 AFM 电场诱导氧化的纳米加工[J]. 航空精密制造技术,2003,39(5):1-2,37.
[17] 杨志伊. 纳米科技[M]. 北京:机械工业出版社,2004.
[18] 袁哲俊. 使用 SPM 的纳米级加工技术新进展[J]. 纳米技术与精密工程,2004(1):45-49.
[19] 袁哲俊. 纳米科学技术的新进展[J]. 制造技术与机床,2004(8):21-30.
[20] 周兆英,王中林,林立伟. 微系统和纳米技术[M]. 北京,科学出版社, 2007.
[21] YAN Y D, HU Z J. SUN T, et al. AFM-based machining technique of 3-D curved microstructure[C]. Proceedings of Europe International Conference,Zurich, 2008,5.

[22] ENGELMANN S U, BRUCE R L, NAKAMURA M, et al. Challenges of tailoring surface chemistry and plasma/surface interactions to advance atomic layer etching [J]. ECS Journal of Solid State Science and Technology, 2015, 4(6): N5054-N5060.

[23] KANARIK K J, TAN S, HOLLAND J, et al. Moving atomic layer etch from lab to tab[J]. Solid State Technology, 2013, 56(8): 14-17.

[24] MALSHE A P, RAJURKAR K P, VIRWANI K R, et al. Tip-based nanomanufacturing by electrical, chemical, mechanical and thermal processes[J]. CIRP annals, 2010, 59(2): 628-651.

[25] JOHNSON R W, HULTQVIST A, BENT S F. A brief review of atomic layer deposition: from fundamentals to applications[J]. Materials Today, 2014, 17(5): 236-246.

[26] LIU J, BANIS M N, LI X, et al. Atomic layer deposition of lithium tantalate solid-state electrolytes[J]. The Journal of Physical Chemistry C, 2013, 117(39): 20260-20267.

[27] UMBRELLO S, BAUM S D. Evaluating future nanotechnology: The net societal impacts of atomically precise manufacturing[J]. Futures, 2018, 100: 63-73.

[28] DE SANTIS E, RYADNOV M G. Peptide self-assembly for nanomaterials: the old new kid on the block[J]. Chemical Society Reviews, 2015, 44(22): 8288-8300.

[29] WINFREE E, LIU F, WENZLER L A, et al. Design and self-assembly of two-dimensional DNA crystals[J]. Nature, 1998, 394(6693): 539.

[30] YAN H, PARK S H, FINKELSTEIN G, et al. DNA-templated self-assembly of protein arrays and highly conductive nanowires[J]. Science, 2003, 301(5641): 1882-1884.

[31] HE Y, TIAN Y, RIBBE A E, et al. Highly connected two-dimensional crystals of DNA six-point-stars[J]. Journal of the American Chemical Society, 2006, 128(50): 15978-15979.

[32] ZHENG J, BIRKTOFT J J, CHEN Y, et al. From molecular to macroscopic via the rational design of a self-assembled 3D DNA crystal[J]. Nature, 2009, 461(7260): 74.

[33] ROTHEMUND P W K. Folding DNA to create nanoscale shapes and patterns[J]. Nature, 2006, 440(7082): 297.

[34] DIETZ H, DOUGLAS S M, SHIH W M. Folding DNA into twisted and curved nanoscale shapes[J]. Science, 2009, 325(5941): 725-730.

[35] HAN D, PAL S, NANGREAVE J, et al. DNA origami with complex curvatures in three-dimensional space[J]. Science, 2011, 332(6027): 342-346.

[36] HAN D, PAL S, YANG Y, et al. DNA gridiron nanostructures based on four-arm junctions[J]. Science, 2013, 339(6126): 1412-1415.

[37] FENNIMORE A M, YUZVINSKY T D, HAN W Q, et al. Rotational actuators based on carbon nanotubes[J]. Nature, 2003, 424(6947): 408.

[38] KIM K, GUO J, LIANG Z X, et al. Man-made rotary nanomotors: A review of recent developments[J]. Nanoscale, 2016, 8(20): 10471-10490.

[39] FANG F, ZHANG N, GUO D, et al. Towards atomic and close-to-atomic scale manufacturing[J]. International Journal of Extreme Manufacturing, 2019, 1(1): 012001.

[40] RUESS F J, OBERBECK L, SIMMONS M Y, et al. Toward atomic-scale device fabrication in silicon using scanning probe microscopy[J]. Nano Letters, 2004, 4(10): 1969-1973.

[41] WEBER B, MAHAPATRA S, WATSON T F, et al. Engineering independent electrostatic control of atomic-scale (~ 4 nm) silicon double quantum dots[J]. Nano Letters, 2012, 12(8): 4001-4006.

[42] MAHAPATRA S, BUCH H, SIMMONS M Y. Charge sensing of precisely positioned P donors in Si[J]. Nano Letters, 2011, 11(10): 4376-4381.

[43] DOUGLAS S M, BACHELET I, CHURCH G M. A logic-gated nanorobot for targeted transport of molecular payloads[J]. Science, 2012, 335(6070): 831-834.

[44] ZHANG F, NANGREAVE J, LIU Y, et al. Structural DNA nanotechnology: State of the art and future perspective[J]. Journal of the American Chemical Society, 2014, 136(32): 11198-11211.

[45] FORREST D R. Integrated nanosystems for atomically precise manufacturing Integrated Nanosystems for Atomically Precise Manufacturing Workshop (Berkeley, CA),2015.

[46] SZLUFARSKA I, NAKANO A, VASHISHTA P. A crossover in the mechanical response of nanocrystalline ceramics[J]. Science, 2005, 309(5736): 911-914.

## 第6章

# 纳米级表层物理力学性能检测和纳米摩擦学

纳米级表层的物理化学状态与宏观尺度相差很大，不仅涉及分子、原子的空间尺度，还包括表层结构性能的非线性变化。特别对于微观尺度的力学性能，需要利用高精度的检测仪器进行整体表征。纳米摩擦学或称微观摩擦学是在纳米尺度上研究摩擦界面上的行为、变化、损伤及控制。摩擦学就其性质而言属于表面科学范畴，摩擦过程中材料表面所表现的宏观特性与其微观结构密切相关。纳米摩擦学或称微观摩擦学是在纳米尺度上研究摩擦界面上的行为、变化、损伤及控制。摩擦学就其性质而言属于表面科学范畴，摩擦过程中材料表面所表现的宏观特性与其微观结构密切相关。

## 6.1　纳米级表层物理力学性能的显微力学探针检测法

### 6.1.1　纳米级表层物理力学性能检测的重要性

各种极薄表层(数微米乃至数纳米)材料的物理、化学、力学性能和材料内部的性能常有很大差异,正是这极薄的表层材料在物理、化学、摩擦磨损、机械行为中起着主导作用。对均质材料而言,表层的钝化、加工硬化、吸附、化学污染、疲劳等原因而使其表层性能与内部性能产生相当大的差异。为改善材料表层性能而进行的材料表面改性和表面涂层等,则使表层材料的性能和内部性能相差更大,而对性能起主导作用的表层数微米内的材料性能,却因检测不易而较少研究。

现在"信息时代"出现的新型"智能型"材料,如计算机磁盘和光盘等,不仅要求表层有优良的电、磁、光等功能性性能,而且要求表层摩擦小、耐磨损、抗化学腐蚀、组织稳定并具有良好的润滑性和优良的力学性能等。例如,计算机硬盘表面要求完全不磨损,或最多磨损不超过一层原子;航天用的各种仪表需要在真空中工作,所以这类轴承和摩擦面不允许用润滑剂,而要求两清洁表面间只有极小的摩擦磨损。对这类零部件,影响其工作性能和寿命的是材料极薄表层数纳米内的物理力学性能,而对这数纳米的极薄表层的物理力学性能,我们过去还没有深入研究过。

现在世界各国都非常重视研究材料的微米(纳米)级表层的物理、化学、力学性能,都投入人力、物力研究材料的纳米级表层的物理、化学、力学性能及其检测方法,研究材料表层的摩擦磨损行为。这里仅介绍材料微米(纳米)级表层的物理力学性能的检测,和当前材料表层摩擦、磨损的主要研究情况。

### 6.1.2　表层显微力学性能检测方法的比较

材料表层的物理力学性能有不同的检测方法,如纳米压痕法、X 射线衍射应力测试法、基体材料弯曲的应力测量法、薄膜拉伸测量应力应变法、薄膜凸曲变形测应力应变法、薄膜弯曲测弹性和屈服特性法等。但这些检测方法中,除了纳米压痕法和 X 射线衍射法外,其他方法检测的是较大厚度的表层性能,故实际上检测的是材料基体的物理力学性能。而能测材料表层应力的 X 线射衍射法,也只能测量材料表层一定深度内的综合平均内应力。因此这些检测方法,实际上并不能真正详细地检测出材料微米(纳米)级表层的物理力学性能。对于材料薄膜涂层可以有不同的方法检测其力学性能,但这些方法,除了纳米压痕法外,只能测量薄膜涂层和基体相连的材料表层的综合物理力学性能，而不能单独测出薄膜涂层的物理力学性能。

材料表层纳米压痕检测法，也称为显微力学探针检测法。其检测原理是：用微压力将金刚石针尖逐渐压入试件，检测其过程中微压痕形成过程，研究微压力和微压痕参数的关系，从而获得材料极薄表层的物理力学性能。所有表层的物理力学性能检测方法中，只有纳米压痕法不仅可以测表层材料的硬度、弹性模量、屈服蠕变、应变速率等多项力学性能，而且可以用改变压痕深度（即改变加载大小）的办法测出表层材料不同深度处的力学性能。对材料薄膜涂层，纳米压痕法是唯一能检测出极薄表层中不同深度物理力学性能的检测方法。故纳米压痕法是现在检测材料表层力学性能的一种极有效方法。

### 6.1.3　表层显微力学探针检测法的基本原理

#### 1. 表层显微力学探针检测法的原理

表层显微力学探针检测法的原理，是用极小的压力将金刚石针尖压入试件，在试件表面压出微米级或纳米级压痕，根据压痕参数的大小变化，测出试件表层的显微力学性能。传统的材料硬度和显微硬度检测法，是根据金刚石压头或钢球受力在试件上压出的压痕面积大小而测得材料的硬度和显微硬度。由于检测过程中加载和测量压痕面积是分开的，故只能测出材料硬度而不能同时得到材料的其他物理力学性能。表层显微力学探针检测法，则是连续记录探针针尖加载逐步压入试件表层，和卸载并逐步退出试件表层的全过程中的压痕深度等参数的变化，其中包含试件表层的弹性变形、塑性变形、蠕变、变形速率等多种信息。可以通过这些压痕参数的变化信息，计算得出表层材料的多项物理力学性能。

图 6.1 是显微力学探针在加载和卸载时压痕深度变化的检测曲线。从这条曲线可以看到：探针针尖和试件开始接触后，载荷力很小，试件在 $ab$ 段为弹性变形；随着加载力的增加，探针针尖压入试件表面而产生塑性变形，曲线 $bc$ 段内同时有弹性和塑性变形；开始卸载时，压痕首先有弹性恢复，$cd$ 段为完全弹性恢复区，假如压痕全部是弹性变形，则在弹性变形区内载荷和压痕深度是线性关系，故可将 $cd$ 段延长为 $ce$ 段。设加载力为 $F$，微压痕深度为 $h$，则弹性变形 $ce$ 段的斜率 $S_{\max}$ 为

$$S_{\max}=\frac{\mathrm{d}F}{\mathrm{d}h} \tag{6.1}$$

因压痕同时有弹性和塑性变形，故最后卸载曲线为 $cdf$，残余压深为 $h_r$。根据这一载荷－压痕深度的关系曲线可以得到试件表层的多项物理力学性能。

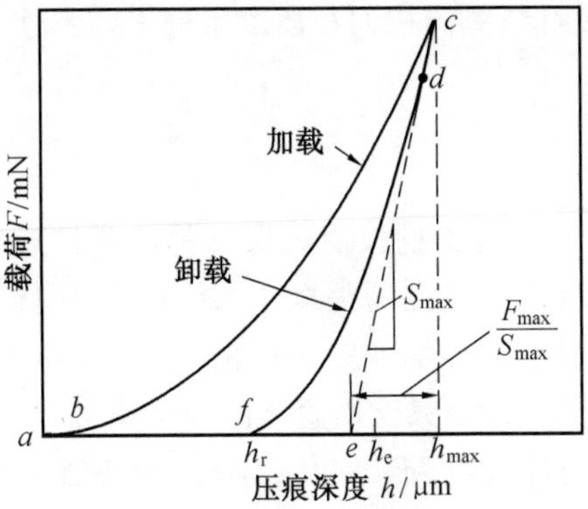


图 6.1　显微力学探针在加载和卸载过程中压痕深度变化曲线

## 2. 材料表层的显微硬度检测

材料显微硬度 $H$,按定义应是最大载荷力 $F$ 和压痕面积 $A$ 之比,即

$$H=\frac{F}{A} \tag{6.2}$$

由于微压痕的表面一般不是规则的几何形状,所以测量困难,故可根据压痕的深度 $h$ 推算出压痕的面积 $A$。但由于卸载时压痕中心和压痕近边处的弹性恢复量不同,故不能使用残余压深 $h_r$ 直接计算压痕的面积。此外,探针顶端有一定圆角,计算时不能忽视。A. J. Griffin 等推荐使用有效压深 $h_e$,再用经验公式来计算压痕面积 $A$。有效压深 $h_e$ 为

$$h_e=h_{max}-\zeta\frac{F_{max}}{S_{max}} \tag{6.3}$$

根据经验数据,探针顶端为平面时,$\zeta=1$,顶端为凸曲面时,$\zeta=0.75$。压痕面积 $A$ 可表示为

$$A=kh_e^2 \tag{6.4}$$

$k$ 值和探针针尖的形状(四棱锥或圆锥)有关,为一常数。在压痕面积 $A$ 求得后,即可根据加载力 $F$ 算出表层的显微硬度。

为简化计算,将平均压力看作显微硬度值,面积取接触区面积 $A_c$ 的投影面积,则显微硬度 $H$ 为

$$H=\frac{F}{A_c\cos\alpha} \tag{6.5}$$

式中　$\alpha$—— 压头侧面与水平面之间的夹角。

## 3. 表层材料的弹性模量

在上述载荷－压深曲线中,有弹性变形区,从中可以得出表层材料的弹性模量。

一般情况下，均质材料单向拉伸和压缩条件下的弹性模量 $E$ 可根据其应力 $\sigma$ 和应变 $\varepsilon$ 的关系表示，即

$$E=\frac{\sigma}{\varepsilon} \tag{6.6}$$

现在还没有精确的直接测量极薄表层材料的弹性模量的方法，显微力学探针检测法因微压痕的深度可以控制得极小，故测出的弹性模量可以认为是极薄表层的弹性模量。在用显微力学探针法检测时，探针压入试件形成微压痕的过程中，变形行为是极为复杂的，只能用简化的办法来处理。把压头简化成末端具有平直几何形状的圆柱冲头，可推出卸载斜率 $S$ 与接触面积 $A$ 及弹性模量 $E$ 的关系，有

$$S=\frac{\mathrm{d}F}{\mathrm{d}h}=\beta E^{*}\sqrt{A} \tag{6.7}$$

式中　$\beta$—— 与探针端部形状有关的修正系数；

　　　$E^{*}$—— 考虑压痕系统的有效弹性模量。

$E^{*}$ 值和金刚石探针的弹性模量 $E_{\mathrm{i}}$ 及试件材料的弹性模量 $E$ 有关，可表示为

$$\frac{1}{E^{*}}=\frac{1-\nu_{\mathrm{i}}^{2}}{E_{\mathrm{i}}}+\frac{1-\nu^{2}}{E} \tag{6.8}$$

式中　$\nu_{\mathrm{i}}$—— 金刚石探针的泊松比；

　　　$\nu$—— 试件材料的泊松比。

R. King 等曾给出压头不同几何投影形状时的 $\beta$ 值

圆形端部时
$$\beta=\frac{2}{\sqrt{\pi}} \tag{6.8a}$$

方形端部时
$$\beta=1.011\frac{2}{\sqrt{\pi}} \tag{6.8b}$$

使用以上计算式，即可求出材料表层的弹性模量 $E$。

**4. 表层材料的蠕变性能检测**

材料的蠕变特性反映了材料塑性变形的动态行为，其机理极为复杂，平时只能用实验方法进行实测。检测极薄表层材料的蠕变特性，现在只能应用显微力学探针法。

在这类典型的实验中，针尖(压头)以恒定的速度压入试件到预定的载荷值，通常压入速度要比检测其他性能时的速度高很多。然后切断一切伺服系统并保持载荷，这时针尖下的应力蠕变区将继续扩大，如图 6.2 所示。实时记录压深随时间的变化，就可对试件的蠕变特性进行研究。维持一定时间后进行卸载，可以得到包括加载－蠕变－卸载在内的载荷－压深关系曲线，如图 6.3 所示。

蠕变变形的基本规律可以用蠕变曲线来描述，蠕变曲线表明了应力变形量

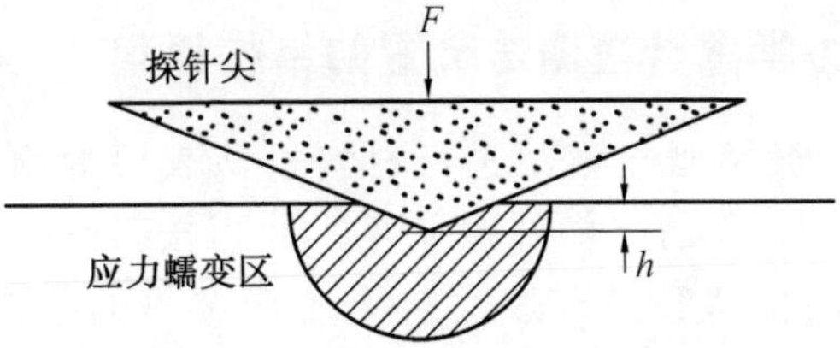


图 6.2　压痕中蠕变变形的模型

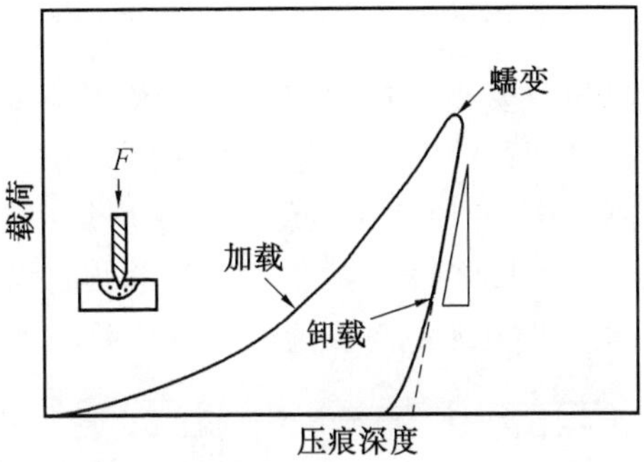


图 6.3　含加载－蠕变－卸载的载荷－压深关系曲线

与时间的关系。在这微压痕蠕变实验中，为简化计算，定义应力 $\sigma$ 为作用在接触面积为 $A$ 的接触面上的平均压力，则

$$\sigma=\frac{F}{A} \tag{6.9}$$

应变速率 $\dot{\varepsilon}$ 可表示为

$$\dot{\varepsilon}=\frac{1}{h}\frac{\mathrm{d}h}{\mathrm{d}t} \tag{6.10}$$

这样，既可获得 $\sigma$ 和 $\dot{\varepsilon}$ 随时间变化的规律，也可得到 $\sigma$ 与 $\dot{\varepsilon}$ 之间的关系曲线，同时还可确定应变速率灵敏指数 $m$，其表达式为

$$m=\frac{\mathrm{d}(\ln\varepsilon)}{\mathrm{d}(\ln\dot{\varepsilon})} \tag{6.11}$$

### 5. 表层材料内不同深度处的力学性能检测

检测表层材料内不同深度处的力学性能，可以用显微力学探针法。探针上加不同的载荷，得到不同深度的微压痕，从而得到不同深度时的材料力学性能。

由于探针加载时微压痕深度是由浅变深的，计算机已将加载力逐渐增加时的微压痕深度变化过程值都记录了下来，实际上记录下的数据信息，已包含了材料表层内不同深度处的材料的物理力学性能的信息，故可用这一数据信息计算出材料表层内不同深度的材料物理力学性能数据。

### 6.1.4 显微力学探针检测法装置的结构原理

可以用原子力显微镜微压痕法进行材料极薄表层的物理力学性能检测。AFM探针的加载可用试件的 $Z$ 向升高来实现，可以按我们的要求精确调节。压痕深度应是试件 $Z$ 向位移和弹簧片微悬臂 $Z$ 向位移的差值，可以随时记录，AFM可测量微压痕的尺寸参数，完全能满足微压痕检测法的各项要求。也可以使用专用的显微力学探针检测装置，用微压痕法来检测材料极薄表层的物理力学性能。

图6.4是作者研制的一套专用的显微力学探针检测装置系统的结构示意图。它的结构原理和AFM极为相似，只是多了一套专用的探针加力系统。

加力系统可有两种方式，一种是在检测系统中增加一套加载力可调的微力加载系统；另一种是根据探针的弹簧片的位移变形算出加载力，靠增大弹簧片的位移实现探针的加载，但这时压痕的深度应是试件位移和弹簧片位移的差值。

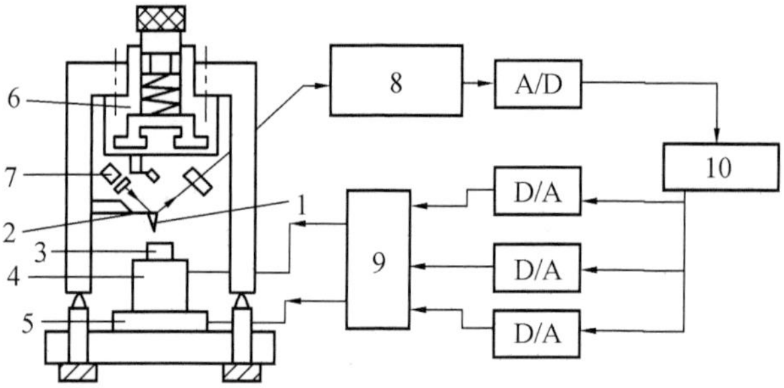


**图6.4 显微力学探针检测系统结构原理图**

1—金刚石探针；2—微悬臂；3—试件；4—$Z$ 向压电微位移工作台；
5—$X-Y$ 微位移工作台；6—$Z$ 向粗调及半精调机构；7—激光位移检测；
8—位移信号检测放大；9—压电传感器驱动；10—计算机

检测时先调整 $X-Y$ 微位移工作台5，使金刚石探针1的针尖对准试件表面要检测的位置。试件高度应调整合适，先调整 $Z$ 向粗调及半精调机构6，使探针1的针尖接近试件表面，这时使用低放大倍数的光学显微镜监测，再开动 $Z$ 向压电微位移工作台4，使金刚石探针接触试件并逐步压入试件表面，然后用激光位移检测系统测出探针弹簧片微悬臂的位移。试件的 $Z$ 向微位移由压电传感器驱动9给出，经信号采集处理系统的数据处理，最后得到压痕深度的输出。金刚石逐步压入试件时的加载力可从微力弹簧片微悬臂的位移变形算出。在检测不同材料而要求不同的压痕深度时，可以更换微力弹簧片微悬臂，以获得不同的加载力范围。此专用的显微力学探针检测装置亦可用于测量微压痕的微观几何形貌。

# 6.2　材料极薄表层物理力学性能的实际检测

## 6.2.1　材料极薄表层显微硬度的检测

对多数零部件而言,决定其工作性能和工作寿命的是它的表层数微米内的硬度等物理力学性能。而对信息记录磁盘等不允许磨损(或只允许磨损单层原子)的零件,决定其工作性能和工作寿命的是它的表层数纳米内的硬度和摩擦等物理力学性能。因此检测材料表层数微米内(数纳米内)的硬度等物理力学性能具有重要的意义。

**1. 均质材料表层数微米内显微硬度的检测**

使用我们研制的显微力学探针检测系统来检测均质材料单晶铜(110)晶面的表层数微米内显微硬度,测量时使用 90°四棱锥金刚石压头,检测得到的载荷一压深曲线,如图 6.5 所示。这时微压痕的面积 $A$ 和深度 $h_e$ 的关系式为

$$A=5.66\,h_e^2 \tag{6.12}$$

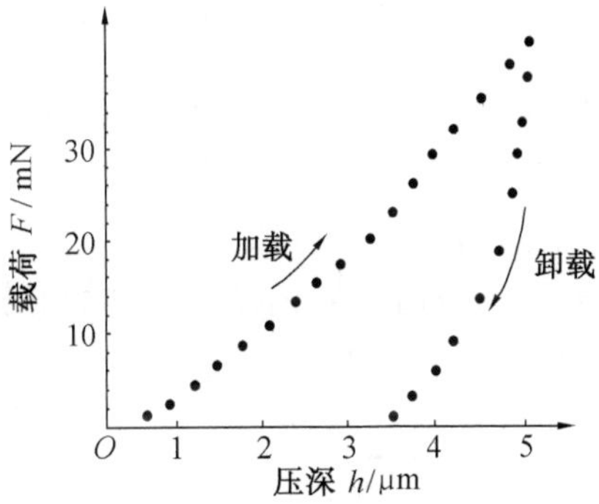


图 6.5　单晶铜(110)晶面的载荷一压深曲线

根据得到的载荷一压深曲线,求出表层数微米内显微硬度为 $H=0.75$ GPa。用常规方法测得的硬度为 0.72 GPa。因为单晶铜表层和内部硬度应该相差不大,故证明用显微力学探针法检测硬度的结果是可靠的。

用显微力学探针法还检测了铝合金 6061Al 的表层数微米内显微硬度,测得的载荷一压深曲线,如图 6.6 所示。可以算出其表层显微硬度 $H=1.14$ GPa。

**2. 均质材料表层数微米内不同深度的显微硬度检测**

用显微力学探针法测出的均质材料表层数微米内的显微硬度,一般都大于用常规硬度测量法测出的材料硬度。分析后认为有两个原因:第一,加的载荷不

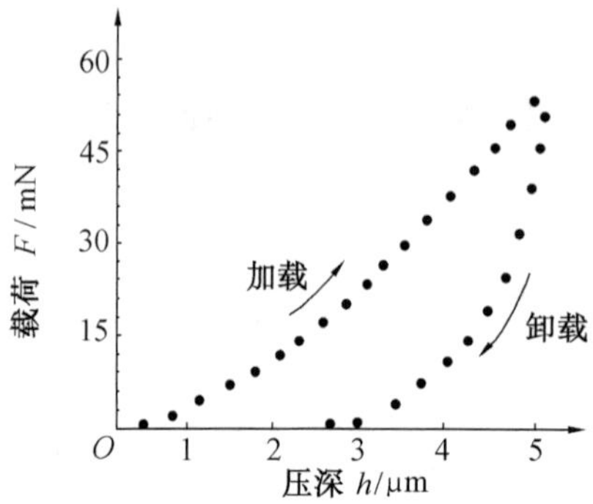


图 6.6 铝合金 6061Al 的载荷－压深曲线

同时，由于卸载的弹性恢复不同，测得的硬度值应不同，例如用常规的显微硬度计测同一材料的硬度，加载 30 N 和加载15 N所测得的硬度值就有较大差别；第二，材料表层的硬度本来就高于基体材料的硬度，并且越接近表面硬度越高，这在检测材料不同深度的显微硬度时可以得到证实。

过去测量表层不同深度的显微硬度时需多次测量，即用不同载荷压入不同深度，以求出不同深度时的硬度。使用显微力学探针法检测时，因能记录下加载和卸载过程中不同载荷的瞬时压痕深度，故一次检测即可得到不同深度的硬度，而不必进行多次检测。

现用显微力学探针法检测铝合金 6061Al 的表层数微米内不同深度的显微硬度。图 6.7 所示是用三种不同最大加载载荷时实测的载荷－压深曲线。从得到的结果可以看到用三种不同的最大加载载荷时得到的载荷－压深曲线，加载时曲线的重叠部分非常接近，卸载时曲线的斜率也非常接近。因此用一次连续加载到最大载荷来代替最大载荷不同的多次加载的方法，进行检测材料表层不同深度的显微硬度是正确可用的。

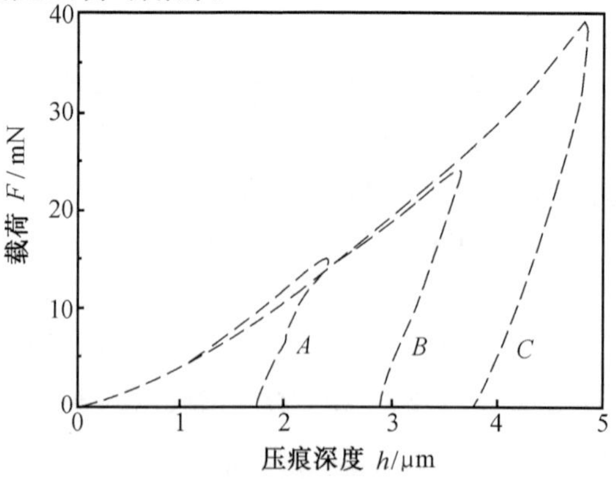


图 6.7 不同最大载荷时的载荷－压深曲线

根据得到的载荷—压深曲线，计算不同载荷时的压痕深度，可以得出材料表层不同深度处的显微硬度。图 6.8 所示是根据图 6.7 中的三条载荷—压深曲线 $A$、$B$、$C$，分别计算得到的三组材料表层数微米内不同深度处的显微硬度。从上述实验的实测结果可以看到：

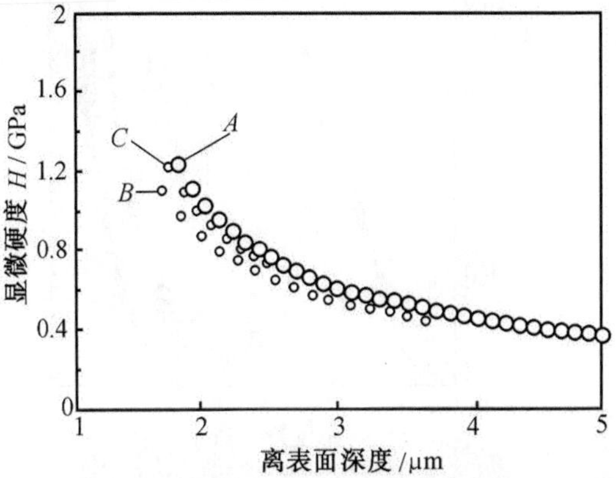


图 6.8　离表面不同深度处的显微硬度

① 均质材料表层数微米内的显微硬度明显高于基体，越接近表面，硬度越高，显微硬度向材料内部逐渐降低，最后和内部基体的本征硬度一致。绝大多数材料表层的显微硬度变化规律也是如此。

② 用显微力学探针法检测得到的载荷—压深曲线信息，来计算材料表层数微米内不同深度的显微硬度的方法，是正确可用的。

③ 用显微力学探针法检测表层数微米内显微硬度时，分多次用不同的最大载荷加载检测，多次测得材料表层不同深度的显微硬度值非常接近。因此完全可以用一次连续加载到最大载荷来代替多次用不同最大载荷加载，以检测材料表层不同深度处的显微硬度。

**3. 材料表层数纳米内不同深度的显微硬度检测**

对信息记录磁盘和某些航天精密仪表等不允许有磨损（或只允许磨损单层原子）的零件，决定其工作性能和工作寿命的是它的表层数纳米内的硬度等物理力学性能。检测材料表层数纳米内的硬度等物理力学性能，虽有重要的理论和实际意义，但有很大的技术难度。现在只能使用分子动力学模拟计算结合高灵敏纳米压痕法来研究这一问题。

J. Belak 等对于金刚石探针与铜、银等(111)平面的纳米压痕过程进行了分子动力学模拟。他们用嵌入原子模型表示铜、银原子间内聚力。为了模拟计算方便，探针向基片的压入速度选取 1、10、100 m/s，但在实际的纳米压痕实验中采用的压入速度非常低，仅有 $10^{-9}$～$10^{-6}$ m/s。

图 6.9 是模拟计算得到的压痕过程中压痕深度随载荷的变化情况，它是模

拟金刚石探针以压入速度 1 m/s 在铜(111)表面上压痕的过程得到的。图中，横坐标是以原子层数表示的压痕深度，每层原子间的相应尺寸为 0.25 nm。上层曲线为加载过程的载荷变化，下层曲线为卸载时的载荷变化。

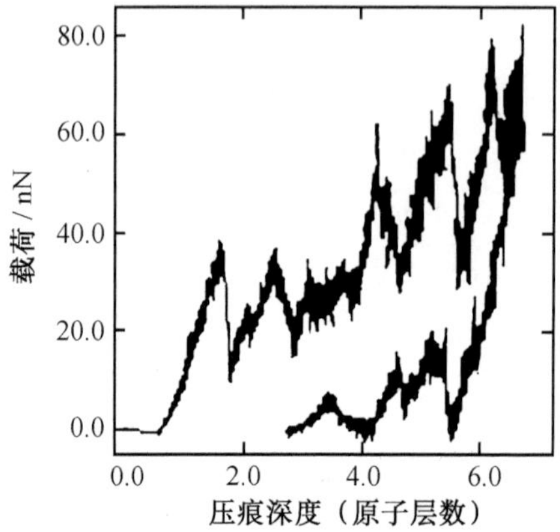


图 6.9　纳米级载荷－压深模拟曲线

从加载曲线可以看到，最初探针趋近铜基片表面时受到范德瓦耳斯吸引力的作用，然后开始压入阶段，载荷随压痕深度的增加线性增加，呈现弹性变形特征。弹性变形阶段的载荷数值与采用 AFM 的测量值相吻合。当压痕深度达到 1.5 层原子(即 0.375 nm)时，铜基片开始塑性屈服，载荷迅速下降。模拟计算说明，塑性屈服发生时，探针下面的个别铜原子跳跃到探针表面上。经过几个载荷增加和降低的循环，当压痕深度增加到 7 层原子(即 1.75 nm)时，少量的铜原子堆积到探针表面。同时，经过弹性和塑性变形，使得压痕处探针针尖周围填满铜原子。J. Belak 等根据模拟计算得到的两正交截面上原子排列的图像证明，加载过程基片的塑性变形仅仅局限在围绕探针针尖周围几个晶格的范围之内。

开始卸载时，探针载荷迅速下降到零。继续卸载，载荷又突然回升，随后经几次波动降低到零。载荷回升可能是基片的部分塑性变形出现恢复作用，使基片恢复与探针挤压接触而导致的。

## 6.2.2　均质材料表层蠕变特性的检测

蠕变特性反映了材料塑性变形的动态行为，其机理极为复杂，因此一般都通过实验对它进行研究。这里介绍用显微力学探针检测铝试材表层材料的蠕变特性。先用较高的加载速度将金刚石探针针尖压入试件到设定的最大载荷，然后控制压电传感器，使其 $Z$ 向位置固定，探针运动停止。随着保持的时间延长，在应力释放蠕变的过程中，记录下载荷和压深随时间的变化，如图 6.10所示。可以看到随着时间的增加，蠕变增加，压深增大，同时载荷自动逐步减小。

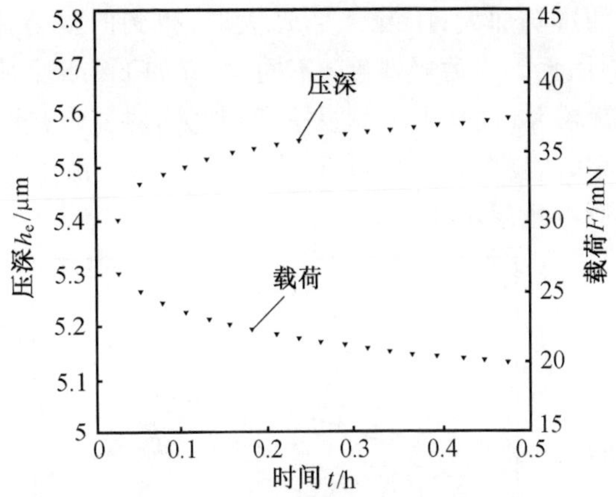


图 6.10　载荷和压深随时间的变化规律

进行蠕变测试要求的实验条件是很严格的，必须在较长时间内保持环境温度等条件以及仪器可靠性等的高度稳定，因为温度变化、实验装置的稳定性等都直接影响测量结果。根据检测材料的蠕变特性，还可计算出和蠕变有关的应变速率等参数。

### 6.2.3　非均质材料表层弹性模量的检测

当材料表层经表面改性或有薄膜涂层时，表层中不同深度的弹性模量不等，且过渡层和基体的性能都影响检测的结果。当薄膜涂层的膜厚在纳米数量级时，表层的弹性模量异常增大，过渡界面将影响应力、应变的分布与传递。用显微力学探针检测时，当探针压入深度较小时，测得的数据接近于薄膜的真实性能；探针压入深度逐步加大时，基体影响加大，最后基体本征性能起主导作用。

H. Gao 等建立了复合弹性模量的模型，该模型经简化后，复合弹性模量 $E_c$ 可表示为

$$E_c = E_s + (E_f - E_s) I_0 \frac{t}{2.79h_e} \tag{6.13}$$

式中　$E_f$—— 薄膜的弹性模量；

$E_s$—— 基体的弹性模量；

$I_0$—— 权函数，在 $\frac{t}{2.79h_e} \to 0$ 时，$I_0 \to 0$；在 $\frac{t}{2.79h_e} \to \infty$ 时，$I_0 \to 1$；

$t$—— 薄膜厚度；

$h_e$—— 压痕深度。

用显微力学探针检测 TiN 涂层材料的复合弹性模量 $E_c$，在不同的涂层薄膜厚度 $t$ 和不同压痕深度 $h_e$ 时，它们与复合弹性模量 $E_c$ 的关系如图 6.11 所示。可以看到，在薄膜厚度 $t$ 相同的条件下，压痕深度 $h_e$ 小时，得到的复合弹性模量 $E_c$

大，这是由于薄膜的影响加大；压痕深度 $h_e$ 大时，得到的复合弹性模量 $E_c$ 小，这是由于基体的影响加大。当薄膜厚度 $t$ 不同时，有如下结果：薄膜厚度 $t$ 大时，复合弹性模量 $E_c$ 值就较大，这是由于薄膜厚度 $t$ 加大，对复合弹性模量 $E_c$ 的影响也加大；薄膜厚度 $t$ 小时，复合弹性模量 $E_c$ 值就较小，这是由于薄膜厚度减小，对复合弹性模量 $E_c$ 的影响也减小。

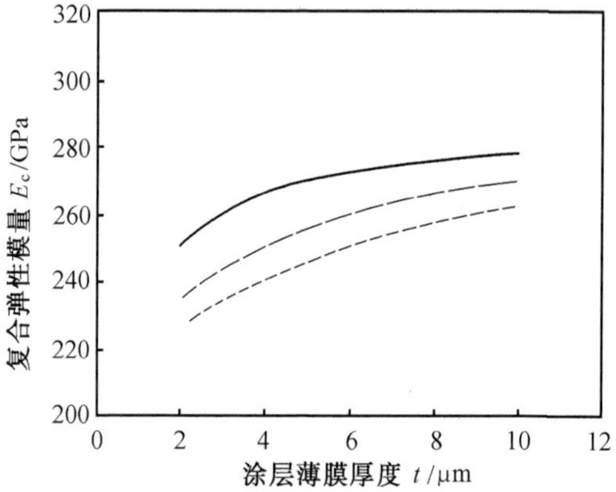


图 6.11　不同压深复合弹性模量和薄膜厚度的关系

现在分析一下当试件材料是由涂层薄膜、过渡层和基体三层材料所构成时，材料分层对复合弹性模量 $E_c$ 的影响。使用显微力学探针检测某 TiN 涂层材料试件，在采用不同压痕深度 $h_e$ 时，检测得到的复合弹性模量 $E_c$ 结果如图 6.12 所示。虽然这种材料是由 TiN 涂层薄膜、过渡层和基体三层材料所构成的，但由于这三层材料是密切连在一起而不是分离的，故随着压痕深度 $h_e$ 的逐渐加大，复合弹性模量 $E_c$ 自表面向内是逐渐减小而不是阶跃的。

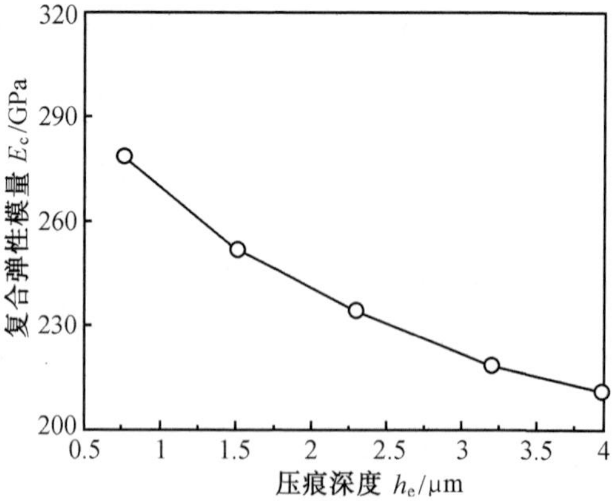


图 6.12　涂层薄膜材料不同压深的复合弹性模量

带有涂层薄膜材料的复合表层物理机械性能如复合微硬度、复合弹性模量等，不能简单地用薄膜和基体本身的性能来建立数学模型，因为界面的结合强度和厚度对这种“薄膜－基体”复合体的变形行为有很大影响。探针针尖压入试件形成纳米压痕的变形过程，可用如图6.13所示的薄膜涂层材料压痕变形示意图来说明。探针针尖压入试件形成纳米压痕的变形过程可分为几个阶段：

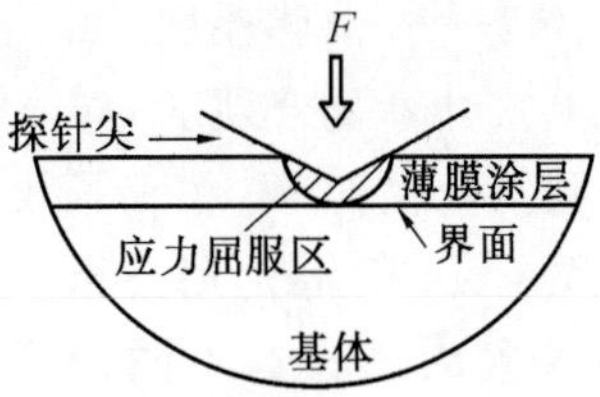

图 6.13　薄膜涂层材料压痕变形示意图

① 载荷作用增加使探针下面形成的应力屈服区向下扩展，如尚未超过薄膜的界面，检测得到的是真正的薄膜固有物理力学性能。该阶段微压痕的深度 $h$ 极小，不超过膜厚 $t$ 的 1/10～1/7。

② 当应力屈服区扩展达到界面后，来自基体的约束将通过界面对应力屈服区产生作用，界面间结合强度越高，作用越明显。但即使界面连接强度很低，摩擦力很小时，基体的抗力仍对薄膜的变形产生相当大的影响。当载荷增加，应力屈服区本身相当于一个球形压头压入基体内部时，基体的变形和界面的摩擦黏附等都将对应力屈服区的运动产生相当的阻力，影响测出的薄膜的物理力学性能。

③当载荷再增大，应力屈服区深入材料基体内部时，材料基体的物理力学性能，将对微压痕扩展抗力起主导作用，涂层薄膜的作用将退居次要地位。这时用显微力学探针法检测到的结果，主要是基体材料的物理力学性能。

### 6.2.4　非均质材料表层显微硬度的检测

当材料表层经表面改性或有薄膜涂层时，表层中不同深度的硬度不等，且过渡层和基体的性能都直接影响材料物理力学性能检测的结果。图 6.13 已定性分析了多层材料在探针针尖作用下形成微压痕的过程，说明显微力学探针法实际检测到的硬度和弹性模量，是薄膜和基体综合作用的复合硬度和复合弹性模量。

A. Bhattacharya 曾研究了硬膜沉积在软基体上的复合硬度 $H_c$ 与膜的硬度 $H_f$ 和基体硬度 $H_s$ 的关系，采用有限元模拟分析，得到的关系式为

$$\frac{H_c}{H_s}=1+\left(\frac{H_f}{H_s}-1\right)\exp\left[-\frac{(H_f/H_s)}{(\sigma_f/\sigma_s)\sqrt{(E_f/E_s)}}\left(\frac{h_e}{t}\right)\right] \tag{6.14}$$

式中　$\sigma_f$ —— 薄膜的屈服强度；

$\sigma_s$ —— 基体的屈服强度；

$E_f$ —— 薄膜的弹性模量；

$E_s$ —— 基体的弹性模量；

$h_e$ —— 压痕深度；

$t$—— 薄膜厚度。

上式计算复合硬度 $H_c$ 值有一定的精度，但求 $\sigma_f/\sigma_s$ 值比较困难。因此用实验法检测复合硬度 $H_c$ 值仍是较好的办法。

图 6.14 所示是用显微力学探针法检测 TiN 膜涂层材料不同深度处硬度的检测结果。从实测的显微硬度看，硬度值是从表面到内部逐渐减小的，看不到 TiN 薄膜涂层和内部基体两层不同硬度材料的明显分界。这说明薄膜涂层和内部基体两层材料是紧密相连的，实际测出的硬度是薄膜—界面—基体三层材料的综合作用的复合硬度。不仅薄膜和基体材料的力学性能会影响测出的复合硬度，而且界面的连接强度和内摩擦也直接影响实际测出的复合硬度。

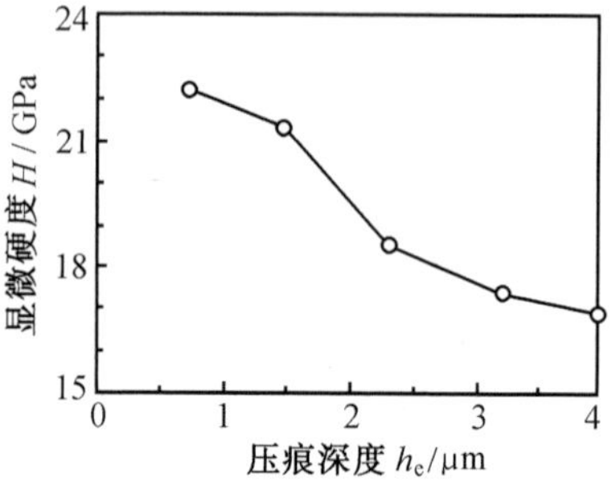

图 6.14　TiN 薄膜涂层材料不同深度的硬度

只有在压痕深度极小，即 $h<(1/10\sim1/7)t$ 时，测出的显微硬度才是涂层薄膜本身真正的硬度。

### 6.2.5　复合材料内部界面附近材料力学性能的检测

复合材料因有优良的使用性能，故其应用日益广泛。复合材料由基体和增强相两种材料组成，常用的基体材料有金属、陶瓷、环氧树脂等；常用的增强相材料有 $Al_2O_3$、SiC、TiN、AlN 等颗粒和 SiC、C 晶须、玻璃纤维、碳纤维等。

晶须增强和颗粒增强的金属基复合材料具有优良的物理力学性能，常用来制造一些重要的和在尖端科技中使用的零件。因此提高晶须增强和颗粒增强的金属基材料的性能具有重要的意义。界面结构和性能，特别是加工变形后界面的状态，对金属基复合材料的性能起着决定性的作用。但由于目前对界面的测试手段有限，所以对界面附近的力学行为研究较少。使用透射电子显微镜(TEM)可以观察复合材料界面附近处的材料位错密度变化和变形情况，但不能测出界面处的材料物理力学行为和性能参数。使用显微力学探针检测技术可以对这些复合材料的界面附近处的显微力学性能进行检测，以了解界面附近的力学行为。

图 6.15 所示是用显微力学探针法检测 SiCp/Al 材料(SiC 颗粒增强铝基复合材料)得到的界面附近的显微硬度和弹性模量。从实测的结果可知，增强颗粒和基体界面附近显微硬度和弹性模量值均较高，离开界面后显微硬度和弹性模量值均逐渐减小，到一定距离后硬度和弹性模量值已和基体的相同，不再改变。同一试件使用透射电子显微镜检测可知，在增强颗粒附近存在高密度位错区，也

就是增强颗粒周围包着一层高应力集中区，使硬度和弹性模量均增大，这和用显微力学探针法检测得到的结果是吻合的。

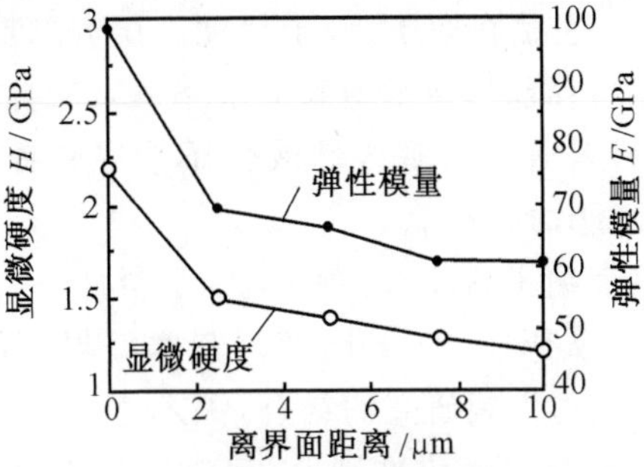


图 6.15　SiCp/Al 复合材料界面附近的硬度和弹性模量

用 TEM 和显微力学探针法对颗粒增强铝基复合材料和晶须增强铝基复合材料切削加工后表面变质层进行了观察检测，表面变质层的材料经过强烈变形后，增强颗粒和增强晶须仍和铝基体连接良好，未发现有相互脱开处，在界面附近处位错密度显著增加，显微硬度亦明显增高。这说明 SiCp/Al 复合材料经切削加工后的表面，虽然有变质层，但并没有降低其物理力学性能。

## 6.3　纳米摩擦学的提出

摩擦学研究对于降低机械设备的摩擦能耗，提高抗磨损寿命和可靠性，以及推动机械向高参数工况发展起着重要作用，它已成为现代机械设计和制造中的重要基础学科之一。但过去对摩擦学的研究还都是属于宏观范畴，不能深入地揭示摩擦界面的微观结构和特性，因而它所建立的理论往往有很大的局限性。

20 世纪 80 年代尖端技术的发展，特别是计算机磁盘的发展提出并促进了纳米级摩擦磨损问题的研究和发展。计算机磁盘要求其容量大大提高，提高其信息存储的密度，这就要求减少其润滑层和保护层的厚度以减少磁头与磁盘磁介质间的距离（小于 50 nm），并且要求软磁盘的磨损小于一个原子层（0.1～0.3 nm），硬磁盘的磨损为零。一些高精密机械特别是宇航中精密机械和微机械的轴承工作在高副接触的状态下，其表面或是处于纳米量级的薄膜润滑状态，或是处在无润滑状态，这种纳米尺度的摩擦磨损不同于宏观的摩擦磨损。1986 年 Kaneko 提出开展“微观摩擦学”研究，并取得较大的进展。后来又提出纳米摩擦学和分子摩擦学等。随着纳米科学与纳米技术的发展，纳米摩擦学也获得了很大发展。研究纳米摩擦学不仅有助于深入了解摩擦磨损机理，以达到降低摩擦磨损的目的，而且可以提高磁记录系统的信息量和寿命，并有助于解决机械运动部件的摩擦与润滑问题。

纳米摩擦学(nano-tribology)又称微观摩擦学(micro-tribology)或分子摩擦学(molecular-tribology),它是在原子、分子尺度上研究摩擦界面上的行为、损伤及其对策的。主要研究内容包括纳米薄膜润滑和微观摩擦磨损机理以及表面和界面分子工程,即通过材料表面微观改性或分子涂层或者建立有序分子膜的润滑状态,以获得优异的减摩耐磨性能。

纳米摩擦学作为整个纳米科学技术的组成学科之一,是在现代表面科学和微观检测技术基础之上,从原子、分子尺度研究摩擦界面的微观行为和动态过程。通过摩擦学微观研究与宏观研究的结合,深入地揭示摩擦磨损与润滑机理,建立摩擦学现象的定性关系和量化准则,以促进摩擦学设计与应用的发展。纳米摩擦学在学科基础、研究方法、实验测试设备和理论分析手段等方面都与宏观摩擦学研究有很大差别。宏观摩擦学通常是根据材料表面的体相性质在摩擦界面上的反应来表征其摩擦磨损行为,并应用连续介质力学,包括断裂和疲劳理论作为分析的基础。而纳米摩擦学则是由原子、分子结构出发,考察纳米尺度的表面和界面分子层摩擦学行为。其理论基础是表面物理和表面化学,采用计算机分子动力学模拟仿真,各类最新发展的扫描探针显微镜以及专门的纳米级实验装置作为实验测试仪器。

纳米摩擦学研究还包含在纳米尺度上对摩擦表面改性和排布原子,发展表面和界面分子工程。由纳米超细颗粒制备的有序表面膜,具有既不同于体相又不同于原子状态的独特性能。另外,纳米厚度的润滑膜具有独特的性能,既不同于黏性流体膜,也不同于吸附边界膜。通过表面涂层或超薄膜润滑,可以形成低剪切阻力和高承载能力的摩擦界面层,能构造出新的性能优异的摩擦学系统。

纳米摩擦学所研究的,是在极轻载荷下的纳米尺度上影响材料摩擦磨损的主要因素。它主要涉及的是材料表面的物理机械和化学性能,因此研究纳米级摩擦问题需要更多地依靠实验研究。纳米摩擦学的提出和发展的时代背景,一方面是工程实际的需要,如计算机磁盘发展的需要和精密机械及微机械发展的需要等;另一方面是新测试技术的突破为纳米级摩擦磨损的研究提供了有效可靠的手段,如扫描隧道显微镜、原子力显微镜、表面力测量仪、纳米润滑膜厚度测量仪、点接触显微镜等一系列纳米级测量仪器在实验中的应用,加速了纳米摩擦学的发展。由此可知,纳米摩擦学是在新的学科基础上采用新的研究方法,它比传统研究更加符合摩擦学现象的规律,对于完善摩擦学理论与应用具有重要作用。

此外,纳米摩擦学研究有广泛的应用前景。随着精密机械和高科技设备的发展,特别是纳米科学技术所推动的新兴学科,如纳米电子学、纳米生物学、航空航天用的仪表和微机械的发展,都要求开展纳米摩擦学研究。这是由于在上述领域所用的机械设备中，摩擦副间隙或润滑膜厚度通常处于纳米范围，此时宏观摩擦学已不再适用，它们的摩擦磨损与润滑性能必须从界面上原子、分子的相互作用来进行考察。

## 6.4　纳米摩擦学研究使用的实验测试仪器

### 6.4.1　纳米摩擦学研究使用的实验测试仪器简介

到目前为止，纳米摩擦学研究主要还是依靠实验研究，因此各种研究微观摩擦磨损和润滑的最新实验方法和测试仪器，对纳米摩擦学的研究发展极为重要。例如研究磁盘保护层的摩擦磨损时，传统的检测方法和扫描电子显微镜观察，只适用于厚度大于 50 nm 的薄膜材料，对只有几纳米的薄膜材料就必须用新的检测方法。

J. Israelachvili 等在 20 世纪 70 年代研制出表面力仪（SFA），现在已发展到第三代，利用 SFA 可以测量两云母片相对滑动状态下（距离为 0.1～1.0 nm）的微摩擦力。1981 年研制成功的扫描隧道显微镜，1986 年研制成功的原子力显微镜，1987 年 C. Mate 等研制成功的摩擦力显微镜，是纳米摩擦学研究中极为重要的实验仪器，已在科研中发挥了重要作用。

现在纳米摩擦学实验研究使用的测试仪器主要为扫描探针显微镜（SPM）。它包括扫描隧道显微镜（STM）、原子力显微镜（AFM）以及摩擦力显微镜（FFM），摩擦力显微镜亦称为横向力显微镜（lateral force microscope，LFM）。此外，还有专门研制的实验仪器，例如石英晶体微天平（quartz crystal microbalance，QCM）等，都得到了实际应用。

近年来，还有一些新的测试方法和仪器装置出现。例如，1989 年 R. Kaneko 等开发了点接触显微镜（PCM），它能在较大载荷下研究微观摩擦磨损；1992 年 R. Kaneko 等在 AFM 中加入了光学显微镜，使得原位观察和测量摩擦力很容易进行；1993 年清华大学温诗铸等研究了纳米润滑膜测试技术，提出应用于薄膜润滑研究的光干涉相对光强比拟测试方法，研制成功纳米量级润滑膜厚度测试仪，还应用受抑光全反射原理测量纳米润滑膜厚度，研制成功混合润滑特性检测装置。

上述实验测试仪器中 STM、AFM 和 FFM 前面已经详细介绍了，这里将简略介绍其他几种纳米摩擦学实验研究使用的测试仪器。

### 6.4.2 光干涉相对光强纳米膜厚测试仪

**1. 光干涉相对光强膜厚测试原理**

清华大学黄平等提出采用光干涉时的相对光强原理来测量润滑膜厚度，其工作原理如图6.16所示。超精加工的钢球与镀有铬膜的玻璃盘之间形成点接触弹流润滑膜。入射光到达玻璃盘的铬膜表面后分成两束，光束1由铬膜表面直接反射，光束2透过玻璃盘铬膜和润滑膜后在钢球表面反射。光束1和光束2由于光程不同发生干涉形成干涉条纹图像。两束光干涉后经显微镜进入单色仪分频后成像，可检测出干涉后各点的光强。同一干涉级次，干涉光强是随光程差也就是润滑膜厚度而变化的。因此，任一点润滑膜的厚度，取决于该点光强在最大光强和最小光强之间的相对位置。

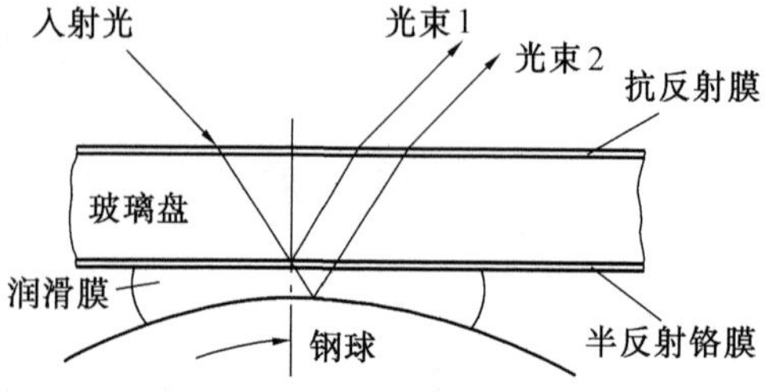

图6.16 光干涉检测膜厚原理

定义平均光强为 $I_a=(I_{max}+I_{min})/2$，最大光强差为 $I_d=I_{max}-I_{min}$ 时，定义相对光强度 $\bar{I}$ 为

$$\bar{I}=2(I-I_a)/I_d$$

$\bar{I}$ 的数值介于 $-1\sim+1$。待测膜厚 $h$ 与该点相对光强的关系式为

$$h=\frac{\lambda}{4\pi n}[\arccos(\bar{I})-\varphi] \tag{6.15}$$

式中 $n$—— 润滑剂折射率；

$\lambda$—— 光波长。

通过标定可以得到零膜厚时的光强，代入式(6.15)并消去相位差 $\varphi$，可得到膜厚 $h$ 与相对光强 $\bar{I}$ 的关系式，即

$$h=\frac{\lambda}{4\pi n}[\arccos(\bar{I})-\arccos(\bar{I}_0)] \tag{6.16}$$

采用光干涉相对光强原理来测量润滑膜厚度，可得到较高的测量分辨率。例如，当光波长 $\lambda=600$ nm，润滑剂折射率 $\eta=1.5$ 时，如果最大光强差 $I_d>100$，则用光干涉相对光强原理来测量膜厚的分辨率可小于1 nm。

**2. 光干涉相对光强膜厚检测仪的结构组成**

清华大学温诗铸等基于上述光干涉相对光强测量原理，研制成NGY－2型纳米润滑膜厚度测量仪，该仪器的结构组成如图6.17所示。超精加工的钢球6

与镀有铬膜的玻璃盘 3 之间形成点接触弹流润滑膜。电机 14 通过传动带 12 和柔性连接的主传动轴 8 驱动钢球转动。钢球支承 7 与加载杠杆 2 浮动连接，以砝码 1 加载。微动螺杆 11 带动支座 4 用来调节钢球的径向位置和定位。光学显微镜 5 与三维工作台 9 相连，用来调节测量点的位置。

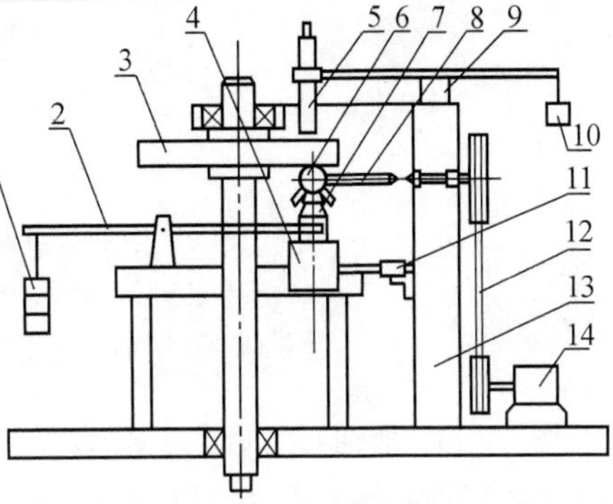


**图 6.17　光干涉相对光强膜厚检测仪结构示意图(温诗铸)**

1—砝码；2—加载杠杆；3—玻璃盘；4—支座；5—光学显微镜；6—钢球；7—钢球支承；8—主传动轴；9—三维工作台；10—平衡块；11—微动螺杆；12—传动带；13—支承座；14—电机

该测试系统用 CCD(charge-coupled device)摄像头，在单色仪出口处接收单频干涉图像，干涉光信号经 CCD 转换成电信号，并输送到计算机的图像采集卡中。其中有一路信号在与图像采集卡相连的监视器上显示出单频干涉图像，以供监视和调节。另一路信号经图像采集卡模数转换后，送入计算机处理。最后在计算机上显示出所测润滑膜厚度在接触区内的分布曲线或曲面。

NGY－2 测试仪可用于点接触润滑条件下的纳米级润滑膜厚度及其在接触区分布情况的测量，并能够实时跟踪监测。该仪器最小膜厚分辨率为 0.5 nm，水平方向分辨率为 1.5 μm。当润滑膜厚度在 100 nm 以下时，测量误差小于 ±3 nm。每一条膜厚测量曲线上的最大采样时间差小于 0.1 ms，整个接触区膜厚分布测量时间小于1 min。实际使用表明，该仪器性能稳定，能满足薄膜润滑实验研究的需要。

## 6.4.3　光受抑全反射纳米膜厚检测装置

### 1. 光受抑全反射法测量纳米级润滑膜厚度的原理

在光学全反射过程中，如果有第三介质从光疏介质的一侧逐渐靠近分界面，而且靠近的距离在光的穿透深度范围内时，全反射条件受到抑制，此时的光能量不能全部返回到光密介质，这种现象称为光受抑全反射。在光受抑全反射时，反射到光密介质的反射率大小与第三介质靠近分界面的距离(即光疏介质的厚度)

存在直接的定量关系。因此测出受抑全反射条件下的光反射率大小，即可求得光疏介质的厚度。这就是光受抑全反射法测量纳米级润滑膜厚度的基本原理。

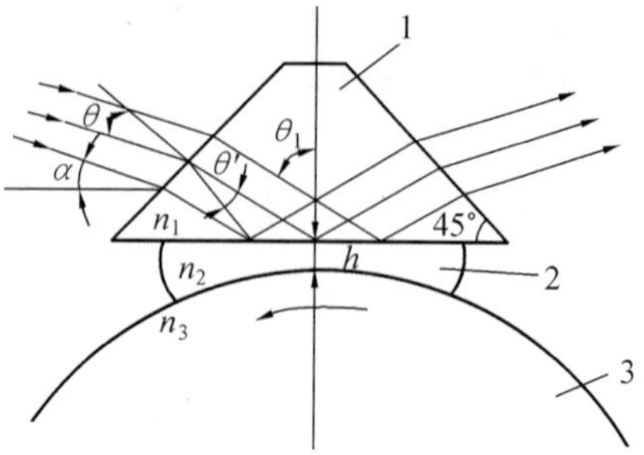


**图 6.18　光受抑全反射法测量膜厚的原理**

1—白宝石棱镜(光密介质)；2—润滑油膜(光疏介质)；3—钢圆盘(第三介质)

图 6.18 说明光受抑全反射法测量润滑膜厚度的原理。白宝石棱镜的两个斜面与底面的夹角均为45°，棱镜的底面与钢圆盘表面形成线接触弹流润滑膜。这样，白宝石棱镜、润滑膜和钢圆盘就组成光受抑全反射的三种介质。从图中可以看到，当入射角 $\theta_1$ 大于临界角 $\theta_c$，而油膜厚度 $h$ 又是在光穿透范围之内时，将发生光受抑全反射现象。此时的光反射图像包含润滑膜厚度的信息。根据记录下的光反射图像，经过图像处理可以得到润滑膜厚度的分布图像。

白宝石棱镜的折射率 $\eta_1=1.77$，润滑油的折射率 $\eta_2=1.5$，产生全反射的临界角 $\theta_c$ 为

$$\theta_c=\arcsin(\eta_2/\eta_1)=57.94°$$

根据几何关系可知，棱镜的光源入射倾角 $\alpha=45°-\theta$，并且 $\sin\theta=\eta_1\sin\theta'$，$\theta'=45°-\theta_1$。由这些关系可以得出，当入射角 $\theta_1=\theta_c=57.94°$，即产生光受抑全反射时，光源射入的临界倾角为

$$\alpha=\alpha_c=21.66°$$

根据光学原理，可以推导出润滑膜厚度 $h$ 与反射率 $R$ 之间的关系式，即

$$h=\frac{\lambda_0\ln\left[0.5\left(D\pm\sqrt{D^2-4{\rho_{23}}^2}\right)\right]}{4\pi\sqrt{\eta_1^2\sin^2\theta_1-\eta_2^2}}=\frac{\ln\left[0.5\left(D\pm\sqrt{D^2-4{\rho_{23}}^2}\right)\right]}{C} \tag{6.17}$$

$$D=\frac{2\rho_{23}\left[R\cos(\varphi_{12}+\varphi_{23})-\cos(\varphi_{12}-\varphi_{23})\right]}{1-R} \tag{6.17a}$$

$$C=\frac{4\pi\sqrt{{\eta_1}^2\sin^2\theta_1-{\eta_2}^2}}{\lambda_0} \tag{6.17b}$$

式中　$\lambda$—— 光波在真空中的波长；

$\rho_{23}$—— 波从介质 2(润滑膜) 到介质 3(钢圆盘) 传播时反射系数的模；

$\varphi_{12}$—— 波从介质 1(白宝石棱镜) 到介质 2(润滑膜) 传播时反射系数的辐角；

$\varphi_{23}$—— 波从介质 2(润滑膜) 到介质 3(钢圆盘) 传播时反射系数的幅角。

当入射角 $\theta_1=\theta_c$ 时，开始出现光受抑全反射现象。当入射角 $\theta_1=90°$ 时，无论

是何种偏振反射,其反射率总等于 1 而与润滑膜的厚度无关,属于全反射现象。

**2. 光受抑全反射测量原理的混合润滑实验装置**

清华大学温诗铸和孔繁荣等基于上述光受抑全反射法测量润滑膜厚度的原理,研制成混合润滑实验装置,该混合润滑实验装置的结构组成如图 6.19 所示。直流调速电机驱动直径50 mm的钢圆盘 12 旋转,钢圆盘 12 与宝石棱镜 6 构成线接触滑动副,名义接触长度为8 mm。拉力传感器 10 用来测量接触区的摩擦力,摩擦力的大小由标定机构 9 进行标定。平衡重 1 用来平衡拉力传感器、连接杆、夹持机构和加载机构等的重力。

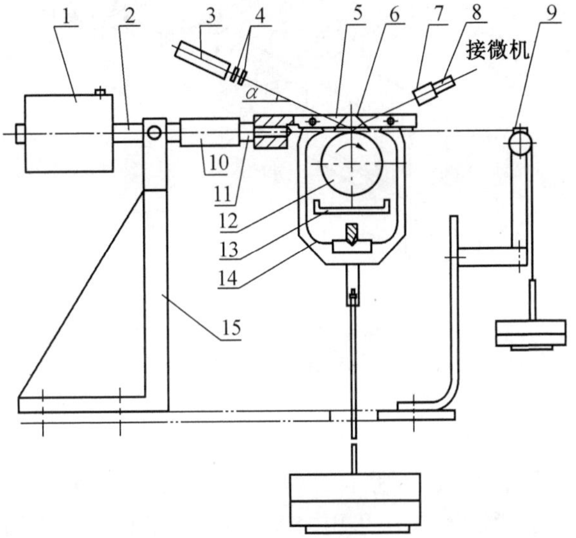


图 6.19 光受抑全反射原理的混合润滑实验装置简图(温诗铸)

1—平衡重;2—连接杆;3—激光器;4—偏振片;5—夹持机构;6—宝石棱镜;7—显微镜;8—CCD 摄像机;9—标定机构;10—拉力传感器;11—连接杆;12—钢圆盘;13—回油机构;14—加载机构;15—支架

光源采用单色氦氖激光,波长$\lambda_0 = 632.8$ nm。激光器 3 前面有两片偏振片 4,用来产生偏振光。反射信号经显微镜 7 聚焦放大成像,由 CCD 摄像机 8 记录。然后送入微机和图像采集控制系统处理,最后显示出润滑膜厚度分布曲线。

通过实验表明,上述应用光受抑全反射原理的纳米润滑膜厚度实验测量装置使用效果良好。通过适当调整入射光的强度,可以使膜厚测量的分辨率控制在 5 nm 以内。由于光受抑全反射方法可以同时检测出全部接触面上膜厚分布情况,故特别适合于半粗糙面混合润滑研究。但是,因为光受到穿透深度的限制,应用光受抑全反射方法测量的膜厚 $h$ 的范围是有限制的。此外,接触表面的粗糙度 $Ra$ 值亦有限制,要求 $Ra<0.15$ μm,否则无法得到连续的反射图像。

### 6.4.4 点接触显微镜

摩擦力显微镜施加的法向载荷不能太大，故不能完全满足进行微观磨损实验研究的需要，因此近年来出现了专门用于微观磨损实验的仪器。1989 年，R. Kaneko 等在摩擦力显微镜基础上，研制成功专门用于微观磨损实验研究的点接触显微镜(point contact microscope，PCM)。图 6.20 就是这种点接触显微镜的结构原理简图。

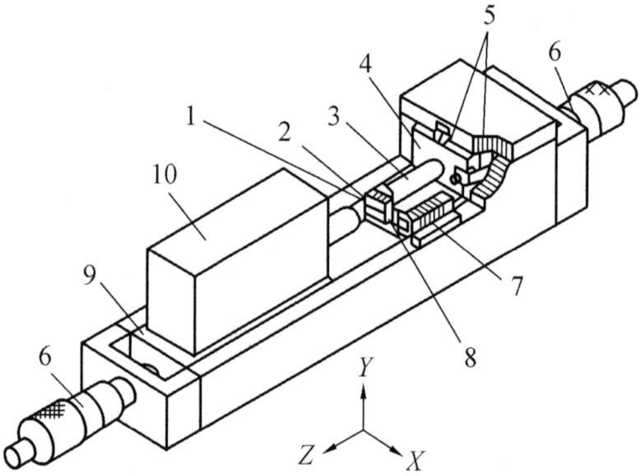


**图 6.20 点接触显微镜**(R. Kaneko)

1—探针；2—试件；3—压电陶瓷扫描管；4—滑块；5—双平行簧片；6—微螺杆；7—微层叠式压电陶瓷驱动器；8—探针组针；9—滑块；10—光学检测头

点接触显微镜采用图 6.20 所示的双平行簧片的微悬臂作为双向测力传感元件，代替通常在摩擦力显微镜中采用的 V 字形微悬臂，它可以同时检测 $Z$ 向载荷和 $X$ 向摩擦力。另一改进是采用层叠式压电陶瓷驱动元件来控制测力传感元件和探针的 $Z$ 向位置，它比通常采用的压电陶瓷扫描管能够更准确地控制探针施加在试件上的 $Z$ 向载荷。

从图 6.20 中可以看到，两端的两个微螺杆 6 用来粗调压电陶瓷扫描管 3 和光学检测头 10 在 $Z$ 向的位置，调节精度达到 0.1 μm。通过压电陶瓷扫描管 3 控制试件 2 在 $X$、$Y$、$Z$ 方向的运动，分辨率小于 1 nm。光学检测头 10 测量测力传感元件位移的分辨率小于 1 nm。微层叠式压电陶瓷驱动器在 $Z$ 方向移动测力传感元件和探针的范围可以达到 20 μm。

点接触显微镜是按微磨损实验研究要求而研制的，它的突出特点是 $Z$ 向载荷变化范围很大。测量磨损前和磨损后的表面微观形貌时，探针与试件间的 $Z$ 向载荷极轻，可以低于500 nN。而进行磨损实验时所施加的 $Z$ 向载荷就较大，通常采用 20～300 μN，甚至有时可能达到 2 mN。

采用点接触显微镜进行磨损实验，是通过探针一层一层地磨去试件表面的材料，排除了试件表面几何形状的影响，因此具有良好的重复性。该仪器适用于检测微机械构件以及表面涂层机械构件等的抗磨损性能，特别是适用于磁记录装置中磁盘表面膜的相对磨损寿命研究。

## 6.5　纳米级摩擦副材料和摩擦表面形态

摩擦副材料的研究改进，是基于摩擦磨损机理和技术的研究发展，明显提高了机械机构的性能和使用寿命，具有重要意义。现在用的摩擦副材料有固体材料和纳米薄膜材料，下面将分别对其予以说明。

### 6.5.1　固体摩擦副材料

固体材料是现在主要使用的摩擦副材料，主要有金属材料、聚合物材料和陶瓷材料三类。

**1. 金属摩擦副材料**

金属是现在制造摩擦副最常用的材料。用作摩擦副的金属材料，往往都是多相结构的合金而不是单纯的金属元素，这是为了提高金属材料的物理力学性能和化学性能而加入了合金元素，以控制金属合金冶金过程的相变，从而使晶粒细化。金属的多相组织和结构，与所含合金元素的溶解量和所含氧化物等不溶性化合物的量有关。

为了提高金属材料的硬度和耐磨性，往往加入非金属元素生成硬质陶瓷相，例如氧、碳、氮化物等。当要求金属材料同时具有良好的韧性和较高的硬度时，硬质相应当均匀分散，粒度和分布间距最好在几十纳米范围内。当金属材料用于耐磨粒磨损的摩擦副时，硬质相粒度要求比磨粒大，分布应更为密集。

此外，摩擦副的金属材料通常都与环境介质或润滑剂中的非金属元素起化学反应而降低自由能，生成稳定的化合物，如氧化物、氯化物、硫化物等。这些非金属化合物的表面膜对金属材料的摩擦磨损性能具有重要影响。

**2. 聚合物摩擦副材料**

聚合物质量轻且容易成形，在精密机械中应用较多。聚合物在纳米尺度下的摩擦磨损研究，已揭示出许多独特的新现象。聚合物是一类有广阔应用前景的摩擦副材料。

聚合物是新发展的工程材料，有很多不同的品种。大多数工程用固体聚合物是由碳氢化合物和其他非金属元素组成的长链分子，依靠共价键结合而成的固体。用作摩擦副的固体聚合物有热塑性塑料、热固性塑料和弹胶体三类。

① 热塑性塑料是线性长链聚合物，除聚四氟乙烯之外，大都因温度升高而软化或熔化，而在较低的温度下具有良好的塑性。有些热塑性塑料的组织是晶体区域与非晶体区域相间的结构。透明的热塑性塑料则是非晶体的脆性材料。

② 热固性塑料是通过三维共价键结合的非晶体网状结构，其质地坚硬，在高温时分解但不熔化，可在温度较高时使用。

③ 弹胶体也具有网状结构，但共价键数较少，通常用作密封件材料。

在正常使用条件下，各种聚合物的耐腐蚀性和化学稳定性都优于多数金属材料。从摩擦学的观点出发，则更重要的是材料表面和界面上的性能。由于常用的热塑性塑料的分子量分布范围较宽，在塑料固化过程中靠近表面或界面上的分子量分布与体相不同，因此造成表面层的机械性能与体相性能的差别显著。在结晶过程中，高分子量物质优先生核，这就生成不同性能的表面层。例如，在结晶过程中，低分子量物质通常被排斥在熔化的聚合物与空气的界面处，因而形成的表面层的机械性能低于内部体相。再如，聚合物与金属连接处的界面性能将因金属不同而异，如果金属表面能够为熔化的聚合物提供成核格位，则低分子量物质就从界面排斥到体相内部，在界面上产生强度高于体相的塑料层。如果金属表面上没有为熔化的聚合物提供成核格位，则与金属的界面连接的聚合物层将只有较低的强度。

**3. 陶瓷摩擦副材料**

陶瓷材料是一类优良的摩擦副材料，性能稳定且耐磨损，因此陶瓷材料制成的摩擦副，现在已经在工业中开始被推广使用。

陶瓷材料一般是由一种或多种金属与氧、碳或氮等非金属元素的化合物组成。大多数陶瓷的原子主要依靠离子键相互结合，有些陶瓷的原子则通过共价键或金属键相互结合。陶瓷材料的生成自由能很低，因此化学性能稳定，熔点温度较高。陶瓷具有优良的摩擦学性能，包括高的耐磨损和耐腐蚀能力；良好的高温稳定性和高温抗氧化性；低的摩擦系数和热膨胀系数；在相当高的温度时仍具有较高的硬度。

### 6.5.2 薄膜摩擦副材料

薄膜材料由于其具有特殊优良摩擦性能，已成为重要的摩擦副材料。薄膜材料在表面工程中占有很重要的地位，特别是在极轻载荷下的摩擦磨损环境中性能优良。下面介绍几种已被生产应用，具有特殊性能的薄膜摩擦副材料。

**1. 单分子有序 LB 膜**

LB 膜是 Langmuir－Blodgett 在 20 世纪 20 年代首先研制成功的。在纳米科技发展中，LB 膜因具有某些优异性能而被重视。单分子有序 LB 膜是利用 LB

膜技术，在固体表面通过单分子组装而构成的分子膜有序体系。LB 膜在表面工程中有很重大的意义，例如，一个单分子层的 LB 膜可以使金属膜的动摩擦系数自 0.8 降低到 0.2，利用 LB 膜技术可使磁记录体的薄膜润滑达到分子级水平，LB 膜可使摩擦大大降低并提高材料的耐磨性。LB 膜技术在工程实际中已有不少应用，但还需继续改进。

LB 膜是利用两亲分子在水一气界面上先排列成同等高度的有序单分子膜，然后再把它转移到固体表面上。两亲分子不溶于水，但其分子的一端具有亲水性，另一端具有亲油（疏水）性。当它遇到水的时候，其亲水端倾向于钻入水中，而其亲油端则要留在空气中，结果这些两亲分子就漂浮在水一气界面上。将这些两亲分子形成密集单分子的有序排列薄膜，然后将薄膜转移到各种不同类型的固体基底上，如玻璃、硅片、金属及金属氧化物等。根据所要制备的 LB 膜的性质不同，固体基体表面须做亲水或疏水处理。

图 6.21 所示是 LB 膜的制备过程。将两亲分子的稀溶液滴加在水一气界面上，溶剂挥发后在界面上就留下单分子层（图 6.21(a)），单分子层经移动障板压缩密集后，界面上两亲分子的排列逐渐成为紧密和有序的，即成为有序排列的单分子膜（图 6.21(b)）。该单分子膜可向固体基底转移，最常用的是垂直提升法，如图 6.21(c)所示，这样 LB 膜即制备完成。

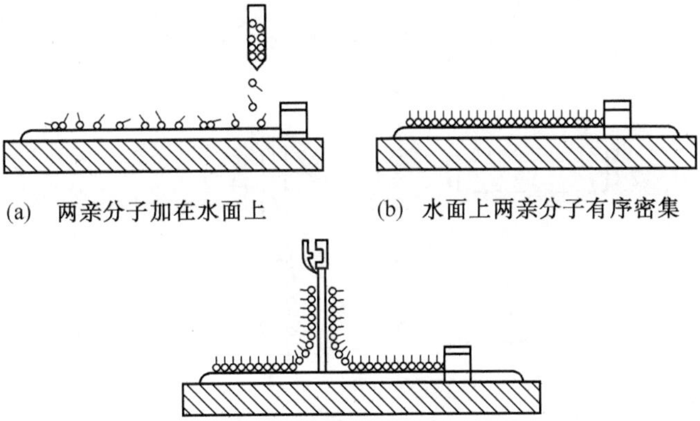

(a)　两亲分子加在水面上　　(b)　水面上两亲分子有序密集

(c)　单分子膜向固体基底转移

图 6.21　单分子有序 LB 膜的制备过程

**2. 硬膜材料**

目前磁盘介质的保护层主要是硬膜材料，硬膜材料的研究发展有其应用背景。现在有很多硬膜材料正在被研究和扩大应用，如类金刚石膜、Ni－P 非晶膜、非晶碳膜，具有较低表面能的氟化碳膜等。

**3. 软膜材料**

具有代表性的软膜材料是在各种光滑表面(如云母、单晶硅等)上镀金。软膜材料的纳米级摩擦磨损研究,对了解表面物理化学性能和对纳米级摩擦磨损的影响起很大作用。

目前对纳米级摩擦磨损在硬膜材料方面研究虽较多,但实际上研究仍偏重于材料的整体力学性能。应在材料表面物理化学性能对纳米级摩擦磨损的影响方面多做工作。纳米级摩擦磨损是多种学科的交叉点,研究纳米级摩擦磨损的最终目的,是实现零磨损(或极微磨损),该研究将推动高科技的发展。

**4. 多层单分子有序 LB 膜**

为在某些特殊的摩擦条件下改善润滑性能,可采用多层单分子有序 LB 膜。多层 LB 膜的制备并不十分复杂。在原来制备单层 LB 膜的基础上,将固体基片反复地进出水面,由于基片和分子之间的吸附力,就可一层一层地将单分子 LB 膜吸附上去,从而获得多层 LB 膜,需要时可制成数十层甚至一百多层的多层膜。图 6.22 所示就是多层 LB 膜的制备过程原理。

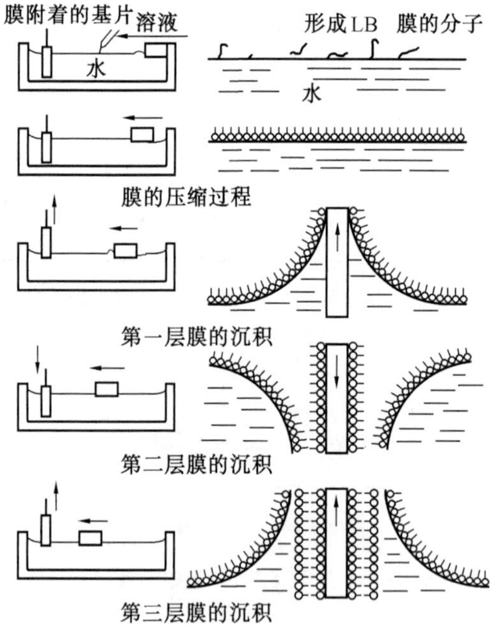


图 6.22　多层 LB 膜的制备过程原理

随制备的要求不同,多层 LB 膜的结构有 X、Y、Z 三种类型,如图 6.23 所示。X 型和 Z 型多层 LB 膜各层膜的亲水端和亲油端都同方向排列,只是 X 型固体基片和亲油端相连,而 Z 型固体基片和亲水端相连。Y 型多层 LB 膜是各层膜间的亲水端和亲水端相连，亲油端和亲油端相连。

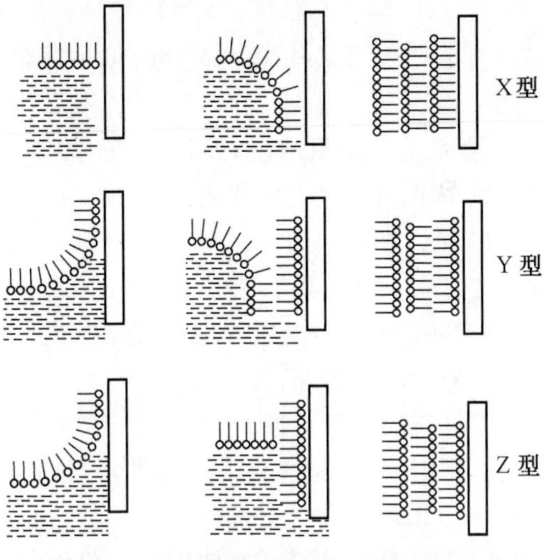


图 6.23　三种形式的多层 LB 膜

### 6.5.3　摩擦表面形态

摩擦表面形态直接影响摩擦副的工作状况，因此在有了现代各种高分辨率检测仪器，如 STM、AFM 等以后，开展了大量工作研究摩擦表面的形态。

现在用的摩擦副基本上都是用固体材料制成的，因此首先要研究的是固体表面的形态。通常固体表面大都被吸附物、氧化物或其他污染物所覆盖，即使将金属放在真空中高温加热也不能完全清除覆盖物。图6.24是金属材料的表面层结构示意图。可以看到，在材料体相（本征基体）外面有加工变形层，精加工表面的变形层厚度约 1 μm。在变形层外面有微晶层，厚度为 5～50 nm。微晶层外面有金属氧化层，厚度为 2～10 nm。最外层是吸附层，厚度一般小于 3 nm。金属材料、环境介质和条件不同，上述表面各层的化学成分和厚度都将有所变化，但总的表面层结构形式仍保持基本不变。

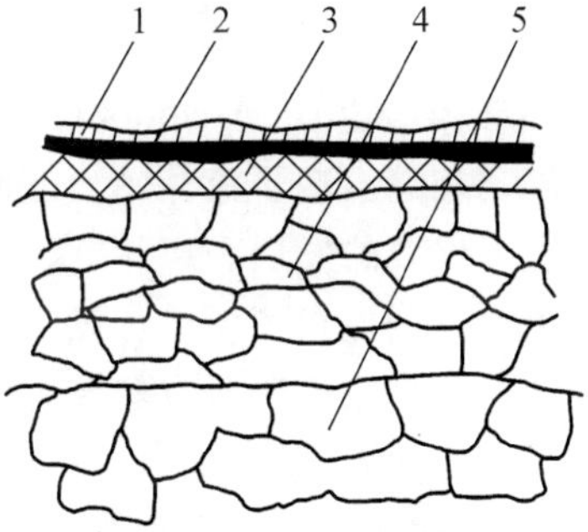


图 6.24　金属材料的表面层结构

1—吸附层；2—氧化层；3—微晶层；4—变形层；5—体相

表面覆盖物的存在改变了材料表面的物理、力学和化学特性。在许多滑动摩擦过程中，表面覆盖物可以阻止黏着发生。与表面黏附牢固的氧化层将改变近表面的位错特性，使得表面的屈服强度提高。另外，体相内的杂质迁移到表面层也将使表面污染。研究表明,铁中迁移百万分之几的碳,就会改变材料表面的化学特性。

材料溶质的偏析,将造成表面某些化学成分的浓集现象,改变表面层的化学成分,对摩擦磨损性能可能有显著影响。例如,D. Buckleycs 的实验证明,1%的 Al—Cu 固溶体表面上铝原子的质量浓度,要比体相内铝原子的质量浓度高 5.5 倍,使该固溶体与金属的黏着力比纯铜的黏着力增加 4 倍。

从上面的分析可知,固体表面层的结构和性能非常复杂多样,它取决于材料本身的性能、表面加工方法,以及表面与环境介质之间的相互作用。

著名摩擦学学者 N. Suh 指出,决定材料表面摩擦特性的基本因素是:

① 接触表面之间力的生成与传递;

② 表面接触点周围材料的表面特性;

③ 通过物理和化学作用,环境对材料表面特性将起明显的影响。

由此可见,对材料表面物理和化学特性的了解,是处理各种摩擦学问题的先决条件。改善材料表面形态,可明显提高摩擦副的工作性能。

## 6.6 边界润滑与分子膜

### 6.6.1 摩擦润滑状态的划分

自从 1886 年 Reyolds 提出流体润滑理论以后,摩擦副润滑技术获得了飞速发展。相继出现了流体动力润滑、弹流润滑、混合润滑和边界润滑。磁记录装置和航天仪表的发展和应用,又对极薄润滑膜和无润滑干摩擦新工作条件下的无磨损摩擦副提出了要求。随着摩擦副润滑技术的发展,原来润滑理论中的润滑种类已不足以说明所有摩擦副的工作情况。这些特征不同的润滑状态所组成的润滑理论体系,必须加以补充完善。例如,无论从润滑膜厚度还是从摩擦机理特性来看,在弹流润滑和边界润滑之间总存在一个空白带。当膜厚度随工作参数变化而小到纳米量级(数纳米到数十纳米)时,润滑的物理特性有较大的特殊性,因而提出了薄膜润滑的新概念。无润滑干摩擦在过去不被重视,而现在由于航天仪表需在真空和失重条件下工作而不允许使用润滑剂,因此这个问题已成为当前亟须研究的重要技术问题之一。

20 世纪是技术高速发展的时代,摩擦学、摩擦副技术和润滑技术获得了迅速的发展。表6.1总结了由于摩擦副技术的进展而使润滑膜减薄的情况。

综上所述,随着润滑膜厚度的逐渐减薄,新摩擦理论中不同的润滑状态可以划分如下:流体动力润滑、弹流润滑、薄膜润滑、边界润滑、无润滑干摩擦。

表 6.1　20 世纪中最小润滑膜的发展

| 年　代 | 典　型　实　例 | 最小膜厚/μm |
|---|---|---|
| 20 世纪初 | 普通滑动轴承 | $10^2$～10 |
| 20 世纪 50 年代 | 稳态载荷滑动轴承 | 10 |
| 20 世纪 80 年代 | 内燃机曲轴轴承，连杆大端轴承 | 10～1 |
| | 齿轮传动，滚动轴承 | 1～$10^{-1}$ |
| 20 世纪 90 年代 | 粗糙峰润滑，低弹性模量表面，磁记录装置，塑性流体动力润滑 | $10^{-1}$～$10^{-2}$ 甚至 $10^{-3}$ |
| | 航天仪表 | 无润滑干摩擦 |

图 6.25 归纳了上述各种不同厚度润滑膜润滑状态特征，对照应用举例和涉及的学科领域，可以对不同的润滑状态有比较全面和概括的了解。

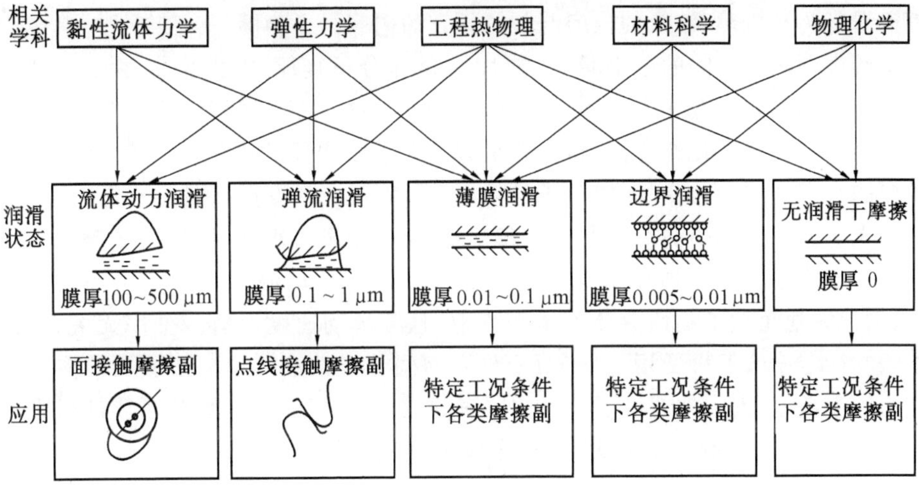


图 6.25　各类润滑及膜厚的状态情况

## 6.6.2　边界润滑的特征

边界润滑(boundary lubrication)是指一种介于流体润滑与干摩擦之间的润滑状态。其特征是通过润滑剂与金属表面的物理或化学作用，在界面上形成剪切阻力较低分子状态的边界膜。边界润滑的研究虽已有很长历史，但过去的研究对于边界膜的物理形态和力学行为涉及较少，同时由于受到表面测试仪器的限制，揭示边界膜的微观结构与性能关系的研究未能深入到原子、分子尺度。

扫描探针显微镜的出现，使边界润滑成为纳米摩擦学中最活跃的研究领域之一。通过原子力显微镜 AFM、摩擦力显微镜 FFM 和表面力仪 SFA 的实验研究，以及分子动力学模拟的理论分析，对边界润滑特性和黏滑现象，以及对边界膜的流变性能和物理形态等方面的研究，取得了一系列重要的进展，这些研究成果对实现润滑性能控制和进行边界膜分子结构设计，具有十分重要的意义。

实践证明，在两固体表面间介入液体单分子层，对摩擦的影响极大。洁净表面相互滑动时，由于表面力作用通常伴随严重的微观变形和黏着，而表面上存在液体分子层时可明显减轻界面间的作用，故表面分子层一般都有序地形成分子层膜，使摩擦面获得低摩擦的平稳滑动。边界润滑状态就是指表面上存在液体分子层膜时的摩擦润滑行为，研究边界润滑实质上就是研究分子膜的摩擦润滑行为。

以往的摩擦研究大多是针对两种状态进行的，一种是以表面接触和磨损为特征的混合润滑或干摩擦状态，研究中强调表面粗糙度的作用；另一种是流体润滑状态，其摩擦阻力来源于黏性流体的内摩擦，因而流体黏度是影响摩擦的主要因素。这里研究讨论的边界润滑，是针对光滑表面之间液体形成的分子膜的摩擦润滑行为和机理，涉及的内容与传统研究的内容大不相同。

约束在两表面间的微小间隙(如 10 个液体分子直径)内的液体，由于表面能作用迫使液体分子有序排列而形成有序分子膜，这有序分子膜产生结构化力，是吸力和斥力交替变化的波动力，显然是影响分子膜摩擦的决定性因素。另外，分子膜的有序结构和相变、液体分子形状和直径等对于摩擦也有直接影响。

光滑表面分子膜润滑状态有很多特点，通常不发生表面接触，分子膜的剪切行为也不能用连续介质模型来描述。分子膜具有的屈服应力和极限剪切应力值，均大大地超过了黏性流体的体相力值，且与滑动速度或剪应变率无关，因此牛顿黏性定律已不再适用。例如，云母表面间非极性液体单分子膜的极限剪切应力的测量值，大大地超过了该液体原来的数值。又如，环已烷分子膜的极限剪切应力为 $2\times10^{7}\ \mathrm{N/m^2}$，OMCTS 分子膜的极限剪切应力为 $4\times10^{6}\ \mathrm{N/m^2}$，这些数值甚至超过某些固体材料。如果计算它们的有效黏度，则比该液体的体相黏度要高多个数量级。

研究边界润滑，实质上是研究边界分子膜的摩擦润滑行为。

### 6.6.3 边界分子膜润滑

#### 1. 边界分子膜降低摩擦力的作用

(1)固体表面分子层的作用。

在两固体表面间介入液体分子膜将显著降低摩擦力。当两固体表面间润滑剂覆盖量不足，使摩擦表面不能全部被单分子层覆盖时，摩擦系数很高，滑动中表面黏着强烈，并出现严重磨损。当表面被单分子层或多分子层完全覆盖后，摩擦系数显著稳定地降低到较低值，而且滑动相当平稳，甚至在极薄的单分子膜条件下都有良好的润滑效果。例如，两个亲水表面间存在水的单分子膜时，其膜厚仅为 0.25 nm，而摩擦力大幅度降低。因此，对摩擦起决定性影响的是最初在表面上形成的单分子层。

Gellman 对固体表面的分子层覆盖量对摩擦系数的影响，进行了实验研究。实验中采用经 $H_2S$ 钝化处理后的 Ni(100) 表面，在 10 μm/s 的低速和 120 K 的温度条件下进行摩擦实验，得出摩擦系数随乙醇分子覆盖量变化的关系曲线，如图 6.26 所示。图中横坐标是表面覆盖乙醇分子的层数。当覆盖量不足一层，即摩擦表面不能全部被乙醇单分子层覆盖时，摩擦系数很高，滑动中表面黏着强烈，并出现严重磨损。当表面被乙醇分子层（单分子层或多分子层）完全覆盖后，摩擦系数明显降低，稳定在 0.2 左右。从实验结果还可以看到，当表面覆盖层在一层以上时，摩擦系数与覆盖分子层的层数变化关系较小。因此，最初在表面上形成的单分子层对摩擦起着决定性的影响。

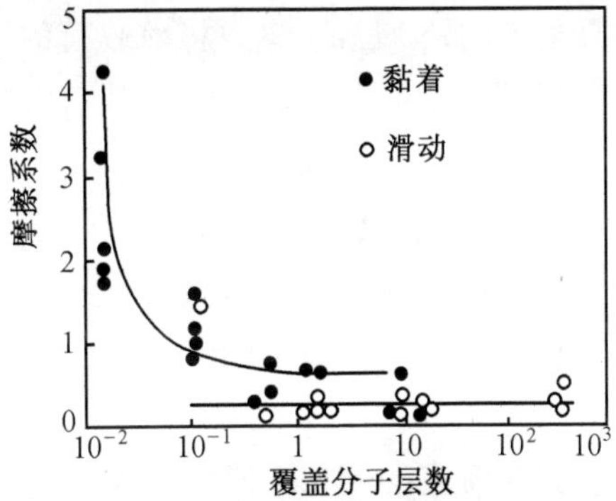


图 6.26　乙醇分子覆盖量与摩擦系数的关系(Gellman)

S. Tabor 进行了类似的实验，固体表面生成脂肪酸单分子吸附膜，可以使固体间的摩擦系数由 1.0 降到 0.1。不仅液体分子形成的单分子层吸附膜能起减摩作用，某些固体分子生成的表面分子膜也具有相同的效应。S. Pepper 的实验证明，当金属表面上有因转移而形成的 PEPE（全氟聚醚）表面分子膜时，这种固体分子生成的全氟聚醚分子膜具有很强的减摩效应，而且对降低摩擦力起主要作用的是最初形成的 3～4 层分子膜。

(2)表面分子膜层数对摩擦力的影响。

为研究边界润滑摩擦系数与边界分子膜分子层数的关系，J. Israelachvili 等进行了如下的实验。用球形分子的简单液体加入到光滑的云母表面之间进行摩擦实验，改变分子层厚度来观察边界润滑摩擦系数的变化。实验结果显示：

① 随着边界膜厚度由单分子层向多分子层增加，边界润滑的摩擦系数呈阶

梯式变化，即每增加一层分子，摩擦系数变化一次，直至增加到某个临界厚度，润滑膜厚度继续改变不再使摩擦力变化。此时的润滑膜不再具有分子膜特征，而呈现液体的体相性质，此时的摩擦力为液体黏度决定的剪切运动阻力。

② 当两个表面被若干层液体分子隔开时，相对滑动发生在分子层中的分子作用势能最小的界面上。极限剪切应力（单位接触面积的静摩擦力）并不随滑动速度、载荷而变化，却与分子层数存在定量关系。各层分子之间的极限剪切应力的数值并不相同，相互差别可以达到一个数量级。

(3)载荷大小对分子膜润滑作用的影响。

为研究载荷大小对分子膜润滑作用的影响，R. Overney 等进行了如下实验。先在硅基片上生成有机材料 LB 分子膜，然后在 FFM 上用探针针尖对硅片进行轻微摩擦，研究其摩擦磨损性能。实验得到如下结果：

① 在几纳牛的微载荷下，有 LB 膜润滑的硅基片的摩擦力仅为裸露的硅基片摩擦力的1/10。在低载荷 1～10 nN 下，载荷大小对摩擦力无影响。

② 当载荷超过临界值(10 nN)后，摩擦力将随载荷的增加而增加，同时硅基片表面的有机 LB 膜出现磨损。

**2. 边界润滑状态下的分子膜的黏弹性**

边界润滑状态下的分子膜的黏弹性是影响摩擦的重要因素。

① 实验证明，金属基片表面有硫醇单分子膜覆盖，且表面受探针压划时，并不改变金属基片的接触变形情况，而且硫醇单分子膜在受探针压缩过程中仍保持其黏弹性。

② 对玻璃和云母表面的硬脂酸钙 LB 膜的实验表明，分子膜的极限剪切应力随接触压应力的增加而线性增加，这表明界面分子膜具有强烈的非牛顿特性。

③ 为研究界面分子膜的静动态性能，J. Israelachvili 进行了系统的实验研究。实验中，在分子光滑的云母表面之间加入不同液体的分子膜，使用所研制出的表面力仪 SFA 研究滑动过程中法向载荷和切向摩擦力间的变化关系。实验表明：① 固一液界面上的作用力以及穿过分子膜的固体表面间的作用力（或势能）随着间隙改变而在吸力和斥力之间交替变化；② 固体表面和液体膜的分子结构是决定作用力变化关系的重要因素，也是造成作用力波动变化的原因。这是因为在两固体表面间隙小到几个液体分子直径时，间隙的变化将使约束在两表面间的液体分子膜发生固化或凝结，使表面间作用力在吸力和斥力之间交替变化。

### 6.6.4 界面分子膜的物理形态和相变

界面分子膜在摩擦过程中的状态极为特殊，一方面受到微小间隙的约束，另一方面还受到结构化力和法向载荷的作用，并承受切向剪切运动。以上因素造成界面分子膜的分子结构和性质与其原来的体相状态明显不同。

界面分子膜处于两个固体表面间的微小间隙内，根据现代流体理论，介于两表面微小间隙中的液体称为约束液体(confined liquid)。它的分子结构、性能和体相状态与分子膜所受固化压力的高低有关，这取决于被约束在间隙中的液体分子间作用力的强弱，而被约束液体的松弛时间，也比体相状态大许多量级。一个固体表面可以影响邻近液体分子的结构，而两个相互贴近表面的协同影响使液体分子结构变化更大。约束液体可以成为类固态晶体、非晶态或类液态晶体三种状态，而这三种状态的摩擦特性各不相同。

J. Israelachvili 等于 1993 年提出：界面分子膜在滑动过程中具有三种物理形态，即类固体、非晶态和类液体，如图 6.27 所示。

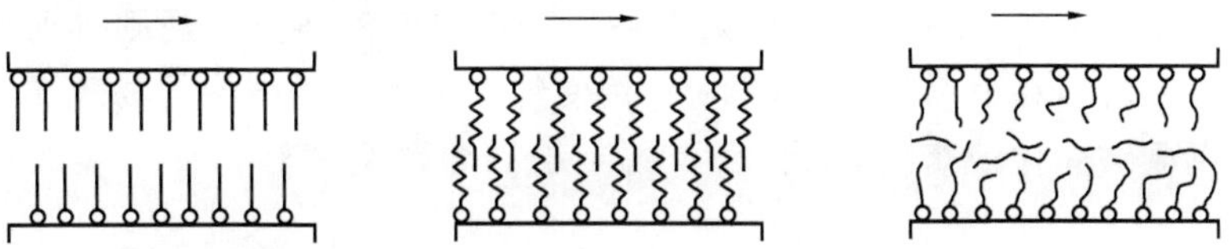


图 6.27　三种润滑膜的物理形态

由于界面作用使得约束液体分子密集化和结构化，根据滑动过程中工况条件的变化，分子膜可以呈现为三种不同形式的分子有序结构。不同的有序结构具有不同的摩擦特性，但在滑动过程中，各种形态之间又可以相互转化，这就造成边界滑动摩擦的复杂性和不稳定性。例如，当分子膜凝结为类固体时，摩擦表面发生黏着，使滑动阻力增大为静摩擦力。而当分子膜熔融为类液体时，滑动阻力减小为动摩擦力。滑动过程中分子膜凝固与熔融交替相变，导致了边界滑动摩擦过程的黏滑不稳定现象。

应注意，图 6.27 所示的形态及其相互转化，并不是液体的固有特性，它只是在构成界面分子膜时出现的与滑动过程相关的动态性质。决定分子有序排列的主要因素是表面能的作用，并同时受到温度、载荷、滑动速度和剪切率的影响。分子膜形态相互转化的基本规律是：较低的滑动速度和较低的温度趋向于形成类固体，而高滑动速度和高温度易于形成类液体。

M. Robbins 对于分子膜摩擦行为和形态转化进行了分子动力学模拟计算，得出的结果与上述实验研究结果相类似。当液体被约束在仅几个液体分子直径的间隙内时，液体膜的分子出现有序化现象，其结构和动力学性质发生了根本变化。间隙越小，两表面作用的协同效应就越强，最后导致相变，形成不同的物理形态，使球形分子结晶化，链状分子转变为非晶态等。液体膜一旦转变为非晶态时，其黏度剧增并显示出强烈的非牛顿性。结晶态膜或非晶态膜都具有非零的剪切屈服应力，在低速滑动时将发生黏滑现象。

分子动力学模拟计算还表明，类固体状态的分子膜承受剪切作用时是不稳定的，有可能转变为类液体状态。类液体分子膜只有在滑动速度超过临界速度的条件下，才是稳定的。这是因为超过临界滑动速度时，分子膜来不及凝结固化，而保持类液体状态的平稳滑动。分子膜在低于临界速度滑动时，始终存在着周期性的相变和黏滑运动。

### 6.6.5 分子膜动态剪切性能与黏滑现象

在边界润滑状态下，润滑膜处在表面力作用下，被约束液体具有与体相截然不同的分子结构和性能。当润滑膜厚小于 5～10 个液体分子直径时，连续介质力学已经不能用来描述润滑膜特性。此时，界面上起主导作用的力是所谓的"结构化力"(structural force)，它是由两个贴近表面迫使液体分子规则排列而产生的力。另一方面，在滑动过程中，界面作用使约束液体分子结构的物理形态发生变化，包括凝结固化或熔融液化，以及由凝结和熔融交替转化而产生的黏滑现象。

黏着与滑动交替出现，是滑动摩擦的普遍现象。过去认为，黏滑起源于表面粗糙峰的作用，现在对黏滑现象的机理和各种因素对它的影响有了进一步的认识。现在人们已认识到了分子膜结构形态和黏着能对黏滑现象的重要作用，当切向力形成的势能超过黏着能时，表面开始滑动；而滑动过程中聚积的黏着能大于动能时，表面形成黏着。此外，滑动速度对黏滑现象有重要的影响，随着滑动速度提高，黏滑现象中的摩擦力变化幅度减小，当滑动速度增大到某一临界速度时，黏滑现象将消失而出现平稳滑动。例如，改变润滑剂成分会影响分子膜结构形态，使黏滑现象加剧或减弱，这说明分子膜结构对黏滑行为有重要影响。

J. Israelachvili 等对界面分子膜黏滑问题进行了全面深入的研究。实验中采用云母材料做摩擦表面，八甲基环四硅氧烷$[(CH_3)_2SiO]_4$(OMCTS)作为润滑剂，OMCTS 是一种非极性的硅液体，其分子近乎球形，分子直径为 0.8～0.9 nm。OMCTS 在云母表面之间形成的分子膜层次清晰，法向力随膜厚变化具有良好的波动特性，由切向力反映的黏滑过程中摩擦力的变化亦较为典型。图 6.28 所示是典型的滑动摩擦黏滑曲线。

从图 6.28 中可以看到，从黏着接触到开始滑动，摩擦力稳定增加到最大值(即静摩擦力)$F_s$，它表示静态极限剪切应力。然后突然滑动到新的黏着接触，摩擦力减少到最小值(即动摩擦力 $F_k$)，它表示动态极限剪切应力。黏着与滑动的过程交替进行，表面无磨损痕迹。从静摩擦转变为动摩擦非常快，而由动摩擦转变为静摩擦则是渐变过程，这种转变大约需要的时间为 5 s。

静、动摩擦力的数值与分子膜的分子层数和滑动速度有关。当分子层数 $n$

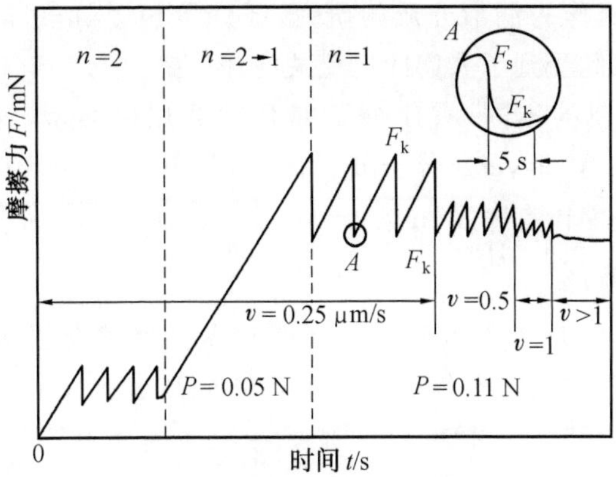


图 6.28　滑动摩擦的黏滑曲线

$n$—分子数；$P$—法向载荷；$v$—滑动速度

减少时，静、动摩擦力 $F_s$ 和 $F_k$ 增加，交替变化的幅值差 $\Delta F=F_s-F_k$ 亦增加，而变化频率 $f$ 则减少。随着滑动速度 $v$ 的增加，交变摩擦力幅值降低，变化频率 $f$ 增加，直至达到临界滑动速度 $v_c$ 时黏滑现象消失，此后将以动摩擦力 $F_k$ 做平稳滑动。显然，保持动摩擦力 $F_k$ 做平稳滑动，是所希望实现的摩擦状态。

水具有很强的润滑性，无论水膜的状态是蒸汽还是液体，都可以完全消除黏滑现象。并且有机润滑液体中的水含量，对它的摩擦特性也有很大影响。此外，环境的相对湿度对微观摩擦的影响也很显著。当相对湿度为 10％时，表面黏着力明显降低，法向力的波动变化较小；当相对湿度达到 30％时，滑动摩擦立即转变成平稳滑动，黏滑将完全消失，这是氢氧离子吸附到摩擦表面而形成分子膜的缘故。

## 6.6.6　有序分子膜润滑

### 1. 有序分子膜简介

边界摩擦研究的重要进展之一是开发出“有序分子膜”，它已成为新一代优秀的润滑材料。该类有序分子润滑膜是覆盖在固体表面上的有序排列并且结构致密的单分子层膜，或者由若干有序单分子层重叠而成的多分子层膜。改变制备方法可以改变有序分子膜的组成结构，还可以根据使用要求在结构中引入特殊功能的基团。因此，它开辟了一条新的依靠表面分子工程来控制摩擦学性能的途径。

有序分子膜的优点是制备简便、厚度可控、性能稳定、与基体结合性强等。有机高分子和具有极性端的大分子生成的有序分子膜的优点更为突出。有序分子膜已在非线性光学器件、微电子器件、传感器和生物材料等方面取得了实际应用。但有序分子膜作为润滑介质的研究，还处于初级阶段。由于它显示出了良好的润滑性能，因此受到了人们的广泛关注。

根据成膜机理的不同，有序分子膜有以下几种类型，即 LB 膜、自组装膜(self-assembled monolayer)、分子沉积膜(molecular deposition film)、分子束外延生长膜、高取向固体有序膜(high ordered solid film)，以及剪切诱导有序膜等。

**2. LB 有序分子膜**

LB 有序分子膜是在固体表面上高度有序排列的有机两亲分子单分子膜。先将有机两亲分子在水与空气的界面上排列成高度有序的单分子层膜，而后再把这单分子层膜转移到固体表面上，形成在固体表面上超薄有序的单分子膜体系。

LB 膜的成膜分子为两亲分子，它不溶于水，但分子的一端具有亲水性，另一端具有亲油疏水性。当两亲分子遇水时，其亲水端钻入水中而亲油端则留在空气中，即这种分子漂浮在水与空气的界面之上。典型的两亲分子如脂肪酸 $C_nH_{2n+1}COOH$，其亲水端为羧基团(—COOH)，亲油端为烷基链。其他常见的亲水基团还有羟基(—OH)和氨基($—NH_2$)。许多有机分子因为不具有两亲性，制备单分子膜就较复杂。例如，对于只有亲水端的有机分子，需加入含疏水基团的有机分子，对于只含有疏水端的有机分子，则需加入含亲水基团的有机分子来改善它们的成膜能力。

水是最常用的成膜载体。它是常见的液体亚相材料，作用是形成水与空气界面作为两亲分子成膜的载体。制备 LB 有序分子膜时，水必须经过去离子处理，控制 pH 和表面张力。形成的有序分子膜可以转移到玻璃、硅片、各种金属及金属氧化物等固体表面上。根据制备的 LB 膜性质不同，固体表面还必须经过亲水或疏水处理。

从 LB 膜的成膜过程可以得知，该膜具有如下特点：制备简便，可以在常温常压下获得高度有序的超薄膜；膜厚易于准确控制；膜层内部缺陷少，质量均匀；加入特殊功能的基团或纳米微粒可以改善膜的性能，获得特殊要求性能的薄膜，还可以制备有机、无机、高分子材料等交替迭层的多层膜体系。但是，由于 LB 有序分子膜的成膜机理是依靠物理吸附，因而膜与固体表面结合强度不够高，此外膜本身的热稳定性、结构稳定性和力学性能等均较差。人们做了大量的探索，希望能改善 LB 有序分子膜的性能。例如，在亚相液体中加入铬离子等添加剂，使膜与固体表面形成化学吸附；将纳米微粒插入 LB 有序分子膜中，或用化学方法在脂肪酸 LB 有序分子膜中插入层状化合物分子；通过光照、加热、加压或 X 光照射等方法，LB 有序分子膜形成性能较好的聚合物。

LB 有序分子膜已用作硬磁盘的润滑剂，使用效果很好。先在硬磁盘磁记录介质表面沉积上一层厚度约 20 nm 的硬度极高的碳膜或金刚石膜保护层，再在其表面上用 LB 技术制备增添一层厚度为 1～10 nm 的全氟聚醚润滑膜，这种 LB 有序分子润滑膜使磁盘与磁头间的摩擦磨损性能得到明显改善。

很多因素都影响 LB 有序分子膜的润滑性能，不仅滑动速度、载荷和工作温度等工况参数影响 LB 膜的润滑性能，而且成膜物质、膜的层数与结构、基体表面状态、亚相液体性质和界面的化学反应等都对 LB 有序分子膜的润滑性能有重要的影响。

### 3. 自组装有序分子膜

1980 年，J. Sagiv 首次公布了将十八烷基三氯硅烷吸附到二氧化硅表面，形成自组装单分子膜，从此发展了一种新的专门的成膜技术。

自组装分子膜(Self-Assembled Molecular Film，SAM)的成膜机理主要依靠固一液界面上的化学作用。将适当材料的基片浸入含有表面活性剂的有机溶液中，活性剂分子的反应基(或称头基)与基片表面自动发生化学吸附(或化学反应)，在基片表面形成化学键连接的紧密排列的单分子膜。同一层分子相互之间的连接，仍然靠范德瓦耳斯力作用。如果活性剂分子的尾基也具有化学反应活性，则它又可以与新的物质相互起作用，构筑成同质或异质的多层膜。但应注意，这种表面化学反应具有选择性，不同反应基需选择能与它相匹配的基片材料，这样才能获得自组装分子膜。

用于制备自组装膜的表面活性分子的结构应包含三部分：① 能与基片产生化学吸附的头基；② 能通过范德瓦耳斯力与相邻分子发生链间结合的烷基链；③ 尾部的功能性基团。

很多因素都影响自组装膜的质量和成膜能力，其中最主要的有：基片材料和它表面的粗糙度、活性剂分子的反应基活性、分子链的大小和极性、活性剂分子的尾基活性、成膜溶液中溶剂的极性和浓度等。

由于自组装膜结构致密而且稳定性高，它在润滑和磨损防护方面具有广阔的应用前景。有关自组装膜的摩擦润滑性能研究的报道日益增多，研究范围也不断拓展。1987 年，J. Israelachvili等使用表面力仪(SFA)，首先开始研究在滑动过程中自组装膜的分子的相互作用机制。1994 年，J. Klein 等研究在云母表面的自组装膜的性能，该自组装膜是由带极性头基的聚苯乙酰在云母表面生成的，实验中得到，这种自组装膜间的摩擦系数极低，只有 0.001，这个结果受到了大家的高度重视。他们提出“分子刷”的机理来解释这种超滑现象，认为自组装膜分子的一端通过化学键“钉”在云母基片上，另一端漂浮在甲苯液中构成分子刷，两云母表面分子刷之间的巨大斥力使两云母基片保持分离，非常容易自由滑动。

### 6.6.7 分子膜的超动摩擦现象

1993 年，Israelachvili 等在对分子薄膜的研究中发现某些聚合物分子膜之间摩擦力极低，具有超动摩擦现象。实验中采用 LB 膜技术(或者其他物理化学方法)将三种不同的有机高分子聚合物自组装到固体表面成为分子膜，并应用 SFA 研究此类膜的黏滑行为。其中两种有机高分子的分子膜在边界润滑系统条件下滑动时，得到的黏滑曲线与图 6.28 中的曲线极为类似。但其中在云母表面植入乙酸双十六烷氯化二甲基铵(DHDAA)得到的 DHDAA 单分子膜，在边界润滑系统条件下，出现摩擦力极低的超动(superkinetic)摩擦状态。

图 6.29 所示为两个植入 DHDAA 单分子膜的云母表面在干燥环境和温度为 25 ℃时的摩擦曲线。在低速时出现常规的黏滑现象，摩擦力在 $F_s \sim F_k$ 变化。当滑动速度增加到临界速度 $v_c = 0.1\ \mu m/s$ 以后，黏滑消失而以动摩擦力 $F_k$ 稳定滑动。然而当滑动速度更高，达到超临界(supercritical)速度 $v_c^* = 0.4\ \mu m/s$ 时，将出现超动摩擦，摩擦力在 $F_k$ 与 $F_{sk}$ 之间变化。$F_{sk}$ 为超动摩擦力，且 $F_{sk} < F_k$。

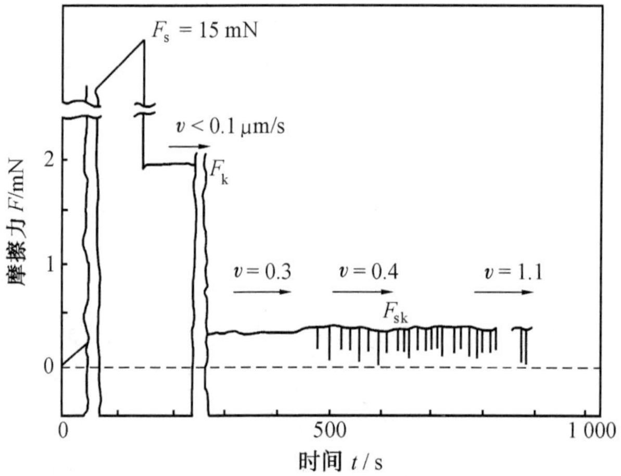


图 6.29 超动摩擦时的摩擦力(Israelachvili)

产生超动摩擦的物理机制尚不很清楚，可粗略地用图 6.30 的模型来理解。附着在固体表面的单分子膜是由长链分子组成的，这些分子的一端与表面连接牢固，而整个分子可以自由摆动，在超临界速度时，分子将顺从滑动方向倾斜，如图 6.30(b)所示，两分子膜的分子相互排斥，因而获得甚低的摩擦力。由于在超动摩擦时，分子膜的分子随滑动方向而倾斜，故其膜厚 $h'$ 将小于静、动摩擦时的膜厚 $h$。

在超动摩擦实验中使用的 DHDAA 分子膜的分子是长型分子，排列不很密集，其分子的一端与表面连接牢固，而整个分子可以自由摆动，并且在超过临界滑动速度时出现超动摩擦,完全符合图 6.30 中超动摩擦模型的条件。因此该模型可以用来解释超动摩擦现象。

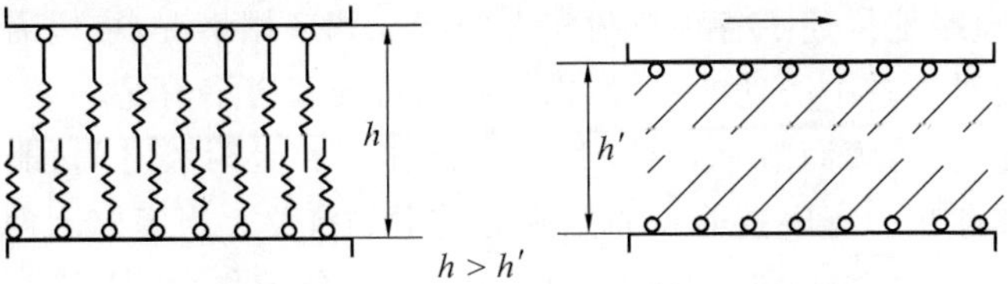


(a) 静、动摩擦　　(b) 超动摩擦

图 6.30　超动摩擦模型

滑动摩擦时,载荷增加将使超动摩擦临界速度降低,即加大载荷更容易进入超动摩擦状态。这是因为增加载荷使间隙缩小,分子膜的分子更容易倾斜,此关系已经由实验证实。

## 6.7　薄膜润滑

### 6.7.1　薄膜润滑理论的提出

在众多的摩擦润滑形态中,弹流润滑的理论已日趋成熟,边界润滑也已有很多人在研究,并都已在工程设计中应用。弹流润滑以黏性流体膜为特征,边界润滑以吸附分子为特征,它们是如何过渡的,过渡状态的物理本质是什么,这在摩擦学理论中一直是空白区。这种过渡润滑形态过去有时混称为混合润滑,概念不明确。

这种过渡润滑形态的润滑膜厚度在几纳米到几十纳米。过去由于缺少动态实验检测手段,这方面进行的研究很少。根据推理,该区应该是一个量变与质变交互在一起的润滑状态。随着弹流润滑理论及其测试技术的深入发展,人们提出了一种新的润滑状态,薄膜润滑(thin film lubrication)状态,用它来描述边界膜润滑与流体膜润滑之间的过渡状态。20 世纪 90 年代初,从理论和实验两方面都论证了这种以纳米量级膜厚为特征的润滑状态的薄膜润滑的存在,并在薄膜润滑性能和机理研究方面取得了重要进展。

1991 年 Spies 和 Johnston 等采用垫层法以及垫层和光谱相结合的方法,测出了纳米级润滑膜厚度随工作参数变化的情况,并提出超薄膜润滑的概念。清华大学温诗铸等研究了纳米级薄膜润滑特性和机理,提出了薄膜润滑的物理模型,并提出了薄膜润滑的范围和研究方向,为薄膜润滑理论的发展做出了重要贡献。

### 6.7.2 薄膜润滑的性质特征

图 6.25 概略地描述了各种润滑状态的特征和应用情况,可以看到薄膜润滑状态在整个润滑体系中所处的位置,以及它的特征和应用情况。

可以认为,在薄膜润滑下,有一种处于流体膜和吸附膜之间,兼有二者性质的有序液体膜存在。有序液体膜的形成与吸附势有关。当摩擦副两表面的间距减小到纳米级时,吸附力和诱导力必然对润滑油分子作用,使其形成多分子吸附,并达到有序排列。由于它比普通液体有序度高,又兼有液体性质,因此在动压效应作用下,既能承受载荷,端泄又小。在静态挤压力的作用下,多数润滑油被挤出接触中心区,而只有近表面的几层分子与表面吸附膜一起保留下来。

清华大学雒建斌等在实验分析的基础上提出如图 6.31 所示的薄膜润滑的物理模型。亚微米或纳米量级润滑膜由三种结构性能不同的膜组成,即吸附膜、有序液体膜和黏性流体膜。

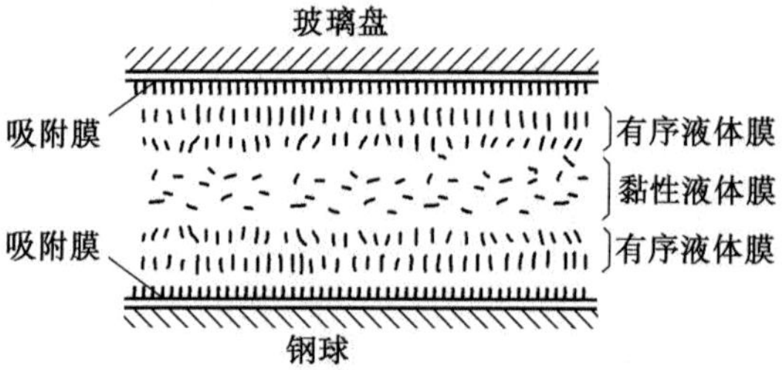


图 6.31 薄膜润滑的物理模型(雒建斌)

靠近摩擦表面的是吸附膜,由两部分组成,一部分是静态接触时形成的吸附膜,另一部分是动态吸附膜,这是部分有序液体膜因在润滑过程中的剪切作用而转变成的结构更加规则紧密的吸附膜。吸附膜的总厚度为几个润滑油分子层,它与表面连接牢固,在润滑过程中不参与流动,不具有流体性质。吸附膜具有边界润滑特征,亦可称为边界润滑膜。

处于润滑膜中央部分的是黏性流体,它是依靠流体动压效应形成的,具有弹流润滑特征,故实际上是弹流润滑膜。

介于黏性流体膜与吸附膜之间的是有序液体膜。当液体分子在摩擦剪切过程中受表面能作用时,被迫使分子有序排列而形成有序液体膜。从黏性流体膜向吸附膜的方向,分子排列的有序度越来越高,即有序液体膜的有序度高于黏性流体膜,而低于靠近金属表面的吸附膜。实验检测表明,有序液体膜的厚度在 0.1～30 nm范围内。多数情况下,薄膜润滑中有序液体膜厚度相当于几个到十几个分子层。

弹流润滑、薄膜润滑、边界润滑三种润滑状态之间的相互转化,取决于总润滑膜的厚度以及上述三种膜所占的相对比例。当润滑膜比较厚时，黏性流体膜所占比例大，摩擦剪切主要发生在流体膜中，有序液体膜难以形成，而吸附膜的影响也可以忽略，因此润滑膜的形成以流体动压效应为主，润滑状态为弹流润滑。

随着润滑膜厚度的减薄，吸附膜在总膜厚中所占比例将增加。当润滑膜减薄到表面能作用范围内时，润滑油分子在表面能和摩擦剪切作用下发生结构变化，一部分流体膜转化为有序液体膜，即弹流润滑开始向薄膜润滑转化，膜厚变化的速度指数也显著降低。

当润滑膜厚继续减小到黏性流体膜完全消失时，润滑膜将由有序液体膜和吸附膜组成。由于吸附膜是非流动膜，而且很薄，此时润滑膜的特征是以有序液体膜为主，在摩擦剪切作用下膜厚显示出时间效应，即膜厚随工作时间延长而增厚。如果润滑膜继续变薄到只有吸附膜存在时，润滑状态即转变为边界润滑。由此可知，三种不同特性的润滑膜的相互转化，实际上就是三种润滑状态的转化。

### 6.7.3 薄膜润滑的时间效应

在薄膜润滑状态下，膜厚随持续剪切时间的增加而增厚，这种薄膜润滑的时间效应不能用普通摩擦学中的润滑油性质来解释。普通摩擦学原理指出，润滑油较重要的非牛顿特性主要有两种：

① 剪切时间稀释或称触变性(thixotropic)，即润滑油黏度随着剪切持续时间增加而降低；

② 剪应变率稀释或称伪塑性(pseudoplastic)，即黏度随着剪应变率增加而降低。

这两种润滑油特性都只能使得流体动力润滑膜厚度减小。膜厚变化对于厚膜润滑的影响并不明显，所以在常规润滑设计中通常不予考虑。

然而，薄膜润滑的润滑膜极薄，并且它涉及润滑膜分子的再构造和表面力作用，因此剪切时间和剪应变率对薄膜润滑性能的影响，就成为不可忽视的因素。例如，P. Thompson 等用分子动力学模拟润滑膜分子行为发现，柔性大分子在剪切过程中结晶化时间大大地超过球形小分子，因而固化缓慢。J. A1sten 和 S. Granick 的研究揭示出润滑膜的剪切屈服应力与受剪切的时间有关。

在薄膜润滑实验中观察到，有些润滑剂的膜厚随持续剪切时间的增加而增厚，但当膜厚增加到一定数值后，膜厚变化就非常缓慢并趋于稳定数值。这种薄膜润滑的膜厚增加时间效应，不能用润滑油的触变性来解释，因为润滑油的触变性是稀释作用，即随剪切时间增加润滑油黏度降低，只能使膜厚逐渐减小。为研究薄膜润滑的时间效应，温诗铸等进行了下面的实验。实验中采用钢球与镀铬玻璃盘对滚，利用光干涉相对光强原理测量纳米润滑膜厚度与运行时间的关系。

图 6.32 给出载荷为 7 N、卷吸速度为 $u=4.49$ mm/s、温度为 18 ℃、钢球直径为 20 mm 的条件下，液状石蜡润滑膜中心膜厚随运行时间的变化情况。从图中的实验曲线可以看到，在薄膜润滑运行过程中，开始时膜厚随着运行时间的增加而较快增厚，但随运行时间的延长，膜厚的增加量逐渐减缓，最后当膜厚增加到 30 nm 左右时，就基本稳定，不再变化。该稳定的膜厚值与表面力有效作用范围十分接近，这也表明时间效应促使润滑膜厚度增加与摩擦界面上表面能作用有关。

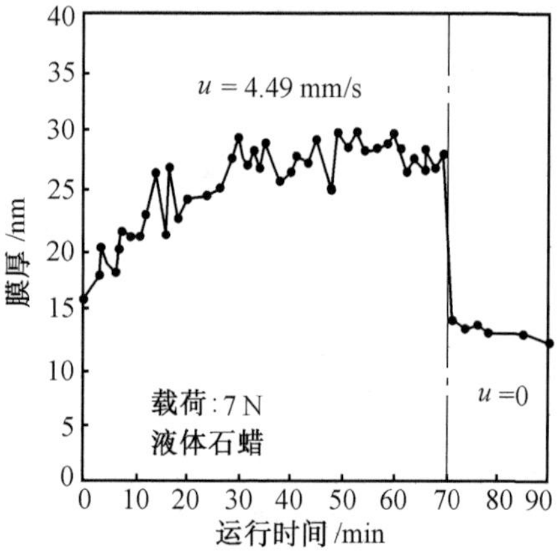


图 6.32　薄膜润滑的时间效应(温诗铸)

他们还进行了各种参数对润滑膜厚度时间效应影响的实验。实验结果表明，薄膜润滑的时间效应的强弱与载荷、卷吸速度和润滑剂黏度等都有关。

根据专家的理论分析和实验研究，现在对薄膜润滑的机理已有了一定的认识，提出了以下的见解：在薄膜润滑状态下，润滑膜约束在两摩擦表面之间的狭窄缝隙中，由于载荷和表面能作用，在摩擦剪切过程中润滑膜分子将产生结构变化。首先是靠近表面的液体分子呈垂直于表面的规则排列而形成吸附膜。在规则排列表面吸附膜形成的诱导力和吸附势能的作用下，邻近吸附膜的分子也逐渐有序化排列。随着运行时间增加，有序排列的分子越来越多，因而靠近表面的分子层将有序地增厚，即有序膜的厚度将不断增加，直至达到表面力有效作用界限范围时，有序膜厚度达到稳定。这种有序排列的润滑分子膜是有序液体膜，它比体相液体的分子有序度高，故同时兼有液体性质，而又不易流动。这种有序液体膜在流体动力效应作用下，既能够支承载荷又能够减少端泄。有序液体膜在静态挤压载荷作用下，能被挤出接触区，但近表面的几层有序排列的分子，因分子间的吸附力大，将与表面吸附膜一起保留下来，所以静态接触膜厚大于未经摩擦剪切的静态膜厚。

### 6.7.4　薄膜润滑的剪应变率效应

薄膜润滑时的剪应变率效应，就是摩擦速度改变对其摩擦力变化的影响关系效应，实质上也就是流速沿膜厚方向的速度梯度。在薄膜润滑状态时，润滑膜的厚度为纳米量级，摩擦速度的改变将使其摩擦力产生明显的变化，并且变化关系还比较复杂，因此薄膜润滑时的剪应变率效应是一个不可忽视的因素。

J. Streator 等对于纳米润滑薄膜在不同剪应变率下的润滑性能进行了系统的实验。从实验结果发现，纳米润滑膜存在三种润滑状态：黏着润滑、流体动力润滑和剪切稀释润滑。

J. Streator 等的实验是在改装过的硬磁盘和磁头装置上进行的。硬磁盘表面涂有非晶碳薄膜，表面光滑，$Ra$ 值为 3～5 nm，磁头材料为 $Al_2O_3-TiC$ 陶瓷，磁头和磁盘的接触面积为3.1 $mm^2$。实验时使用三种不同黏度的全氟聚醚润滑剂涂在硬磁盘表面，各润滑剂黏度分别是：143AD 的运动黏度为 1 030 $mm^2/s$，143AX 的运动黏度为 300 $mm^2/s$，143AY 的运动黏度为$10^4$ $mm^2/s$。当硬磁盘转动时，它和磁头间形成楔形滑块润滑。图 6.33 所示是它们的部分实验结果。分析实验结果可看到：

① 当润滑膜的厚度 $h \geqslant 23$ nm 时，如图 6.33(a)所示，是连续介质力学可应用的膜厚区域，即流体动力润滑状态的有效作用膜厚区域。在较低滑动速度范围内，纳米润滑膜的摩擦力随滑动速度的增加而呈线性增大；在滑动速度较高的区域，纳米润滑膜的摩擦力随滑动速度的增加而降低。这是由于在高剪应变率作用下，润滑膜出现强烈的剪切稀释现象而使润滑剂黏度迅速下降，这就导致了摩擦力下降。例如，润滑剂 143AD 在滑动速度为 250 mm/s 时，摩擦力为 130 mN，所对应的黏度值只有 $6.7\times10^{-3}$ Pa·s，它只是润滑剂 143AD 正常黏度 1.95 Pa·s 的1/300，这种状态称为剪切稀释润滑。

在润滑膜的厚度 $h \geqslant 23$ nm 区域内，随着所使用润滑剂黏度的降低，摩擦力—滑动速度曲线向右移，即摩擦力是在稍高的滑动速度时才开始升高的。

② 当润滑膜的厚度 $h<23$ nm 但大于某临界厚度 $h_c$ 时，该区域进入黏着润滑状态。图6.33(b)所示是 $h=10$ nm时的情况。在低滑动速度时有较大的摩擦力，最大摩擦力为318 mN，约为无润滑的摩擦力典型值 50 mN 的 6 倍。该现象是完全不符合边界润滑规律的，原因如下：①边界润滑的摩擦力总是低于无润滑的固体摩擦力；②根据边界润滑机理，边界膜越厚，摩擦力应越小，而在本实验中，润滑膜厚度 $h=10$ nm 时的摩擦力，反而高于润滑膜厚度 $h=4$ nm 时的摩擦力。

在润滑膜的厚度 $h=10$ nm 时，还可看到在滑动速度增大到一定数值后，摩擦力明显下降，这个现象可能与润滑剂在较高滑动速度时的剪切稀释现象有关，尚待进一步研究。这种滑动速度升高到一定值后摩擦力突然明显下降的现象，也不是边界润滑机理可以解释的。故薄膜润滑中的这种特有的润滑状态称为黏着润滑状态。

黏着润滑的机理十分复杂，可以简单地认为它与分子间的范德瓦耳斯力作用有关，尚待进一步的研究阐明。黏着润滑与流体动力润滑之间的转化取决于润滑膜的剪应变率的大小，而润滑膜的剪应变率是由润滑膜厚度和滑动速度两个因素决定的。

③ 当润滑膜的厚度极薄，到数纳米量级时，图 6.33(c)所示的 $h=4$ nm 情况，摩擦力值不很高，在滑动速度增大时，摩擦力缓慢地稍有降低，在较大的滑动速度变化范围内，摩擦力没有明显的变化。这种膜厚时的摩擦力低于膜厚 $h=10$ nm的低速时的摩擦力。

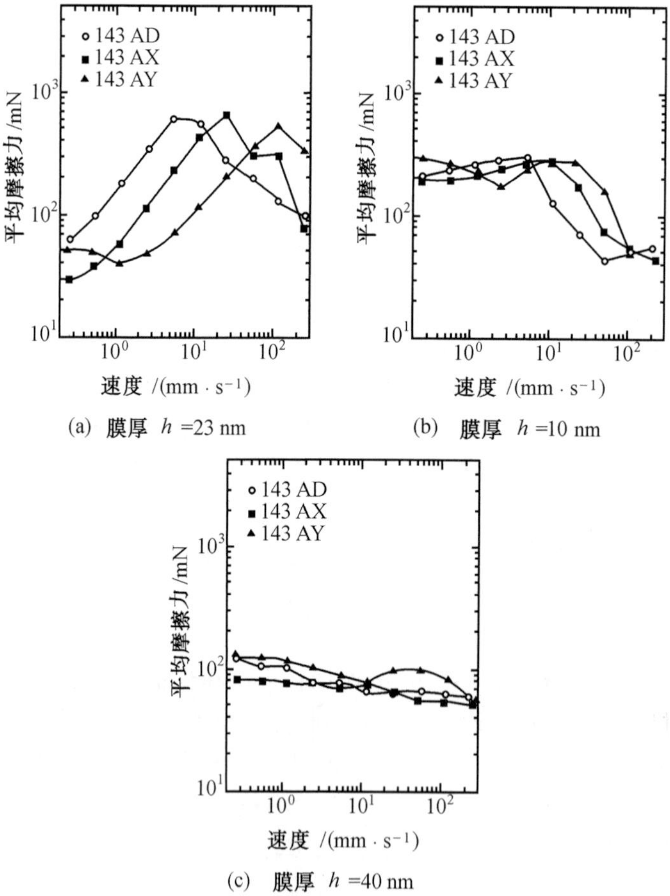


图 6.33 薄膜润滑时的剪应变率效应(J. Streator)

### 6.7.5　混合润滑状态中的薄膜润滑

混合润滑是实际机械中最广泛存在的状态。当粗糙表面相互摩擦时，由于表面粗糙度使摩擦界面上各点的润滑膜厚度不同，因而多种润滑状态同时存在。同时由于摩擦表面粗糙度的随机性，滑动过程中接触表面的弹塑性变形和磨损、表面接触状态的随时变化，因此混合润滑现象非常复杂，至今尚未建立令人满意的物理模型及相关的理论。

传统的观点认为，混合润滑是干摩擦、边界润滑和流体润滑的组合。通过近年来对弹流润滑和边界润滑机理和技术认识的深化，以及对薄膜润滑的研究和认识，目前已认识到，薄膜润滑应是混合润滑的重要组成元素之一。在多数有润滑剂的工况条件下，混合润滑实际上不包含干摩擦状态，仅在润滑剂供应严重不足或供应中断等特殊情况时，混合润滑才包括干摩擦状态。

因此对混合润滑状态可以做如下认识：

① 混合润滑状态是流体动力润滑、微观弹流润滑、薄膜润滑、边界润滑等的共同组合。各种润滑状态都以膜厚值为主要特征，其中不同润滑状态的形成机理、润滑特性和失效准则各不相同。

② 由于薄膜润滑和边界润滑时的膜厚极小，除极光滑的表面外，摩擦表面的表面粗糙度和润滑膜厚相比，就成为很大的相对尺寸，造成各种润滑状态的同时存在，因此可以说混合润滑是实际机械中最普遍存在的润滑状态。

③ 混合润滑的整体特性，是所包含的各种润滑膜组成特性的综合表现。各种润滑膜在接触表面上所占的比例与摩擦界面形态和工况条件不同而异。同一摩擦副在摩擦过程中，各种润滑膜的比例及分布处于不断变化之中，因此混合润滑特性具有强烈的时变性。

④ 混合润滑内同时包含各种不同状态的润滑，情况极为复杂，且具有强烈的时变性，因此极难单独分析研究其内部的某一种润滑状态，现在只能研究混合润滑的平均膜厚、整体特性和各因素对整体特性的影响。

混合润滑需研究的重要内容之一，是考察表面形貌对润滑行为的影响。有关薄膜状态下的混合润滑研究，现在进行得还不多。清华大学温诗铸等采用光受抑全反射技术进行纳米润滑膜厚度分布的测量，并应用于薄膜状态下的混合润滑研究。实验中采用了三种不同表面粗糙度的摩擦副，考察沿接触线中心区润滑膜厚度分布及其变化，并研究平均膜厚与载荷、滑动速度、润滑油黏度与表面粗糙度之间关系。根据所进行的实验，得到如下结果：

① 粗糙表面的平均膜厚 $h_m$ 与速度 $v$ 具有指数函数关系，即

$$h_m \propto v^{\alpha} \tag{6.18}$$

速度指数 $\alpha$ 的数值随粗糙度值变化而变化。这说明，粗糙度增加使速度对膜厚

的影响减小。

② 粗糙表面的平均膜厚 $h_m$ 与载荷 $w$ 的关系亦是指数函数关系，即

$$h_m \propto w^{-\beta} \tag{6.19}$$

载荷指数 $\beta$ 的数值随粗糙度值变化而变化。这说明，粗糙度增加使载荷对膜厚的影响减小。

③ 对于相同粗糙度的摩擦表面，润滑剂黏度的改变，不影响膜厚的速度指数和膜厚的载荷指数。

④ 实验中实测的润滑膜的厚度分布为 10～110 nm，这是薄膜润滑的范围，但因是混合润滑，故实际包含边界润滑、薄膜润滑和微观弹流润滑，其中薄膜润滑应起较大作用。

应注意，由于表面粗糙度分布的随机性，它对润滑膜厚度的影响极为复杂，因此不同研究得到的结果，往往不尽相同。此外，在摩擦副工作过程中，摩擦表面因表面粗糙峰受微观弹流膜局部压力的影响而受到展平作用，故实际的表面粗糙度值将明显降低，并且越是粗糙的表面，粗糙度值的下降幅度也越大。

### 6.7.6 薄膜润滑的数值分析

薄膜润滑时的润滑膜厚度极小，并涉及润滑剂分子的有序排列，实验研究有很大的局限性，因此很多人都期望能用数值分析模拟来研究这些问题。

纳米级薄膜润滑的数值分析，需要研究解释许多复杂的润滑现象。例如，润滑薄膜的分子结构和非牛顿特性、薄膜固化与相变、极限剪切应力与屈服失效、表面粗糙度效应以及润滑膜含固体颗粒等。这些都是现今润滑理论尚未充分认识的重要问题，因此薄膜润滑的数值分析有很多重要的技术问题有待研究解决，但用数值分析研究这些问题有相当大的难度。

**1. 薄膜润滑状态能否用 Reynolds 方程分析**

当薄膜厚度达分子尺度时，连续介质的假设已不再适用，液体分子的有序化结构尚缺少研究。目前认为，润滑膜厚度至少应较液体分子尺寸大一个量级，才可以应用连续介质力学法分析其润滑行为。D. Chen 和 J. Horn 认为，对于光滑表面，以连续介质力学为基础的 Reynolds 方程适用的最小极限膜厚为 30 nm，对于更薄的润滑膜，只需要引入简单的修正系数，仍可采用 Reynolds 方程进行分析。但另外一些人认为，更薄的润滑膜，因润滑情况相差太大，已不能再用 Reynolds 方程进行分析。

**2. 薄膜润滑时润滑剂的固化相变**

关于液体在高压力作用下将发生固化相变的问题，不少人的研究证明，各种润滑剂的固化压力与润滑膜厚度和剪应变率有关。胡元中等通过分子动力学模

拟计算，认为纳米薄膜中液体的等效黏度随膜厚减小而逐渐增大，当膜厚减到某临界值时，黏度急剧增加，将完全丧失流动性而出现液一固相变，而且这种相变的压力，将随膜厚减小而降低。S. Granick 认为，连续的剪切运动将对液体固化起抑制作用，剪应变率越大，固化压力越高。润滑膜的固化现象，增加了薄膜润滑进行数值分析的难度。

**3. 润滑膜的极限剪切应力**

除固化之外，润滑薄膜非牛顿性的另一个重要特性是极限剪切应力的存在。润滑膜的极限剪切应力作为液体的流变性质，与压力、温度等有关。目前提出的各种简化流变模型中，对于润滑膜的剪应力极限有黏塑性极限和指数型极限两种。在润滑分析计算中，通常采用指数型流变模型，指数取 $n=1.8$ 或 2。

胡元中等关于剪切流动的分子动力学模拟计算证明，极限剪切应力的数值随膜厚减小而增大。润滑薄膜中液体的流动分为两个区域，在靠近运动表面的区域液体承受很大的剪切应力，当它超过极限剪切应力时，在液一固界面上还将出现速度滑移现象。

**4. 极限剪切应力诱发润滑膜的失效**

温诗铸等考察了润滑膜因极限剪切应力诱发润滑膜的失效过程后指出，当润滑膜在剪切运动中达到极限剪切应力时，表示该润滑液体开始屈服，在润滑膜内部或在液一固界面上将产生滑动。随着剪应变率增加，滑动区逐渐扩大，进而导致润滑膜的失效，润滑膜将丧失承载能力。

## 6.8　平滑界面的微摩擦形态

### 6.8.1　界面摩擦和微摩擦概念的提出

现代精密机械和微机械中的摩擦副间的间隙通常处于纳米量级，由于它们的表面极光滑，因此接触时达到分子密合程度。对于这类表面的摩擦形态，基于表面宏观粗糙度和材料体相变形分析的经典摩擦理论，很显然已不能再适用。微机械中的尺寸效应影响，使表面摩擦力的作用远远超过体积力，降低摩擦就成为关键问题。特别是对于当前磁记录装置中大量使用的硬磁盘，希望降低磁头的高度并达到零摩擦和零磨损。因此平滑界面的微摩擦形态，成为亟待研究解决的重要问题。

在 1989 年第五届欧洲摩擦学会议上，A. Homola 等提出，摩擦研究中应当区分两类摩擦副接触形态，一类是有磨损的常规摩擦，此时界面上宏观尺度不平度的波峰将两表面隔开，实际接触面积仅占表观接触面积很小的比例；另一类是极光滑表面组成的摩擦副，两表面密合接触而形成分子接触，这类摩擦可称为界面摩擦(interfacial friction)或微摩擦。微摩擦状态下的微磨损与宏观磨损不同，它是在极轻载荷作用下产生的表面原子、分子层的损伤，其磨损深度通常在纳米量级，故有时也称纳米磨损。界面摩擦对于电子计算机硬件、空间装置和微机械的发展日益重要，也是当前纳米摩擦学中亟须研究解决的主要对象之一。

从微观角度研究摩擦起因、摩擦行为，降低摩擦和控制摩擦，对常规机械也有重要意义。现在常规机械的摩擦系数分散性很大，机械设备由于磨损而产生噪声和振动。对于传动机构的爬行，摩擦磨损使机械精度和使用性能下降，都是由于摩擦理论和技术的研究尚处在宏观阶段。微摩擦机理的研究，必然也将对常规机械性能的提高，起到重要的促进作用。

### 6.8.2 微摩擦形态下的摩擦力

#### 1. 摩擦力的数学表达式

微摩擦(界面摩擦)形态时的界面接触状态与常规摩擦形态时的界面接触有明显不同，前者是两平滑界面密切接触，后者仅表面微观凸起点少量面积接触。因二者摩擦界面接触状态不同，接触摩擦时的摩擦力亦有显著差别。

常规摩擦时，摩擦力关系遵循 Amontons 摩擦公式，摩擦力 $F$ 与载荷 $P$ 成正比，比例常数 $\mu$ 为摩擦系数，故有

$$F=\mu P \tag{6.20}$$

黏着接触表面的摩擦力 $F$，即界面摩擦力，是黏着区被剪切需要克服的阻力，故有

$$F=\tau_c A \tag{6.21}$$

式中　$A$—— 黏着接触区面积。

Homola 等的界面摩擦实验研究表明，在表面处于分子接触状态的滑动中，极限剪切应力由三部分组成，即

$$\tau_c=\frac{F}{A}=\tau_{c1}+\tau_{c2}+\tau_{c3} \tag{6.22}$$

式中　$\tau_{c1}$—— 两表面相互作用的界面力引起的极限剪切应力；

$\tau_{c2}$—— 外加载荷形成的极限剪切应力；

$\tau_{c3}$——Hertz 弹性变形引起的极限剪切应力。

根据分析计算，以上各种剪切应力都可以用载荷来表示。通过引用 Hertz 弹性接触理论中的 $A\propto P^{2/3}$ 关系式，上式可以改写成

$$F=C_1P^{2/3}+C_2P+C_3P^{4/3} \tag{6.23}$$

式中　$C_1$—— 与黏着能 $w$ 有关的函数；

$C_2$—— 与弹性常数 $K$ 有关的函数；

$C_3$—— 与接触点半径 $r$ 有关的函数。

在界面摩擦形态下，分析式(6.23)可知：

① 在组成界面摩擦力的各项因素中，通常第三项所占比例较小，可以忽略不计。

② 当表面黏着强度较大时，第一项是界面摩擦力的主要成分，此时可以近似地采用式(6.21)计算摩擦力，并用 Hertz 弹性接触理论计算接触面积，即 $A \propto P^{2/3}$。

③ 当外加载荷相对较大时，界面摩擦力将以第二项为主，接近于描述常规摩擦的 Amontons 公式(6.20)。但应注意，这里所谓的近似只是指计算公式形式上的相似，而界面摩擦与常规摩擦的机理实质却完全不同。

实验证明，在界面摩擦过程中，一旦摩擦表面有损伤并产生磨损微粒时，界面摩擦规律就立即转变为常规摩擦规律。

**2. 界面微摩擦与宏观摩擦的摩擦力对比**

为搞清界面摩擦状态下与宏观摩擦的摩擦力差别，B. Bhushan 等进行了如下的实验研究。试件材料为 Si(111)和 $C^+$ 注入 Si。宏观摩擦实验使用球一盘摩擦实验机，摩擦系数测定采用直径为 3 mm 的铝球与试件相对滑动，滑动速度为 0.8 mm/s，载荷为 0.1 N，相应的 Hertz 应力为0.3 GPa。界面微摩擦实验使用摩擦力显微镜，摩擦系数测定采用 FFM 的探针与试件滑动摩擦，探针材料为 $Si_3N_4$，针尖曲率半径约为 50 nm，滑动速度为 5 μm/s，探针扫描面积为 1 μm×1 μm，载荷为 10～150 nN，相应的 Hertz 应力为 2.5～6.1 GPa，见表 6.2。

表 6.2　宏观摩擦与界面微摩擦的摩擦系数

| 试件材料 | 试件粗糙度 $Ra$/nm | 宏观摩擦的摩擦系数 | 界面微摩擦的摩擦系数 |
|---|---|---|---|
| Si(111) | 0.11 | 0.18 | 0.03 |
| $C^+$ 注入 Si | 0.33 | 0.18 | 0.02 |

上述实验实测的结果说明，界面微摩擦的摩擦系数远远低于宏观摩擦的摩擦系数。在纳米摩擦学实验中，微小尺度和极轻载荷下所测量出的材料硬度和弹性模量，都比宏观测量的数值高，因而在界面微摩擦过程中，摩擦系数很低，材料的磨损极少。同时，微摩擦中，嵌入表面的磨损微粒少，也减少了犁沟效应对摩擦力的影响。

**3. 微摩擦状态下载荷对摩擦力的影响**

实验证明，在微摩擦状态下，轻载荷作用时，摩擦系数和接触面积的大小，并不受载荷大小变化的影响，即载荷大小对产生的摩擦力没有影响，因而此时是有可能实现极低摩擦和零磨损的。

但实验也证明，当载荷增大时，界面微摩擦状态下的摩擦系数和微磨损都将随之显著增加。因此，摩擦系数与接触面积和载荷无关系的结论，显然不能完全符合微摩擦状态下的摩擦规律。对界面摩擦状态下的摩擦行为，必须区分出载荷很小时的情况和载荷增大后的情况，因为这两种情况下载荷对摩擦力的影响是完全不同的。

**4. 材料各向异性对摩擦力的影响**

实验表明，在微摩擦状态下和大气环境中，材料各向异性不出现对摩擦力差别的影响，摩擦力几乎与交错角无关。这是大气中水分对材料表面污染的缘故。但是，如果材料表面未被全部污染，则材料的各向异性将导致各方向摩擦力的差异。

近年来许多学者分别报道了金刚石、氧化镁、蓝宝石、铜、钴、碳化硅等单晶材料的微摩擦各向异性现象，但是对于摩擦各向异性形成的原因尚无一致的认识。例如，McGuiggan 在研究云母在范德瓦耳斯力作用下的黏着现象时，发现黏着力大小与交错角有关，即黏着力具有各向异性的性质，但在相对湿度为 33%的氮气环境中，云母黏着的各向异性现象消失。

### 6.8.3 微磨损的特征和实验检测方法

**1. 微磨损的特征和降低微磨损的研究**

微摩擦状态下的微磨损，是产生在超光滑摩擦表面上的微量磨损，与宏观磨损不同，它是在极轻载荷作用下产生的表面原子、分子层的损伤，其磨损深度通常在纳米量级，有时也称纳米磨损。因此微磨损的特征是：在极轻载荷作用下，超光滑摩擦表面上产生的原子、分子层磨损，磨损量是原子量级或是纳米量级的。研究微摩擦和微磨损，就是要减少、控制和消除这种原子级或纳米级微磨损。

微磨损的典型例子，就是磁信号记录装置中的大容量高密度的磁信号记录磁盘和读数磁头间的磨损的研究。为了减少记录信息丢失，保持工作的可靠性，要求磁记录装置中磁头与软磁盘在运行一千万转工作期间无差错，这意味着软磁盘的磨损速率为每滑行 10～100 km 磨损一层原子。而对硬磁盘的要求则更高，几乎要求实现零磨损。为了提高磁记录装置的信息密度，磁头与磁盘之间的飞行高度(浮动间隙)也逐年减小，通常处在亚微米量级。

**2. 微磨损的实验检测方法**

由于微磨损的磨损量极小，一般都是在单原子层内，或最多是在数层原子或数纳米内，因此研究磨损过程的物理实质，具有很大难度。现在有关微磨损过程物理实质的研究很少报道，仅有少量用分子动力学模拟法研究微磨损的工作。现在研究微磨损主要是用实验实测的方法。

由于微磨损的磨损量极小，为原子量级或纳米量级，因此对于进行微磨损的实验和检测，普通的磨损实验机已经无能为力，只能使用原子力显微镜、摩擦力显微镜或其他专门研制的纳米磨损实验机。磨损实验一般都是用显微镜的探针，在一定的法向载荷下，对试件（被试材料）表面进行滑动摩擦（或刻划），其滑动摩擦方式是由纵向扫描和横向步进而构成的二维磨损平面，然后检测试件表面的磨损量。

微磨损量的实验检测，也不能用宏观检测磨损的方法，因为磨损量极微，用普通的失重法不能检测出纳米磨损量，故需要用更精密的检测方法。纳米磨损量的检测常用的有两种方法：① 对平整光滑试件表面上的磨损，可以检测其磨损表面的深度（达纳米级测量精度）来表示其磨损量或表示材料的耐磨性。② 用达到磨损极限量时的摩擦次数，来代表试件材料的耐磨性。一般情况下，磨损表面上各点的磨损量是不均匀的，可取磨损量的平均值作为平均磨损量。

使用扫描探针显微镜进行微磨损实验时，在试件材料确定后，应首先决定磨损量的检测方法，然后注意合理选择工况参数，如探针材料、探针针尖曲率半径、探针上所加法向载荷的大小、滑动速度（即扫描速度）、横向步进距离、扫描面积大小等。只有上述实验参数选择得合理，才能获得好的实验结果。

### 6.8.4　磁盘－磁头的微磨损实验研究

#### 1. 磁盘和磁头的抗磨损性要求

大容量高密度的磁信号记录磁盘和读数磁头，是典型的要求磨损极小的摩擦副。为了减少记录信息丢失，保持工作的可靠性，要求硬磁盘与磁头摩擦表面完全不磨损，或是在长期工作后表面最多只磨损单层原子。为了提高磁记录装置的信息存储密度，要求尽量降低磁头与磁盘之间的飞行高度（浮动间隙）。例如，1957 年 IBM－350 硬盘机的磁头飞行高度为 20 μm，而 1973 年 IBM－3370 硬盘机的磁头飞行高度已减小到 0.33 μm，现在硬盘机的磁头飞行高度已减小到 25～76 nm。为提高信号记录和读取的速度，需尽量提高磁盘的转速，现在磁盘和磁头两表面的相对滑动速度已提高到 3～30 m/s。为减少滑动工作时磁头上的载荷，薄膜磁头的质量已减少到微克量级，磁头的法向作用力已减少到 $10^{-8}$ N左右。为提高硬磁盘的抗磨损性，在磁盘磁介质材料表面上，加涂一层厚度小于 10 nm 的抗磨损、耐腐蚀保护层，再加涂一层厚度更小的分子膜润滑层。对磁盘和磁头的磨损机理和提高抗磨性的实验研究，对于发展高密度磁记录装置有重要意义，是当前微摩擦磨损研究的最重要内容。

**2. 磁记录硅材料的微摩擦磨损性能的实验实测研究**

在磁记录装置中，硅材料的应用日益普遍，这是由于硅材料具有较好的磁记录性能，并且可采用集成电路技术制造，有利于器件微小型化，而且硅材料成本低廉。因此，为使硅记录材料能进一步扩大应用，其微摩擦磨损性能研究受到广泛关注。

关于磁记录装置的微摩擦磨损研究，美国 Ohio 州立大学的 B. Bhushan 等进行了系统的研究，实验研究工作包括检测磁头一磁盘、磁头一磁带等各种硅材料的微摩擦磨损性能和薄膜润滑时的摩擦磨损性能，取得了一系列成果。

对于各种磁头一磁盘硅材料的微摩擦磨损性能的实验研究，是用 FFM 进行的，取得的结果再与宏观台架实验相对比。实验研究的内容是：

① 全面检测各种硅材料的微摩擦磨损有关的各项性能，如表面微观形貌、摩擦系数、纳米划痕的深度、微磨损的深度、微硬度等。

② 进行微磨损性能实验时，采用的探针是由天然单晶金刚石材料制成的三棱锥体，锥顶角为 80°，探针针尖圆弧半径为 100 nm，探针固定在法向刚度为 25 N/m 的微悬臂上。在载荷为10～150 μN 的条件下，进行了对硅材料表面的压痕、刻划和微磨损实验。

a. 摩擦系数是根据所加法向载荷和测得的摩擦力计算出来的。测量摩擦力时的扫描速度为 5 μm/s。

b. 进行纳米刻划实验时，探针扫描速度为 1 μm/s，探针载荷为 40 μN，表 6.3 中的划痕深度是经一次扫描后各种硅材料表面的划痕深度。

c. 进行微磨损实验时，探针扫描速度为 1 μm/s，金刚石探针在 40 μN 载荷作用下沿试样表面二维扫描，形成面积为 2 μm×2 μm 的正方形磨痕。

d. 测量材料的纳米硬度时，探针压入后持续时间为 2 s，以便变形达到稳定。微硬度值按压入载荷除以压痕残余的投影面积来计算。

③ 测量试件表面微观形貌时，使用的探针是 $Si_3N_4$ 制成的四棱锥体，探针尖端的圆弧半径为 30 nm，采用的载荷较低，为 10～150 nN，固定探针的悬臂梁刚度也较小，为 0.4 N/m，扫描面积为 500 nm×500 nm。

④ 实验检测的硅材料共有 9 种：

a. 单晶硅 Si(111)；

b. 单晶硅 Si(110)；

c. 单晶硅 Si(100)；

d. 多晶硅；

e. 多晶硅(抛光)；

f. 等离子体增强化学气相沉积(PECVD)氧化 Si(111)，氧化层厚度约为

5 μm，再经表面抛光处理；

g. 干燥环境下热氧化 Si(111)，氧化层厚度约为 0.5 μm；

h. 潮湿条件下热氧化 Si(111)，氧化层厚度约为 1 μm；

i. $C^+$ 离子注入 Si(111)，$C^+$ 离子注入的工艺条件为：电流密度为 2～4 $mA/cm^2$，电压为100 keV，离子流量为 $1\times10^{17}$ 个/$cm^2$。

实验的实测结果见表 6.3。从表内数值可以看到，测得的摩擦系数是很小的。

**表 6.3　各种硅材料的微摩擦磨损性能(Bhushan)**

| 试样号 | 材　料 | 粗糙度① *Ra*/μm | 摩擦系数 | 刻划深度② /nm | 磨损深度② /nm | 微硬度③ /GPa |
|---|---|---|---|---|---|---|
| a | 单晶硅 Si(111) | 0.11 | 0.03 | 20 | 27 | 11.7 |
| b | 单晶硅 Si(110) | 0.09 | 0.04 | 20 | | |
| c | 单晶硅 Si(100) | 0.12 | 0.03 | 25 | | |
| d | 多晶硅 | 1.07 | 0.04 | 18 | | |
| e | 多晶硅(抛光) | 0.16 | 0.05 | 18 | 25 | 12.5 |
| f | PECVD 氧化 Si(111) | 1.50 | 0.01 | 8 | 5 | 18.0 |
| g | 干燥热氧化 Si(111) | 0.11 | 0.04 | 16 | 14 | 17.0 |
| h | 潮湿热氧化 Si(111) | 0.25 | 0.04 | 17 | 18 | 14.4 |
| i | $C^+$ 注入 Si(111) | 0.33 | 0.02 | 20 | 23 | 18.6 |

注：① 测量面积 500 nm×500 nm；② 探针载荷 40 μN；③ 探针载荷 150 μN

**3. 磁记录硅材料宏观台架实测摩擦性能的对比**

为了作为对比，对上述各种硅材料进行了宏观台架摩擦磨损实验。台架实验是在经过改装的实际磁盘一磁头机构上进行的，硬磁盘用直径为 130 mm 的市场商品，同时进行有润滑和无润滑涂层的两组摩擦实验。为模拟磁盘的启动和停止时的条件，采用载荷为 0.5 N，滑道半径为 45～55 mm，滑动速度在 0.9～1.2 m/s 范围内。实验在室内进行，空气的相对湿度为 45%±5%。测得的宏观台架摩擦系数见表 6.4。

从宏观摩擦性能实验中发现，随着运行时间的逐渐增加，摩擦系数亦逐渐增加。例如，开始实验时有润滑的单晶硅的摩擦系数为 0.2，随着运行时间的延长，硅的摩擦系数亦随之逐渐增加。当摩擦系数增大到 0.4 时，实验系统的运行平稳性严重降低，这说明摩擦面已经磨损，已不能满足使用要求。因此，将摩擦系数增加一倍时的圆盘运行转速，作为判断硅材料磨损失效的定量标准。

从表 6.4 的数值可看到，测得的各种硅材料宏观台架摩擦系数，要比微摩擦状态时的摩擦系数大很多，约高 1.5 个数量级。

表 6.4　各种硅材料的宏观摩擦性能(Bhushan)

| 材　料 | 初始摩擦系数 | | 摩擦系数增加一倍的圆盘转速/$(r \cdot min^{-1})$ | | 最大或最终摩擦系数 | |
|---|---|---|---|---|---|---|
| | 有润滑 | 无润滑 | 有润滑 | 无润滑 | 有润滑 | 无润滑 |
| $Al_2O_3$－TiC | 0.20 | 0.25 | ≤2 200 | ≤200 | 0.78 | 0.78 |
| Mn－Zn 铁磁体 | 0.22 | 0.22 | ≤5 500 | ≤600 | 0.45 | 0.68 |
| 单晶硅 | 0.20 | 0.20 | ≤1 200 | ≤500 | 0.40 | 0.70 |
| 多晶硅 | 0.20 | 0.22 | ≤3 000 | ≤1 000 | 0.60 | 0.50 |
| PECVD 氧化 Si(111) | 0.28 | 0.28 | >50 000 | ≤500 | 0.23～0.28 | 0.72 |
| 干燥热氧化 Si(111) | 0.22 | 0.22 | >50 000 | ≤1 000 | 0.20 | 0.56 |
| 潮湿热氧化 Si(111) | 0.26 | 0.26 | >50 000 | ≤1 000 | 0.26～0.40 | 0.60 |
| $C^+$ 离子注入 Si(111) | 0.16 | 0.25 | ≤1 000 | ≤1 000 | 0.60 | 0.50 |

## 4. 各种因素对磁记录硅材料微磨损的影响

(1)载荷对微刻划深度的影响。

图 6.34 给出了各种硅材料微磨损实验中的探针载荷与实测刻划深度的关系曲线。实验中探针刻划行程次数为 10,试样号与表 6.3 中的试样号相同。由实验实测结果可知,在 10 μN 的极低载荷作用下,所有的硅表面(未经处理和经过强化处理的硅表面)都产生划痕,即表面划伤。单晶硅的晶面不同,对刻划深度影响甚微。

实验实测结果还表明,当载荷较低时,各种硅材料的刻划深度相差不大,但随着载荷增加,刻划深度的差别也明显增大。经 PECVD 氧化处理的表面虽较粗糙但抗划伤性能最高,随后依次为潮湿氧化、干燥氧化处理的表面和 $C^+$ 注入表面。各种强化处理的硅表面抗划伤能力,都高于未经过处理的硅表面,但是 $C^+$ 注入的表面抗划伤能力提高不多。PECVD 氧化处理的 Si(111)表面,表面粗糙,但具有较高的抗划伤能力。

(2)微磨损表面的微观形貌检测和载荷对表面微磨损的影响。

为考察微磨损后的表面,用 AFM 进行了微磨损表面微观形貌的检测。微磨损实验是在 AFM 上进行的,金刚石探针在载荷作用下沿试样表面二维扫描,形成面积为 2 μm×2 μm 的正方形磨损面积。

以微磨损表面的磨损深度作为衡量材料抗磨损能力的指标进行的实验,其结果表明,PECVD 氧化处理的 Si(111)表面虽稍粗糙,但具有最高的抗磨损性能,随后依次为潮湿氧化处理的 Si 表面、干燥氧化处理的 Si 表面和 $C^+$ 注入处理的 Si 表面。各种强化处理的硅表面抗磨损能力,都高于未经过处理的硅表面。同时,4 种硅材料表面抗磨损能力的排序与抗刻划能力相同。

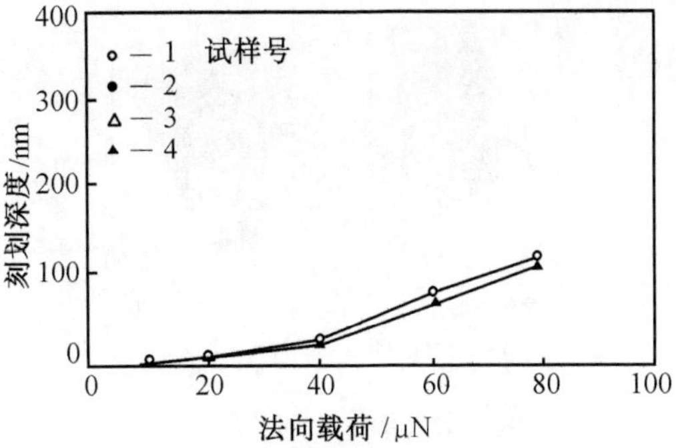


(a) 试样号 1,2,3,4

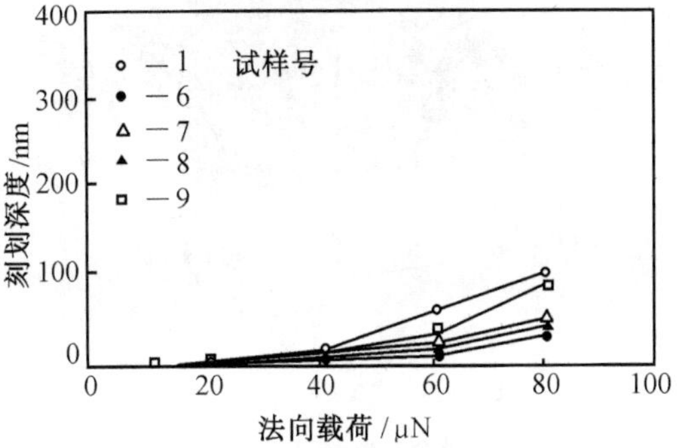


(b) 试样号 1,6,7,8,9

图 6.34　探针载荷大小对刻划深度的影响(Bhushan)

图 6.35 所示是在上述磨损实验条件下,得到的 4 种硅材料微磨损表面的表面微观形貌的 AFM 图像。其中图(a)是未经处理的 Si(111)表面,图(b)是经PECVD 氧化处理的Si(111)表面,图(c)是干燥环境热氧化处理的 Si(111)表面,图(d)是 $C^+$ 注入强化处理的Si(111)表面。从磨损表面的微观图像可以看到,表面微磨损的分布是不均匀的,有的地方磨损较深,有的地方则磨损较浅。此外还观察到,由于微磨损深度很小,磨损微粒很容易从表面上清除,在探针扫描运动中,磨损微粒自动脱落,不影响微磨损过程。

表面微磨损的分布通常是不均匀的,它与表面材料的组织结构有关。由实验可以看到,微磨损首先在表面的缺陷处产生划痕,由于划痕处的表面能较高而构成损伤的薄弱部位,因此,划痕逐渐扩展成磨损区,造成较大的磨损量。在无划痕的部位,具有相对较高的抗磨损能力,磨损量就较少,这就造成了微观磨损分布的不均匀性。

(3)$C^+$ 注入强化处理对微磨损的影响。

B. Bhushan 等研究了 $C^+$ 注入强化处理对 Si(111)表面的微磨损的影响,微磨损实验时以未经处理的 Si(111)表面为对比,实验结果如图 6.36 所示。

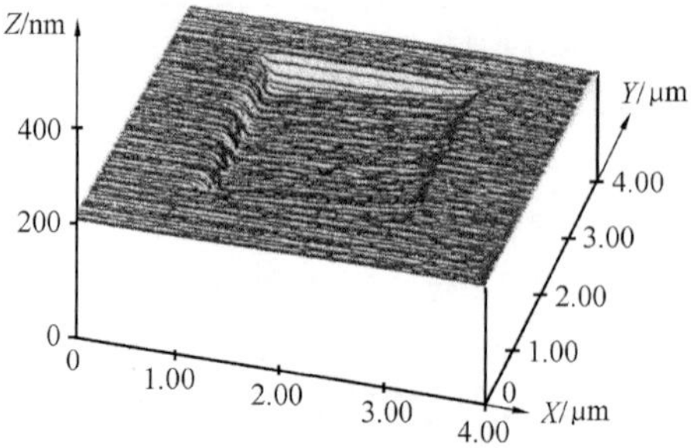


(a) 未经处理的 Si(111) 表面

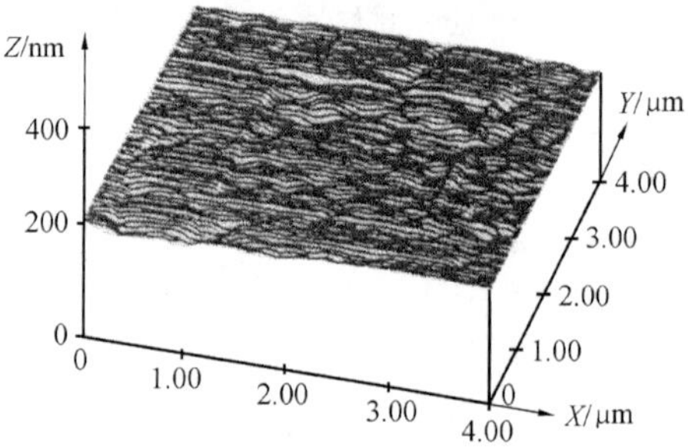


(b) PECVD 氧化的 Si(111) 表面

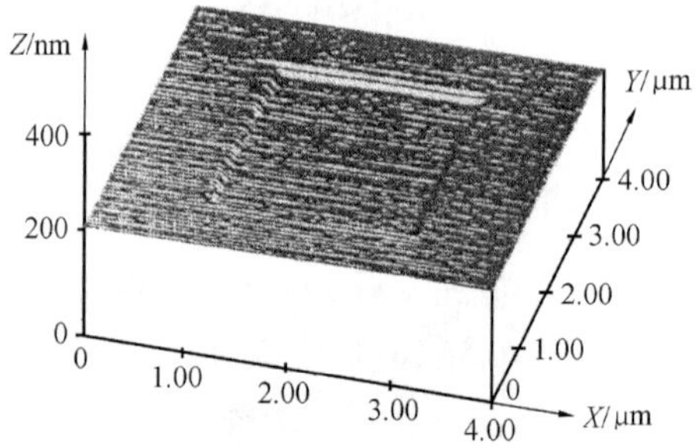


(c) 干燥热氧化的 Si(111) 表面

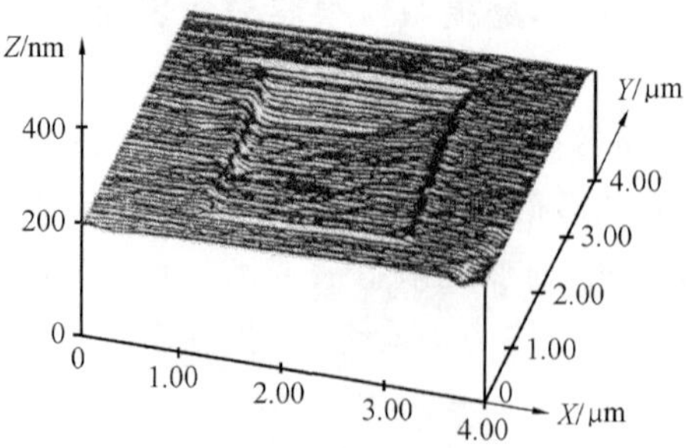


(d) $C^+$ 注入的 Si(111) 表面

图 6.35 微磨损表面的微观形貌图(Bhushan)

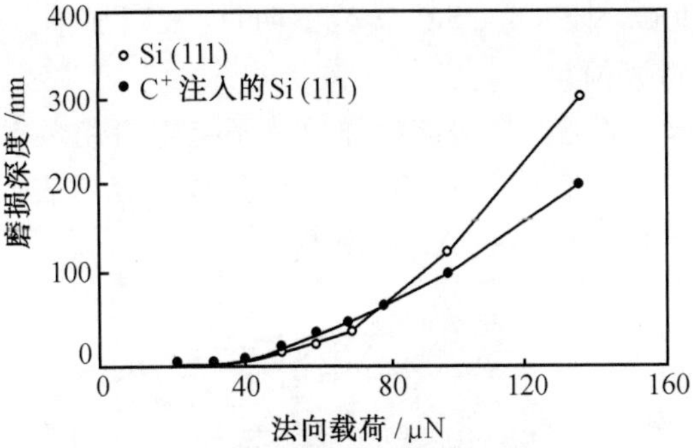


(a) 法向载荷对磨损深度的影响

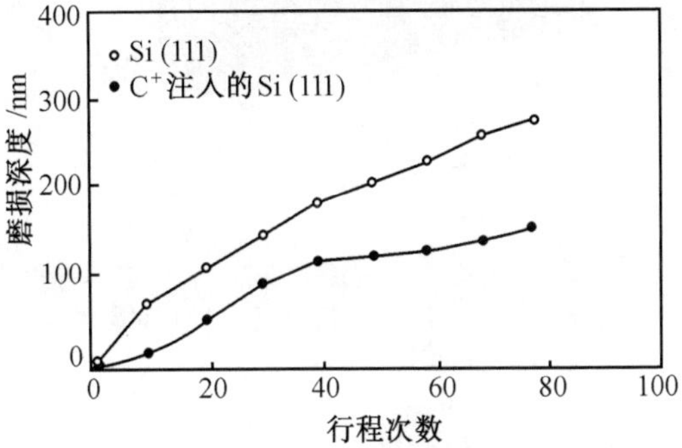


(b) 摩擦行程次数对磨损深度的影响

图 6.36　$C^+$ 注入强化处理对微磨损的影响(Bhushan)

图 6.36(a)是一次摩擦行程时，法向载荷对磨损深度的影响，从中可以看到：在低载荷时，$C^+$ 注入强化处理对 Si(111)表面的耐磨损性能的提高影响不大；但当载荷超过 80 μN 时，$C^+$ 注入强化处理提高 Si(111)表面的耐磨损性能的效果就很明显。

图 6.36(b)是在法向载荷为 40 μN 时，摩擦行程次数对磨损深度的影响，从中可以看到：摩擦行程次数较少时，$C^+$ 注入强化处理可以少量提高 Si(111)表面的耐磨损性能；但摩擦行程次数较多时，$C^+$ 注入强化处理，就能明显提高 Si(111)表面的耐磨损性能。

(4)磁介质表面加润滑膜提高抗磨损性能。

现在硬磁盘通常在磁介质表面加涂一层抗磨损耐腐蚀保护膜，再加涂一层润滑膜，用来改善磁盘的摩擦磨损性能。

B. Bhushan 等研究了单分子有序 LB 膜和自组装 SAM 膜对硬磁盘提高抗磨损性能的影响。单分子有序 LB 膜的表面结构是：硅基片上先镀金，再涂敷十八烷基硫醇(Octadecylthiol，ODT)，然后吸附花生酸锌(Zinc Arachidate，ZnA)，表面层结构为 ZnA－ODT－Au－Si。单分子有序自组装 SAM 膜的表面结构是：硅基片经氧化处理后，再用氨基硅烷通过化学反应在表面植入 $C_{18}$ 单分子膜，表面为多层结构，即 $C_{18}-SiO_2-Si$。实验证明，硅表面加单分子有序润滑膜后，可明显减少表面的微磨损。

图 6.37(a)所示是硅磁介质表面涂加单分子有序自组装 SAM 膜后，微磨损表面的微观形貌 AFM 图像。图 6.37(b)所示是硅磁介质表面涂加单分子有序 LB 膜后，微磨损表面的微观形貌 AFM 图像。

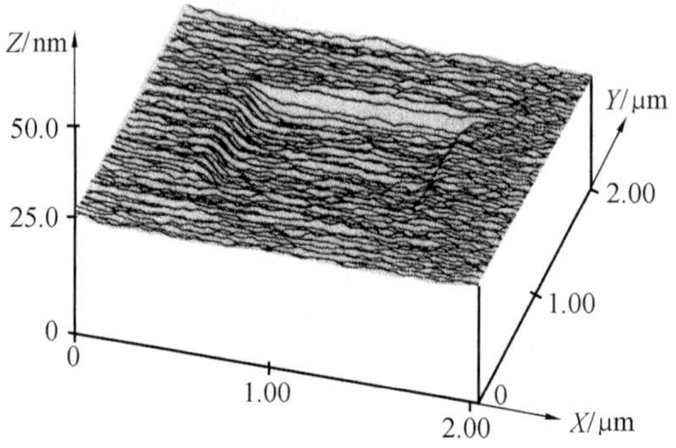


(a) $C_{18}-SiO_2-Si$ 自组装 SAM 润滑膜
载荷 40 μN，磨损深度 3.7 nm

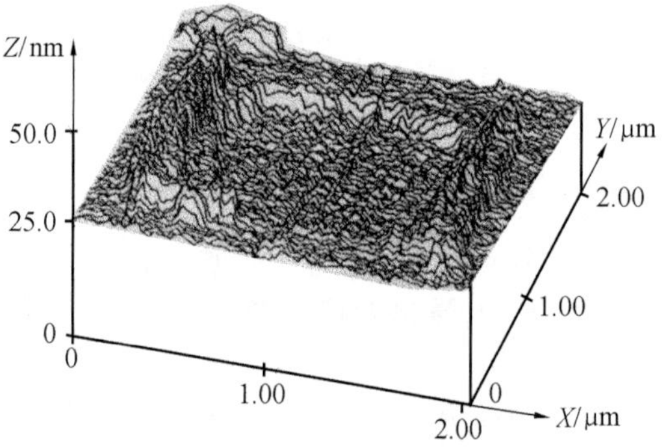


(b) ZnA－ODT－Au－Si 的 LB 润滑膜
载荷 200 nN，磨损深度 6.5 nm

图 6.37　硅表面加单分子有序润滑膜对微磨损的影响(Bhushan)

实验结果表明，$C_{18}$的 SAM 膜的润滑性能优于 ZnA 的 LB 膜，其摩擦系数低，耐磨损性能好。用 FFM 检测得出 SAM 膜润滑时的摩擦系数为 0.018，在 40 μN载荷下的磨损深度仅为3.7 nm，磨痕表面平整光滑。LB 膜润滑时的摩擦系数为 0.03，在较低的载荷 200 nN 下的磨损深度仍高达 6.5 nm，磨痕表面及边缘相当粗糙。这是由于 LB 膜与基片的连接是依靠范德瓦耳斯力的物理吸附，结合强度很弱。而 SAM 膜则是通过共价键的化学结合，结合强度高，如再优选键长和极性团，还有可能进一步改善 SAM 膜边界润滑性能。清华大学温诗铸等曾用摩擦力显微镜，检测 LB 膜润滑表面在载荷 20 nN 下的磨损，观察到在磨损区出现塑性流动，磨痕边缘产生材料堆积，这是由于 LB 膜较软造成的。

## 6.9 纳米摩擦学的分子动力学模拟

纳米摩擦学是在原子、分子尺度上研究发生在摩擦表面上的现象，如仍用连续介质力学来描述这类处于原子、分子状态的固体和液体的动力学问题，显然是不合适的。从统计物理学衍生出来的分子动力学模拟(molecular dynamic simulation，MDS)，现在被公认为是一种描述原子和分子级微观现象的有效方法。由于分子动力学模拟可以沟通微观现象和宏观特性，因此一些理论分析和实验检测都难以解决的微观现象，可以用分子动力学模拟进行研究解释。因此分子动力学模拟已在物理、化学、生物学、材料科学、机械工程等领域的研究中得到较多的应用，日益受到大家的重视。

分子动力学模拟方法的基本原理是：建立一个粒子系统来模拟所要研究的微观现象，系统中各粒子之间的相互作用关系，遵照量子力学的规律。系统中的大量粒子是遵循牛顿力学规律的，对这部分符合牛顿力学规律的大量粒子，可通过粒子动力学方程组求解，求出各粒子在相位空间的运动规律和运动轨迹，最后按统计物理原理得出该系统的宏观物理特性。分子动力学模拟方法在揭示各种物理现象本质和探索新微观现象规律的研究中，取得了不少成绩，因此被认为是科学研究中新的“计算机实验”手段，是理论分析、实验研究之外的第三种科学研究手段。

纳米摩擦学是在原子、分子尺度上研究发生在摩擦表面上的物理行为，它涉及各种固体和液体材料组成的非均匀系统的能量转换、结构变化、动力学和热力学过程，以及在非平衡状态下非线性的机械作用和流动行为。同时，纳米摩擦学现象又不仅是单纯的分子行为，而是许多分子的协同作用和综合表现。因此，用宏观的连续介质力学显然是不能描述这类处于原子、分子状态的固体和液体行为的物理力学问题。

分子动力学模拟的特点，是能够有效地进行微观的动态过程分析，计算中的空间尺度可以达到 $10^{-2}$ nm，时间尺度可以达到 $10^{-15}$ s，因此用于纳米摩擦学研究特别适合。虽然分子动力学模拟方法的出现，还仅仅是很短的时间，但纳米摩擦学所涉及的各个研究领域，几乎都有分子动力学模拟计算的研究报道。纳米摩擦学所涉及的主要问题有：两固体表面接触与分离时的材料表面的黏着行为，接触表面间的材料转移、微摩擦现象、黏滑现象、微磨损现象、固体与液体界面的相互作用、纳米薄膜的相变特性、有序分子膜的构造机理、分子膜的自组装等。在这些方面的研究中，都应用了分子动力学模拟方法并取得了进展。其中有些分子动力学模拟的结果，已为实验所验证。现在，分子动力学模拟技术已成为纳米摩擦学理论分析的重要手段，是目前研究摩擦磨损与润滑微观机理和行为的有效工具。将来还有希望应用于摩擦副表面材料和润滑介质的分子结构设计和性能改进中。

根据模拟研究对象的不同，从统计物理的角度可以将分子动力学模拟分为平衡态分子动力学模拟（equilibrium molecular dynamics simulation，EMDS）和非平衡态分子动力学模拟（nonequilibrium molecular dynamics simulation，NEMDS）。其中，平衡态分子动力学模拟是分子动力学模拟的基础，它与非平衡态分子动力学模拟的区别是在边界条件和外加力场的处理上有所不同。因此，首先应学会 EMDS 的基本原理和算法，而后再推广到 NEMDS 的计算和应用中。

在纳米摩擦学中，NEMDS 通常用来研究超薄膜润滑的流动行为及其黏度等输运特性。NEMDS 的基本方法是：通过对模拟系统施加扰动，利用系统对自然波动出现的响应，根据求解时间相关函数，得出黏度等输运特性。因此，这种方法更类似于“计算机实验”方法，它适用于非线性响应系统的模拟。这种模拟方法在液体剪切流动模拟中得到了较广泛的应用。

目前在我国，已经有部分单位在纳米摩擦学的研究中应用了分子动力学模拟方法，并已取得了一定成果。清华大学胡元中采用了分子动力学模拟方法，对薄膜润滑中的流变特性进行了一系列的研究。研究的薄膜润滑系统，是由两个平行的固体表面和两表面间的流体薄膜所组成的，流体为球形分子液态氩。采用 Lennaed-Jones 流体模型的势函数，模拟计算了在压力流动（poiseuille 流动）时的流变特性，阐明了薄膜厚度对于流体等效黏度和固化压力的影响。后来又对液态氩流体在润滑膜中的剪切流动进行了模拟研究，分析了薄膜状态下流体的剪切等效黏度、剪切稀释、极限剪切应力等与膜厚度变化的关系，以及润滑薄膜中流动速度的分布和界面速度滑移现象。

应当注意，分子动力学模拟技术仍在发展之中，还存在着不少问题有待于进一步完善。例如，任何物理现象的宏观特性，都是由组成该系统的大量粒子（原子、分子和电子的统称）的运动状态所决定的。真实的物理系统中所包含的微观粒子数量，往往高达 $10^{23}$ 数量级，受现有电子计算机计算能力的限制，进行模拟计算时能允许的最多粒子数量要少得很多。当前对大量分子的大系统的模拟计算，也只能计算到上千个粒子，而通常的模拟系统中所包含的粒子数则更少。显然，在模拟系统粒子数量上存在的巨大差别，必将导致计算结果有较大的误差。

真实的微观物理现象是极为复杂的，往往涉及原子和分子复杂的相互作用，以及多种物理化学等现象和关系，要进行分子动力学模拟，必须简化这些复杂的物理化学现象。因此，在研究模拟系统的宏观特性时，如何合理简化，以及选择最佳的理论计算方法和统计物理模型，直接影响模拟计算最后结果的误差大小。

此外,真实的物理系统的分子结构形式是多种多样的,而现在研究纳米摩擦学问题的分子动力学模拟,基本粒子都是按球形分子考虑的,如分子为非球形时,模拟计算的结果就必然有较大误差。目前对于具有支链和环状结构的柔性分子的系统,模拟计算还相当困难。对于分子动力学模拟技术存在的问题,尚待研究解决。

虽然分子动力学模拟技术在科研的实际应用中,还存在这样和那样的问题,需要进一步的完善解决,但分子动力学模拟方法,已是大家公认的研究微观物理现象的有效手段,在纳米摩擦学揭示微摩擦润滑的物理实质的研究中,已发挥了重要作用。

## 复习思考题

1. 简述极薄表层显微力学探针检测法的基本原理和装置。
2. 简述均质材料极薄表层显微硬度和弹性模量检测的原理和方法。
3. 简述非均质材料极薄表层显微硬度和弹性模量检测的原理和方法。
4. 简述光干涉相对光强膜厚检测仪的工作原理和结构组成。
5. 简述光受抑全反射法测量纳米级润滑膜厚度的原理和实验装置。
6. 简述固体材料摩擦副的常用材料和摩擦表面的各种形态。
7. 简述 LB 膜的性能和制备方法。
8. 简述摩擦润滑状态的划分和边界润滑的提出。
9. 简述边界润滑的特征和边界分子膜润滑的原理。
10. 简述薄膜润滑的特征和薄膜润滑的原理。
11. 微摩擦概念是什么? 简述微摩擦磨损的特征和研究的意义。
12. 简述纳米摩擦学的分子动力学模拟的基本原理。

## 参考文献

[1] KING R B. Elastic analysis of some punch problems for a layered medium[J]. Int. J. Solids Structure, 1987, 23(12): 1657-1664.

[2] BHATTACHARYA A K, NIX W D. Finite element simulation of indentation experiments[J]. Int. J. Solids Structure, 1988, 24(4): 881-891.

[3] GAO H J. Fracture analysis of non-homogeneous material via a moduli-perturbance approach[J]. Int. J. Solids Structure, 1991, 27(10): 1663-1682.

[4] OLIVER W C, PHARR G M. An improved technique for determining hardness and elastic modulus using load and displacement sensing indication experiments[J]. Journal of Material Research, 1992(7): 1564-1573.

[5] GRIFFIN A J, BROTZEN F R, DUNN C F. Mechanical properties and microstructures of Al-1%Si thin film metallization[J]. Thin Solid Films, 1988(166): 291-298.

[6] 蔡询,周平南. 显微硬度实验的计算机模拟[J]. 金属学报,1995,31(1):43-47.

[7] 徐可为,白辰东,何家文. Ti(C,N)薄膜的复合硬度与本征硬度的研究[J]. 金属学报,1995,31(9):428-434.

[8] 高鹏,陶敏中,袁哲俊. 纳米压痕技术及其应用[J]. 中国机械工程,1996,7(5):58-59.

[9] 高鹏,姚英学,袁哲俊. 表面涂层薄膜硬度检测技术[J]. 高技术通讯,1996(12):31-33.

[10] 高鹏. 纳米级表层显微力学探针检测原理装置和技术的研究[D]. 哈尔滨:哈尔滨工业大学,1997.

[11] 高鹏,袁哲俊. 纳米压痕系统中施载/扫描传感器的设计[J]. 传感技术学报,1997,10(2):29-32.

[12] 路新春,温诗铸,戴长春,等. 纳米摩擦学进展[M]. 北京:清华大学出版社,1995.

[13] 温诗铸. 纳米摩擦学[M]. 北京:清华大学出版社,1998.

[14] YUAN Z J, GAO D. Study on micro-hardness of materials in nanometer scale[C]. Proc. of 8th IMCC Conference, Singapore, 1998: 285-291.

[15] 高栋,袁哲俊,姚英学. 纳米尺度下材料显微硬度测试原理的研究[J]. 航空工艺技术,1998(4):18-20.

[16] 罗熙淳,梁迎春,董申. 分子动力学在纳米机械加工技术中的应用[J]. 中国机械工程,1999,6(10):692-696.

[17] 罗熙淳. 基于分子动力学的微纳米加工表面形成机理研究[D]. 哈尔滨:哈尔滨工业大学,2002.

# 第7章

# 纳米电子学

纳米电子学技术作为纳米技术中最重要的一个分支领域，在信息社会的应用显得越来越重要。信息的获取、放大、存储、处理、传输、转换和显示，哪一样都离不开电子学。纳米电子学是指以纳米尺度材料为基础的器件制备、研究和应用的电子学领域。由于量子尺寸效应等量子力学机制，纳米材料和器件中电子的形态具有许多新的特征。其中分子电子整流器或分子电子晶体管；纳米硅基量子异质结；纳米尺度量子点电池和无线逻辑器件；利用微型扫描隧道显微镜和微型原子力显微镜进行纳米组装从而制备纳米器件等成为纳米电子学发展所急需解决的关键问题。

## 7.1 概　　述

在纳米科技中纳米电子学(Nanoelectronics)处于特殊重要地位,因为它是微电子学发展的下一代。近来有人提出“纳米电子学”应改称“纳电子学”,因为所研究的对象不仅尺寸是纳米的,而且信号处理时间是纳秒至皮秒的,信号功率是纳瓦的,能量是纳焦的,因此将 nanoelectronics 改称“纳电子学”更为合理。

半个多世纪以来,随着微电子技术的发展,晶体管代替了真空电子管,集成电路取代了导线连接电路。超大规模集成电路的发展,不仅使计算机技术、信息技术,自动控制技术产生了根本性的变化,而且推动了整个工业的飞速发展。微电子学的发展将以更小、更快、更低能耗为目标。

美国国防高等技术研究厅(DARPA)曾提出超电子学(ultra-electronics)研发计划,要求未来电子器件比现在的微电子器件存储密度提高 5～100 倍,速度快 5～100 倍,功耗要小于现在的 2%,最终达到双“十二”。即 $10^{12}$ B 的存储容量(1 Terabit),$10^{12}$ 次/s 的运算速度,而且廉价低能耗。要达到这一目标,电子器件的尺寸必然进入纳米技术的尺度范围,即要小于100 nm。这说明不久的将来,微电子器件必然过渡到纳米电子器件,纳米电子器件将是 21 世纪电子技术和信息技术的核心。

要将现有的超大规模集成电路进一步微型化,如不根本改变微电子器件的结构原理,将面临以下技术难题:① 现在的光刻技术即将面临其物理极限,目前生产的最小线宽为0.1 μm,再缩小到 0.08 μm 后,很难再继续缩小加工的线宽,因此,不能满足纳米电子器件的加工要求;② 现在结构的电子器件功耗大、发热量大,例如常用的场效应晶体管(field－effect transistor,FET)等功耗都很大,如不根本改变其结构和工作原理,就无法用作纳米电子器件;③ 元件线宽小于 80 nm 的集成器件,将不再遵从微电子器件的传统物理规律和操作规律。

因此,纳米电子学的出路,只能是新的量子结构体系,它和当代的集成电路从基本原理上完全不同。在这种新的量子结构体系中,纳米电子器件将采用新的纳米结构加工技术、新的量子器件,例如单电子晶体管、单电子储存器、单原子开关、单电子晶体管组成的各种门电路等,以及可能用于量子系统的零维量子点(quantum dot)、一维量子线(quantum wire)和二维量子阱(quantum well)等。纳米电子学的发展正引导一个新的电子时代的开始。

## 7.2　从微电子技术到纳米电子技术的发展

### 7.2.1　微电子技术的发展

半个世纪以来，微电子技术领域发生了两次重大的技术革命：①晶体管取代了真空电子管；②集成电路取代了传统的导线连接晶体管电路。这两次技术革命，对计算机和信息技术为基础的新技术的发展，起到了巨大的推动作用。特别是超大规模集成电路的出现，导致了现代计算机和通信技术发生了翻天覆地的变化。

下面以全球较大的几个芯片制造商的计算机芯片为例，说明近几十年来集成电路的发展。

英特尔公司自 1971 年开始生产计算机芯片以来，已更新换代十多次。在一次次的更新换代中，芯片的性能和集成度得到了大幅度提高。1971 年，英特尔公司的 4004 芯片，时钟速度仅为 108 kHz，内含晶体管 2 300 个，最小线宽为 10 μm；1999 年，英特尔公司的 Pentium Ⅲ芯片（奔腾Ⅲ芯片），时钟速度已经高达 1 GHz，在面积为 217 $mm^2$ 的芯片内有晶体管 2 800 万个，最小线宽为 0.18 μm。2001 年 3 月，英特尔公司推出的 Pentium 4 的时钟速度已高达 1.7 GHz，最小线宽为 0.13 μm，在面积为 116 $mm^2$ 的芯片内，晶体管数超过 4 200万个。截止到 2001 年，计算机芯片的时钟速度和集成度提高了 13 000 倍，线宽从 1971 年的10 μm缩小到 2001 年的 0.13 μm，进而达到了 0.1 μm，时钟速度达到10 GHz。集成电路完成了在微电子技术领域的发展。

当微电子技术发展到 0.1～0.09 μm 时，微电子领域受当时光刻技术的限制，普遍认为 0.09～0.05 μm 将是集成电路的物理极限。光刻中最小的光刻线宽和保真度与光波的波长有关，光刻时的光斑直径等于半波长，模糊区宽度亦和光波波长直接有关。最初光刻中使用的汞灯紫外线光源曝光（G 线波长为 436 nm，I 线波长为 365 nm）逐渐难以实现集成电路的需要。因此出现了以准分子激光器（Excimer laser）作为光源的深紫外曝光（Deep UV Lithography）技术，氟化氪（KrF）气体准分子激光的波长为 248 mm，氟化氩（ArF）气体准分子激光的波长为 193mm。深紫外曝光光刻技术不断改进提高，使用波长为 248 mm 的氟化氪（KrF）气体准分子激光光源，在 20 世纪末光刻最小宽度达到 0.25 μm，21 世纪初最小宽度达到 0.13 μm。光刻系统进一步研究改进后，使用波长为 193 nm的氟化氩（ArF）气体准分子激光光源已能达到光刻最小宽度 0.1～

0.09 μm。但使用深紫外曝光带来一系列技术问题，如必须用氟化钙透镜代替原来的石英透镜，同时为提高分辨率，需消除镜头像差，使透镜系统变得十分复杂（常要求有 20～30 个透镜元件），曝光机的价格自数十万美元跃升到数百万美元。另外，氟分子激光器（波长 157 nm）的超紫外光激光光源的光刻技术（Extreme ultra-violet Lithography）能使光刻的线宽达到 70 nm。但是超紫外光会被空气吸收，因此，光刻工艺需在真空中进行，这对大规模工业生产将增添困难。因此微电子技术当时面临着巨大挑战。

### 7.2.2　从微电子技术到纳米电子技术

在微电子器件迅速发展的同时，人们开始研究纳米电子器件技术。纳米电子器件是指器件的特征尺寸在 1～100 mm 范围内的器件，它在空间尺度上介于微观体系（原子和分子）与宏观体系之间，通常称其为介观体系。纳米电子器件的发展，正从两个方向前进，一个方向是使微电子器件的尺寸不断地小下去而达到纳米尺度；另一个方向是基于有机高分子纳米器件和生物技术的分子组装功能材料，使其尺寸不断地大起来，如图 7.1 所示。图中芯片制造技术（硅技术）和分子组装技术发展的交叠区，就是下一代的纳米电子学的研究领域。

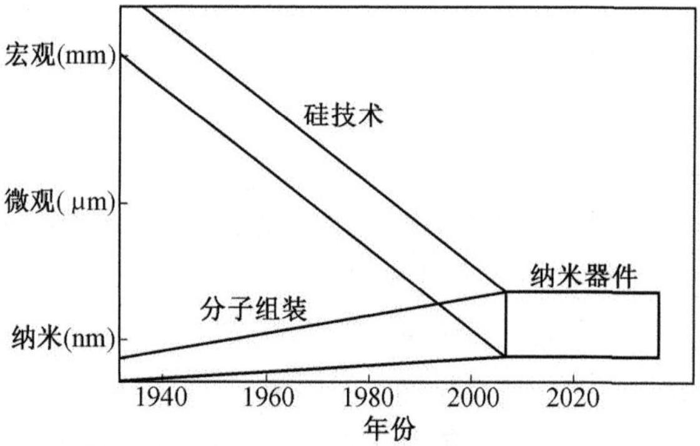


图 7.1　纳米电器件的发展途径

目前，纳米电子器件的实现主要将微电子器件的尺寸不断地小下去而达到纳米尺度，主要实现方法是改进光刻技术。2005 年，首颗内含 2 个处理核心的 Intel Pentium D 处理器登场，正式揭开 x86 处理器多核心时代，三款设计时钟速度分别为 3.20 GHz、3.0 GHz、2.80 GHz，实现了 90 nm 技术。2007 年，推出首款桌面芯片组 Bear lake，全新的 Bear lake 芯片组包括 6 个不同的版本，而芯片组核心全部采用 65 nm 工艺生产。近年来，芯片制造工艺的发展经历了：65 nm—45 nm—32 nm—28 nm—20 nm—14/16 nm。2019 年，英特尔宣布开始出货 10 nm 移动冰湖（Ice Lake）处理器，并透露了 7 nm 工艺。而台积电目前已开始了 7 nm 工艺量产，并声称在 2020 年试产 6 nm 芯片，更为先进的 5 nm 芯片也开始试产，号称比 7 nm 芯片晶体管密度提高 45％，性能提高 15％，功耗降低 20％。三星电子称，其 5 nm 工艺技术开发已经完成。

特征尺寸小于 100 nm 的芯片的出现，与光刻技术的发展密切相关。上述提到的准分子光刻技术是现在微纳制造领域主流的光刻技术。为实现特征尺寸为纳米级的器件的制造，在致力于选取波长较短的光源的同时，缩短入射到光刻胶光的波长也是研究的重要方向。浸没式光刻的出现，为突破微电子器件的瓶颈提供了新的思路。在传统光刻技术中，曝光镜头与光刻胶中的介质是空气，而浸没式技术中所采用的介质是高折射率的液体，进而使入射到光刻胶的光的波长缩短，这大大提高了分辨率。另外，由于浸没式光刻系统的原理可以在现有的光刻技术上进行改善，且变动不大，因此浸没式光刻技术成为热宠。目前 193 nm ArF 准分子激光光刻技术在 65 nm 以下节点半导体量产中已经广泛应用，ArF 浸没式光刻技术在 45 nm 节点上是大生产的主流技术，现 CPU 使用的 45 nm、32 nm工艺大多都是由 193 nm 浸没式光刻系统来实现的。当然这项技术发展迅猛，在 32 nm、22 nm、16 nm 节点技术中同样具有巨大的优势。这项技术也面临着各种挑战，比如曝光过程中会产生气泡和污染，亟待研究一种光刻胶能和水有良好的兼容性并且使折射率大于 1.8 等问题。针对这些难题挑战，国内外学者以及 ASML、Nikon 和 IBM 等公司已经做了相关研究并提出相应的对策。浸没式光刻机将朝着更高数值孔径发展，以满足更小光刻线宽的要求。

极紫外光刻是一种使用极紫外波长的下一代光刻技术，其波长为 11～14 nm，预计将于 2020 年得到广泛应用。几乎所有的光学材料对 11～14 nm 波长的极紫外光都有很强的吸收，因此，EUV 光刻机的光学系统只有使用反光镜。极紫外光刻所能提供的高分辨率已经被实验所证实。光刻机供应商已经分别实现了 20 nm 和 14 nm 节点的 SRAM 的曝光，并与 193i 曝光的结果做了对比。显然，即使是使用研发机台，极紫外曝光的分辨率也远好于 193i。14 nm 节点图形的曝光聚焦深度能到达 250 nm 以上。虽然 EUV 技术耗资巨大进展缓慢，但 EUV 光刻仍被认为是下一代 CPU 的最佳工艺。作为技术领航人的 ASML 公司，目前已经开始供货极紫外光源，在 2018 年也已实现最新的微处理器和存储器的批量生产。世界最先进的芯片制造商正在筹备将这些机器应用到自己的生产线中。目前极紫外光刻技术仍然面临不少挑战：(1)研发高投射率、高功率和高寿命的光源系统；(2)研发低线宽边缘粗糙度、高感光灵敏度和高分辨率的光刻胶；(3)制造低缺陷密度的掩模基板。

因此光刻技术的改善为实现纳米电器提供了重要的技术方法，也是目前高集成度芯片制造的重要方法。

### 7.2.3 电子器件微型化发展面临的限制

芯片线宽从1971年的10 μm缩小到目前的7 nm，单位面积的晶体管数量越来越多。英特尔公司的创始人和1975～1979年的总裁摩尔(G. Moore)在1965年曾做过一个重要预测：计算机芯片的发展趋势是每18个月新芯片的晶体管数将要比原来增加一倍，该预测被称为摩尔定律。1996年，电子学家和企业家在旧金山召开的国际会议上，讨论了过去20年芯片的发展是符合摩尔定律的，并预测了未来的15年(到2010年)摩尔定律将仍然适用。摩尔定律所描述的是电子器件的发展：尺寸越来越小，集成度越来越高，芯片的功能越来越强，图7.2表示了单个芯片上的晶体管数量的增长以及时钟频率的提高。这里有其经济规律的含义，也有其重要的科学意义。电子器件的小型化带动了整个科技的小型化，即科技的发展促使研究领域和对象由宏观体系进入微观体系，例如图7.3表示了器件微型化使电子产品尺寸缩小。目前，直到14 nm芯片的出现，电子器件一直再延续摩尔定律发展。

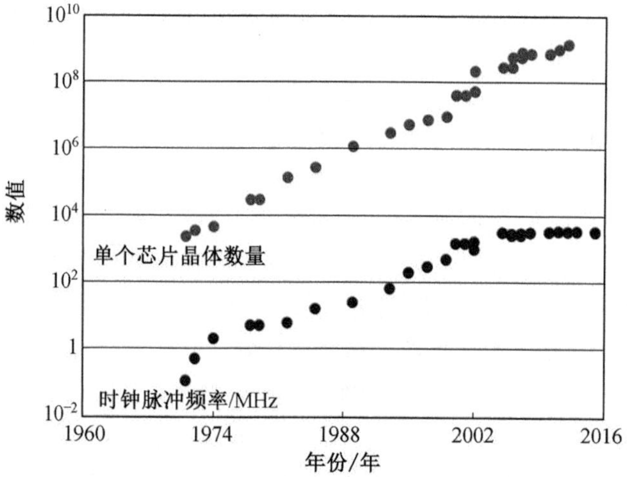


图7.2 芯片晶体管数量及时钟频率发展

然而摩尔定律描绘的微电子器件的发展是有限度的，现在即将面临其发展的极限，随着晶体管尺寸不断减小，尺寸效应、量子效应、短沟道效应以及热效应等会导致晶体管性能下降甚至失效，因此导致了微电子器件的研发成本上升，产品更新换代慢，因此从2005年到至今的国际领先7 nm和5 nm芯片，研发成本急剧攀升，研发周期越来越长。目前，14 nm至5 nm芯片的发展周期已经超出了摩尔定律的预测，摩尔定律被认为面临失效。

摩尔定律的失效也预示着当前电子器件微型化面临着巨大挑战。目前器件

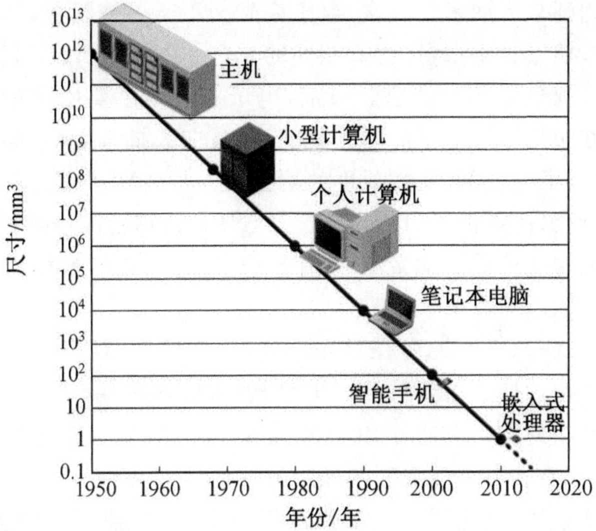


图 7.3　电子产品尺寸发展

微型化面临着如下几个限制：

**1. 材料的限制**

目前在微电子制造领域，所用材料主要以单晶硅、多晶硅材料为主，单晶硅、多晶硅材料实际应用性能主要由介电系数、载流子的运作率、载流子的运作速度和饱和度、热导能力和电场的效力的限制等因素决定。实际应用过程中，微电子技术处于高度集成状态，会受到这些因素的限制，降低微电子技术的应用率，阻碍微电子技术的发展。

**2. 工艺的限制**

正如上文介绍，光刻技术工艺是电子技术的主要技术工艺，同时，目前电子技术实际应用面临的限制主要集中于光刻技术工艺，但是光刻技术发展遭遇很多挑战，光刻设备分辨率和焦深的限制，限制了电子器件小型化的发展。正如上文介绍的几种新型光刻技术，每项技术都面临着诸多挑战，但都正在大力开发与研究，纳米光刻技术已成为当前世界科学研究急需解决的问题。除了发展上述光刻技术，电子束光刻技术、STM 和 AFM 的纳米加工技术也是实现纳米电器件的重要方法。

(1)电子束光刻与传统意义的光刻(区域曝光)加工不同，是用束线刻蚀进行图形的加工。电子束光刻机的原理为：电子束被电磁场聚焦成微细束照到电子抗蚀剂上，由于电子束可以方便地由电磁场进行偏转扫描，复杂的图形可以直接写到感光胶上而无须使用掩膜板。与其他光刻技术相比，电子束光刻的优点非常明显：首先，电子束斑可以调到很小，其刻蚀精度可以达到 10 nm 线宽的，如直接进行刻蚀可达到几个纳米。其次,电子束光刻不需要掩膜板,明显简化了刻蚀工艺,非常灵活,很适合小批量、特殊期间的生产。但这种方法加工效率很低,不能满足集成电路规模生产的要求。目前,电子束光刻主要用于制作光学光刻的掩膜。其发展方向是尽可能提高曝光速度,以适应大批量生产,如采用变形电子束、高灵敏度的电子抗蚀剂、高发射度的阴极等。尽管电子束光刻机较光学光刻机昂贵,但它的突出优点仍吸引着许多厂商,NEC 公司已准备投资 20 亿美元,建立用电子束加工的生产线。研究者利用电子束光刻,在纳米结构加工及纳米器件制备方面取得了很多成果。

(2)STM 和 AFM 的纳米加工技术。使用 STM 和 AFM 可以加工出各种不同尺度的纳米结构。加工小到单原子的结构(0.08～0.3 nm)时,它的加工精度优于现行的任何光刻技术和电子束刻蚀技术。因此,在将来超大规模集成电路制造中,它们有可能成为非常重要的加工方法。但是要用 STM 和 AFM 加工技术生产集成电路芯片,首先要解决的是加工效率问题,使用二维多针尖系统,虽能提高加工效率,但还远远不能满足大规模生产要求的效率。

**3. 电子器件内电子行为的限制**

微电子器件尺寸的缩小,受到器件内电子行为的限制。以芯片微处理器为例,它是通过逻辑门的开或关来工作的,门的开或关取决于有无电流通过。现在的微处理器逻辑门正常工作电流为数百个或上千个电子的流动,随着集成度和时钟速度的提高,维持正常工作电流的电子数还要求进一步增加。如芯片内线宽减小,将减少允许流过的电流,即减少单位时间内流过逻辑门的电子数,如果流过的电子数减少到数十个电子的数量级,逻辑门就不易正确判断开或关的状态,它将不能正常稳定工作。

**4. 电子器件功耗大,芯片发热的限制**

现在的电子器件(如场效应晶体管,简称 FET)因工作电流大、功耗大、发热也大,已不能适应更大规模集成电路的要求。为降低微电子器件的功耗,国外的一些研究人员进行了不少工作。美国 IBM 公司首创用铜线代替铝线连接集成电路中的元件,提高了器件间的传输速度,同时降低了功耗、减少了发热量、提高了芯片的性能。美国 IBM 公司 21 世纪初发展的芯片 sol(silicononinsulator)技术,可以在一定程度上降低芯片的功耗,在同功耗条件下,可提高芯片的时钟速度。现在英特尔公司的芯片中已应用了这一技术。但这些新技术在降低芯片的能耗方面也是很有限的。如果芯片的集成度和时钟速度要进一步大幅度提高,要求电子在电路中的流动速度加快,功耗将成倍增大,产生的热将使芯片温度过高,导致芯片工作可靠性差,寿命降低,甚至不能正常工作,器件将被毁坏。

纳米电子器件和分子电子器件的工作电流仅为 1～10 个电子,功耗极低。

一个在常温下以当前速度工作的纳米电子器件和分子电子器件，所消耗的功率极限是50 pW，即 $50\times10^{-12}$ W。这个数据表明，纳米电子器件和分子电子器件数的上限，大约是硅微电子器件数的 105 倍。即使硅微电子器件再改进，也无法和功耗极低的纳米电子器件和分子电子器件相提并论。

**5. 尺寸效应的限制**

根据量子力学的关系式

$$\Delta x\Delta p=h \tag{7.1}$$

式中　$\Delta x$——空间尺寸；

$\Delta p$——动量范围；

$h$——普朗克常数，$h=6.62\times10^{-34}\text{J}\cdot\text{s}$。

当尺寸 $\Delta x$ 趋向于 0 时（$\Delta x\to0$），动量 $\Delta p$ 要趋向于无穷大（$\Delta p\to\infty$），因为二者的乘积等于常数。这是量子力学中的测不准原理，这就出现了信号的不确定性。这说明微米电子器件缩小到纳米尺度时特性将显著不同，有明显的量子效应，应进行量子计算。实践证明，元件（线宽）小于 8 nm 的集成器件不再遵从微电子器件传统的运行操作规律。

综上所述，现在电子器件和超大规模集成电路的发展，即通过制造技术的发展不断缩小电子器件的尺寸以达到纳米尺寸，将到达它的物理极限。因此，今后电子学要想有大的发展，只能另辟新途径。然而另一个方向，即基于有机高分子纳米器件和生物技术的分子组装功能材料，使其尺寸不断地大起来，实现具有量子效应的纳米电子器件和分子电子器件，将是未来发展的方向。且该纳米电子器件和分子电子器件工作时，工作电流仅为 1～10 个电子，功耗极小，并且时钟速度可以大幅度提高，必须给予充分重视，大力研究开发。

### 7.2.4　纳米电器的发展方向

纳米电子器件，尤其是量子电子器件、分子电子器件等的工作原理和特性与传统意义上的微电子器件是有根本差别的。电子器件的工作原理，通常都以电子在器件结构中的运动方程来描述，即以电子传输方程来描述。微电子器件中的电子传输，符合传统的电子学原理，适合用玻耳兹曼方程来描述。纳米电子器件中的电子运动，遵从量子力学原理，需要用量子力学理论来描述。微电子器件中的电子行为，更多地表现为粒子性；而纳米电子器件中的电子行为，更多地表现为波动性，其中量子效应起主导作用。由于以上原因，不论是在器件的设计和工作原理方面，还是在器件的制备和使用方面，纳米电子器件和微电子器件都有极大的差别。纳米电子器件的尺度范围分界，大致如图 7.4 所示。

在微电子器件向纳米电子器件发展的同时，人们开始研究新一代的纳米电

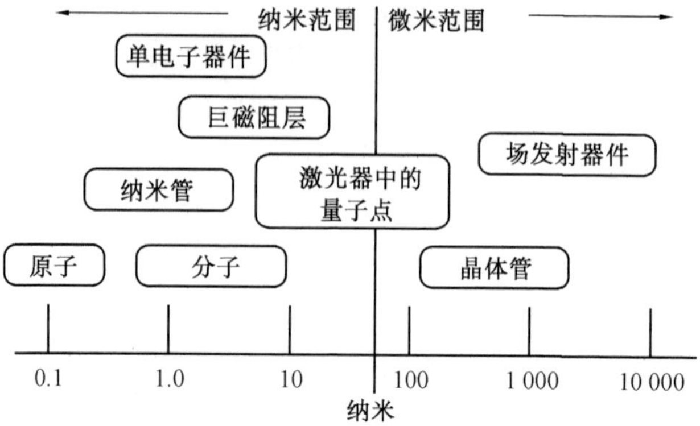


图 7.4　功能电子器件的尺度范围分界

子器件。20 世纪 80 年代初曾设想下一代电子器件是分子电子器件。但实际的发展显示，当器件尺寸缩小到纳米尺度（小于 80 mm）时，器件的工作原理和规律已和微电子器件明显不同。出现的纳米电子器件，其信息加工的功能元件不是单个分子，而是原子团，它是有限个原子构成的纳米尺度的体系（含 $10^2 \sim 10^9$ 个原子）。图 7.5、图 7.6 给出了微电子学中的晶体管和纳米电子学中的单电子晶体管。单电子晶体管都是纳米尺度的，是纳米电子学的基础元件。

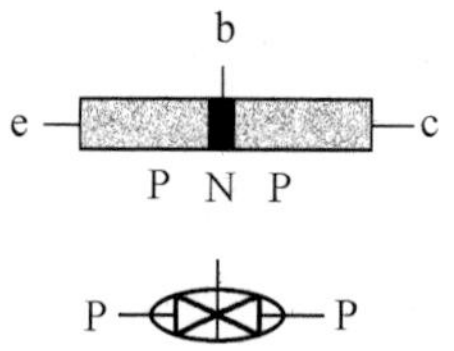


图 7.5　微电子学中的晶体管

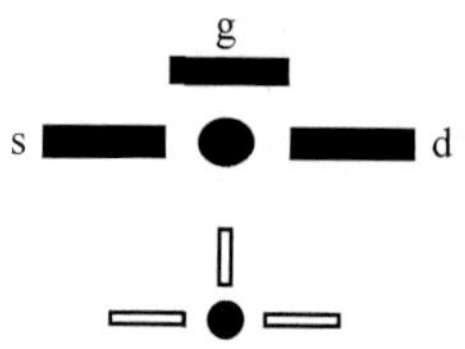


图 7.6　纳米电子学中的单电子晶体管

在微电子技术发展过程以及由微电子到纳米电子发展过程中，我国落后于其他国家，追赶极为不易，但纳米电子学国外现在也正在起步阶段，尤其是量子电子器件、原子电子器件、分子电子器件等。我国应抓紧时机，大力研究这项新技术，争取迎头赶上。

## 7.3　量子电子器件的主要特征

### 7.3.1　量子电子器件

现在的微电子器件和超大规模集成电路的发展，即将到达它的物理极限，当微电子器件的尺寸减小到纳米尺度时，这些电子器件的特性将显著改变，它们将不再遵从微电子器件的电子学原理和传统运行操作规律。这些新的纳米电子器件将有明显的量子效应,各种规律将遵循量子效应规律。具有量子效应的电子器件将是未来发展的方向。与现在的微米级电子器件相比,量子电子器件具有高速、低功耗、高集成度和经济可靠等优点。用量子电子器件制成的超大规模集成电路和高密度存储器,将大大超过目前集成电路存储器的极限,使运转速度、功能和数据通过率达到空前水平,致使电子学和电子器件产生重大飞跃,引发又一次新的电子学和电子器件的革命。

量子电子器件的最主要特征,是它的运行服从量子效应规律。理论分析及实验均证明,当电子器件的物理长度和自由电子的德布罗意(De Broglie)波长 $\lambda$ 为同一数量级时,该电子器件的运行将服从量子效应规律,这种电子器件就是量子电子器件。纳米功能电子器件的物理长度约为 10～100 nm,已和德布罗意波长 $\lambda$ 为同一数量级。故量子电子器件不仅包括纳米电子器件,同时也包括尺度范围更小的分子电子器件和原子电子器件。

### 7.3.2　电子的平均自由程和器件的物理长度

纳米电子学的发展,将基于纳米尺寸的显著物理特性(量子效应)。器件中自由电子的德布罗意波长 $\lambda$,可用下式表示:

$$\lambda = 2\pi\sqrt{\frac{h^2}{2m^* E}} \tag{7.2}$$

式中　$m^*$—— 粒子的有效质量;

$E$—— 粒子的动能。

对于半导体中接近导带底的电子,$E < 100$ mV,$m^* < 0.1\, m_0$ ($m_0$ 为自由电子质量),$\lambda$ 的量级为 10～100 nm,这正是纳米功能器件的特征长度。当电子自由程与纳米器件的特征长度为同一数量级时(图 7.7),量子尺寸效应将变得非常显著。另一方面,如果势垒的宽度小于势垒材料内的电子波长时,电子隧穿该势垒的概率就很高。

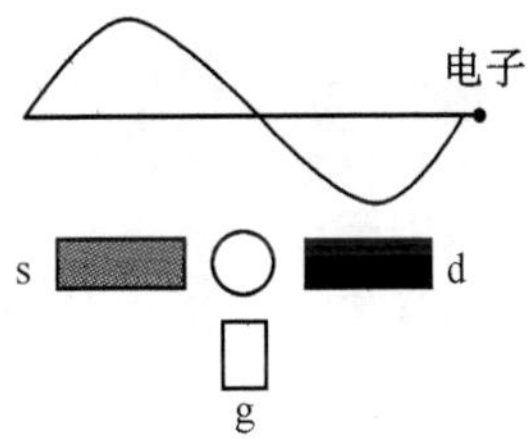


图 7.7　电子自由程与电子器件物理长度可比拟

纳米器件的特征长度和电子自由程在同一数量级时,引起的量子尺寸效应主要有:量子相干(quantum interference)效应,库仑阻塞(Coulumb blockade)效应,量子霍耳(quantum Hall effect)效应,普适电导涨落(universal conductance fluctuations)效应,海森堡不确定(Heisenberg uncertainty effect)效应,振荡效应和弹道输运(ballistic transport)效应等。

### 7.3.3 量子电导和量子电阻

按照经典电磁理论的Drude－Sommerfield观点或量子力学理论的Kubo观点，电流密度决定于电子的局域速度分布，从局域电场的平衡态导出，金属的电导率 $\sigma$ 可用下式表示：

$$\sigma = 2k_{\mathrm{F}} l \frac{e^2}{h} \tag{7.3}$$

式中 $k_{\mathrm{F}}$—— 费米波矢；

$l$—— 器件的物理长度。

从式(7.3)中可看到，电导率是 $e^2/h$ 因子的函数。在单电子传输情况下，电子的流动将是阶跃性的，因子 $e^2/h$ 是量子化的台阶值，即电导是 $e^2/h$ 的整倍数。这一现象的理解：电导率是在保持不同费米能级电子库间的电子跃进。图7.8所示，是量子化台阶的电导率曲线。式(7.3)中的 $e^2/h$ 因子，被称为量子电导。

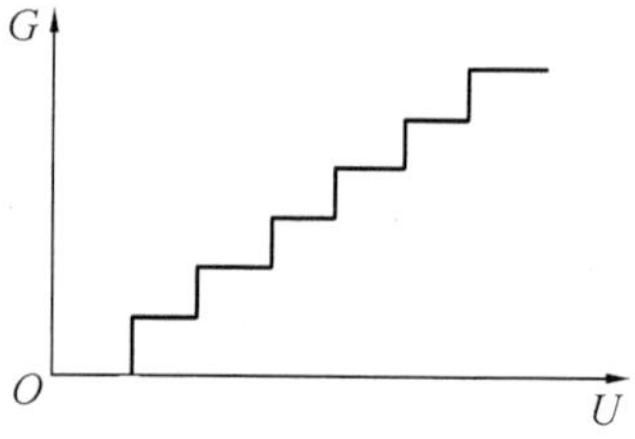

图7.8 量子电导率

R. Landauer 给出更进一步的说法：电导是在保持不同费米能级的电子库间的电子跃迁，并导出一维体系的电导率与跃迁概率之间的关系公式

$$\sigma = C \frac{T}{1-T} \cdot \frac{e^2}{h} \tag{7.4}$$

式中 $C$—— 与系统结构和特性有关的常数；

$T$—— 电子的穿透概率。

在没有杂质散射、跃迁概率为1的情况下，上式可得到无限大的电导，即 $T=1$，电阻为0。

量子电阻为量子电导的倒数，其值为：$h / e^2$。

上述量子电导特性，是研究量子点接触、纳米线中的电子传输和单电子器件特性等的理论基础。

### 7.3.4 电子弹道输运

在电子的弹射平均自由程比器件的特征长度小得多时，电子输运主要是扩散形式(多方向扩散)。而当电子的弹射平均自由程和器件的特征长度在同一数量级时，杂质多方向散射可以忽略，限制电流大小的是边界散射，即电子输运限制在一维方向，称为弹道输运方式，这时

$$\sigma = T \frac{e^2}{h} \tag{7.5}$$

弹道输运的早期研究集中在高迁移率半导体异质结二维电子气系统，典型

的是 GaAs/AlGaAs 系统，器件中电子被限制在一维方向运动，电荷输运是一维弹道的。目前，对碳米管这种准一维系统的弹道输运特性的研究亦已展开。

### 7.4.5　量子霍耳效应

电子在强磁场中具有不寻常的运动行为，在无序的二维电子体系中观察到普适的霍耳电导效应，霍耳电导 $\sigma_H$ 与具体材料及其能带结构无关，其值为

$$\sigma_H = \sigma_{xy} = -\frac{n_s e}{B} \tag{7.6}$$

式中　$\sigma_{xy}$—— 电导率张量的横向分量；

$n_s$—— 电子面密度；

$B$—— 磁场强度。

K. Klitzing 研究发现，霍耳电导率随电子面密度的增加出现一系列台阶，台阶处对应的电导严格遵守

$$\sigma_H = \frac{ie^2}{h} \quad (i \text{ 为整数}) \tag{7.7}$$

即霍耳电导是量子电导的整倍数，其台阶精度很高，可达 $10^{-7}$。

### 7.3.6　量子隧穿和库仑阻塞效应

电体系中，如果两个量子点中纳米隙小于电子程（形成隧道结），会发生电子隧穿。即两个量子点通过一个隧道结（tunnel junction）相连，单个电子从一个量子点穿过势垒（tunnel barrier）到另一个量子点的过程，被称为量子隧穿（或电子隧穿）。单电子从一个量子点隧穿到另一个量子点，其能量 $eV$ 必须大于电子的库仑堵塞能 $E_C$，即 $eV > E_C$，或 $V > \frac{e}{2C}$，式中 $C$ 为两个量子点之间的隧道结电容。

库仑阻塞效应是 20 世纪 80 年代后期观察到的重要物理现象。当一个电体系的尺寸小到纳米量级，即导体中纳米隙小于电子程时，会发生电子隧穿。发生电子隧穿效应，说明电系统已达到量子化，即此电体系的充电和放电过程将不能连续进行。这时充入一个电子所需的能量 $E_C$ 和该电系统的电容 $C$ 的关系式为

$$E_C = \frac{e^2}{2C} \tag{7.8}$$

电体系越小，电容 $C$ 越小，充电的能量 $E_C$ 越大。能量 $E_C$ 称为库仑堵塞能，是电子在进入或离开电体系时，前一个电子对后一个电子的库仑排斥能。对于一个纳米电体系的充电放电过程，电子只能单个地，一个一个地传输，而不能连续地集体传输。电子只能单个地传输的特性，称为库仑堵塞效应。

### 7.3.7 普适电导涨落

电体系中，在电导与电压关系的测量中发现：存在电导的非周期性涨落。电导涨落的特征为：① 电导涨落是与时间无关的非周期性涨落，不是热噪声所引起的。② 电导涨落是电体系固有的，每一特定的电体系有其自身特有的涨落图谱，在宏观条件不变时涨落图谱亦不变，故涨落图谱被称为电体系的指纹(finger print)。③ 电导涨落大小为 $e^2/h(\approx 4\times 10^{-6}\text{s})$ 的普适量。

在量子化的电体系中，电导的涨落是由于电子波函数干涉效应的无规则变化引起的，电导的涨落是普遍存在的，故被称为普适电导涨落(Universal Conductance Fluctuations)。每一特定的量子化电体系，有其自身固有的电导涨落图谱，如图 7.9 所示。由于电导涨落在纳米电体系中是客观普遍存在的，因此在对纳米电体系进行分析和测量时，必须注意到此因素。

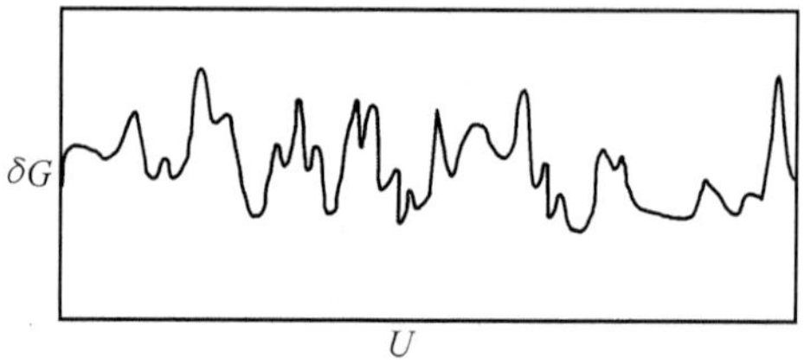


图 7.9 电导涨落谱

### 7.3.8 量子比特

在纳米系统中，宏观统计平均性已不适用，而量子效应和统计涨落为主要特性。考虑最简单量子系统间的相互作用的运行过程，相应于经典的 0 和 1 的两个态，称为量子比特(Qubit)，包含光子的偏转和粒子的自旋以及相对相位的信息。

经典的 0 和 1 态，可以表示为 qubit 固定的一对正交态，即

$$\left.\begin{aligned} |0> &= |\leftrightarrow> \\ |1> &= |\updownarrow> \end{aligned}\right\} \tag{7.9}$$

而 qubit 同时存在叠加态，例如 $\nearrow$ 和 $|\nwarrow>$

$$\left.\begin{aligned} |\nearrow> &= (|0>+|1>)/(2)^{1/2} \\ |\nwarrow> &= (|0>-|1>)/(2)^{1/2} \end{aligned}\right\} \tag{7.10}$$

故在量子信息传递、加工和计算中，将含有比经典理论大得多的信息量，将具有极强的信息传递和加工能力。

### 7.3.9 信号载流子中的孤子

纳米电子器件的主要优点是能超高密度集成。在这种电路中，信号载流子可以是电子/空穴，也可以是孤子、极化子、光子等。图 7.10 所示是纳米电子器件一维阵列中的孤子。孤子是晶格的一种畸变，有中性的也有荷电的，可以携带

信号传输。孤子是集成电路中的一种载流子，它的激发能量低于电子/空穴，所以更容易产生。

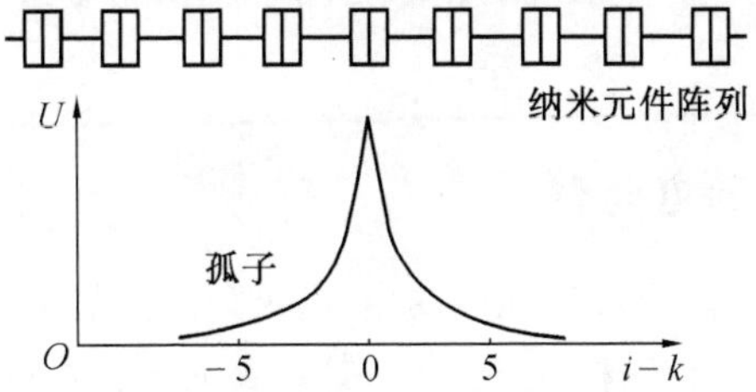


图 7.10　纳米集成器件中的孤子

孤子是一种准粒子，有其特殊的传输特性。孤子之间是相干的，即某一空间存在一个孤子时，就不能同时存在另一个相同的孤子，即体系中第一个孤子注入后，如果它未被移去，第二个孤子就不能注入。可按时间顺序注入孤子，孤子的时间相关，如图 7.11 所示。在二维阵列中，孤子的传输路径可以取不同方向，因此出现复杂的行为。当孤子的荷电情况不同时，两孤子可能相互耦合，也可能相互排斥，这样，就会出现孤子的时空相关，如图 7.12 所示。所以在超高密度集成电路中，电路的信号含有大量信息，也同时存在复杂行为。信号的传输加工，将是纳米电子学研究的重要课题。

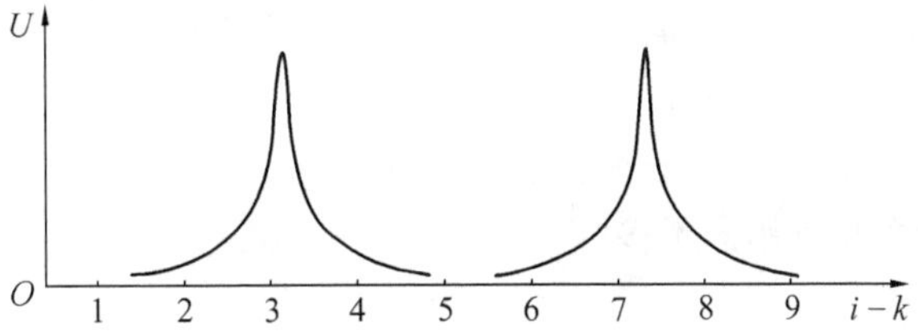


图 7.11　孤子的时间相关

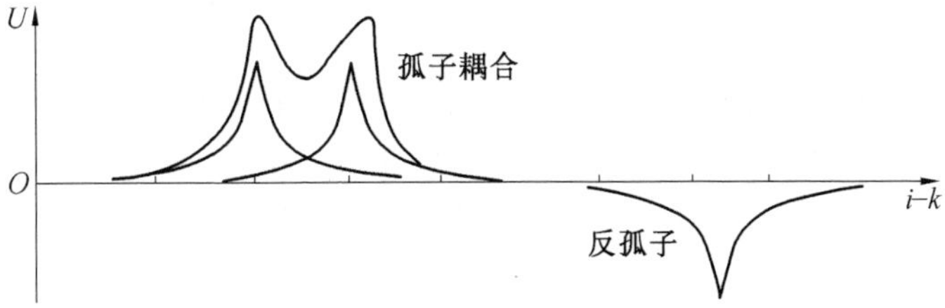


图 7.12　孤子的时空相关

## 7.4 量子电系统的基础元件

### 7.4.1 量子基础电元件

量子电系统是遵循量子效应规律的电子系统。该电体系将电子间的库仑作用和量子的隧道效应结合起来,它的最主要特征是:体系的物理尺度极小,约束了电子的运动;电体系的充放电过程和微电子体系不同,电子不能连续地集体地传输,而只能一个一个地传输。由于量子电体系的极小空间尺度,电子在进入或离开时,前一个电子对后一个电子将起库仑力排斥作用。如果电子是相同的费米能级,将相互排斥不能兼容,只有更高能级的电子才能进入这个电体系。该体系的电导将显示不同费米能级电子库间的电子跃进,呈量子化的台阶电导率。

要使电体系和电子器件服从量子效应规律,成为量子电子器件,构成这个量子电子器件的基础元件必须遵循量子效应规律,是量子元件。量子元件包括量子点、量子线、二维量子阱以及它们组成的晶体管等。

对导体和半导体而言,如果电子在某一个方向的自由度受到限制而被剔除,则变成二维电子阱(亦称二维量子气);若限制两个方向的自由度,则电子只有一个方向有自由度,将形成一维量子线;若电子全部三个方向的自由度都受限制,则将形成零维电子气,即量子点。现在的量子电子器件(纳米电子器件、分子和原子电子器件)主要是由量子点和量子线为核心所组成的,二维量子阱因较复杂,现在对其研究和应用尚不多。

### 7.4.2 量子点

当金属或半导体粒子的尺寸足够小时,将产生量子化效应,即微粒的电荷和能量是量子化的,这样的微小粒子被称为量子点。故量子点是由在三个方向上尺寸都非常小的粒子组成的,它的三个方向上的电子态都是量子化的。量子点限制电子使其具有零维自由度,并且它还具有分立数目的电子和分立的能级。量子点具有奇异的特殊性能,流经量子点的电流,在体系中增加或减少一个或几个电子时,电流变化可达一个或几个数量级。能量比势垒高度低的电子,具有一定可能性隧穿势垒,进入或离开量子点。具有一定能量的电子要隧穿势垒,在势垒的另一端必定有一个具有相同能量的空穴。

若要微粒出现库仑阻塞和电子隧穿量子效应,成为量子点,库仑阻塞能必须大于热扰动能,否则热噪声将超过电子的量子隧穿过程。这就要求隧道结电容极小,即隧道结的面积极小。另外还要求隧道结的电阻大于量子电阻。

若要隧道结电容极小，并且隧道结的电阻大于量子电阻，就要求隧道结面积极小，即量子点的物理尺寸极小。设某微粒是微米尺寸（如 1 μm），假定它含有 $10^{10}$ 个原子，所构成的隧道结电容 $C$ 将远大于 10 aF（$1\ \mathrm{aF}=10^{-18}\ \mathrm{F}$），即使在液氮的温度下，也观察不到库仑阻塞现象。设微粒为纳米尺寸（如 10 nm），假定它有 $10^5$ 个原子，实验证明其隧道结电容为 1 aF，在高温下亦可观察到库仑阻塞现象。这说明纳米尺度的微粒有可能成为量子点。

量子点必须和基体绝缘。量子点通过隧道结和电极或电引线耦合在一起，可以组成单电子晶体管或其他量子电子器件。在量子电子器件中，量子点有时被称为库仑岛或中心岛等。

现代的电化学方法和半导体加工技术都能够加工出具有量子效应的金属或半导体微粒，并能够在微粒外构成要求的绝缘层，形成量子点。

有人用通常的化学方法合成出尺寸很小的金纳米粒子，通过金与硫醇间的化学作用，将这些金微粒自组装在经二硫醇修饰的金基底上，形成可以稳定成像的纳米粒子结构。在水溶液中，用 STM 检测到单电子的隧穿效应，测得的单个粒子的电流一电压曲线，显示出明显的库仑台阶。

### 7.4.3　量子线

当金属或半导体丝的直径小到一定程度时，电子的运动将被限制在丝的轴线方向，而不能在和轴线垂直的方向上运动，即限制电子使其只具有一维的自由度，也就是形成量子线。量子线内电子轴向运动遵循量子效应，具有分立数目的电子和分立的能级。电子在量子线内的轴向运动，可以观察到库仑阻塞效应，可以通过隧道结和电极或导线耦合，形成电子隧穿效应。

量子线可以用作中心岛，通过隧道结和电极耦合组成单电子晶体管，这时主要是应用量子线的量子效应，其功能和量子点极为相似。量子线也可以用作量子器件和外部元器件联系的桥梁，即作为极细的导线使用，这时要求量子线有较大的长度。量子线是发展量子电子器件和量子电路不可缺少的基础元件。

量子线如果是由单分子组成时称为分子导线（有时也可以是半导体性质的）。分子导线的研究进展，近年来极为迅速。现在分子导线的研究可以分为两个方向：① 纳米丝和纳米管分子导线；② 有机大分子分子导线。

纳米丝和纳米管分子导线中，碳纳米管分子导线特别具有重要意义。这是由于它具有直径小、长径比大、可以是导体也可以是半导体等优异性能。碳纳米管已被用在多种量子电子器件中，具有极好的应用前景。有机大分子的分子导线现在研究得较多的有盘状液晶型分子导线、$\pi$ 共轭导电高分子型分子导线和 DNA 分子导线等，这方面的研究近年来也已获得不少进展。

量子线近年来发展了多种制造方法，如经典的电子束刻蚀方法改进后可刻蚀极细的线条、扫描探针显微镜的刻蚀加工、分子自组装生长法等。量子线要求与基板绝缘，制造时可先在基板上加绝缘层，上面再加工出量子线。现在还制造出外面加绝缘层结构类似于同轴电缆的量子线。使用纳米管做膜板，可以制造纳米丝和纳米同轴电缆。

量子线已用于组成多种量子电子器件。

### 7.4.4 量子晶体管

量子晶体管是量子电子器件中最主要的基础电元件。量子晶体管可以分为两类，一类是具有放大功能和量子效应（库仑阻塞效应和量子化的台阶电流）的量子晶体管，其中又分为二极量子晶体管和三极量子晶体管；另一类是具有开关功能的量子晶体管。不同种类的量子晶体管将分别在下面讲述。

## 7.5 纳米级单电子晶体管

### 7.5.1 纳米电子器件

当电路的集成度达到 $10^{12}$ B/cm$^2$ 时，每个元件的尺寸将小于 10 nm。这时要求功耗小于0.46 W/cm$^2$（3 W/in$^2$），每开关一次，传输的电子数必须少于 10 个。纳米功能元件的操作逼近单电子行为，同时器件的物理长度已与电子的自由程长度可比拟，故纳米器件具有显著的量子效应。

现在研究较多的纳米结构有：零维量子点（0 DQD）、一维量子线（1 DQW）和二维电子气（2 DEG）等。利用这些纳米结构和特性，可研制出多种纳米电子器件，其中被重点研究的有：

① 量子阱共振隧穿二极管（quantum well resonant tunneling diode）。

② 二维电子气晶体管。

③ 量子点接触（quantum point contact）器件。

④ 纳米单电子晶体管（single electron transistor，SET）。

⑤ 量子线（quantum wire）。

⑥ 纵向库仑阻塞结构。

⑦ 纳米单电子存储器。

⑧ 分子级单电子逻辑电路。

上述纳米电子器件中，纳米单电子晶体管和单电子存储器是最主要的基础器件，有典型的代表性，并有实用前景，下面做较详细的介绍。

## 7.5.2　纳米单电子晶体管的结构原理

1994 年日本电子技术综合研究所的 K. Matusmoto 和 M. Ishii 等首先在实验室里研制成功单电子晶体管。该单电子晶体管中使用硅和二氧化钛材料，结构尺寸都达到 10 nm 左右。现在美国普渡大学、贝克莱加州大学等多个单位，都研制出不同尺度和结构的单电子晶体管器件。

单电子晶体管的基本结构如图 7.13(a)所示，其等效电路如图 7.13(b)所示。单电子晶体管由两个隧道结($R_1$,$R_2$)串联组成，两个隧道结相连接的中间部分是中心岛(central island)，它的三个极分别称为源极 s(source)、d 漏极(drain)和栅极 g(gate)，栅极有时称为门极。

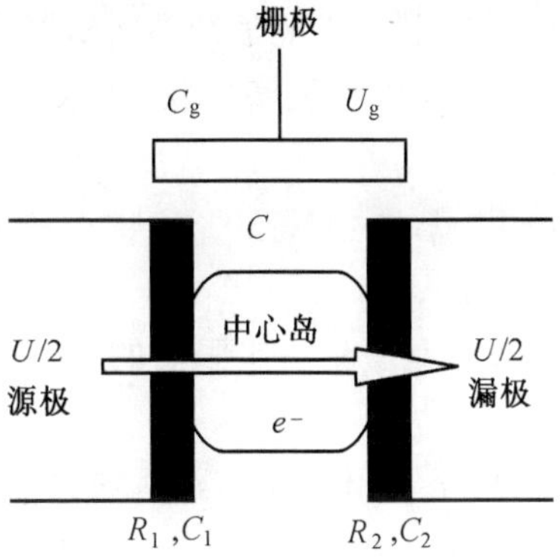


(a)　基本结构

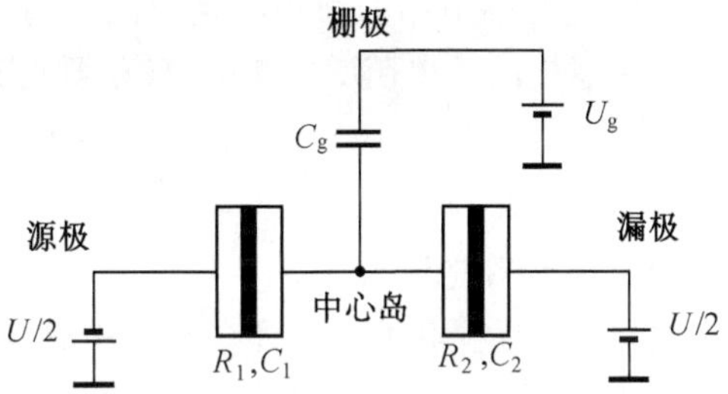


(b)　等效电路

图 7.13　单电子晶体管

构成隧道电流的电子，在总电势 $U$ 的作用下，一个一个地穿过势垒 $R_1$(隧道结)，经过中心岛后再穿过势垒 $R_2$(隧道结)，最终流到漏极。外加的栅极偏压 $U_g$ 可以控制隧道电流的大小，该栅极通过电阻或电容与中心岛耦合，改变中心岛的电子状态，达到控制隧道电流的目的。单电子晶体管的结构和现在集成电路中常用的 MOSFET(metal oxide semiconductor field effect transistor)器件十分相似，都有源极、漏极和栅极，但它们的工作原理却并不相同。MOSFET 器件是通过两个背对背的 PN 结来控制电子流动的，大量电子流动的电流是连续的。单电子晶体管则是由两个隧道结和中心岛来控制电子的隧穿运动，电子流动不是连续的，而是量子化的单个电子的流动。

如果两个隧道结的结构参数是非对称的，即 $R_1$、$C_1$ 和 $R_2$、$C_2$ 是不相同的，这个单电子晶体管的 $I-U$ 曲线将有可能出现等距离的库仑台阶(Coulomb staircase)。

### 7.5.3 单电子晶体管出现库仑阻塞和电子隧穿的条件

在室温下出现库仑阻塞现象，必须满足以下两个条件：

(1)库仑堵塞能必须大于热扰动能，否则热噪声将超过电子的量子隧穿过程，即

$$E_c = e^2/2C > K_B T \tag{7.11}$$

式中　$K_B$—— 玻耳兹曼常数；

$T$—— 绝对温度；

$C$—— 两个隧道结的总电容，$C = C_1 + C_2$。

要出现库仑阻塞现象，必须尽可能减小隧道结电容 $C$。在室温($T \approx 300$ K)时，$K_B T = 25$ meV，这时 $C < 3.2$ aF，由于电容极小，就要求隧道结的面积极小，达到纳米量级。在液氮的温度($T \approx 77$ K)下，要出现库仑阻塞现象，要求 $C < 12.0$ aF，这时隧道结的面积将是亚微米的量级。

(2) 隧道结的电阻 $R_1$ 和 $R_2$ 都必须大于量子电阻，即

$$R_1, R_2 > h/e^2 \approx 26\ \mathrm{k\Omega} \tag{7.12}$$

这说明 $R_1$ 和 $R_2$ 不能过小，也就是说电子隧穿的速率是受到一定限制的，它需要克服量子扰动和电导涨落。

图 7.14 是单电子晶体管在不同中心岛尺度时，是否出现库仑阻塞现象情况的示意图。图 7.14(a)中的中心岛是微米级尺度(如 1 μm)，假定它含有 $10^{10}$ 个原子，所构成的隧道结电容 $C$ 远大于 10 aF 数量级，即使在液氮的温度下，也观察不到电子的库仑阻塞现象；图 7.14(b)中的中心岛是纳米级尺度(如 10 nm)，假设它有 $10^5$ 个原子，实验证明其隧道结电容 $C$ 为100 aF数量级；图 7.14(c)中的中心岛是单个分子(如 1 nm)，这时隧道结电容 $C$ 将小于 $10^{-1}$ aF 数量级；图 7.14(d)中的中心岛只有一个原子(极限情况)，这时隧道结电容最小，约为 $10^{-2}$ aF数量级或更小。理论和实验均证明，后 3 种情况下，在室温下均有电子的库仑阻塞现象出现，即单电子晶体管要求缩小中心岛尺寸到纳米数量级。

### 7.5.4 纳米尺度单电子晶体管实例

#### 1. 实际单电子晶体管结构

图 7.15 是日本电子技术综合研究所 K. Matsumoto 研制的单电子晶体管结构。从图中可以看到，晶体管的源极 s 和漏极 d 分别与金属 Ti 连接，它的两个隧道结是由两条纳米尺度的 $TiO_x$ 线构成。它们对电子隧穿构成的势垒($TiO_x$/Ti)高度为 285 meV。中心岛区域是由被 $TiO_x$ 围住的金属 Ti 组成的。栅极 g 连接在 Si 基板上，栅极用 $SiO_2$ 板与上面器件隔离。

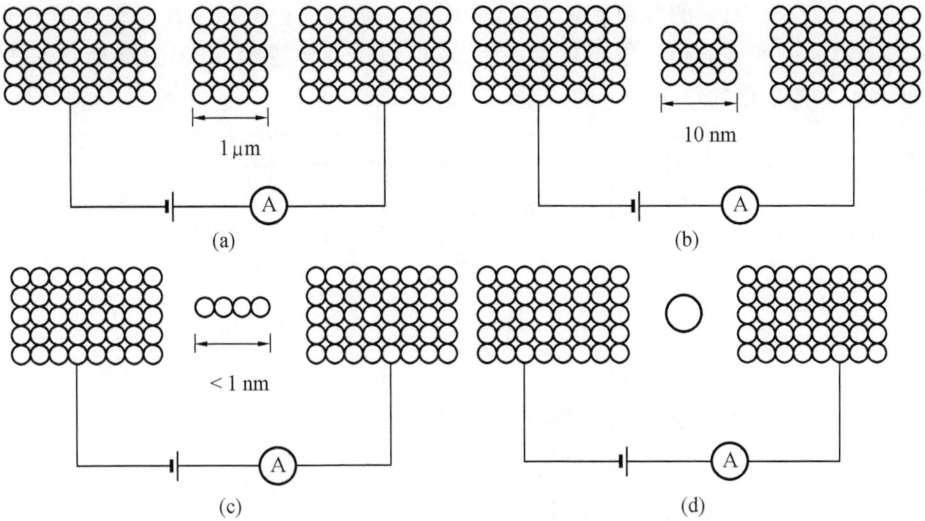


图 7.14　单电子晶体管的中心岛大小对出现库仑阻塞现象的示意图

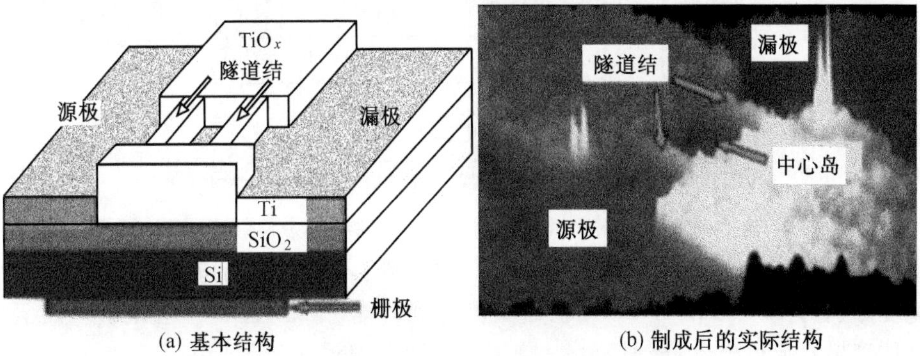


图 7.15　纳米单电子晶体管实例(K. Matsumoto)

这种纳米单电子晶体管是用多层材料制成的。Si 基板上的隔离层是100 nm 厚的 $SiO_2$ 层，上面制造器件的 Ti 膜厚度为 3 nm。构成隧道结的 $TiO_x$ 线是用 STM 对 Ti 膜进行阳极氧化而成的。$TiO_x$ 线的长度为 30 nm，宽度为 15 nm，两条 $TiO_x$ 线间的距离为 35 nm，故中心岛的面积为1 050 $nm^2$(30 nm×35 nm)。影响这种晶体管工作的隧道电阻和电容，取决于隧道结的面积，也即 $TiO_x$ 线的侧面积，在此单电子晶体管中为 90 $nm^2$(3 nm×30 nm)。

**2. 纳米单电子晶体管实测性能**

对图 7.15 所示的纳米单电子晶体管进行性能实测。测量时取栅极偏压为 2 V，温度为300 K(室温)。实测获得该单电子晶体管的漏极电流－漏极电压特性曲线($I_d-U_d$ 曲线)如图7.16 所示。图中还给出了该单电子晶体管的电导曲线。从图中曲线可以看到，在漏极电压为－0.75～0 V 的测量范围内，漏极电流出现了 4 个 150 mV 的等距库仑台阶，同时电导曲线中也同样出现 4 个 150 mV 的等距离库仑振荡峰值。这个现象说明，在单电子晶体管中，电子的流动是非连续性的，是量子化的单个电子的流动。

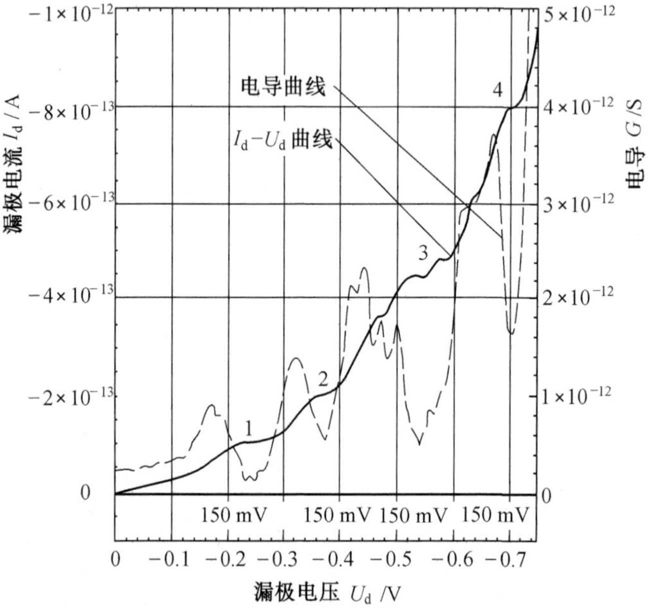


图 7.16　单电子晶体管的实测特性曲线(K. Matsumoto)

为使该单电子晶体管(图 7.15)的 $I_d-U_d$ 曲线出现等距离的库仑台阶，上述单电子晶体管的两个隧道结采用了非对称的结构，构成隧道结的两条 $TiO_x$ 线的宽度分别为 18 nm 和 27 nm。根据实测得到的库仑台阶值和库仑振荡间隔值，可估算出两隧道电容，分别为 $C_1=3.6\times10^{-19}$ F 和 $C_2=3.5\times10^{-19}$ F。

要缩小单电子晶体管尺寸，需减小栅极氧化层厚度，这是发展单电子晶体管的关键技术之一。

1996 年，E. Snow 等用铝(Al)的氧化物制成纳米尺度的隧道结，1998 年 J. Shirakashi 和E. Snow等又分别用铌(Nb)的氧化物制成纳米尺度的隧道结，并且观察到电子隧穿特性。

## 7.5.5　纳米尺度的单电子存储器

图 7.17 所示是日本电子技术综合研究所 K. Matsumoto 等研制的利用单电子隧穿效应的单电子存储器的结构和等效电路。可以利用制作单电子晶体管的相同的阳极氧化加工方法来制作，单电子存储器的结构，如图 7.17(a)所示，其等效电路如图 7.17(b)所示。这种单电子存储器具有一个控制单个电子隧穿的多隧道结 $C_{tt}$(由 5～7 个单隧道结组成)，每个隧道结的长度和宽度约为 15 nm。有

一个用于存储电子的电容 $C_{gt}$，和一个用于检测存储电子数量的单电子晶体管的中心岛，通过电子存储节点与存储器栅极电容 $C_g$ 相耦合连接。该存储器的存储电容 $C_{gt}$ 为 $4\times10^{-19}$ F，栅极电容 $C_g$ 为 $3.4\times10^{-21}$ F。因为 $C_g$ 要比 $C_{gt}$ 小很多，故 $C_g$ 的耦合连接不会对节点处存储电子数产生影响。整个存储器中共有 4 个电极电压，其中电极电压 $U_{MEM}$ 用于电子的存储控制，另外 3 个电极电压是测量用的单电子晶体管的源极电压 $U_s$、漏极电压 $U_d$ 和栅极电压 $U_g$。

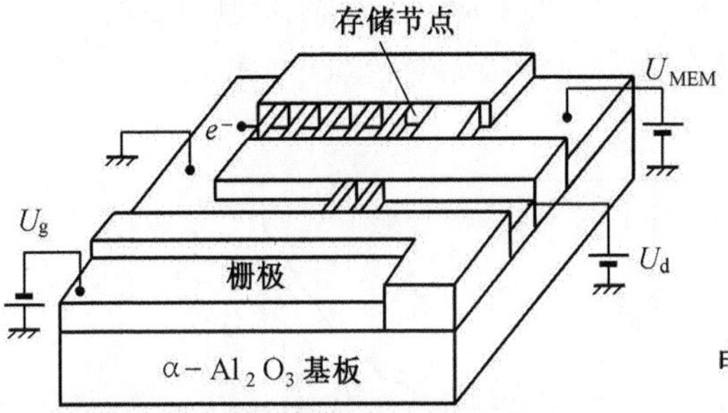

(a) 结构原理

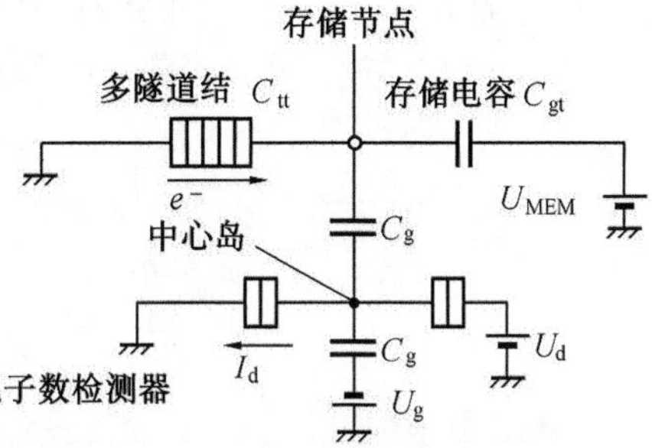

(b) 等效电路

图 7.17 纳米尺度的单电子存储器(K. Matsumoto)

上面介绍的单电子存储器的存储工作原理如下：当存储偏压 $U_{MEM}$ 增高时，存储节点的电势 $U_t$ 将随之增高，$U_t=U_{MEM}C_{gt}/(C_{tt}+C_{gt})$。如果 $U_t$ 超过多隧道结的库仑间隙偏压 $U_0$ 时，有一个电子将穿过多隧道结到达存储节点处。这时节点电势 $U_t$ 将因电子进入而降低 $e/(C_{tt}+C_{gt})$，使 $U_t$ 恢复到低于库仑间隙偏压 $U_0$。根据库仑阻塞原理，下一个电子将不能再进入存储节点。如果再升高存储偏压 $U_t$，上面的过程将重复，又有一个电子将进入存储节点。如此过程继续重复，在 $n$ 个电子进入存储节点后，节点的电势 $U_t$ 为

$$U_t=(U_{MEM}C_{gt}-ne)/(C_{tt}+C_{gt}) \tag{7.13}$$

如果存储偏压 $U_{MEM}$ 降低，相应的 $U_t$ 也要降低。一旦存储节点的电势 $U_t$ 低于多隧道结的库仑间隙负偏压 $-U_0$，单个电子将反向穿过多隧道结流出电子存储节点。这样，存储节点将会一个一个地将所存储的电子释放出来。

该存储器的下半部分是一个单电子晶体管，它作为一个电子数检测器，可以检测存储在节点处的电子数的增减变化。这个单电子晶体管的漏极电流 $I_d$，将反映与存储节点相连接的中心岛的电势变化。

上述单电子存储器经实测，在存储电压 $U_{MEM}$ 从 0 V→10 V 时，有 25 个电子被存储到存储节点内；在存储偏压 $U_{MEM}$ 从 10 V→0 V 时，已被存储的 25 个电子，又从存储节点中一个一个地被释放出来，实现了单个电子的一个一个地被存储，又一个一个地被释放的全部过程。

### 7.5.6 纵向库仑阻塞结构

R. Andres 和刘忠范等在用 STM 检测 3 nm 的 Au 球时，分别观察到库仑阻塞和库仑台阶现象。试件基底为 Au 膜或 Si 膜，上覆硫醇，再组装上直径为3 nm的 Au 球。STM 的针尖接近 Au 球时（图 7.18(a)），即形成 STM 针尖和 Au 球、Au 球和 Si 基底之间的两个隧道结，形成纵向量子点双隧穿结系统。该系统是纵向系统，降低了分布电容，在隧道结电容小于 $10^{-18}$ F 时，用 STM 检测得到的 $I$—$U$ 曲线，出现了室温单电子隧穿时的库仑阻塞现象和库仑台阶，如图 7.18(b)所示。

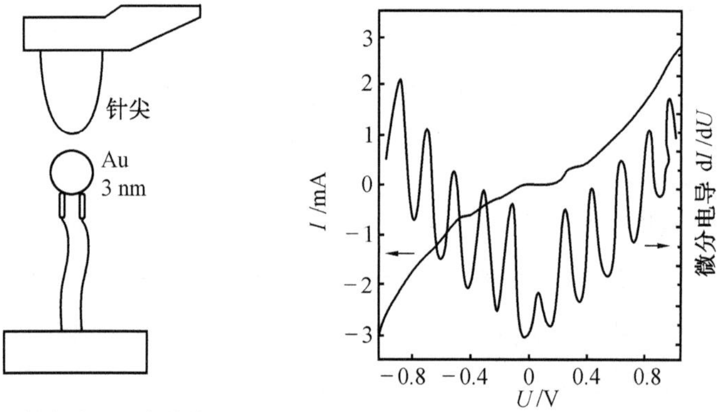

(a) 纵向库仑阻塞结构　　(b) 库仑阻塞现象和库仑台阶

图 7.18 纵向库仑阻塞结构(刘忠范)

将电流对电压微分，得到微分电导，它是一条接近周期变化的曲线。上述研究结果表明，在垂直双隧道结体系中，可通过控制隧道结上的电压来控制单电子隧穿的速率，系统有很高的信噪比，这种结构可以成为纳米电子器件的基础结构件之一。

## 7.6 分子电子学和分子电子器件

### 7.6.1 分子电子学和分子电子器件

现在还没有分子电子器件的严格定义，我们这里讲分子电子器件，是包含单个分子的电元件，如单个分子的量子点和量子导线、单个分子中心岛的单电子器件、单个分子的二极晶体管和三极晶体管等。

分子电子学和分子电子器件的研究，近年来获得了长足进步。不仅中心岛为单分子的单电子晶体管的研究取得了一系列的成果，而且利用单个分子（一般为大分子）实现量子点、量子导线、具有量子效应的二极晶体管、三极晶体管和其他关键量子电子器件的功能，近年也获得了显著的进展。这些成果使人们对一度被冷落的分子电子学研究，再次被激发出极高的热情。在化学家、物理学家和工程学家的努力下取得的一系列成果表明，单个分子（一般是大分子）就可以实现量子点、量子导线、量子晶体管、量子开关和信息存储等功能，单分子电子器件有可能成为能实际应用的基础量子电子器件。

## 7.6.2　分子导线

### 1. 分子导线的原理和要求

分子导线一方面本身是量子化元件，一方面又可以是分子元件与外部联系的导线，是发展分子电子学和分子电路不可缺少的重要基础元件。

能用作分子导线的分子，必须满足下列条件：① 能导电；② 具有较大的长度；③ 含有能与系统功能单元连接的端点；④ 允许在其连接端点进行氧化还原反应；⑤ 导线必须能与周围绝缘。

作为导线的长形分子，要求能使电子很容易地从一端流向另一端。电子在任何一个量子化的结构（如分子）中，都是从较高能级向较低能级流动的。因此要传输电子，就需要用具有空的低能级轨道分子，而且低能级轨道要贯穿整个分子。典型的低能级电子轨道即可作为所需轨道，而且可以通过相邻分子间电子云的重叠形成共轭，共轭体系是一种分子导线。

### 2. 目前研究较多的分子导线的种类

(1)盘状液晶型分子导线。

盘状液晶分子（discotic liquid crystal）可以形成它特有的柱状相结构。在柱状相中，体系的分子排列具有一维有序性，同时盘状液晶基元本身的 $\pi$ 电子共轭性，沿分子柱轴方向形成准一维的共轭性电子云分布，使它在柱轴方向有高导电性，同时它可有一定长度，因此盘状液晶材料是一种非常有发展前景的分子导线材料。

英国 R. Bushby 等研究用掺杂的方法使盘状液晶分子的环具有 β 型和 N 型半导体性质，并通过自组装的方法，使这种盘状液晶的环，可以成为金属片之间的分子导线，并用该导线使硅芯片和金属片连接起来。最近他们正与法国、荷兰等国家的同行合作，研究能使导电分子自行生长为细导线的新技术。这种导电的碳物质做导电分子中心，四周为线绝缘的烃类，形成的分子导线可垂直地连接各层芯片，将传统的硅芯片叠加，形成真正的三维芯片，使计算机的计算能力上千倍地增加。

(2)π共轭导电高分子型分子导线。

1977年，日本白川英树等首次发现用 $AsF_2$ 或 $I_2$ 对聚乙炔(Polyacetyle, PA)进行P型掺杂，可获得 $10^3$ S/cm以上的高导电率的高分子材料，导电高分子材料引起了大家的重视。导电高分子是由具有共轭π键的高分子，经化学或电化学掺杂，使它由绝缘体变成导电体。它完全不同于高分子材料中混有导电粉末而制成的导电塑料。

π共轭导电高分子是指由交替的单双键组成的重复单元构成的高分子主链。π共轭导电高分子的导电率，可以覆盖"绝缘体—半导体—金属态导体"的全部($10^{-9}$～$10^5$ S/cm)变化，是其他所有材料都无法比拟的，因此呈现多种诱人的前景。但用常规方法制得的π共轭导电高分子均为颗粒形貌，如何使它聚合制成要求长度的分子导线，是正在研究的关键技术问题。

(3)碳纳米管分子导线。

1991年碳纳米管发现以来，它作为最细的分子导线(直径可以小于1 nm)受到了广泛的关注。碳纳米管可以是半导体性的，也可以是金属导体性的；电子在碳纳米管内的运动限制在管轴长度方向，并且表现出典型的量子限域效应，因此碳纳米管被认为是一维量子导线。导电体形的碳纳米管具有很高的导电率，直径为10 nm的碳纳米管，大约可传输10 mA的电流。由于碳纳米管的量子效应特性，它不仅可用作分子导线，还有可能制成其他分子器件，如电子开关、晶体管、振荡器等。

碳纳米管发现后，硅纳米管、氮化硼(BN)纳米管、$BC_2N$ 纳米螺旋管、$C_2F$ 纳米螺旋管等相继出现。其中有些具有非常有用的电特性，例如 $C_2F$ 纳米螺旋管的电学性质覆盖了从绝缘体、半导体到导体的范围，具有广阔的应用前景。

碳纳米管还可用作聚合反应的膜板，可以合成π共轭导电高分子，成为"分子导线"或"分子线圈"。

(4)DNA分子导线。

DNA是由被磷酸和β—脱氧核苷酸构成的主链所固定的4种核酸碱基构成的。DNA独特的双螺旋结构使它不仅能在生物体内存储和传输信息，同时还可以通过DNA碱基堆积进行电子传输。DNA的直径仅为2 nm，而其长度跨越微观和宏观，如有可能，将是纳米导线和分子器件的合适材料。

对于DNA分子导电性能的直接测量，得到一些相互矛盾的结果，有时候是导体，有时候是半导体，有时候是绝缘体，有时候局部是导体局部是绝缘体，最近还有测量结果表明，DNA分子在一定条件下具有超导性质。还有研究表明，DNA与 $Zn^{2+}$、$Ni^{2+}$、$Co^{2+}$ 等二价金属离子形成的复合物，表现出分子导线行为。关于DNA导电性的争论和研究还在继续。

最近，通过在DNA表面覆盖金属原子的方法，合成了导电的DNA链。

J. Lee等发现通过适当调控 pH，可以把 Zn、Co、Ni 等金属离子并入其双螺旋中心，在高 pH 条件下可保持稳定状态，同时仍具有选择性地结合其他分子的能力，并由此获得新的 DNA 导电体。将 DNA 接在两个金电极之间，再将 Ag 离子交换到 DNA 表面上，最后将 Ag 离子还原成 Ag，就得到一条直径在 100 nm 左右，长度为微米级的银线。

### 7.6.3 碳纳米管分子二极管

碳纳米管可以是金属导电性的，也可以是半导体性的，甚至在同一根碳纳米管上的不同部位，由于结构变化，可以呈现不同的导电性。

电子在碳纳米管的径向运动受到限制，表现出典型的限域效应；电子在碳纳米管长度方向运动不受限制，但服从量子效应。因此可以认为碳纳米管是一维量子导线。碳纳米管的导电性能检测表明，一根直径为 10 nm 的碳纳米管可以传输大约 10 mA 的电流。

碳纳米管可以是半导体性的，因此半导体性的碳纳米管实际上就是一个单分子二极管。电子在碳纳米管中传输具有量子特性，即具有库仑阻塞效应和量子电导的阶跃性，从理论上讲，不仅可以制成分子二极管，而且可以制作电子开关等多种分子电子器件。

### 7.6.4 单分子中心岛的单电子晶体管

要使单电子晶体管小型化，可缩小中心岛尺度达到分子和原子级，即中心岛可以由单分子或单原子组成。

单电子晶体管的中心岛，已实现用单个分子组成。构成中心岛分子的材料有多种，如液晶分子、$C_{60}$、碳纳米管等。

**1. $C_{60}$单分子中心岛的单电子晶体管**

图 7.19 是 H. Park 等研制的用单分子 $C_{60}$做中心岛的单电子晶体管，源极和漏极用 Au(金)制成，和中心岛 $C_{60}$的间隙为 1 nm，并以此形成两个隧道结。经实测，这种分子尺度的单电子晶体管基型，能观测到电子隧穿的库仑阻塞现象。

**2. 单分子碳纳米管中心岛的单电子晶体管**

S. Tans 于 1998 年研制成功单分子碳纳米管为中心岛的单电子晶体管基型，如图 7.20 所示。碳纳米管生长在具有两个金属 Pt 电极的表面上，在碳纳米管和金属电极之间的两个接触点处形成两个隧道结。在实验中能观测到电子隧穿的库仑阻塞效应，证明它确是单电子晶体管。

荷兰台尔夫特大学的 Dekker 等在硅基底上的电极间置放了碳纳米管，制成了横向碳纳米管的单电子晶体管，如图 7.21(a)所示。在 4 K 的低温条件下检测

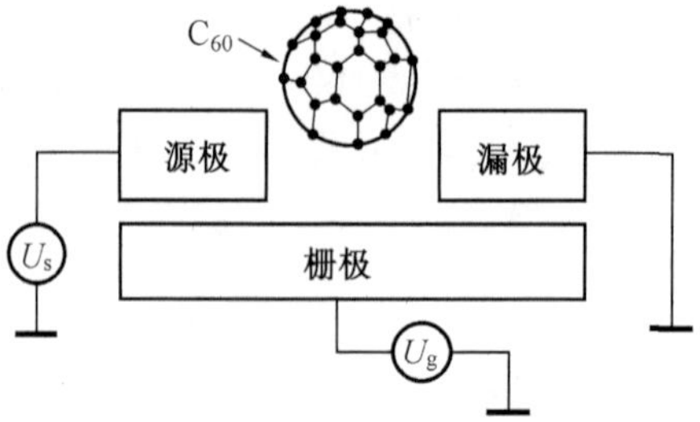


图 7.19　$C_{60}$ 中心岛的单电子晶体管基型(H. Park)

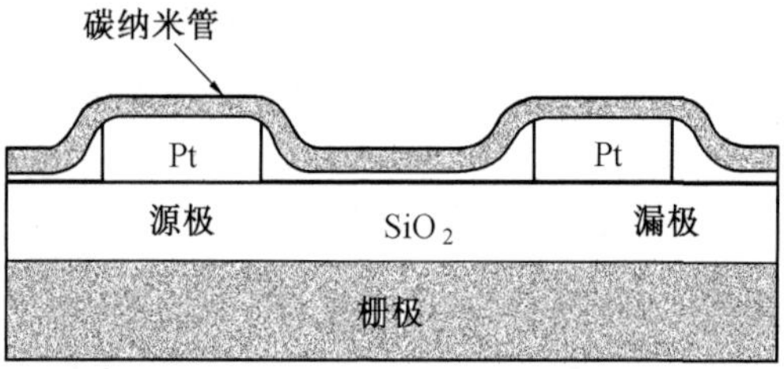


图 7.20　碳纳米管中心岛的单电子晶体管基型(S. Tans)

了栅极电压与源极漏极间电流 $I_s$ 的关系曲线，如图 7.21(b)所示。从图中可以看到，随栅极电压 $U_g$ 的改变，源极一漏极间电流呈台阶状变化，即呈量子特性的电流台阶变化，这说明该晶体管具有单电子晶体管的特性。上述实验中碳纳米管躺在硅基底上，电容分布参量影响很大，因此测量是在液氦温度下进行的。

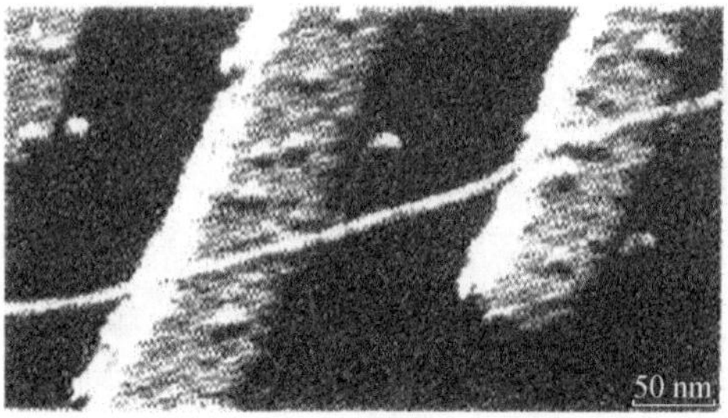


(a)横向碳纳米管的单电子晶体管

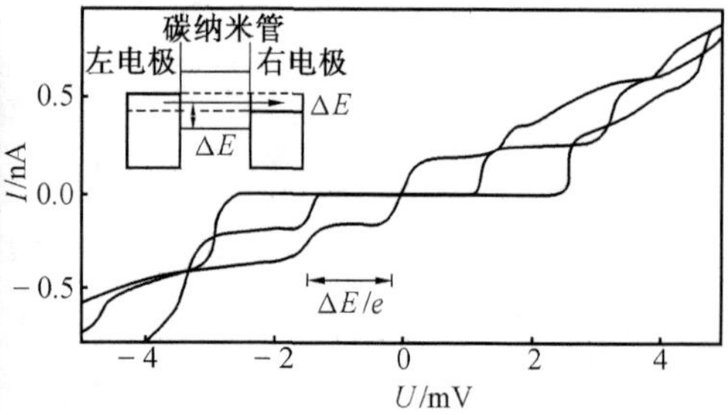


(b)碳纳米管晶体管特性曲线

图 7.21　碳纳米管晶体管(Dekker)

2001 年 9 月 IBM 公司的 P. Avouris 研究组宣布，他们用碳纳米管制成一批分子级单电子晶体管，体积是现在的晶体管的 500 分之一，迈出了批量生产分子级碳纳米管单电子晶体管重要的一步。他们认为这种超越硅的碳纳米管晶体管，将会给计算机小型化和计算能力的增长带来不可估量的进步。

### 3. 竖直碳纳米管纳米电子器件

将单壁碳纳米管竖直地组装在金属表面上，可以用于研究碳纳米管的物理化学和电学特性。利用这类结构碳纳米管的电学特性，可以组建新型纳米器件（如放大器、振荡器、电子开关、逻辑电路、电子存储器等），以及基于此类器件的纳米集成电路和未来的计算机和自动控制器等。因此研究使用单壁碳纳米管的纳米电子器件，具有极重要的意义。

北京大学的薛增泉利用组装在 STM 针尖上的单壁碳纳米管，设计了室温碳纳米管纵向单电子晶体管，如图 7.22(a)所示。碳纳米管处于与基底垂直的方向，显著地减小了环境分布参量的影响，提高了电学特性测量时的温度，在室温条件下测量到了该晶体管具有量子特性的带库仑台阶的 $I_d-U_d$ 曲线，如图 7.22(b)所示。

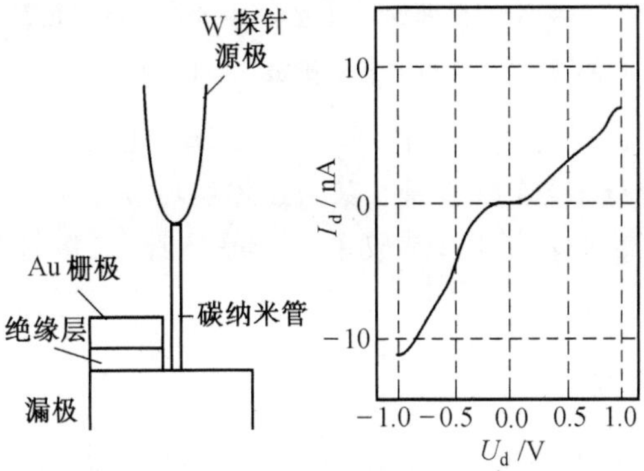


(a) 纵向晶体管　　(b) $I_d-U_d$ 曲线

图 7.22　碳纳米管纵向单电子晶体管(薛增泉)

利用图 7.22(a)中碳纳米管单电子晶体管，测得了负阻曲线，如图 7.23(a)所示。用碳纳米管可以制成电子振荡器(图 7.23(b))和单电子存储器。以上结果都是用扫描隧道显微镜在室温下测得的。这些结果表明，碳纳米管可以用来制造多种纳米电子器件。

### 7.6.5　单分子晶体管

晶体管的要求是，不仅允许电子通过，还必须能够有效地控制电子的流动。因此分子器件工程中设计分子晶体管的原理，就是利用量子世界能级分立的特性，设计出能够控制轨道特性的分子。控制轨道特性的原理如下：当分子中的轨道发生重叠时，电子可以流过；当分子被扭曲或其构形受影响而重叠被干扰时，电子流动将被阻滞。所以，要在分子水平上实现这种控制，就是要通过对分子间轨道重叠的微扰，来有效地调控低能级轨道上流过的电子数量。

碳纳米管分子晶体管是分子电子器件中已取得显著成果，并且最有前途的分子晶体管。前面讲的碳纳米管晶体管，是用碳纳米管作为单分子中心岛的单

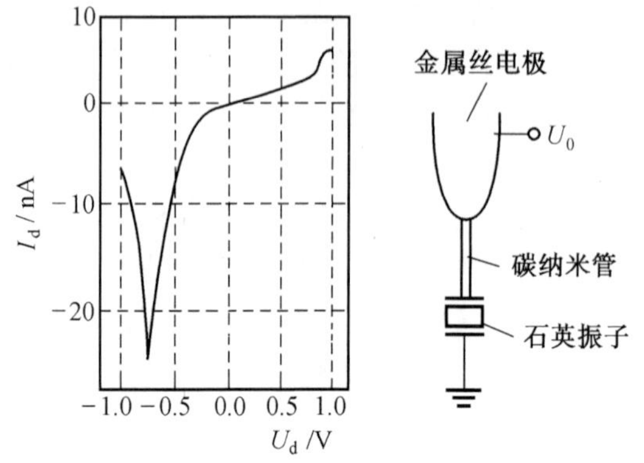


(a) 负阻曲线　　(b) 碳纳米管振荡电路

图 7.23　碳纳米管电子振荡器(薛增泉)

电子晶体管，这种碳纳米管单电子晶体管虽也是分子电子器件，但体积较大。因碳纳米管本身是碳的分子，碳纳米管可以是导体也可以是半导体，以及它特殊的电特性，因此碳纳米管本身就可以制成单分子晶体管(二极管和三极管)和其他分子电子器件。

### 7.6.6　分子开关

有机大分子可以有半导体性能，并且服从于量子效应，故可以用于制造分子开关，这方面的研究工作已获得实际成果。

1999 年，HP 公司和洛杉矶加州大学发现，用几百万个“旋转烷(rotaxane)”分子组成的分子膜具有电子开关的功能。把若干个这种开关连起来，能够成为进行基本逻辑运算的与门的雏形。一个月后，耶鲁大学和赖斯大学又报道了另一类具有可逆性的分子开关。

Tour 等发明了一种雏形的分子开关，原理示意图如图 7.24 所示。这是一种由三个苯环连成的链状共轭分子，苯环之间的连接在结构上不呈刚性，因此要想使分子轨道的共轭程度发生改变，只要能找到一种能够控制分子结构扭曲程度的办法，就可使这个分子成为电流大小可控的分子器件。

在这个分子中部苯环的上面，引入 $NO_2^-$ 和 $NH_2^-$ 两种基团，使其处于苯环的两边并指向外部，这种不对称的构象，使分子的电子云极易被干扰。外电场对这种不对称又易被干扰的电子云的微扰动，将使分子扭曲变形。每当对这个分子施加电压时，电场就会使分子扭曲并阻碍电流通过；当电压去掉后，分子又回到原来的状态，电流又可以流过了。实验证明，这种分子微器件用作从一个态到另一态的开关时，有很高的灵敏度，远优于已有的固态开关器件。

上述分子器件可以做成记忆器件。当中间的苯环上只留下一个 $NO_2^-$ 时，分

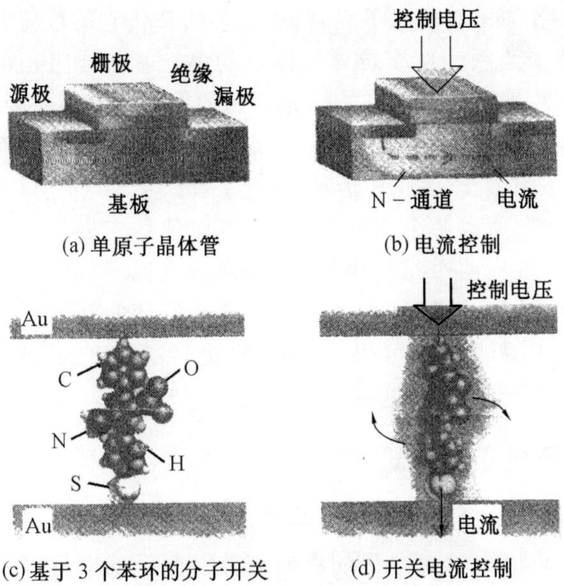


图 7.24　锥形分子开关工作原理示意图(Tour)

子轨道的敏感性就会有所不同。内部基团的荷电状态，将决定分子轨道是分散化还是局域化。如果在$NO_2$基团上有电荷，导电性将被阻断，可认为是二进制中的“0”；如果在 $NO_2$ 基团上没有电荷，将有较高的导电性，可认为是二进制中的“1”。特别要提出的是，分子保持(或记忆)所存储的二进制数字的时间竟长达 10 min，而硅动态随机存储保持的时间只需几毫秒。将这种分子开关转变成分子记忆(存储)器件，是十分简单易行的。

以上研制成功的有机大分子分子器件，都是二极晶体管性质的，目前还没有制成三极管型的分子器件，因此离实用还有很大距离。

### 7.6.7　分子继电器

分子继电器是利用一个旋转基团或旋转异构体影响系统电子流动的器件，是基于原子运动的高可靠两态器件。日本 Taked 等提出了如图 7.25 所示的分子继电器模型示意图，并用它讨论旋转异构体的作用原理，栅极附近的电场强迫旋转基因的开关原子旋进或旋出原子线而起开关作用。旋转基团上有一个开关原子 X 和两个基团 Y，当旋转基团的开关原子(第一基团)旋进原子线时，原子线电导高，使开

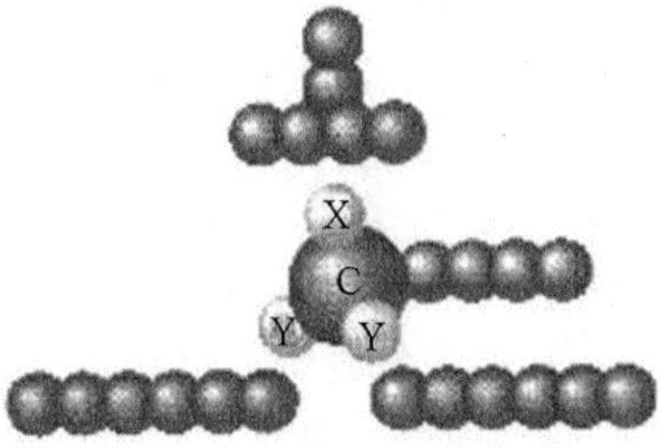


图 7.25　分子继电器模型示意图(Taked)

关处于开态；当开关原子旋出原子线时，第二基团替代它的位置并阻止电流流过原子线，使开关处于关态。在旋转异构体上的第三基团能阻止由于热而自由旋转。这类分子开关，即基于类甲基旋转异构体的旋转开关的主要缺点，是存在三个不同的开关状态(这和旋转异构体在连接有三个基团有关)，而分子开关要求仅在两个不同状态间做开、关来回运动。

因为环己烷能弯曲成两个不同的形态，可以使用它做旋转异构体。栅极上的电压可迫使环己烷在两个结构中转变，从而改变原子线的导电状态。为减少热能引起的对开关动作的干扰，剩余的环形碳被设计的基团利用空间排斥或化学吸引所取代。开关的速度可以由分子的旋转速度控制，频率的典型值为1 GHz，比原子开关慢，但工作更可靠。

### 7.6.8 分子电子存储器

耶鲁大学研制出可逆性的分子开关之后，不久又成功地研制出一种能作为存储器的分子，它可以通过对电子的存储来改变分子的电导率。在分子中引入一种在外加电压下能够捕获电子的基团，是实现上述功能的关键，因为外加电压可以调节分子对电子流动的阻力。当外加电压改变时，可使分子在导电与不导电两种状态间反复地来回变动，以实现电子开关的最基本功能。这种器件是由夹在两片金属片间的1 000个带有硝基、氨基和巯基的三联苯分子的单分子层所组成。将上述器件捕获电子的功能改为保持电子时，它就成为一个记忆元件。对该器件分子中有关部分重新设计，分子的导电性是可以反复地改变的。这种分子器件可以保持电子达10 min，而现在用的硅基动态随机存储器，能保持电子的时间仅为几毫秒。

### 7.6.9 碳纳米管逻辑电路

2001年8月，美国IBM公司宣称，他们的研究人员在碳纳米管的基础上，制成一个能发挥信息处理功能的逻辑电路，如图7.26所示。

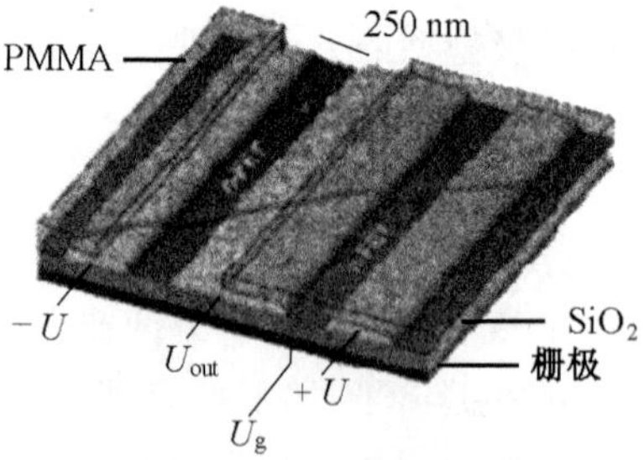


图7.26　IBM公司的碳纳米管分子逻辑电路

在取得这项成果的前4个月，该公司的研究人员利用碳纳米管分子作为半导体，已制造出第一批碳纳米管晶体管。

该公司制成的逻辑电路是一个NOT通道，这个通道具有有源和无源晶体管的两种功能，即整个电路可以执行极重要的信息处理功能。NOT通道是一个可以把"1"转变为"0"和把"0"转变为"1"的开关。在这之前，碳纳米管晶体管只能是有源的，不能处理信息。据称，该碳纳米管电路的输出信号有较大的强度，足以驱动其他通道或电路，即可以用单个纳米管组合制造出更复杂的电路。这种更复杂的电路，是 IBM 通向制造分子计算机芯片的下一个目标。

### 7.6.10 碳纳米管单分子三极管

碳纳米管电子三极管的研制成功，是分子电子器件发展中的重大突破，为分子电子学和分子电子器件的发展和走向实用化奠定了重要基础。

2000 年，北京大学的薛增泉等在电子显微镜实验中，观察到倒 T 形碳纳米管结构，如图7.27所示。这种倒 T 形碳纳米管的结构，是一根细的碳纳米管长在一根粗些的碳纳米管上形成的。这根细的碳纳米管直径为 0.33 nm，是(4,0)结构，具有半导体导电特性。彭练矛曾有理论分析，常温下碳纳米管最小稳定直径为 0.33 nm，(4,0)结构。直径小于 0.33 nm 的碳纳米管是不稳定的。该倒 T 形碳纳米管结构中，一根粗些的碳纳米管直径为 1.5 nm，(11,11)结构，具有金属导电特性。根据碳纳米管特性原理，这样两个不同直径纳米管的连接处，将形成隧道结。

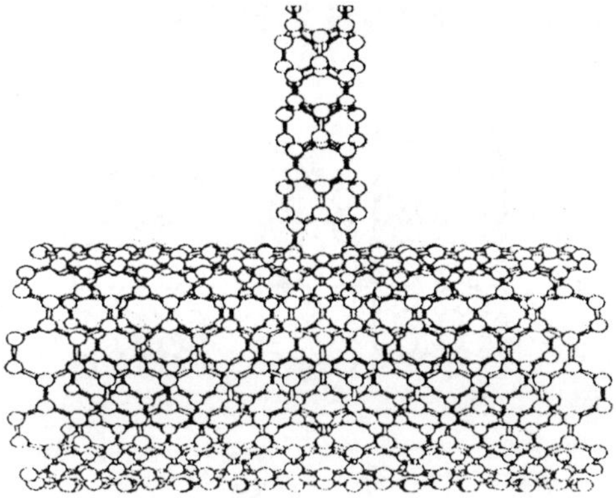

图 7.27 倒 T 形碳纳米管结构的单分子三极管(薛增泉)

这样一个倒 T 形碳纳米管结构，构成一个单分子三极管，其中(11,11)结构的粗碳纳米管两端，将形成源极和漏极，而(4,0)结构的细碳纳米管为栅极。改变栅极电压，通过连接处的隧道结耦合，就可以控制源极和漏极间的电流 $I_d$，实现电流(信号)的放大作用，成为一个具有放大作用的碳纳米管单电子放大器，即具有控制放大功能的单分子三极管。

这种倒 T 形碳纳米管的单分子三极管，属于单电子晶体管，服从量子力学效应，可以观察到库仑阻塞效应和漏极电流的阶跃台阶性等。

这种倒 T 形碳纳米管结构的单分子三极管，有希望成为分子电子器件的最基本元件，组合发展成多种更复杂的各种功能的分子电子器件，以作为将来分子电子器件集成电路的基础,具有十分重要的意义。

## 7.7 原子电子器件

### 7.7.1 单原子中心岛的单电子晶体管

单电子晶体管的最小中心岛是单个原子,它的隧道结电容也应该是最小的,一般在$10^{-20}$ F范围内。要在晶体管的源极 s 和漏极 d 间放一个与外界不相连的单个原子是不易实现的。黄德欢等实现了单原子单电子晶体管的基本结构实验,实验中将单原子的 STM 钨针尖放置在非常接近试件的位置(漏极 d),如图 7.28 所示。实验发现,在针尖末端原子非常突出时,该系统可看成是一个单原子尺度的单电子晶体管基本结构(具有两个隧道结的结构)。针尖末端突出的钨原子,就形成该单电子晶体管基本结构中的中心岛,它和钨针尖的其余部分(源极 s)之间的连接($C_1$,$R_1$)和与试件(漏极 d)表面间的间隙($C_2$,$R_2$)形成隧道结,可以控制电子的隧穿。

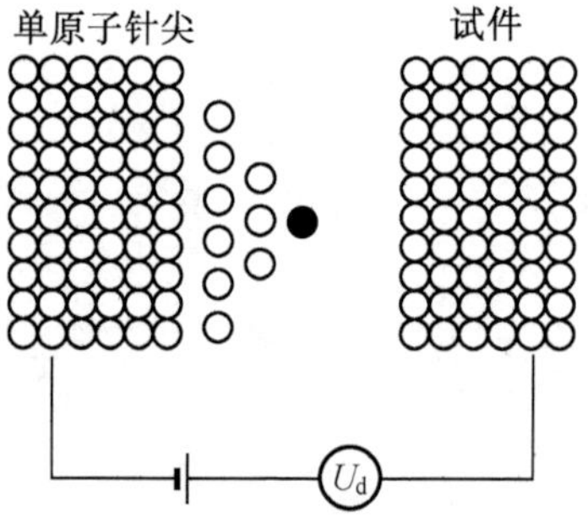


图 7.28 单原子中心岛时的单电子晶体管基本结构(黄德欢)

用单晶 W(111)线制作单原子针尖时,针尖末端的原子构造为:末端第一层有 1 个原子,第二层有 3 个原子,第三层有 6 个原子,每层之间的间距为 0.091 nm。但如用单晶 W(110)线制作单原子针尖,针尖末端的原子构造为:第一层有 1 个原子,第二层有 4 个原子,第三层有 10 个原子,每层之间的间距仍为 0.091 nm。因此W(111)的针尖要比W(110)针尖更尖锐,故前者构成的隧道结电容 $C_1$ 要小得多,用 W(111)单原子针尖获得的库仑台阶和库仑振荡,间距都要比用 W(110)针尖时大得多。

W(111)针尖末端的单个原子形成中心岛,和针尖第二层(源极 s)间的距离为 0.091 nm,它的电阻和电容分别为 $R_1$ 和 $C_1$。中心岛原子到试件表面(漏极 d)

间的间隙通常为 0.5～1.0 nm，电阻和电容分别为 $R_2$ 和 $C_2$，故两个隧道结的电阻和电容间的关系为

$$R_1 \ll R_2,\quad C_1 \gg C_2$$

因此，起作用影响库仑阻塞现象和控制电子隧穿的隧道结，只是 W(111)针尖末端内的隧道结($R_1$，$C_1$)。实验也证明，改变针尖端原子和试件表面间距离(即改变 $R_2$ 和 $C_2$ 的大小)，对电子隧穿的库仑台阶和库仑振荡的间距影响极微，可以忽略不计。

对图 7.28 中的单原子中心岛的单电子晶体管体系进行性能实测，测量时温度为 77 K，试件(漏极 d)材料为 Cu(111)。实测结果如图 7.29(a)所示，可以清晰地看到电流曲线中出现 $\Delta U$＝1.1 V 的等距离的库仑台阶(图中箭头指处)。将上述实测数据进行计算处理，得到归一化微分电导－电压特性 $(\mathrm{d}I/\mathrm{d}U)/(I/U)-U$ 曲线，如图 7.29(b)所示。从图中可明显看到 $\Delta U$＝1.1 V 的等距离的库仑振荡特性曲线。这是目前单电子晶体管实测获得的最大库仑振荡间距，即最大的库仑阻塞能 $E_c$。从上述实测结果可以计算出隧道结电容 $C_1$，即

$$C_1 \approx C = e/2\Delta U = 7.3\times 10^{-20}\ \mathrm{F} \tag{7.14}$$

### 7.7.2　原子开关

当 STM 的探针尖端的原子对准并接近试件表面的某原子时，产生隧道电流，电子将通过这两个相对的原子，成为导通状态。通过控制电场偏压，可使这个隧道电流截止或导通，这实际上就是一个原子级的电子开关。

原子级的开关可以实现单个电子通过隧道的控制。对于由势垒与周围隔开的体系，当单个电子由隧道效应进入体系时，就将导致体系静电能量的变化。这一能量标度为 $e^2/2C$，通常称为体系的充电能量，$C$ 为体系的电容。如果 $C$ 很小，就不能忽略充电能量的作用；如果外界不能提供足够能量，则电子就不能进入体系，根据这个原理就可以对单个电子的通行进行操纵和控制。

D. Eigler 在 1990 年成功实现了对 Xe 原子的单原子操纵。在操纵过程中发现，Xe 原子可以在 STM 针尖和 Ni (110)表面之间移动，并且总是移向正极性的一端。当 Xe 原子与针尖接触时，STM 隧道结处于高导电状态；而当 Xe 原子回到 Ni 表面时，STM 隧道结处于低导电状态。这实际是一个由 Xe 原子构成的超高速双稳态电子开关。

Xe 原子开关的工作原理如图 7.30 所示。①原始状态如图 7.30(a)所示，Xe 原子稳定依附在带台阶的 Ni(110)表面，这时针尖－试件 Ni(110)间偏压为－0.02 V，保持隧道间隙0.38 nm，STM 隧道结处于低导电状态。②在针尖加＋0.8 V，持续时间 64 ns 的脉冲偏压，Xe 原子被吸到探针针尖，如图 7.30(b)所示，这时 STM 隧道结处于高导电状态。③在针尖加－0.8 V，持续时间为 64 ns

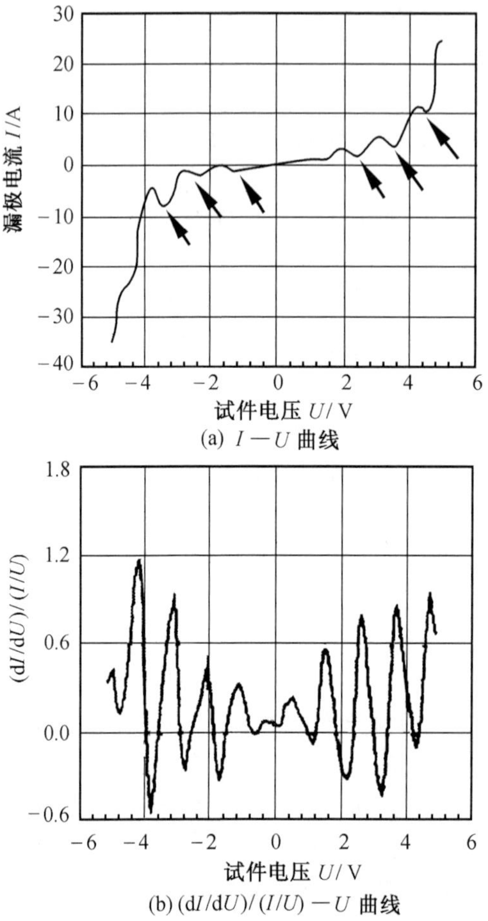


**图 7.29　原子尺度单电子晶体管实例性能(黄德欢)**

的脉冲偏压时,Xe 原子又回到 Ni(110)表面,如图 7.30(c)所示,这时 STM 隧道结又恢复到低导电状态。由于在针尖上加脉冲偏压,Xe 原子在针尖和 Ni(110)表面来回跳动,使 STM 隧道结在高导电状态和低导电状态来回变化,实现了高速双稳态电子开关的功能。

1991 年,D. Eigler 等申请了上述 Xe 原子开关的专利,这是世界上第一个单原子电子器件(单原子开关)的专利,开创了原子器件研发的新方向。

### 7.7.3　原子继电器

1993 年日本日立公司研究员 Y. Wada 提出了一个原子尺度的两态电子开关模型,如图7.31所示,并将其命名为原子继电器。这种原子继电器中,有两条相互垂直的原子链,其中一条是原子导线,可用和它相垂直的原子链做栅极。在中

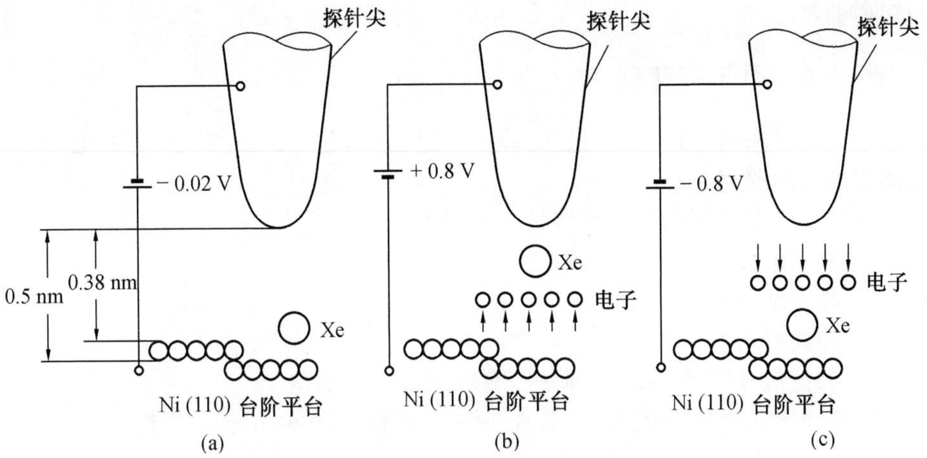


图 7.30　Xe 原子开关的工作原理(D. Eigler)

心位置有一个可移动的原子(开关原子),该原子在栅极电场的控制下,可以在两个位置来回移动。当开关原子进入原子导线的中间时,原子导线被接通,如图7.31(a)所示的位置,这时系统处于导通的状态;当开关原子离开原子导线的中间位置时,原子导线被中间隔开,如图7.31(b)所示的位置,这时系统处于截止的状态。这种原子继电器实际上是具备了一定程度的晶体管的功能,由栅极控制其导通或截止。

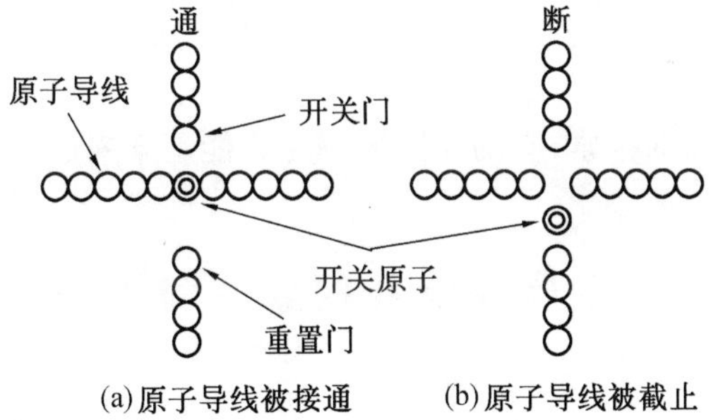


图 7.31　原子继电器模型(Y. Wada)

Y. Wada 对上述原子继电器的两个分离的原子链怎样交叉未有论证。没有交叉线,栅极原子链不能起到控制作用,继电器仅能完成可能的逻辑功能的子集,只能起到可控二极管的作用。这种原子继电器的优点是尺度非常小,为100 nm数量级;开关速度很高,由原子本征振荡频率决定,约 $10^{14}$ Hz,比当今半导体晶体管振荡频率高几个数量级;能量消耗极低。

但这种原子继电器极易受干扰,不需太多能量就能从衬底或原子链发射一个原子进入或脱离原子链的平面,使开关系统产生畸变。因此这种原子继电器仅适宜在极低温度下工作,因为只有在极低温度时,原子的位置才比较稳定,不会随便移动。

### 7.7.4 原子存储器

原子级开关可以使原子“进入”或“去除”，相当于“写入”与“存储”信息，故有可能扩展成为存储器。

电子器件中的存储器必须满足以下四个最基本的功能：

① 写入信息。

② 删除已写入的信息。

③ 阅读写入的信息。

④ 抗拒信号的噪声，以保证所存储的信息不会失真。

单原子操纵从原理上看，应该能够符合存储器基本功能的要求。可以设想有两种实现的方案。

第一种方案，是将表面上单原子的空穴作为一个比特(B)来存储信息。使用原子操纵法将原子移走形成单原子空穴，可以认为写入信息；使用原子操纵法将原子再填入原子空穴，即去除原子空穴，可以认为删除信息。

第二种方案，是将放置到表面上的单个原子作为一个比特来存储信息。使用原子操纵法将原子加到表面，作为写入信息；使用原子操纵法移走该原子，作为删除信息。

从存储器读取信息，可以直接用 STM 等仪器。如果能实现利用单个原子作为一个比特来存储信息，则一块面积为 1 $cm^2$ 的 Si(111)－7×7 的表面，可以存储 $10^{15}$ B(1 000 Terabit)的天文数字的信息量。原子存储器的研究国外已有报道，但都属于原理性的探索，它的实际应用还只能是未来的事。

## 7.8 纳米电子器件的集成和量子计算机

纳米电子器件具有高速、低功耗、高集成度和经济可靠等优点。用纳米电子器件制成的超大规模集成电路和高密度存储器，将大大超过目前集成电路和存储器的极限，使运转速度、功能和数据通过率达到空前水平，电子学和电子器件将因此产生重大飞跃。

纳米电子器件间导线的连接和纳米电子器件的集成，是发展纳米电子器件集成电路和纳米电子器件电路实用化的关键所在。这方面不少人在研究，并已取得一定进展，量子计算机的研究也已取得一些进展，但离实用尚有距离。

### 7.8.1 纳米电子器件集成技术的研究进展

纳米电子器件的加工和电子器件间的连线，虽可用电子束直接刻蚀或用

STM 刻蚀，但加工效率太低，不能满足批量生产的要求。纳米器件间的连线可以用碳纳米管或其他分子导线，但分子导线和相关纳米电子器件的连接，还没有高效率、高可靠性的方法和连接技术。

化学和物理的分子自组装技术，有可能是解决纳米电子器件生产和器件集成的有效方法。

美国 Purdue 大学的 Reifenberger 等在自组装单分子层的顶端连接上单个的纳米金粒子，如图 7.32 所示，用这方法可以制成由金粒子阵列组成的分子尺度的电路。

为实现纳米电路和分子电路之间的连接，世界上曾进行过许多化学合成方法的研究。美国南加州大学特鲁斯等研究出相互垂直连接的导电核酸单体，并证明插入到自组装单分子层的这种分子导线也能导电，将分子电路的连接技术推进了一大步。

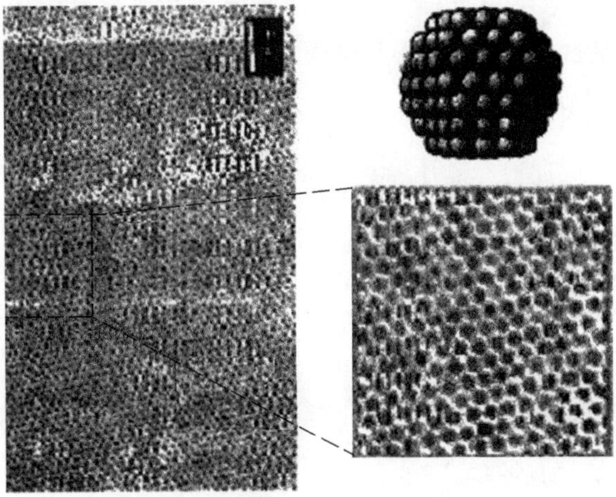

图 7.32　用自组装方法制造的二维纳米金粒子阵列 (Reifenberger)

美国哈佛大学 G. Whitesides 等的研究，是把聚合物直接组装到刻有图案的基片上，可以成为一种纳米结构的新加工方法。如果沉积到基片上的分子具有电子开关的特性，则有可能用这方法加工电路。例如，当沉积反应完成后，留下键合成的分子开关，用化学的方法洗掉基片上没有键合上的分子开关，然后引进另一种分子，把邻近的开关连接在一起。这种方法可以用化学的方法步骤来加工出实用的分子电路。这种方法的主要问题，是生产的每一步虽都可行，但都会引进一定百分比的误差，误差的积累，将导致最后的成品可靠性很差。

在电子刻蚀技术中，特别有希望发展的是将原子束刻蚀与自组装技术结合的方法。具有大质量和大动能的原子束，有非常短的量子波长(0.01 nm)，很有可能成为刻蚀单分子层表面的非常精确的工具。美国的 M. Prentiss 和 G. Whiteside 等用激发的氩原子束在金表面上的自组装单层抗蚀层上刻出坑的图案，然后在铁氰化钾溶液中刻蚀，最后在硅表面上形成金的特征图形。实验的刻蚀分辨率可以达到 10 nm。

英国 R. Bushby 等研究用掺杂的方法，使盘状液晶分子具有半导体性质，并且通过自组装的方法，使这种盘状液晶的环可以成为金属片之间的分子导线，并可用这种分子导线使硅芯片和金属片之间连接。这种导电分子的中心为导电的碳物质，四周围绕以绝缘的烃类。形成的分子导线，可以垂直地连接各层芯片；将传统的芯片叠加，形成真正的三维芯片，可使计算机的计算能力提高 2～3 个数量级。

### 7.8.2 薄膜"T"形存储器

C. Wasshuber 等提出，用两块颗粒薄膜通过电容性连接，可以组成"T"形存储器。图 7.33 是这种薄膜"T"形存储器的结构示意图。图 7.34 是这种薄膜"T"形存储器的等效电路。

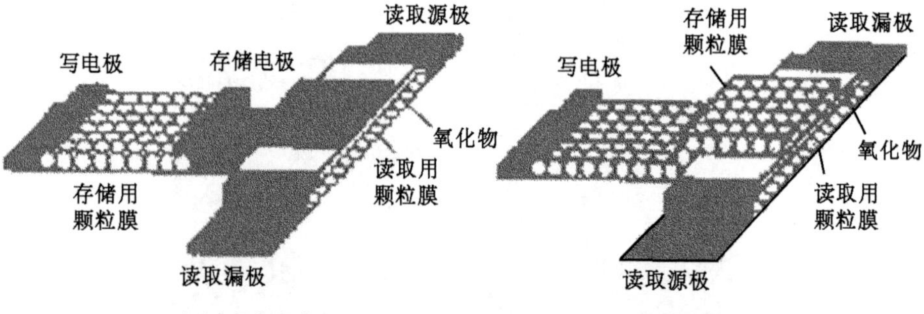


图 7.33 薄膜"T"形存储器结构示意图(C. Wasshuber)

可以认为颗粒薄膜是多量子点的阵列，上述薄膜"T"形存储器电路可以认为是多级串联和并联量子点的量子电体系。该量子电体系中的两块颗粒状薄膜，一块用来存储电荷，另一块用来读取所存储的信息。这种结构对优化元件具有很大的灵活性。例如，可调节存储时间来达到非易失性存储，同时还可优化读取，以达到对信息可靠性的检索。

这种"T"形存储器的横臂相当于一个多颗粒的单电子晶体管，而另一臂则成为对存储电极进行充放电的端口。对"T"形存储器有两种不同的读取机理，一种是利用所存储电荷，读取电极上的 $I-U$ 特性，以获知电荷存储量；另一种是破坏性读取，当存储器电极放电时，如果读取电极上的检流计能测到电流的振荡，说明该存储器已被充电(状态"1")，否则存储器是空的(状态"0")。这种操作过程类似于 DRAM 内存的刷新过程，存储元件的信息需重新写入。图 7.35 是存储

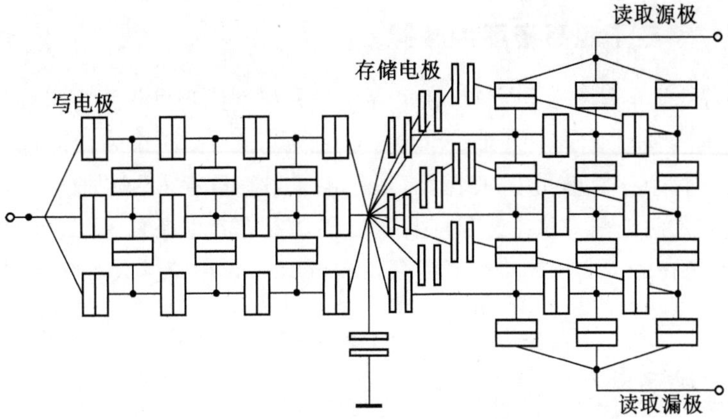


图 7.34 薄膜“T”形存储器等效电路

器读取“1”和“0”信号时的情况。

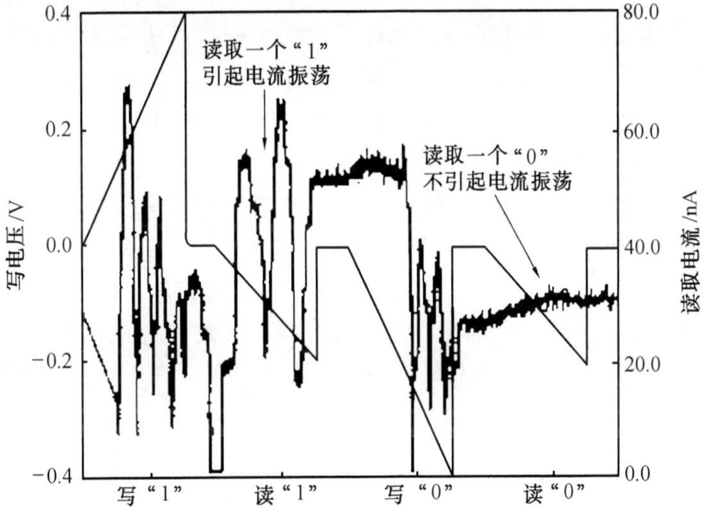


图 7.35 利用库仑振荡读取“T”形存储器信息的原理

将几个“T”形存储器组合在一起,能够形成一个位寻量存储芯片。可以对一个字线加正电压脉冲,同时对相邻位线加负电压脉冲来访问一个元件;也可以相反作用,即对一个字线加负电压脉冲,同时对相邻的位线加正电压脉冲来访问一个元件,进行读或写。这种读取原理,就是利用库仑振荡的方式完成的。

用化学分子自组装技术,可以制成多颗粒薄膜,即制成多量子点阵列。这些量子点已实现室温单电子效应(量子效应),从理论上讲,应能形成多岛单电子器件,但是实际上这种结构很难控制,离实际应用尚有一定距离。

### 7.8.3 单电子超高密度存储器

1996 年春，日本日立公司宣布，在世界上率先研制成功可作为将来高性能存储器件的超高密度单电子存储器。单电子存储器芯片有 64 个采用多晶硅薄膜的存储单元。每个存储单元中“存储”有数个电子，通过“存入”和“取出”电子，便可表示“0”和“1”两个基本状态。目前日本已制成能在室温条件下工作的单电子存储器，将比现在的 128 MB 动态随机存储器(DRAM)存储量大 125 倍，最终可增大 7 500 多倍。

### 7.8.4 纳米芯片

Intel 公司 2000 年 12 月公布，它们用最新纳米技术研制成功 30 nm 硅晶体管芯片。新芯片运算速度达 10 GHz，是目前运算速度最快的 Pentium 4 芯片运算速度(2.4 GHz)的 4 倍。晶体管“门”是计算机芯片进行运算的基础，新 30 nm 硅晶体管芯片是以 3 个原子厚度的晶体管门为基础。高速晶体管的最大问题之一是温度过高，Intel 公司经长期研究解决了这个问题。新纳米晶体管是用新的化学合成物制成的，这种新材料可以使芯片在运行时的温度不会过高。用这种最小最快的 30 nm 硅晶体管，可制成新的高性能芯片，它的运行速度达 10 GHz，集成有4 亿个晶体管，工作电压为 1 V，比原来运算速度最快的 Pentium 4 芯片(线条宽 130 nm，集成有4 200万个晶体管，运算速度达 2.4 GHz)的性能提高很多。

Intel 公司 2001 年宣布又研制成功 20 nm 硅晶体管芯片，其中门的绝缘体只有 0.8 nm 厚(约 3 个原子的厚度)，每秒开关变换次数极高。基于这种 20 nm 硅晶体管，可以制造含 $1\times10^9$ 个晶体管的硅晶体管芯片和计算机微处理器，其运行速度可高达 20 GHz，比 2000 年研制成功的 30 nm 硅晶体管芯片的性能又提高很多。

Intel 公司的一位工程师说：“这种超小型新硅晶体管的研制成功，使我们对硅的物理极限有了新的看法，硅也许还可以使用 15 年，今后用什么材料代替硅，那是谁也说不准的事。”使用这种超小型新晶体管制成的芯片，将有可能使“万能翻译器”成为现实，即可以将不同的语言实时快速地翻译出来，出国时将不再有语言障碍。在安全设施方面，这种芯片可以使报警系统具有高度智能，即能识别人的面貌或声音。

### 7.8.5 量子计算机

#### 1. 量子计算机的特点

利用纳米技术和纳米材料研究量子信息和量子计算机，已成为目前高新技术研究的热点，量子计算机已被提到现实的研究日程。由于量子计算机具有运算速度奇快，体积甚小，可破译密码等超凡特性，它的发展和应用将使计算机工业产生飞跃和突破性的变化，同时它也将对尖端技术、国防军事领域产生全方位的重大影响。

(1)量子计算机的信息单位——量子比特(qubit)。

传统计算机的信息单位为比特(B)，量子计算机的信息单位为量子比特(qubit)。它可以是二能级原子，也可能是单个电子，具有光子的偏转和粒子的自旋以及相对相位信息。

经典的 0 和 1 态，可以表示为 qubit 固定的一对正交态，即

$$|0\rangle=|\leftrightarrow\rangle,\ |1\rangle=|\updownarrow\rangle$$

而 qubit 同时存在叠加态，如

$$|\swarrow\!\!\!\nearrow\rangle=(|0\rangle+|1\rangle)/(2)^{1/2}$$

$$|\nwarrow\!\!\!\searrow\rangle=(|0\rangle-|1\rangle)/(2)^{1/2}$$

(2)量子计算机的信号载流子。

量子计算机的信号载流子可以是电子/空穴，也可以是孤子、极化子、光子等。孤子是集成电路中的一种载流子，它的激发能量低于电子/空穴，所以更容易产生。孤子的传输路径，可以取不同方向，因此出现复杂的行为。当孤子的荷电情况不同时，两孤子可能复合，也可能相互排斥。这样，就会出现孤子的时空相关。所以在超高密度集成电路中，电路的信号含有大量信息，也同时存在复杂行为。

必须考虑多种不同信号载流子的情况下如电子/空穴、孤子、极化子等的信号加工方法，如量子计算方法、神经网计算方法等。量子计算机可以有很多种不同的原理和构造组成，存在多种复杂的原理和行为，必须注意。

(3)信息存储量大。

传统计算机的数据是用二进位制存储的，每位只能存储一个数据 0 或 1。而量子计算机中的数据是用 qubit 存储的，由于 qubit 有叠加性，故 1 个 qubit 可同时处于 2 个状态。1 个传统二位寄存器可以编码 4 个不同数字：00、01、10、11，但每一个时刻只能存其中的一个数字。而二位量子寄存器利用 qubit 的叠加性，在每一个时刻可以同时存储 4 个数字。2 个 qubit 可以同时存储 8 个不同数字，因此量子计算机的存储量要比普通计算机大得多。

(4)计算速度快。

量子计算机具有真正的并行计算机功能，其最本质的特征为量子叠加性和相干性。量子计算机每一个叠加变量实现的变换相当于一种经典计算，所有这些经典计算同时完成，给出计算结果，称为量子并行计算。并行计算大大提高了量子计算机的效率，使它可以完成经典计算机难以完成的工作。$n$ 个 qubit 位的

量子计算机，一次操作就相当于传统计算机 $n^2$ B 的操作，大大提高了量子计算机的运算能力。

(5)体积和功耗大幅度减小。

由于组成量子计算机的各种元器件是纳米电子器件或分子电子器件，故量子计算机的整体体积甚小，只有传统计算机体积的1%或更小。在各元器件内和元器件间流动的电子服从量子效应，故流动电子数很少，能耗很小，产生热量少，温升很小。

**2. 量子计算机的最新发展**

美、日等发达国家近年来都投入不少力量研究量子计算机，并已取得了一定的进展。量子计算机的研制是跨世纪的工程，它涉及物理学、数学、化学、电子学、先进制造技术等诸多学科，美国的加州理工大学、斯坦福大学，英国的牛津大学等，都为此建立了专门的研究中心。

目前正在研究开发的量子计算机有3种类型：核磁共振(NMR)量子计算机、硅基半导体量子计算机和离子阱量子计算机。

早在20世纪70年代英国和美国就开始对量子计算机的可能性进行研究。1993年美国贝尔实验室研究证实，量子计算机的运行速度将比现在的数字计算机快得多。1994年计算机科学家肖尔设计了一个具体的量子算法，可以对一个大数进行质因数分析，这个革命性突破，大大地推动了量子计算机的研究开发工作。1996年IBM公司开始着手研制量子计算机。美国《科学》期刊报道，量子计算机引起了计算机理论领域的革命。著名计算机专家贝尔特在《自然》杂志上声称，量子计算机将进入工程时代。

最近美国麻省理工学院利用核磁共振技术研制开发出堆积式量子计算机，英国牛津大学也研制开发出名为“咖啡杯”的核磁共振式量子计算机。

硅基半导体量子计算机也取得了进展，已成功地将两个被称为“量子箱”的微细半导体微粒放在一起，从而制成两个原子共享电子，类似于分子键的人造分子，它可以成为今后研制量子计算机的一种基础技术。

离子阱量子计算机的原理是把一系列自旋为1/2的冷离子禁锢在线性量子势阱内，组成一个相对稳定的绝热系统。这种计算机是由激光来实现自旋翻转的“控制排”操作。这种系统很容易在任意离子间实现 $n$ 位 qubit 门，所以具有光明的发展前景。

2000年量子计算机研究获得了不少成果。中科院知识创新工程开放实验室成功地研制出4位 qubit 的演示用的量子计算机。美国 IBM 公司又推出5位 qubit 的演示量子计算机。印度也在积极开展量子计算机的研究，并声称将于2005年推出量子计算机。美国加州理工大学现在已开始量子因特网的研究。

虽然量子计算机距离实用还很远，但是它的实用前景十分光明，应加速促进它的研究发展。

### 7.8.6 分子组装

由于分子器件体积实在太小，根本不可能由人来进行组装，因此分子自组装成为发展分子电子学的分子器件的关键环节。分子自组装将是化学或物理过程，使大量制成的分子器件自动和一个表面相连接(该表面通常是金属)，连接时这些分子将自动规整有序地排列在表面上，好像地面上长的树林一样；再用光刻或其他技术加工形成密集的金属连线网络，用绝缘沉积等技术加工形成其他元件和电学接点；最后制成超密集的分子元件集成电路。分子自组装技术将是自低到高，逐步发展的。从若干分子元器件自组装，到大量分子元器件自组装；从部分功能的自组装，到多功能的自组装和最后全功能的自组装，制造分子器件的超密集集成电路的工作全盘自动化。

现在研究分子自组装使用了化学、物理、生物等方面的方法和技术，使相关的分子和原子靠物理、化学性能或是生物信息，自动识别和组装。从若干分子元器件自组装，到大量分子元器件自组装，最后制成超密集的分子元件集成电路。现在分子自组装研究才开始起步，仅获得初步成果，远没有达到能应用的阶段。因此量子计算机、分子计算机和 DNA 计算机等的实际研制，以及分子自组装技术的生产应用，将是一段时间以后的事。分子电子学和分子电子器件将是继纳米电子学和纳米电子器件以后的新一代电子学和电子器件，将会有一套全新的理论和生产工艺方法。目前研究分子电子学和分子电子器件，能对发展纳米电子学和纳米电子器件有所帮助。

在图 7.6 中的纳米电子器件的发展途径构想中，将有机高分子和生物技术的分子组装功能材料的尺寸扩大，作为纳米电子器件发展的重要方向。这方面的研究已取得了一定的进展，显示出极好的远景，因此对分子组装技术应给予一定的重视。

## 7.9 三代电子器件的比较和纳米电子集成电路的探索

### 7.9.1 三代电子器件的比较

20 和 21 世纪是电子器件大发展的时期，电子器件的飞跃发展可分三个阶段：真空电子管阶段，晶体管和集成电路阶段，即将来临的单电子晶体管阶段。这三代电子器件无论是工作原理、功能还是组成仪器的应用等方面，都有质的飞跃。

表 7.1 给出了三代电子器件的比较，较全面地比较和说明了这三代电子器件的原理、功能和应用的差别，初步揭示了新一代纳米单电子器件的基本原理，并展示了其发展趋势。

**表 7.1　三代电子器件的比较[6]**

| 比较项 | 器件 | | |
|---|---|---|---|
| | 真 空 管 | 晶体管及集成电路 | 纳米单电子器件 |
| 放大器符号 | 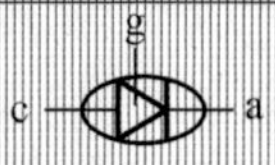 | 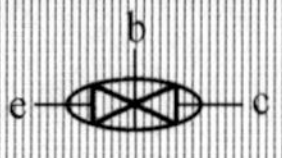 | 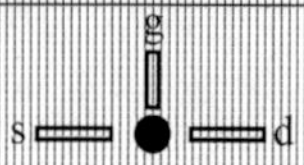 |
| 环境 | 真空 | 晶格 | 隧道隙 |
| 器件尺寸 | cm | mm | mm |
| 控制区尺寸 | mm | μm | nm |
| 自由程 | m | 0.1 μm | 小于 10 nm |
| 材 料 | 电真空材料 | 单晶半导体 | 有机/无机，纳米材料 |
| 材料纯度 | 高纯(5～6 个 9) | 半导体纯(8～9 个 9) | |
| 工 艺 | 电子管制造工艺 | 光刻、掺杂技术 | 组装、自组装生长 |
| 理 论 | 真空电子学(宏观) | 半导体物理学(宏观) | 量子效应 |
| 参 量 | 平均值 | 平均值 | 非平均值 |
| 分布参量作用 | 很 小 | 小 | 显 著 |
| 温度敏感 | 很 小 | 小 | 显 著 |
| 载流子数量 | 宏观量 | 小 | 有限量 |
| 信号强度 | mA | μA | nA |
| 载流子 | 电子 | 电子/空穴 | 电子/空穴、孤子、极化子、光子 |
| 主要件控制 | 电 流 | 电子/空穴数 | 隧穿速率 |
| 集成度 | 分 立 | 小于 $10^{10}$ B/cm$^2$ | 小于 $10^{12}$～$10^{14}$ B/cm$^2$ |
| 加工模式 | 模 拟 | B | qubit |
| 加工网 | 分立元件 | 数字网 | 类神经网 |
| 构造仪器 | 无线电、雷达 | 计算机 | 自动器、信息网 |

## 7.9.2　纳米集成电路发展设想

纳米电子器件的发展必然是超高密度的集成电路。因此，为发展超高密度纳米电子器件集成电路，一方面需要研究新的纳米电子器件及其集成构造阵列体系，发展各种新的硬件，同时在大量密集的纳米电子构造、隧道结、量子点阵列体系中，将会出现电子/空穴、孤子、极化子、光子等多种信号载流子。必须考虑多种不同情况下的信号加工方法，如量子计算方法、神经网计算方法等。这些都是纳米电子器件集成电路的特征和特点，也是它的优点，这是过去微电子技术中未曾遇到的问题。这些有关纳米电子器件集成电路需要研究的问题，是基于单电子的量子行为和电子器件超高密度集成而提出的，是纳米电子领域亟待解决的问题。

纳米电子器件的集成电路的发展研究，除了上面提出的研究单电子的量子行为和量子计算，发展新的纳米电子器件和构造组合，研究信号载流子(电子/空穴、孤子、极化子等)和神经网信息加工等以外，还应研究发展新的信息功能材料，这方面的新发展有可能使纳米电子学产生重大进展；还应研究纳米电子器件和集成电路的制造和组装技术，这是纳米电子技术发展的最基本的保证条件和基础。现在将纳米电子器件集成电路发展研究的设想归纳在表 7.2 中，供大家参考。

**表 7.2　纳米电子器件集成电路发展研究设想**

| 名　称 | 内　容 | 说　明 |
| --- | --- | --- |
| 单电子的量子行为 | 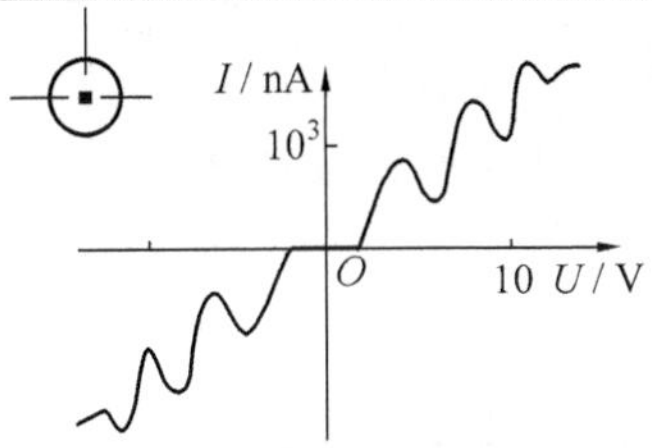 | 电子和粒子的能级，量子态、单电子传输、新单电子器件 |
| 量子计算 | $\mid 0>=\mid \leftrightarrow >$　$\mid \nearrow >=(\mid 0>+\mid 1>)/(2)^{\frac{1}{2}}$<br>$\mid 1>=\mid \updownarrow >$　$\mid \searrow >=(\mid 0>-\mid 1>)/(2)^{\frac{1}{2}}$<br>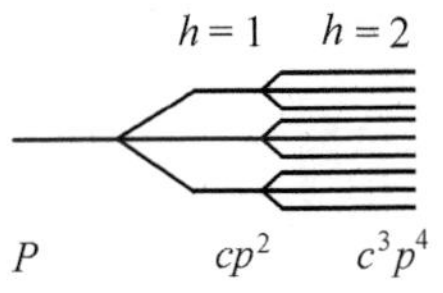 | qubit 的正交态，qubit 的多种叠加态，对不确定效应需进行有恢复力的量子计算 |
| 信号载流子 | 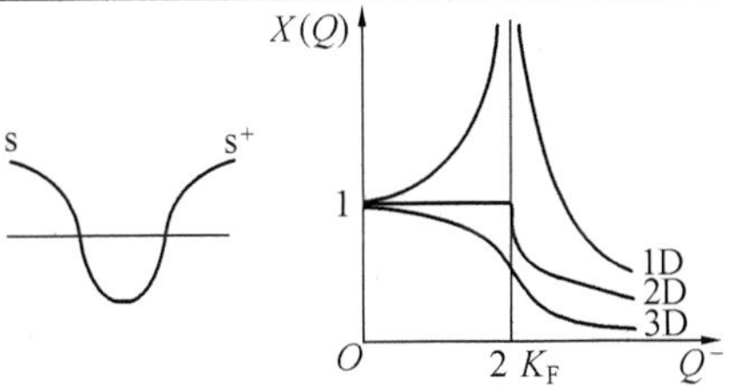 | 电子/空穴、孤子、极化子，电荷密度波和自旋密度波，在二维阵列中的各向异性和相变 |

续表 7.2

<table>
<tr><th>名 称</th><th>内 容</th><th>说 明</th></tr>
<tr><td>神经网<br>信息加工</td><td>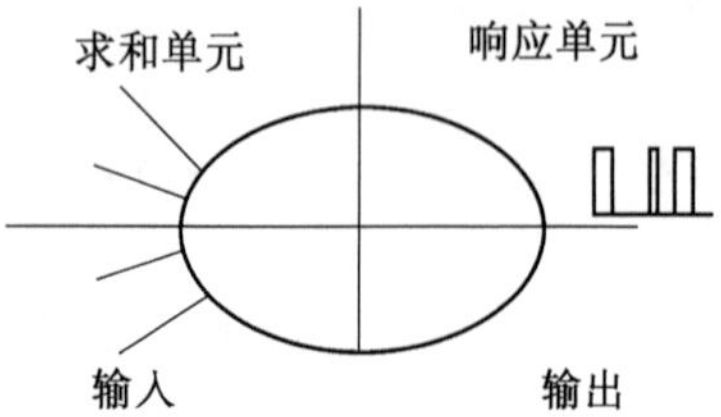
</td><td>相位相关、空间相关和时空相关，它更接近神经网系统</td></tr>
<tr><td>新信息<br>功能材料</td><td>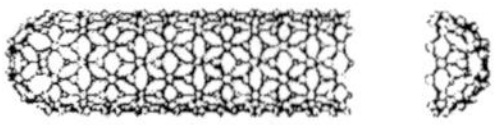</td><td>材料耗散结构理论，协同论、突变论等纳米材料结构制造理论</td></tr>
<tr><td>纳米电子<br>器件和超<br>密集集成<br>电路的制造</td><td>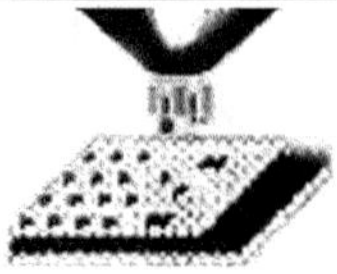</td><td>新的纳米级加工技术<br>分子自组装</td></tr>
</table>

纳米电子学、纳米电子器件和纳米电子器件集成电路的发展，必然会引出很多新概念、新规律和新技术，促使电子科学进入一个新时代，对人类社会的发展起重大影响。

## 7.10 二维半导体材料纳米器件

### 7.10.1 二维半导体材料与新一代纳米器件

在经历了 50 多年器件微型化道路的技术研发之后，晶体管的尺寸在不久的未来可能将停止缩减。与此同时，由于电子器件尺寸不断缩减至纳米尺度所导致的量子效应、热效应等更加显著，这将导致电子器件无法遵循传统半导体物理的原理进行正常工作，器件性能因此下降甚至失效。因此寻求新型沟道材料、发展新一代功能性器件制造工艺是未来发展高集成度、高性能、多功能化新型器件的重要方向。

二维材料的出现为突破传统硅基器件提供了新思路。二维材料是一种在厚度方向上仅仅具有单个或者多个原子层，并且依靠层间的范德瓦尔斯力堆积而成的层状材料。二维材料以其优异的物理性能，成为制造下一代新型功能性纳米器件重点研究对象。主要原因如下：

(1)从材料种类及制备方面,随着化学气相沉积技术等合成技术的不断成熟,目前国内外研究者已经能够稳定制备不同种类的高质量、大面积二维层状纳米材料,包括绝缘体材料、半导体材料、半金属材料、由二维材料组合衍生出的范德瓦尔斯异质结(Van der Waals Heterostructures,vdWHs)以及超晶格结构等,为纳米功能性器件的制造奠定了基础。

(2)从二维材料的电学性能和机械性能方面,由于二维纳米材料具有原子级别的厚度、表面缺乏悬挂键等特殊性能,因此基于二维材料的纳米器件表现出了高电子迁移率、高开关比等优异的电学性能,这使得二维材料成为未来高性能场效应晶体管、超级电容、逻辑电路的首选材料之一,另外二维材料优异的机械性能则使其在柔性电子器件中具有广泛的应用前景。

(3)从二维材料的光电性能方面,由于二维纳米材料具有层数决定的连续可调能带结构、极强的光与物质相互作用以及较大的表面积等特点,使其可运用于光电子器件、太阳能电池、半导体激光器以及发光二极管等。

(4)从二维材料其他特殊性能方面,二维纳米材料本身量子限域结构的特殊性使其出现了宏观三维材料不具备的物理现象,例如超导现象、压电特性、谷自旋效应、热电效应等,为半导体物理、电子器件等领域的发展提供了新的研究方向及研究思路。

对二维材料及其在纳米器件中应用的探索始于2004年英国曼彻斯特大学Geim等人的研究,其制造了在空气环境下能够稳定存在的厚度仅有几个原子的单晶石墨薄膜——石墨烯,打破了二维材料难以稳定存在的传统观,同时研究了基于石墨烯的晶体管的电学性能,开拓了二维材料在纳米器件方向的应用。随后,二维六方氮化硼(Hexagonal Boron Nitride,HBN),渡金属二硫化物(Transition-Metal Dichalcogenides,TMDs),黑磷(Black Phosphorus,BP),过渡金属碳化物、氮化物或碳氮化物(简称MXenes)以及范德瓦尔斯异质结等材料的出现为基于二维材料的纳米器件的研究开拓了方向。然而决定场效应晶体管(Field effect transistor,FET)等器件性能的最关键因素是作为电子传输沟道的半导体材料的性能。因此二维半导体材料及其纳米器件成为研究的重点,研究材料主要包括TMDs、BP以及由石墨烯、TMDs、BP、HBN组成的范德瓦尔斯异质结等,涉及器件包括FET、pn结、传感器等电子器件以及光电探测器、LED、太阳能电池等。

### 7.10.2　基于二维TMDs的纳米器件

TMDs的分子结构通式为$MX_2$,其中M代表过渡金属元素,包含第四副族族元素(Ti、Zr、Hf等)、第五副族元素(V,Nb,Ta等)和第六副族元素(Mo、W等),而X通常代表硫族元素(S、Se、Te等)。单层$MX_2$的元素排布类似于三明治结构，由上下两层硫族元素原子及中间夹层的过渡金属元素原子组成，如图 7.36 所示。多层 $MX_2$ 则在层内形成强的离子共价键以保证层内稳定性，而在层间则通过范德瓦尔斯力相互作用保持材料稳定。TMDs 的制备方法包括机械剥离、激光切割、化学气相沉积等。二维 TMDs 既有金属、半金属特性的材料（如 $TiS_2$、$FeS_2$ 等），又有半导体特性的材料（如 $MoS_2$、$WS_2$ 等）。在 TMDs 家族中，二维 $MoS_2$ 是目前研究最为广泛的材料。$MoS_2$ 的结构主要包含三种类型：2H 态，3R 态和 1T 态。其中 2H 态为最稳定的结构形态，并呈现出半导体特性。单层 $MoS_2$ 的厚度约为 0.65 nm。从 $MoS_2$ 的能带结构可知，块状结构的 $MoS_2$ 为间接带隙，能带间隙约为 1.2 eV，而单层 $MoS_2$ 为直接带隙，能带间隙约为 1.9 eV。因此 $MoS_2$ 可作为场效应管的沟道材料。而由块状结构到单层结构导致的间接带隙到直接带隙的转变则使 $MoS_2$ 具备了较强的光致发光特性，例如单层 $MoS_2$ 材料能够吸收 10%的波长为 615 nm 或者 650 nm 的入射光，而对太阳光的吸收达到 5%～10%。另外直接带隙结构使材料在与光子相互作用的过程中，并不需要声子的介入而直接产生电子空穴对，从而使 $MoS_2$ 在快速光响应能力方面具有很大的优势。此外，二维 $MoS_2$ 面内较强的离子共价键的作用，使得 $MoS_2$ 能够承受约 25%的机械变形，因此 $MoS_2$ 可以像纸一样发生弯折和折叠，形成褶皱等结构，并且弯折后的 $MoS_2$ 的费米能级及能带间隙等性能会发生变化，因此可应用于便携式柔性器件制造。除此之外，$MoS_2$ 具有优异的热稳定性能，其热稳定温度达 1 100 ℃，这使得基于二维 $MoS_2$ 的纳米器件能够在相对苛刻的工作环境中保持稳定的性能。

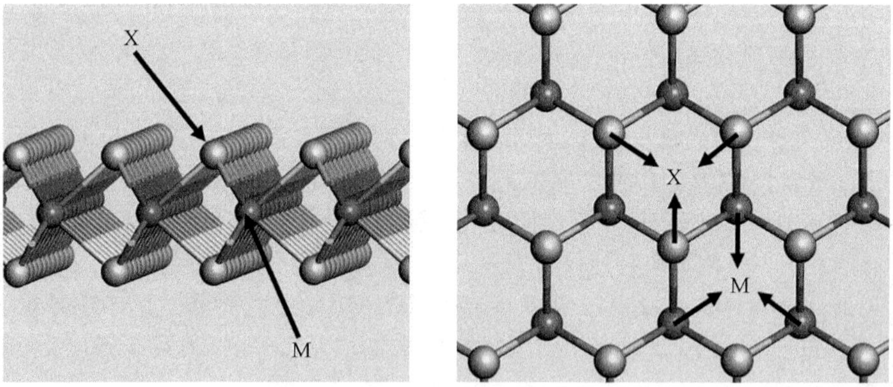


图 7.36　TMDs 原子结构示意图

最初过渡金属二硫化物场效应晶体管的性能研究主要以三维 TMDs 晶体材料作为沟道材料。2004 年，Podzorov 等人首次采用厚度约为 10 mm 的块状 $WSe_2$ 晶体作为沟道材料制造了 FET，其迁移率可达 500 $cm^2 \cdot V^{-1} \cdot s^{-1}$，与单晶 p 型硅材料的晶体管相当。然而以块状晶体结构作为沟道材料的 FET 开关

比仅为 $10^4$，难以满足高性能器件的需求。2007 年，Ayari 等采用机械剥离和化学剥离的方法获得了厚度为原子级的 $MoS_2$ 层状结构。且基于 $MoS_2$ 的 FET 不仅保持了较高的电子迁移率，而且器件开关比可达 $10^5$。然而该 FET 的电子迁移率仅为 0.5～3 $cm^2 \cdot V^{-1} \cdot s^{-1}$，难以满足实际器件需求。为了提高器件的迁移率、开关比等电学性能，国内外研究者提出了诸多改善方法：

(1)选择合适厚度的沟道材料。研究表明在温度为 77 K 及 295 K 时，5～10 层的 $MoS_2$ 具有较高的迁移率，同时可降低 FET 的亚阈值摆幅。

(2)选择合适的栅极绝缘层材料。例如采用高介电常数材料 $HfO_2$ 作为局域顶栅绝缘层，可以大大降低基底中声子散射对器件迁移率的影响，从而使器件具有很高的电子迁移率 200 $cm^2 \cdot V^{-1} \cdot s^{-1}$、器件开关比 $10^8$ 和低功率耗散。

(3)对沟道材料进行弯曲变形。例如利用褶皱结构基底使 $MoS_2$ 获得非均匀分布的应力场，可以使器件在室温及空气环境下的开关比可达 $10^7$，最高迁移率为 820 $cm^{-2} \cdot V^{-1} \cdot s^{-1}$，且器件性能可以保持数月的稳定。

(4)改善金属电极与二维 TMDs 形成的肖特基接触特性。采用金属钪作为电极材料能够极大地降低金属半导体界面处的肖特基势垒可将基于多层 $MoS_2$ 电子器件的电子迁移率提高到 700 $cm^2 \cdot V^{-1} \cdot s^{-1}$。

(5)采用化学掺杂的方法对 TMDs 及电极进行性能调控。例如采用 $NO_2$ 对器件终端接触区域进行化学掺杂，使得单层 $WSe_2$ 在室温状态下表现出的空穴迁移率达 250 $cm^2 \cdot V^{-1} \cdot s^{-1}$，开关比达 $10^6$。

pn 结具有单向导电性及整流特性，是电子器件及数字逻辑电路的必要结构。目前通常采用两种方式可以实现基于单一种类 TMDs 的 pn 结。第一种方式是采用静电调控的方法，使材料的部分区域呈现 p 型特性，而另一部分则呈现 n 型特性，但该方法只适用于双极性材料 $WSe_2$。第二种方式则是采用化学掺杂，通过改变材料不同区域的传输特性形成 pn 结。如图 7.37 所示，采用 $AuCl_3$ 溶液对很薄的 $MoS_2$ 进行掺杂，并结合干法转移技术，依靠材料的层间导电特性制造了厚度仅为 3 nm 的垂直结构 pn 结。该器件的整流比可达 100，并且整流比与 $MoS_2$ 的厚度相关。

对于光电性能方面，南洋理工大学的 Yin 等首次对基于单层 $MoS_2$ 的光电子器件进行测试。研究结果表明单层 $MoS_2$ 光电子器件的截止响应波长为670 nm，并且器件的光响应率(Photoresponsivity，R)为 7.5 $mA \cdot W^{-1}$，响应时间为 50 ms，该器件的光响应率略高于石墨烯光电子器件光响应率(6.1 $mA \cdot W^{-1}$)，从而证明了二维半导体材料在光电子器件中的应用潜力。而基于多层 $MoS_2$ 的光电子器件的光响应率可达到 100 $mA \cdot W^{-1}$，并且响应波长范围达到了近红外波段。近些年来，采用特殊电极材料及栅极绝缘层材料、对沟道材料及电极进行化学掺杂、对沟道材料施加应变等方法同样可以改善基于 TMDs 的器件的光电

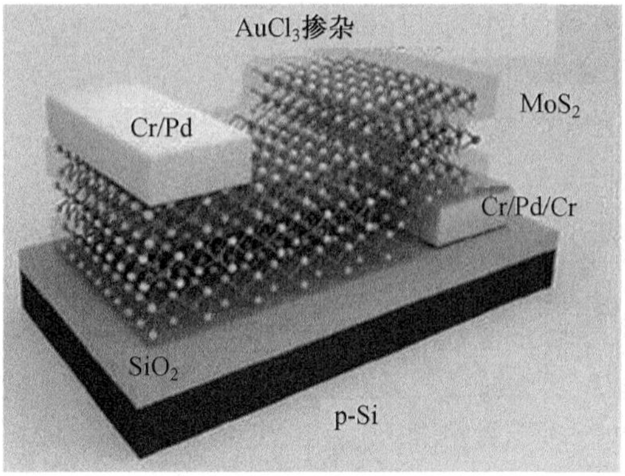


图 7.37 利用化学掺杂构建基于 $MoS_2$ 的 pn 结

性能。例如采用 $HfO_2$ 对单层 $MoS_2$ 进行包裹，进一步提升了器件的性能，可获得光响应率为 $10\sim10^4$ A·W$^{-1}$ 和响应时间为 10 ms～10 s 的光电子器件。而采用铁磁材料作为器件的栅极可以将 $MoS_2$ 光电子器件的响应波长范围延伸到近红外波段 0.85～1.55 μm。除此之外，许多的研究者也致力于如何提升光与 $MoS_2$ 相互作用的研究中，其中最具代表性的是将等离子体纳米结构和半导体材料相结合。杨立军、王扬等人将五聚体纳米光学天线结构应用于 $MoS_2$ 光电子器件中，如图 7.38 所示，实现了 $MoS_2$ 光电子器件在近红外波段光电响应的增强，在光导模式下器件光响应率可达 0.25 A·W$^{-1}$，该值是无纳米光学天线结构器件的 2 倍。

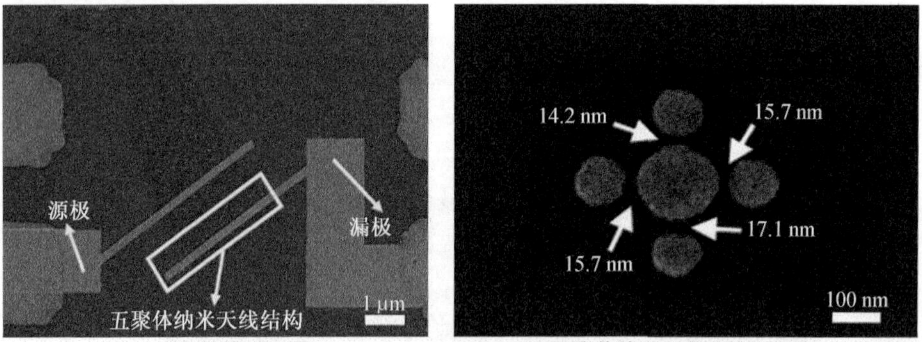


(a) 器件结构SEM图　　(b) 五聚体纳米天线结构SEM图

图 7.38 具有五聚体纳米天线结构的 $MoS_2$ 光电子器件

## 7.10.3 基于二维 BP 的纳米器件

由于大部分半导体性的 TMDs 材料最小能带间隙通常大于 1 eV，而较大的能带间隙会限制材料在功能性器件中的应用，例如难以获得高迁移率、高电流密度的 FET 以及在近红外和红外波段响应的光电子器件。因此，寻求具有较窄能带间隙的二维半导体材料将有利于进一步研发高性能新型功能性器件。2014年，二维黑磷作为最稳定的磷同素异形体，进入了纳米材料研究者的视野。在单层 BP 材料中，每一个磷原子和相邻的三个磷原子成共价键，并且形成褶皱的蜂窝结构，单层厚度大约为 5 Å。从 BP 能带结构可知，其能带结构属于直接带隙，且随厚度的改变其能带间隙范围可达 0.3～2 eV。较大的能带调控范围不仅使 BP 可以作为高性能 FET 的沟道材料，且使基于 BP 的光电子器件的响应波长范围涵盖从紫外光波段到微波波段。BP 还表现出了本征双极性，这是形成 pn 结以及构建逻辑电路的重要性能。BP 同样能够承受较大的弹性变形 30%，并且通过对其施加应力，可改变电子及空穴有效质量、迁移率、能带间隙等电学性，以及对光的吸收方向、吸收波长范围等光学性能，使其成为实现基于应变工程的功能性器件的优选材料。

与 TMDs 不同，由于 BP 在扶手椅(ArmChair，AC)方向和锯齿形方向(ZigZag，ZZ)的晶格结构存在明显的不对称性，如图 7.39 所示。因此在沿着这两个方向的物理、化学、力学、电学、光学性能存在一定的差异。例如，在电学性能方面，电子空穴沿两个方向具有不同的有效质量导致 BP 表现出不一样的电导率和迁移率；在光学性能方面，沿着两个方向的对不同偏振方向的光的吸收程度不同，且对不同波长的光的吸收也不相同，这种性能为构建极化敏感的光电子器件(Polarition－sensitive photodetector)提供了可能性；在机械性能方面，BP 的各向异性主要体现在沿着不同方向的杨氏模量存在差异。因此 BP 所具有的独特性能有利于实现不同应用场合的纳米电子器件和纳米光电子器件。但是 BP 在空气环境中具有较差的稳定性，在空气环境中的暴露会使其层数及体积发生变化，这也是导致无法利用化学气相沉积等方法制备大面积 BP 的原因之一，限制了其在纳米器件制造中的应用。

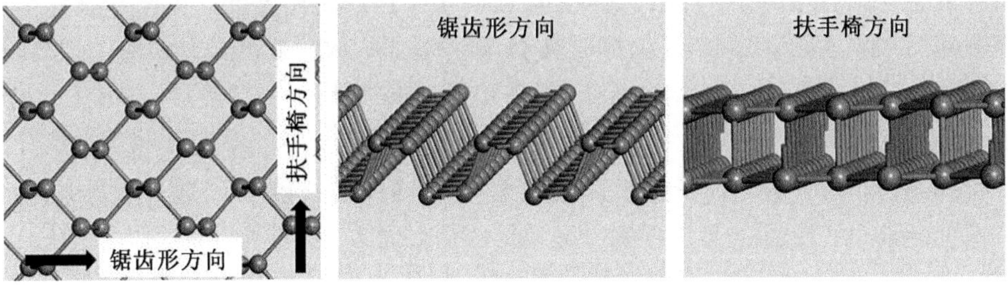


图 7.39　BP 原子结构示意图

2014 年，中国复旦大学 Li 等人首次实现了基于原子层级 BP 的 FET。该 FET 具有双极性调控的特点和较大的器件开关比 $10^5$，其性能能够满足逻辑电路的需求。同时，基于厚度为 10 nm 的 BP 的 FET 具有大于 1 000 $cm^2 \cdot V^{-1} \cdot s^{-1}$ 的载流子迁移率，该数值与硅基半导体器件的迁移率相当。研究表明接触电阻、双极性输出和沟道尺寸对基于 BP 的 FET 性能的影响。例如，由于 Ni 和 Pd 之间的功函数差值约为 0.6 eV，因此采用 Pd 作为电极材料有利于减少接触电阻。且通过改变沟道的长度、栅极电压的大小、外加偏压的大小实现将器件的传输特性从本征的 p 型转变为 n 型。利用 Ag/AgCl 溶液也可以对基于 BP 的 FET 进行化学掺杂，将场效应管的开关比提升到 $10^7$，并且同时保证了较高迁移率。

除了在电子迁移率及开关比方面的优势之外，BP 表现出明显的各向异性对 FET 的性能存在巨大的影响。Liu 等人通过在同一片 BP 材料表面构建不同角度电极，对基于 BP 的 FET 中各向异性的电子传输性能进行了研究，如图 7.40 所示。实验表明器件的传输电流和电导随着电极角度的不同发生变化。并通过第一性原理计算结果表明，BP 沿不同方向的电子空穴有效质量有巨大的差异，并且与电流随角度的变化趋势一致，该实验及理论计算证明了 BP 的各向异性的电子传输性能。

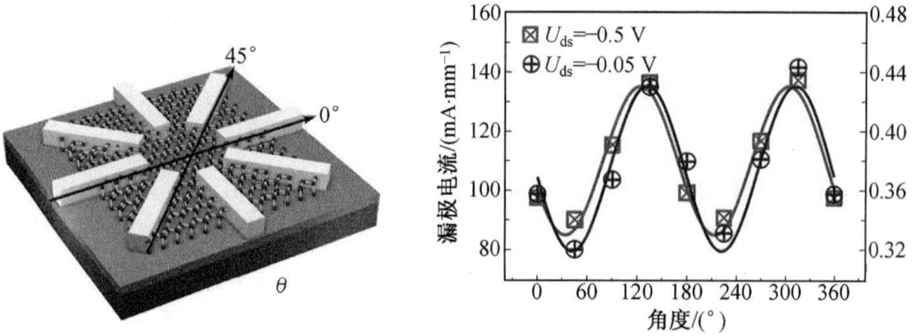


图 7.40　BP 的电学性能各向异性

与 $WSe_2$ 相似，BP 同样表现出了明显的双极型传输性能，因此也可采用静电调控的方法实现 pn 结。采用 Al 对 BP 进行化学掺杂同样也可以实现 pn 结。研究表明 Al 原子能够为 BP 提供自由电子，进而使 BP 从 p 型转变为 n 型。与此同时，通过 Al 对 BP 进行掺杂能够将 BP 的电子迁移率提高 2.5 倍，器件开关比提高至 $5.6 \times 10^3$。

BP 在空气环境中的不稳定性对纳米电子器件的性能也产生一定的影响。长时间地将 BP 暴露在空气中将导致 BP 的层数逐步低，甚至最终恶化为单层。通过对比不同时间下的器件传输性能可知：暴露在空气中的 BP 表面会吸附氧气，导致器件的阈值电压发生偏移，极大地影响器件的稳定性。尽管 BP 在空气中的不稳定性限制了其在器件中的应用，但目前的一些器件制造工艺手段极大地降低了 BP 氧化的过程。例如，在器件完成制造之后，采用原子层蒸镀的方法在器件表面生长绝缘层，从而隔离 BP 与空气之间的氧化反应。Joshua 等人对比了完全暴露和采用氧化铝包裹的 BP 场效应管的性能，将采用氧化铝包裹的 BP

场效应管器件，该器件在空气中暴露 2 周仍然能够保持 $10^3$ 的器件开关比和 100 $cm^2 \cdot V^{-1} \cdot s^{-1}$ 的载流子迁移率，而完全暴露的器件的阈值电压仅仅在 6 h 内就出现了很大的偏移。

基于 BP 的光电子器件的主要优势为在近红外和红外波段的响应。2014 年荷兰代尔夫特理工大学的 Buscema 等人首次进行了基于 BP 的光电子器件性能研究。研究结果表明，BP 光电子器件具有较宽的响应波长范围，涵盖可见光波段到近红外波段。同时器件响应时间仅为 1 ms，从而证明了 BP 在快速光电响应方面的能力。为了进一步探索 BP 在不同波长的光响应能力，Wu 等人研究了 BP 光电子器件在紫外到近红外波段的光电响应特性，BP 在紫外波段的光响应率达 $9\times10^5$ $A \cdot W^{-1}$，而在近红外波段则能达到 1.82 $A \cdot W^{-1}$。为改善基于 BP 的器件光电性能，国内外研究者提出了诸多改善方法：通过采用降低温度、缩短沟道长度、改变 BP 的厚度等方法可以实现光响应率的提高，例如，在温度为 20 K 的条件下，当沟道长度缩短至 100 nm 时，光响应率提高到 $4 \times 10^7$ $A \cdot W^{-1}$。采用特殊的工艺同样可以对器件的性能进行提升，例如 Venuthurumilli 等人利用蝴蝶结状纳米等离子激元增强结构，对基于 BP 的光电探测器进行增强，使其光响应率提高至无增强结构时的 4 倍。

### 7.10.4 基于范德瓦尔斯异质结的纳米器件

随着 CVD 生长技术、机械剥离技术和转移技术的不断成熟，出现了由两种或者两种以上的二维材料层状堆叠而形成的 vdWHs。相对于传统半导体异质结，由于二维材料特殊的晶格结构以及材料表面不存在悬挂键等特性，所形成的 vdWHs 不存在晶格不匹配问题，从而避免了材料界面不匹配对器件性能的影响。当前制备 vdWHs 的主要方法有两种：一种是基于干法转移和堆叠技术，另一种则是基于两步化学气相沉积技术。特别是 CVD 技术的成功应用，使得 vdWHs 界面原子之间能够稳定键合。

除上述 TMDs、BP 等半导体材料外，许多金属、半金属、绝缘体性的二维材料也用于制造 vdWHs，最常见的是石墨烯及氮化硼。石墨烯是一种由 $sp^2$ 杂化的碳原子组成的六方晶系材料，具有较高的机械强度，并且在室温下的迁移率可达 15 000 $cm^2 \cdot V^{-1} \cdot s^{-1}$，导热系数可达 5 000 $W \cdot m^{-1} \cdot K^{-1}$，该性能有利于提高纳米器件的传输性能及散热能力，因此可作为电极材料、沟道材料等。在光学性能方面，石墨烯最具优势的性能是其对光的响应波长范围可达 0.75～30 μm，因此石墨烯是实现高性能太赫兹光电探测器的重要材料。然而，利用石墨烯制造功能性纳米器件具有两方面明显的缺点：首先石墨烯的导带和价带关于狄拉克点对称并且其能带间隙几乎为零，这使得基于石墨烯的场效应晶体管很难具有器件的开关状态。尽管利用特殊基底、掺杂、光刻等方法使石墨烯获得了能带间隙，但其间隙范围仍然较小(<1.0 eV)，且这些方法会导致石墨烯导电性能等降低，极大地阻碍了其在下一代新型场效应晶体管等电子器件中的应用。其次，由于石墨烯超高的光学透明度，单层石墨烯对光的吸收仅达 2.3%，并且无间隙的能带结构导致光生载流子的寿命极短，从而极大地限制了其在新型功能性纳米光电子器件方面的应用。HBN 与石墨烯的原子结构极其相似，由于其颜色为白色，因此被称为白石墨。从单层 HBN 的能带结构可知，该材料具有较大的能带间隙(可达 6 eV)，故其电学性能主要体现为绝缘体特性。然而由于 HBN 的表面平整度极高，可代替传统材料作为石墨烯等材料的基底，有利于减小表面效应的影响、降低电子散射、提高迁移率，而且也可作为封装材料以减少沟道材料受环境的影响，降低表面化学吸附。因此，通过形成 vdWHs 有利于结合不同二维材料的优势，并且获得单一材料所不具有的特性，为实现高性能的纳米电子器件及光学器件提供了更多的可能性。

2014 年，加州大学伯克利分校的 Roy 等人首次实现了全二维材料的 FET。器件结构中采用 $MoS_2$ 作为有效的沟道材料，二维氮化硼作为顶栅，石墨烯作为三端子电极材料。该 FET 表现为 n 型器件，并且具有大于 $10^6$ 的开关比和 $33\ cm^2 \cdot V^{-1} \cdot s^{-1}$ 的电子迁移率。利用不同种类的二维材料形成 pn 结也是研究的热点。例如，将 p 型材料 $WSe_2$ 和 n 型材料 $MoS_2$ 通过干法转移的方法进行堆叠，同样采用石墨烯作为电极材料形成 $WSe_2/MoS_2$ 异质结，基于该异质结的器件具有明显的整流特性，即形成了 pn 结。利用 p 型 BP 和 n 型 $MoS_2$ 也可以形成 pn 异质结，如图 7.41 所示。

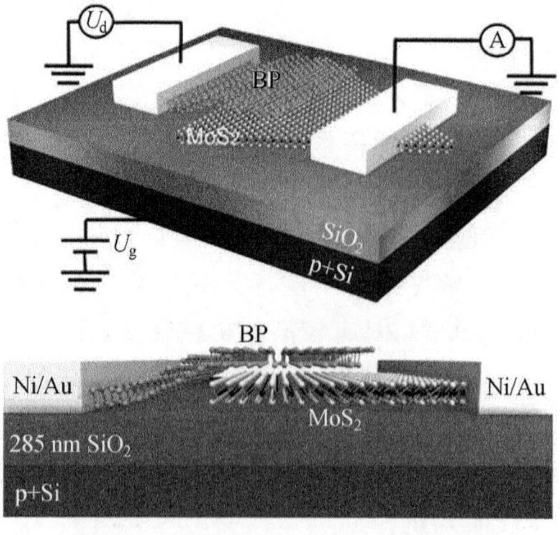


图 7.41　$MoS_2$/BP 范德瓦尔斯异质结

由于二维材料良好的层间导电性能，因此可利用 vdWHs 制造隧穿场效应晶体管。Georgiou 等人制造了基于石墨烯电极和 $WS_2$ 的隧穿 FET，器件以基底材料 HBN、中间层 $WS_2$、上下两层石墨烯在垂直方向形成三明治结构。因此器件中的电流沿着二维半导体材料的层间进行传输。由于传输的厚度仅仅取决于中间夹层材料的厚度，因此被称为隧穿场效应晶体管。器件在开启状态下具有极高传输电流，同时仍然保持较高的器件开关比 $10^6$。另一种隧穿 FET 是采用石墨烯一二维半导体材料一金属的结构形式。例如以石墨烯作为源极，$MoS_2$ 为沟道材料，采用 Ti/Au 作为漏极，硅基底作为栅极构建了隧穿 FET。采用 Ti 作为漏极能够和 $MoS_2$ 形成欧姆接触从而有助于载流子的传输。另外，采用背栅对单层石墨烯和 $MoS_2$ 之间的肖特基势垒进行调控，获得了开关比为 $10^3$、电流密度为 15 000 $A \cdot cm^{-2}$ 的 FET。

伴随着二维半导体光电子器件的发展，基于 vdWHs 的光电子器件同样受到研究者的关注。目前主要包括两种光电子器件。第一种基于 vdWHs 的光电子器件是由石墨烯/二维半导体材料/石墨烯结构组成。二维半导体材料作为光吸收层，而石墨烯作为电极对光生载流子进行分离和收集，从而实现光电探测功能。2013 年，曼彻斯特大学 Britnell 等人首次证明了 vdWHs 具有较强的光与物质相互作用。采用石墨烯为电极，$WS_2$ 为吸光材料制备了首个基于 vdWHs 的光电子器件。Massicotte 等人证明了 vdWHs 具有皮秒级别的光响应时间。该器件结构采用 $WSe_2$ 作为沟道材料，利用上下层的石墨烯作为电极材料。并且为了降低声子及其他因素对光响应的影响，利用氮化硼材料对结构进行包裹。基于该异质结的器件光响应时间为 5.5 ps，从而证明了异质结在超快光电子器件方面的应用潜力。第二种 vdWHs 光电子器件则是由二维半导体材料一二维半导体材料结构组成。由于形成异质结的两种半导体材料具有不同的掺杂类型，因此这种形式同样可以作为光伏器件的基本单元。以 n 型 $MoS_2$ 和 p 型 $WSe_2$ 为例，$MoS_2$ 导带底和的 $WSe_2$ 的价带顶在重叠区间形成较小的能带间隙，从而使得在各自区间本征激发的电子空穴对能够在该能带间隙中进行复合。该能带结构的优势在于较强的层间载流子耦合作用和超快的载流子传输作用。2014 年，Lee 等人首次提出了基于二维半导体材料的 vdWHs 的光电子器件。为了有利于电子和空穴的注入，采用 Pa 和 Al 金属分别与 $WSe_2$ 和 $MoS_2$ 形成金属半导体接触结。当激光辐照时，器件具有明显的栅极可调的光伏特性。通过对器件的光电流成像结果表明，光电流的产生区域主要集中在重叠部分，揭示了光生载流子在界面处的分离是产生光伏特性的主要原因。在此之后，各种各样的异质结组合都获得了相似的实验结果，包括 $MoS_2/WS_2$、$WSe_2/WS_2$、$WSe_2/MoSe_2$ 等。尤其是 Pezeshki 等人设计的基于 $\alpha-MoTe_2/MoS_2$ 的光电子器件具有从可见光到近红外区域(800 nm)的光电响应。并且在可见光区间的光响应率达 322 $mA \cdot W^{-1}$，在近红外区域的光响应率达 38 $mA \cdot W^{-1}$。除了上述两种材料的组合之外，三明治结构的异质结也有相关的报道。Long 等人则提出了 $MoS_2$/石墨烯/

$WSe_2$的三明治结构，图 7.42 为器件的结构示意图及器件对不同波长的光的光响应率 $R$。由于石墨烯具有较宽的吸收光谱，因此该结构成功地将器件的探测范围扩展到红外波段，极大地提高了器件的响应波段。

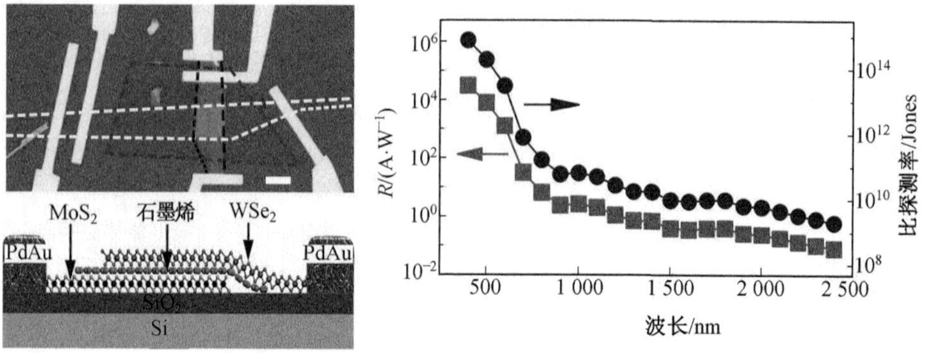


图 7.42　基于 $MoS_2$/石墨烯/$WSe_2$异质结的光电子器件

### 7.10.5　二维半导体纳米器件未来发展

综合以上对基于不同二维半导体纳米材料的纳米电子器件及光电子器件的性能分析可知：(1)对于纳米电子器件，基于 TMDs 的纳米电子器件具有较高的开关比，但其迁移率普遍较低。而基于 BP 的纳米电子器件能够具有较高的迁移率，并且由于 BP 的各向异性，其具有独特的器件性能。但基于 BP 的纳米电子器件的开关比较低，且由于 BP 易于氧化，器件的性能难以保持稳定。基于 vdWHs 的电子器件的优势在于能够结合不同二维材料的特性，并且器件具有较高的整流特性，相比于利用静电调控等方法实现 BP 或 $MoS_2$的 pn 结，利用制备 vdWHs 的方法能够更容易实现 pn 结的制造，从而为功能多样的纳米器件提供实现途径，但目前 vdWHs 的制备和生长机理还处于探索阶段，制备方法的不成熟制约了器件的发展。(2)对于纳米光电子器件，基于 $MoS_2$等 TMDs 的纳米光电子器件在可见光波段具有较高的光响应率，但在近红外波段的响应较差，且目前难以对中红外波长的光进行响应，另外器件的响应时间一般在在毫秒级甚至秒级，因此基于 TMDs 的纳米光电子器件不适合在近红外响应以及快速响应等方面的应用，限制了其在航空航天、国防安全的核心探测组件、光纤通信、医疗成像等特殊波段探测方面的应用。基于 BP 的纳米光电子器件具有可至中红外波段的光响应范围，但在近红外波段仍存在光电响应能力低、响应速度慢、光伏性能弱等方面的问题，并且 BP 的不稳定性严重制约了其在光电子器件中的应用。基于 vdWHs 的光电子器件具有微秒级别的光响应时间，因此可用于快速探测等方面，但器件的光电转换能力(尤其是光伏特性)较弱，不利于在能量收集等方面的应用，同时材料制备技术也制约了其发展。因此，在发展高性能纳米电子器件以及全波段快速响应的光电子器件仍需要进一步的研究。

因此，实现具有高迁移率、高开关比、优异的整流特性的电子器件以及可用于近红外光电探测、能量收集、高速响应的光电子器件是未来发展的主要方向。因此在研究新型二维纳米材料的同时，根据不同材料的特殊性能，优化纳米器件结构形式，并借助于不同的制造手段，也是提升纳米器件的性能、拓宽器件应用范围的重要方法。

## 复习思考题

1. 简述过去 30 年微电子技术和集成电路的发展和面临的限制。
2. 简述微米电子器件和纳米电子器件的尺度范围分界。
3. 纳米电子器件的主要量子效应特征有哪些？

## 参考文献


[1] 黄德欢. 纳米技术与应用[M]. 上海：东华大学出版社，2001.

[2] 石庚辰. 微机电系统技术[M]. 北京：国防工业出版社，2002.

[3] 顾宁，付德刚，张海黔，等. 纳米技术与应用[M]. 北京：人民邮电出版社，2002.

[4] 朱屯，王福明，王习东，等. 国外纳米材料技术进展与应用[M]. 北京：化学工业出版社，2002.

[5] 刘吉平，郝向阳. 纳米科学技术[M]. 北京：科学出版社，2002.

[6] 薛增泉. 纳米科技探索[M]. 北京：清华大学出版社，2002.

[7] 朱静. 纳米材料和器件[M]. 北京：清华大学出版社，2003.

[8] 薛增泉，刘维敏. 纳米电子学[M]. 北京：电子工业出版社，2003.

[9] 杨志伊. 纳米科技[M]. 北京：机械工业出版社，2004.

第 8 章

# 微机械和微机电系统

微机电系统技术是在微电子和微机械技术上发展起来的一门多学科交叉技术，它包括微传感器、微执行器、信号处理和控制电路、通信接口和电源部件等，其外形轮廓尺寸在毫米量级以下，构成的元件尺寸在微米至纳米量级，能完成大尺度电子机械系统所不能完成的工作，从而极大地提高系统的自动化、智能化可靠性水平。微机电系统具有微型化、集成化、多样化的特点。微机电系统技术经过了几十年的发展，将进一步向微型化、多功能化、集成化等方面发展，其巨大潜力已引起了世界各国的高度重视。MEMS 将对 21 世纪的科学技术、生产方式和人类生活质量产生深远的影响。

# 8.1　微机械和微机电系统的提出

## 8.1.1　微机械和微机电系统(MEMS)的提出和发展

微型和超微机械、微型和超微机电系统，是纳米技术将来走向实用化、产生经济效益的主要领域之一。自从微电子技术问世以来，人们不断完善各种机械、仪器和控制系统，对这些装置的微型化，不断提出更新更高的要求。纳米技术的出现，使微机械和微机电系统进入了一个广阔的崭新领域，世界各国都给予了极大重视，投入了大量人力物力进行这方面的开发研究，并不断取得重要的新成果。在微机械的尺寸范围内，依其特征尺寸，可以划分成三个等级：1～10 mm的是小型机械，1 μm～1 mm 的是微机械，1 nm～1 μm 的是纳米机械。但广义的微机械是包含上述三个等级的微小机械。早期的微机械是微机械零件和微机械机构，体积大大缩小。但这些机械需要信息传入的传感器、使它工作的驱动器，以及将运动或信号输出的接口，这些辅助装置和连接机构的尺寸，大大超过了微型的机械本身，不能满足生产实际的要求。因此很自然地就发展起来了微机电系统。微机电系统的组成框图如图 8.1 所示，它是将微机械、信息输入的微型传感器、控制器、模拟或数字信号的处理器、输出信号接口、致动器(驱动器)、电源等都微型化并集成在一起，成为一个微机电系统。它有较强的独立运行能力，并

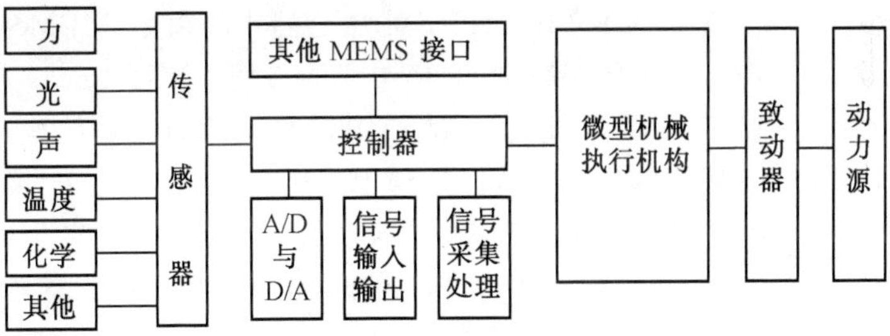


图 8.1　微机电系统的组成框图

有能完成规定工作的功能。微机电系统内部可分成几个独立的功能单元，同时又集成为一个统一的系统。集成的微机电系统在日本仍习惯称其为微机械(micromachine)，美国则称其为微机电系统(micro electro-mechanical system, MEMS)，欧洲则称其为微系统(microsystem)。应该指出，这些微型系统虽然被称为微机电系统，可是它的含意绝不只是机械和电子器件的集成，需要时可以包括声、光、化学和其他物理量的微型传感器和器件，还可以包括光学系统或其他系统，称为微机电系统只是一个统称。

微机械的设想在20世纪50年代就有科学家提出,60年代就有微型传感器研制成功,美国和欧洲从70年代起就有许多公司积极开展这方面的研究工作。由于微型电机、多种微型传感器的研制成功,这项新兴技术受到多国决策部门的重视,被列入高新技术规划。1987年美国MIT、Stanford、Berkeley等著名大学和研究所的15名科学家提出的“小机器,大机遇:关于新兴领域——微动力学(微系统)的报告”的国家计划建议书,建议国家财政部门在五年内支付5 000万美元资助微系统的研究工作。美国现在有30多个MEMS研究组,航空航天、通信和MEMS被列为国家的三大科研重点。美国国防高级研究计划局(DARPA)资助微机电系统技术用于军用开发的经费每年达5 000万美元。日本通产省自1991年到2000年实施为期10年的“微机械技术”的大型研究开发计划,共投资250亿日元,研制两台MEMS样机,一台用于医疗,可以进入人体做诊断和微型手术等工作;另一台用于工业,对飞行器和原子能设备的微小裂纹进行维修。法国于1993年启动了“微技术和微系统”项目,投入7 000万法郎进行开发研究。德国每年用于微系统研究的投入高达7 000万美元,取得了多项重要成果。1993年欧洲有8所院校、23个国家研究所,总共31个MEMS研究组,现在欧洲已有数百所院校和研究所在进行MEMS技术的研究。

### 8.1.2 微机械和微机电系统(MEMS)的产业化前景

MEMS可以在许多领域和部门得到应用,如医疗和外科手术设备、航空航天工业、科学仪器、通信设备仪器、传感器工业、日用产品和国防应用。据美国N. Calirona微电子中心(MCNC)的MEMS技术中心当年的预测,MEMS产业的年增长率是10%~20%,2001年有高于80亿美元的市场。美国Lucas Novsensor公司介绍,在过去30年间,世界上花在MEMS的费用约为100亿美元,当年预计到2000年MEMS领域的年产值可以达到100亿美元,而在1995年年产值仅为15亿美元,由此可见其发展迅速。现在有些MEMS产品已有竞争力,如微加速度计、微继电器、微冲击传感器、微流量传感器、微喷头和惯性传感器等。这些产品功能良好、体积小、价格低,因而有较强的竞争力。现在对MEMS产业化的看法是,硅微压力传感器、微加速度传感器和微阀已经是商品,微传感器有可能占领相当一部分传感器市场。现在工业界已对MEMS感兴趣。目前市场以流体调节与控制的微机电系统为主,其次为压力传感器和惯性传感器。据当时估计,到2000年,微压力传感器有可能占领市场的25%,微光学开关占21%,微惯性传感器占20%,流体调节控制微系统占19%,大容量存储器占6%,其他微型器件占9%。MEMS在工业、信息处理和通信、国防、航空航天、航海、医学和生物工程、农业和家庭服务等领域有着潜在的巨大应用前景。

## 8.2　微机械和微机电系统的理论基础

机构微型化以后，由于尺寸缩小到微米和纳米尺度，特别是纳米尺度后，许多物理现象与宏观世界有很大不同，原来宏观世界中的各种基础规律，如力学、运动学、热力学、摩擦学、流体力学、光学、电子学等，到微观世界都将不再安全适用。由于原子间的作用力起主导作用，宏观力学规律将被量子力学规律所代替。随着机构尺寸的微型化，特别是尺寸到纳米尺度后，一些新的物理力学规律将起主导作用。因此必须研究微机械使用的材料学、微机械学、微热力学、微摩擦学、微流体力学、微光学、微电子学和纳米电子学等，只有在新的物理基础上，才有可能设计出高水平高质量的微结构、微机械和微机电系统。由于基本物理力学规律的变化很大，不掌握这些微型器件的理论基础，就无法胜任微机械和微机电系统的设计和研制工作。

### 8.2.1　物理参量的微尺寸效应

#### 1. 器件特征尺寸的微尺寸效应

器件特征尺寸 $L$ 的变小，在进入微小尺寸领域后，对各种物理特征变化的影响程度是各不相同的。例如，静电力与 $L^0$ 成比例（静电力 $F$ 和静电体面积 $A$ 成正比、和距离 $d$ 的平方成反比，故 $F \propto A \cdot \frac{1}{d^2}$，即 $F \propto L^2 \cdot \frac{1}{L^2} = L^0$），热传导和表面张力与 $L^1$ 成比例，表面积、弹性力和黏结力与 $L^2$ 成比例，体积和质量与 $L^3$ 成比例，惯性力和电磁力与 $L^4$ 成比例。因此，在微尺寸领域内，各种物理量起作用的大小与在宏观世界中有很大不同，设计微机械和微机电系统必须重点考虑起作用的物理参数的影响。表 8.1 给出了一些主要物理参数的尺寸效应。

**表 8.1　物理参数的尺寸效应**

| 参数 | 记号 | 关系式 | 尺寸效应 | 备　　注 |
|---|---|---|---|---|
| 长度(代表尺寸) | $L$ | $L$ | $L$ | |
| 表面积 | $S$ | $\propto L^2$ | $L^2$ | |
| 体积 | $V$ | $\propto L^3$ | $L^3$ | |
| 质量 | $m$ | $\rho V$ | $L^3$ | $\rho$ — 密度 |
| 压力 | $f_p$ | $Sp$ | $L^2$ | $p$ — 压力；$S$ — 面积 |
| 重力 | $f_g$ | $mg$ | $L^3$ | $g$ — 重力加速度 |

续表 8.1

| 参数 | 记号 | 关系式 | 尺寸效应 | 备　注 |
|---|---|---|---|---|
| 惯性力 | $f_i$ | $md^2x/dt^2$ | $L^4$ | $x$ — 位移量；$t$ — 时间 |
| 摩擦力 | $f_f$ | $uSd \cdot dx/dt$ | $L^2$ | $u$— 黏性系数；$d$— 间隔 |
| 弹性力 | $f_e$ | $eS\Delta L/L$ | $L^2$ | $e$— 杨氏弹性模量 |
| 线性弹性系数 | $k$ | $2UV/(\Delta L)^2$ | $L$ | $U$— 单位体积伸长所需能量 |
| 固有振动频率 | $\omega$ | $\sqrt{k/m}$ | $L^{-1}$ | |
| 转动惯量 | $I$ | $amr^2$ | $L^5$ | $a$— 常数；$r$ — 旋转体的半径 |
| 重力产生的挠度 | $D$ | $mg/k$ | $L^2$ | |
| 雷诺数 | $Re$ | $f_i/f_f$ | $L^2$ | |
| 热传导 | $Q_c$ | $\lambda\Delta TA/d$ | $L$ | $\Delta T$— 温度差；$\lambda$— 热传导率；$A$— 断面积； |
| 热对流 | $Q_i$ | $h\Delta TS$ | $L^2$ | $h$— 温度传导率 |
| 热辐射 | $Q_r$ | $CT^4S$ | $L^2$ | $C$— 常数 |
| 静电力 | $F_e$ | $\varepsilon SE^2/2$ | $L^0$ | $\varepsilon$— 介电常数；$E$— 电场 |
| 电磁力 | $F_m$ | $\mu SH^2/2$ | $L^4$ | $\mu$— 磁导率； |
| 热膨胀力 | $F_r$ | $eS\Delta L(T)/L$ | $L^2$ | $H$— 磁场强度，压电力也类似 |

## 2. 运动参数受尺寸效应影响的分析

为使尺寸效应对运动参数的影响更明确形象，可用具体实例来说明。李德胜等对此曾进行了较深入的分析。表 8.2 中给出了主要运动参数受尺寸效应影响的估算值。

表 8.2　运动参数受尺寸效应影响的估算值

| 参数 | 符号，关系式 | 分子 | 纳米机械 | 微机械 | 普通机械 |
|---|---|---|---|---|---|
| 代表尺寸 /m | $L$ | $10^{-9}$(1 nm) | $10^{-6}$(1 μm) | $10^{-3}$(1 mm) | 1(1 m) |
| 质量 /kg | $m \propto L^3$ | $5\times10^{-26}$ | $5\times10^{-17}$ | $5\times10^{-8}$ | $5\times10^{1}$ |
| 表面积 /$m^2$ | $S \propto L^2$ | $10^{-18}$ | $10^{-12}$ | $10^{-6}$ | 1 |
| 速度 /$(m \cdot s^{-1})$ | $v$(假定 $\propto L$) | $3\times10^{2}$(水分子) | $10^{-6}$(1 μm/s) | $10^{-3}$(1 mm/s) | 1(1 m/s) |
| 响应时间 /s(水中) | $\tau \propto L^2$ | | $5\times10^{-7}$ | $5\times10^{-1}$ | $5\times10^{5}$ |
| 雷诺数($\rho$— 密度；$\mu$— 摩擦系数) | $Re = Lv\rho/\mu \propto L^2$ | | $10^{-6}$(水中) | 1(水中) | $10^{6}$(水中) |
| | | | $10^{-12}$(空气中) | $10^{-6}$(空气中) | 1(空气中) |

续表 8.2

| 参数 | 符号,关系式 | 分子 | 纳米机械 | 微机械 | 普通机械 |
|---|---|---|---|---|---|
| 动量 /($kg \cdot m \cdot s^{-1}$) | $mv \propto L^4$ | $10^{-23}$(水分子) | $5 \times 10^{-23}$ | $5 \times 10^{-11}$ | $5 \times 10^{1}$ |
| 运动能量 /($kg \cdot m^2 \cdot s^{-2}$) | $mv^2/2 \propto L^5$ | $5 \times 10^{-23}$(水分子的热运动能) | $2.5 \times 10^{-29}$ | $2.5 \times 10^{-14}$ | $2.5 \times 10^{1}$ |

上表取的典型实例中,尺寸差为 $10^3$ 倍的领域有:

① 分子,代表尺寸设为 1 nm;

② 纳米机械,代表尺寸为 1 μm;

③ 微机械,代表尺寸为 1 mm;

④ 普通机械,代表尺寸为 1 m,假定质量为 50 kg,表面积为 1 $m^2$。

表中速度的估算原理,除水分子的运动速度为已知外,纳米机械微机械的和一般机械的运动速度均假设为自身长度 $s$,应该说比较接近。

系统的响应时间是从系统的运动方程推算出来的。设质量为 $m$,黏阻抗系数为 $c$ 的运动系统在外力 $F$ 作用下的运动方程为

$$F = m\frac{\mathrm{d}v}{\mathrm{d}t} + cv \tag{8.1}$$

$$v = F/c(1 - \mathrm{e}^{t/\tau}) \tag{8.2}$$

从方程的解可知,该系统的响应时间常数 $\tau = m/c$。对于直径为 $L$ 的球,黏性系数为 $u$ 时,由斯托克斯定律可知 $c = 3\pi uL$,因此 $\tau$ 比例于 $L^2$。在水中 $u$ 约为 $10^{-3}$ ns/$m^2$,计算获得表 8.2 中数值。从表中数值可看到,物体尺寸越小,响应时间越快。

从表中数据可以看到,动量与 $L^4$ 成比例,运动能量与 $L^5$ 成比例。因此,微机械动能较小,即微操作器的耗能较小;微传感器惯性很小,灵敏度很高。

## 8.2.2 微机械学

### 1. 微结构的机械特征

微结构的机械特性在很大程度上依赖于材料的物理特性,机械性能的计算虽仍用原来的公式,但由于微尺寸效应,以及各种物理特性对微结构的影响,较普通机构有较大改变。表8.3 是材料的一些主要物理性能对微结构的作用影响及作用影响举例。

$$f_0=\frac{\omega_0}{2\pi}=\frac{1}{2\pi}\sqrt{\frac{k}{m}} \tag{8.4}$$

$$\zeta=\frac{c}{2}\cdot\frac{1}{\sqrt{km}} \tag{8.5}$$

$$Q=\frac{f_0}{f_1-f_2}=\frac{1}{2\zeta} \tag{8.6}$$

式中　$f_1$—— 振幅值下降一半前所对应的频率；

$f_2$—— 振幅值下降一半后所对应的频率。

由式(8.4)可看到，$k$ 与 $L$ 成正比，$m$ 与 $L^3$ 成正比，因此 $f_0$ 与 $L^{-1}$ 成正比，这说明 $L$ 值愈小(微机械的尺寸愈小)，其自振频率愈高。

$f_0$ 和 $Q$ 与许多物理量有关，可以利用这些物理量对 $f_0$ 和 $Q$ 影响的变化关系，来检测这些参量。$f_0$ 为频率信号，易于测量和进行计算机数据处理计算。例如，$f_0$ 是质量 $m$ 和弹性系数 $k$ 的函数，而 $k$ 值又和材料的弹性模量 $E$ 成正比，因此可以通过测量 $f_0$ 求得材料的弹性模量 $E$，同理也可通过测量 $f_0$ 的变化求得作用力 $F$、压力 $P$ 等。振动体周围的媒体不同时，$Q$ 值将有变化，在高真空度时，振动能量衰减慢，$Q$ 值较大；低真空度时，振动能量衰减快，$Q$ 值较小。利用这些关系可以测量真空度。设计微加速度计时，要避免共振，同时要求频率响应宽，不仅需要正确设定阻尼系数，同时要使振动腔内有较高的真空度。

### 8.2.3　微热力学

#### 1. 微结构的热特性

微机械中有些部件需研究其热特性，如与温度有关的传感器、驱动器等因能量消耗而产生温升。下面分析热器件的温度特性。设温度为 $T$ 的器件，发出功率为 $W$ 时，温度升高 $\delta T$，这时的热平衡方程为

$$C\left(\frac{\mathrm{d}\delta T}{\mathrm{d}t}\right)+G\delta T=W \tag{8.7}$$

式中　$C$—— 热容量；

$G$—— 等价导热系数。

设器件所产生的热按 $W=W_0\cdot \mathrm{e}^{\mathrm{i}\omega t}$ 计算，变化时式(8.7)中温度 $\delta T$ 可表示为

$$\delta T=\frac{W_0}{G\sqrt{1+\tau^2\omega^2}} \tag{8.8}$$

式中，$\tau=C/G$。当 $\omega\ll 1/\tau$ 时，温度随热变化的灵敏度 $\delta T/W=1/G$，即热绝缘越好($G$ 值越小)，灵敏度 $\delta T/W$ 将越高。同时由响应时间 $\tau=C/G$ 的关系可知，热容量越小，器件的响应速度越高。热容量 $C$ 是体积和密度之积表示与 $L^{-3}$ 成正比，即尺寸越小，热容量按 $L^{-3}$ 缩小，器件的热响应速度急剧增高。

**2. 热传递**

微器件的热特性与热传递密切相关，热传递有三种方式：热传导、热对流和热辐射。

(1) 热传导。

热传导是指热在物体内部的传递。设物体长度为 $l$，面积为 $A$，热传导率为 $\lambda$，物体两端温度差为 $\Delta T$，则单位时间传热量 $Q_1$ 可表示为

$$Q_1=\lambda\Delta T\frac{A}{l} \tag{8.9}$$

$A$ 与 $L^2$ 成正比，$l$ 与 $L$ 成正比，故热传导量 $Q_1$ 在器件尺寸减小时，按 $L^1$ 的比例系数减小。

(2) 热对流。

热对流是指热量通过气体或液体流动而传递，它会影响热传感器的工作。设器械件中气体或流体的对流系数为 $h$，截面积为 $S$，传热量 $Q_2$ 可表示为

$$Q_2=h\Delta TS \tag{8.10}$$

从式(8.10)可知，传热量 $Q_2$ 与 $L^2$ 成正比。

(3) 热辐射。

热辐射是指热量以电磁波（包括红外线和可见光）的形式传递，它对热传感器的性能有一定影响。根据玻耳兹曼定理，热辐射传递的热量 $Q_3$ 可表示为

$$Q_3=C\,T^4S \tag{8.11}$$

上式中 $C$ 为常数，故 $Q_3$ 与 $S$ 成正比，即与 $L^2$ 成正比。

从上面分析可知，尺寸越小，就可能获得更高灵敏度的热传感器或低耗电的加热器。

### 8.2.4 微流体力学

**1. 微通道中流体流动特性**

微小狭窄通道中流体的流动特性涉及多种微器件的动作，例如，喷墨打印机喷头的工作、气相和液相色谱仪的工作、磁头与磁盘间的气体流动等。因此掌握微通道中流体运动的微流体力学是必要的。此外设计电容型加速度传感器和振动陀螺等时，质量块在窄缝中运动时的空气阻尼必须考虑，阻尼值一般是与间隙的 3 次方成反比。

**2. 微通道中液体的微流体力学**

在微通道中液体的流动特性是否仍符合普通流体运动的 NS 方程，日本牧原光宏以玻璃管和高黏度硅油为对象的实验表明，管径大于 4.5 μm 时，基本符合 NS 方程。美国 J. Phaler 等使用硅矩形管和丙醇进行的实验表明，在管道截面积

较大时，液体运动符合 NS 方程，但管道直径小于 0.8 μm 时，将偏离 NS 方程。

在通道很小时，表面积－体积比将增大，管壁的作用影响加大。在管壁附近的边界层（呈现速度梯度之流层）影响加大，甚至全部成为边界层。液体流体应作为黏性流来处理，其主要指标是雷诺数 $Re$，用下式定义：

$$Re=\frac{vd}{\mu} \tag{8.12}$$

式中 $v$—— 流体速度；

$d$—— 流路宽度；

$\mu$—— 动黏性摩擦系数，它定义为黏性常数 $u$ 与密度 $\rho$ 的比值，即 $\mu=u/\rho$。

当 $Re$ 很小时称为层流，$Re$ 很大时称为湍流。

**3. 微通道中气体的微流体力学**

气体密度不超过液体的 1/1 000 时，具有可压缩性且易扩散，在压力较低时，即使在很小的通道中，气体流也可当作分子流处理；在压力很大时，气体流应作为黏性流处理。

气体分子间发生碰撞前，直线运动的平均距离称为平均自由程 $\lambda$，它与气体分子密度成反比。在 $1\times10^5$ Pa 压力下，$\lambda\approx1$ μm，压力减小时，$\lambda$ 值将增大。

微通道中气体流动的模式取决于 $\frac{d}{\lambda}$ 的比值，在 $\frac{d}{\lambda}\gg1$，即压力很大时，气体流动为黏性流；在 $\frac{d}{\lambda}\ll1$ 时，气体分子很容易与管道壁碰撞，气体流动为分子流；当 $\frac{d}{\lambda}$ 介于上述二者之间时，气体流动为中间流。

对于黏性流，流速 $v$ 可表示为

$$v=\left(\frac{d^3}{64L}\right)\left(\frac{1}{RT}\right)(p_1{}^2-p_2{}^2) \tag{8.13}$$

式中 $L$—— 管长；

$R$—— 气体常数；

$T$—— 绝对温度；

$p_1$—— 入口处压力；

$p_2$—— 出口处压力。

对于分子流，流速 $v$ 可表示为

$$v=\left(\frac{2d}{3L}\right)\left(\frac{2}{R}\right)^{1/2}\frac{1}{(MT)^{1/2}}(p_1-p_2) \tag{8.14}$$

式中 $M$—— 相对分子质量。

从上式可看到，流速 $v$ 与分子量的平方根成反比，这说明流速与分子种类有关。

**4. 微通道中流体流动时的边界效应**

微通道中流体和管道壁的相互作用引起的边界现象有时很大，是不能忽视的。例如，色谱仪是利用壁面的分子吸附特性而进行成分分离的；液体在电场作用时，会产生界面电泳现象；液体界面处的张力或固体表面的潮湿，会引起毛细管现象。

图 8.2 所示是液体和管壁的界面处可能产生的电荷，这些电荷会引起下列现象：

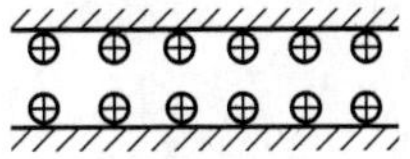

图 8.2　液体和管道界面处产生的电荷

① 液体流动时会带走电荷，从而产生电位差；

② 在管道液体两端如有电场，液体中电荷离子在电场作用下会产生电气泳动；

③ 管内侧电荷在电场作用下移动，产生电气渗透。

液体和管壁界面处产生电荷现象，如能正确利用则是微机电系统的良好功能，但在很多场合也可能对微流体的工作起干扰作用。

## 8.3　微机械常用的材料

### 8.3.1　微机械材料的性质类别

微机械常用材料按其性质可分为结构材料、功能材料和智能材料。

① 结构材料。结构材料是指那些具有一定机械强度，用于构造机械器件基本结构的材料。结构材料可以是单一材料，也可以是材料组合体。现在常用的结构材料有：单晶硅、多晶硅、$SiN_4$ 和 $Al_2O_3$ 单晶，钢、铁、钨、铝等金属材料，陶瓷、有机聚合物、单层和多层膜等。

② 功能材料。功能材料是指压电材料、光敏材料、形状记忆材料、磁性材料等具有特定功能的材料。功能材料可以是单一材料，也可以是复合材料。在传感器和致动器中使用合适的功能材料，常可获得极好的效果。功能材料在微机械中应用日渐广泛，发展甚快。

③ 智能材料。智能材料是微机械材料中新发展的材料，它一般具有传感、致动和控制等方面的基本功能，具有能模仿人类或生物的基本特定行为，能对外界信息具有反应，对信息激励有自适应的能力。智能材料模糊了结构与功能材料的明显界限，使结构功能化和功能多样化。智能材料只能是材料的组合体，按功能而组合。

智能材料系统需要动力来处理从传感器处获得的输入信息，并对信息产生响应。有些智能材料能够控制能量的释放，或具有其他功能。常用的智能材料有形状记忆合金、电致伸缩材料、导电聚合材料、电流变和磁流变材料、储氢材料等。

目前，智能材料和智能结构受到很大重视，智能材料和智能结构的发展，为微机械和微机电系统的发展开辟了新的领域。

④ 多功能材料。多功能材料是指很多微机械材料是多功能的，例如，在微机械中用得很多的硅晶体，因它有较好的强度和力学性能，因此是一种较好的结构材料；它又同时具有良好的多种传感性能，如光电效应、光电子效应、热阻效应、磁阻效应等，因此又是一种很好的功能材料。现在用的智能材料也要求它具有功能性，最好是具有多种功能，并要求其结构与功能性的统一。因而，多功能材料在微机械和微机电系统中应用日渐广泛。

### 8.3.2 微机械结构材料

现在常用的微机械结构材料有单晶硅、多晶硅、$SiO_2$、$Si_3N_4$ 单晶、$Al_2O_3$ 单晶、铁单晶、钢、不锈钢、钨、铝、陶瓷、有机聚合物等。表 8.4 中给出的是部分常用的微结构材料的机械力学性能。

表 8.4 常用微结构材料的机械力学性能

| 材料 | 屈服强度 /GPa | 洛氏硬度 /(g·cm$^{-2}$) | 弹性模量 /GPa | 密度 /(g·cm$^{-2}$) | 热导率 /[W·(cm·℃)$^{-1}$] | 热胀系数 /℃$^{-1}$ |
|---|---|---|---|---|---|---|
| Si(单晶) | 7.0 | $8.5\times10^7$ | $1.9\times10^2$ | 2.3 | 1.57 | $2.33\times10^{-6}$ |
| 金刚石单晶 | 53 | $70\times10^7$ | $10.35\times10^2$ | 3.5 | 20 | $1.0\times10^{-6}$ |
| $Si_3N_4$(单晶) | 14 | $34.86\times10^7$ | $3.85\times10^2$ | 3.1 | 0.19 | $0.8\times10^{-6}$ |
| SiC(单晶) | 21 | $24.8\times10^7$ | $7.0\times10^2$ | 3.2 | 3.5 | $3.3\times10^{-6}$ |
| TiC(单晶) | 20 | $24.7\times10^7$ | $4.79\times10^2$ | 4.9 | 3.3 | $6.4\times10^{-6}$ |
| $Al_2O_3$(单晶) | 15.4 | $2.1\times10^7$ | $5.3\times10^2$ | 4.0 | 0.5 | $5.4\times10^2$ |
| 铁(单晶) | 12.6 | $4\times10^7$ | $1.96\times10^2$ | 7.8 | 0.803 | $12\times10^{-6}$ |
| 钢 | 4.2 | $15\times10^7$ | $2.1\times10^2$ | 7.9 | 0.79 | $12\times10^{-6}$ |
| W | 4.0 | $4.85\times10^7$ | $4.1\times10^2$ | 19.3 | 1.78 | $4.5\times10^{-6}$ |
| 不锈钢 | 2.1 | $6.6\times10^7$ | $2.0\times10^2$ | 7.9 | 0.329 | $17.3\times10^{-6}$ |
| Al | 0.17 | $1.3\times10^7$ | $0.70\times10^2$ | 2.7 | 2.36 | $25\times10^{-6}$ |

在微机械结构材料中，单晶硅因具有较好性能而被较多使用。单晶硅的理论断裂强度虽低于不锈钢等典型结构材料，但由于硅晶体的晶格缺陷较少，微细

加工可获得极好的表面质量，故它的实际强度可达 7 GPa，大于钢的强度 4.2 GPa，约为不锈钢的 3 倍。硅晶体的弹性模量为 $1.9\times10^2$ GPa，仅比钢略低；它的洛氏硬度为 $1.9\times10^7$ g/cm²，低于钢而高于铁、镍和玻璃；它的密度低于多数结构材料，因此可提高微结构的动特性。

单晶硅材料虽有较佳的机械力学性能，但制成微机械后的实际强度却受到硅片的结晶取向、缺陷多少、加工和处理后的残留应力、结构的应力集中等因素的影响而降低。

要使硅晶体的微构件有较高的强度和良好的使用结果，应注意以下几点：

① 尽量减少硅晶体内及表面边角处的缺陷。

② 避免加工中产生微裂纹和残留应力。

③ 避免结构中的锐边尖角，以减少应力集中。各向异性腐蚀法加工易产生锐边和尖角，可采用各向同性腐蚀法或其他方法使锐边和尖角变圆。

④ 热加工时尽量避免采用高温。

⑤ 表面钝化以减少构件工作时的磨损和腐蚀。

⑥ 硅结构件表面的精细光整加工和表面钝化，可以减少表面缺陷的扩展，提高疲劳断裂强度。

### 8.3.3 微机械中使用的功能材料

#### 1. 单晶硅

单晶硅由于具有良好机械力学性能，是一种不错的微结构材料，可以制造多种良好的硅微结构，如膜片、梁和弹簧。单晶硅呈现出很好的弹性，且无塑性变形，其机械强度和可靠性比同样形状尺寸的金属微结构更好，且可局部氧化成 $SiO_2$，制造复合结构。表 8.5 中给出了单晶硅较详细的机械力学性能，可供设计微结构选用材料时参考。

**表 8.5　单晶硅的机械力学特性**

| 名　称 | 数　据 |
|---|---|
| 密度/(g·cm$^{-3}$) | 2.33 |
| 弯曲强度/MPa | 70～200 |
| 屈服强度/MPa | 7 000 |
| 弹性模量/MPa | 〈100〉：$E=130\times10^3$　$G=79\times10^3$<br>〈110〉：$E=170\times10^3$　$G=61.7\times10^3$<br>〈111〉：$E=190\times10^3$　$G=57.5\times10^3$ |
| $\frac{dE}{EdT}(k-1)$ | 〈100〉：$-63\times10^{-6}$<br>〈110〉：$-80\times10^{-6}$<br>〈111〉：$-46\times10^{-6}$ |

续表 8.5

| 名　称 | 数　据 |
|---|---|
| 泊松比 | 〈100〉：0.18 |
| 热线胀系数/℃$^{-1}$ | 1.255 2 |
| 应变灵敏系数 | 〈100〉：N－Si：－132　P－Si：＋10<br>〈110〉：N－Si：－52　P－Si：＋123<br>〈111〉：N－Si：－13　P－Si：＋177 s |

单晶硅不仅是一种良好的微结构材料，同时它还是一种良好的功能材料，具有多种优异的传感性能，如压电效应、压阻效应、磁阻效应等，因此可制造多种微传感器。表 8.6 中列出硅单晶体具备的主要传感特性。

表 8.6　硅单晶体的传感特性

| 物　理　量 | 信号变换效应 |
|---|---|
| 光、辐射 | 光电效应、光电导效应、光磁电效应 |
| 应　力 | 压阻效应、压电效应 |
| 热、温度 | 塞贝克效应、热阻效应、能斯特(Nernst)效应 |
| 磁　性 | 霍耳效应、磁阻效应 |
| 离　子 | 离子感应电场效应 |

### 2. 形状记忆材料

现在用的形状记忆材料有形状记忆合金 SMA(shape memory alloy)和形状记忆高分子聚合物，目前 SMA 用得较多。表 8.7 中是微机电系统中使用的几种有代表性的形状记忆合金。

现在常用的形状记忆合金有 Ti－Ni 系合金和 Cu 基合金(如 CuAlNi、CuZnAl 等)。其中，Ti－Ni 记忆合金的性能，如强度、形状恢复的稳定可靠性、重复特性、疲劳特性等均较好，在微机械中应用也较多。

将形状记忆合金在母相状态下冷却到马氏体相变终了温度 $M_f$ 以下，施加应力产生塑性变形；再重新加热到 $M_f$ 温度以上时，合金返回原取向，马氏体发生逆转，母相时的原来形状得以恢复，这种现象称为形状记忆效应。具有这种效应的材料称为形状记忆合金。优秀的形状记忆合金，可以在温度控制下，两种形状重复变化。在温度控制的形状恢复过程中，SMA 体材可有较大的变形量和作用力，但响应速度较慢。SMA 薄膜则具有较高的灵敏度和较高的响应速度。

表 8.7　几种有代表性的形状记忆合金的成分与性能

| 合金种类 | 化学成分 /% | 相变开始点温度 /K | 熔点/ ℃ | 密度 /(kg·m⁻³) | 弹性模量 /GPa |
|---|---|---|---|---|---|
| TiNi | Ti 49～51,Ni 余 | 223～273 | 1 240～1 310 | 6 400～6 500 | 70～98 |
| CuAlNi | Al 14～14.5<br>Ni 3～4.5,Cu 余 | 133～373 | 1 000～1 060 | 7 100～7 200 | 80～100 |
| CuZnAl | Zn 21.4～25.9<br>Al 4.0～5.0,Cu 余 | 93～373 | 950～1 020 | 7 800～8 000 | 70～100 |
| FeMnSi | Mn、Si、Fe 余 | 室温附近 | 1 320 | 7 200 | |
| 合金种类 | 比电阻 /($10^{-6}$ Ω·m) | 热导率 /[W·(m·k)$^{-1}$] | 膨胀系数 /($10^{-6}$ $K^{-1}$) | 抗张强度 /MPa | 延伸率 /% |
| TiNi | 0.50～1.10 | 10～18 | 6.6～10.4 | 800～1 100 | 40～50 |
| CuAlNi | 0.10～0.14 | 57～75 | 16～18 | 1 000～1 200 | 8～10 |
| CuZnAl | 0.07～0.12 | 120 | 16～18 | 700～800 | 10～15 |
| FeMnSi | 1.10～1.20 | | 15.0～16.5 | 700 | 25 |

形状记忆合金的应用前景十分广泛，在某些领域已经实际应用。形状记忆合金的应用主要有以下几个方面：

① 形状恢复的应用；

② 形状恢复时应力的应用；

③ 热敏感性的应用；

④ 用作能量储存体。

在微机械中利用形状记忆材料的热敏感性和形状可重复变化的特性，可制作热动作型的开关器件。利用其能量储存和形状恢复时的应力特性，可制作执行器，如机械手、医疗器件（血管支架）、飞机的油管接头等，并已在航天仪表、电子仪表、机器人、汽车、潜艇等领域中实际使用。

由于 Ni—Ti 合金具有较高的电阻，可以通过供给电流直接进行加热使形状改变，因此利用通过电信号可以很容易地驱动微致动器。

### 3. 压电/电致伸缩材料

压电材料在压力作用下将产生极化，而在两端面产生静电电位差，这种现象称为压电效应；反之，将压电材料置于电场中，则材料长度产生变化，称为逆压电效应或电致伸缩效应。在微机械和微机电系统中，逆压电效应应用广泛，如用于微位移、激振、致动器、微传感器等。

微机械中最常用的压电材料为压电陶瓷，其他还有压电晶体、有机极压电材料(压电聚合物)和复合压电材料。常用的压电陶瓷(简称 PZT)有 $BaTiO_3$ 类、$Pb(Zr,Ti)O_3$ 类和再加入其他材料的复合型压电材料。压电陶瓷制成形后，需在高压电场中极化，使它具有压电效应。压电陶瓷因具有响应速度快(0.1 m/s)、微位移控制精度高(10～0.1 nm)、单位面积承受力大(30 MPa)、能量转换效率高等优点而被广泛应用。薄膜式压电材料因体积小、灵敏度高，而在微传感器和微致动器的开发中受到重视。

**4. 磁致伸缩材料**

材料在磁场作用下体积产生变化的现象，称为磁致伸缩现象。在室温和低磁场下有磁致伸缩效应的材料称为超磁致伸缩材料。

磁致伸缩特别是超磁致伸缩效应有以下优点：① 居里点高，可在高温下使用；② 变形量大；③ 能以低电压驱动；④ 响应速度快。

由于以上原因，磁致伸缩材料常用在微机械和微机电系统的致动器和执行器中。最近发展的薄膜磁致伸缩材料，仍能保持其优良特征，因其体积小，用于微机电系统的传感器和执行器有其优越性。

**5. 电流变体和磁流变体**

(1)电流变体(electro-rheologic fluids)。

电流变体的原始状态为悬浊液，在外加电场逐渐增强的作用下，能自液态逐渐增加黏度而呈半固态或固态，并能在液态和固态之间进行快速可逆的变换。电流变体材料对电压的响应时间甚短，可以小于 1 ms。电流变体内电流密度很小，故消耗功率很小。

电流变体的原始状态为悬浊液，包含分散介质(载液)、悬浊分散微粒、活性稳定剂和添加剂。典型电流变体的组成见表 8.8。

**表 8.8 典型电流变体的组成**

| 分散相 | 分散介质(微粒) | 稳定剂和添加剂 |
|---|---|---|
| $SiO_2$ | 矿物油，硅油，二甲苯 | 水加甘油等 |
| $SiO_2$ | 石油馏出物，变压器油，硅油 | 水加丙三醇，水加表面活性剂 |
| $Al_2O_3$ | 矿物油 | 聚丁基琥珀酸酰亚胺 |

① 分散介质应具有高密度、高沸点、高燃度、低冻点、低黏度、疏水性、电阻大、介电强度高、化学稳定性好、无毒、价廉等特点。常用的分散介质冻点约为 −40 ℃，黏度为0.01～10 Pa·s，介电常数为 2～15。

② 分散微粒主要有三类：金属类、陶瓷类和半导体高分子材料。微粒介质通常要求它有亲水性和多孔性，而且在稀流体中由于电场作用而呈分立的球形

颗粒，具有各向异性。微粒的直径在 0.01～10 μm，每克表面积约为 400 $m^2$。由介电微粒及其表面包覆层所构成的微粒分散相，其介电常数多数在 2～40 范围内。一般情况下微粒分散相占电流变体的 15%～45%。

③ 稳定剂的作用是增加悬浮微粒的稳定性，或产生微粒间的胶态分子团桥，使微粒既不沉淀又不絮凝，使流体始终保持为溶胶态或凝胶态。稳定剂的恰当用量是极其关键的，量少则产生沉淀，量多将使电流变体黏度过大，用量一般为分散微粒质量的 0.03%～0.05%。

④ 添加剂是指水、有机活性化合物、非离子表面活化剂等。添加剂含量的多少直接影响电流变效应，故需严格控制，一般用量为分散微粒质量的 5%～10%。

无外加电场时，电流变体呈液态，在电场作用下，分散相粒子将产生电偶极矩，并在电场方向形成连接两极的链结构，这些大量的链会交织成网状结构，在垂直于电场方向表现出较强的抗剪切强度，使电流变体黏度显著增加，可呈现固体形态。取消电场后，电流变体迅速恢复成液态。

电流变体是一种有发展前途的新功能材料，可用于制造多种力学器件，如减震器、离合器、液压阀和微执行器等。

(2)磁流变体 MRF (magneto-rheologic fluids)。

磁流变体和电流变体相似，在外加磁场作用下，可以由液态转变成半固态或固态。磁流变体的分散粒子在磁场作用下，产生磁偶极矩而形成链结构，从而增加液体的黏度；具有一定的强度，抗剪切强度可达 90 kPa，接近纯铝水平；但其响应频率较低。磁流体可用作密封材料和研磨抛光之用。

## 8.4 微机械和微机电系统的技术基础

### 8.4.1 微机电系统的系统组成和涉及的基本技术

微机电系统(MEMS)包含信息传入的传感器、微机械机构、使微机械机构工作的驱动器、将运动输出或信号输出的接口、动力源等。微机电系统的组成框图如图 8.1 所示。这是将信号输入的微型传感器、微机械、驱动器、控制器、模拟或数字信号的处理器、输出信号接口、动力源等都微型化并集成在一起，成为一个完整的微机电系统。

微机电系统有较强的独立运行能力和能完成规定工作的功能。微机电系统内部一般都分成几个独立的功能单位(部件)，即分系统，同时又集成为一个统一的系统。微机电系统根据需完成功能的多少和性质，所包含的分系统和功能单元(部件)可多可少，但必须能较独立地运行，并具备能完成规定工作的功能。

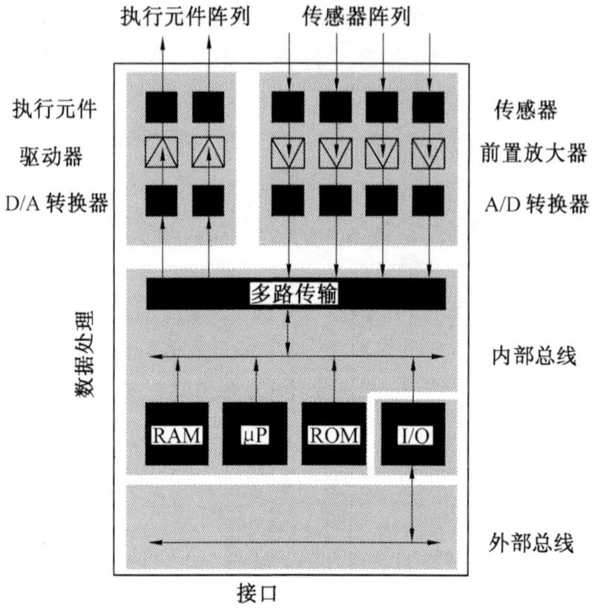


图 8.3　一个完整的微机电系统示意图

图 8.3 所示为一个完整的微机电系统示意图。现代的高组装密度，使 MEMS 可以成为一个低成本的高水平智能系统，能够利用很多并联的传感器（传感器阵列）拾取信号并进行实时处理，即传感器阵列的每次测量可以同时计算出多个参数，并排除偶然误差。微机电系统要求将传感器单元与模数转换器（A/D）相连，要求有一个微处理器以及与外界相连的接口，还要求有其他组件，如多路调制器、ROM 和 RAM 等，以补充完成系统的处理功能。这些信号经智能处理，通过数模转换（D/A）后控制执行元件（单元），完成整个系统的功能。

MEMS 涉及的基本技术面极广，例如微系统的设计与仿真；微机械零件或微结构的加工；微型零件的组装；微型零件和部件的检测；微驱动能源；控制器和系统的控制；部件的集成和功能检测等。现将 MEMS 所涉及的基本技术分类归纳，如图 8.4 所示，主要有下面几方面。

① MEMS 的设计技术。包括微结构设计、设计数据库、有限元分析、CAD/CAM、仿真、实验验证等。

② MEMS 的精微加工技术。包括集成电路加工技术、LIGA 技术、特种精密加工和装配技术。

③ 微机械和微机电系统的材料。包括结构材料和功能材料等。

④ 微型构件和部件、微型传感器和微型执行器。微型构件是组成 MEMS 的基础，同时它也可以用作独立器件，有微梁、微齿轮、微轴承等；微型传感器为 MEMS 的智能化和集成化提供了可能，有位置传感器、力传感器、温度传感器等；

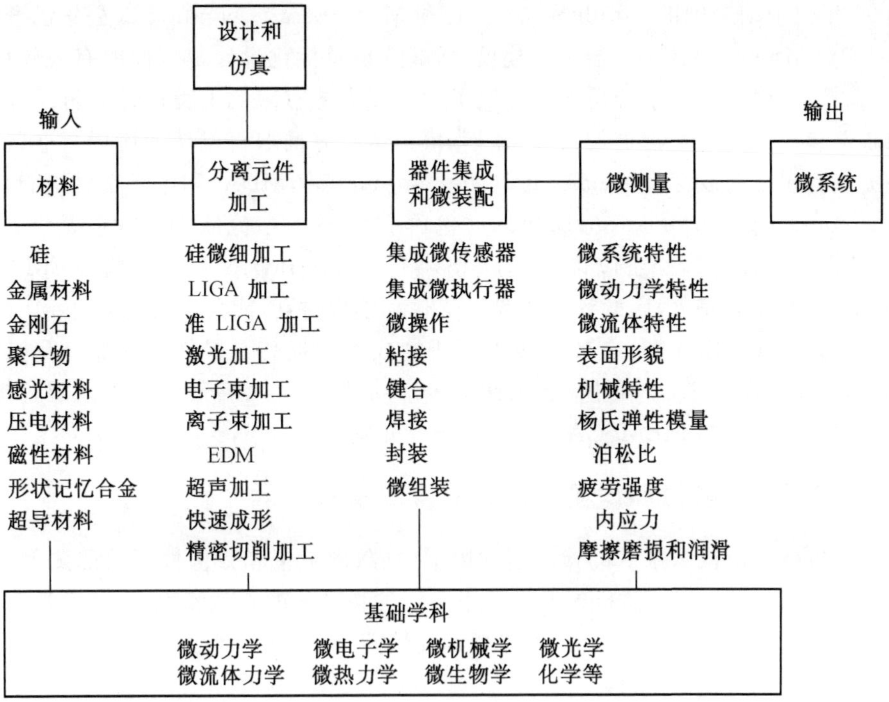


图 8.4　MEMS 涉及的基本技术

微执行器是复杂 MEMS 的关键，有微阀、微泵、微电机等。

⑤ 微机构和微机电系统的检测。涉及微机构的性能检测，如强度、弹性模量、应力、应变等；微系统的检测还包括其工作参数和功能的检测等。

⑥ 微机电系统的组装与集成。包括系统整体设计、微机械、微型传感器、执行器和控制器的组装与集成、能源供应、接口与通信等。

### 8.4.2　微机械和微机电系统的设计和建模

微机械和 MEMS 的设计包括微机构设计、弹塑性有限元分析、CAD/CAM 技术、数据库技术、微系统的设计与建模、微机械与微系统的运行仿真、实验验证等。

现代的微机电系统可能包括机、电、光、磁、热、声、生物等多种物理功能，因此微机电系统的设计必然涉及多门学科领域。同时又由于微尺寸效应，涉及的这些学科领域的又都是新的甚至全新的内容。

由于当今计算机技术的发展进步，CAD 技术在复杂的 MEMS 结构和版图设计中的应用，在国外已有不少单位在研究，并已开始得到有效的实际应用。国外在 20 世纪 90 年代初就研究出了用于硅压力传感器设计的 MEMSCAD 软件，到90年代中期美国的Intelli-Sense公司和Microcosm Technologies公司已开始提供MEMS的工艺模拟、器件的建模、仿真分析及优化设计等方面的有关软件。美国、日本、德国等多个公司现已开发了功能强大的有限元工程设计分析及优化的软件包，在MEMS器件的设计、建模、模拟仿真方面取得成功的应用。这些软件提供机械自动设计(mechanical design automation，MDA)和电子自动设计(electronic design automation，EDA)，并包含了力、热、声、流体、电、电磁等分析模块，其耦合场分析部分还包含了MEMS器件常用的压电分析。这些MEMS软件工具功能较为完善，因此计算机设计优化和模拟仿真，能大大缩短新型MEMS器件的设计和研制周期，有效地减少了研制成本并提高了器件的性能。我国在MEMS的CAD研究方面进行的工作不多，为加强我国MEMS技术的发展，应重视这项极为重要的MEMSCAD技术的研究开发。

### 8.4.3 微机械和微机电系统的检测技术

微机械和微机电系统的检测包含以下内容：微机械和微构件尺寸的测量，特别是三维尺寸的测量；微机械和微机电系统的物理量的测量和检测，如力学性能检测；物理功能的测量和检测，如机械运动性能、光学性能等。

**1. 微机械尺寸的测量**

微机械的尺度现在都仍在微米级。因此微机械和微构件尺寸的测量，用现在的光学、激光、光栅、光干涉法，已能基本满足要求。对于纳米机械和微电子器件的检测，若要求测量分辨率达到纳米级有一定难度，三维尺寸的纳米级测量有更大难度。现在高精度激光测量分辨率可达0.6 nm，扫描探针显微镜的垂直测量分辨率可达0.01 nm。美国国家标准和工艺研究所(NIST)采用最新技术，研制成功分子测量机，$X$和$Y$方向使用高精度激光测量，$Z$向使用扫描探针显微镜测量，可以在50 mm×50 mm×100 μm范围内测量三维尺寸，达到纳米级测量精度，使当今三维尺寸测量达到很高的水平。

**2. 微机械物理量的检测**

微机械物理量的检测包括微机械构件和薄膜材料等的力学性能检测，如残留应力、弹性模量、抗拉强度、断裂韧性、表层显微硬度等，是决定微机械性能的极重要参数。对这些物理量的测量，因为微构件和薄膜等的尺寸很小，用传统的测量方法已不能胜任，因此需要研究开发新的测量方法和技术。

**3. 微机电系统物理功能的检测**

机电系统物理功能的检测，包括机械部件的机械性能(如速度、加速度、变形、振动等)、光学性能、电性能、磁性能、热性能等的检测，这些都需要专门的检测技术。现在需要将这些专门的检测技术再开发研究，应用到微机电系统的检测中。

### 8.4.4　微机械和微机电系统的制造技术

微机械和微机电系统组成的基础是微结构件和微功能部件，同时它们也可以用作独立器件。微机械构件有微梁、微齿轮、微弹簧、微膜片、微轴承等，由于精密和微细加工技术的发展，微型构件近年来取得了很大进展。

微机械和微机电系统的加工制造技术，是当前微机械和微机电系统技术领域发展中亟待解决的问题。下面简单介绍现在采用的加工制造微机械和微机电系统的技术。

**1. 集成电路 IC 的制造技术**

集成电路 IC 的制造技术也称为硅加工技术，包括光刻技术、掺杂、外延变性、多层加工、重复定位、刻蚀、键合、检测等，这种方法已能加工极细微的图形结构，最细线条可达 0.13 μm，但其主要缺点是加工出的图形结构的高度很小（基本是二维平面结构），不能加工出三维立体结构。集成电路 IC 的制造技术现在已在微机械零件的制造中广泛使用。

最近发展的微细立体光刻技术是一种新的微细加工技术，属于光造型复合技术，已经加工出微米级尺寸的多种微结构件，这种方法可以配合激光刻蚀技术等加工较复杂的微型零件。

**2. LIGA 技术和准 LIGA 技术**

LIGA 技术是最新发展的光刻、电铸和模铸的复合微细加工技术，被认为是一种三维立体微细加工的很有前景的新加工技术。用 LIGA 技术可以制作各种各样的微器件和微装置，材料可以是金属（含合金）、陶瓷、聚合物和玻璃等，用深度同步辐射 X 光光刻，可以制作微型件的最大高度达 1 000 μm ，横向槽宽大于 0.5 μm，高宽比大于 200 的立体微结构，加工精度可达 0.1 μm，刻出的图形侧壁陡峭，表面光滑。加工出的微器件和微装置可以批量复制生产、成本较低。LIGA 技术将对微机械的发展起到很大的促进作用。

在没有深度同步辐射 X 光源时，可采用紫外线光源或 X 射线光源，由于光源的光较弱，波长较长，平行度也不够理想，故光刻的深度只能达到 200～300 μm，同时光刻的质量也较差。这种用紫外线或 X 射线代替深度同步辐射 X 光做光源，一般称为准 LIGA 技术。

**3. 基板键合技术**

为制造复杂和复合微机械器件的部件，常需要将几块基板键合在一起。常遇到的是将 Si 基板和 Si 基板、Si 基板和玻璃基板、玻璃基板和玻璃基板的键合。基板键合时必须保证键合尺寸精确，键合部分不能变形，因此不同材料基板键合时,二者的热膨胀系数必须相同才能获得良好的键合。现在采用的键合方法有清洁表面真空键合和表面阳极键合。基板的键合技术是微机械制造中不可缺少的加工技术。

**4. 牺牲层工艺技术**

牺牲层腐蚀工艺是制造一些复杂微型构件的重要方法。使用这种工艺方法,可使微机械中部分结构脱离母体基板(或部分脱离),脱离的结构能部分移动、移动或转动,如悬臂梁、振子、电机转子等。现在使用得最多的牺牲层工艺是Si复杂结构的加工,$SiO_2$ 结构部分(由 Si 氧化获得)可用 HF 酸腐蚀去除,而单晶硅和多晶硅结构则不被腐蚀,一部分保留成微机械的机体,另一部分保留成脱离母体(或部分脱离)并能做一定运动的结构。

**5. 使用 SPM 进行纳米级和微米级微结构的加工**

使用 SPM 可实现原子操纵和纳米级(微米级)精密加工,后者可用于加工微机械器件和微(纳)米电子器件。SPM 进行纳米级精加工可有多种方法,如用 SPM 的探针针尖直接对试件表面进行刻划加工,加工出微米级和纳米级细线、细沟槽和微结构图形;通过探针针尖的电流对试件表面光敏胶感光进行光刻加工,制造出微结构图形、纳米级细线和细沟槽;通过探针针尖的电流对试件表面进行局部阳极氧化,加工出微结构图形;通过探针针尖一试件表面间的脉冲电流,在试件表面加工出纳米点(量子点)和凹坑;还可利用探针针尖在电场和高温下使试件表面原子聚集形成三维立体微结构。

使用 SPM 可以加工出比其他加工方法更微小的结构和图形,例如,用 SPM 光刻技术可以加工出宽度为 0.01 μm 的线条,而用普通光刻技术能加工的最小线宽为 0.1 μm。

**6. 传统的机械加工方法**

用传统的机械加工方法,使用最近开发的微型机床,用车、铣、磨等方法,都可以加工出微米尺度的微机构器件。现在微型多坐标数控机床国外已研制成功并已成商品,在该机床上使用微型金刚石刀具,可加工微米级复杂机械零件和三维自由曲面零件。

**7. 特种加工方法**

多种特种加工方法,如电火花加工、线切割加工、电火花线磨削、超声波加工、激光蚀刻和切割、准分子激光微细加工、电子束光刻加工和刻蚀加工、离子束溅射和刻蚀加工等,都已可以加工出微米尺度的微小机械零件、机构和器件。

**8. 其他加工方法**

塑性加工和超塑成形已可加工小于 1 mm 的微型器件结构,现在已有小的塑性加工和超塑成形机器开始应用于生产中。精密电铸和注塑成形也已用于批量制造金属和塑料的微小零件。微小陶瓷件的注塑烧结成形也已用于生产。

**9. 微机械的装配、组装与集成技术**

微米和纳米尺度的微小机械，因为太小而无法用手工装配、组装和集成，因此发展了装配用遥控机械手、自动装配机、自动装配线等，可以在摄像机和计算机监控下进行遥控操作和装配组装。

此外还发展了一些新的微型器件装配、组装和组合技术，如发展了新的超净表面真空黏合技术，以及使用这种新工艺的自动装配机等。

微型组件、部件和微型功能部件的组合集成技术，近年来亦获得了迅速发展，部件基板的键合技术现已发展成熟，目前已是部件集成的重要工艺方法。

### 8.4.5　微机电系统的数据处理和接口

**1. 微系统的数据处理**

微机电系统中数据处理的任务是极其广泛繁重的，必须对微传感器或微传感器阵列输出的大量测试数据进行处理，为致动器的控制做预处理或经过接口向外部输出。系统中的微处理器要通过限定的方法，以极高的计算效率进行计算。

在微系统中可靠性是极为重要的，通过自检程序装置、冗余器件和小系统等，可靠性得以提高。传感器阵列要求配有能在单片机上运行的高性能软件，这样传感器阵列的功能才能充分发挥。

由于微传感器和微致动器的体积很小，一般输出信号强度较弱，因此要对信号进行放大、补偿、滤波、A/D 或 D/A 变换等。对不同原理的传感器和致动器，需采用不同的信号处理技术。微机电系统子系统和总系统输出信号的处理，要从总系统角度来研究和应用，不应着眼于单项任务的优化，而应重视总系统主要输出的工作效率、可靠性和消费比的优化。与这个准则相关的是干扰补偿、数据简化、同类元件的参数差异、校准和自检测等。

现在微机电系统的数据处理都采用数字信号，因此由敏感元件(传感器)和致动器元件产生的模拟信号，首先要进行模拟放大，然后再进行数字化处理(A/D 转换)。信号前置放大直接与传感元件相连接，因此信号预处理方式取决于传感器类型。在电压做输出的传感器中，使用电压放大器和 A/D 转换器，有时也用电压频率变换器。在使用压电传感元件时，需用电荷放大器。

传感器和致动器输出信号的处理，只是信号处理的初级层次。信号处理的中级层次是要对传感器与致动器的功能、调配特性和整合进行优化处理，其中包括整合技术、信号融合技术和参数调配与最优化技术。信息处理的高级层次是进行信息和知识的处理以及制定决策。微机电系统正向功能智能化的方向发展，因此传感器技术亦要适应发展，向智能化方向努力，与智能信息处理技术相结合。智能信息处理技术要求通过高效率运算和并行处理技术的应用，在短时间内完成庞大的信息处理。应用模糊理论和神经元网络，以便有效地进行信息判断，制定决策，并要有较大的数据库提供各种参考数据。但目前微机电系统的容积有限，不可能具有如此巨大的数据处理能力。因此微机电系统的数据处理技术尚待继续提高，以期向智能信息处理方向发展。

**2. 微机电系统的接口及其传输任务**

微机电系统的对外接口，是系统中极重要的最后功能模块，应该把这种接口理解为整个微机电系统向宏观领域的通道。微机电系统是在宏观系统中运动和工作的，因此它不仅要与宏观系统交流信息和数据，而且要与宏观系统交换能量和物质。微系统的传输任务归纳起来有以下三个方面：

(1)信息数据的传输。

通过接口从微系统传输到外面宏观系统的信息数据有：

① 微传感器采集和检测到的信息数据。

② 微致动器的工作情况，瞬时的状态，工作结果和发生问题的信息数据。

③ 控制处理外界宏观系统的仪器装备所输入的信息指令。

通过接口从宏观系统输入到微系统的信息数据有：

① 指挥控制微系统中传感器和执行器工作的信息，指令数据。

② 供应微系统工作和数据处理所需要的数据和信息。

(2)能量的传输。

微机电系统工作所需的能量一般也是通过接口输入的，最常用的是电能的传输，有时也用电磁感应、电磁波(光)传输能量。微机电系统中微机构的运动，有时需要传输到系统外面，这时接口需要包含机械运动的传输。

(3)物质的传输。

微机电系统工作所需物体介质，也是需要通过接口输入和输出的。例如，微泵和微阀工作时的流体介质(液体或气体)，就是通过接口输入和输出的。微机电系统中通过气体或液体来实现物质传输的所有接口，都被称为流体微/宏接口。对于流体微/宏接口，一个重要的特殊情况是在进行物质传输时，要求同时进行能量传输。例如，液压和气压系统要利用流体的压力或运动力。应注意传输的流体和传输系统不能有相互影响。目前商品化的微管有不锈钢和聚酰亚胺制成的，微管内径为 80～150 $\mu$m。

综上所述，微机电系统通过接口和周围的宏观环境、仪器等的相连和耦合，应包括所有的耦合传输。接口的任务是传输信息数据、能量和物质(information，energy，substance，IES)。微机电系统和宏观环境间的 IES 传输关系，如图 8.5 所示。微系统的各组成部分和元器件，是通过内部总线相互连接，通过接口和系统外面连接和耦合的。

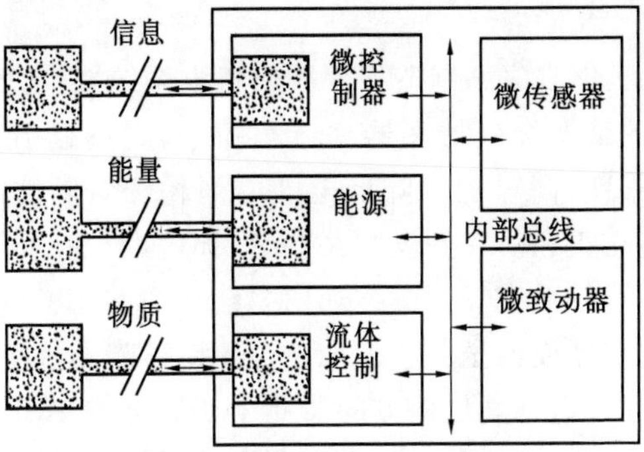


图 8.5 微机电系统和宏观环境间的 IES 传输

### 8.4.6 微机电系统的微型功能部件的研究开发

近年来微机械和微机电系统的功能部件开发,取得了重大进展。由于微尺寸效应,这些微型功能部件都需要重新进行研究开发。现在已经研制成功多种尺寸微小的新的功能部件,如微传感器(温度、力、压力、速度、加速度、湿度、振动、光、化学传感器等)、微执行器、微驱动器(如机械手、泵、发动机等)、微控制器、微通信接口、新的驱动能源等。这些微型功能部件是微机电系统的组成基础,影响微机电系统的发展,同时它又可独立使用,成为独立工作的部件,因此功能部件的研究开发和发展具有重要意义。

微型构件和功能部件的研究开发,是微机械和微机电系统发展和走向实用化的基础,虽已取得一定进展,但满足实际应用尚有很大差距,还需大力研究开发。

### 8.4.7 微机电系统的发展和在各领域的应用

微机械和微机电系统近年来发展极为迅速,并已开始在多个学科领域中得到应用。初步应用已显示出了它的优异特性,具有强大的生命力和发展前景。

但目前微机械和微机电系统的应用仅能说刚刚开始,应用还极为有限。在很多领域,特别是航空航天、尖端技术、国防和军事工业、仪器仪表、医疗仪器、生物和生命科学领域中,有着极为重要和广阔的发展应用前景,亟须在这些领域中扩大微机械和微机电系统的应用,应投入较大量的人力物力,进行研究和开发。

**1. 专用集成微机电系统**

微机电系统的发展也是由低到高,由简单到复杂。专用集成微型仪器(ASIM)是简单但完整的微机电系统,已在机电控制、微电子技术、航空航天、尖端技术中得到较广泛的应用。它是为特定的用途,将若干简单微机电系统的部件组装在一块基片上,或者说它相当于若干微型基本模块的组合件。由于它的用途单一，仅能完成某项特定的功能，因而系统相对要简单些，体积小且工作可靠。

ASIM 是使用了集成电路制造技术的微机电系统，它的微米级特点和集成制造方式，可比原来的毫米级仪器和器件体积缩小、质量减小，批量生产后可大大降低成本，提高可靠性，同时还可降低电能的消耗和对温控的要求，以及降低对振动的敏感性。现在正在研究开发的某些 ASIM 原型有通信系统、温控系统、压力控制系统及其他监控系统等。微型通信系统可以将信息通过基片上的信号传输系统送到相邻的仪器或传送到中央处理机；装有监测传感器的 ASIM 可以做监测工作，并将信号传送到其他地方的监测中心。某些 ASIM 已进入产品市场，如带有压力传感器的压力监控系统，带有测温传感器的温度控制系统等。

专用集成微机电系统（仪器）根据使用要求，可以使用单个传感器进行监控，也可以使用多个传感器进行监控，这种专用集成微机电系统（仪器）就要复杂不少。图 8.6 所示是一个较复杂的专用集成微流量检测系统的实例，这个系统是 1990 年 E. Yoon 等研制成功的。根据检测监控要求，该系统使用了流速传感器检测液体流速，使用方向传感器检测液流方向，使用气体传感器检测液流中含有的气体，使用压力传感器检测液流压力，使用温度传感器检测流体的温度，并有集成 CMOS 处理电路，负责处理来自各传感器的测量信号。全部微传感器系统制作在一块单晶硅片上，采用定向刻蚀法在硅片上加工出几个很薄的绝缘窗口，在窗口上制作所用的各种微传感器，并集成了处理电路。该系统的电路中还包含自测试电路，测量电路可以分辨出窗口薄膜的 0.1 μm 变形，测量液流温度变化的精度达0.1 ℃，测量液流压力范围为 0.1～100 kPa，液体流速范围为 1～10 m/s，液流方向的测量精度为 5°。这种专用集成微机电系统实际上已是中等复杂程度的微机电系统了。

专用集成微机电系统（仪器）可以为特定的用途而独立使用，也可以用作更加复杂的多功能微机电系统的分系统。因此专用集成微机电系统（仪器），也可以说是复杂的多功能微机电系统的基础功能部件，是发展高水平多功能微机电系统的基础。

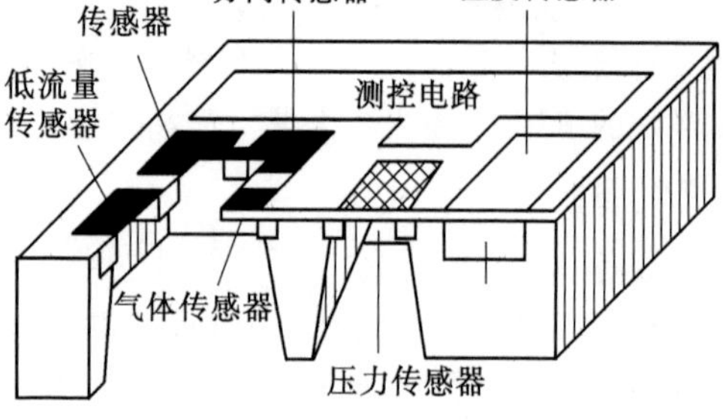


图 8.6　专用集成微流量检测系统(E. Yoon)

**2. 高水平多功能微机电系统**

高水平多功能微机电系统，一般都是由几个（或多个）一定复杂度的分系统所组成，每个分系统一般是由一个专用集成微机电系统（仪器）或集成在一起的几个微机电系统（仪器）所组成。每个分系统具有一种或几种功能，多个分系统集成在一起，就组成一种高水平的多功能微机电系统。近年来国外投入了很大的力量进行高水平多功能微机电系统研究开发，已取得不小进展，如微型机器人、微型导航仪、微型飞行器、小型和微型卫星、微型医疗系统等。今后高水平多功能微机电系统有希望在航空航天、微电子、医疗、生物和生命科学、尖端技术和军工部门得到优先发展和应用。

众多科学家认为，在 20 世纪 50 年代大力投入微电子工业发展的国家，现在都已是科技领先的强国。可以预期现在大力投入人力、物力研究发展纳米科学技术的国家，将在 21 世纪中叶成为科技领先的强国。微机电系统是纳米科学技术中极重要和有很大实用前景的部分，应给予充分重视，大力发展。

## 8.5　微传感器

### 8.5.1　微传感器简介

微传感器是微机电系统中最重要的功能部件之一，也是当前 MEMS 功能部件中发展最快的部件。目前在工程和科技领域使用着大量的不同的传感器，一辆汽车要有 30 多个传感器，卫星、火箭、导弹中有很多个传感器，工业生产中各种速度、温度、压力、流量、电流、电压等传感器的应用，也随着自动化水平的提高而日益增多，家电中也大量使用传感技术，如微波炉中的温度传感器、空调中的温度传感器、煤气的报警系统等。

现在工程和科技领域使用的传感器，主要功能有两个方面，其一是拾取所需检测物理量的信息，其二是把拾取的信息进行变换，使之成为一种与被测物理量有确定函数关系的，便于传输和处理的量，一般是电量。

对传感器的品质一般是以测量准确度、测量带宽、动态特性和测量稳定性来衡量的。微传感器因其体积很小、质量轻、功耗小、成本低、使用灵活、动态性能好、品质和可靠性不降低，而受到使用者的欢迎，特别是在狭窄空间和要求质量轻的场合。微传感器近年发展迅速，有不少已成为正式商品出售，被广泛使用。

微传感器体积很小，又由于微加工和能够集成的特点，因此制造微传感器阵列已成为现实。微传感器阵列可将不同传感器集成在一起成为多功能的传感器，也可以将几个同样的传感器集成在一起，成为具有微处理器控制的数据处理功能的传感器阵列，大大提高了测试的质量和可靠性。

### 8.5.2 一些主要微传感器的测控对象和应用的物理效应

由于被测量种类繁多，微传感器的种类也很多。微传感器可以有多种分类方式，如按敏感原理可以分为物理、化学和生物传感器。物理传感器现在用得最多，它是利用某些传感器元件材料的物理特性，以及某些功能材料的特殊物理性能制成的。

现在微传感器所测的敏感量和应用的物理效应众多。表 8.9 是一些常用的不同检测对象的微传感器及其所利用的物理效应。

表 8.9 一些主要微传感器的检测对象和利用的物理效应

| 检测对象 | 传感器或敏感元件 | 所利用的物理效应 | 输出信号 | 主要材料 |
| --- | --- | --- | --- | --- |
| 光 | 光敏电阻 | 光电导效应 | 电阻变化 | 可见光 CaS、CdSe<br>红外 PbS、InSb |
| | 光敏二极管<br>光电池 | 光生伏特效应 | 电流<br>电压 | Si、Ge<br>红外 InSb |
| | 光电管<br>光电倍增管 | 光电子发射效应 | 电流 | Ag－D－Cs<br>Cs－Sb |
| | 红外传感器 | 约瑟夫效应 | 电压 | 超导体 |
| | 红外摄像管 | 热释电效应 | 电荷 | $BaTiO_3$ |
| 机械量 | 金属电阻应变片<br>半导体应变片 | 电阻应变效应 | 电阻 | 康铜<br>卡码合金、Si |
| | 硅杯式压力传感器 | 压阻效应 | 电阻 | Si、Ge、GaP、In、As |
| | 压电传感器<br>压电式力、压力、加速度传感器 | 压电效应 | 电压 | 石英、压电陶瓷 |
| | 压电式激振器 | 逆压电效应 | 振动、长度变化 | 石英、压电陶瓷 |
| | 电容式传感器<br>电容式力、压力、加速度传感器 | 电容效应 | 电容变化 | 金属极板 |
| | 压磁元件<br>压磁式力、扭矩传感器 | 压磁效应 | 感抗 | 硅钢片、铁氧体、坡莫合金 |
| | 霍耳元件<br>磁电式力、压力、位移传感器 | 霍耳磁电效应 | 电压 | Si、Ge、GaAs、InAs |
| | 光电元件<br>光电式位移、振动、转速传感器 | 光电效应 | 电流 | CaS、InSb<br>Se－化合物 |
| | 光弹式压力传感器<br>光弹式振动传感器 | 光弹性效应 | 折射率 | 各种透光弹性材料 |

**续表 8.9**

| 检测对象 | 传感器或敏感元件 | 所利用的物理效应 | 输出信号 | 主要材料 |
|---|---|---|---|---|
| 温度 | 热电偶 | 温差电势效应 | 电压 | $Pt-PtRh_{10}$、NiCr−NiCu |
| | 绝对温度计 | 约瑟夫效应 | 噪声，电压 | 超导体 |
| | 声表面波温度传感器 | 正、逆压电效应 | 频率 | 石英 |
| | 红外探测器 | 热磁效率 | 电场 | 热敏铁氧体、磁钢 |
| 磁 | 霍耳元件、霍耳 IC、MOS 霍耳 IC | 霍耳磁电效应 | 电压 | Si、Ge、GaAs、InAs |
| | 磁阻元件、二极管、磁敏晶体管 | 磁阻效应 | 电阻、电流 | Ni−Co、InSb、InAs、Ge |
| | 光纤传感器 | 磁光法拉第效应 | 偏振光 | YlG、EuO、MnBi |
| | | 磁光克尔效应 | 面偏转 | MnBi |
| 放射线 | 光纤放射性传感器 | 放射线效应 | 放射剂量 | Ti−石英 |
| | 射线光敏二极管 | PN 结 | 电脉冲 | Si、Ge |
| | | 光生伏特效应 | | Li−Ge、Si、$HgI_2$ |

## 8.5.3 电阻应变式微传感器

现在电阻应变式传感器被大量应用，主要用于检测力、力矩、压力、加速度、振动等。电阻应变式传感器体积小、使用方便，因此便于制成微型传感器。

### 1. 电阻应变效应

现在所用的电阻应变式传感器主要是利用金属丝和半导体的电阻应变效应。

(1)金属丝(或金属箔)的电阻应变效应。

设金属丝长度为 $l$，截面积为 $S$，电阻系数为 $\rho$，在外力作用下，长度 $l$ 变为 $l+\Delta l$(图 8.7)，截面积 $S$ 缩小，因而其电阻 $R$ 增大变为 $R+\mathrm{d}R$，则其电阻变化率 $\mathrm{d}R/R$ 可表示为

$$\frac{\mathrm{d}R}{R}=\frac{\mathrm{d}\rho}{\rho}+(1+2\mu)\frac{\mathrm{d}l}{l}=\frac{\mathrm{d}\rho}{\rho}+(1+2\mu)\varepsilon \tag{8.15}$$

式中 $\mu$—— 材料的泊松比，通常 $0<\mu<1$；

$\varepsilon$—— 应变，即金属丝长度的相对变化，$\varepsilon=\mathrm{d}l/l$。

通常金属材料的电阻率的相对变化 $\mathrm{d}\rho/\rho$ 极小，可忽略不计。定义 $\gamma$ 为金属丝灵敏系数，则

$$\frac{\mathrm{d}R}{R}\approx(1+2\mu)\varepsilon=\gamma\varepsilon \tag{8.16}$$

不同材料的灵敏系数 $\gamma$ 值不同，现在常用的电阻应变片材料康铜的灵敏系数较高($\gamma\approx2.1$)，它受温度等环境干扰影响较小。

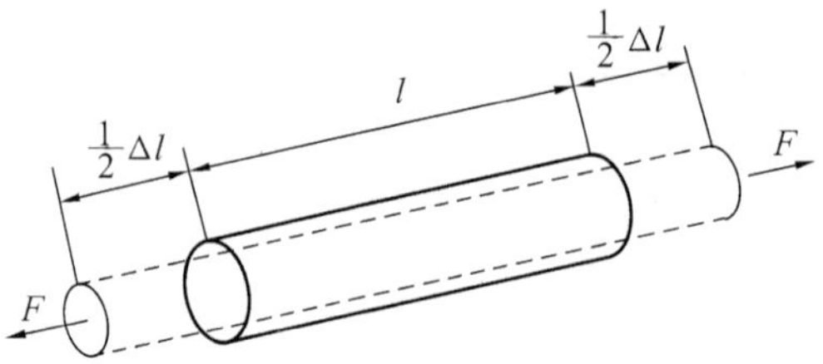


图 8.7　电阻应变效应示意图

(2) 半导体的电阻应变效应。

半导体存在电阻应变效应，其应变灵敏系数 $\gamma$ 很高，但受温度等环境因素干扰较大。对单晶半导体，材料电阻率的相对变化 $\mathrm{d}\rho/\rho$ 可表示为

$$\frac{\mathrm{d}\rho}{\rho}=\pi\sigma=\pi E\frac{\mathrm{d}l}{l}=\pi E\varepsilon \tag{8.17}$$

式中　$\sigma$ —— 所受拉力；

$E$—— 杨氏弹性模量；

$\pi$ —— 半导体材料的压阻系数，与半导体材料的性质和应力与晶轴方向的夹角有关。

而

$$\frac{\mathrm{d}R}{R}=(1+2\mu+\pi E)\varepsilon \tag{8.18}$$

实验证明，半导体材料 $\pi E \gg (1+2\mu)$，如将式(8.18) 中的$(1+2\mu)$ 忽略，则

$$\frac{\mathrm{d}R}{R}=\pi E\varepsilon=\gamma\varepsilon \tag{8.19}$$

由式(8.19) 可知，半导体材料的电阻应变效应，主要是由材料应变引起的电阻率 $\rho$ 变化造成的。半导体材料的电阻应变灵敏系数 $\gamma$ 远远高于金属材料，但它的缺点是受温度等环境影响大，稳定性较差。

半导体材料的压阻系数 $\pi$ 和应力与晶轴方向的夹角有关，因此在晶体有一定厚度时，电阻变化率 $\mathrm{d}R/R$ 的求解将是一个多维关系的复杂问题。

现在的微传感器，常是在硅基片上用集成电路工艺扩散成的电阻直接作为敏感元件。在硅膜较薄时，三维问题就简化成二维问题，使计算大为简化。在半导体基片受到外界振动、压力等作用时，将产生应变和形变，扩散电阻值随之产生相应变化，可用于测量力、压力、振动、角速度等物理量。最常用的使用电阻应变效应的微传感器有力传感器、扭矩传感器、压力传感器、加速度传感器、振动传感器等，目前都已有商品供应。

**2. 电阻应变式微压力传感器**

电阻应变式微压力传感器有多种不同结构，但原理基本相同。图 8.8 是一种典型的电阻应变式微压力传感器的结构，它由外壳、硅膜片、四个阻值相同的电阻、引线等组成。这四个相同阻值的电阻($R_1$、$R_2$、$R_3$、$R_4$)，是在硅膜片上用集成

电路工艺扩散而成并与硅膜片一体化了的电阻敏感元件。硅膜片常用法向为(110)晶向的晶片，四个电阻导线连成电桥，膜片四周用硅圆环固定。

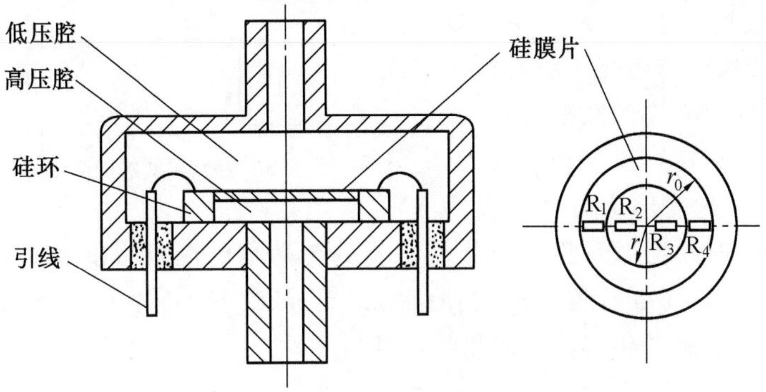


图 8.8　电阻应变式微压力传感器结构示意图

由图 8.8 可知，膜片两侧有两个压力腔，一个是与被测压力系统连接的高压腔，另一个是与大气相通的低压腔。当膜片两侧存在压力差时，膜片产生变形，膜片产生的变形量与压力差值成正比，且使电阻阻值变化，使电桥失去平衡而输出相应的电压，根据输出的电压，可以测出膜片两侧的压力差值。

因两侧压力差而产生的微压力传感器的硅膜片的径向应力 $\sigma_1$ 和切向应力 $\sigma_2$ 将决定电阻应变片电阻的变化大小。设硅膜片的外圆半径为 $r_0$，硅膜片上不同半径处所受的应力和产生的变形量为：

① 在半径 $r=0.635\ r_0$ 处，$\sigma_1=0$，仅有 $\sigma_2$(拉应力)；在半径 $r<0.635\ r_0$ 处，$\sigma_1>0$ (拉应力)；在半径 $r>0.635\ r_0$ 处，$\sigma_1<0$ (压应力)。

② 在半径 $r=0.812\ r_0$ 处，$\sigma_2=0$，仅有 $\sigma_1$(压应力)；在半径 $r<0.812\ r_0$ 处，$\sigma_2>0$ (拉应力)；在半径 $r>0.812\ r_0$ 处，$\sigma_2<0$ (压应力)。

圆形硅膜片的径向应力平均值 $\bar{\sigma}_1$ 和切向应力平均值 $\bar{\sigma}_2$ 分别为

$$\bar{\sigma}_1=\int_{r_a}^{r_b}\sigma_1(r)\mathrm{d}r\Big/\int_{r_a}^{r_b}\mathrm{d}r \tag{8.20}$$

$$\bar{\sigma}_2=\int_{r_a}^{r_b}\sigma_2(r)\mathrm{d}r\Big/\int_{r_a}^{r_b}\mathrm{d}r \tag{8.21}$$

### 3. 电阻应变式微加速度传感器

电阻应变式微加速度传感器最常用的有悬臂梁结构，有时也制成桁架式或双固定端梁结构。如图 8.9 所示为悬梁结构微加速度传感器结构示意图。平时可用 4 个等值电阻连成电桥电路，电阻是用扩散工艺在硅梁上制成的，和硅梁是一体化结构，可根据所测加速度和振动频率的要求，来设计该加速度传感器的刚度和自振频率。

当加速度作用在加速度传感器上时，基座产生运动加速度，质量块由于惯性滞后而使硅梁产生弯曲变形，硅梁上电阻的阻值变化，使电桥有电信号输出。输出电信号经数据处理后，即可获得被测的加速度。微加速度传感器一般都可用于测量振动，但需配置必要的数据处理软件。

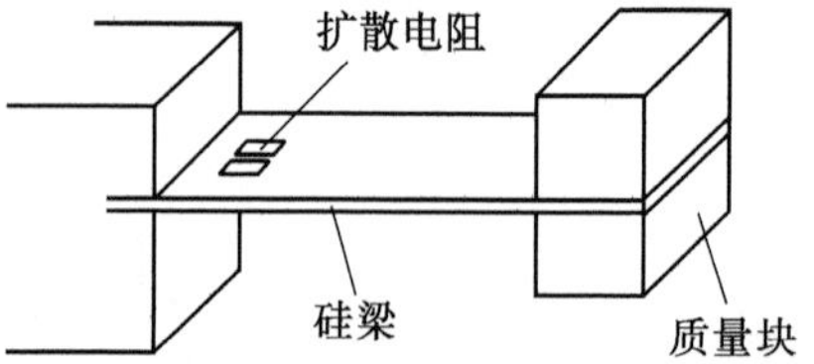

图 8.9　悬臂梁式加速度传感器结构示意图

由于制造工艺和环境温度变化等影响，这类微加速度传感器常出现输出零漂和非线性等误差，必须采用补偿措施以提高传感器的测量精度和可靠性。现在常将微加速度传感器和信号调制补偿电路集成在同一芯片上，不仅缩小了传感器的体积，也提高了传感器的测量精度和可靠性。

### 8.5.4　电容式微传感器

电容式微传感器通过两电极间的电容变化来达到检测目的，两个电极板一个是固定的参考电极板，另一个是可变形的联动电极板。为提高微电容传感器的测量灵敏度，常用差分电路测量电极间电容间隙的变化。由于电容式微传感器较电阻应变式传感器有较高的测量灵敏度，因此现在电容式微压力传感器和电容式微加速度计用得较多。

**1. 电容式微压力传感器**

图 8.10 所示为典型的圆形薄膜式平行极板的电容式微压力传感器的工作原理图。有时也将平行硅薄膜极板制成方形，它们的工作原理是相同的。在压力差 $P$ 作用下，可变形的硅膜片极板产生挠曲变形，改变两极板间的电容 $C$，通过检测电路检测电容变化值，获得电压或其他输出电信号，从而测出压力差值。

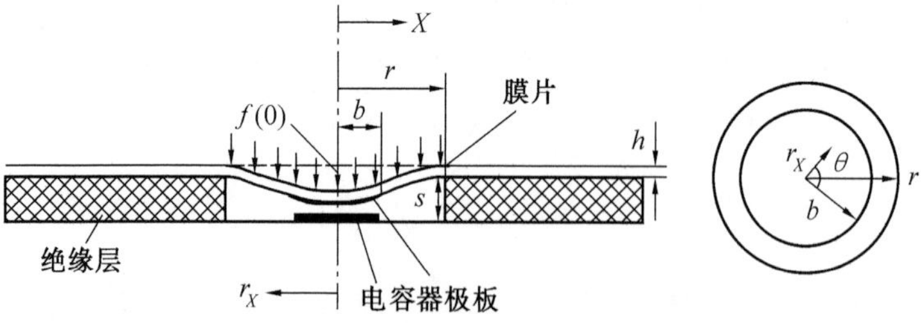

图 8.10　电容式微压力传感器原理图

对于圆形膜片电容传感器，最大应力 $\sigma_{\max}$ 产生在膜片边缘半径 $r$ 处，其值为

$$\sigma_{\max}=\frac{3}{4}P\frac{r^2}{h^2} \tag{8.22}$$

式中　$r$ —— 膜片半径；

$h$ —— 膜片厚度。

在允许最大压力差为 $P_{\max}$ 时，膜片的最小允许厚度 $h_{\min}$ 为

$$h_{\min}=r\left(\frac{P_{\max}}{821}\right)^{1/2} \tag{8.23}$$

设压力差 $P$ 在允许范围内，在变形量较小时膜片的挠曲度 $f(r_X)$ 可表示为

$$f(r_X)=12P(1-\gamma^2)\frac{r^2-r_X^2}{64Eh^3} \tag{8.24}$$

式中　$E$—— 弹性模量；

　　$\gamma$—— 泊松比。

变形时的总电容 $C$ 为

$$C=\iint^{r}\frac{\varepsilon}{s-f(r_X)}r_X\,\mathrm{d}r_X\,\mathrm{d}\theta \tag{8.25}$$

式中　$s$—— 无压力差时极板间距离。

电容式微压力传感器的灵敏度 $G_C$ 为

$$G_C=\frac{\Delta C}{C_0P}=k_2(1-\gamma^2)\frac{r^2}{16Eh^3s} \tag{8.26}$$

在 $r/h$ 和 $r/s$ 值较大时，电容式微压力传感器的灵敏度要比电阻应变式高很多（1 ～ 4 个数量级）。

据报道，做在玻璃片上的硅电容式压力传感器的测量范围为 200 Pa ～ 2.7 MPa。当封装良好时，接口电路的分辨率为 0.000 1 pF。电容式压力传感器受温度影响较大，主要是封闭气体的热胀冷缩引起的。电容与温度的关系表明，灵敏度温度系数约为 $-6.95\times10^{-3}$ ℃$^{-1}$，偏置的温度系数为 $-1.6\times10^{-3}$ ℃$^{-1}$。对于绝对压力微传感器采用真空封闭腔较好。

**2. 电容式微加速度传感器**

电容式微加速度传感器因受温度影响较小，已在汽车保安的应急气囊弹开装置和航天惯性仪表等多处获得实际应用，现在用得较多的电容式微加速度传感器是质量块摆动的差动电容结构。

(1) 悬臂梁式电容微加速度传感器。

图 8.11 是悬臂梁式电容微加速度传感器的典型结构。基板采用 Si 晶片或玻璃制成，上面电镀 Ni、Cr 或 Au 导电层，并在其上面用微加工技术制成 Si 的悬臂梁、质量块和固定电极间形成差动电容器。悬臂梁和质量块的高度约为 300 μm。

在垂直于悬臂梁平面的方向有加速度时，梁便弯曲摆动，引起电容的变化。对于微小变形时，如果梁弯曲最大挠度 $f_{\max}<0.1s$，微电容传感器的灵敏度为

$$\frac{\Delta C_B}{C_B}=\frac{5ma_Zl^3}{4Esbt^3} \tag{8.27}$$

式中　$C_B$—— 静态时微传感器的电容值；

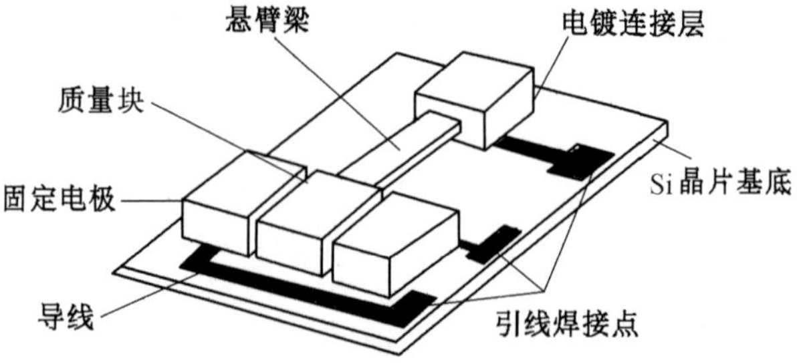


图 8.11　悬臂梁式微电容加速度传感器

$s$—— 电容极板间距离；

$m$—— 质量块的质量；

$a_Z$—— 垂直于悬臂梁平面的加速度；

$t$—— 悬臂梁的厚度；

$b$—— 悬臂梁的宽度；

$l$—— 悬臂梁的长度。

(2) 扭杆型电容微加速度计。

图 8.12 所示是一种扭杆型电容微加速度计的结构原理图。一般质量块由硅片制成，通过相连的扭杆连到支撑框架上，质量块下表面、平衡板下表面和基板上的固定电极形成差动式电容传感器。在垂直于质量块平面的方向有加速度时，质量块由于惯性，将围绕扭杆旋转扭动，使差动电容传感器的电容改变，根据电容改变量测出加速度值。

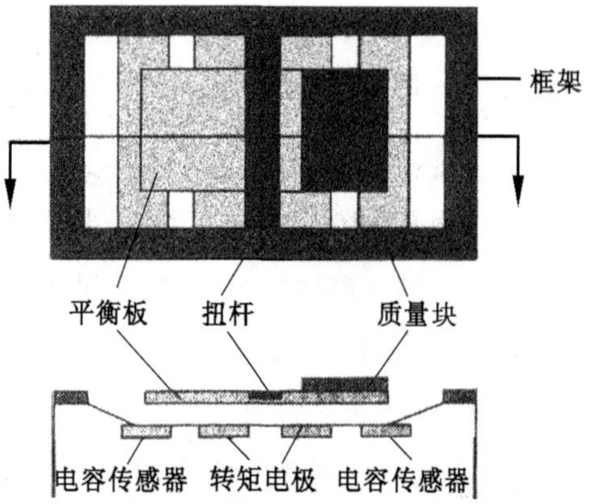


图 8.12　扭杆型电容微加速度计

当垂直于质量块平面方向有加速度 $a_Z$ 时，传感器的电容变化 $\Delta C$ 为

$$\frac{\Delta C}{C}=\frac{3lml_{\mathrm{m}}}{8Gsbt^3}a_Z \tag{8.28}$$

式中　$G$—— 扭杆的剪切弹性模量；

$b$—— 扭杆的宽度；

$t$—— 扭杆的厚度；

$l$—— 扭杆的长度；

$l_{\mathrm{m}}$—— 质量块的长度；

$m$—— 质量块的质量；

$s$—— 电容极板间距离。

传感器的灵敏度与加速度呈线性关系，并受质量块和扭杆参数的影响。

(3) 三维电容微加速度计。

测量三个互相垂直方向的加速度，可用三个单向的电容加速度计，也可用一个三维电容加速度计。三维电容微加速度计可以同时测量 $X$、$Y$、$Z$ 三个互相垂直方向上的加速度值，已在汽车控制、电气工程等场合得到应用。

三维电容微加速度计有多种不同结构，图 8.13 所示为日本住友精工的 Osamu 等研制的三维电容微加速度计，其外形尺寸为 6 mm × 6 mm × 2.2 mm。从图中可以看到，该加速度计上下共有四层。顶层玻璃层的底面用电沉积形成五个固定电极，如图 8.14(a) 所示；第二层是硅构件，由微加工形成四个悬臂梁连接的活动电极，如图 8.14(b) 所示，活动电极可在 $X$、$Y$、$Z$ 三个方向运动。第三层是玻璃材料，构成活动的质量块和外支架。第四层为硅底板，起限位作用。

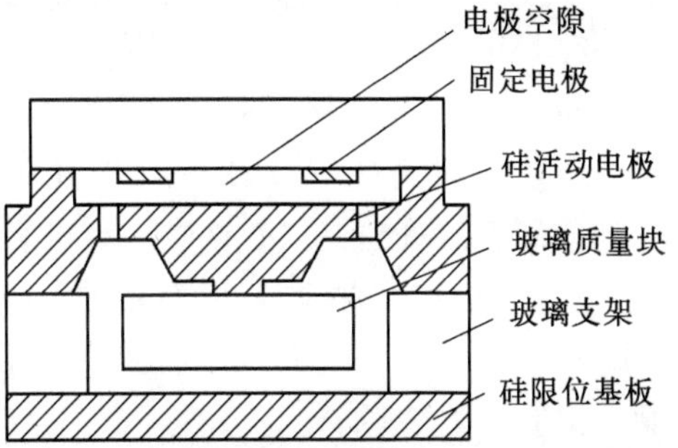


图 8.13　三维电容微加速度计结构示意图(Osamu)

从图 8.14 可以看到固定电极 $C_1$、$C_2$、$C_3$、$C_4$ 和 $C_5$ 的分布位置，其中 $C_1$ 和 $C_3$ 用于检测 $X$ 向加速度，$C_2$ 和 $C_4$ 用于检测 $Y$ 向加速度，$C_5$ 用于检测 $Z$ 向加速度。活动电极由 4 个悬臂梁连接到外壳体，它是上面 5 个固定电极对应的公共电极。活动电极下面与质量块固连。

在有加速度作用时，质量块的惯性使活动电极的悬臂产生变形。由图 8.15(a) 可见，$X$ 向加速度作用时，$C_1$ 和 $C_3$ 的间隙改变，使相应的电容也随之变化，$C_1 \to C_1 + \Delta C_1$，$C_3 \to C_3 - \Delta C_3$。$Y$ 向加速度作用时，$C_2$ 和 $C_4$ 的间隙改变，使相应的电容也随之变化，$C_2 \to C_2 + \Delta C_2$，$C_4 \to C_4 - \Delta C_4$。由图 8.15(b) 可见，$Z$ 向加速度使电容 $C_5$ 的间隙改变，引起相应的电容也随之变化。

由于检测三维加速度时是测 $\Delta C/C$，通常采用电桥连接电路来测电容变化值。因此从理论上讲，测不同方向的加速度时，对各轴间加速度的交叉干扰可以用电补偿原理在电桥电路中得到补偿，不需要另加复杂的修正措施即可以正确地分别测出各方向的加速度。

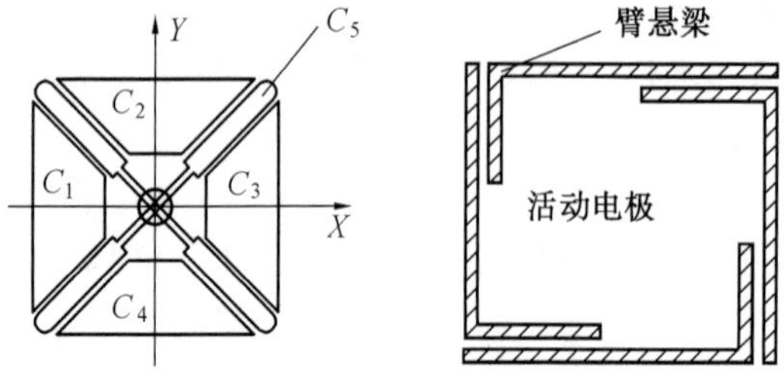


(a) 固定电极分布　　(b) 四臂悬梁的活动电极

图 8.14　加速度计的固定和活动电极分布

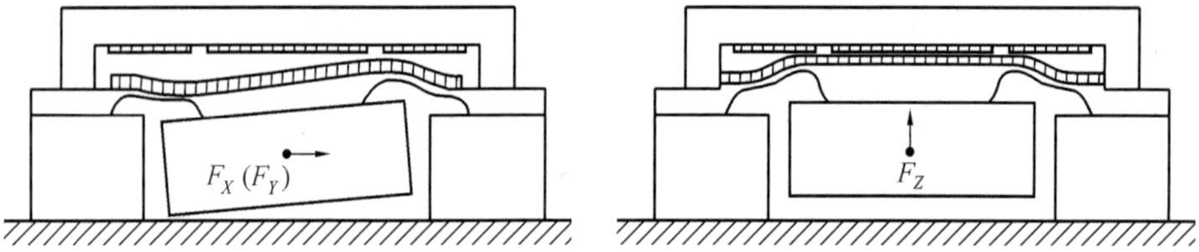


(a) $X$ 和 $Y$ 方向加速度引起的电容变化　　(b) $Z$ 方向加速度引起的电容变化

图 8.15　$X$、$Y$、$Z$ 向加速度引起的电容变化

三维电容微加速度计可以同时测量 $X$、$Y$、$Z$ 三个互相垂直方向上的加速度值，体积又很小，因此受到使用者的欢迎。但是这类三维电容微加速度计同时测量 $X$、$Y$、$Z$ 三个互相垂直方向上的加速度值时，很难完全消除三个方向加速度的交叉干扰，同时又有非线性误差，因此不易达到较高的测量精度，这使它的推广使用受到了一定的限制。

**3. 电容式微加速度传感器的基本测量电路**

电容式微加速度传感器的基本测量电路，可以采用开路或闭路静电力平衡电路。采用闭路测量电路的电容式加速度传感器，测量灵敏度和精度高，但结构和测量电路较复杂，因而成本较高，只在测量要求较高时使用。采用开路测量电路的电容式加速度传感器，测量灵敏度虽略低，但其测量频带宽，在波动较大的测量和爆炸中测量，应用效果较好。在惯性制导系统中，常选用开路静电力平衡电路。在现在的硅基电容微加速度计中，这两种测量电路方案均得到实际使用。

微加速度传感器的测量电路常制成集成电路，并且和微硅加速度传感器集成制造在一起，成为集成微加速度传感器系统。集成微加速度传感器系统现在已能大批量生产，成为 MEMS 的一种主流产品，价格低，可靠性高，以较大优势取代了传统产品，1998 年集成微硅加速度计市场量达到 2 700 万个，主要是用于汽车等的安全气袋防撞系统中。

美国 AD 公司（Analog Device Inc.）生产的集成微加速度传感器系统是较典型的实例，图 8.16 所示为该公司生产的 ADXL－50 型集成微加速度传感器系统。图 8.16(a)所示为该系统的机电结构,它将多晶硅梳状结构的微硅加速度计(厚 2 μm,重 43 μg,面积为0.6 mm²)和 BiMOS 信号处理电路一同集成在3 mm×3 mm的芯片上。图 8.16(b)所示为该系统的微硅加速度计梳状结构,以及 BiMOS 信号处理电路(包括:振荡器、解调器、前置放大器、缓冲器、参考单元和反馈回路等)的原理示意图。多晶硅可动质量块(可动电容器板极)带有许多100 μm的横臂,与多组固定横臂间的间隔为 1 μm,形成多组可变电容。电容器上加 1 MHz 方波信号,处理放大后作为反馈信号,使质量块极板处于中心位置,

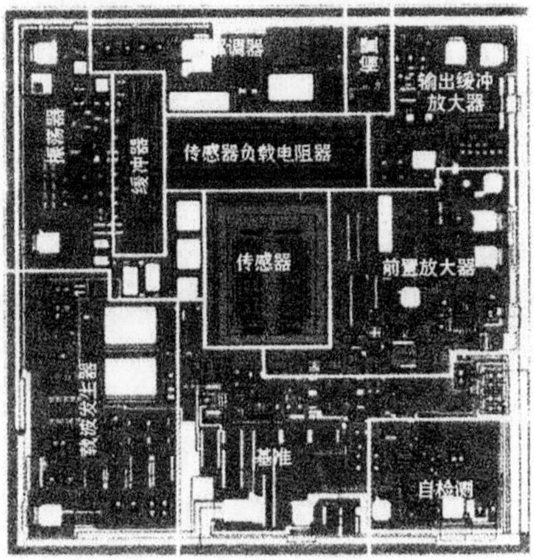


(a)系统结构示意图

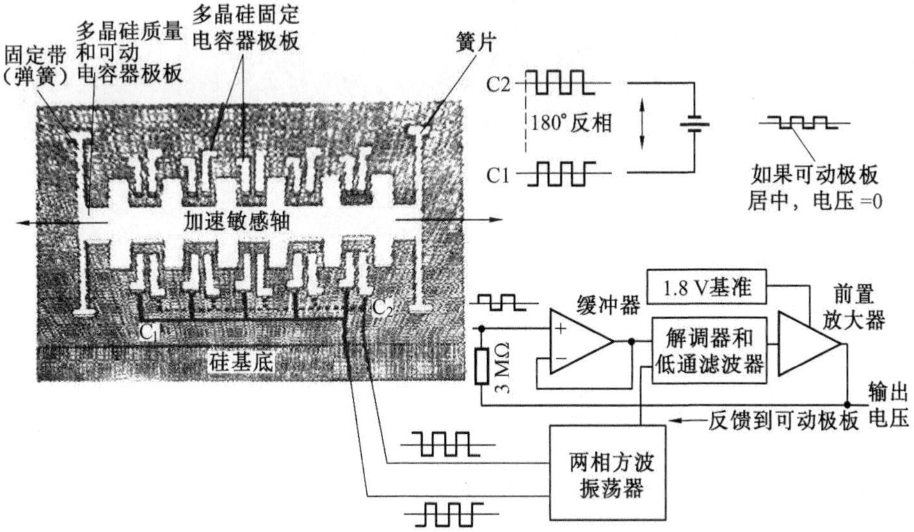


(b)微加速度传感器结构和 BiMOS 信号处理电路原理示意图

图 8.16　美国 AD 公司 ADXL－50 型集成微加速度传感器系统

可动质量块的移动距离小于 10 nm。如果有加速度作用，改变反馈电压使质量块回到中心位置，此电压即正比于加速度值，即用于加速度测量。此微加速度计系统的开环机械系统的固有谐振频率约为24 kHz，品质因数为 3～4。

**4. 电容式微加速度计的加工工艺及其对结构和性能的影响**

电容式微加速度计的主要组成部分是质量块和支撑梁，加工工艺不同，直接影响其结构和性能。现在常用的加工工艺有表面微细加工和体微细加工两种方法。表面微细加工是用传统的 IC 微加工处理技术，加工尺寸精度高，但只能加工薄层材料，故加工出的质量块和支撑梁都是用薄片材料制成的。体微细加工技术是使用定向异性腐蚀法，可加工出厚的单晶硅质量块和支撑梁等，但加工精度(如直线度、尖角腐蚀控制等)和一致性稍差。因此加工工艺直接影响电容式微加速度计的结构，同时也影响其性能。

电容式微加速度计的主要性能参数包括：测量范围、灵敏度、精度、线性工作范围、响应频率、频宽、温度效应、非轴向灵敏度等。在加速度计应用中，自检和过载保护也是必要因素。加速度计的上述性能参数，直接由它的结构设计、加工工艺等决定。表 8.10 是三种不同结构电容式微加速度计的主要性能参数的比较，其中第一种加速度计是表面微细加工的双梁型，质量块和支撑梁都是薄片结构，第二种是体微细加工的单梁型结构，第三种是体微细加工由开路方法操纵的悬臂型。

**表 8.10　三种不同的电容式微加速度计的性能对比**

| 分　类 | Analog Device 公司 | Hitachi 公司 | CSEM 公司 |
| --- | --- | --- | --- |
| 动态范围 | ±50 g | ±1 g | ±4 g |
| 精度 | 3%～5% FS | ±1% | ±0.1% |
| 线性度 | 0.5% FS | ±0.5% | 3% FS |
| 频宽 | 1 kHz | 100 Hz | 100 Hz |
| 响应频率 | 22 kHz | ～ | 800 Hz |
| 离轴敏感性 | 2% | ± 0.5% | 0.5% |
| 温度范围 | −55～125 ℃ | −40～85 ℃ | ～ |

## 8.5.5　物理量微传感器和化学微传感器等

**1. 温度微传感器**

温度通常以物理量转换的方式来测量。常用的温度微传感器有热电效应的热电偶法、温度引起的电阻变化法、红外线辐射法、温度引起二极管阈值强度变化法、温度引起双极三极管发射极强度变化法、温度引起的石英谐振器谐振频率变化法等。

石英晶体的机械性能和压电性能与温度变化均有非线性关系，谐振频率与温度的变化关系曲线为三次方曲线，利用这些物理特性（谐振频率变化）可以制造高灵敏度的温度传感器。已制成的这种石英晶体谐振式微温度传感器，灵敏度达 1 000 Hz/ ℃，最高分辨率达 $10^{-4}$℃。

**2. 液体黏度微传感器**

利用弹性波原理的液体黏性微传感器，可以测量流体的黏性、微流量和其他一些液体物理性能。

这种液体黏度的测量是基于弹性波特征参数的变化，黏性流体沉积在振动表面时，将使振动产生损耗。由于摩擦力的影响，损耗与流体的黏性直接有关。流体的黏度增大，会导致摩擦力增大，损耗增加，弹性波将明显衰减。

**3. 化学和电化学微传感器**

化学和电化学微传感器，其原理是利用特殊传感器材料对被测材料的某种化学成分分子或离子特别敏感，致使传感器材料某些性能改变（如导电性、电压、电荷、谐振频率等的改变）来实现检测的。传感器的敏感材料可以有多种不同形式结构，最常用的是涂层或镀层薄膜，著名的化学传感器 ISFET 是一种场效应晶体管，其敏感栅区是靠从材料中捕获离子形成电位差而构成感应体。

在气体测量方面，有用表面波测量的气体（$NO_2$）传感器，它由两个延迟线组成（其中一个用作参考），所检测的气体靠涂层材料的变化或导电性的变化来反映。

图 8.17 所示是一种谐振式多气体微传感器，是利用石英谐振器来分析气体的。该传感器有多个谐振器，每个石英谐振器上都覆盖了一层用于吸收专门气体的选择层，其中一个作为参考频率，其余几个是吸收不同专门气体的选择性谐振器。如吸收到某种专门气体，该选择性谐振器随所吸收气体中含有物质量而使谐振频率变化，使谐振频率和标准参考频率产生差别，从而测出该专门气体的存在。

现已开发了大量的气体化学微传感器，如氧化氮、氧化硫、甲烷以及汽车废气等气体化学微传感器。

现用的化学传感器选择性差，因此应用受到限制。由于化学传感器检测气体的单一性，用少数敏感元件不能对未知化学物质进行准确识别，采用化学传感器阵列可解决这问题。图 8.18所示是用来分析气体的化学传感器阵列（称为电鼻子），可解决未知气体的识别问题。这种电鼻子是在 10 mm×10 mm 的氧化硅基板上集成 40 个不同的化学传感器，形成微化学传感器阵列。这些化学传感器

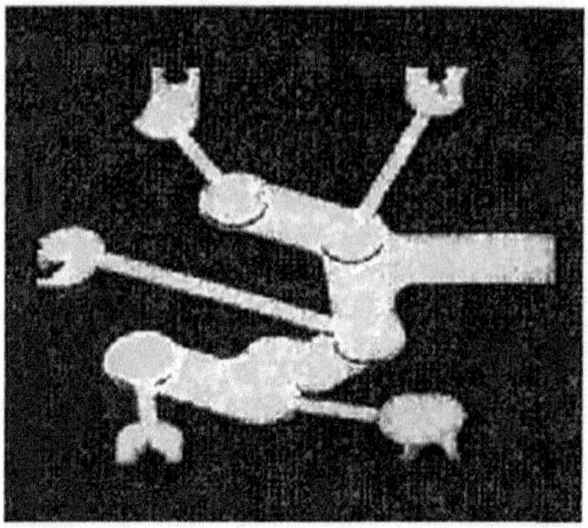

图 8.17 谐振式多气体微传感器

做敏感元件的金属氧化物涂层的差异，使它对不同气体具有不同的灵敏度。在被分析气体的接触时产生的信号样本，与事先储存的标准样本用特殊编制的神经元网程序比较，即可识别采得的信号样本的气体成分。这种“电鼻子”已用于确定葡萄的成熟程度，效果良好。

图 8.18 探测气体的化学传感器阵列——电鼻子

电化学传感器一般是通过在液体中感应特种离子而工作的。电化学传感器可以与检测流量、黏性和密度的传感器集成在一起而形成测量网络。

化学和电化学微传感器因体积小，便于将多个传感器集成在一起实现多目标的检测。

**4. 光纤微传感器**

光纤传感器分两大类：

① 传光型。传光型的光纤只做传光用，敏感的传感元件是用其他元器件来

完成的。

② 传感型。传感型的光纤是由于本身受外界环境影响而改变其内传输光的强度、频率、相位等参数，而成为传感器。这种传感器可感受多种不同的物理信息。

光纤传感器的主要优点：

① 灵敏度高，线性和动态范围都很好。

② 外径小，挠曲性好，可制成不同几何形状。

③ 稳定度高，受干扰小，较耐高温度、耐水、不受电场和磁场的干扰。

④ 测量速度快，适合制成非接触和远距离测量的传感器。

目前光纤传感器价格较贵，安装使用较复杂，商用产品尚不普及。

**5. 生物微传感器**

生物微传感器的特点是集信息采集、转换、传输和表达于一身，且有测定简便、快速、装置简单、价格低廉、选择性好、应用面广等优点，因此发展至今虽然不过 10 多年，但进展迅速，因而受到了多门学科领域的关注。

根据敏感基元的不同工作原理，生物传感器分为两类：

① 催化型生物传感器。催化型生物传感器利用了酶等生物敏感基元的专一性和催化性，来检测整个反应动力学过程的总效应。

② 亲和型生物传感器。亲和型生物传感器利用了分子间特异的亲和性，如免疫传感器等，来检测热力学平衡的结果。

现在生物传感器中使用的生物敏感基元有以下 4 种。

(1)酶。

酶是生化反应的高效催化剂，对目标物有高度专一性。它的检测原理是利用反应过程中氧化还原酶的电子转移或反应前后目标物或产物的浓度变化进行检测的。目前酶的生物传感器应用较多。

(2)抗原和抗体。

抗原是动物组织内能进行识别外源性物质特异性的物质分子，相伴产生的防护性机制被称为免疫反应。抗原和抗体在换能器表面结合，可以用质量检测法或表面等离子体共振法(SPR)进行检测。

(3)受体。

受体与目标物的结合，可以用质量检测法或表面等离子体共振法(SPR)进行检测。目前它作为识别单元，已用于生物学传感器的研究实验。

(4)核酸。

核酸具有极高的生物选择性，因此利用核酸分子杂交原理的生物传感器对目标物进行检测有很高的灵敏度，同时具有很好的发展前景。

装有生物传感器的生物分析仪器，近年来发展迅速，仪器的微型化和集成化，已成为生命科学、化学和电子学等领域研究开发的重要内容，微米级和纳米级生物芯片的研究已是重要的研究方向。当前生物传感器和微型生物分析仪器的应用领域有：高通量药物筛选、病源的定向监护检测、DNA 和基因的检测、生物遗传基因的检测、天体生物学的研究等。

## 8.6 微致动器

### 8.6.1 微致动器简介

微致动器(microactuator)又称微执行器或微驱动器，是微机电系统中能够产生和执行动作的部件。微致动器经常是微机电系统中最核心的部分，作为系统中的可动部分，其动作力和动作范围的大小、动作效率的高低、动作的可靠性等指标，直接决定整个微机电系统工作的好坏与成败。

微致动器一般是对接收到的微传感器输出的信号(电、光、热、磁等)做出响应，给出力、力矩、尺寸、状态的变化或各种运动。利用微致动器可以完成由微传感器控制的预先设定的各种操作。

从装置的结构功能类型来看，微致动器可分为微旋转电机、微直线运动电机、微机构(微齿轮、微轴、微梁、微轴承、微凸轮机构、微连杆、微振子等)、微夹持器、微阀门、微泵等。从驱动力来看，微致动器可分为静电力、电磁力、电致伸缩力、形状记忆合金的形状恢复力、热变形、激光、气压力、生物力驱动等。微致动器因其尺寸极小，受尺寸效应的作用，一般是使作用力效能增大。在微尺寸领域内，各种物理量起作用的大小和在宏观世界中有很大不同，设计微机械和微机电系统必须重点考虑起作用的物理参数的影响。例如，静电力与尺寸 $L^2$(面积)成正比，起的作用较电磁力要大。因此在致动器设计过程中，选用驱动力时必须考虑尺寸效应的影响。

现在微执行器的尺寸一般是毫米级和微米级，其内部组成元件的尺寸已都是微米级，必须考虑尺寸效应的影响。近年来，由于世界各国都对微机电系统极为重视，其中关键部件的微执行器发展很快，现在已制成多种尺寸很小的微执行器。表 8.11 是国外已制成的典型微执行器，其中有不少国内也已研制成功。

表 8.11　国外研制成的各种典型微致动器

| 分类 | 研制单位 | 尺寸大小 | 响应速度 | 产生力 | 位移 | 材料 | 驱动电压 | 备注 |
|---|---|---|---|---|---|---|---|---|
| 静电电机 | UC Berkeley | 直径 120 μm | 500 r/min | 数 pN | 旋转 | 多晶硅 | 60～400 V | 摩擦 0.21～0.38 |
| 静电电机 | 麻省理工学院 | 直径 100 μm | 15 000 r/min | 10 pN | 旋转 | 多晶硅 | 50～300 V | — |
| 静电线性电机 | 东京大学 | 10 mm 对角 50 μm 厚 | 约 3 kHz | 40 mN | 15 μm | 单晶硅 | 0～300 V | 垂直于基板驱动 |
| 静电振子 | UC Berkeley | 0.1 mm 对角 50 μm 厚 | 10～100 Hz (共振频率) | 200 nN | 10 μm | 多晶硅 | 40VDC+ 10VAC | 与基板相平行共振 |
| 双压电悬臂梁 | Stanford University | 8 μm×0.2 mm ×1 mm | 不详 | 23 μN | 7 μm | ZnO | 30 V | 驱动 STM 探针 |
| 形状记忆合金 | 贝尔研究所 | 2 μm 对角 30 μm 厚 | 20 Hz | — | 数微米 | TiNi | 20 mA 40 V | — |
| 热膨胀 | Stanford University | 3 mm 对角 | 响应时间约 5 ms | 0.6 N | 45 μm | 单晶硅+液体 | 200 mW | 微阀门用 |
| 热/空气压 | 多伦多大学 | 8 mm 对角 0.5 mm 厚 | 1 Hz 以下 | 0.1 N | 23 μm | 单晶硅 | 13 V | 微泵用 |
| 双金属 | 夫琅禾费研究所 | 长 0.5 mm | 10 Hz | — | 60 μm | 单晶硅+金 | 约 150 mW | — |
| 超电导线性电机 | 东京大学 | 5 mm 对角 | 200 mm/s | 100 μN | 3 mm | $YBa_2Cu_3O_7$ | 0.3～0.9 V | 磁悬浮 |
| 空气悬浮线性电机 | UC Berkeley | 数 mm 对角 | 10 Hz | 3 nN | 数毫米 | 单晶硅+氮化膜 | 约 15 V | 空气悬浮静电驱动 |

## 8.6.2　静电型微致动器

### 1. 静电力驱动原理

静电力驱动的特点，首先是静电力大小与 $L^2$(面积)成正比，即微机械尺寸越小，单位面积产生的作用力越大；其次采用电压驱动不仅功耗低，而且易于控制和达到高速；此外静电力驱动的微结构，易于集成化制造。

根据气体放电原理，空气中不发生放电的最低电压为 330 V。设平行板面积为 $S$，间隙为 $d$，施加电压为 $U$，则产生的静电作用力 $F$ 可表示为

$$F=\frac{1}{2}\varepsilon_0\left(\frac{V}{d}\right)^2 S \tag{8.29}$$

式中 $\varepsilon_0$——真空中介电常数。

设 $V=300$ V，$S=100\ \mu\text{m}\times 100\ \mu\text{m}$，$d=1\ \mu\text{m}$，则 $F\approx 4$ mN。

**2. 静电电机**

1989 年，加州大学伯克利分校研制成功转子直径为 60 μm 的静电电机，曾轰动一时。该电机结构如图 8.19 所示，定子有 12 个电极，均匀分布在转子周围，每隔两个电极并联在一起，成为 3 相 4 极构造，转子有 4 个电极。由电机的剖面图可以看到，转子卡在中心轴的沟内，不会脱出。转子为多晶硅材料，在其外圈和内圈沉积了 $Si_3N_4$ 膜，以减少摩擦，转子和定子的间隙取 2 μm，工作电压为 60～400 V。当向定子的各电极依次施加电压时，由静电力作用使电机转子转动。经实测，电压为 200 V 时，转速为 150 r/min。但按理论计算，电压为 200 V 时，转速应为1 200 000 r/min，由于摩擦力使电机转速大幅降低，寿命也极短。

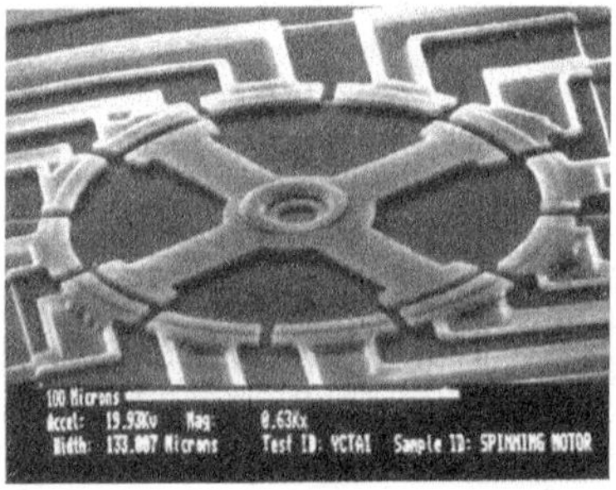
(a)电机照片

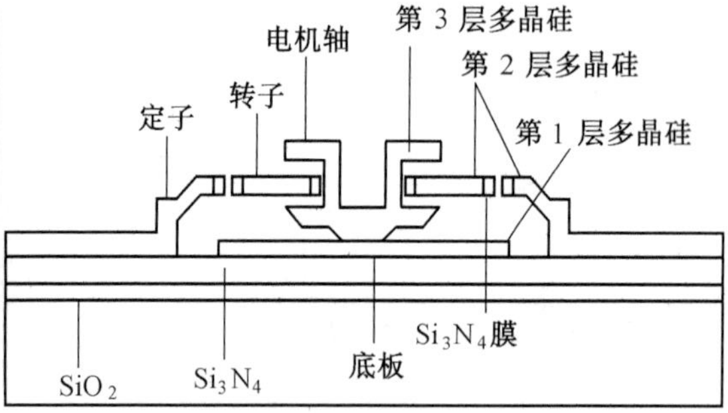

(b)电机剖面图

**图 8.19　静电电机(Berkeley)**

MIT 的 Mehregany 等改进了上述电机：

① 将转子和中心轴间的间隙减小到 0.3 μm 以下。

② 转子和定子电极间的间隙减少为 1.5 μm。

③ 转子下面由 3 个凸起点支承，减小了摩擦。

④ 在氮气中工作，防止硅的氧化。

改进后制成直径 100 μm，高 2 μm 的多晶硅电机，转速达到 10 000 r/mm，寿命达到 1 星期以上。

我国清华大学研制成功的硅基集成微静电马达(电动机)，如图 8.20 所示。其转子半径为 40 μm，转子和定子由厚度为 4.2 μm 的多晶硅膜制成，转子与定子间的空气间隙为 2.0 μm，驱动电压为 50～176 V，最高转速约为 600 r/min。

该微静电马达由多晶硅用低压化学气相沉淀，再经光刻而成。牺牲层为 $SiO_2$，用 HF 酸腐蚀，使转动件脱离母体。在进行光刻转子内环时，必须注意保证边缘光滑，使转子旋转平滑而不卡壳。

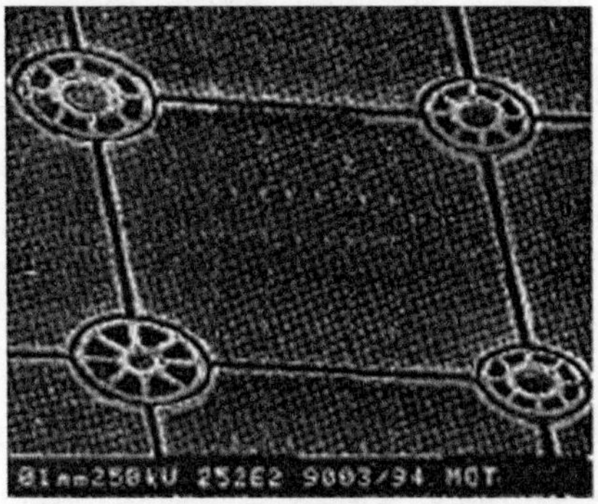


图 8.20　硅基集成微静电马达(清华大学)

### 3. 静电直线电机

静电直线电机的工作原理如图 8.21 所示，该系统由一个沉积有电极运动件和一个沉积有电极的固定件组成。通过对静止电极施加一系列电压，可使带电极的运动件产生直线运动。调节在静止电极上施加电压的大小和正负，可以控制运动件的运动速度和运动方向。在微机械中需要机构做往复直线运动时，可以采用这种静电直线电机驱动。

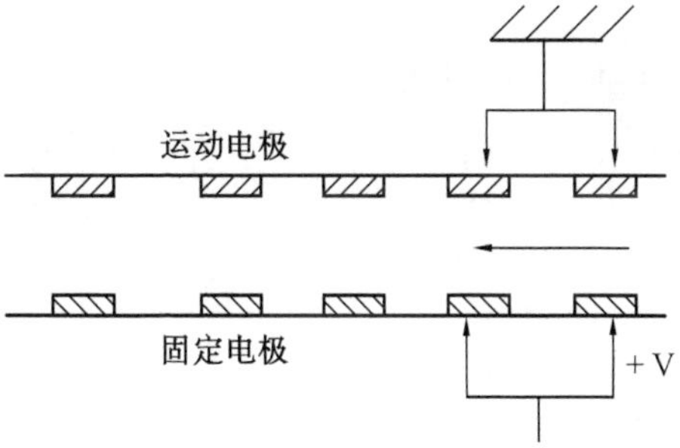


图 8.21　静电直线电机工作原理

### 4. 静电型微继电器

静电型微继电器 SMR(static micro relay)已开发出多种成品。图 8.22 所示是一种微继电器结构示意图。在驱动电极和悬臂梁间施加静电压，静电引力使悬臂梁弯曲，带动触点完成开关动作。该继电器的悬臂梁长 150 μm，宽 30 μm，厚 0.4 μm，施加电压 62 V，能流过 1 mA 电流。

微继电器的发展方向是降低驱动电压和增加允许通过电流，已有不少成果。

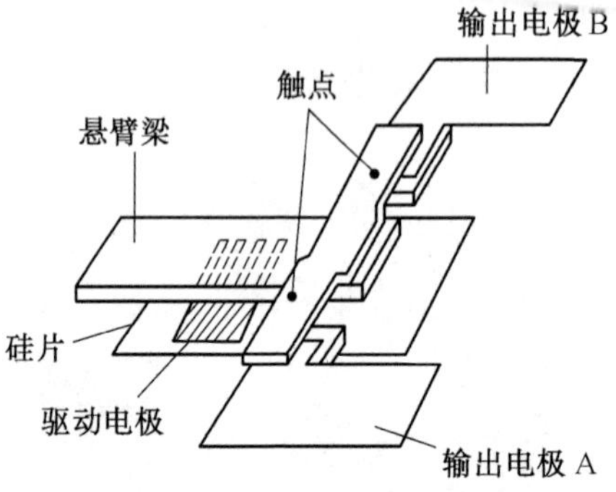


图 8.22 静电型微继电器

1998 年日本 NTT 公司的 A. Hirata（枚田）等已研制成功最小驱动电压为 11 V 的微继电器。微继电器具有体积小、动作快、寿命长、造价低等优点，但有允许通过电流小的不足。微继电器作为阵列型信号继电器，是有应用前途的。

**5. 静电型变焦微反射镜**

美国 IC 传感器公司在光学干涉仪中使用了静电型变焦微反射镜，其结构原理如图 8.23 所示。在玻璃基板中的 30 μm 深凹槽内，沉积有一层金属钨膜作为一个电极。反射镜面是在单晶硅板上用 KOH 进行各向异性腐蚀得到的厚度为 10～100 μm 的薄膜。当在硅板和钨膜间施加静电压时，由于静电力作用使硅反射镜膜片向下弯曲，凹面的曲率将随外加电压的大小而改变，成为变焦反射镜面。当硅膜厚度为 11 μm，边长为 15 mm，施加电压为 40 V 时，膜的内凹量约为 15 μm。

这种变焦反射镜如再加上反馈系统，则可使反射镜焦点改变量的控制更加精确。

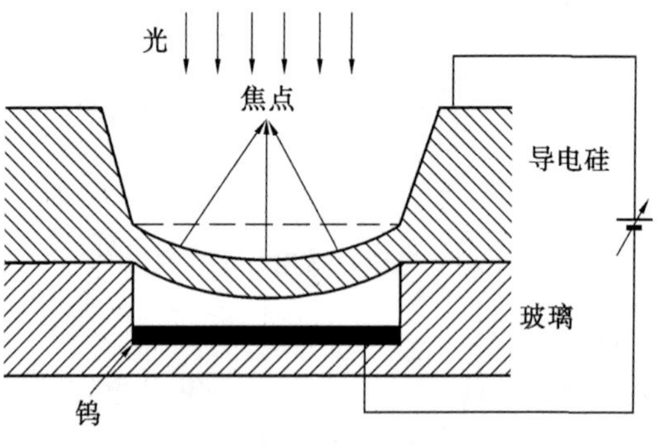


图 8.23 静电型变焦微反射镜的结构原理

### 8.6.3　电磁型和磁致伸缩型微致动器

电磁型微致动器在毫米尺度时产生的磁感应力较大，动作的幅度也较大，可用电磁感应发电。在 MEMS 领域，已研究开发了多种电磁型微致动器，如电磁型微电机、微发电机、微泵、微继电器、微型镊子、微光学开关等。

电磁型微致动器研制的关键问题是，需制作微型线圈或在微器件中生成磁性材料。现在常采用的工艺是溅射(蒸镀薄膜)、电镀、电铸等方法。

电磁型微致动器中还有一类磁致伸缩型微致动器。某些材料具有磁致伸缩效应，即在磁场中它的几何尺寸会发生变化。磁致伸缩效应又可分为纵向效应、横向效应、扭转效应和体积效应。磁致伸缩效应与材料本身的性质、加工方法以及预先磁化的程度有关。磁致伸缩量与磁场强度的偶次方成正比，它受温度变化的影响很大。

磁致伸缩型微致动器是通过在磁致伸缩材料外面加一线圈，线圈通电产生磁场，使磁致伸缩材料尺寸变化而工作的。磁致伸缩型微致动器一般都是通电使其工作，故被归入电磁型微致动器。磁致伸缩型微致动器的应用方式与压电式微致动器很类似，这里就不再多介绍了。

### 8.6.4　压电型微致动器

利用压电材料的逆压电效应，可以将电能转换为机械能，即将电压(数十伏到数百伏)加到压电材料上时，压电材料的长度(或厚度、体积)将改变，从而产生位移、扭转、振动等。由于压电型微致动器的动作可以有多种选择，并且响应速度快，位移精度高且可控，输出力大，稳定可靠，因而在 MEMS 的驱动系统中应用极为广泛，目前它已用于微型机器人的行走机构、微机械手、激振器、压电原理的微阀和微泵等。现在纳米科技中广泛使用的扫描探针显微镜的三维扫描管、二维扫描工作台、原子力显微镜微悬臂的激振等，也都使用压电型致动器。

**1. 细管微机器人蠕动爬行的压电型致动器**

图 8.24 是一种压电型细管微机器人在管道内爬行的原理图。该微机器人的爬行机构由质量块、压电子器件和弹性腿组成。静止时弹性腿和管壁间的摩擦力使微机器人保持不动，当施加缓慢增大的电压时，压电子器件缓慢伸长带动质量块前进，电压突降，压电子器件突然缩短，这时质量块由于惯性而处于原位，压电子器件将带动弹性腿前进。这个动作不断重复，机器人即逐步蠕动向前爬行。如所加电压是突然升高而缓慢降低的，则机器人将蠕动向后爬行。

应用类似的压电型致动器爬行原理，也已研制成功可在桌面直线爬行的压电型微机器人。

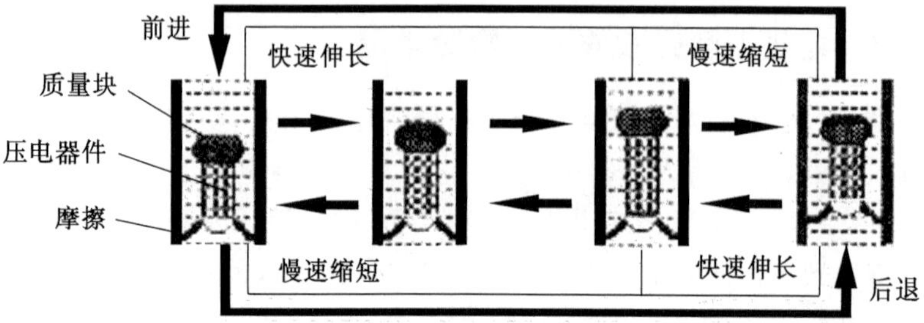


图 8.24　压电型细管微机器人行走原理

**2. 自行式微机器人的压电 V 形驱动脚**

图 8.25 所示是带压电 V 形脚的自行微机器人。其中图 8.25(a)是使用双晶片压电元件制成的 V 形驱动脚,控制加在压电元件上的电压,可使 V 形脚抬高或放下,向前或向后扭曲。装有这种压电 V 形脚的微机器人(图 8.25(b)),由施加的电压控制,可以向前、转弯或向后行走。

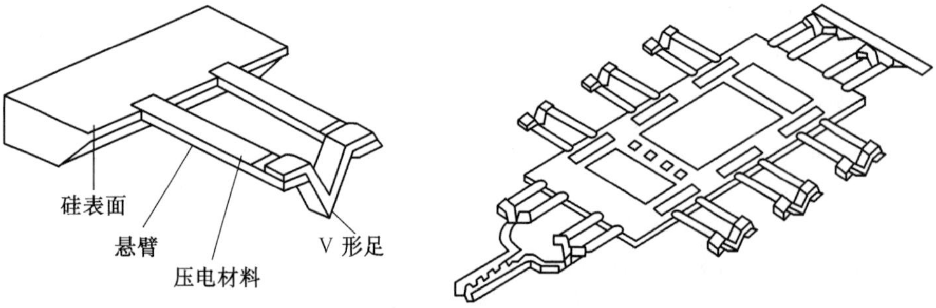


(a) 双晶片压电 V 形脚　　(b) 装有 V 形脚的微机器人

图 8.25　带压电 V 形脚的自行微机器人

**3. 压电型硅微泵**

图 8.26 是一种压电型硅微泵的结构示意图。从图中可以看到,该泵的出口阀和进口阀均为单向阀,当电压施加到压电元件上时,压电元件伸长,推动硅膜片向上变形,减小了泵腔体积而使泵腔内流体从出口阀处流出泵腔体,依靠对压电元件施加脉冲电压使微泵工作。

**4. 压电型微阀**

图 8.27 所示为一种压电型微阀的结构示意图。从图中可以看到,当电压施加在压电元件上时,它的长度增加,推动硅的膜片使出气口通道闭合。在不加电压时,压电元件缩短到原长度,出气口被打开,压电元件即可控制微阀的开关。

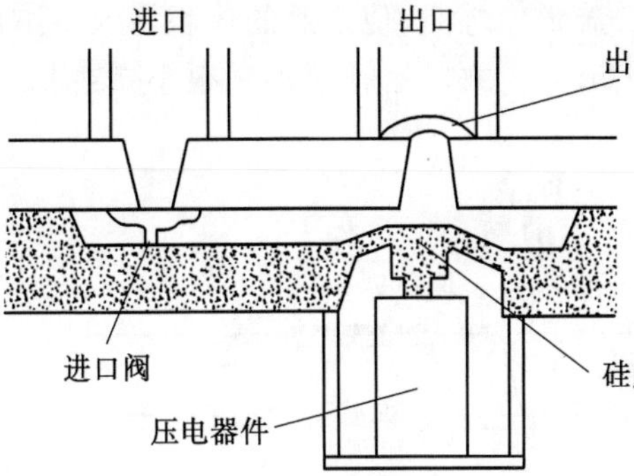


图 8.26 压电型硅微泵

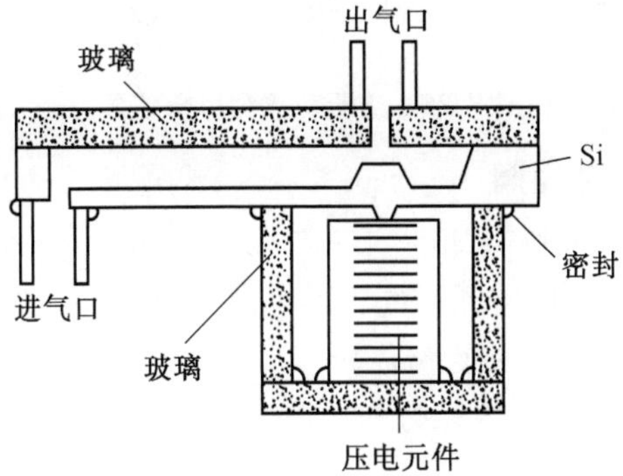


图 8.27 压电型微阀

## 8.6.5 热变形微致动器

现在 MEMS 中使用的热变形型微致动器主要有两类：第一类是双金属构造的微致动器，第二类是记忆合金的微致动器。

双金属构造的微致动器的热驱动原理是，双金属梁或膜被加热升温时，将产生弯曲变形，推动微致动器运动。现已制成多种双金属微致动器，如微阀、微泵、微镊子、微机器人手臂等，在响应速度要求不太高时，使用效果良好。

记忆合金的微致动器的工作原理是，电流通过记忆合金结构时，记忆合金温度升高，产生变形，降温后又恢复原来的形状。记忆合金微致动器的优点是作用力和动作幅度均较大。这类材料一般电阻较大，故通电流时温升较快，但降温需靠热传导和辐射来散热，虽然微机械的表面积相对较大，有利于散热，但降温的响应速度还不是很快，且不易控制，这是这种致动器的不足之处。

### 1. 热驱动双金属微硅泵

图 8.28 所示是清华大学研制成功的热驱动双金属微型硅泵。它的结构极

为简单，在通电加热后双金属片弯曲，使泵腔的体积增大或缩小，在单向阀的作用下，流体自入口进而从出口流去。这种泵体积很小，结构简单，工作情况良好可靠。

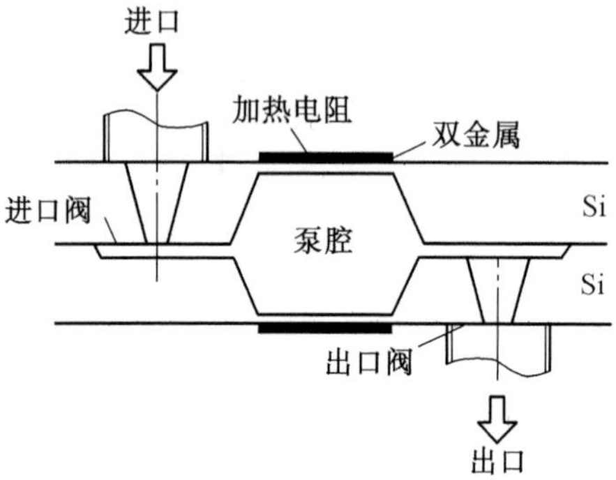


图 8.28　热驱动双金属微硅泵

**2. 热驱动记忆合金微阀**

图 8.29 所示为一种热驱动的 Ni－Ti 形状记忆合金的微阀，它由记忆合金的梁、聚亚胺膜片、垫块、阀座和通气管道等部分组成。工作时通电加热，形状记忆合金梁产生变形，通过垫块使膜片变形下凹挡住通气管道，从而使阀关闭，不通电时阀打开。该阀阀座的内径为 0.5 $\mu$m，外径为 1 mm，膜片厚为 3 $\mu$m，阀开关的响应时间为 0.5～1.5 s。

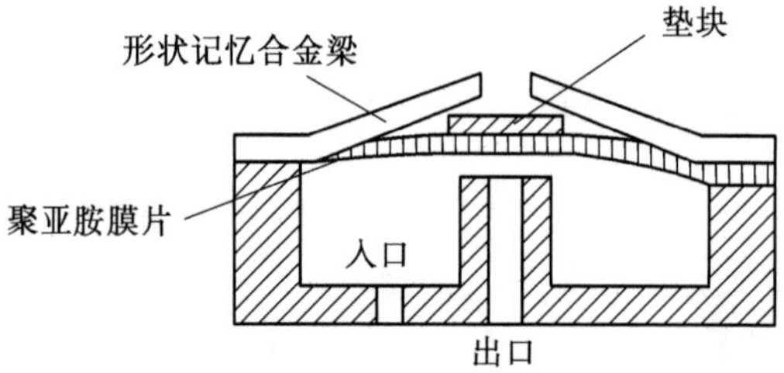


图 8.29　形状记忆合金微阀

## 8.6.6　微机电系统的能源

微机电系统特别是微致动器，必须有能量供应才能使系统运行。对于位置固定的微机电系统，可用导线通过接口将电能输入微系统内，电能的供应容易解决。

对于需做运动的微机电系统，如微型机器人、微型车辆、微型飞机等，能源的供应就成为重大难题，世界各国都在大力进行这方面的研究开发。目前采用的有下列几种能量供应方法：

①非接触能量供应，如采用电磁感应，微波、电磁波等，这些方法能量传输距离很短，并且传输和接收都比较复杂，应用受到很大的局限性。

②机电系统中装蓄电池，但受体积和质量限制，能量供应有限，能源供应时间短，微系统能工作的时间短。

③微系统中装发动机（例如微型飞机），但因受装燃料数量限制，微系统只能有很短的有效工作时间。

④微机电系统中装太阳电池板，但受电池板面积限制，供应能量限制，不易满足要求。

⑤微机电系统中装燃料电池、新化学电源或微型核电池。这是最新发展的能源，国内外都在这方面积极开展工作。这是运动微机电系统能源供应的方向，希望能早日不断取得新成果，这将能大大延长运动微机电系统的工作时间。

图 8.30 所示为西北工业大学研制成的一种微型核电池，其能量密度大于 1 000 mWh/mg，转化效率为 2%～5%，寿命可达数年至数十年。

图 8.30　微型核电池(西工大)

## 8.7　微型机器人

### 8.7.1　微型机器人概述

机器人是指具有一定的人的行为功能，并能自己行走（或爬行）的高级机电系统，其中部分高水平的机器人已具有人工智能。发展微型机器人主要是利用其体积小，灵活机动，能通过狭窄通道进入狭小或恶劣环境的空间；其次是利用其具有很好的隐蔽性，能进行侦察工作而不被敌方发现。微飞行器从广义上讲也应属于微机器人，但因它有较多特殊性，故平时不把它算在微机器人范畴内。微机器人近年来发展迅速，有军民两用性质，目前已取得很多成果。

微型机器人要有自动行走（或爬行）的能力，就必须有行走机构。现在微机器人的行走机构主要有：

① 轮式行走机构，只适宜在较平坦的地面上行驶。

② 履带式行走机构，可以在不平坦的地面上行驶。

③ 用脚行走，用得最多的是四脚和六脚的行走机构，如要求在不平坦的地面上行走，则机构较复杂。

④ 靠惯性或自动伸缩的步进蠕动式行走机构。

⑤ 在液体中用螺旋桨或其他方式推动前进的驱动机构。

微机器人的外形样式较多，用轮子或履带行走的微机器人外形多数像小车，用脚行走的微机器人外形多数像昆虫，此外还有真空吸附爬壁微机器人、微管道机器人等。

微机器人要具有行走功能，除有行走机构外还应能选择行走路径，遇障碍物时能随时调整行走方向并走向目的地。可以按预先编制好的软件走设定的行走路径，也可以遥控指挥行走。但遥控指挥行走时，微机器人只能走在控制中心通过计算机屏幕能直接观察到的地方。为适应侦察任务时的多变情况，微机器人必须在隐蔽的地方独立行走，避开障碍物走向预定目标，这就要求它具有人工智能，能自动寻找行走路线，走向目的地。

微机器人要具有一定的人的行为功能，就需要配备相应的设备。例如要有侦察功能，则机器人应配备有微型照相机或摄像机、微型数字信息处理和输送系统，并能自动隐蔽保护自己；要有某些探测功能，微机器人应配备压力、温度、红外、光纤、气体、生物化学、放射性或其他微型传感器和相应的微型信息处理输送系统；要有清扫功能，微机器人就应有自己的或受遥控的清扫执行机构和微摄像机等监控系统；医用的微型手术机器人，要在人体内能独立行走到需要手术的部位，配备有受控的手术机构和摄像机监控系统。

从上面的分析可知，行走机构和驱动控制系统是微机器人的基础和基本载体。再按所要求功能配备相应的微传感器、微探测器、微执行机构和致动器、信号和信息处理传输系统、遥控系统等。微机器人的能源供应，采用电池组或发动机时都占有相当体积。微机器人的机体要求尺寸尽量小，但又能装下所有的部件。上述所有的部件(分系统)最后组装成完整的微机器人，因此微机器人是一套高水平、多功能，包含多个复杂功能分系统的微机电系统。微机器人是微机电系统技术高度发展的产物。

### 8.7.2 微机器人举例

#### 1. 用轮子行走的微机器人

微型机器人采取轮式行走机构时常制成小车形式，这种微机器人结构简单，但要求行走的路面较平坦。轮式微型机器人小车多数采用两轮驱动，再加辅助支承，以简化结构。转弯时两轮转速不同即可。国外已制成多种不同结构的轮式微型机器人小车。

图8.31(a)所示是美国 Robotalive 公司的轮式微型机器人小车，取名为 Descartes。它具有很强的程序功能，能记录行走路线图，并能自动回到出发点。它还有红外探测器用来探测车行走的前方位置，遇到障碍物和危险物时，能发出警报声，自动变速并转弯。它能够装上一支笔，画出简单设计图或写简短的信。它还具有自动搜索和走迷宫到达指定目的地的能力，还具有自学习功能，迷宫一次走过后，再走时能走捷径，快速到达目的地。该微型机器人如再装其他仪器，则还可增添新的功能。

图8.31(b)所示是法国 EPFL 的自动化系统实验室1999年研制成功的轮式微型机器人小车，它的体积很小，比一个大蚂蚁大不了多少。该小车可以按设定的程序走规定的路程，自动变速并转弯。

这类轮式微型机器人小车微型化的一个关键问题是能源供应，因为现在的化学电池和蓄电池的体积能量比都较大，限制了小车体积的缩小。

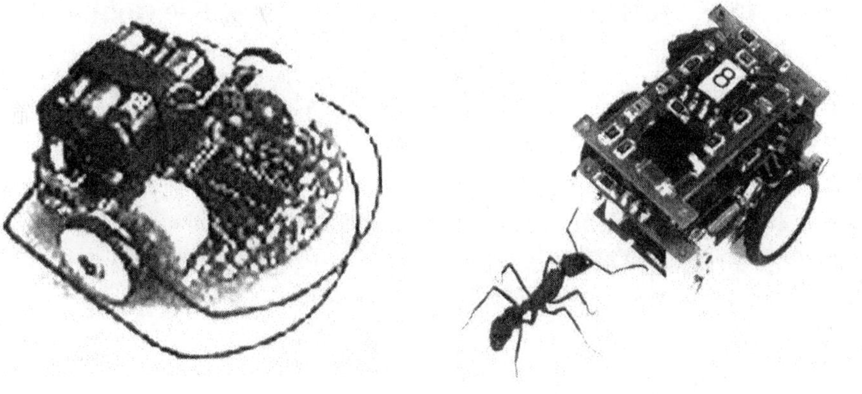

(a)微机器人小车 (Robotalive Co.)　　(b) 微机器人小车 (EPFL)

图8.31 轮式微型机器人小车

**2. 用履带行走的微机器人**

轮式微型机器人小车只适宜在较平坦的地面行驶，如改用履带式行走机构，在地面不平时亦可正常行走。因此采用履带式行走机构的微型机器人小车日益增多。

图8.32所示是MIT所开发的履带式微型机器人——机器蚂蚁。研制机器蚂蚁的目的是：

① 获取机器人微型化的经验，制造尽可能小的微机器人小车。

② 研究机器蚂蚁群体间内部信息的相互传输、机器蚂蚁间的相互作用和相

图 8.32　履带式微型小车——机器蚂蚁(MIT)

互影响。

该机器蚂蚁具有较多较强的功能，每个机器蚂蚁内集成了 17 个传感器：4 个光学传感器、4 个红外传感器、4 个泵传感器、4 个进食传感器、1 个倾斜传感器。每个机器蚂蚁用 2 个红外发射接收器与外界进行信息交流(一个在前端，另一个在后端)。机器蚂蚁的行走运动是用履带来实现的，能在不平地面上行驶。履带用传动齿轮组来带动，传动齿轮采用电子表中的微小齿轮，故体积较小。

图 8.33 所示是美国 Sandia 国家实验室 2001 年研制成的侦察用履带式微型机器人小车，该微型车体积约为 0.25 $in^3$(4.1 $cm^3$)，质量小于 1 oz (28.4 g)，据称是具有多项自动化功能微型机器人中体积最小的。该微型车用 3 个手表电池来驱动 2 个电机，使履带轮转动，行驶速度最高为 20 in/min (50.8 cm/min)。车上还装备了微处理器、温度传感器、微型数码照相机、微型麦克风、微型信息传输系统等，能将侦察到的信息及时输送回指挥控制中心。该微型车装备了化学一生物气体传感器，使它能用于在平地和坑道内检测化学和生物武器。由于体积小、隐蔽性好，因而能通过狭窄通道并进入普通侦察机器人不能进入的狭小空间。

美国 Sandia 国家实验室是研究 MEMS 技术领先的单位之一，从 1996 年就开始研究微型机器人小车，当时将它定名为微型自动机器人车(MARV)。当时定的目标是 MARV 应具备要求的各种功能(即和现在研制成的微机器人车具有同样功能)，体积为 1 $in^3$(16.4 $cm^3$)，内部包括动力驱动系统、各种传感器、微计算机、控制系统等。开始阶段，MARV 采用能购买到的最小零部件和使用常规的机械加工方法制造。后来为缩小体积，各部件(各种传感器、无线电传输、控制系统等)都做成单独的微小集成块，再装配在一起，使 MARV 的体积缩小到 1.6 in×0.75 in×0.71 in(0.85 $in^3$，13.7 $cm^3$)，但仍感到体积不够小。

后来在 Sandia 的复合半导体实验室协助下，各部件不再采用商品的封装好

(a) 小车可停放在硬币上

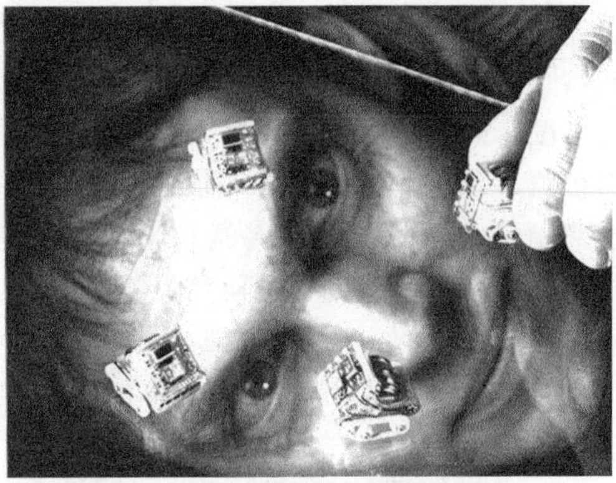

(b) 小车能在人脸上爬行

图 8.33　侦察用履带式微型机器人小车(美 Sandia 国家实验室)

的集成块，而是只用它们的未封装的内芯，把多个内芯集成在一个玻璃基底上，使体积大大缩小。MARV 的设计者 D. Adkins 采用了立体光刻的激光快速固化成形法制造机体，使高强度的高分子材料一层一层地长上去，每层都可有不同的复杂形状，最后制成壁很薄、强度很高、形状很复杂的机体。这个有内凹外凸和孔洞的复杂外形的机体，可以在不同位置配装相应的电池组、微电机、轴、玻璃基底的复合电子集成块、开关、控制器等部件。开始时 MARV 采用轮式行走机构，后来为能在不平的地面上行驶，改用履带式行走机构，结果使这种微机器人小车的通行能力大为改善。

MARV 现在使用 3 个手表电池供电给 2 个驱动电机和通信等电子仪器，电池体积大而总电能小的问题成为重要技术关键，需开发新的电能供应装置。目前 MARV 体积已缩小到 4.1 $cm^3$，质量小于 28.4 g，并且正在继续研究提高中。

### 3. 用脚行走的微机器人

微机器人用脚行走时，脚的结构可有多种，如图 8.25 所示是一种较简单的压电驱动 V 形脚结构，它使用双晶片压电元件驱动使 V 形脚抬高、放下、向前或向后，从而使微机器人前进或后退。这种压电驱动 V 形脚的结构较简单，但因脚能抬起的高度很小，故只能在较平坦的路上行走。因此，如要求微机器人能在不平的路上行走，抬脚的机构就要复杂不少，每只脚都应装有力传感器，能感知地面高低而自动调整每只脚所承受的力和所放的高度。

较高级的用脚行走的微机器人现在常制成昆虫型。昆虫型微机器人常制成四条腿或六条腿的，偶尔也有制成八条腿或更多条腿的。微机器人前进中遇到障碍物时，应能自动改变爬行方向，最后走向目标地。

图 8.34(a)所示是美国 MIT 所研制的一种取名为“金菲斯”的昆虫型微机器人。该昆虫型机器人有六条腿，长 35 cm，能在略有不平的地上爬走，装有能跟

踪人员活动的红外传感器，还可根据需要，装备其他传感器和侦察仪器等。这种机器人功能虽强，但尺寸较大。

图 8.34(b)所示是美国 Sandia 国家实验室所研制的用脚行走的昆虫型微侦察机器人。该微机器人有 6 条腿，用电池组作为能源驱动行走，带有侦察用的微型照相机或摄像机，有微型通信系统和程序控制系统，能将侦察到的信息传送到控制中心。这种昆虫型微侦察机器人体积小，隐蔽性好，不易被敌方发现。

图 8.34(c)所示是美国 Epinions 公司为进行昆虫型微机器人竞赛而研制的微机器人。该昆虫型微机器人体积很小，用 6 条腿爬走，眼睛是红外传感器，行动时能自动探测前方是否有障碍物。

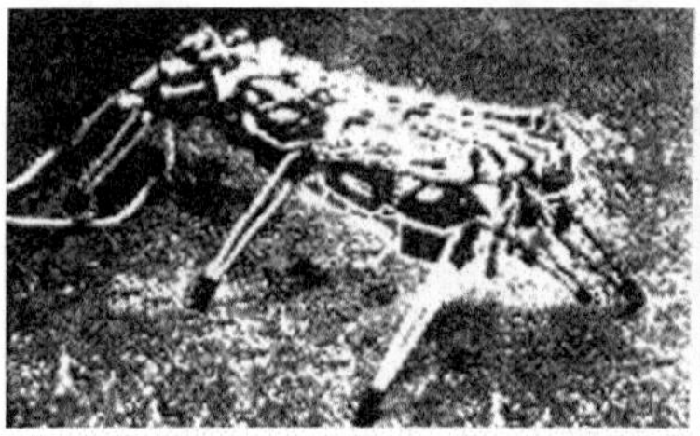

(a)"金菲斯－Ⅱ"型微机器人(MIT)

(b) 微型侦察机器人(Sandia Lab)

(c) 竞赛微机器人(Epinions Co.)

图 8.34　用脚行走的昆虫型微机器人

日本精工－Epson 公司 1999 年 3 月宣布已开发出世界上最小的昆虫型微机器人。该机器人是瓢虫形，银质外壳，体积为 1 $cm^3$，内装石英手表用超小型电动机，两只眼睛是光传感器，行走速度最高为 15 mm/s，充电 3 min，可行走 4 min。该公司称，这种微型机器人目前还没有明确的用途，但将来可能用于人体外科医治疾病。一些医疗器械制造厂家已经开始洽谈利用这种机器人消灭厨房里的蟑螂。

## 4. 步进爬行前进的微机器人

使用步进爬行机构前进的多数是微管道机器人。当然在平面上爬行前进的微机器人也可使用步进爬行机构，但因这种步进爬行机构要求爬行的平面很平坦，受这个条件的限制，在平面上爬行前进的微机器人不常使用这种步进爬行机构。

常用的微管道机器人的步进爬行前进机构有两种，第一种是由质量块、压电伸缩器件和一组弹性腿组成，图 8.24 是它的步进爬行前进原理的示意图。这种步进爬行机构的爬行前进原理前面已经讲过，这里不再重复。第二种微管道机器人的步进爬行前进机构，它是由两组弹性腿和压电伸缩器件组成，图8.35是它的步进爬行前进原理的示意图。这种步进爬行机构的前进过程的原理如下：

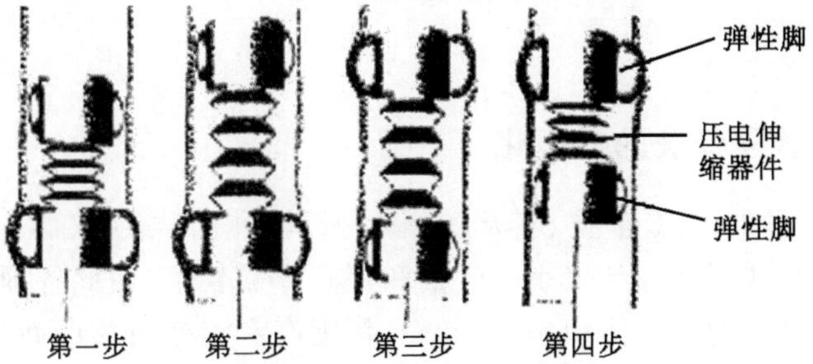


图 8.35　微管道机器人步进爬行机构前进原理

第一步，后可膨胀的弹性脚伸开并撑住管壁，而前弹性脚处于缩小状态。

第二步，中心的压电伸缩器件伸长。

第三步，前可膨胀的弹性脚伸开并撑住管壁，而后弹性脚缩小。

第四步，中心的压电伸缩器件缩短，带动后弹性脚前进。

这样周而复始，使微管道机器人一步一步地前进。类似的原理，也可使微管道机器人一步一步地后退。这种步进爬行机构有两组可膨胀的弹性脚轮流撑住管壁，使微管道机器人一步一步地前进，比图 8.24 靠质量块惯性机构步进爬行前进更为可靠，但结构也稍复杂些。

现在很多国家都投入力量研制外科手术用的微管道机器人。图 8.36 所示是一种带内窥镜的微管道机器人，可通过外科手术放到血管内。该微管道机器人能在血管内行走，进行搜索并对准需要手术的部位，用所携带的光学镜头、超声传感器和其他传感器，可以对病区进行内窥检测，使医生可以直接观察到病区的实际情况，以便能确定正确的手术方案。也可以让微管道机器人携带微型手

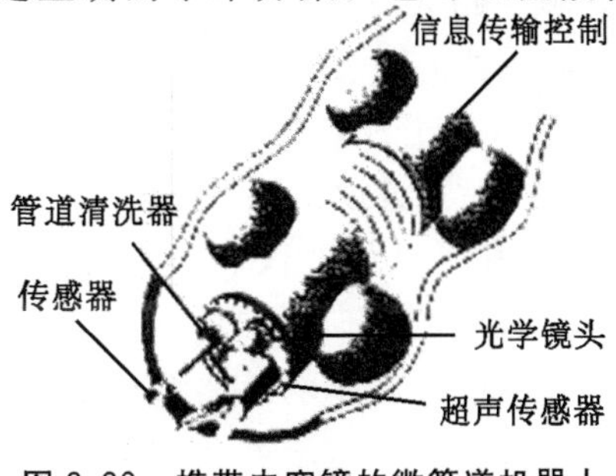


图 8.36　携带内窥镜的微管道机器人

术工具，由医生遥控进行手术。现在研究较多的是微管道机器人携带微型旋转刮刀，在血管内行走进行内窥检测，对准需要手术的部位，由医生遥控进行清除血管壁上的脂肪，使血管畅通，来医治心血管梗死等病症。

## 8.8 微型惯性仪表

### 8.8.1 惯性仪表的微型化

惯性仪表(导航仪)是航空、航天、航海中指示方向的导航仪器。由于航空航天迫切需要降低其所用各种仪表的质量和提高导航精度，因此各国都投入很大力量使惯性仪表微型化。体积小、质量轻、精度高和工作可靠的微型导航仪，是MEMS技术大显身手的领域，也是其发展应用的理想领域。近年来惯性仪表的微型化取得了很大进展，已研制成功多种微型加速度表和多种微型陀螺仪，使惯性仪表的质量大幅度减小。

惯性仪表是指惯性测量平台及其组成仪表(陀螺仪和加速度表)，惯性测量平台一般由三个正交方向的加速度表、三个正交方向的陀螺仪和微型计算机组成。陀螺仪用来测量运动物体的运动姿态和旋转角速度，加速度表用来测量物体运动的加速度，陀螺仪和加速度表的组合能测量运动物体的空间运动方向、速度和加速度，保持对空间运动方向的跟踪，并在空间惯性坐标系中指示出运动的方向、速度和加速度。对加速度进行积分，就可以测出物体的运动速度；对加速度进行两次积分，就可以测出物体的位移。惯性平台可以提供运动物体的空间姿态、速度、加速度、位置和运动轨迹的信息。现在飞机、导弹、人造卫星、舰船等都使用惯性测量平台作为导航用，因而惯性测量平台也称导航仪。

### 8.8.2 集成微加速度仪

微加速度传感器和处理电路集成在一起，成为专用集成微机电系统——集成微加速度仪。微加速度传感器前面已有介绍，这里再做一些补充。

现在虽有能测三个方向加速度的单个微加速度传感器，但这类加速度传感器(如图8.13所示的三维电容微加速度传感器)的测量精度不高，交叉干扰不易避免，因此在惯性仪表中很少使用。惯性仪表中普遍使用的仍是三个单向微加速度传感器的组合。惯性仪表用的单向微加速度传感器的发展方向，主要是继续微型化和提高测量精度。现在微加速度传感器很多是用硅晶体刻蚀制成的，称为微硅加速度传感器(micro-silicon accelerator，MSA)。

### 1. 单向微硅加速度传感器

美国 Draper Lab、Rockwell 和 Litton 公司等，现均生产静电力平衡式微硅加速度传感器(MSA)。它是由"硼硅酸玻璃－硅摆片－硼硅酸玻璃"组成的，如图 8.37 所示。摆片(敏感质量)由两根硅挠性梁连接在框架结构上，它们是用同一片单晶硅片经各向异性刻蚀而成的。摆片内表面用淀积金属的方法产生电极板和引线图形。摆片厚度小于框架，形成摆片和两侧电极板之间的间隙，这样摆片在间隙内可以自由摆动，并与两侧玻璃上的电极板形成差动电容。差动电容既可用来使敏感硅摆片做相对玻璃壳体的运动，又可形成施加再平衡静电力的电极。德雷泊实验室生产的这种微硅加速度传感器的芯片尺寸为 300 μm×600 μm，零偏稳定性为 250 μg。

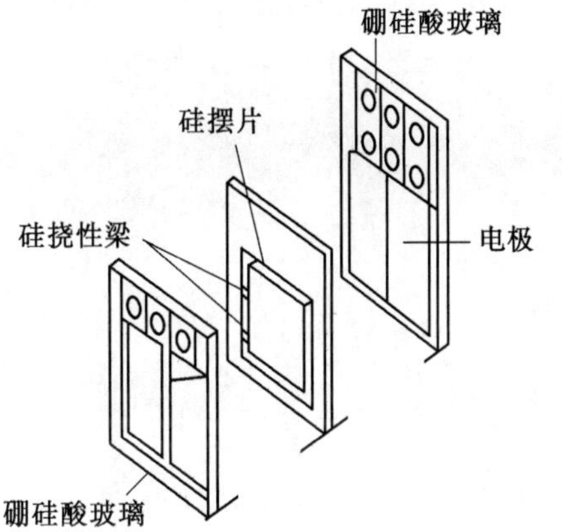


图 8.37 静电力平衡微硅加速度计原理图

微硅加速度计体积很小，集成制造，工作可靠，因此可以在很高的加速度下工作，这是普通加速度计不能胜任的。美国现在有多个公司生产尺寸很小的微硅加速度计，图 8.38 就是这类微硅加速度计的外形照片，由其可以看到它的外形尺寸极小。

### 2. 三维微加速度传感器

航空航天等用的惯性仪表需要能确定物体空间方向的加速度，因此要用三维加速度传感器，一体的三维加速度传感器因结构复杂，不易得到高的测量精度而不被采用。使用三个单方向加速度传感器正交放置构成集成三维加速度传感器，是较好的解决方案。图 8.39 所示就是包含集成测量电路在内的平面三维集成加速度传感器。先在同一芯片上用 LIGA 技术制造两个相互正交放置的加速度传感器元件(分别用于测量 $X$ 方向和 $Y$ 方向的加速度)，然后将它们与另一个测量 $Z$ 向的微硅加速度传感器结合，即构成一个低装配成本的平面三维加速度传感器。

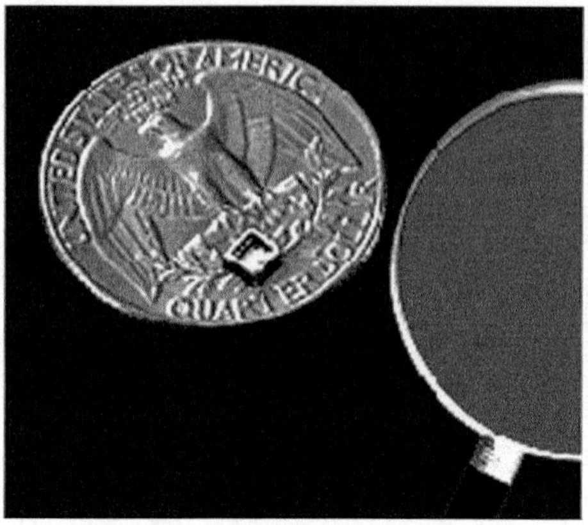

图 8.38 微硅加速度计外形照片

图 8.39 三维集成微加速度传感器系统

**3. 三维微加速度传感器阵列**

为提高航空航天等用的测定物体空间方向的加速度传感器的测量精度和可靠性，使用多个同类型的单方向加速度传感器组成的集成加速度传感器阵列，用信号处理来提高传感器的性能。检测同一敏感量 $A$ 的一系列传感器 $S_i$ 的集合 $N$ 可表示为

$$N = \{S_i, i = 1,2,\cdots,n \backslash \text{敏感量 } A\}$$

例如选取 4 个微加速度计，经过卡尔曼滤波能将加速度计的零漂稳定性提高许多倍。图 8.40 所示是使用多个单方向加速度传感器的集成三维加速度传感器阵列。该阵列系统中共有 9 个单向加速度计，分三组(每组三个)，三组相互垂直成 90°安装，分别测量 $X$、$Y$、$Z$ 三个方向的加速度。

该三维加速度传感器阵列系统中有集成的处理电路，首先对相同方向三个单向加速度计测出的信号数据进行合理性检验，去除有大误差的数据，再给出测试数据的加速度平均值，因此可明显提高加速度传感器的测量精度。集成三维

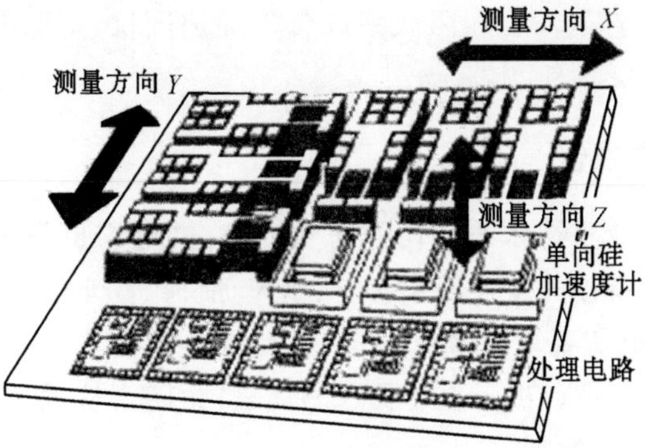


图 8.40 三维微加速度传感器阵列示意图

加速度传感器阵列系统是一种较为复杂的专用的 MEMS，整个集成系统体积很小，质量很轻，但测量的精度却有大幅度提高。如果该三维加速度传感器阵列系统中的部分加速度传感器损坏，但因为还有其他多数微加速度传感器仍在继续工作，故整个集成微加速度传感器阵列系统仍能继续正常工作，因此它的可靠性比各方向只有一个微加速度计的传感器有很大提高。

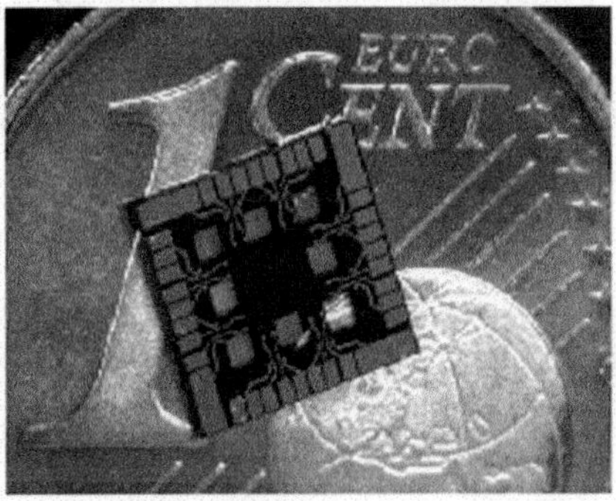


图 8.41 微硅加速度传感器阵列(Boeing)

微硅加速度传感器阵列系统有较多优点，现在的制造技术已能制造出这种加速度传感器阵列。用集成制造工艺做成的微硅加速度传感器系统，一般都和处理电路集成而做在一起，成为一个独立单元。图 8.41 所示是美国 Boeing 公司的这类集成微硅加速度计阵列产品，从图中可见它的体积是很小的。

这种集成微硅加速度传感器系统(专用 MEMS)不仅体积小，工作可靠，而且有可能制成测量甚高加速度的加速度仪。美国投入很大力量研制测量甚高加速度的集成微硅加速度仪。美国森德斯坦数据控制公司用集成技术制造的硅梁式微加速度计抗冲击能力大于 4 000 g。美国 AD 公司 1993 年生产的 ADXL 系列微硅加速度计产品，在模拟炮弹发射实验中能承受超过 60 000 g 的冲击，性能仅略有降低而没有损坏。美国恩德福克(Endevco)公司在 20 世纪 90 年代，就用集成制造技术生产出7270A型压阻式集成微硅加速度仪，它能测量的最高加速度可达200 000 g。

### 8.8.3 微陀螺仪

陀螺仪可用于检测物体的运动方向和姿态，同时它也是一种专用的高水平MEMS。现在陀螺仪被大量应用在航空、航天、航海、汽车安全系统等多个领域。航空航天的发展，迫切要求陀螺仪微型化，要求其积体小、质量轻、测量精度高，并有极高的工作可靠性。由于上述要求的促进，微陀螺仪近年来发展迅速，是应用MEMS技术极好的领域。

**1.陀螺仪的发展**

(1)机械旋转式陀螺仪。

1852年法国福科做出最早的机械式陀螺仪，1911年美国派斯利组织公司开始陀螺仪的工业生产，1930年陀螺仪开始在航空等领域得到广泛应用。机械旋转式陀螺仪最早采用滚珠轴承，后来为减少摩擦改用液浮、气浮、磁悬浮、静电悬浮轴承。机械旋转式陀螺仪都有一个高速旋转的质量体(转子)，该质量体必须保持足够的动量矩以减少漂移，因此这种机械旋转式陀螺仪很难微型化。

要使陀螺仪微型化只有采用新工作原理的陀螺仪。近年来出现了微机械振动陀螺仪和微光学陀螺仪，为陀螺仪的微型化开创了极好的发展前景。

(2)微机械振动陀螺仪的发展。

机械振动陀螺的概念很早就被人提出，但机械振动微陀螺的研制成功还是近期的事。开始时微机械振动陀螺仪采用石英振动梁结构，但因性能较差，现已用得不多。1977年美国Stanford大学开始在硅片上用微加工技术制造微硅陀螺仪。1989年美国德雷泊实验室(Charles stark Draper Lab)研制成功框架式角振动微陀螺仪，1991年美国BEI公司Systron Donner惯性分公司研制成功石英音叉振动式微陀螺仪，1993年Draper实验室和Northrop公司又研制成功单晶硅音叉式线振动微陀螺仪。在这期间日本田村制作所田中研究小组研制成功多晶硅梳状微机械振动陀螺仪，美国Satcon Technology Corp.研制成功静电悬浮式微机械陀螺仪，GEC-Ferranti公司研制成功压电振动速率陀螺仪，1996年Michigan大学研制成功性能较好并有发展前景的硅环形振动微陀螺仪，1999年11月美国喷气推进国家实验室(JPL)研制成功体积甚小的硅叶片振动微陀螺仪。

上述众多不同工作原理不同结构的微机械振动陀螺中，性能较好并有发展应用前景的微机械振动陀螺，主要有以下几种：

① 框架式角振动微陀螺仪；

② 音叉式线振动微陀螺仪；

③ 硅环形振动微陀螺仪；

④ JPL 的叶片振动微陀螺仪。

机械振动微陀螺仪虽然研制成功较晚，但由于受到大家重视而发展较快。制造机械振动微陀螺仪的材料，早期使用石英晶体，后来由于硅微细加工技术的发展成熟，都改用单晶硅制造。但最近研究发现，由于单晶硅的各向异性，会影响陀螺内部各元件间的耦合性，使陀螺仪输出产生漂移，故现在大家趋向于使用多晶硅来制造陀螺仪。

(3)微光学陀螺仪的发展。

光学陀螺仪的想法提出较早，1963 年美国首次做出激光陀螺仪实验装置，1979 年美日等国开始研制干涉型光纤陀螺仪(IFOG)，其中采用了多功能集成光学芯片。1982 年环形激光陀螺仪研制成功，并很快成为商品开始实际使用。到 1993 年各种干涉型光纤陀螺仪(IFOG)和谐振型光纤陀螺仪(RFOG)均已研制成功，并达到一定精度，在工业中获得了实际应用。上述光学陀螺仪虽已实际使用，但体积均较大。

1978 年，美国 Northrop 公司开始探讨光波导的技术，后来研制成功固态激光陀螺仪。该公司 1991 年研制成功微型光学陀螺仪(micro optic gyro，MOG)样机，精度为$(10°\sim50°)/h$。这种微型光学陀螺仪是一种环形激光微陀螺仪，它采用了在硅片上制造的光波导无源谐振器和多功能集成光学芯片，首次使光学陀螺仪实现了微型化。微型光学陀螺仪的研制成功，使微机电系统扩大成微光机电系统。微型光学陀螺仪是陀螺仪微型化的重要方向之一，应给予充分重视。

**2. 微硅框架式角振动陀螺仪**

1989 年，美国 Draper Lab 成功研制了框架式角振动微硅陀螺仪。这种微硅陀螺仪由内外两层框架组成，如图 8.42 所示，内框架上有淀积金的垂直惯性质量，可以想象为陀螺元件；外框架在交变静电力驱动下绕枢轴做角振动，可以认为是驱动电机；两层框架由正交的枢轴连在一起，可认为是万向架。这些枢轴在扭转时刚度很低，而在平移时刚度很高。当外框做微小角振动时，内框架就能敏锐感应绕框架平面法线方向的输入角速度。这时内框架的输出信号频率与外框架的振动频率相同，而振幅则与输入角速度成正比。

内框架运动的测量和控制都是由两个埋藏式的电极电容进行的，而内框架是由两个桥式电极电容测量和控制的。陀螺工作在力反馈状态，通过电极加静电力矩保持其处于力矩平衡状态。测量和施加平衡力矩，是用同一对电极电容器，但二者的供电频率不同。

要完全控制该陀螺仪，需 7 个伺服电路：陀螺仪谐振器电路、频率控制电路、外框架振幅控制电路、外框架倾斜控制电路、内框架倾斜控制电路、内框架 $Q$ 值

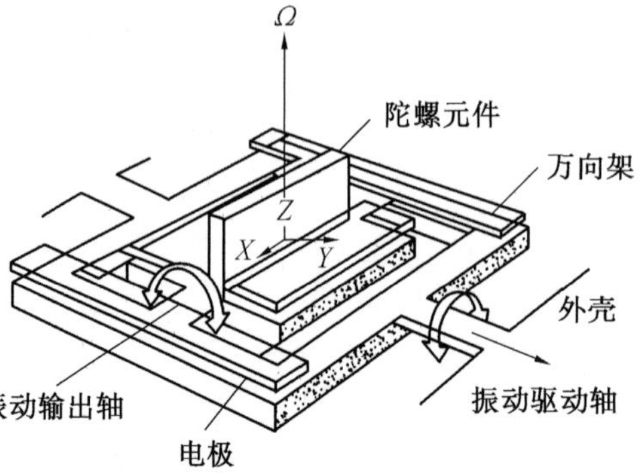


图 8.42 框架式角振动微硅陀螺仪原理图

控制电路、温度控制电路。输出角速度信号电压与克服内框架陀螺元件力矩所需要的静电平衡力矩成正比。

在理想条件下，外框驱动频率等于内框谐振频率。为了灵敏度高，谐振的 $Q$ 值应尽量大。因此陀螺必须密封在高真空(0.399 Pa)罩内以降低空气的阻尼，在此条件下 $Q$ 值可以达到2 000。

这种微硅陀螺仪的芯片尺寸为 600 μm×300 μm，挠性枢轴的厚度为25 μm，零偏稳定性为(10°～50°)/h，能承受 80 g 加速度的环境条件。

### 3. 微硅音叉式线振动陀螺仪

美国 Draper Lab 和 Rockwell 公司 1994 年成功研制了单晶硅音叉式线振动微陀螺仪，其结构原理如图 8.43 所示。它采用硅微结构的梳状驱动音叉，可产生较大幅度的振动，提高了陀螺仪的灵敏度。梳状驱动器的静电驱动力 $F_s$ 可表示为

$$F_s = \frac{1}{2}U^2 \frac{\partial C}{\partial x} \tag{8.30}$$

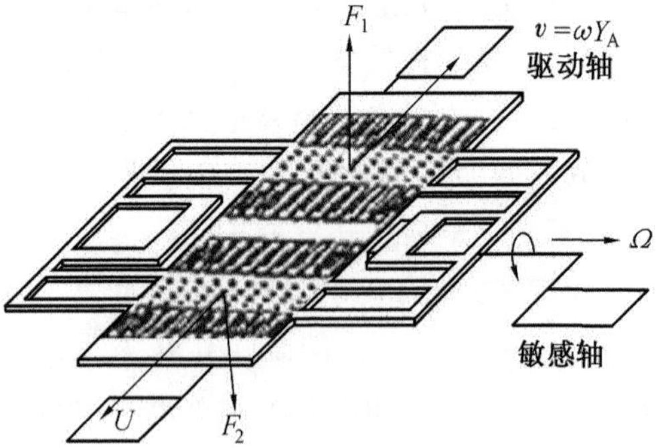


图 8.43 音叉式线振动微硅陀螺仪原理图

式中　$U$—— 外加电压，由直流偏置和交流分量组成；

$C$—— 间隙电容；

$x$—— 横向位移。

对于梳状驱动器，$\partial C/\partial x$ 为常数，所以静电驱动力对质量横向位移影响甚微，故允许采用较大振幅以提高陀螺仪的测量灵敏度。

当驱动音叉在平面内以线速度 $v=\omega Y_A$ 振动时（$\omega$ 为振动角频率，$Y_A$ 为振动幅值），在基片沿垂直于 $v$ 方向的平面内有惯性角速度 $\Omega$ 出现，故在哥氏力 $F$ 的作用下，音叉的一部分质量将向上运动，另一部分质量向下运动，与两部分质量下方的电容器形成差动电容，测量音叉的位移，并通过再平衡电路产生静电平衡力。

折叠式悬臂桁架结构可保证音叉模式激励（反平行），并衰减平移振动模式，音叉振动模式的特征频率高于平移模式的特征频率。这种不同的特征频率，可保证音叉振动模式，即使在质量和弹簧失配的条件下，也容易得到激励，使音叉能够在自激振荡回路中工作。回路的谐振频率将随温度、时间、应力和压力变化而偏移，可保证陀螺仪始终工作在谐振状态，受环境干扰较小，并减轻了外部频率的干扰影响。这种微硅陀螺仪的关键是微电容（$10^{-18}$ F）的测量和微机械结构的设计。

该单晶硅音叉式线振动微陀螺仪的有效尺寸为 1 mm，音叉振幅为 10 μm。在 13.3 Pa 真空条件下，驱动轴 $Q$ 值为 40 000，检测轴 $Q$ 值为 5 000，刻度因子为 40～90 mV/(rad · s)，非线性小于 0.2%，在带宽为 60 Hz 的条件下，预期的零偏稳定性为 10(°)/h。

我国也有单位在研制微硅陀螺仪。图 8.44 所示为西北工业大学研制的微硅音叉式线振动陀螺仪，从图中的参照物比例可看到，该微硅机械式陀螺仪结构尺寸很小。该微硅陀螺仪具有较佳性能，其主要性能指标如下：标度因数为 17.8 mV · $(°)^{-1}$ · $s^{-1}$，零漂为 0.03(°) · $s^{-1}$，带宽为 50 Hz，线性度为 1%，量程为 600(°) · $s^{-1}$，角度随机游走为 6(°) · $h^{-1}$。

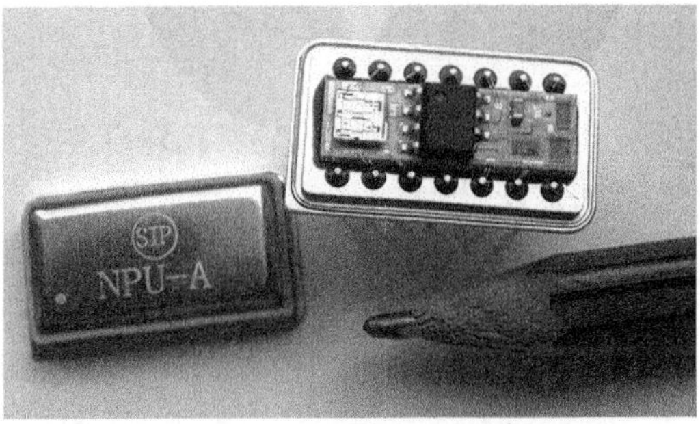


图 8.44　微硅音叉式线振动陀螺仪（西北工业大学）

**4. 微硅环形振动陀螺仪**

微硅环形振动陀螺仪是最近研制成功的一种新微硅振动陀螺。微硅环形振动陀螺仪的结构如图 8.45(a)所示。硅环由中心轴支承在带有集成电路的硅基底上,可在环形面上自由摆动振荡。硅环四周均布电极,用于产生共振。通过激发电极和偏心轮之间的电容而产生静电作用。当系统由两个相对电极激发,在偏移速度消失时,变为相对于两电极的对称椭圆形结构,如图 8.45(b)所示。在测试模式下旋转中心轴,用直线连接激发电极,旋转角度 $\phi$ 正比于偏移速度。应注意相邻电极可以参与激发,通过一个反馈环来保证椭圆结构不旋转,所需驱动电压正比于偏移速度,对外部输入反应更灵敏。

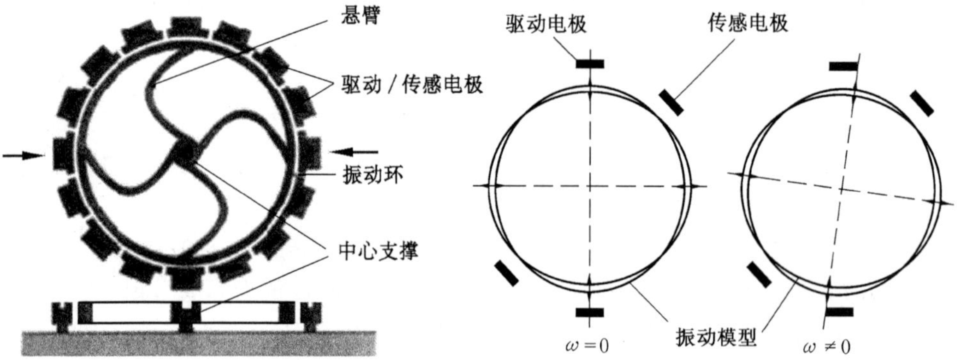


(a)微硅环形振动陀螺仪的结构　　(b)微硅环形振动陀螺仪的工作原理

**图 8.45　微硅环形振动陀螺仪的结构和工作原理**

微硅环形振动陀螺仪是美国 Michigan 大学率先研制成功的,图 8.46 所示是该校研制成功的两种微硅环形振动陀螺仪的结构。其他单位制造的微硅环形振动陀螺仪的结构也类似。这种微硅环形振动陀螺仪的硅环和电极间的间隙一般取 7 μm,系统偏移速度的分辨率为0.5(°)/s,速度范围为±100(°)/s。

微硅环形振动陀螺仪现采用硅微细加工工艺和 LIGA 技术制造,体积小、性能好,还有下列特点:

① 固有的对称性使其对寄生的振动不敏感,仅在环梁有质量或刚度不对称时,环境振动才会诱发寄生振动。

② 由于结构的两个柔性模态具有名义上相等的共振频率,传感器的灵敏度由结构的品质因子来放大,可导致很高的灵敏度。

③ 振动环对温度不敏感,因为它的两个振动模态受温度的影响相同,不影响输出。

④ 结构可以实现电子平衡,由刚度和质量分布的不对称所引起的频率不匹配,可以利用设置在结构周围的补偿电极来实现电子补偿。

(a)结构 1　　(b)结构 2

图 8.46　微硅环形振动陀螺仪的结构(Michigan 大学)

微硅环形振动陀螺仪有较多优点，已经成为当前微陀螺仪研究开发的热点，目前已有数种商品正式问世并获得了实际应用。图 8.47(a)所示是 British Aerospace Systems (BASE)公司生产的硅环形振动微陀螺仪。这种微陀螺仪的关键部分硅振动环(截面为 120 $\mu$m×150 $\mu$m)是在硅片上用离子束深刻蚀加工而成，再用准分子激光(excimer laser)自动精修而获得要求的谐振频率。图 8.47(b)所示是日本 Siliconsensing 公司生产的微硅环形振动陀螺仪。据国外报道，这种微陀螺仪价格已不很贵，除了准备在航空航天中应用外，也已开始被高级轿车用于安全气囊中。如微硅环形振动陀螺仪成本能进一步降低，则将来在汽车的气囊安全系统中应用将有极广阔的市场。

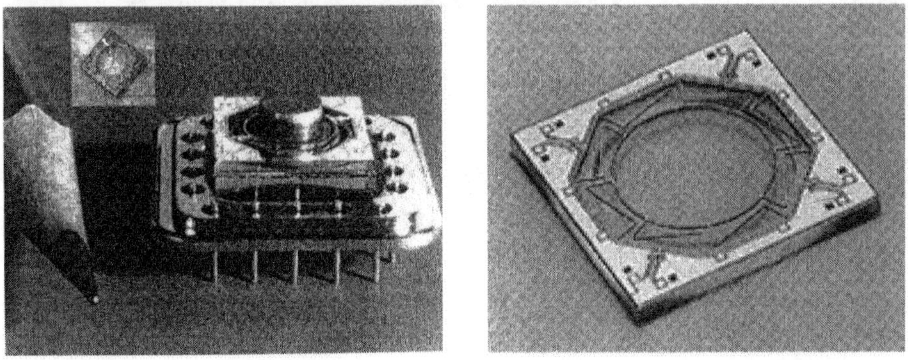

(a)BASE 公司的微硅环陀螺仪　　(b)日本 Siliconsensing 公司的微硅环陀螺仪

图 8.47　微硅环形振动陀螺仪

**5. 微硅叶片振动陀螺仪**

1999 年末，美国喷气推进国家实验室(Jet Propulsion Laboratory，JPL)和

Hughes 空间通信公司研制成功一种体积极小的新的微硅振动陀螺仪，如图 8.48 所示。这种微硅振动陀螺仪的尺寸为 4 mm×4 mm，质量小于 1 g，比衣服上的纽扣还小。这种新的微硅振动陀螺仪和已有的陀螺仪相比，不仅体积小、质量轻、结构简单、易于制造、价格便宜，而且性能好、使用寿命长。因为陀螺仪工作时，内部没有相对移动的零件，故没有磨损问题，微陀螺仪的寿命将很长，估计可在 15 年以上。

图 8.48 微硅振动陀螺仪(JPL/Hoghes)

据 JPL 的负责开发此微硅陀螺仪的工程组长 T. Tang 博士说，这种微硅振动陀螺仪的核心是和硅芯片相连的苜蓿叶状振动子，陀螺仪工作时它在很高频率下振动，陀螺仪的结构较简单(JPL 没有公布此微硅陀螺仪的内部结构)，可用成熟的硅微细加工技术加工制造，不仅成本低，而且可以达到较高精度。据称，此微硅振动陀螺仪的性能较高，进一步研究改进后，有希望满足航空航天微导航仪的要求。

**6. 静电悬浮旋转陀螺**

过去的旋转陀螺由于轴承(机械轴承或气浮轴承)原因，无法小型化。现在国外研究使用静电使转子悬浮，研制成功微型旋转陀螺。图 8.49 所示为日本 T. Murakoshi 等研制成功的静电悬浮旋转陀螺。可看到这种旋转转子式陀螺仪已能做得尺寸很小。

**7. 微型光学陀螺仪**

国外在 1982 年研制成功环形激光陀螺仪，到 1993 年各种干涉型光纤陀螺仪和谐振式光纤陀螺仪均已研制成功，并已得到实用。谐振式光纤陀螺仪的体积、质量、造价等均比干涉型光纤陀螺仪低，具有明显的优点。但这些光学陀螺仪体积还较大。采用带有光波导谐振器的多功能集成光学芯片来取代谐振式光

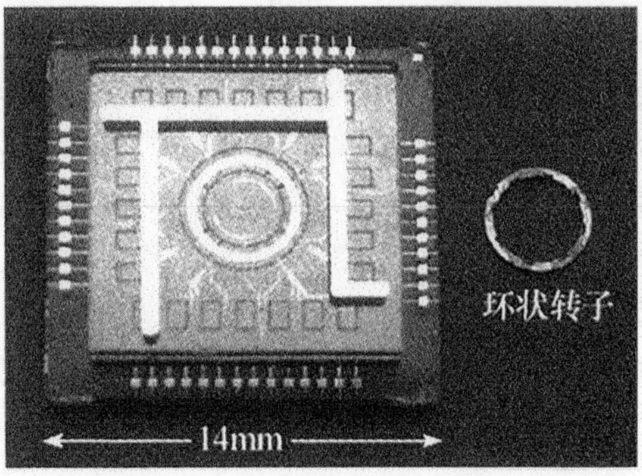


图 8.49　静电悬浮旋转陀螺

纤陀螺仪中的光纤谐振器，易于实现光学陀螺的微型化，应是光学微陀螺仪的发展方向。

1978 年，美国 Nothrop 公司开始研究在硅片上制造光波导，并于 1991 年研制成功微型光学陀螺仪样机。这种微型光学陀螺仪实质上是一种微型环形激光陀螺仪，其结构原理如图8.50所示。这种微型光学陀螺仪(MOG)的组成部分为：光波导无源谐振器、声表面波移频器、输入和输出激光耦合器、半导体激光器、光检测器等。这种 MOG 的结构特点是把各种光路、声表面波器件和控制电路集成到一块硅片上，成为一个集成 MEMS 系统。这种新研制成功的环形激光陀螺仪的精度达到(10°～50°)/h。

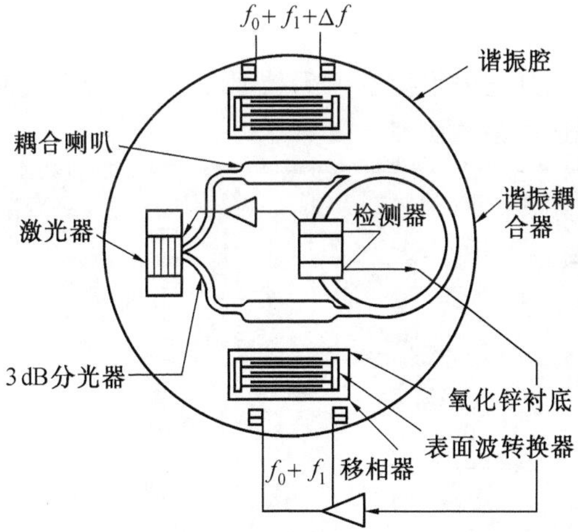


图 8.50　微光学陀螺仪结构原理图

光波导无源谐振器是 MOG 的核心部件，其性能指标主要是品质因素，取决于光路损耗。光波导基片材料现用硅基片，国外在硅基片上已制成损耗小于 0.1 dB/cm的光波导。目前硅基片上光波导环形激振器的品质因素 $F$ 约为 15，而 MOG 要求 $F>100$，尚不能完全满足要求。这种 MOG 中采用两个声表面波移频器，分别实现跟踪顺时针和逆时针两束激光的谐振频率闭环控制，故声表面波移频器的微型化和精度亦是 MOG 的关键。该 MOG 采用环形谐振器，通过谐振耦合器实现光波的输入和输出。对于半导体激光光源，应采用大于 1.55 μm 激光波长，使光源波长大于波导材料吸收边的波长，以减少吸收损耗。此外，采用窄谱线激光可提高 MOG 的测量精度。

为提高微光学陀螺仪性能，还有大量的工作要做。多功能集成光学芯片的研制发展及其在光学陀螺中的应用，将促使微型光学陀螺仪的加速发展。微型光学陀螺仪是陀螺仪微型化的重要方向之一，应给予充分重视，加速研究开发。

### 8.8.4 微型惯性测量平台

惯性测量平台(IMU)是由三个方向正交的加速度表、三个方向正交的陀螺仪和一台坐标转换计算机组成。它可以提供运动物体的空间运动方向、姿态、速度、加速度、位置和运动轨迹的信息。现在飞机、导弹、人造卫星、舰船等的导航都使用惯性测量平台。惯性测量平台亦称惯性测量单元或导航仪。

惯性测量平台大量应用于航空航天领域，故迫切要求微型化和减轻质量。只有当组成 IMU 的加速度表、陀螺仪和计算机都微型化并集成在一起时，才能制造出微型惯性测量平台(MIMU)。图 8.51 所示是 $X$、$Y$、$Z$ 三个方向的微加速度表、微陀螺仪和相应的处理电路，集成在一个芯片上，而组成的一个单芯片微型惯性测量组合。由于加速度计和陀螺仪的微型化和集成，现在亦将不包含计算机的微型惯性测量组合称为 MIMU。因此 MIMU 是相当复杂的高水平多功能的 MEMS 系统，以加速发展航空航天技术为目的，研究发展 MIMU 技术已成为当前世界技术发达国家的研究开发热点。

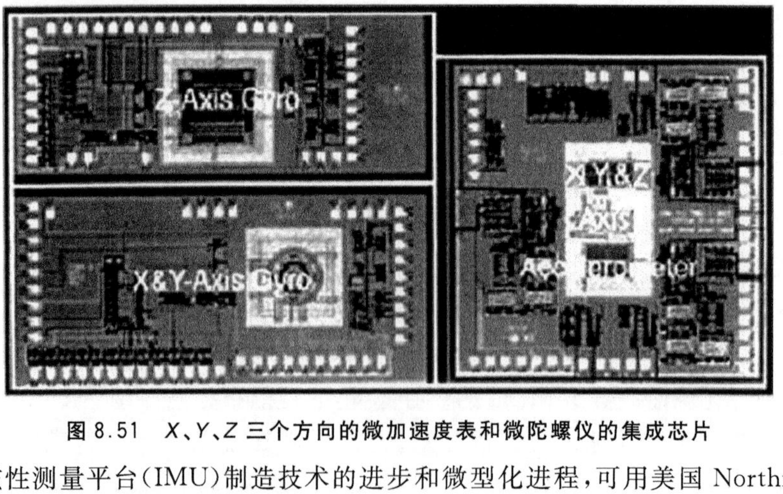


图 8.51　$X$、$Y$、$Z$ 三个方向的微加速度表和微陀螺仪的集成芯片

惯性测量平台(IMU)制造技术的进步和微型化进程，可用美国 Northrop 公司的三代产品来说明：1974 年“鱼叉”导弹系统的 IMU 的质量为 3.2 kg；1980 年

“不死鸟”导弹系统的IMU的质量降为1.8 kg;1985年“先进中程空空”导弹系统的IMU质量进一步降到1.4 kg。这种趋势还在继续,现在微硅加速度计技术已趋成熟,预计在微硅振动陀螺和微光学陀螺技术成熟后,IMU将微型化而成为MIMU,其质量有希望降到70 g以下。

1992年,美国Rockwell公司用BEI公司Systron Donner惯性分公司制造的三个石英音叉振动微陀螺仪和三个石英振梁式加速度计组成一台微型惯性测量平台。由于开发了高速数字处理电路,该陀螺输出精度达到1(°)/h。此微型惯性测量平台于1994年投入批量生产。同年,美国Draper Lab.用三个微硅加速度计和三个微硅振动陀螺仪组成一台微型惯性测量组合,它的尺寸仅为2 cm×2 cm×0.5 cm,质量约为5 g。该MIMU所用陀螺的漂移率约为10(°)/h(或稍好),加速度计的零漂稳定性为250 μg,适用于短时间的导航,下一步的目标是将漂移率降低到1(°)/h。

我国有多个单元正在进行MIMU的研究开发工作。图8.52为西北工业大学研制的单芯片微型惯性测量组合,即将$X$、$Y$、$Z$方向的三个微加速度表、三个微陀螺仪和相应的电路在一个芯片上一次集成加工出来。具有多传感器单片集成的特点,即体积小、质量轻、成本低、功耗小、可靠性高、易于实现数字化和智能化等特点。该微型惯性测量组合中,$Z$轴微加速度计刻度因子达到270 mV/g,$X/Y$轴位加速度计刻度因子达到500 mV/g,$Z$轴陀螺刻度因子达到17.8 mV·$(°)^{-1}$·$s^{-1}$,$X/Y$轴陀螺刻度因子达到5 mV·$(°)^{-1}$·$s^{-1}$。

(a)芯片

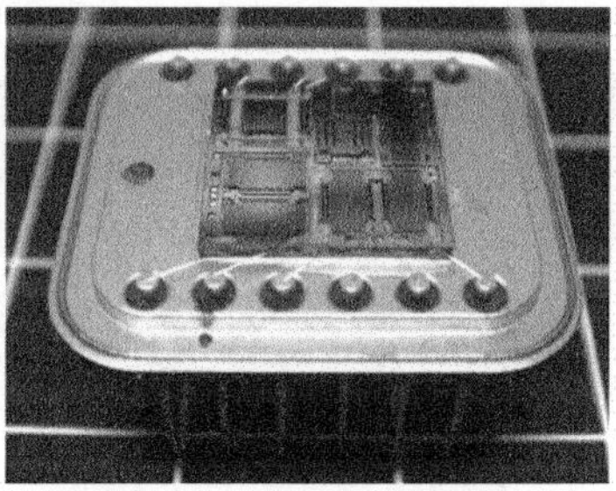

(b)封装后外观

**图8.52 单芯片微型惯性测量组合(西北工业大学)**

微型惯性仪表的应用范围除飞机、小型卫星和航天器外,还有汽车、高精度的炮弹、摄录一体机、医疗电子设备和玩具等。美国正在研究在MIMU中再增加GPS(环球卫星导航系统)接收机,以提供廉价的战术导航;研究用MIMU再增加GPS,可实现汽车的自动无人驾驶。由此可见微型惯性仪表军用和民用的应用前景都很好。

# 8.9 微飞行器

## 8.9.1 微飞行器的发展

近年来，随着军事和尖端技术的发展，微飞行器(Micro Air Vechicle，MAV)发展极为迅速，取得了很多成果。微飞行器可以军用，也可以民用。它可以随身携带，配合单人或单兵使用，适应军事或民用的侦察需要。它可在山区、城市或室内等复杂环境下进行侦察、作战、跟踪尾随，还可在化学或辐射等有害环境下进行侦察、干扰、救护、救生定位等特殊任务。由于它便于携带、成本低廉、维护使用方便、隐蔽性高等特点，因此极受使用者欢迎，有希望成为一种多用途军民两用的装备。

微飞行器实际上是一套复杂的，可在空中飞行的高水平多功能微机电系统，它一般都是由多套复杂的分系统组成。它可以完成飞行、升降、自动导航、侦察、信息传输、对敌干扰等多种任务。开始时微飞行器的体积和质量都还较大，在数十千克到数千克量级，基本保持原来飞机的外形，这类微飞行器习惯上被称为微型飞机或微型无人飞机。随着新军事任务要求的提出以及微机电系统技术和微加工技术的发展，微飞行器的体积和质量不断缩小，十分之几甚至百分之几千克量级的微飞行器开始被研制出来，并在不断地继续研究改进缩小。这些新的更小的微飞行器，由于体积和质量大大缩小，并且飞行速度降低很多，因此它的外形结构、飞行力学特性、动力供应、负载特性、机动敏捷性、稳定性等，都和现在传统的飞机产生极大的差别。最小的微飞行器多数制成扑翼式或直升机式，它们的外形更像飞鸟、蜻蜓或苍蝇，而不像普通的飞机，因此它们只能被称为微飞行器，而不应再被称为微型飞机。

每台微飞行器上都装有很多套不同功能的复杂的微机电系统，如能将这些微机电系统的体积缩小、质量减轻，就可使整个微飞行器的体积减小、质量减轻，使微飞行器进一步微型化。当然也可以不缩小微飞行器的体积和质量，而在微飞行器上装更多的仪器，使微飞行器具有更多更强的功能。微飞行器上各微机电系统进一步微型化，是微飞行器研究发展的重要内容。

将微飞行器做得体积更小、质量更轻，可以使微飞行器更机动灵活、更隐蔽、使用更方便。但如稍增大些微飞行器的体积和质量，则可明显改善微飞行器的飞行性能，可以增加所携带的仪器，这可大大增加和增强微飞行器功能。故大小不同的微飞行器各有其优缺点，各有它不同的应用目的和使用领域。研制新的微飞行器时，应根据微飞行器的工作任务和所具备的技术条件，合理确定微飞行器的体积和质量。

根据当前国内外微飞行器技术的发展情况，从微飞行器的大小尺度和飞行结构特点看，可以分为 4 个等级：

① 1～10 kg 量级的微飞行器。这类微飞行器的外形和现在的飞机相差不大，故一般都称为微型飞机或无人微型飞机，现在已达到实用阶段。很多国家都在开发研制这类飞机，有些国家研制成功的飞机已投入实际使用。例如，美国在 2003 年伊拉克战争中就使用了这类微型无人飞机来完成近距离侦察等任务。到 2004 年底美国在伊拉克已使用了 700 多架无人飞机，其中微型无人飞机占不小比例。

② 1 kg～75 g 量级的微飞行器。这类微飞行器的外形基本还保持了现在飞机的外形，很多国家和单位都在研究开发这类微飞行器，已制成不少样机，是当前微飞行器研究的热点。不少研制成功的样机已能在空中飞行，但目前尚有不少技术难题有待解决，估计还需一定时间才能达到实用阶段。

③ 25～75 g 量级的微飞行器。这类微飞行器因飞行条件和飞行力学特性等已和现在的飞机相当不同，因飞行速度低，原来的机翼形状不能提供足够的升力，故需增加机翼宽度，不少样机采用圆盘状机翼。因需采用新的飞行力学原理，故研制还有相当难度。

④ 小于 25 g 量级的微飞行器。如此小的微飞行器采用固定式机翼，已不能提供足够的升力使微飞行器起飞。各研制单位都趋向采用直升机式或扑翼式结构。有的单位已制成扑翼式微飞行器的原理性样机，其外形更像飞鸟、蜻蜓或苍蝇。这类微飞行器采用全新飞行原理，目前处于探索性研究阶段。

为鼓励发展微飞行器，美国自 1997 年起在 Florida 大学内每年举行一次微飞行器(MAV)竞赛。竞赛优胜的条件是：① MAV 的尺寸和质量最小；② 能在空中将 1.5 m 尺寸的被侦察物拍下照片，被侦察物离 MAV 起飞点的距离为 600 m，且被放在方形的 3.5 m 宽和 1.5 m 高的围墙内，MAV 只能在空中照相。1997 年和 1998 年的微飞行器未能达到要求。1999 年 Florida 大学的 12 in 翼展的 MAV 获胜。2000 年 9 个学校参加竞赛，Florida 大学的 10 in 翼展的 MAV 获胜。2001 年 9 个学校参加竞赛，Florida 大学的 7.65 in 翼展的 MAV 获第一，Notre Dama 大学的 8.5 in 翼展、95 g 重的 MAV 获第二。2002 年 Lehigh 大学的 9 in 翼展、95 g 重的 MAV，因其性能好而获第一。

### 8.9.2 若干种有代表性的微飞行器简介

下面介绍若干种有代表性的微飞行器。介绍顺序将按微飞行器的质量和尺寸从大到小进行。可看到大的微飞行器已经实际使用，而很小的微飞行器还处于探索研究阶段。

**1. 美国“银狐”微型无人飞机**

美国“银狐”微型无人飞机外形如图 8.53 所示，飞机长为 1.8 m、翼展为 2.5 m、质量为8.6 kg，在 120 km/h 速度飞行时可持续航行 4～6 h。机身用玻璃纤维制作，使用标准飞行发动机，利用机腹着陆。机翼为可拆卸式，可分解装在一个大高尔夫球袋内。飞机带有微型摄像机和全球定位系统接收机。这种微型飞机已装备在美国海军陆战队中。

图 8.53　美国“银狐”微型无人飞机

**2. 以色列“云雀”微型侦察无人飞机**

这种无人飞机外形如图 8.54 所示，飞机长为 1.1 m、翼展为 1.5 m、质量为 6 kg，作战半径为 10 km，持续飞行时间为 90 min。该无人机为电驱动的战术巡逻型监视侦察平台。无人机为便携式，全系统包括无人机、两个发射飞机用发射筒和一个膝上任务控制台，可由两名士兵携带。系统可以重复使用，可以在开阔地、城市战的环境、封闭的环境使用，或从机动地面平台上发射。

图 8.54　以色列“云雀”微型侦察无人飞机

**3. 美国“指针”微型无人飞机**

美国“指针”微型无人飞机是美国 2003 年伊拉克战争中使用的近距手提式微型无人侦察机。可用于近距侦察和目标捕获，其翼展为 2.7 m，质量为 3.9 kg，持续航行距离为 5～8 km，可安装彩色或黑白照相机，并用无线电发回侦察到的信息。这种无人微型飞机只需 3 个人就可将它抬起发射。

### 4. 美国“龙眼”微型无人飞机

美国“龙眼”微型无人飞机外形如图 8.55 所示。这种美国海军的无人驾驶微型飞机，已在 2003 年美国对伊拉克战争中正式使用。它是一种全自动、可返回、手持发射的微型飞机。飞行质量仅2.3 kg。锂电池可供该无人机以 76 km/h 的时速飞行 1 h。平时飞机可装在士兵的背包中，使用时二人可在 10 min 内组装完毕并发射。这种微型机用于海军陆战队的小部队，可提供侦察和危险探测工作，可在巷战条件下侦察敌方射手的位置，士兵可通过戴在手腕上的屏幕观察到相关信息。每套微型飞机成本仅 6～7 万美元。

图 8.55 美国“龙眼”微型无人飞机

### 5. 比法合作研制的微型侦察机

比利时皇家军事学院与法国航天部门合作，在 2003 年 6 月研制成微型侦察机原型机样品，翼展 25 cm、质量 200 g，飞行速度 144 km/h，飞行半径 10 km，该机采用碳纤维等合成纤维制成。由一台微型电动机带动螺旋桨推进，飞行时响声甚低，能够躲过雷达的搜索。机上带有全球定位导航系统，以及能实时传送图像的微型摄像机，带有探测飞过地区是否有毒气、化学品或辐射的探测器。

警察或军队可以直接操纵该机执行各种任务，包括从空中用热像仪探测温度异常的建筑物，探测人的存在和位置，确定在山区中的目标方位等。这种微型侦察机能在不到 5 min 内做好起飞准备。此微型机正在继续研究改进，计划 5 年内正式交付使用。

### 6. 美国“黄蜂”微型飞行器

美国“黄蜂”微型飞行器外形如图 8.56 所示。飞行器的翼展为 38 cm，燃料充足时质量为 140 g。该飞行器到 2003 年 9 月已试飞过 3 次，最后一次飞行 90 min。飞行时由地面通过无线电控制其节流阀、方向舵、飞行高度和飞行速度。该飞行器用燃料电池做动力，燃料电池的刚性金属网是机翼结构的一部分，氢储存在干燥芯块内，与储存在机上的水作用时释放出气体，与流经机翼的气流中的氧化合,在燃料电池中产生电能。氢与水作用释放气体的速度,可用由地面的无线电控制装置进行调节。在初始飞行实验时,电池平均输出功率大于10 W,输出能量密度可达 400 W·h/kg。“黄蜂”增强型可携带一台简单自动驾驶仪和一台彩色摄像机。

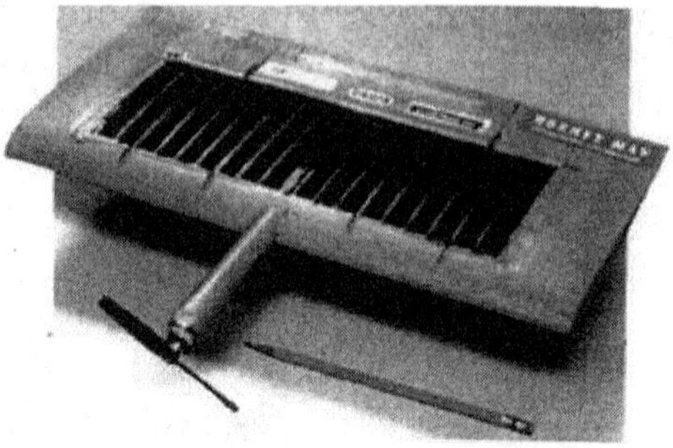

图 8.56 美国“黄蜂”微型飞行器

### 7. 美国桑德公司的“微星”微飞行器

美国洛克希德·桑德(Sanders)公司的“微星”微飞行器,是根据美国国防高级研究计划局(DARPA)的要求,能够执行军用任务目的而研制的,图 8.57 所示为该微星微飞行器。微飞行器的机翼展为15.24 cm,质量为 85 g,飞行速度为 55 km/h,可持续飞行 60 min。最佳使用飞行高度为 45～60 m,最高为 150 m。该微飞行器配备有自动驾驶系统,具有自动导航功能,可以贴近目标执行详尽侦察任务,尤其对地势险要或人员不易到达的地域,以及在城市狭窄街巷上空,能够自主穿行。此微飞行器配备有 512×512 像素能够昼夜使用的电视摄像机,每秒可拍摄 30 个镜头的地面清晰画面,并有较强功能的信息传送机系统,能够及时将侦察到的信息和图像传送回去。

图 8.57 美国 Sanders 公司的微星微飞行器

该微型侦察机使用多种 DARPA 支持研究的微机电系统,如用作动力的电动机,质量为13 g,侦察用的摄像机质量仅 4 g,信息处理/存储系统质量仅6 g,并装有微型化的 GPS 全球定位系统。该飞机的样机已在 2001 年试飞成功。

**8. 美国 Lehigh 大学的微飞行器**

图 8.58 所示是美国 Lehigh 大学所研制的微飞行器。该微飞行器 2002 年制成后曾参加当年举行的美国第六届微飞行器竞赛，获得第一名。这种微飞行器的外形仍保持传统飞机的式样，飞机翼展 9 in(22.86 cm，飞机的最大尺寸)，质量 95 g，飞行速度 25 mile/h(42 km/h)。在地面用无线电控制微飞行器的飞行和执行任务，有效控制距离 1 km。

微飞行器设计时优先考虑强度和部件的重复使用。机翼和机身两侧都有用碳纤维制造的骨架，使微飞行器能耐撞击。微飞行器使用微型发动机带动螺旋桨旋转，以推动飞机飞行。微型发动机是先固定在双层碳纤维板上，再装到机身骨架上，保证了结构的刚性和可靠性。机尾装有可控的舵翼和升降翼，保证了微飞行器的飞行稳定性。机上的无线电信号传输仪器等由电池组供电。可携带微型照相机一台。

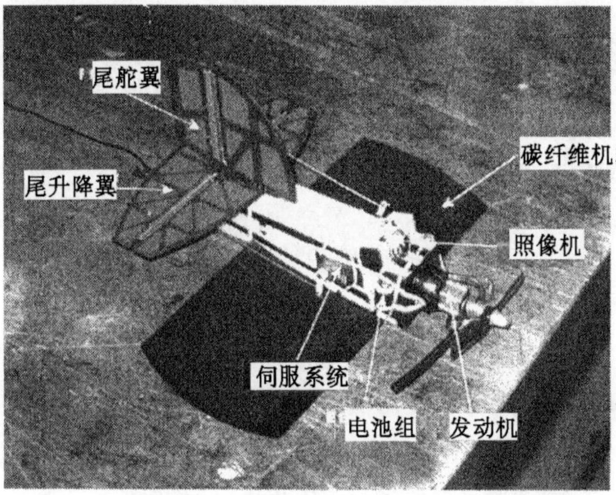


图 8.58　美国 Lehigh 大学的微飞行器

微型发动机是最关键的部件，该微飞行器使用了专门用于微飞行器的 Cox TeeDee.01 微型发动机，如图 8.59 所示。微发动机转速为 30 000 r/min，气缸直径为 6 mm，质量为 14 g，外形尺寸(长×宽×高)为 3.8 cm×2.7 cm×3.7 cm，燃料使用含 35%硝基甲烷的航空汽油。微发动机的动力可以保证微飞行器能以 42 km/h 的速度在空中飞行。

**9. 美国洛克希德·桑德公司的“微星”微飞行器**

美国洛克希德·桑德公司的“微星”微飞行器，是根据美国国防高级研究计划局(DARPA)的要求，为执行军用任务而研制的。微飞行器的翼展为 15.24 cm，质量为 85 g，飞行速度为55 km/h，可持续飞行时间为 60 min。最佳飞行高度为 45～60 m，最高飞行高度为150 m。

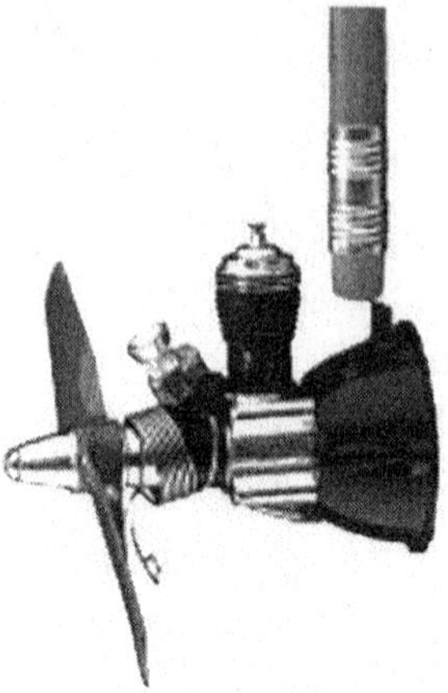

图 8.59 微飞行器使用的微型发动机

该微飞行器配备有自动驾驶系统，具有自动导航功能，可以贴近目标执行详尽的侦察任务，尤其对地势险要或人员不易到达的地域，以及城市狭窄街巷上空能够自主穿行。这种微飞行器配备有 512×512 像素、能够昼夜使用的电视摄像机、每秒可拍摄 30 个镜头的地面清晰画面，并有较强功能的信息传送系统，能够及时地将侦察到的信息和图像传送回去。

该微型侦察机使用多种 DARPA 支持研究的微机电系统，如用作动力的电动机质量为13 g，侦察用的摄像机质量仅为 4 g，信息处理/存储系统质量仅为 6 g，并装有微型化的 GPS 全球定位系统。该飞机的样机已在 2001 年试飞，现仍在研究改进中。

**10. 美国 Florida 大学的微飞行器**

美国 Florida 大学多次参加微飞行器(MAV)竞赛，并多次获得优胜。1999 年以 12 in(30.5 cm)翼展的 MAV，2000 年以 10 in(25.4 cm)翼展的 MAV，以及 2001 年以 7.65 in(19.4 cm)翼展的 MAV 参加微飞行器竞赛，均获得第一名。图 8.60 所示为 Florida 大学 2001 年参赛获奖的微飞行器，其质量大于 50 g。由于微飞行器尺寸的一再缩小，为获得必要的飞行升力，机翼加宽很多，其外形更像飞碟，而不像普通飞机。

根据微飞行器现在的研究发展情况看，50 g 左右的微飞行器是一个临界尺寸，机翼宜采用圆盘形。美国已有多个单位在研制此种微飞行器，多采用外形像圆盘形飞碟的机翼。这种形状的机翼的飞行力学性能是全新的，需要进行理论研究和风洞实验。图 8.61 所示是经过风洞实验而确定的这种机翼形状。机翼质量仅为 3 g，用碳纤维制作骨架，上面蒙以一层类似玻璃纸的聚酰亚胺薄膜制成。这种圆盘形机翼装在质量 50 g，翼展 7 in(17.8 cm)的微飞行器上，获得了良好的飞行效果。

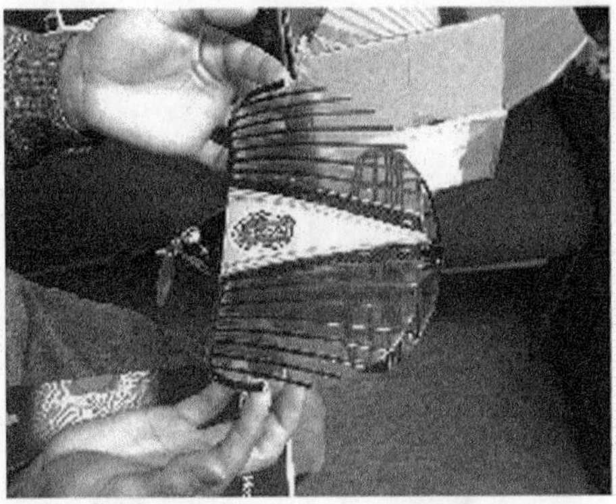

图 8.60　美国 Florida 大学的微飞行器

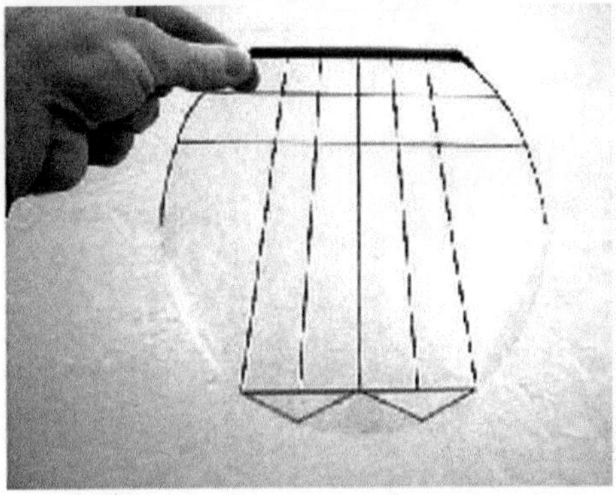

图 8.61　微飞行器的圆盘状机翼

**11. 美 AeroViroment 公司的"黑寡妇"微飞行器和 NASA 的微飞行器**

图 8.62 所示是美 AeroViroment 公司的"黑寡妇"微飞行器。其机翼展为 15.24 cm，飞行速度为 48 km/h，已顺利通过试飞，飞行时间为 22 min。机上装有照相机、摄像头、GPS 环球定位装置、信号发射和接收系统、电源等。可看到很多部件和分系统都微型化成 MEMS 系统。该机具有横滚、俯仰稳定性，速度和航向保持能力。试飞中飞机的整个操纵过程能全部在地面监视器上显示，控制工作范围为 1.5 km。该机全套系统和操纵装置、电视监视器、无线电和一个气压发射器可以装在一个大公文包中。

图 8.63 所示是美国 NASA 所研制的微飞行器，它亦采用圆盘形机翼。这种 NASA 的微飞行器和前面所介绍的几种圆盘形机翼的微飞行器属于同一量级，其尺寸、质量和性能等也都相差不多。

**12. 直升机型微飞行器**

对于质量在 15 g 以下的微飞行器，再制成固定翼结构，很难获得必要的飞行升空能力。

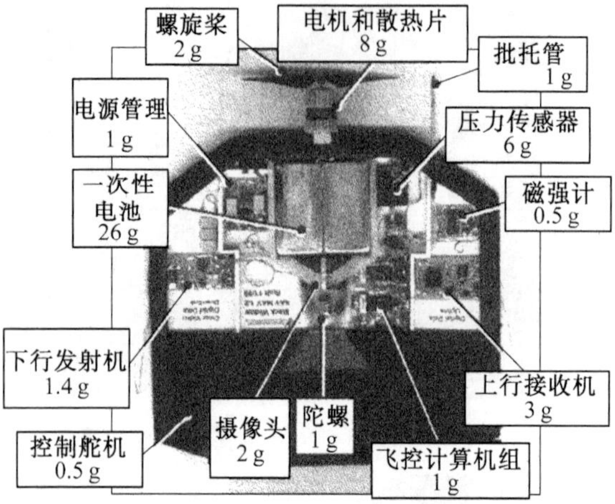


图 8.62　美航空环境公司的"黑寡妇"微飞行器

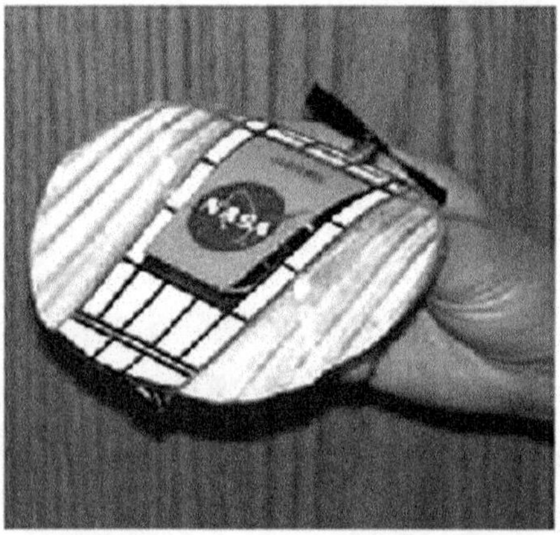

图 8.63　美国 NASA 的微飞行器

国外已有多个单位研制成若干种能飞翔的质量在 15 g 以下的直升机型微飞行器。图 8.64 所示是日本精工爱普(Epson)公司 2004 年 8 月展示的这种直升机型微飞行器,它的质量为 12.3 g,长 85 mm,受一台使用蓝牙无线电技术的计算机控制。机上载有一台 32 位的微控制器,超薄电机,能发射模糊图像的数码相机和一个质量不到0.1 g的微型回转传感器。受电池能量限制,目前该微飞行器只能飞数分钟,飞行高度很低,且摇摇晃晃上升,不够稳定,尚待继续研究改进。

国外还研制成功尺寸更小,质量更轻的直升机型微飞行器。图 8.65(a)所示是 2002 年美国 Stanford 大学研制的四螺旋桨直升机型微飞行器,大小在1.5 cm左右,可自供能源,也可靠外带能源供电飞行,受自带能源质量限制,能在空气中飞行时间不长。

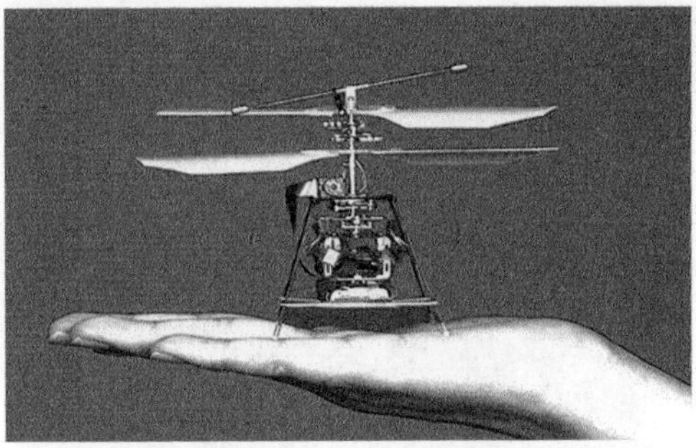

图 8.64　日本 Epson 公司的双桨微直升机

图 8.65(b)所示，是德国研制的双螺旋桨直升机型微飞行器，长度为2.4 cm，高度为0.8 cm，质量为 0.4 g，可停放在一颗花生上。微飞行器上的电动机大小只有 1～2 mm，转速为40 000 r/min，采用外接电源，电源导线比头发丝还细。

上海交通大学 1999 年 5 月研制成功双螺旋桨直升机型微飞行器，机身长 1.8 cm，高0.46 cm，宽 0.25 cm，质量仅 0.107 g，当螺旋桨转动达到一定转速时，机身便微微颤动，轻盈垂直起飞。

这类直升机型微飞行器最大的问题是，自带能源的质量限制了微飞行器的微型化。如要求微飞行器能飞行一定时间和高度，能源就有相当质量，故微飞行器的尺寸就不能太小，图 8.65 中的甚小的微飞行器，近期内无实际意义。

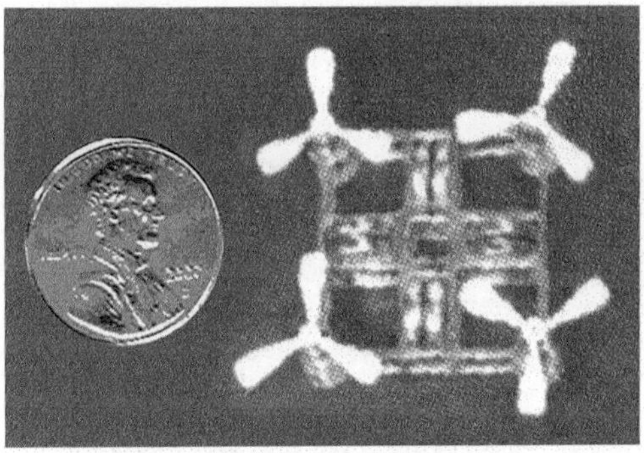

(a)美 Stanford 大学四桨微直升机

(b)德国双桨微直升机

图 8.65　更小的直升机型微飞行器

### 13. 扑翼式微飞行器

对于质量在 15 g 以下的微飞行器，再制成固定翼结构，很难获得必要的飞行升空能力。对于这类微小的微飞行器，国外已有多个单位研究将其改为扑翼式结构，并已制成若干种能飞翔的样机。图 8.66所示是美国某学校研制的一架扑翼式微飞行器。可看到这类微小的微飞行器，外形已不像普通飞机，而更像小鸟、蜻蜓和飞虫。但到目前为止，我们对扑翼式微飞行器的飞行力学原理所知甚微,因此有多个单位开始研究飞虫的扑翼飞行原理。

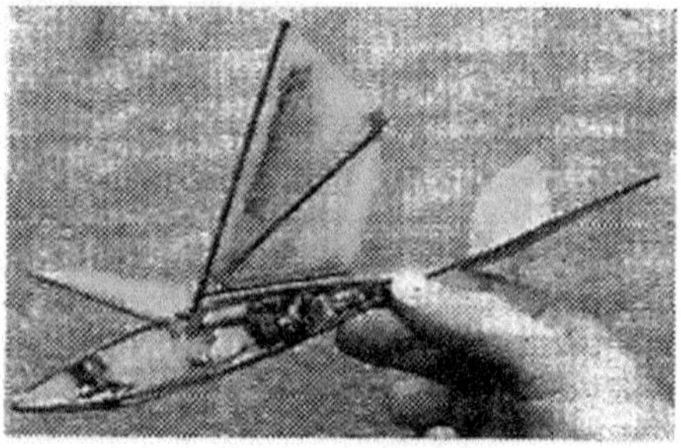

图 8.66 扑翼式微飞行器

英国牛津大学两位科学家对一种蝴蝶的飞行原理进行了详细的研究,观察了它们振动翅膀的方法。他们花了 3 年的时间建造调试了一条特殊的风洞,训练蝴蝶在其中飞行,然后向蝴蝶的翅膀吹送烟雾,用以显示翅膀与空气相互作用时产生的湍流,并对其进行理论分析研究。研究发现,蝴蝶飞行时翅膀振动方式并不是简单随机的,而是有着精妙的空气动力学机制的,他们从中辨认出 6 种不同的翅膀振动方式。

飞行昆虫的飞行能力是经过 3 亿年的进化完善而成的,它们能高速飞行、低速飞行、空中悬停、迅速改变飞行方向,还能倒退飞行。翅膀产生的升力比同面积飞机翅膀的升力大 10 倍,而且消耗的能量极少,因此研究扑翼式微飞行器必须向飞虫学习。扑翼飞行的飞行力学研究成果,将成为新一代微飞行器的设计基础。

美国 SRI 国际公司和加拿大多伦多大学共同研制成一种扑翼式微飞行器,其翼展约为15 cm,采用电流变体的人造肌肉做扑翼的驱动力。可以向前飞行,也可以悬停在空中。悬停在空中时,机翼扑打速度为 40 次/s。此种扑翼式微飞行器能携带 14 g 的有效载重。

美国加州理工学院、瓦伊伦门特公司和洛杉矶加州大学联合研制的“微蝙蝠”扑翼式微飞行器,质量为 10 g,可实现控制飞行,并可携带麦克风阵列探测声源。

**14. 美国加州大学伯克利分校的“飞行蝇”微飞行器**

美国加州大学伯克利分校于 2002 年研制成功一只非常微小的扑翼式微飞行器,取名为“飞行蝇”,如图 8.67 所示。这种“飞行蝇”微飞行器的体积极小,高度不到 3 cm,质量只有0.1 g,但能在 100 m 高的空中飞行 20 min。这种微小的扑翼式微飞行器为什么取名为飞行蝇,伯克利分校的科学家罗 · 费林说,苍蝇是动物世界中的飞行能手,能在 0.03 s 的瞬间迅速起飞,在$3\times10^{-5}$ s 内改变方向,最高飞行速度为 40 km/s,是所有飞虫中飞行最稳定、机动性能最佳的,它飞行一天消耗的食物只有 0.1 g。“飞行蝇”微飞行器就是利用仿生原理制造出的世界上第一只能飞的“机器蝇”。

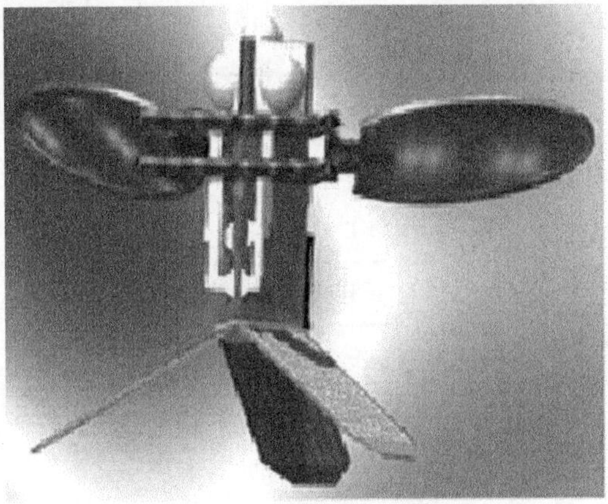

图 8.67　“飞行蝇”微飞行器

虽然对机器蝇的研制目前还处于初级阶段，但其广泛的应用前景已引起多方关注。美国五角大楼对有望成为“微型间谍”的机器蝇极为重视，自 1998 年这项研究刚刚开始时就一直大力资助。

这种微飞行器的研制有极大的技术难度。首先是机翼问题，苍蝇的翅膀上分布着 20 块功能不同的肌肉，如何模仿这些肌肉的运动实现飞行，成为研究重点。研究人员用了 4 年，近2 000 h的研究时间，来弄清苍蝇翅膀的动作和飞行力学问题，前后做了 30 多个模型，最后使用一种类似玻璃纸的聚酰亚胺薄膜材料，制成长 10 mm、宽 3 mm、厚 5 μm 的仿生翅膀，如图 8.68所示。这种翅膀的扇动是用双层压电伸缩驱动器，通过四连杆差动机构来实现的。翅膀扇动频率为 150 次/s，能使微飞行器飞向空中，但它目前还只能快速飞行，不能自行控制飞行

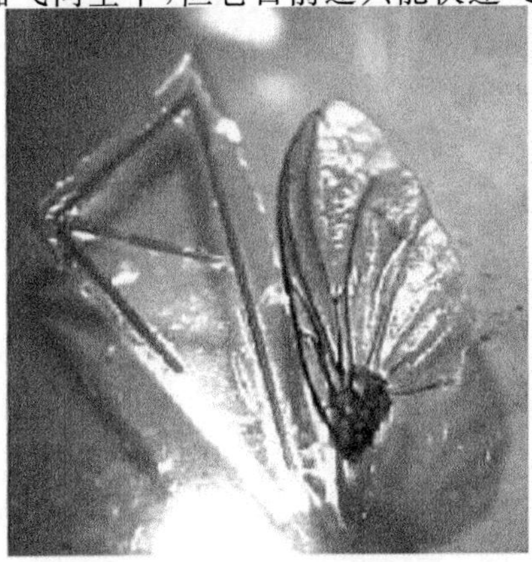

图 8.68　“飞行蝇”翅膀的仿真设计

方向和速度，也不能在空中停留。

图 8.69 所示是这种飞行蝇的部件组成。微飞行器的眼睛是光学传感器，可以探测飞行前方是否有障碍物，将来可以装微型照相机作侦察用。微飞行器用微型电池提供能源，使扑翼扇动，同时为各种电子仪器供电。微飞行器的尾翼用太阳能电池板制成，可以辅助供应电能。微飞行器的机架用不锈钢架制造，有较高的强度和刚度。微飞行器还有多种传感器、微型信息传输系统和控制系统，都装在机架上。

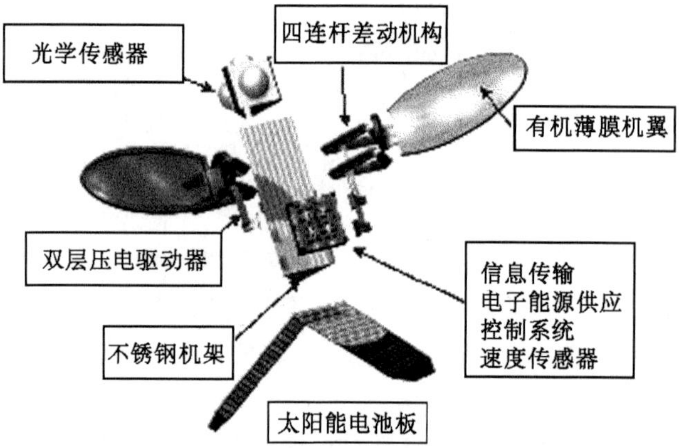


图 8.69 “飞行蝇”微飞行器的部件组成

对这种机器蝇的研制目前还处在初级阶段，计划在数年内让它能像真苍蝇一样地完成起飞、空中变速、变向飞行、空中停留和安全着陆。目前正在计划改善这种机器蝇的驱动装置和能源，使其能携带仪器进行飞行，完成侦察或其他任务。

### 8.9.3 发展微飞行器需研究的关键技术

微飞行器的发展方向是尽量减小它的尺寸和质量，使它进一步微型化，同时还要求改善它的飞行性能，多带微型仪器，增加并增强它的功能。发展微飞行器的任务是艰巨的，有一系列技术难题需要解决。

**1. 飞行动力学问题**

微飞行器的飞行动力学问题直接影响它的整体方案和结构。微飞行器体积缩小后，飞行速度亦降低，从空气动力学理论可知，空气的黏度大大增加，要求更高的机翼面积和机重比。因此如采用常规机翼，不能得到足够的升力，特别是在起飞和着陆的低飞行速度阶段。飞行时升力的大小与翼弦的弧高有直接关系，如飞机翼展为 15 cm，它的正常翼弦宽不到 8 cm。不同的飞行速度要求不同的翼弦弧高，飞行速度低时，翼弦弧高太小则得不到要求的升力。加大翼弦的弧高可以提高升力，但到飞行速度升高后，又因阻力增大不利于飞行。目前为提高飞行时的升力，微飞行器采取的措施为：

① 研制可在飞行中自适应调整翼弦弧高的机翼，在起飞和着陆等低速飞行时，翼弦弧度大、升力大，飞行速度提高后，不仅机翼的曲度变小，它的弧高也变小。美国 Florida 大学正在对此进行研制。

② 发动机喷出的气体，由机翼后缘的孔洞向外吹喷，增大空气流速，可使升力加大。此外改变机翼后缘喷气的仰俯方向，可改变升力的大小，使飞机升降。如使两翼缘喷出的气体量不等，一侧机翼喷出的气量大，另一侧机翼喷出的气量小，可使飞机转弯改变飞行方向。控制改变喷气方向，有可能使用固定的机尾翼，仍能灵活稳定地控制飞行姿态和飞行方向。

③ 对小的微飞行器，特别是翼展小于 15 cm 的机翼，必须加大机翼宽度，才能获得必要的升力，有些小的微飞行器已将机翼做成盘状，如图 8.55 所示。机翼加宽或制成盘形后，飞行条件产生极大改变，需要用新的飞行力学理论研究，新的翼弦形状需进行风洞实验才能确定，有大量研究工作需要进行。

④ 最小的微飞行器，例如质量在 15 g 以下，采用固定机翼已很难正常飞行，出路是改成直升机式或扑翼飞行方式。扑翼飞行的飞行力学理论，对于我们是完全没有研究过的新问题，虽已有个别单位在试制扑翼式微飞行器，但仍处于试探阶段，因此要发展扑翼式微飞行器，有大量难度很大的理论和实际工作要做。

**2. 微飞行器的推进驱动问题**

推进驱动系统是微飞行器的关键，一方面要求其有足够大的推动力，使螺旋桨旋转，产生推力推动微飞行器前进；另一方面还要求体积尽量小，质量尽量轻，持续工作时间尽量长。现在微飞行器的推进驱动系统的研究发展，主要有以下方面。

(1)微型高速内燃发动机。

现在稍大些的微飞行器，不少采用这种微型高速内燃发动机推进驱动系统。图 8.53 所示的微型发动机，其转速为 30 000 r/min、质量为 14 g、气缸直径为 6 mm、体积(长×宽×高)为3.8 cm×2.7 cm×3.7 cm，可推动翼展为 22.8 cm、质量为 95 g 的微飞行器，以 42 km/h 的速度飞行。微型高速内燃发动机结构复杂、精度高、制造难度大，但为适应微飞行器更微型化的要求，还要求发动机进一步微型化。

(2)微型涡轮喷气式发动机。

微型涡轮喷气式发动机，是微飞行器推进驱动的良好方案。美国 MIT 的气体涡轮机实验室和林肯实验室等，都在研制微型氢动力涡轮喷气式发动机，已研制出的微型涡轮喷气式发动机的直径为 1 cm、高度为 0.3 cm，只有衬衣纽扣大小,转速在 100 000 r/min 以上,可产生130 mN推力,可推动质量为 50 g 的微飞行器以很高的速度飞行。喷气式发动机推力一自重比大,能推动微飞行器高速飞行,是甚佳的推进驱动方案,只是微型涡轮喷气式发动机的结构复杂、精度高、制造难度极大。

(3)微型电机驱动。

微型电机可以做得很小很轻,并有足够大的推进力,且结构简单,易于制造,已有不少微飞行器采用微型电机驱动。采用微型电机驱动的关键问题是电能源的供应,现在的各种电池(化学电池、蓄电池、燃料电池等)都是自重太大,需要开发电能量大而本身质量轻的新电能源。

**3. 微飞行器的能源**

微飞行器(MAV)对能源的要求极高,要求能量密度高、体积小、质量轻、总能量大,以保证微飞行器的飞行速度和续航时间。现在微飞行器的能源主要有矿物燃料、电池电能、氢燃料和太阳能电池。

矿物燃料能量密度高、价格便宜,在微飞行器中用得不少。1 g 汽油燃烧能产生 3.1 W · h 能量,而镍镉充电电池只能提供 0.03 W · h 能量。氢作为燃料时,质量轻,能量密度为汽油的 3 倍,无公害,是理想的燃料,但存储较费事。

电能是微飞行器必不可少的能源。不仅 MAV 的推进驱动系统采用微型电机时需要电能驱动,而且 MAV 上的控制系统、信息传输系统及其他各种电子仪器都需要电能驱动。电能源经常成为微飞行器持续飞行时间的限制条件,因此电能源供应和节能是微飞行器的重要问题。信息传输系统常消耗较多电能,有时占总电能消耗的很大比例,例如翼展 15 in(37 cm)的微飞行器,传送规定带宽的视频图像的电力占总能量消耗的 10%～20%。制作更小的微飞行器时,推进力的能耗可以减小,但传送视频图像的电力丝毫不能减小,有时电池供电只够视频传输器使用。要解决微飞行器电能源供应问题,一方面使用大能量密度的电池,另一方面是降低视频传送器等的能耗,例如调节输送图像帧速率、使用可转向天线等可明显降低电能消耗。

现在使用的微飞行器的电能源有蓄电池、一次性化学电池和燃料电池。瑞士 RMB 微轴承公司研制了镍镉蓄电池,该电池储能量密度为 20 W · h/kg,可供 15 cm 的圆盘飞机飞行 2.5 min;该公司还研制了高级锂电池,其能量密度为 100 W · h/kg,可供微飞行器飞 16 min。美国 IGR 公司研制了一种固体氧化物燃料电池,可推动质量为 50 g 的微飞行器飞行较长时间。前面讲到的美国"黄蜂"微飞行器(图 8.51),质量为 140 g,是用燃料电池推进的,现已能飞行 90 min。储存在干燥芯块内的氢与存储在机上的水作用将氢释放出来,与流经机翼的气流中的氧化合,在燃电池中产生电能,在初始飞行实验中平均输出功率大于 10

W，输出电能量密度达400 W·h/kg。燃料电池能量转换效率高，是一种极有应用前景的微飞行器的电能源。

太阳能电池的能量转换效率近年来有所提高，有的MAV用太阳能电池薄膜覆盖机翼做辅助电源，但因微飞行器表面积不大，故能提供的电能有限，只能作为电能的补充供应。

微型核电池是最新研制成功的新微型电源，目前尚有一些技术问题待解决。由于它的能量密度高、寿命长，将是微飞行器能源的发展方向。

**4. 微飞行器的自主飞行导航**

微飞行器虽可遥控飞行，但遥控飞行是极端困难的。在复杂的环境中，操纵者虽可观察摄像机摄得的图像，但及时做出灵活反应，控制操纵微飞行器是极难的。MAV必须具备自身独立避开障碍物和保持平稳飞行的能力。要使微飞行器能完成侦察或监视任务，不能依靠人的遥控，必须实现自主飞行导航，能完全独立跃过或绕过一座座建筑物飞到目的地，完成侦察任务后，再自主飞回出发地点。

微飞行器要实现自主飞行，需安装精密的微型惯性导航系统、微型GPS全球卫星定位系统，以及大量的地面的图形数据资料坐标。在执行飞行任务前，只要输入一组坐标，启动惯性导航系统，就能随时算出微型飞机的飞行路线和位置。为实现自主飞行，还需要同时使用微型摄像机充当辅助导航设备，观察比较实际的地面图形与储存的地面图形数据，校正飞行路线。现在微型GPS全球卫星定位系统的定位精度可达几厘米。

导航仪的微型化近年来取得了不少成果，例如，1999年末美国喷气推进国家实验室和Hughes空间通信公司研制成功一种体积极小的新的微硅振动陀螺，尺寸为4 mm×4 mm，质量小于1 g。美国Draper Lab 1994年研制成功微型惯性平台，它是由3个微加速度表和3个微陀螺仪集成在一起而制成的，体积只有2 cm×2 cm×0.5 cm，质量仅为5 g。

**5. 部件微型化和一件多用**

要微飞行器进一步微型化和减轻质量，必须使微飞行器的各部件和所携带的各种仪器尽量微型化和减轻质量。这些微型部件和仪器，本身就是高水平复杂的MEMS系统。近年来由于MEMS技术的发展，微飞行器部件的微型化已取得了不少进展，制成了多种体积极小、质量很轻、工作可靠的微型部件。

(1)微型发动机。

前面介绍了国外已制成能用于推进微飞行器的体积极小的微型发动机，如图8.53所示，它是微型高速内燃发动机的实例，该发动机体积为3.8 cm×2.7 cm×3.7 cm，质量为14 g，转速为30 000 r/min，能推动质量为95 g的微飞行器以 42 km/h 速度飞行。MIT 研制的微型涡轮喷气式发动机只有衬衣纽扣大小，转速为 100 000 r/min，可产生 130 mN 推力，能推动 50 g 的微飞行器飞行。

(2)微型控制系统。

微飞行器在空中飞行和进行侦察工作时都需要地面控制，因此必定带有微型信息传输和控制系统。国外已制成体积和质量都极小的微型信息传输和控制系统。1996 年美国瓦伊伦门特公司的微型无线电信息传输和控制系统就是一个实例，该系统装有接收机、指令处理器和 4 个致动器，总质量不到 3 g。当该系统在带 2 个致动器和采用油门、俯冲和横滚操纵 3 个通道的情况下，典型质量为 2 g。机上的接收机用一根短天线以特高频率工作。致动器是瑞士 RMB 公司生产的无刷电机，直径 1 cm、高 0.3 cm、质量 0.35 g。该电机是由处理器控制的，有 60 个分离位置。

瑞士 RMB 微轴承公司生产了质量 0.35 g、推力约 0.137 3 N 的微电机，并生产了一种带有 25∶1 减速器的微电机，电机质量为 0.5 g，已用于微飞行器的操纵系统。

(3)微型照相机和摄像机。

微飞行器的最主要任务是用于侦察，因此微型照相机和微型摄像机已成为微飞行器的最基本装备。近年来照相机和摄像机的微型化取得了不少成果。例如美国微星微飞行器样机，它所携带的侦察用微型数码摄像机质量为 4 g，信息存储/处理系统只有 6 g，它的分辨率为 512 像素×512 像素，每秒可拍摄 30 个镜头画面，可以昼夜拍摄。再如，美国“黑寡妇”微飞行器携带的微型照相机，质量只有 2 g，可拍摄出地面目标清晰的照片图像。MIT 林肯实验室的 W. Davis 研究小组研制的微型数码摄像机，质量不到 3 g，它的 CCD 分辨率为 1 024 像素×1 024 像素。近年来随着数码照相和摄像技术的快速发展，用于微飞行器的，具有更高分辨率和更小质量的微型照相机和摄像机也已研制成功。

(4)一物多用。

要使微飞行器进一步微型化和减小质量，一物多用是有效措施之一。例如，机翼除了为飞行提供升力外，还可用作天线，用于装储仪器、燃料等；太阳能电池薄膜可做机翼蒙皮；机尾除了控制飞行方向外，亦可用于装储燃料。

## 8.10 微型卫星

### 8.10.1 微型卫星的提出和发展

到 20 世纪末人类向太空发射了近 5 000 颗航天器（人造卫星），21 世纪每年发射的卫星数量有增无减。发射的卫星大小和功能各异,大的卫星质量达数吨,价值数千万到数亿美元,小的卫星质量为数十千克。卫星越大,发射的费用和难度也越大。美国航天飞机主发动机的推重比为 70,俄罗斯 NK-33 火箭的推重比为 125。如果能不降低卫星功能,而使体积减小和质量减轻,或是用几颗小卫星代替一颗大卫星,可使发射费用和技术难度大大降低,产生巨大的经济效益。近年来,MEMS 技术的发展使卫星的微型化取得了重大进展。由于 MEMS 技术的迅速发展,卫星上的多种功能部件微型化,质量和体积大大减小,因此研制小型和微型卫星成为可能。

微小卫星一般是指质量在 500 kg 以下的,更加严格一些是指 100 kg 以下的卫星。微小卫星的量级划分有不同的说法,按多数人意见大致可做如下的划分:10～100 kg 的卫星称为小型卫星;1～10 kg 的卫星称为微型卫星;小于 1 kg 的卫星称为纳米卫星。

目前国内外微小卫星的研究,主要集中在小型和微型卫星上。纳米卫星技术难度很大,需在多种卫星技术有重大突破后,才有可能制成有实用意义的纳米卫星。微小卫星是卫星的重要发展方向之一,应给予足够重视。

微小卫星成本低,发射的技术难度相对要小些,而能发挥的作用却很大,各技术发达国家都在加紧研制小型和微型卫星,并前后发射了很多颗小型卫星。美国处于技术领先地位,曾研制和发射了多颗小型卫星,这些微小卫星已发挥了重要的实际作用。

1990 年美国用"侦察兵"火箭,发射了首颗质量为 70 kg 的微型实验通信卫星,在 1991 年海湾战争中发挥了重要作用。1991 年美国在对伊拉克战争期间,又用"飞马座"火箭,一箭发射了7颗重21 kg的微型通信卫星,并成功组网,组成卫星星系,用于士兵和作战总部的通信联络。美国在海湾战争战后的总结中认为,这种微型卫星星系在战争中发挥了重要作用。

1995 年以色列发射了一颗名为"地平线 3"的战术侦察卫星,质量为 225 kg,能拍摄空间分辨率为 2 m 的图像。美国发射了"快鸟"和 "晨鸟"小型遥感卫星,两颗卫星的质量分别略多于 300 kg,可提供 1 m、3 m、4 m 和 15 m 等多种分辨率的图像和多种视频的遥感数据。美国海军研制并发射了两颗小型"旋转土星"专用卫星,一颗质量为 170 kg,能为反潜和反舰作战提供直观准确的资料;另一颗重 69 kg,用于寻找并确定敌方的干扰源。

### 8.10.2 微/纳卫星构成分析及微/纳卫星分布式星系

纳米卫星的质量甚小,但仍必须具有能在指定轨道维持运行和校正姿态的驱动系统、信息传输系统、完成任务功能的仪器仪表功能系统、能源供应系统等。图 8.70 所示为具有最低必要功能的纳米卫星,因为它采用 MEMS 工艺技术,部件都集中在硅芯片上,也称为"芯片级卫星",质量可以小到 100 g。现在卫星上的许多功能部件,都集成化制成 MEMS 系统部件而使质量大大减小,但如上述的如此小的纳米卫星,现在还没有实用意义。首先是能源供应的太阳能电池板就不可能做得过小,其次是宁可增加卫星的功能而增添功能部件,也不应过分追求微型化、减轻质量、缩小卫星。当前应优先发展 10～100 kg 级微型卫星,尽量多采用质量轻的微型 MEMS 功能部件而增强其功能,这样更为经济合理。

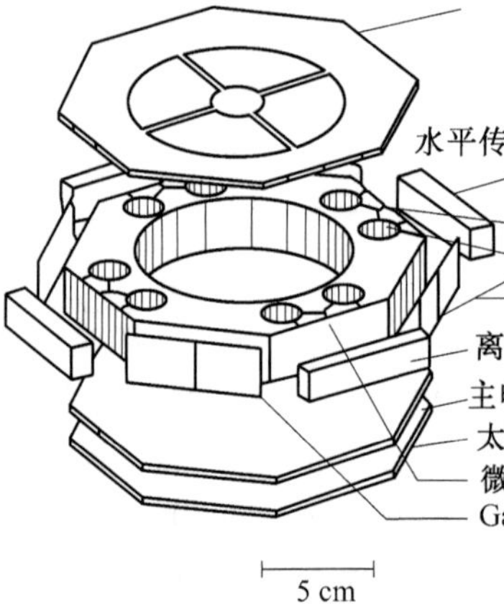


图 8.70　具有最低必要功能的纳米卫星

微型和纳米卫星的质量有限,能携带的仪器不多,多数情况只能完成少数的功能,因此微/纳卫星的发展应用设想是,布设成"局部微/纳卫星星团"和"分布式微/纳卫星星系"。可以用数颗微型或纳米卫星组成基本单元,这些基本单元布设于太空中不同的轨道上,彼此之间通过遥感通信方法互相连接,形成有内在紧密联系的星团或星系,分工合作,来完成一颗大型卫星的全部完整功能。

微型卫星特别是纳米卫星将来可以批量制造,有可能将成本价格降得很低。由于微小卫星体积小、质量轻,中小型火箭即可发射,并可以用一支火箭发射多颗微/纳卫星,使卫星的发射费用大幅降低。微/纳卫星体积小,生存力强,不易受外界磁场干扰,同时隐蔽性好,不易被敌方发现和破坏。

要提高 GPS 全球定位系统的覆盖面和定位准确度,就需要增加太空中卫星的数量和分布面积。为使卫星能覆盖全球,可以在地球表面上等间隔的 18 个太阳同步低地球轨道上放置微/纳卫星,每条轨道上部署 36 颗卫星,总共 648 颗微/纳卫星。这样就可覆盖地球上所有的点,并能保证每点上至少有一颗处于地平面 30°以上的卫星,对地球上任意一点,每 2.65 min 将能看到一颗新卫星出现,每 42 min 将有一颗卫星在顶部通过,而且在纬度越高处,覆盖率亦越高。这样的 GPS 全球定位系统,可以在全球各处都有极高的定位准确度。

由于卫星的功能是由整个微/纳卫星星团(或星系)来完成,而不是靠其中某个卫星单独来完成,故可靠性可明显提高。如星系中某个子卫星损坏,虽会降低某些功能,但星系整体仍能继续工作,对全局影响较小,使可靠性大幅增加。个别子卫星损坏时,可以单独置换,修复成本低,能避免承受大的损失和降低系统失败带来的风险。微/纳卫星一般都是只负责一类工作,任务单一,具有的功能较少。由多颗不同功能卫星组成的星系,内部互相紧密联系,成为整体功能强大的星系。一旦任务有变化,可以增减部分卫星而进行重组,成为能完成新任务的功能强大的新微/纳卫星系统。

### 8.10.3　各国发射的微小卫星举例

小型和微型卫星成本低,技术难度要比大卫星小很多,而能发挥的作用却很大,各技术发达国家都在加紧研制小型和微型卫星,前后已发射了多颗微小卫星。下面简单介绍若干颗微小卫星实例。

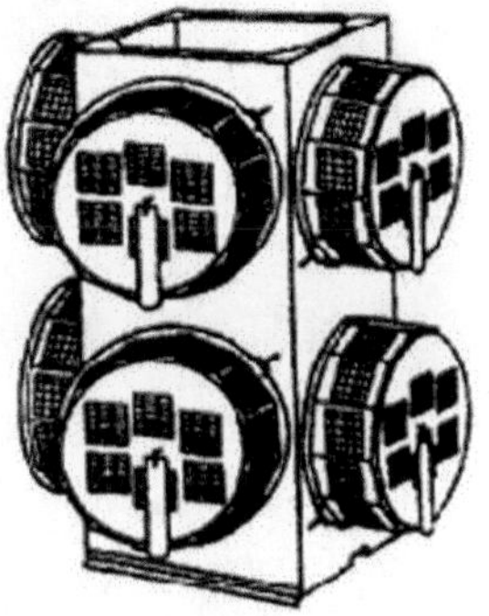

图 8.71　美国 1991 年海湾战争中发射重为 21 kg 微型通信卫星

① 美国 1991 年发射的微型通信卫星。美国在 1991 年对伊拉克战争期间,用“飞马座”火箭,一箭发射了 7 颗质量为 21 kg 的微型通信卫星(图 8.71),并成功组网。其主要载荷为摄像机和功率 2 W的 UHF 转发器,用于士兵和作战总部的通信联络。美国在海湾战争战后的总结中认为,这套微型卫星星系在战争中发挥了重要作用。

② Aprize Star 微型实验卫星。图 8.72(a)所示是 Aprize 卫星公司 1995 年研制的 Aprize Star 微型实验卫星。该微型卫星外形呈立方体,边长约为 30 cm,四周覆盖太阳能电池板,以供应微型卫星上各种电子仪器所需的电能。这种卫星的发射使用法国Arian火箭,火箭一次同时可发射 3 颗微型卫星(图8.72(b)),微型卫星发射到空中后,可以在空中联网组成卫星星系。微型卫星上装有 GPS 全球定位系统,具有多种探测、信息传输等功能。曾为北极探险队提供通信和确定位置等服务。

③ Astrid－2 微型科学探测卫星。图 8.73 所示是 Astrid－2 微型科学探测卫星,它是瑞典空间物理研究所 Uppsala 分部的卫星组研制的,于 1998 年 12 月 10 日 11:57:07 在俄罗斯 Plesetesk 发射。这颗 Astrid－2 微型卫星是用 Kosmos－3M 火箭送到 1 000 km 高的环球轨道上的。微型卫星的外形像一个图形投影仪,边长(不计入太阳能电池板)为 30 cm 和 40 cm,质量约为30 kg。

Astrid－2 微型科学探测卫星带有下列科学探测仪器:Linda 密度测量仪、EMMA 电场和磁场测量仪、MEDUSA 电子和离子测量仪、PIA 光度计。

(a) 微型卫星工作示意图

(b) 微型卫星准备用法国 Arian 火箭发射

图 8.72 Aprize 卫星公司的 Aprize Star 微型实验卫星

专门设立了两个地面站负责与卫星通信、指挥并下载探测到的科学数据，北方的地面站设在瑞典的 Stockholm，南方的地面站设在南极的 SANAE 4 号营地。该 Astrid－2 微型科学探测卫星当时预计能工作到 1999 年 7 月 24 日，在此期间可绕地球3 000 r，能记录 26 GB 的宝贵科学数据。

图 8.73 瑞典的 Astrid－2 微型科学探测卫星

④ 美国的 XSS 实验科学卫星。图 8.74(a)所示是 XSS 实验微型卫星，是美国 Boeing 公司和空军研究实验室(Air force research lab)联合研制的。该微型卫星是所研制的 XSS 系列微型卫星之一，研制这一系列卫星的目的，是为已在太空轨道中运行的卫星提供后勤维修服务。这种卫星之所以称为微型卫星，是因它的质量轻、体积小、结构紧凑，例如系列中的 XSS－10 微型卫星质量仅为 25 kg。

这种卫星虽小，但具有很强的功能，配备有多种航天电子仪表、独立的推进系统和甚高分辨率的照相机。当微型卫星进入轨道后，两翼的太阳能电池板展开，为卫星提供电力，以保证微型卫星长期正常工作。在地面的指挥下，微型卫星能推进接近轨道中的其他卫星，进行仔细观察检测，能分离并放出一套自动化的修理工具系统(图 8.74(b))，对轨道中的卫星进行维护修理。这种微型卫星是很有用的空间后勤维修服务工具，能在地面站指挥下，灵活地完成要求它完成的维修服务任务。

⑤ 中国在微小卫星的研究发展中也进行了不少工作，清华大学、哈尔滨工业

(a) 太阳能电池板翼展开为卫星供电

(b) 分离放出自动维修工具系统

图 8.74　美国 Boeing 公司的 XSS 实验微型卫星

大学等单位都在进行这方面的工作。图 8.75 所示是清华大学和英国 Surrey 大学合作研制的清华－I 号微型实验卫星，质量约 50 kg，已于 2000 年成功发射。2004 年 4 月 23 日哈尔滨工业大学研制的质量为 203 kg 实验一号小型卫星成功发射，工作情况良好。图 8.76 所示为哈工大实验一号小型卫星在发射前的最后调试情况。清华大学研制的第二颗微型卫星亦同时用同一火箭发射成功。这为我国微小型卫星的研制发展，做出了重要贡献。

图 8.75　清华－Ⅰ微型卫星

图 8.76　哈工大实验一号小型卫星

⑥ 英国的 PICOSat 微型实验卫星。图 8.77 所示的 PICOSat 微型实验卫星，是英国 Surrey 卫星技术公司(SSTL)为满足美国空军空间实验规划的需要而研制的。PICOSat 微型实验卫星质量为 67 kg，已于 2001 年 9 月 30 日在 Alaska

成功发射，工作情况良好。

⑦ 德国的RUBIN－2微小通信卫星。图8.78所示的RUBIN－2微小通信卫星，是德国Bremen-based宇航公司和Bremen工业学院共同研制的，它使用俄罗斯Dnepr火箭，于2002年12月20日从Kazakhstan发射成功。该卫星携带多国新仪器装备，要在太空轨道上实验先进通信以及其他多项先进技术。这颗卫星要比2000年7月发射的同系列Bird RUBIN卫星的技术先进不少。

图8.77　英PICOSat微型实验卫星

图8.78　德RUBIN－2微小通信卫星

携带新的通信仪器，可使卫星在太空轨道运动时能连续不间断地与地面站进行通信联系。而过去只能间断地与地面站联系，即只有卫星在地面站上空时才能进行通信联系。RUBIN－2是利用了由30颗卫星组成的ORBCOMM网络，可以快速、大容量、不间断、及时地与地面站进行通信联系。因此可以利用这种小卫星在任何时间与世界各地通电报、电话，传送信件、图片和资料。

RUBIN－2卫星还携带了美国Eagle Pitcher公司的高能锂电池，这种电池在地面上的使用性能极佳，但要考察它在太空失重条件下能否保持良好的使用性能。意大利的CARLO GAVAZZI空间公司还要在这颗卫星上实验新的离子推进装置，用太阳能电池产生的电能形成强电磁场，使电子和离子实现极高速运动，推动卫星前进。

⑧ 美国的Dawgstar微型卫星。图8.79所示的Dawgstar微型卫星，是美国Washington大学研制的。它的外形为6面体，截面边长为18 in（45.7 cm），高度为12 in(30.5 cm)，质量为40 lb(18 kg)，据称是世界最小的能自主推进的微型卫星。

需特别指出的是，这颗Dawgstar微型卫星是Washington大学的本科生和

图 8.79　美国 Washington 大学的 Dawgstar 微型卫星

研究生，共计 75 名，在 M. Campbell 副教授的指导下，经 3 年的辛勤努力而研制成功的。这颗微型卫星是美国 NASA 和空军支持下的项目，于 2003 年春季发射升空。

这颗 Dawgstar 微型卫星将和 Utah 州立大学、Virginia 技术学院的微型卫星在太空轨道上联网，组成卫星阵列星系。开发研制 Dawgstar 微型卫星的目标如下：

a. 研究地球外电离层的扰动，这个问题对无线电通信影响很大，而过去对此研究得不多。

b. 研究总结多颗微/纳卫星的联网组成卫星星系的经验。与 Dawgstar 微型卫星联网组合的 3 颗卫星，都能自主推进，实验控制相互距离为 1～3 mile(1.6～4.8 km)，仅允许距离误差为 10 m；研究卫星星系内的信息数据资料的紧密传输交流和共享，以及对外的信息传输交流；研究卫星星系内各卫星的相互影响和干扰。

c. 鼓励促进高校学生积极参加真实的航天研究开发工作。

### 8.10.4　微型卫星的发展展望

微型卫星的发展方向主要是微型化和增强其功能，即在保证原来功能的前提下，尽量缩小体积和减小质量，或是保持原来的体积质量而增设其功能。微型卫星本身是高水平的包含多个复杂子系统的多功能复杂微机电系统。因此微型卫星发展的核心技术就是 MEMS 技术，微型卫星的发展就是 MEMS 技术发展的具体体现。

在微型卫星技术的发展进程中，美国 Sandia 国家实验室始终走在最前列，取得多项重要成果。从1998年开始就投入巨大资金和人力，开发研制微/纳卫星。Sandia国家实验室正在研制一种长约1 m、质量为70 kg的小型卫星，并准备用约120颗高数据率通信卫星（或侦察卫星）组成一个卫星星系。该实验室发展了激光通信技术，加强了卫星星系内各卫星间与卫星地面站间的通信联系传输。每个卫星有2～4条激光通信线路，其信息传输容量达1 GB/s。该实验室研制成功了一种很大降速比的微型传动装置，每单个装置可有12∶1的降速比，多个装置集成可获很大降速比，可以在多种微机电系统中应用。该实验室还研制成功四接头砷化镓器件，可使太阳能电池的光电转换效率提高10%～15%。该实验室具有多技术的综合开发能力，能将一体化的微机电系统、高速保密的通信网络、精确跟踪车辆、飞机和太空航天器的跟踪系统、新能源装置等综合在一起，使微型卫星体积进一步缩小，而功能更健全可靠。

导航系统是微型卫星的极重要的分系统，导航系统微型化是微型卫星发展的重要关键，近年来国外发展迅速，不少单位已制成质量小于1 g的微加速度表，美国喷气推进实验室研制成功了尺寸只有4 mm×4 mm、质量小于1 g的微型振动陀螺，Dropper Lab. 于1994年研制成功了体积为2 cm×2 cm×0.5 cm、质量为5 g的集成微型导航惯性平台。微型光学陀螺亦已研制成功，正在进一步微型化。

美国已使用MEMS加工技术研制出多种使卫星通信系统微型化的微型电子器件，如开槽波导、大型阵列波导、小型喇叭辐射体、反射天线及其阵列等，其中有些已制成样品，有些已经有产品，并已能实际使用。

侦察和地面资源探测是不少微型卫星的主要任务，因此能拍摄高清晰度地面照片图像的微型照相机和微型摄像机成为微型卫星的极重要的功能部件。近年来随着数字技术的发展，数码相机和摄像机的分辨率迅速提高，数百万甚至数千万像素的高清晰度照相机和摄像机已在卫星上使用。微型卫星上也已使用分辨率为数百万像素的微型照相机和微型摄像机，相应的微型数字图像处理和信息传输系统，亦已开发研制成功，微型卫星的侦察功能大大加强。

为了使微型卫星能准确定位并能随时校正姿态，美国航天局正资助研制一种微型卫星可携带的只有半个火柴盒大小的微型火箭推进系统。美国MIT的杰克·凯尔希罗克的研究组已取得初步成果，他们用5～6层刻蚀过的硅晶片键合在一起而制成的微小立体火箭，采用液态氧与乙醇的混合物做燃料，能够产生13 N的推力。这种微型火箭推进系统的推重比可达到10 000以上，而当前的美国航天飞机的推重比仅为70，俄罗斯NK－33火箭的推重比仅为125。

发展小型、微型和纳米卫星和使多个小卫星组成星系，具有下列功能和优点：

① 可及时跟踪、发现各国尖端敏感武器的装备分布情况。

② 可直接向战场上的部队提供信息，其中包括照片图像等。

③ 对地面指定区域进行持续监视，提供地面高清晰照片图像、红外图像和超光谱成像。

④ 可用高速宽频带的通信线路和地面超频计算机中心联成太空因特网。

⑤ 为地面接收站和通信站提供中继服务，并能为远距离地面站之间提供通信通道。

⑥ 多个小卫星组成星系，虽单个卫星功能单一，但整个卫星星系功能强大。

⑦ 体积小，隐蔽性好，较易对敌方进行干扰，不易受敌方的干扰破坏。

⑧ 技术难度较小，建造和发射成本低廉。

美国大力发展基于MEMS技术的微/纳米卫星技术，美国NASA、DARPA(国防部高级研究计划局)、AFOSR(空军科研部)等机构支持了不少微/纳米卫星及其组网技术的研究项目。例如，三角星系(three corner sat constellation)、绿宝石纳米卫星星系(emerald nanosatellite)、电离层观察纳米卫星星系(ionospheric observation nanosat formation)、星系探索者(constellation pathfinder)、太阳风驱动螺旋陀螺式纳米卫星(solar blade heliogyro nanosatellite)、微/纳米卫星技术发展计划(micro/nanospace-craft technology development，MNTD)和微/纳米卫星及星系的概念研究，其中MNTD计划由NASA/JPL(喷气推进实验室)负责下一代纳米卫星及其相关技术的研究。有关微/纳米卫星及星系的概念研究由空军研究实验室和JPL支持，如在轨服务的微/纳米卫星、遥感微/纳米卫星、低地轨道导航/通信微卫星星系等，其中特别引人注目的是分布式天基雷达纳米卫星星系。美国一些公司已在研究用MEMS技术在芯片上制造卫星的方案，即将多种集成微型仪器芯片集成到硅或其他半导体基底上，使能应用于制导、导航、控制、姿态控制、推进、能源和通信等航天器系统，这种在芯片上制造纳米卫星的计划，已得到了美国NASA的“小企业创新研究”合同的支持。

其他技术发达国家也都投入了很大力量研究开发基于MEMS技术的小型、微型和纳米卫星，并已取得了不少成果。我国亦应加强这方面的研究，跟上时代步伐。

## 复习思考题

1. 简述微机械和微机电系统的提出及其近年来的迅速发展。

2. 发展微机械和微机电系统的理论基础有哪些？当器件尺寸减小到毫米级、微米级和纳米级时，小尺寸效应将产生什么影响？

3. 简述微机械和微机电系统常用的材料。

4. 微机电系统涉及的基本技术有哪些？

5. 简述微机电系统的组成及各组成部分的功能要求。

6. 现在较成熟的常用的微传感器有哪些？说明这些微传感器的检测对象和所利用的物理效应。

7. 举出若干种电阻应变式和电容式微传感器实例，说明其工作原理和结构。

8. 现在已研制成功并已实际应用的微致动器有哪些？说明若干种典型微致动器的工作原理和结构特点。

9. 简述微机器人的发展概况，举出若干种微机器人实例，说明其工作原理、主要性能和结构特点。

10. 简述微硅加速度传感器的发展概况，举出若干种典型的微硅加速度传感器实例，说明其工作原理、主要性能和结构特点。

11. 简述微陀螺仪的发展概况，举出若干种典型微陀螺仪的实例，说明其工作原理、主要性能和结构特点。

12. 简述微飞行器的发展概况，举出从大到小若干种典型微飞行器实例，说明其主要性能和结构特点。

13. 为什么要发展微小卫星？简述微小卫星的发展概况，举出若干个典型微小卫星实例，说明其主要性能特点。

## 参考文献

[1] 丁衡高. 微型惯性测量组合[J]. 仪器仪表学报，1996，17(1)：1-8.

[2] 周兆英，叶雄英，胡敏，等. 微机电系统进展[J]. 仪器仪表学报，1996，17(1)：20-25.

[3] HATAMURA Y. Construction of an integrated manufacturing system for 3D microstruture-concept design and realization[J]. Annals of the CIRP，1997，46(1)：313-318.

[4] 苑伟政，马炳和. 微机械与微细加工技术[M]. 西安：西北工业大学出版社，2000.

[5] BRUSSEL H VAN. Assembly of micro-systems[J]. Annals of the CIRP，2000，49(2)：451-472.

[6] MASUZAWA T. State of the art on micro-machining[J]. Annals of the CIRP，2000，49(2)：473-488.

[7] CORBETT J. Nano-technology：international developments and emerging products[J]. Annals of the CIRP，2000，49(2)：523-546.

[8] 苑伟政，马炳和，毛竹群. 基于 MEMS 的微型飞机(MAV)关键技术[J]. 航空精密制造技术，2000(3)：1-5.

[9] 石庚辰. 微机电系统技术[M]. 北京：国防工业出版社，2002.

[10] 李德胜，王东红，孙金玮，等. MEMS 技术及其应用[M]. 哈尔滨：哈尔滨工业大学出版社，2002.

[11] 顾宁,付德刚,张海黔,等.纳米技术与应用[M].北京:人民邮电出版社,2002.

[12] 刘吉平,郝向阳.纳米科学技术[M].北京:科学出版社,2002.

[13] 张立德.第 4 次浪潮——纳米冲击波[M].北京:中国经济出版社,2003.

[14] 刘广玉,樊尚春,周浩敏.微机械电子系统及其应用[M].北京:北京航空航天大学出版社,2003.

[15] 王琪民.微机械导论[M].合肥:中国科学技术大学出版社,2003.

[16] 莫锦秋,梁庆华,汪国宝.微机电系统设计与制造[M].北京:化学工业出版社,2004.

[17] 朱静.纳米材料和器件[M].北京:清华大学出版社,2003.

[18] M ELWENSPOEK,R WIEGERINK.硅微机械传感器[M].陶家渠,李应选,万达,等,译.北京:宇航出版社,2003.

[19] W MENZ,J MOHR,O PAUL.微系统技术[M].王春海,于杰,等,译.北京:化学工业出版社,2003.

[20] MURAKOSHI T,ENDO Y, FUKATSU K, et al. Electrostatically levitated ring-shaped rotational-gyro/accelerometer[J]. Jpn. J. Appli. Phys. , 2003,42(1):2468-2472.

[21] 杨志伊.纳米科技[M].北京:机械工业出版社,2004.

[22] 莫锦秋,梁庆华.微机电系统设计与制造[M].北京:化学工业出版社, 2004.

[23] 川合知二.图解纳米技术的应用[M].陆求实,译.上海:文汇出版社,2004.

[24] 袁哲俊.纳米科学技术的新进展[J].制造技术与机床,2004(8):21-30.

[25] 袁哲俊,谢大纲,胡忠辉.微飞行器技术的最新发展[J].航空精密制造技术,2005,41(1):1-5.

[26] 周兆英,王中林,林立伟.微系统和纳米技术[M].北京,科学出版社, 2007.

第 9 章

# 微机械和微机电系统的制造

微型机械和微机电系统自 20 世纪 80 年代中期发展至今一直受到世界各发达国家的广泛重视，被认为是一项面向 21 世纪可以广泛应用的新技术。随着航空航天、国防工业、微电子工业、现代医学以及生物工程技术的发展，对微机械和微机电系统的需求日益迫切。其结构形状的特异化、零件材料的多样化、尺寸与表面质量的高精度化成为三维微小零件及其微型装置及设备的显著特征，在使用功能、材料特性、结构形状、可靠性等方面的要求也越来越高。现阶段针对微机械和微机电系统的主要制造技术有：大规模集成电路技术、薄膜制造技术、光刻技术、LIGA 制造工艺技术等。

## 9.1 微机械与微机电系统的制造技术简介

微机械与微机电系统在国防和航空航天要求的促进下日益受到重视，发展迅速，但微机械与微机电系统的发展首先要解决制造问题。微型器件与微系统的制造技术，已是当前发展微机械与微机电系统的首要问题。

微机械与微机电系统目前的尺寸为毫米级和微米级。由于尺寸已经减小到很小的尺度，因此尺寸效应使微机械与微机电系统显现出许多新的特性，高精度的微机构和微系统使制造和装配都极为困难。传统的"宏"机械制造技术，如切削、磨料加工、电加工、锻冲加工、铸造等已远远不能满足微机构和微系统的加工要求，新出现的加工制造难题，要求使用新的加工技术和方法。

微机电系统，是微机械技术与微电子技术结合而成的机电一体化系统。它将微机械机构和微电子系统集成在一起，经常是把几个系统集成在一块基片上，或是把几个带有集成系统的基片键合而集成在一起，成为具有单一功能或多功能的独立完整的微机电系统。因此，要加工制造如此精细和复杂的微机械和微机电系统，传统的精微机械加工和微细加工技术虽已为加工微型器件开发了新的微型加工设备和工艺，但还是远远不能满足要求，必然还要求采用新的加工技术和方法，如能束加工、光刻加工、精密电铸、光致成形加工、化学和电化学加工等。现在还专门为微机械和微机电系统的加工制造发展了一系列新的加工制造技术，如立体光刻、LIGA技术、牺牲层工艺技术、基板键合技术、微型件的自动装配技术等。对于微机械和微机电系统，由于其本身结构的复杂和综合性，制造加工技术也往往是多种加工方法的结合。

从基本加工机理类型看，精微加工大致可分为4类：

① 分离加工。分离加工是将工件某一部分分离出去的加工方法和技术，如切削和磨削去除、分解去除、蒸发去除、破碎去除、溅射去除等。

② 结合加工。结合加工是同种或不同种材料的相互结合的加工技术，如表面涂覆加工、材料的沉积和掺入、表面新材料的生长、两工件的黏结和焊接等。

③ 变形加工。变形加工是使材料形状改变的加工，如锻、轧、挤压等塑性变形加工，加热熔化铸造，流体变形加工等。

④ 材料的处理和改性。材料的处理和改性是使用物理或化学方法使材料性质或表面性质改变。

精微加工技术是微型器件和微系统制造中的重要部分，包含了精微机械加工和许多精微特种加工方法，如电子束加工、离子束加工、化学加工等；同时加工的概念不仅包含了分离加工，而且包含了结合加工和变形加工等。

表9.1中列出了常用的与微机械和微机电系统制造有关的精微加工方法，以及能达到的加工精度、加工表面粗糙度及应用范围，可供选择加工方法时参考。

表 9.1　常用精微加工方法

| 分类 | | 加工方法 | 精度/μm | 表面粗糙度 Ra/μm | 可加工材料 | 应用范围 |
|---|---|---|---|---|---|---|
| 分离加工 | 切削 | 微细切削 | 1～0.1 | 0.05～0.008 | 有色金属、合金 | 反射镜、微轴、微零件 |
| | | 微细钻孔 | 20～10 | 0.2 | 低碳钢、铜、铝 | 底板、喷嘴、喷丝头 |
| | 磨料加工 | 微细磨削 | 5～0.5 | 0.05～0.008 | 钢铁、硬脆材料 | 硅基片的切割、外圆、平面磨削 |
| | | 研磨 | 1～0.1 | 0.025～0.008 | 金属、半导体、陶瓷 | 平面、孔、外圆加工、硅片基片 |
| | | 抛光 | 1～0.1 | 0.025～0.008 | 金属、半导体、陶瓷 | 平面、孔、外圆加工、硅片基片 |
| | 特种加工 | 电火花成形 | 50～1 | 2.5～0.02 | 导电材料 | 微孔、沟槽、狭缝、方孔、型腔 |
| | | 线切割加工 | 20～3 | 2.5～0.16 | 导电金属 | 切断、切槽、切成形件 |
| | | 电解加工 | 100～3 | 1.25～0.06 | 金属、非金属 | 型腔、打孔、切槽 |
| | | 超声波加工 | 30～5 | 2.5～0.04 | 硬脆材料 | 刻模、落料、切片、打孔、刻槽 |
| | | 电子束去除 | 10～1 | 6.3～0.12 | 各种材料 | 打孔、切割、光刻 |
| | | 离子束去除 | 0.01～0.001 | 0.02～0.001 | 各种材料 | 成形表面、刻蚀、光刻 |
| | | 激光去除 | 10～1 | 6.3～0.12 | 各种材料 | 打孔、切断、划线、图案成形 |
| | | 光刻加工 | 0.1 | 2.5～0.2 | 金属、非金属 | 刻线、图案成形、集成电路、立体光刻成形 |
| | 复合加工 | 电解磨削 | 20～1 | 0.08～0.01 | 各种材料 | 成形、平面、内圆 |
| | | 电解抛光 | 10～1 | 0.05～0.008 | 金属、半导体 | 平面、外圆、型面、细金属丝、槽 |
| | | 化学抛光 | 0.01 | 0.01 | 金属、半导体 | 平面、型面 |
| 结合加工 | 附着加工 | 蒸镀 | | | 金属 | 镀膜、半导体器件、集成电路 |
| | | 分子束镀膜 | | | 金属 | 镀膜、半导体器件、集成电路 |
| | | 外延生长 | | | 金属 | 半导体器件、集成电路 |
| | | 离子镀膜 | | | 金属、非金属 | 干式镀膜、半导体器件、微器件 |
| | | 电镀，电化学镀 | | | 金属 | 电铸、图案成形、集成线路板 |
| | | 电铸 | | | 金属 | 喷丝板、栅网、微器件成形 |
| | | 喷镀 | | | 金属、非金属 | 图案成形、表面改性 |
| | 注入加工 | 离子束注入 | | | 金属、非金属 | 半导体掺杂、表面改性 |
| | | 氧化、阳极氧化 | | | 金属 | 绝缘层、图案成形 |
| | | 扩散 | | | 金属、非金属 | 掺杂、表面改性 |
| | | 激光表面改性 | | | 金属 | 表面改性、表面热处理 |
| | 接合加工 | 电子束焊接 | | | 金属 | 难熔金属、化学性能活泼金属 |
| | | 超声波焊接 | | | 金属 | 集成电路引线 |
| | | 激光焊接 | | | 金属、非金属 | 微电子器件 |
| 变形加工 | | 精压加工 | | | 金属 | 微器件、精冲、拉拔、挤压 |
| | | 超塑挤压成形 | | | 铜、铝 | 微器件 |
| | | 精铸 | | | 金属、非金属 | 微器件、集成电路封装、引线 |
| 封装 | | 封装 | | | 硅、塑料 | 微器件、集成电路封装 |

随着微机械和微机电系统的发展、使用的材料日益多样化、如单晶硅、多晶硅、石英、各种金属、各种塑料、半导体、各种陶瓷、各种功能材料等，这些材料都已在微机电系统中得到了广泛的实际应用，但其中单晶硅和多晶硅是微机械和微机电系统中应用最多的材料。

硅微型器件的加工已有大规模集成电路 IC 制造的成熟经验，又利用了单晶硅化学腐蚀时各向异性的特点，发展了硅的立体光刻加工工艺，可以加工三维立体的微硅器件，多种硅微细加工方法已在微机电系统制造中得到了应用。

表 9.2 归纳了微机械与微机电系统制造中使用的精微加工方法和加工特征。

**表 9.2　微机械与微机电系统中使用的精微加工方法和加工特征**

| 加工技术 | | 加工材料 | 批量生产 | 集成化 | 加工自由度 | 加工厚度 | 加工精度/μm |
|---|---|---|---|---|---|---|---|
| 硅工艺 | 硅—表面光刻 | 单晶硅、多晶硅 | ◎ | ◎ | 2 维 | 数微米 | <0.1 |
| | 硅—立体光刻 | 单晶硅、石英 | ○ | ○ | 3 维 | 500 μm | <0.5 |
| | 硅蚀除工艺 | 单晶硅 | ◎ | ○ | 2.5 维 | 20 μm | <0.2 |
| | 外延生长、氧化<br>掺杂扩散、镀膜 | 单晶硅 | ◎ | ◎ | 2.5 维 | 数微米 | <0.2 |
| LIGA 工艺 | | 金属、塑料、陶瓷 | ○ | △ | 3 维 | ≤1 mm | <0.1 |
| 准 LIGA 工艺 | | 金属 | ○ | ○ | 2.5 维 | ≤250 μm | <1 |
| 能束加工 | | 金属、半导体、塑料 | ○ | △ | 3 维 | 100 μm | <1 |
| 激光加工 | | 金属、半导体、塑料 | △ | △ | 3 维 | 100 μm | <1 |
| 电火花、线切割加工 | | 金属等导电材料 | △ | × | 3 维 | 数毫米 | <1 |
| 光成形加工 | | 塑料 | ○ | × | 2.5 维 | 数十毫米 | <2 |
| SPM 加工 | | 原子、分子 | × | × | 2 维 | 原子、nm | <0.01 |
| 键合加工 | | 硅、石英、玻璃、陶瓷 | ○ | × | 2 维 | | |
| 封装 | | 硅、塑料 | ◎ | ○ | | | |

注：◎良好；○一般；△稍差；×不可

电子设备微型化和集成化的关键技术之一是微细加工。微细加工不仅包含了传统的机械加工方法，而且发展了很多新的加工方法。

当前微机械和微机电系统使用的有特点的主要制造工艺技术有：

① 大规律集成电路的成熟制造技术的引用。

② 薄膜制造技术。

③ 光刻技术，包括平面光刻和立体光刻。

④ LIGA 制造工艺技术。

⑤ 牺牲层工艺技术。

⑥ 基板的键合技术。

⑦ 精微机械加工技术。

⑧ 精微特种加工技术。

⑨ 微机械和微机电系统的装配技术。

下面将分别介绍上面这些制造微机械和微机电系统的工艺技术。

## 9.2 集成电路的制造过程简介

### 9.2.1 集成电路的制造过程

微机械与微机电系统制造中较多地使用了大规模集成电路的制造技术，图9.1所示是集成电路制作过程流程图，图9.2所示是集成电路制作区的示意图。集成电路制作过程中采用了各种精密加工方法、超精密加工方法、微细加工方法和超微细加工方法。大规模集成电路的制造要采用微细加工技术，而超大规模集成电路因元件更小、线条宽度更细，制造要采用超微细加工技术，对加工的技术要求越高，加工的难度也越大。

从图9.1和图9.2可以看到，集成电路的制造需要经过很多道工序、使用多种不同的精微加工技术，对工艺水平要求很高。精微加工技术实际上有很大部分是随大规模集成电路的发展而发展的，与大规模集成电路有关的精微加工技术主要有外延生长、氧化、光刻、掺杂扩散、真空镀膜和薄膜制造等，图9.3是上述几种精微加工技术的示意图。下面简单介绍这些方法。

**1. 外延生长工艺**

外延生长(图9.3(a))是集成电路制造的重要工艺方法，在微机械和微机电系统制造中同样也是常用的重要加工方法。外延生长是一种特殊的薄膜生长工艺，这种工艺的特点是生长的外延层能保持与基底相同的晶向，在单晶硅基底表面外延生长的也是同晶向的单晶硅，而在多晶硅表面或 $SiO_2$ 表面生成的则是多晶硅。在外延层上可以进行各种横向与纵向的掺杂扩散工艺与化学刻蚀加工。

集成电路制造是在半导体晶片表面，沿原来的晶体结构轴向生长一薄层单晶层，以提高晶体管的性能。外延层厚度一般在10 μm以内，其电阻率与厚度由所制作的晶体管性能决定。外延生长的常用方法是化学气相沉积法(简称气相法)。

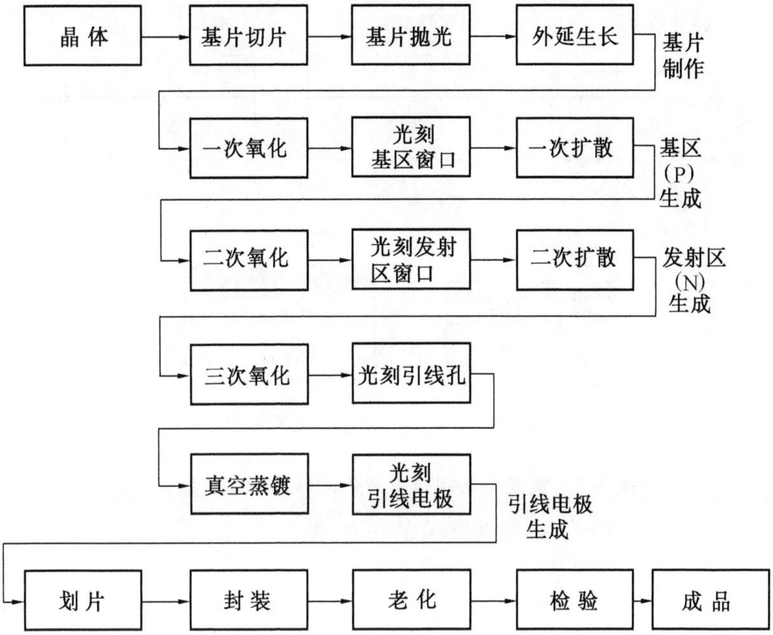


图 9.1　集成电路制作过程流程图

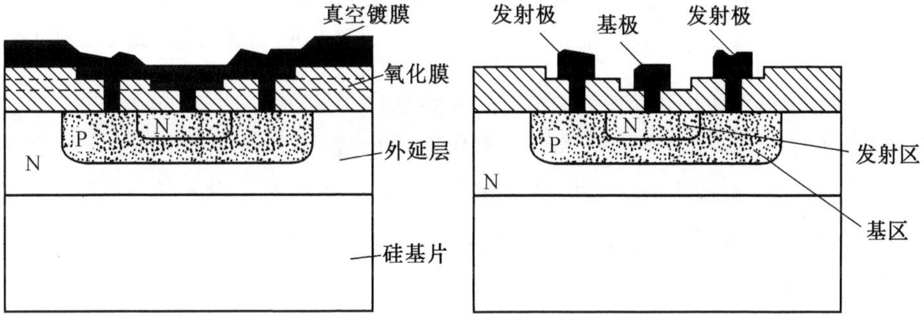


(a) 真空镀膜　　(b) 刻引线电极

图 9.2　集成电路的各制作区

微机械和微机电系统制造中使用外延生长可获得较复杂的三维微结构，图 9.4 所示是使用外延生长工艺结合定向刻蚀制造三维微结构的一个简单实例。在单晶硅基底上局部掺浓硼得到 $P^+$ 层，并按要求图形刻蚀，这种掺浓硼的 $P^+$ 层有较强的抗化学腐蚀性，可以形成埋藏的腐蚀终止层。在单晶硅基底表面外延生长单晶硅层，再经表面氧化生成 $SiO_2$ 层，将 $SiO_2$ 层刻蚀成要求图形，即将部分单晶硅表面保护而将部分表面裸露出来，对其进行各向异性的化学腐蚀，无 $SiO_2$ 层保护的单晶硅被腐蚀去除。结构中如有多晶硅，也将被腐蚀去除。当腐蚀到埋藏的 $P^+$ 层时，有 $P^+$ 层保护的单晶硅不被腐蚀，而无 $P^+$ 层保护处的单晶硅

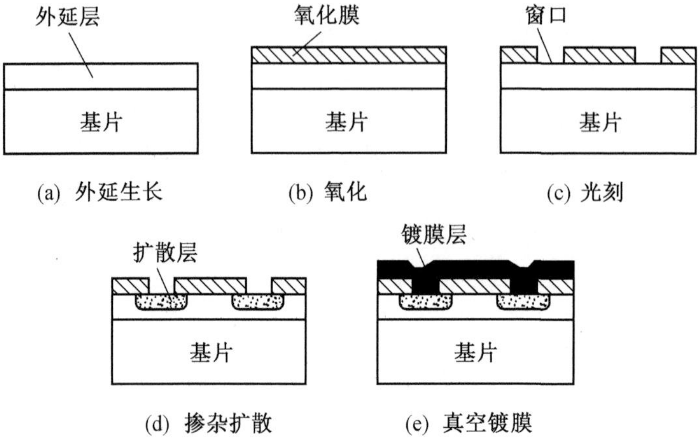


**图 9.3　集成电路制作中所用的精微加工方法**

被继续腐蚀去除，最后得到如图中所示的三维微结构。

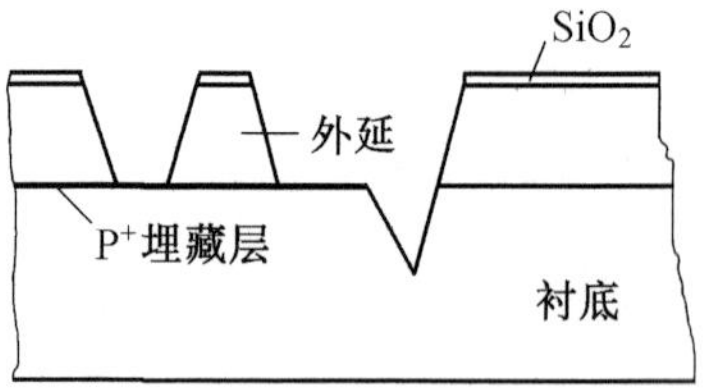


**图 9.4　外延工艺制造三维微结构**

## 2. 氧化工艺

氧化工艺(图 9.3(b))是在半导体硅晶片表面生成 $SiO_2$ 氧化膜，这种 $SiO_2$ 氧化膜与半导体硅晶片附着紧密，是良好的绝缘体，可作为绝缘层防止短路和电容的绝缘介质。常用的是热氧化工艺。

在微机械和微机电系统制造中用氧化工艺生成 $SiO_2$ 氧化膜，也是常使用的工艺方法。因为在微机械和微机电系统中，$SiO_2$ 层可以有多种用途：作为微机电子器件的结构层，作为绝缘层，作为微系统的外壳，还可作为复杂微系统的工艺牺牲层。

## 3. 光刻工艺

光刻工艺(图 9.3(c))是在基片表面上涂覆一层光敏抗蚀剂，经图形复印、曝光、显影、刻蚀等处理后，在基片上形成所需精细图形。

光刻工艺是微机械和微机电系统制造中最基本、常用的制造工艺，因此下面将单独详细叙述。

## 4. 掺杂扩散工艺

基片经氧化、光刻处理后，置于惰性气体或真空中加热，并与合适的杂质(如硼、磷等)接触，则在光刻中去除了氧化膜的基片表面，使之受到杂质扩散，形成扩散层，这种精微加工称之为选择扩散(图 9.3(d))。扩散层的性质和深度取决于杂质种类、气体流量、扩散时间、扩散温度等因素，扩散层深度一般为 1～

3 μm。

**5. 镀膜工艺**

集成电路制作所使用的镀膜工艺中真空镀膜用得较多，这是因为真空镀膜时膜与基底有较高的连接强度。真空镀膜（图 9.3(e)）的原理是物理气相沉积（PVD），在集成电路制造中是将导电性能良好的金属（如金、银、铂等）在真空容器中加热，使原子具有高动能而气化，飞溅到被镀基片表面，沉积形成一薄层金属膜，从而解决集成电路中的布线和引线制作。

薄膜制造和表面镀膜可以有多种工艺方法，如物理气相沉积、化学气相沉积（CVD）、电镀、电化学镀、离子镀、等离子喷涂、激光物理气相沉积（LPVD）、激光化学气相沉积（LCVD）等。在微机械和微机电系统中表面镀膜经常被使用，膜的厚度最小时仅数纳米，厚的可以很厚。薄膜可以用作导电层、绝缘隔离层、磁层、黏结层等，厚膜则可以用作微机械和微机电系统的结构层等。

### 9.2.2 集成电路的最小线条宽度

集成电路一般是按集成度和最小线条宽度来分类，集成度是指在规定大小的一块单元芯片上包含的电子元件数。集成电路要求在微小面积的半导体材料上能容纳更多的电子元件，以形成功能复杂而又完善的电路。电路微细图案中的最小线条宽度是提高集成度的关键技术，同时也是集成电路水平的主要标志。

表 9.3 列出了各类集成电路的集成度和最小线条宽度。线宽越小，对精微加工技术的要求就越高，精微加工技术的难度就越大。

**表 9.3 各类集成电路的集成度和最小线条宽度**

| 分类 | 单元芯片上的单元逻辑门电路数 | 单元芯片上的电子元件数 | 最小线条宽度/μm |
|---|---|---|---|
| 小规模集成电路(SSI) | $10\sim<10^2$ | $10^2\sim<10^3$ | $>8$ |
| 中规模集成电路(MSI) | $\geqslant10^2\sim<10^4$ | $\geqslant10^3\sim<10^5$ | $\leqslant8\sim>3$ |
| 大规模集成电路(LSI) | $\geqslant10^4\sim<10^5$ | $\geqslant10^5\sim<10^6$ | $\leqslant3\sim>1$ |
| 超大规模集成电路(VLSI) | $\geqslant10^5$ | $\geqslant10^6$ | $\leqslant1\sim>0.09$ |

集成电路的发展要求进一步减小加工出的线条宽度。集成电路制造时能达到的最小线条宽度，是由线条刻蚀的工艺方法决定的。现在批量生产集成电路的光刻工艺，是采用掩膜和深紫外线曝光法，能达到的图形最小线宽为0.09 μm。用电子束直接进行刻蚀时，电子束斑可以调到很小，其刻蚀精度可以达到 10 nm 线宽的要求，同时刻蚀时不用掩膜板。但这种方法加工效率很低，不能满足集成电路规模生产的要求，现在这种方法已用于制造光刻加工中所使用的掩膜板。使用 X 射线和掩膜板光刻，能达到的图形最小线宽为 0.05 μm，但要求使用特殊

的掩膜板，并且光刻工艺很复杂。使用扫描探针显微镜进行光刻，能达到的最小线条宽度仅为数纳米，但加工效率极低，并且加工费用很高。

现在芯片生产中可用的刻蚀方法的比较，见表 9.4。

**表 9.4 现在芯片生产中可用的刻蚀方法的比较**

| 刻蚀方法 | 刻蚀线条宽度/nm | 刻蚀每块晶片所需时间 |
|---|---|---|
| 深紫外光投影光刻 | 90 | 1～5 min |
| X 射线投影光刻 | 50 | 2 min |
| 电子束扫描光刻 | 10 | 24 h |
| 离子束扫描光刻 | 10 | 24 h |
| SPM 扫描光刻 | 1～5 | >24 h |

# 9.3 微机械器件的薄膜制造技术

## 9.3.1 微机械和微机电系统中的薄膜简介

微机械和微机电系统中薄膜是一种基本常用的结构组成部分。微机械和微机电系统中的薄膜，不仅可以是微机构中的结构层和特殊功能层（导电、绝缘、磁性、过渡连接等），还可以是工艺牺牲层等。薄膜制造有其特殊的制造工艺技术，因此薄膜制造成为微机械器件制造的一种重要工艺。若将不同的基片材料与相应的薄膜结合起来，可构成微传感器等功能复杂的微机械器件。

现在微机械器件中的薄膜的制造工艺，主要有如下几种：

① 气相沉积方法制膜。气相方法制膜是通过真空的物理气相沉积（PVD）和化学气相沉积（CVD），包括热化学气相沉积、离子辅助沉积、等离子喷涂、离子镀、激光物理气相沉积以及激光化学气相沉积等。

② 液相方法制膜。液相方法制膜包括化学镀膜、电镀膜、浸喷涂膜等。

③ 其他方法制膜。其他方法制膜包括喷涂、涂覆、压延、印刷等。

在微机械器件使用的镀膜工艺中，真空镀膜用得较多，这是因为真空镀膜时膜的质量较高，并且膜与基底有较高的连接强度。对薄膜有特殊功能要求时，可采用金刚石、陶瓷、超导材料以及各种半导体材料生成的薄膜，因为这些薄膜具有独特的物理、化学和光、机、电等性能，能满足特殊功能的要求。制造的薄膜的厚度根据其应用要求而定，薄的可以从零点几纳米到几纳米，厚的可以到数十微米。

微机械和微机电系统中使用的薄膜，是有质量要求的。质量要求虽多种多样，但薄膜的纯净度(即无杂质)、内部结构的同质性、与基底的结合强度等是所有薄膜共同应有的最基本的特性。

薄膜是在基底上生长起来的，因此基底的表面状态对成膜质量和结合强度有很大影响。通过真空过程用 PVD 法和 CVD 法在基底上生成的薄膜的质量，主要取决于 3 个工艺参数：基底表面的物理状态(如表面粗糙度等)、表面活化能与沉积原子的动能、被吸附原子与基底表面的结合能。

基底表面的粗糙度对倾斜入射的原子会产生阴影作用而产生多孔层，这将降低与表面的附着强度。表面温度较高时，扩散作用能够部分补偿阴影效应。当惰性气体的离子高速向基底表面冲击时，将形成变形点，增加了成核点的密度，将导致膜的密度增加而形成多晶结构，增加了与基底的结合强度。此外离子撞击可清除基底表面的吸附异质，提高生长的膜的质量，并增强膜与基底的结合力。

薄膜与基底的结合力取决于它们的表面状态，以及吸附原子和表面间形成的连接类型。连接类型有：化学连接、静电连接、范德瓦耳斯连接和组合形式连接。化学连接(共价键、离子键和金属键连接)是所有连接形式中连接作用最强的，连接能量为 0.5～10 eV。范德瓦耳斯连接是由于原子间相互作用力而形成的，连接能量为 0.1～0.4 eV，低于化学连接能。一个典型的化学连接(4 eV)理论上可承受 100 MPa 的机械应力，一个典型的范德瓦耳斯连接(0.2 eV)理论上可承受5 MPa的应力(实测黏结力要低些)。静电连接适合于有绝缘层的导电材料，连接的结合力接近于范德瓦耳斯连接。

### 9.3.2　微机械和微机电系统中常用的薄膜及其制备技术

微机械和微机电系统的材料中，硅是使用得最多的材料，相应的硅薄膜(单晶硅膜、多晶硅膜、非晶硅膜)和硅化合物膜($SiO_2$ 膜，$Si_3N_4$ 膜)也是微机械和微机电系统中使用得最多的薄膜材料。下面将简单介绍这些常用薄膜的制造技术。

**1. 多晶硅和非晶硅薄膜**

在绝缘体上生长的硅薄膜，可随机呈现从晶体(多晶)到完全非晶体的多种结构，这取决于沉积过程中的动力学特性。多晶硅和非晶硅被广泛应用于集成电路和微器件系统中，除制造结构薄膜外，还被用于制造薄膜晶体管和传感器等。这种功能薄膜与硅基底有类似的电性能，其压阻系数高，特别适合用作从基底中隔离出来的应力测量元件。双层电隔离多晶硅薄膜可用于高温传感测量。

多晶硅膜可通过不同的沉积方法得到。物理沉积方法如蒸发和溅射等，一般只能形成机械性能较差的非晶体硅膜。多晶膜可通过后续的退火处理来形成。CVD 和 LPCVD(低压 CVD)在高温时可以产生多晶体硅膜,而在低温时产生非晶体硅膜。决定微结构的关键参数是硅的质量传输和成核速率。当压力为 40～67 MPa、温度为 500～700 ℃时,LCVD 沉积的多晶硅可发生如下的热解作用:

$$SiH_4(气)\xrightarrow{加热}Si(固)+2H_2(气) \tag{9.1}$$

硅的典型沉积速率在 3～15 nm/min 之间。这种硅膜可以在充有 $PH_3$ 和 $B_2H_6$ 气体的炉子中进行 P 型或 N 型杂质原位掺入。硅薄膜也可在较低温度(如 300 ℃)下用等离子 CVD 沉积得到。通常等离子硅膜为非晶态,经退火后可转变为多晶体。LCVD 多晶硅的残余应力均匀分布且可控,可通过非晶态硅的再结晶获得低应力膜。

硅薄膜的性能中,除电性能外,机械性能也是人们关注的重点。硅薄膜的弹性模量一般为 140～210 GPa,随多晶结构和晶向不同而异,主要取决于沉积条件及温度情况。不同的沉积温度将导致内部产生不同的压应力或拉应力。较低沉积温度的硅膜可与 CMOS 衬底直接集成,从而备受重视。

**2. 单晶硅薄膜**

单晶硅薄膜因有良好的晶体结构而具有较高的机械性能。单晶硅薄膜不仅可制造高质量的微结构,而且可应用于微传感器等多种不同的功能场合。单晶硅薄膜需用外延生长技术制备,即只能在单晶硅基底表面用化学气相沉积法生长出和基底同轴的单晶硅膜。单晶硅膜不能在多晶硅基底表面和非晶态硅基底表面生成。

单晶硅在化学腐蚀时具有各向异性的特性,因此可以采用异向刻蚀技术加工三维立体结构,这在微器件制造中极为重要。硅表面可以氧化而形成 $SiO_2$ 膜,可以氮化而形成 $Si_3N_4$ 膜,这在制造复杂微结构的器件时极为有用。

**3. 二氧化硅($SiO_2$)薄膜**

二氧化硅薄膜是在微机械和微机电系统中常使用的薄膜。二氧化硅是硅与氧化合而形成的,二氧化硅薄膜一般都是非晶态薄膜。

二氧化硅薄膜的制造可以用不同的生长和沉积方法。

① 二氧化硅薄膜可以在高温氧气环境中,通过硅表面发生氧化反应而生成。这种硅表面氧化而生成的二氧化硅薄膜,具有较高的质量,但在此过程中生成的氧化膜体积将膨胀 45%,使硅表层形成压应力。

② 二氧化硅薄膜可以靠低压化学气相沉积法(LPCVD)通过聚合反应进行沉积,也可以用等离子加速化学气相沉积法(PECVD)得到,即

$$SiH_4(气)+2N_2O(气)\xrightarrow{离子}SiO_2(固)+2N_2(气)+2H_2(气) \tag{9.2}$$

此外，二氧化硅还可以由离子溅射得到。相对而言，化学反应法得到的二氧化硅薄膜的质量要好于沉积法得到的二氧化硅薄膜。通常膜的质量随温度升高而有所提高。

二氧化硅薄膜的密度比硅低，但它的电阻率很高($10^{12}$ Ω · cm)，导热率较低($1.4\times10^{-2}$ W/(cm · ℃))，因此是很好的电绝缘层和热绝缘层。因此，可用作微电子器件中的电绝缘层，并可用于制作热检测器、气体和流体传感器等。

二氧化硅具有难以消除的压应力(1 GPa 左右)，因此不宜用作机械传感器的结构膜。但二氧化硅薄膜容易用化学腐蚀等方法从基体上除去，因此常用作微器件和微机电系统制造中的牺牲层，它是最常用的牺牲层材料。二氧化硅薄膜的机械性能受掺杂的影响，添加高剂量的硼和硅就能使氧化物在较低温度下发生流动，从而有利于使薄膜表面平整化。

**4. 氮化硅($Si_3N_4$)薄膜**

氮化硅薄膜也是在微机械和微机电系统中常用的薄膜。氮化硅薄膜具有很好的电绝缘性能，电阻率大于 $10^5$ Ω · cm，热绝缘性好并且能耐高温，因此，在微机械和微机电系统中常用作电绝缘层和高温保护层。$Si_3N_4$ 薄膜能承受 HF 和 KOH 等强腐蚀剂的腐蚀，可以防止杂质的扩散和离子污染，因此可用作光刻掩膜、化学刻蚀时的保护掩膜和掺杂扩散的掩膜。氮化硅薄膜有较高的机械性能($E=73$ GPa)和很高的硬度，适于制作抗磨损层和防污染保护层。半导体传感器的氮化硅膜属于非晶态薄膜。

氮化硅薄膜的制备一般都是使用化学气相沉积法。即氮化硅薄膜的制备可通过 $NH_3$ 在反应炉中与 $SiH_2Cl_2$ 起化合作用后生成 $Si_3N_4$，然后沉积而成 $Si_3N_4$ 薄膜。反应方程式为

$$3SiH_2Cl_2(\text{气})+4NH_3(\text{气})\xrightarrow{\text{加热}}Si_3N_4(\text{固})+6HCl(\text{气})+6H_2(\text{气}) \quad (9.3)$$

上述反应在温度为 700～900 ℃之间进行。反应气体 $SiH_2Cl_2$ 和 $NH_3$ 的比例会影响所生产膜的内应力，当上述两气体比例为 1∶(3～4)时，膜有较大的拉应力(约为 1～2 GPa)。准零应力膜可以在 850 ℃和 4∶1 比例下生成，膜的厚度可以达数微米，膜更厚时将产生压应力。氧化硅薄膜的折射率约为 2.1，氮化硅薄膜有较高的折射率(2.4～2.5)。

PECVD (等离子加速 CVD)沉积膜是在较低温度下由硅烷和氮经化学反应而形成的，一般是形成残余压应力(100～800 MPa)。PECVD 工艺产生的 $Si_3N_4$ 薄膜结构较疏松，由于出现微针孔和疵点，不能用作强刻蚀时的掩膜。

氮化硅薄膜在反应中能与氧结合而形成 $Si_xO_xN_x$ 薄膜，经氧化而新产生的压应力，能补偿膜中原有的残留应力而形成低应力膜。

### 5. 有机物薄膜

在半导体传感器中有时会使用各种软的有机膜。有机膜中常使用的是聚酰亚氨膜，聚酰亚氨可经离心铸或蒸发到基片上而成膜。由于这种聚合物膜在高湿度环境中将产生膨胀，可用于湿度传感器。聚酰亚氨还常用作牺牲层材料，因为这种材料很容易通过氧离子刻蚀而将其去除。

另一种常用的聚合苯二甲基膜，是用于传感器的钝化和掺杂隔层，它可通过化学气相沉积法得到。其他用于钝化的聚合物膜有环己烷（hexamethy-disilazane）膜、聚苯乙烯膜、四氟乙烯膜和乳胶膜等。聚合物膜多数是依靠离子聚合、离心铸和蒸发等的沉积而在基底表面形成薄膜的。

聚合物膜与基体的黏结性较差，因此常在聚合物沉积层中加入黏结增强剂，以改善与基体的黏结性。

## 9.4 光刻工艺中的曝光技术

光刻工艺是集成电路制造中最主要的工艺之一，现在也是微机械和微机电系统制造的最重要工艺之一，特别是立体光刻技术的出现，更大大扩展了光刻技术的应用，促进了微机械和微机电系统的发展。

### 9.4.1 光刻技术包含的主要工艺内容

1958 年，光刻技术在半导体器件制造中首次得到成功应用，平面型晶体管被研制成功，从而推动了集成电路的飞速发展。数十年来，光刻技术在集成电路的发展中，发挥了重要作用。现在的光刻技术，特别是立体光刻技术，已是微机械和微机电系统制造的最基本、最重要的工艺技术。

光刻技术因主要用于光刻硅片，亦称硅光刻技术。一般由如下基本工艺过程构成：

① 制作工艺图并编制加工 NC 文件。按照产品图纸用 CAD 等技术对加工图案进行工艺图形设计，并按工艺要求编制图形加工 NC 文件。

② 光刻制掩膜版。制掩膜版可以用电子束刻写机直接扫描光刻而成，也可以通过数控绘图机绘制放大图，缩小成掩膜原版，复制成主掩膜版，再用投影曝光和光刻腐蚀制成工作掩膜。掩膜版的精度应较生产图形高一个数量级。

③ 预处理基底。通过脱脂、抛光、酸洗、水洗的方法使被加工的硅表面得以净化，并使其干燥，这样光刻胶与硅片表面能有良好的黏着力。

④ 涂覆抗蚀光刻胶层。在待光刻的硅片表面，均匀涂上一层厚度适当性能

良好的抗蚀光刻胶层。

⑤ 前烘。干燥抗蚀光刻胶膜，以增强胶膜在硅片表面的黏附性和提高胶膜的耐磨性，使曝光时抗蚀光刻胶膜能进行充分的光化学反应。

⑥ 曝光。在涂好抗蚀光刻胶的硅片表面上加掩膜版，用紫外光等透过掩膜对抗蚀光刻胶进行选择性照射曝光。受到光照的地方，光刻胶发生光化学反应。曝光时准确的定位、严格控制曝光强度和时间是其关键。

⑦ 显影及检查。显影是去除或保留经曝光部分的抗蚀光刻胶，使硅片表面的光刻胶膜呈现与掩膜相同（正性光刻胶）或相反（负性光刻胶）的图形。为保证质量，显影后的硅片要进行严格检查。

⑧ 坚膜。处理显影后的光刻胶膜，使胶膜与硅片之间紧密黏附，防止胶层脱落，并增强胶膜本身的抗蚀能力。

⑨ 腐蚀。以显影后并经坚膜处理后的光刻胶图形作为掩蔽膜，对基底进行干法或湿法腐蚀，得到期望的图形。

⑩ 去胶。用干法或湿法去除光刻胶膜，使基底图形完全露出来。

### 9.4.2 光刻掩膜制作

光刻掩膜的基本功能，是在曝光时将掩膜图形转印到硅片抗蚀剂上。现在光学光刻中使用深紫外线光曝光，吸收体只要有 0.1 μm 厚的铬膜即可将紫外线光全部吸收。对于掩膜的载体薄片，要求曝光时能将照射光全部透射过去，用紫外线光曝光时，掩膜载体可使用0.5～3 mm 厚的磨光玻璃或石英片，这是因为紫外线光能够透过玻璃和石英片。

当曝光光束照在掩膜上时，图形区和非图形区对照射光应有不同的吸收和透过率。理想的情况是图形区可让光完全透射过去（或完全被吸收或反射），非图形区则将光完全吸收或反射（或完全透射过去）。由于掩膜有正负两种结构，而被照射硅片基底上涂布的抗蚀光刻胶也有正负之分，故掩膜和硅片上的抗蚀光刻剂共有四种组合方式。不论是哪一种组合，通过它们都可以将掩膜图形转印到硅片的抗蚀光刻胶上，再经过显影和刻蚀等工艺，即可获得要求的图形结构。

进行光刻加工首先要有精密的光刻掩膜。光刻掩膜也是用光刻工艺制造的，是硅光刻技术中的重要独立部分。过去光刻掩膜制造都是先绘制精确的放大原图，用照相法将图形缩小成掩膜原版，再用缩小投影曝光法进行光刻曝光、显影和腐蚀，制成工作掩膜。采用这种方法时，可以用掩膜原版复制工作掩膜，掩膜的成本要低些。现在由于图形线条不断变细，图形精度不断提高，光刻掩膜用电子束光刻机按图形直接扫描光刻而制成，这种方法加工出的掩膜精度高，但费用也较高。

这种先绘制放大图再缩小并用投影光刻方法制作光刻掩膜方法的工艺流程，如图 9.5 所示。掩膜制造工艺可分为版图设计、掩膜原版制造、主掩膜制造和工作掩膜制造四个主要阶段。

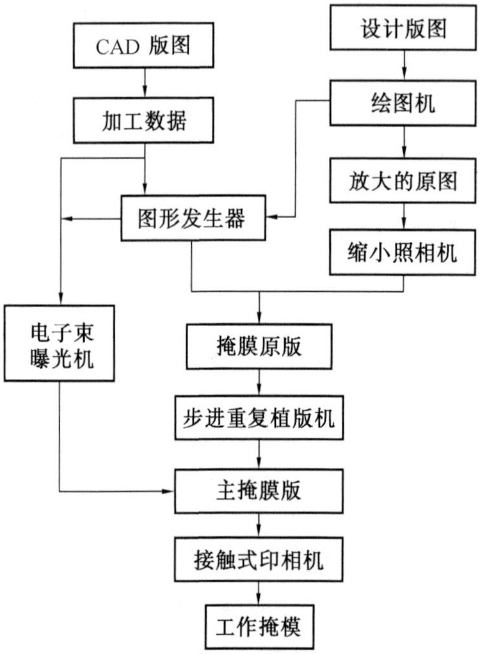


图 9.5　用绘图投影光刻法制作光刻掩膜板

① 先由计算机辅助设计(CAD)用绘图机制成标准的掩膜放大图形，经缩小照相机或计算机控制光学图形发生器得到比实际掩膜图形放大的掩膜原版图形。

② 通过步进重复植版机可形成主掩膜板(光刻掩膜)图形。步进重复植版机就是把掩膜原版的图像缩小到 1/10，并以每个小片的 $X$、$Y$ 边长为步距进行曝光的装置。

③ 有主掩膜板图形后，一般都要再经过基片前处理→涂抗蚀光刻胶→预烘→曝光→显影→后烘→刻蚀→去胶等微细加工步骤，最后才能得到主掩膜板。现在也可以在计算机控制下用电子束曝光机直接扫描光刻腐蚀，制作主掩膜板。

④ 有主掩膜板后，用电子束曝光机采用投影曝光光刻工艺制作工作光刻掩膜板。

很显然用这种先绘放大图，然后照相缩小图形，再用投影曝光光刻方法制成的掩膜板的精度，不如直接用电子束光刻机直接扫描曝光光刻方法制成的掩膜板精度高，但因这种制掩膜的成本要低些，在光刻精度要求稍低时，仍经常被使用。

### 9.4.3 光刻中的光学照射曝光技术

集成电路制造中使用的光刻技术，是面光刻技术，光刻深度最多仅数微米，因此在微机电系统制造中的应用受到很大限制。现在立体光刻技术发展后，光刻技术已是微型机电子器件制造中最基本常用的工艺制造技术了。

光刻中的曝光技术是极重要的环节，曝光技术可以有不同的分类方法，如从曝光能量束种类分有：用光学（含激光）照射曝光、电子束曝光，离子束曝光和 X 射线曝光等。从曝光方式分有：用掩膜进行光照射曝光方式和用聚焦能量束进行扫描曝光方式。

**1. 光学照射曝光方式**

集成电路制造和微机械（及微机电系统）制造中，现在生产产品实际使用的光刻技术，多数是光学照射曝光的光刻技术，也称为光学光刻技术。照射曝光的基本方法是，使用平行光通过掩膜，直接照射或投影照射光刻胶膜，使光刻胶膜感光成像的曝光技术。

光学照射曝光时，光通过掩膜照射光刻胶膜有三种基本方式：①掩膜与光刻胶膜接触方式；②掩膜与光刻胶膜接近但不接触方式；③掩膜图像投影曝光方式，如图 9.6 所示。这三种光学照射曝光方式下面将分别说明。

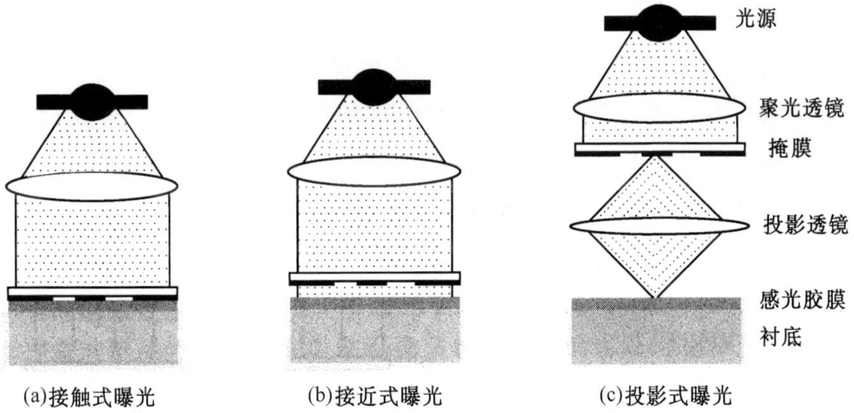


图 9.6　光学照射曝光的三种基本方式

1）掩膜与抗蚀光刻胶膜接触曝光方式。

图 9.7(a)所示为光刻曝光时掩膜与光刻胶膜直接接触方式。掩膜与光刻胶表面压紧实现紧密接触，像差小并提高了分辨率。在使用波长为 436 nm 的紫外光及 1 μm 厚的光刻胶时，接触曝光得到的图形分辨率约为 0.7 μm。此方法的缺点是紧密接触易损坏掩膜与硅片，掩膜造价很高，只能用 10～20 次，因此这种方法目前已不常用。

2)掩膜与光刻胶膜接近但不接触曝光方式。

图 9.7(b)所示为光刻曝光时掩膜与光刻胶膜接近但不接触方式,可解决掩膜与硅片易损伤的缺点,掩膜寿命可延长 10 倍以上。但是掩膜与光刻胶膜表面不接触,就会产生光线的衍射效应,使图形边缘模糊,降低曝光的分辨率。对于非接触式曝光,当照射光的波长为 $\lambda$,掩膜与光刻胶膜表面的接近距离为 $s$ 时,由衍射理论,最小可分辨的线宽 $b_{\min}$ 为

$$b_{\min}=\sqrt{\lambda s} \tag{9.4}$$

从上式可看到,最小可分辨的线宽 $b_{\min}$ 与照射光的波长 $\lambda$ 以及接近距离 $s$ 有关,生产中取 $s=10\sim20\ \mu\text{m}$。当曝光照射的紫外光波长为 436 nm,接近距离为20 μm,使用 1 μm 厚的光刻胶膜时,得到的图形分辨率约为 3 μm,说明这种方式得到的图像分辨率明显低于接触曝光方式。这两种曝光方法得到的光刻图像分辨率都不能满足现代精微光刻的要求。

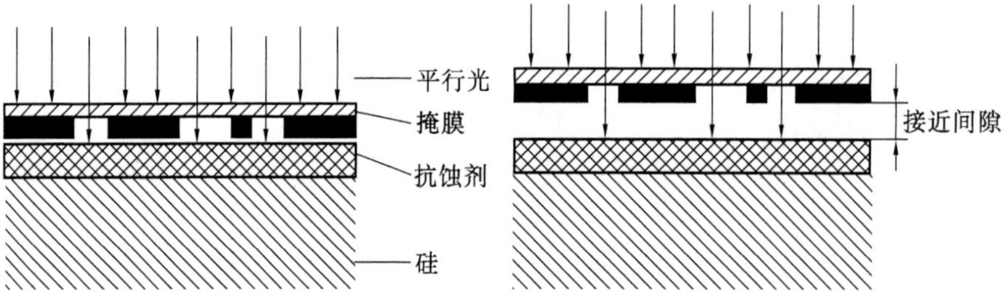


(a)掩膜与光刻胶膜接触方式　　(b)掩膜与光刻胶膜接近方式

图 9.7　光刻曝光时掩膜的不同位置

3)掩膜图像投影曝光方式。

投影式曝光是通过光学系统,将掩膜图形反射或透射到光刻胶膜的成像照射曝光方法。按照投影成像倍数的不同,投影式曝光可分为 1∶1 投影和缩小投影两种方式。

(1)1∶1 全反射曝光技术。

这种 1∶1 全反射投影曝光以动态扫描形式进行,即掩膜和基片同步快速做均匀连续的扫描运动,而非静止曝光。这种方法的优点是可形成清晰的反射投影图像,而没有下列图像误差:①不出现像差,因是全反射系统,没有色差,系统中物与像均位于垂直于光轴的平面内,相对位置完全对称,也没有色差及畸变;②在曝光及观察过程中可以使用连续波长,不受驻波干涉;③使用表面反射系统,没有因折射而产生的透镜界面上弥散反射等杂乱光的不良影响,也没有幻象及光斑等。

投影曝光中衍射效应会影响其分辨率。假定在曝光系统中,线宽与间隔相等,如取光刻胶膜曝光的最小调制传递函数为 60%,当照射光的波长为 $\lambda$ 时,由

衍射理论可求得最小线宽的分辨率 $b_{min}$ 的表达式：

$$b_{min} \approx \frac{\lambda}{1.28N} \tag{9.5}$$

式中，$N$ 为镜头的数值孔径。可看到，最小线宽的分辨率随波长 $\lambda$ 的减小和数值孔径 $N$ 的增加而提高。数值孔径 $N$ 限定了焦深 $\Delta f$ ，焦深 $\Delta f$ 可用下式估算：

$$\Delta f = \pm \frac{\lambda}{2N^2} \tag{9.6}$$

应看到，减小波长与提高数值孔径，虽可提高最小线宽的分辨率，但会减小焦深。

现代光刻技术不仅要求有极高的光学曝光分辨率，同时要求有尽可能大的焦深，这是因为大直径硅片本身就有一定的不平度，再加上前面工序造成的表面高度差，焦深过小就无法进行精确曝光。因此曝光系统每增加 0.1 μm 的焦深都代表着技术上的一个重大进步。

视场大小与线宽之比也有限制，实用的视场宽一般不大于线条宽度的 5 000 倍，否则会影响曝光图形的质量。此外，曝光系统的定位精度应高于图形分辨率一个数量级。例如 1 μm 的图形分辨率，定位重合精度必须达到亚微米级，现在的光刻机都使用激光干涉定位测量系统，可保证很高的定位精度。

(2)缩小投影的曝光技术。

缩小投影曝光技术的主要特点是：

①在投影曝光结构系统中，采用具有高分辨率的缩小透镜，把中间掩膜图形加以缩小并投影到光刻胶膜上进行照射曝光。通常缩小比率有 1/10、1/5 等。

②缩小投影曝光采用“分步重复缩小”投影曝光技术。分步重复缩小投影曝光技术的原理，就是在硅片上分割成很多小单元重复缩小投影，最后拼接在一起形成全部图形。现在的一幅 IC 图形既复杂精细又占很大面积。照射光线既没有如此大的视场，又不可能在大视场里处处精确清晰地投影曝光出微细图形。因此，这种分步重复缩小投影曝光技术，是把大视场分割成很多小视场，精确定位的机械系统将中间掩膜和硅片同步地逐个移到一个小视区，对每个小视场依次进行缩小投影曝光，直到中间掩膜的图像全部一对一地复印到整个光刻胶膜表面上，使整个光刻胶膜表面都曝光为止。

缩小投影曝光系统有如下优点：

①如硅基片的平面度并不很高，但分割成很多小单元后，每个小单元的平面度就很高了，在小视场内，就可以采用较大数值孔径的投影系统，使图形的分辨率得以提高。例如，当照射光的波长 $\lambda$=436 nm，数值孔径 $N$=0.35 时，则最小线宽的分辨率 $b_{min}$= 0.6 μm，焦深 $\Delta f$=1.8 μm。光学分步重复投影曝光法，能够在同样基片表面平面度的条件下，采用较大数值孔径的投影系统，使复印图形的

分辨率得以提高。

②使掩膜制造更加容易，因为掩膜的图形比实际基片的细微复杂图形放大多倍，所以掩膜图形尺寸和线条宽度可做得较大，不仅使掩膜的制造工艺大为简化，同时使掩膜图形的绘制精度也大大提高。

分步重复缩小投影曝光机，在国外简称 DSW(Direct Step on the Wafer)系统，即"在硅片上直接分步"形成图形。典型的分步重复曝光系统由下列分系统组成：产生紫外光(或深紫外光)的高强度灯源，对紫外光(或深紫外光)进行准直和聚光的透镜系统(如蝇眼光积分器)，对图形进行精确缩小投影的透镜光学系统，对硅基片进行分步重复和精确定位的机械位移系统，检测工作台(装硅基片)位置的激光干涉测量系统等。

DSW 系统设备比较昂贵，并且这种曝光方法的生产效率也较低，约为 1∶1 全反射曝光方法的一半。

**2. 光学照射曝光的光源**

早期光学照射曝光的光源是水银蒸气灯，20 世纪 80 年代初，汞灯中波长为 436 nm 的光源被分离出来单独作为曝光光源(称为 G 线光源)。到 20 世纪 80 年代末，G 线光学透镜的数值孔径达到 0.54，曝光系统分辨率达到 0.65 μm，焦深为±0.7 μm。20 世纪 90 年代初，汞灯中波长为 365 nm 的光源(称为 I 线光源)作为曝光光源，仍用 0.65 μm 分辨率曝光系统，I 线光学透镜的数值孔径降低到 0.45，焦深扩大到±0.9 μm。

20 世纪 90 年代为制造 64 MB 的 DRAM，需要 0.35 μm 的集成电路制造工艺，汞灯的 I 线光源已不能胜任。开发出准分子激光器(excimer laser)作为光源的深紫外曝光(deep UV lithography)技术，其中氟化氪(KrF)气体准分子激光的波长为 248 nm，氟化氩(ArF)气体准分子激光的波长为193 nm。深紫外曝光光刻技术不断改进提高，到 20 世纪末，使用波长为248 nm的氟化氪(KrF)气体准分子激光光源，光刻最小宽度达到 0.25 μm。为提高光学曝光分辨率，开发了一系列的曝光工艺新技术，如：离轴照明技术、空间滤波技术、移相掩膜技术和光学邻近效应校正技术等。到 21 世纪初，仍使用波长为 248 nm 的氟化氪(KrF)气体准分子激光光源，光刻最小宽度达到 0.13 μm。现在生产中开始使用波长为 193 nm的氟化氩(ArF)气体准分子激光光源的深紫外曝光光刻技术，光刻最小线宽已能达到 0.1～0.09 μm。

使用深紫外曝光带来一系列技术问题：如必须用氟化钙透镜代替原来的石英透镜，同时为提高分辨率，需消除镜头像差，这使透镜系统变得十分复杂(镜头常要求有 20～30 个透镜元件)，曝光机的价格自数十万美元跃升到数百万美元。

现在国外正在研究开发使用波长更短的，氟分子激光器(波长 157 nm)的超紫外光激光光源的光刻技术(extreme ultra-violet lithography),这种方法将有可能使光刻的最小线宽达到70 nm,这将是光刻技术的极限。但是超紫外光会被空气吸收,因此,光刻需在真空中进行,这对大规模工业生产将增添困难。国外现在还在研究用波长更短的极紫外线光源(波长 13 nm,实际上已是 X 射线范畴)光刻技术,希望将光刻线宽缩小到 50 nm。超紫外线光刻和 X 射线光刻技术,国外尚在实验室研究阶段。

### 9.4.4 光刻中的其他能量束照射曝光技术

**1. 聚焦电子束扫描曝光原理**

电子束曝光技术是 20 世纪 60 年代发展起来的,经过 40 年的发展,已经达到了较高的水平,它对集成电路的发展起了极大的促进作用。电子束扫描曝光原理是将电子束聚焦成极小光斑,对光刻胶膜按要求的图形进行扫描照射,使光刻胶膜曝光,获得精细复杂的光刻胶平面图形。电子束扫描曝光光刻技术可以获得很精确复杂的平面图形,生产中能加工出线宽0.1 μm、实验室中能加工出线宽 0.01 μm 的微细平面图形结构,并且加工时不需要掩膜。但这种方法效率低,成本高,主要用于掩膜制造、产品试制和少量生产中。

1)聚焦电子束扫描曝光机的工作原理。

图 9.8 所示是聚焦电子束扫描曝光机的工作原理图。电子束扫描曝光机的关键部件是电子光柱系统,其他各个附属系统都是为电子光柱系统服务的。电子枪发射电子束,经聚焦线圈聚焦之后,成为直径为亚微米量级的细电子束。按照电子光柱(即聚焦后的细电子束)产生在靶上的能量分布的截面形状不同,最常用的类型有三种,即高斯圆形束电子光柱、固定成形束电子光柱和可变矩形束电子光柱。

偏转系统是电子束曝光机的核心部分,有 $X$ 与 $Y$ 两个偏转方向的力偏转器,细电子束在偏转系统的作用下,按人们预先在电子计算机内设置好的数据进行扫描曝光,在光刻胶膜上描画出微细图形。电子束偏转扫描曝光的尺寸范围较小,在对较大图形扫描曝光时,可移动工作台实现图形分步拼接。

电子束扫描曝光机的控制系统,主要进行三个方面的控制。一是对光闸机构的控制,实现电子束的通断;二是对电子束偏转系统进行控制,实现电子束的偏转扫描曝光;三是对工作台的 $X$ 与 $Y$ 两个方向移动进行控制,实现图形分步拼接。

2)聚焦电子束曝光扫描的不同方式。

电子束扫描曝光时的扫描方式对曝光的生产效率有很大影响。电子束扫描曝光机的基本扫描方式有两种,光栅扫描和矢量扫描。此外,现在还有光栅和矢

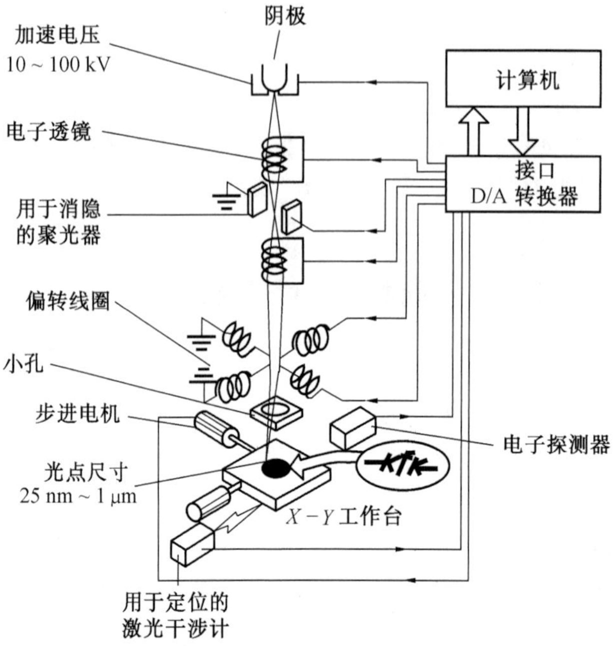


图 9.8 聚焦电子束扫描曝光机的工作原理

量混合方式扫描，国外有些单位正在研究多电子束同时扫描的扫描方式。图 9.9 所示是电子束光栅扫描方式和矢量扫描方式的原理示意图。

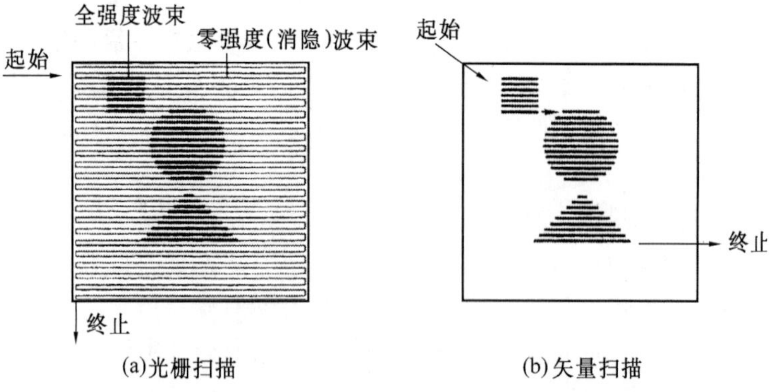


图 9.9 聚焦电子束扫描曝光的不同扫描方式

(1)光栅扫描方式。

电子束在全部扫描场内做连续扫描，其原理是利用光闸的通断来控制是否曝光。在需要曝光的图形区域内光闸开通，电子束对该图形曝光；在非图形区域，光闸关闭将电子束截住，系统处于“空”运行状态。如此重复进行，直到电子束对整个扫描场都扫描完毕。

由于扫描场的范围较小,所以为了对整个基片图形曝光,工作台必须配合一致工作。工作台可有不同的移动方式,在采用光栅扫描法时工作台移动又分为分步重复光栅扫描和连续光栅扫描两种方式:

①分步重复光栅扫描就是当工作台静止不动时,电子束在扫描场内做全场二维光栅扫描。一个扫描场扫描完毕后,工作台步进到下一个扫描场。在新的扫描场内电子束又重复全场光栅扫描。

②连续光栅扫描是电子束在一个方向做小距离(如 128 μm 或 256 μm)的光栅扫描时,工作台沿其垂直方向做全程连续运动。在第一个小窄条(如 128 μm 或 256 μm)完成光栅扫描图形曝光后,工作台移动到第二个窄条,电子束再对这个窄条进行光栅扫描图形曝光。如此重复直到整个基片的图形光栅扫描曝光完毕。

光栅扫描法的最主要的缺点是不管扫描场内图形面积多少,计算机必须对整个扫描场寻址扫描。但不管是掩膜还是基片,实际需要曝光的图形面积一般只占基片总面积的 20%~30%。因此用光栅扫描法时,大部分扫描时间并没有用来进行图形曝光,生产效率很低。不过使用光栅扫描时,扫描系统的逻辑设计比较简单。

(2)矢量扫描方式。

聚焦电子束从参考点开始,先沿某一矢量方向偏转到第一个图形的起始点,然后在这图形规定的范围内扫描曝光。第一个图形扫描曝光完毕后,电子束又沿另一个矢量偏转到第二个图形的起始点,而后在这第二个图形规定的区域内进行扫描曝光。如此重复进行,直到扫描场内的全部图形都扫描曝光完毕。图形的扫描曝光可以用圆形电子束、固定成形电子束或可变矩形电子束的方式来实现。为了实现整个基片图形的扫描曝光,工作台以分步重复的方式移动,以实现各局部扫描图形的精密拼接。

由于矢量扫描法只需电子束对基片面积内的图形区域寻址扫描曝光,所以生产效率明显比光栅扫描法高。

**2. 电子束投影照射曝光技术**

光刻曝光也可使用电子束投影照射曝光,使用电子束投影照射曝光方法时,可以用电子束直接通过掩膜,1∶1 地照射抗蚀光刻胶膜,使之曝光成像。这时使用的是平行发射的电子束,而不是聚焦很细的电子束。这种设备比较简单些。

使用电子束投影照射曝光方法时,也可以用缩小投影法,这种方法的基本原理如图9.10所示。电子束通过具有放大图像的掩膜板后成为成形电子束,再经过电磁透镜或静电透镜使电子束偏转,缩小成 1/5~1/10 的大小,投影照射到光刻胶膜上,使之曝光成潜像。使用电子束投影照射曝光时,每次曝光的面积也不大，要使整个硅基片表面图像的光刻胶膜都曝光，也需要使用分步重复投影曝光法。

这种电子束缩小投影照射曝光方法，因电子束波长小于深紫外光，故加工出图像的分辨率高（小于 0.10 μm）于深紫外光投影照射曝光。并且用电子束缩小投影照射曝光方法生成的图像精度高，加工速度快，生产效率高，但需要有大功率的电子枪以产生足够大能量的电子束。这是一种有发展前途的光刻曝光技术。

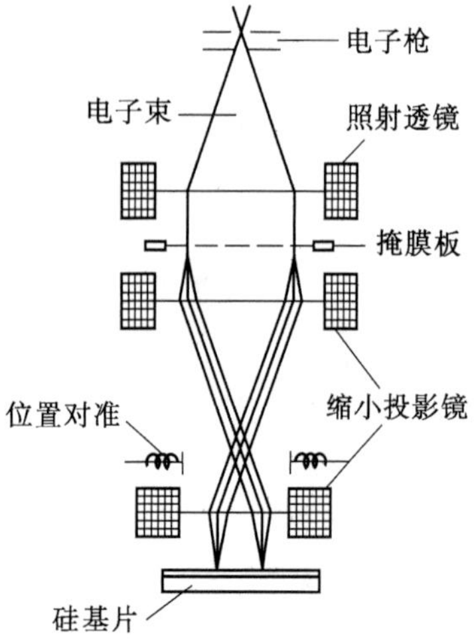

图 9.10　缩小投影式电子束曝光装置

**3. 离子束曝光技术**

离子束是一种带电原子或带电分子的束状流。离子束具有下述特性：①能被电磁透镜聚焦成细束；②在高电压加速下具有很大的动能；③能被电场或磁场偏转；④离子质量大、转换给物质的能量多，反向散射能量小，完成同样的加工，离子束所需能量比电子束小；⑤离子束的波长短，小于 $10^{-4}$ nm，因此散射角小，加工精度高，可得到小于 10 nm 的特征尺寸图形；⑥照射穿透深度小，离子的质量大，100 keV的镓离子，穿透深度仅 0.1 μm，250 keV 的镓离子束，穿透深度亦仅 0.25 μm，使用轻质离子束，穿透深度可略增加。用离子束进行光刻曝光，只能使很薄层的光刻胶感光；⑦离子束曝光的最大优点是焦深大，离子束有非常好的平行性，离子束投影透镜的数值孔径只有 0.001，其焦深可达100 μm（光学曝光的焦深只有 1～2 μm）。

光刻时使用离子束曝光，有聚焦离子束扫描曝光和掩膜投影照射曝光两种方式。由于离子束光刻时，只能使很薄层的光刻胶膜感光，且离子源设备昂贵，现在生产中用得不多。但离子束用于对光刻胶膜的直接刻蚀加工，则效果较好。

**4. X 射线投影照射曝光技术**

X 射线的波长极短，约为数十纳米，因此使用 X 射线的光刻技术，为发展高分辨率的光刻图形加工工艺提供了可能性。

X 射线光刻曝光方法是 MIT 的 H. Smith 于 1971 年首先提出的。由于没有 X 射线范围内成像的光学元件，所以 X 射线光刻只能按照简单的 1∶1 的投影法完成曝光。这里讲的 X 射线光刻曝光是指使用普通的 X 射线进行照射曝光，并不包括使用同步辐射 X 射线的光刻技术（该种光刻技术称为 LIGA 技术，将单独讲述）。

图 9.11 所示是 X 射线光刻曝光的原理：高能电子束轰击靶材料，使靶释放

出 X 射线，X 射线先透过很薄的铍滤光窗(铍对 X 射线的吸收率最低，所以通常由 10～20 μm 厚的铍材料做滤光窗)，滤光窗薄膜的作用是遮挡从靶反射出来的电子和从 X 射线源发出的热辐射。因铍有毒且价格昂贵，滤光窗薄膜也有用铝和硅等材料来代替铍薄膜，但效果要差些。在常压氦气下，X 射线经掩膜对硅基片上的光刻胶膜进行照射曝光。

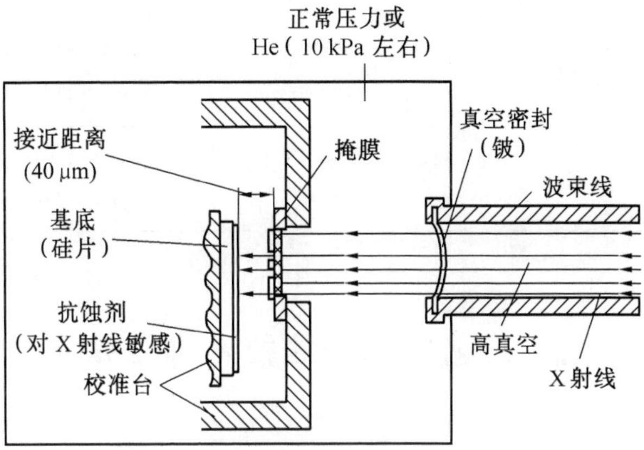


图 9.11 投影照射 X 射线曝光原理图

X 射线光刻曝光时，都采用掩膜接近式曝光，这是由于 X 射线的波长很短，衍射效应可以忽略不计。X 射线进行照射曝光时，传统的紫外光曝光所用的掩膜已不能再使用，这是因为 X 射线波长很短，穿透力甚强，需要用能吸收 X 射线的金膜作为掩膜的吸收体，使用能透过 X 射线的铍膜作为掩膜的载体，故 X 射线光刻曝光用的掩膜制造难度较大。此外，用 X 射线进行光刻曝光时，也需使用对 X 射线敏感的专门光刻胶。

X 射线光刻曝光技术虽能加工出精度和分辨率较高的图形结构，但技术复杂，难度大，掩膜制造困难，因此实际生产中用得不多。

现代的集成电路和微机电系统的发展，要求光刻技术制造出更精密更微细复杂的图形结构，紫外光和深紫外线的光刻技术有时已不能满足需要。因此使用能量束的曝光技术，日益受到重视。表 9.5 中是不同能量束曝光技术性能的比较。

表 9.5 几种能量束曝光技术的比较

| 能量束种类 | | 极限分辨率/μm | 目前达到的分辨率水平/μm | 技术经济性比较 |
|---|---|---|---|---|
| 电子束 | 扫描 | 0.01 | 0.01(实验)<br>0.1(生产) | 曝光较慢,设备昂贵,不需使用掩膜,用于产品研制和小批量生产 |
| | 投影 | 0.1 | 0.1(实验)<br>0.3(生产) | 曝光速度快,设备昂贵,有生产效益,有用于产品生产的前景 |
| 离子束(扫描) | | 0.04 | 0.012(实验)<br>0.1(生产) | 分辨率最高,中等曝光速度,设备昂贵,有可能用于产品研制 |
| X射线(投影) | | 0.2 | 0.2(实验)<br>0.3(生产) | 设备庞大,成本昂贵,掩膜制造困难,生产应用受限制 |

## 9.5 光刻工艺中的刻蚀技术和立体光刻技术

### 9.5.1 光刻工艺中的光刻胶和显影

**1. 光刻胶**

光刻胶亦称抗蚀光刻胶,是涂覆在基片表面的感光薄膜,曝光后在光刻胶中形成潜图像,经显影去除感光过的(或未感光过的)光刻胶,留下剩余部分,显示出光刻胶的图像。在集成电路制造中光刻胶的厚度不到 1 μm,而在微机械和微机电系统制造中,根据结构要求,光刻胶厚度可以从数微米到 100 μm 以上。

光刻胶有正性和负性两种,正性光刻胶在曝光感光后,胶的长聚合链产生断链,在后续的显影过程中,很容易被显影剂除去,留下未经照射曝光的光刻胶部分,显示出与掩膜图像相同的光刻胶图像,如图 9.12(a)所示。负性光刻胶则正好相反,胶在曝光照射后,小分子聚合成长链,不易被显影剂去除,因而在显影后留下经照射曝光部分的光刻胶,形成与掩膜图像相反的光刻胶图像,如图 9.12(b)所示。目前生产中主要使用正极性抗蚀光刻胶。

光刻工艺中使用的光刻胶,性能有很严格的要求,主要是下面几个方面:

①对光照曝光的感光灵敏度高,这样可缩短光照时间,提高曝光效率。

②对光照曝光分辨率高,可以得到极精细的光刻胶图像。

③显影速度快,显影后得到的图像边缘清晰,对于胶层厚的图像要求图像侧面平滑垂直性好。

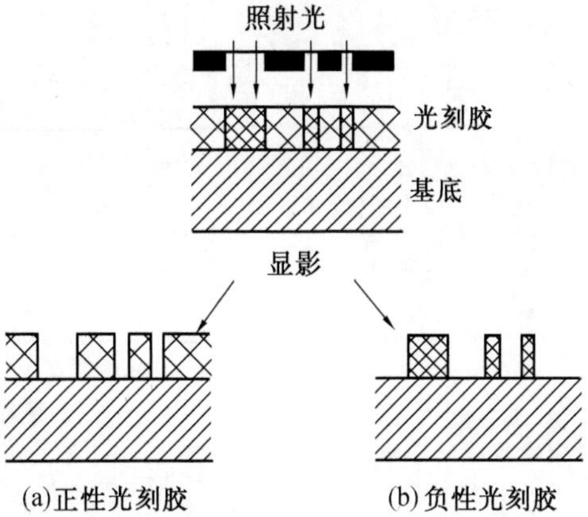


图 9.12　正性和负性光刻胶的显影图像

④光刻胶和基底黏结强度高。此外显影后的光刻胶图像在后续的硅基体刻蚀时应不被刻蚀损坏。

⑤全部刻蚀工作完成后，表面的光刻胶图像层很容易被除去。

光刻中可用不同的曝光照射光，如用紫外光照射、深紫外光照射、电子束照射、离子束照射、X 射线照射等。用不同的曝光照射光时，使用的光刻胶亦不同，应与照射的光有最佳的性能配合。例如，用紫外光照射时，常用的光刻胶是聚烯亚胺等；用 X 射线照射时，常用的光刻胶是聚甲基丙烯酸甲酯(PMMA)。

显影是指通过显影剂的化学物理作用，曝过光的硅片表面的光刻胶膜现出与掩膜相同(正性光刻胶)或相反的(负性光刻胶)图像。有图像部分的光刻胶膜对硅基片起保护膜作用，无图像部分则使硅基片裸露出来，使之能进行后续的刻蚀工艺。

**2. 显影后的后续处理**

曝光显影后得到的光刻胶图形，最精确的可以达到纳米尺度范围，后续处理过程只作用在未被光刻胶图形保护的部分。后续处理可以有不同方法，如表面氧化、湿式化学刻蚀(包括各向同性刻蚀和各向异性刻蚀)、干式刻蚀(包括化学气相刻蚀和物理刻蚀)、电镀(厚度大时为电铸)等，图 9.13 所示是这些后续处理加工方法示意图。

微机械和微机电系统的制造中，这些后续处理方法都被使用，在制造复杂微结构时，往往先后使用数种不同的后续处理加工方法。在光刻工艺加工制造三维立体微结构时，化学腐蚀加工中的各向异性刻蚀成为最基本和最重要的加工技术。

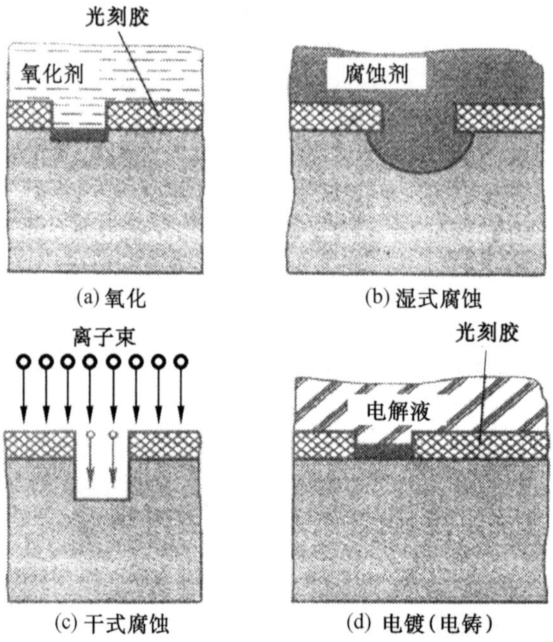


图 9.13　曝光显影后的不同后续处理加工方法

## 9.5.2　光刻工艺中的三维立体光刻技术

### 1. 各向同性刻蚀和各向异性化学刻蚀

集成电路制造中光刻显影后的化学刻蚀都使用的是各向同性化学腐蚀剂，因此刻蚀深度很小(一般小于1 μm)，否则抗蚀光刻胶图形边缘后面的基体材料亦将被腐蚀(图 9.14(a))，因此只能刻蚀厚度小于 1 μm 的平面图形。

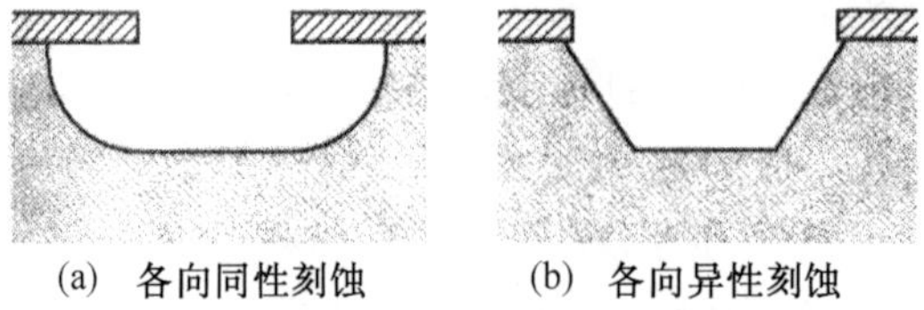


图 9.14　不同腐蚀方式得到的槽形

如果要在微机械和微机电系统中制造三维立体微结构，先使抗蚀光刻胶曝光显影，获得抗蚀光刻胶的平面图形，再使用腐蚀剂对硅晶体进行各向异性的刻蚀，得到要求的立体微结构。图 9.14 所示是单晶硅经各向同性蚀刻和各向异性蚀刻后得到不同蚀刻槽形的示意图。

对硅各向同性腐蚀常用的腐蚀剂为硝酸($HNO_3$)＋氢氟酸(HF)＋水稀释剂($H_2O$)混合成的腐蚀剂，通常称为 HF－$HNO_3$ 腐蚀系统。改变其成分配比、掺杂浓度和温度，可以获得不同腐蚀速率。

对硅的各向异性腐蚀常用的有乙二胺＋联氨＋邻苯二酚＋水以及氢氧化钾＋水等腐蚀剂，第二种腐蚀剂用得较多。改变成分配比可改变腐蚀速率。

**2. 各向异性立体刻蚀时硅晶体表面的保护掩膜**

对硅晶体进行各向异性的立体刻蚀时，刻蚀深度可以是数微米到数十微米，刻蚀时间较长，硅晶体表面原来的抗蚀光刻胶掩膜不能承受这样的腐蚀，因此硅晶体表面不应被刻蚀的部分必须要用耐腐蚀的图形掩膜来保护。现在使用的耐腐蚀保护掩膜有 $Si_3N_4$ 膜和 $SiO_2$ 膜。$Si_3N_4$ 掩膜性能较好，基本不被化学腐蚀剂侵蚀，其次是 $SiO_2$ 掩膜。$KOH+H_2O$ 腐蚀剂对 $SiO_2$ 掩膜稍有腐蚀性，腐蚀速率约为 1.4 nm/min。

进行各向异性腐蚀前，先要制成 $Si_3N_4$ 图形掩膜，第一步先用气相沉积法在硅晶体表面覆盖一薄层 $Si_3N_4$（或 $SiO_2$）膜，在 $Si_3N_4$（或 $SiO_2$）膜表面涂上抗蚀光刻胶，用光刻、曝光、显影制成光刻胶图像掩膜。用这种光刻胶图像掩膜，采用平面刻蚀法将 $Si_3N_4$ 掩膜刻蚀成要求的图形，硅晶体表面上被掩膜图像保护的部分不被刻蚀，而表面上需要进行各向异性刻蚀的部分裸露出来，即可进行后续的刻蚀工序了。

**3. 硅晶体的主要晶面及其腐蚀速率**

硅晶体之所以能进行各向异性化学刻蚀，是利用了硅晶体各向异性的特性，它的不同晶面腐蚀速率有很大差别。硅晶体属于六方晶系，主要晶面有(100)、(110)和(111)，硅晶体中这三个晶面所在的位置，如图 9.15 所示。由于单晶硅为各向异性晶体，不同表面的化学腐蚀性也存在较大的各向异性，即各晶面方向的腐蚀速率有较大差别。采用不同化学腐蚀剂时各晶面的刻蚀速率不同，相对刻蚀速率比亦不同。在使用氢氧化钾＋水作为腐蚀剂时，(100)、(110)、(111)晶面的刻蚀速率比大致为 400∶100∶1。各晶面腐蚀速率不同的原因是，各晶面中的硅原子密度不同，所以腐蚀速率不等，其中(111)晶面的硅原子密度最大，故腐蚀速率最低，而(100)晶面的刻蚀速率最高。由于相对腐蚀速率差别很大，可以近似认为(111)晶面是不被腐蚀的，因此可以根据各晶面的空间相对位置，设计

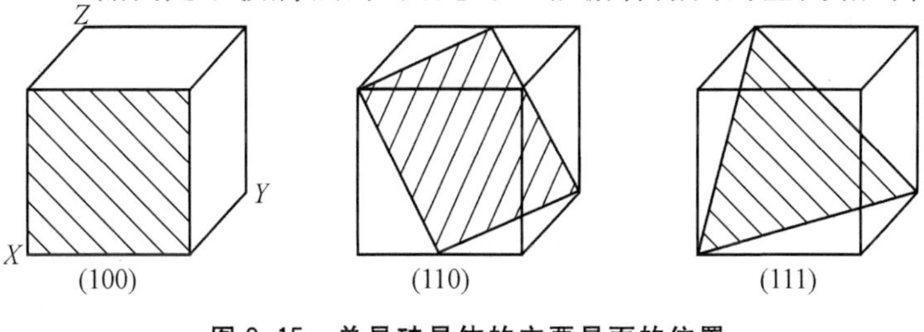


图 9.15　单晶硅晶体的主要晶面的位置

微器件的晶面方向，使之能用各向异性的蚀刻方法制造出要求的立体微结构。

**4. 不同晶面的基本刻蚀形状**

对硅晶体进行各向异性刻蚀时可刻蚀的晶面为(100)和(110)晶面，这两个晶面经各向异性刻蚀后，各有其不同的基本刻蚀形状。各向异性刻蚀在自由刻蚀状态下，终止的面都是(111)晶面。因被刻蚀的(100)、(110)晶面和晶体内的(111)晶面的相互位置不同，得到的各向异性刻蚀结构形状也不同。图 9.16 所示是相同掩膜形状时(100)晶面各向异性刻蚀后的槽形(图 9.16(a))和(110)晶面各向异性刻蚀后的槽形(图 9.16(b))。(100)晶面刻蚀得到的槽侧壁呈 54.7°倾斜，而(110)晶面刻蚀后可以获得垂直的侧表面。

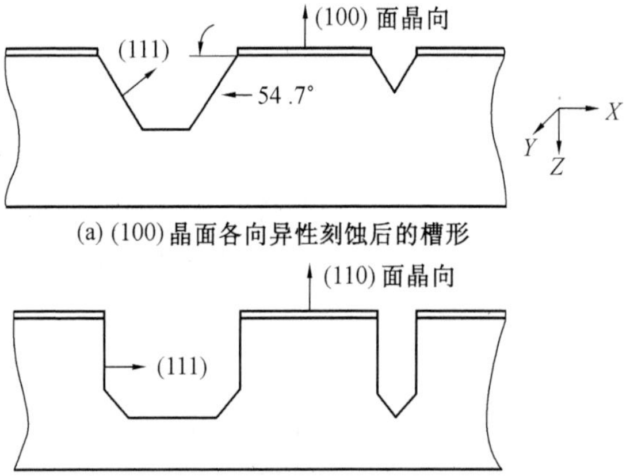


图 9.16　不同晶面各向异性腐蚀的结构

设计硅微结构时，如果这种硅微结构准备用立体各向异性刻蚀方法制造，则必须考虑所用的晶面和晶体方向，以及刻蚀后形状能否符合所设计的微结构要求。(100)晶面的腐蚀速率最高，刻蚀出的微结构侧壁呈 54.7°倾斜，此外，因(100)晶面的晶胞为方形，故可以刻蚀出方形和长方形的槽和孔。(110)晶面可以刻蚀出侧面垂直的槽和孔，这是它的优点，但因(110)晶面的晶胞是菱形，故无法刻蚀出方形和长方形的槽和孔。此外，应注意槽边的方向必须与晶胞边的方向一致，这样才能刻蚀出直线的槽边。

**5. (100)晶面刻蚀方形、长方形的槽和台地**

(100)晶面刻蚀方形和长方形槽比较简单，只要掩膜具有方形和长方形窗口，即可用各向异性刻蚀法刻蚀出来，如图 9.17 所示。但应注意，槽边的方向必须与晶胞边的方向一致。刻蚀方形和长方形槽得到的槽侧面倾斜 54.7°，底面是与顶面平行的平面(图 9.17(c))。如完全自由地继续腐蚀下去，则方槽可得到底为正方形的倒金字塔凹槽，长方形槽则得到 V 形凹槽(图 9.17(d))。这种 V 形

凹槽的槽宽 $W$ 和槽深 $h$ 之间的关系为

$$W=\sqrt{2}h$$

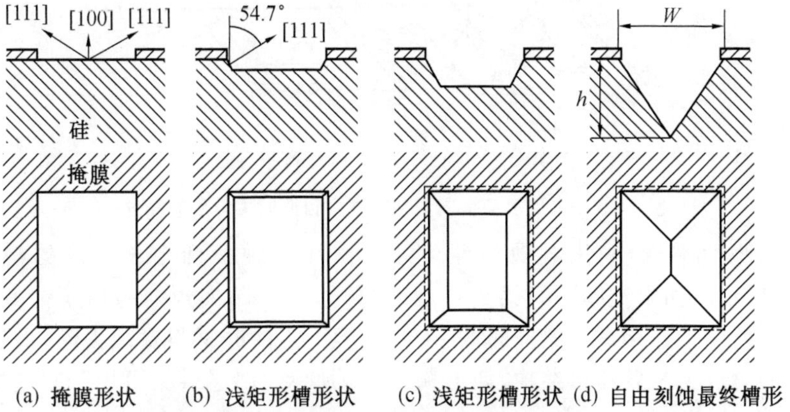


图 9.17　(100)晶面各向异性刻蚀矩形槽情况

(100)晶面要蚀刻出方形或长方形台地就比较费事，因为用方形或长方形掩膜进行各向异性刻蚀时，图形各凸尖角处将被向内腐蚀，出现高指数面，如图9.18所示。如要补偿方形台地的尖角处被多刻蚀的部分，需在方形或长方形掩膜的尖角处多做出一小块，如图 9.19 所示。这个方形或长方形掩膜尖角处多凸出一块的大小，需经计算确定，即当槽底面向下腐蚀时，凸角处侧面亦向内腐蚀，当槽底刻蚀到要求深度而停止刻蚀时，顶面尖角处也正好向内刻蚀到方形或长方形台地的尖角处，这样正好刻蚀出顶面为方形或长方形的凸台面。

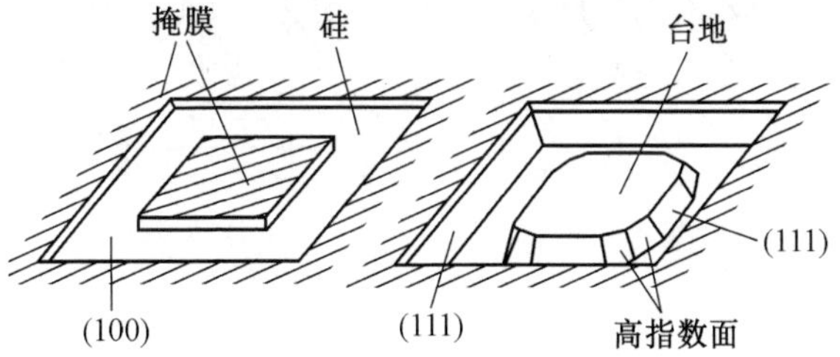


图 9.18　(100)晶面各向异性刻蚀方形台地情况

## 6. (100)晶面各向异性刻蚀制造悬臂梁和斜桥

利用硅晶体各晶面的各向异性腐蚀特性可以制造多种微结构，例如，制造的微悬臂梁和微悬桥，可用于制造共振器、加速度计、微红外传感器等。这种各向异性刻蚀方法和其他工艺结合后，可以制造结构相当复杂的微构件，下面介绍两个简单的例子。

在硅晶体的(100)晶面的掩膜上开两个长方形窗口，窗口边的方向和(100)

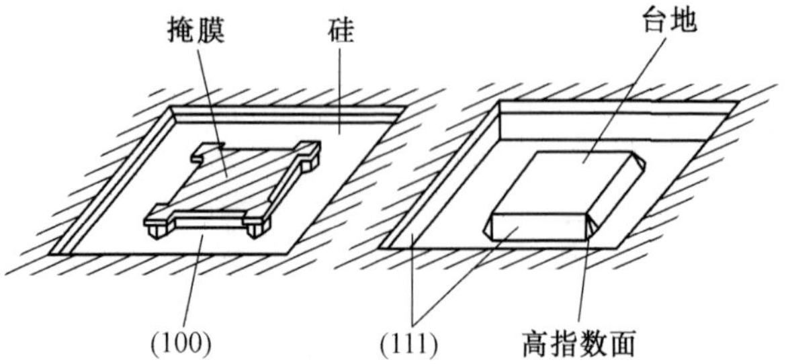


图 9.19 (100)晶面各向异性刻蚀方台面时尖角处的补偿

晶面的晶胞边平行，则用各向异性刻蚀方法可刻蚀出两个长方形的槽，如图 9.20(a)所示。如果掩膜中间梁是一端断开时，由于凸尖角的向内腐蚀效应，高指数面将使腐蚀作用进入梁掩膜的下方，将梁下方的硅材料腐蚀去除，最后使掩膜中间的梁成为悬臂梁微结构，如图 9.20(b)所示。微悬臂梁可用于制造加速度计、共振器等。

图 9.20(a)中，因为掩膜的中间梁的梁侧边是和(100)晶面的晶胞的边平行，梁下面的硅晶体材料在用各向异性刻蚀时不能被腐蚀去除。但如该梁的侧边是斜的，即梁的侧边和(100)晶面的晶胞的边不平行，则掩膜梁下方的硅晶体将被腐蚀去除，最后掩膜中间的斜梁将被悬空，而成斜桥形微结构，如图 9.20(c)所示。

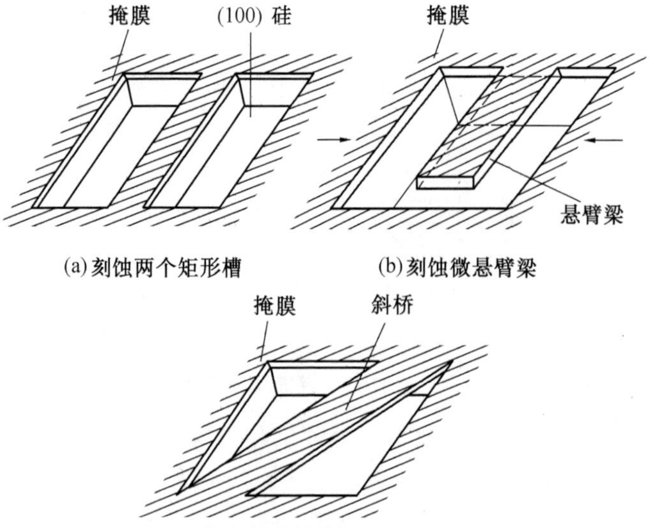


(a)刻蚀两个矩形槽 (b)刻蚀微悬臂梁

(c)刻蚀微斜悬桥

图 9.20 (100)晶面各向异性刻蚀加工出微悬臂的斜桥

# 9.6　LIGA 技术

## 9.6.1　LIGA 技术简介

### 1. LIGA 技术的发展和应用

LIGA 是德文的光刻照相(lithographie)、电铸成形(galvanoformung)和注塑(abformung)的缩写，是 20 世纪 80 年代初德国卡尔斯鲁原子能研究所 W. Ehrfeld 等发明的一种制造微型零件的新工艺方法。这种集特殊光刻、电铸成形和塑料模铸等技术的综合性技术的复合工艺，现被认为是一种制造三维立体微结构零件的很有前景的新加工技术之一，将对微机械和微机电系统的发展起到很大的促进作用。用 LIGA 技术可以制作多种不同的微器件和微装置，材料可以是金属(含合金)、陶瓷、聚合物和玻璃等。这种工艺方法可以制作微型件的最大高度达1 000 μm，可以加工横向尺寸为 0.5 μm 和高宽比大于 200 的立体微结构，加工精度可达0.1 μm。刻出的图形侧壁陡峭，表面光滑。用此工艺可以成批地复制生产高质量结构微器件。

用 LIGA 技术已研制成功或正在研制的产品有微轴、微齿轮、微弹簧、多种微机械零件、多种微传感器、微电机、多种微执行器、集成光学和微光学元件、微电子元件、微型医疗器械和装置、流体技术微元件、多种微纳米元件及系统等。LIGA 产品涉及的尖端科技领域和产业部门甚广，其技术经济的重要性是显而易见的。

### 2. LIGA 技术制造微器件的简要过程

LIGA 技术之所以能加工出高度很大的微型零件，主要是使用了透射力极强的深度同步辐射 X 射线进行光刻，因此可以使很厚的光敏胶(PMMA)感光，显影后可以获得高度达数百微米(最厚达 1 000 μm)，高宽比高达 200 的精密 PMMA 胶微构件。再以 PMMA 胶微构件为模型，通过电铸和塑铸成形复制成金属或塑料的微机械构件。使用 LIGA 技术制造微器件的过程如图 9.21 所示。同步辐射 X 射线透过掩膜照向基片上的光敏胶(PMMA)使之感光，经过显影将光敏胶被照射感光部分除去，留下精确的立体光刻胶模型结构。通过电铸将光敏胶模型结构中全部空隙填满，去除光敏胶即得到金属的微型结构。在制造少量微型器件时，得到的金属构件即为要制造的微型器件。在批量生产时，得到的金属结构可以用作所要制造的微型器件的铸模，再用电铸法批量复制，得到需要的微型器件。下面将介绍 LIGA 技术的主要技术内容。

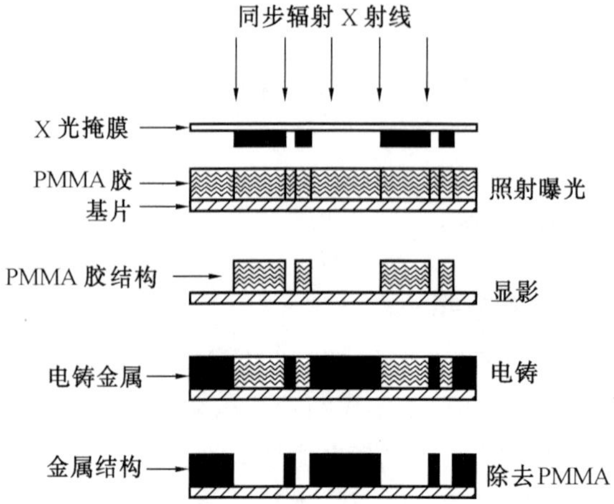


图 9.21　使用 LIGA 技术制造微器件的过程

**3. LIGA 技术使用的同步辐射 X 射线光源**

深度同步辐射 X 射线是这项技术的关键。同步辐射 X 射线是目前强度最高的软 X 射线，是普通 X 射线强度的几千到上万倍，这种同步辐射 X 射线是由同步加速器或存储环内的高能相对论性电子发射出来的。这种电子由电磁场进行加速，加速方向与其运动方向垂直。发射出来的辐射谱从微波波长区，经过红外波长区、可见光、紫外波长区，一直延伸到 X 射线波长区。为保证操作安全，这种同步辐射 X 射线光源只允许遥控操作，不仅不便使用而且明显增加了费用。同步辐射 X 射线辐射照度很强，故曝光时间较短，它的波长甚短(0.2～2 nm)，穿透能力极强，能够穿透光敏胶 PMMA 的最大深度达到 1 000 μm，故可以达到很大的光刻器件厚度。这种光源的平行度极好，刻出的图形侧壁光滑陡峭，可以有很高的横向分辨率和很大的高宽比。深度同步辐射 X 射线光源是 LIGA 技术的最重要和最基本的设备。

深度同步辐射 X 射线光源不仅价格极其昂贵，而且国内外有此设备的单位亦极少，因此有的单位就使用超紫外线光源或普通的 X 射线光源。由于这种光源的光波长较长，强度和平行性也不够理想，故光刻的最大深度只能是 100～200 μm，同时光刻的质量也稍差。使用这种光源代替同步辐射 X 光源时，一般称为准 LIGA 技术。

## 9.6.2　LIGA 光刻中用的 X 射线掩膜

**1. X 射线掩膜的组成**

LIGA 光刻中采用同步辐射 X 射线，它的穿透能力极强，这对 X 光掩膜板要求极高，普通 IC 工业中的掩膜，因不能承受这样强的穿透率，已完全不能使用。

掩膜由阻挡 X 射线的吸收体、载体薄片(基板)和外框架组成,各有其自身的特殊要求。

(1)掩膜的吸收体。

在光学光刻中使用紫外线光,只要有大约 0.1 μm 厚的铬膜作为吸收体就足够了,而 X 线光刻的吸收体,因要吸收强 X 射线,需要用高吸收系数的重金属,如金、钽和钨等,其中金因其工艺性好而常被使用。LIGA 光刻中要吸收的同步辐射 X 射线的穿透力以及金膜厚度,根据同步辐射 X 射线的强度和被照射的光刻胶的厚度而确定,多数情况要求金膜厚度大于 10 μm。由于金膜厚度大,不能用普通光刻技术制造出如此厚的金膜,这就给这种掩膜的制造增加了很大的难度。

(2)掩膜的载体薄片。

掩膜的载体薄片要求有很高的 X 射线透过率和一定的强度。普通光学光刻中使用的掩膜载体不能使用。金属铍薄膜具有很高的 X 射线透过率和一定的强度,是较理想的载体,但铍不仅有毒而且价格昂贵。现在也可使用钛薄膜作为载体,但钛对 X 射线的透过率低于铍,故必须减小载体薄膜的厚度。现在实际用的钛薄膜载体的厚度为 2～3 μm,钛薄膜厚度很小,不仅容易损坏,并且也增加了制造难度。

(3)掩膜的外框架。

掩膜的外框架由低膨胀系数的合金制造,以减少载体薄膜工作时所受的应力。在使用钛薄片载体时,框架常用的合金成分按质量为:铜 18%,镍 28%,铁 54%。

**2. X 射线掩膜的制造**

对于 LIGA 光刻中用的 X 射线掩膜,由于对其吸收体金膜要求的厚度大于 10 μm,对薄膜载体的钛膜要求的厚度仅为 2 μm,很难用普通光刻技术制造出来。现在的制造方法是先用普通光刻技术制造成金吸收体厚度小于 3 μm 的中间掩膜,再用这个中间掩膜通过 X 射线曝光光刻,制造出金吸收体厚度大于 10 μm的正式的 X 射线工艺掩膜。

图 9.22 所示是中间掩膜的制造过程。先在基板上用喷镀法喷镀一薄层(2 μm 左右)钛膜,将底下的基板腐蚀出工作窗口,使钛膜裸露出来。在钛薄膜上表面涂上一层厚为 3 μm 的均匀光刻胶抗蚀剂,使用电子束光刻机使光刻胶按照要求的图形进行曝光。具有高加速电压(如 100 keV)的电子束光刻机可以直接构造出厚为 3 μm 的边缘垂直的光刻胶层图形结构。光刻胶厚度超过 3 μm 时,电子束直接光刻将不能得到高质量的图形结构。将曝光过的光刻胶显影,用化学试剂除去已感光部分,得到光刻胶的图形结构。通过电镀金将光刻胶图形中的全部空隙填满,再去除光刻胶,即得到连在钛薄膜载体(厚度为 2 μm)上的

3 μm厚的金掩膜。

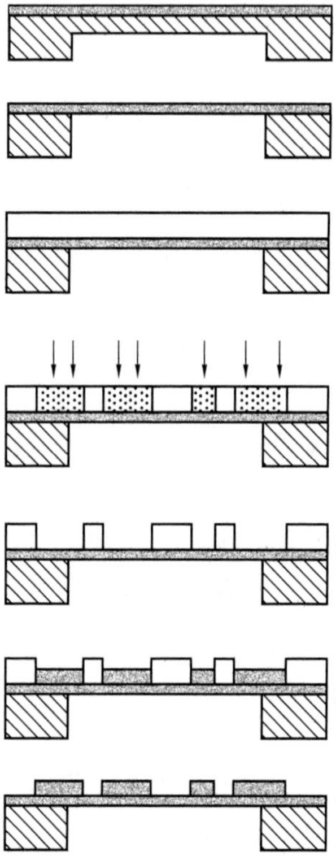


图 9.22　中间掩膜制造过程(金膜厚 3 μm)

由于钛表面不易与电镀的金层牢固结合,应对钛表面进行预处理。可采用湿化学氧化,并在钛氧化物层上喷镀一层 10 nm 左右厚的金层。

3 μm 厚的金吸收体中间掩膜制成后,即可以制造正式的工艺掩膜。正式工艺掩膜的载体薄片可以用铍薄片制造,也可以用极薄的钛膜制造。图 9.23 所示是以钛薄膜为载体的正式工艺掩膜的制造过程。在钛膜上涂覆一层厚度为 15～20 μm 的 PMMA 光刻胶,由于光刻胶厚度大,必须用同步辐射 X 射线照射感光,然后再显影,用化学试剂除去已感光部分,得到厚度为 15～20 μm 的 PMMA 胶的图形结构。通过电镀将 PMMA 胶图形中的全部空隙用金填满,再去除光刻胶,即得到连在钛薄膜载体上的厚为 10～15 μm 的金膜的正式工艺掩膜。

同步辐射 X 射线是高度平行光,故用这种 X 射线通过中间掩膜来照射感光复制的正式工艺掩膜的精度,基本不低于中间掩膜的精度。

### 9.6.3　LIGA 工艺的制造技术

使用 LIGA 工艺来制造微器件应注意下列关键技术。

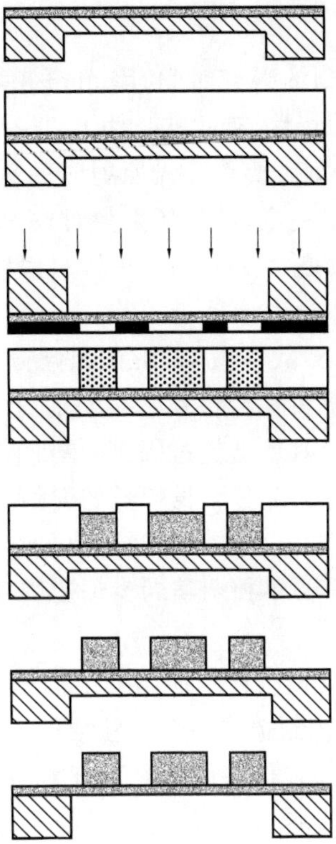


图 9.23　工艺掩膜制造过程(金膜厚大于 10 μm)

**1. 光刻胶**

在 LIGA 工艺中光刻胶起着重要作用。要形成厚达数百到上千微米，均匀、致密、平整的光刻胶，是有一定难度的。这种光刻胶一般是直接在基底的金属板上生成，也有的先制成聚合体板再粘贴到基底金属板上。LIGA 工艺制造的器件精度高，因此要求光刻胶有很高的分辨率，根据这一要求现在使用的唯一光刻胶是聚甲基丙烯酸甲酯(PMMA)，它在 X 射线光刻时有极好的图像再现性(即有较高的分辨率)，固化后强度高，能形成很大高宽比和很精细的精密三维图形结构。但这种光刻胶感光灵敏度较低，约为500 J/cm$^3$。

制作光刻胶时，很重要的一点是它必须与金属基底牢固连接，制成的很窄很高的构件仍能牢固地连接在基板上。使用 PMMA 板时，可在基底上涂一薄层单体甲基丙烯酸甲酯(包含增加黏性的成分)，在压力与温度作用下，光刻胶版、黏合层和基底形成一个牢固的结合体。钛基底通过湿氧化可形成多微孔的表面，可增加与 PMMA 胶的结合强度，在钛基底表面的氧化层上有金存在时，可以通过加入苯硫酚改善黏结力。

## 2. 光刻工艺

由于光刻胶厚达数百微米，光刻的曝光时间、曝光条件等都有特殊的要求。同步辐射X射线具有宽光谱分布的特性，有效波长为0.2～2 nm，不同波长的X射线对光刻胶的穿透能力不同。光刻胶要求曝光照射时的辐射照射量在一定范围内，辐射照射量太少则光致效应不完全，辐射照射量过高则会导致胶内产生气泡而损伤胶的结构。辐射量的上限是20 kJ/cm$^3$，并与照射时的温度有关，超过此辐射量时，将损伤光刻胶。

如果要求照射光刻胶的厚度达到数百微米，用宽光谱分布的同步辐射X射线进行一次曝光，表层的辐射照射量和底层将有明显差别，很可能底层尚未达到要求的辐射照射量，而表层的辐射照射量已超过限度，单纯控制曝光时间不能解决这个问题。解决的办法是滤波，滤去部分波长较长的射线，调整同步辐射X射线的波长谱分布，使被照射的光刻胶上下层都得到要求的辐射照射量。对高要求的不同厚度的LIGA制件，往往需要单独调整同步辐射X射线的波长谱分布，这样才能制出高质量的微型构件。

LIGA工艺的一个显著特点是可以生产窄而高的结构体，结构体的侧壁面和垂直面的偏离极小。曾用LIGA工艺制造了一个实验结构体，高度为400 μm，经实测，侧壁面的垂直度误差为0.2 μm。侧壁面产生垂直度误差的原因有：X射线照射过程中的倾斜，显影剂的低选择能力，X射线辐射导致的物理效应影响，以及由掩膜和构件结构产生的影响等。图9.24所示为X射线辐射导致的菲涅耳衍射、光电子效应、光束发散等物理现象所产生的边缘效应。①当入射光束被一

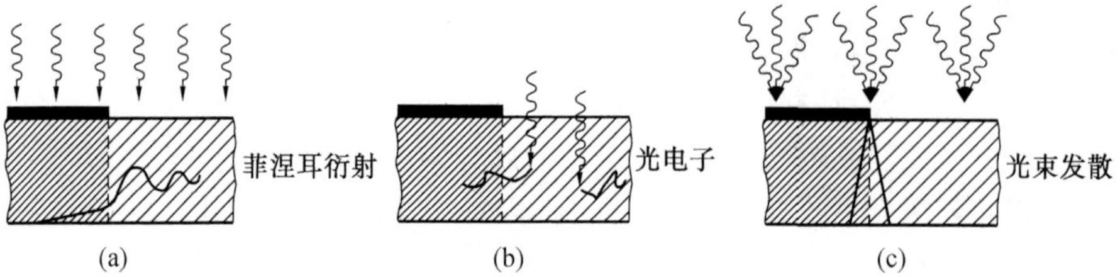


图9.24　X射线辐射导致的物理现象

个边缘挡住时，边缘的散射光波将相互干涉并导致衍射。在射线光刻所使用的波长范围内，造成的边缘模糊一般小于0.1 μm。②X射线辐射在光刻胶中释放光电子和俄歇电子，逐渐释放能量，导致边缘清晰度下降。在射线光刻所使用的波长范围内，造成的边缘模糊一般小于0.1 μm。③同步辐射X射线辐射时虽有一定的发散，但发散角在0.01 mrad内，因此造成的误差可忽略不计。④掩膜的边缘在射线强烈的照射下被激发而可能产生荧光辐射，将导致相当的边缘模糊，这种情况下使用铍掩膜就要比钛掩膜好得多。

光刻后得到精确的立体光刻胶模型，侧壁陡峭，表面光滑，有较高强度。在

微型零件为单件试制时，所得到的 PMMA 光刻胶模型可以直接用作最终的塑料制件；也可以是所要微型件的电铸模，再电铸而成要求的金属微型件。在批量生产时，制得的光刻胶模型和零件相同形状，再用电铸法制成要制造的微型件的铸塑模，最后批量生产所需的微型器件。图 9.25 所示是用深度同步辐射 X 射线刻蚀得到的 PMMA 光刻胶模型器件，可以看到它有很高精度，侧壁陡峭，表面光滑，可以有较大深度和较复杂的结构。

(a)光刻胶构体

(b)光刻胶齿轮

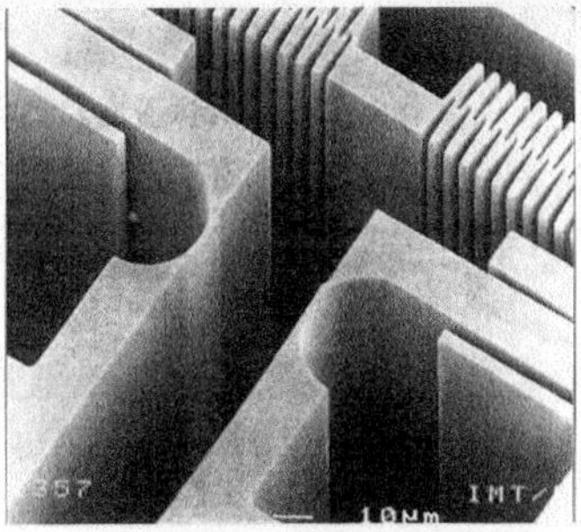

(c)光刻胶超深微细结构

图 9.25　用深度同步辐射 X 射线刻蚀出的 PMMA 光刻胶模型器件(SEM 照片)

### 3. 超精细电铸成形

在获得 PMMA 光刻胶的精密立体模型后，经过超精细电铸成形，将光刻胶模型中的所有空隙都填满，然后将光刻胶去掉就得到了所需的金属微器件。电铸时可以使用多种金属材料，例如镍、铜、金、铁、铁镍合金等，但实际使用最多的是镍和某些镍合金。图 9.26所示是用 LIGA 工艺制成的金属(镍)微器件，其中微齿轮高为 100 μm，微蜂窝结构高为 180 μm，壁厚为 8 μm，孔径为80 μm，以人的一根头发(直径 60 μm)为参照物。MIT 采用 LIGA 工艺制成螺旋微弹簧，这就扩大了工艺加工的微零件品种。

如果需要生产的微器件数量较多，就可用 PMMA 光刻胶模型利用精密电铸法制造微型件的铸塑模具。图 9.27 所示是用 LIGA 工艺制造微器件的精密金属铸模的过程。有了微器件的金属模具后，就可以用电铸法复制生产金属微器

(a)微齿轮(Wisconsin-Madison 大学)

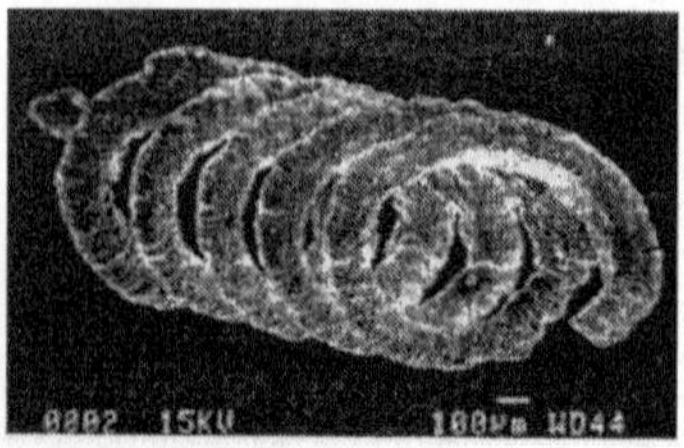

(b)微弹簧(MIT)

(c)蜂窝结构,高180 μm,壁厚 8 μm

图 9.26 LIGA 工艺制成的金属(镍)微器件

件,或用注模法成批复制塑料微器件。如果需要生产的微器件数量大,可以先多复制几个金属模,然后用这些复制的金属模来制造要生产的微器件。

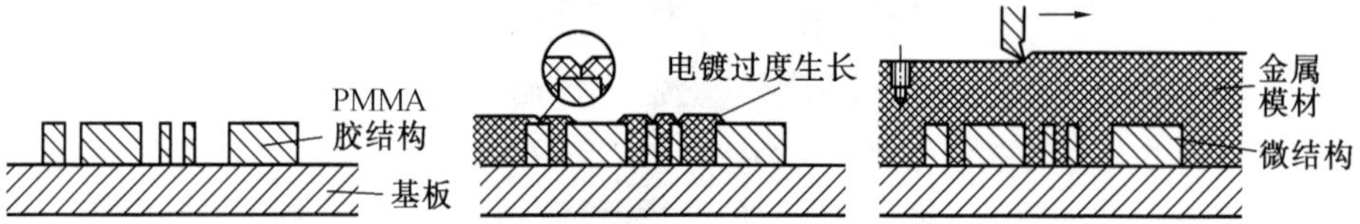


(a)制成 PMMA 胶构件　　(b)精密电铸　　(c)机械加工

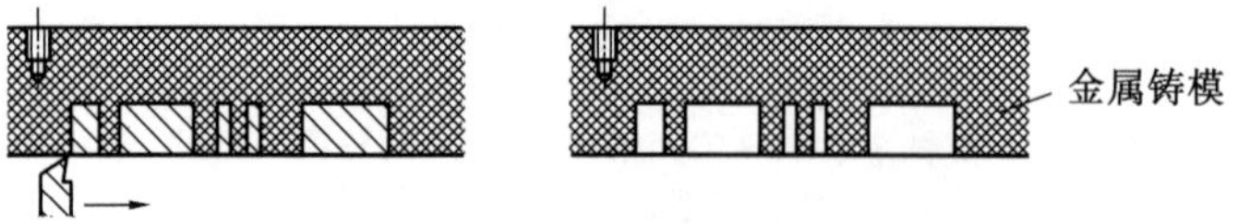


(d)底面精加工　　(e)去除 PMMA 胶

图 9.27 LIGA 工艺制造微器件的精密金属铸模

由于要电镀几百微米的厚度,并且窄缝中都要填满,这就需要专门的精密微电铸工艺。微型器件尺寸小、形状复杂、精度高、使用材料多样(可以是金属、陶瓷、塑料、玻璃等),注模复制也是重要的关键技术。对电铸或注模时的精确成形和如何脱模等都要重视。但在掌握精密电铸工艺并精心进行电铸复制时,重复复制的微结构仍可达到很高的精度。图 9.28 所示就是用 LIGA 工艺制成的 PMMA 胶的微结构,经精密电铸成镍微蜂窝结构模具,注塑成形制成塑料微构件,再经精密电铸而成镍微蜂窝结构(壁厚 8 μm)。经三次复制后的蜂窝微结构,仍保持较高的精度。

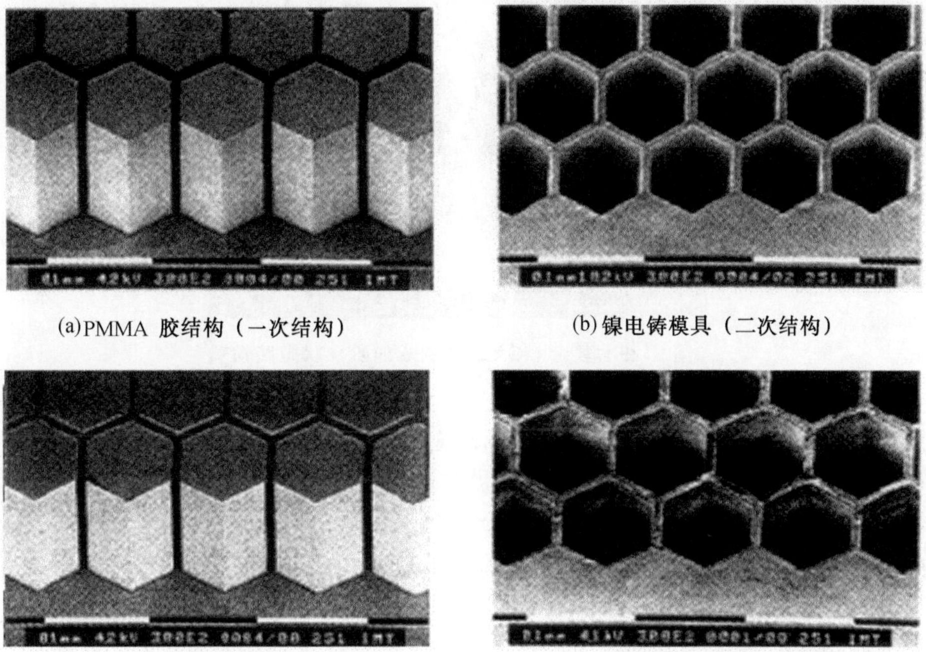

(a)PMMA 胶结构（一次结构）　(b)镍电铸模具（二次结构）

(c)注塑塑料结构（三次结构）　(d)二次镍电铸结构（四次结构）

图 9.28　LIGA 工艺制成并重复复制的微结构

### 9.6.4　LIGA 工艺的扩展

标准的 LIGA 工艺只能制造上下同样形状的立体微结构，现在已开发了好几种 LIGA 新工艺来加工较复杂的三维立体微结构，并开发了 LIGA 工艺和牺牲层工艺结合的复合加工工艺，大大拓宽了这种工艺的应用范围，使其能加工更为复杂的微结构器件。下面介绍几种用 LIGA 工艺加工较复杂微结构器件的实例。

**1. LIGA 工艺制造阶梯状微结构**

图 9.29 所示是用 LIGA 工艺制成的阶梯状微结构的实例。可以有不同工艺方法制成这类阶梯状微结构。现以阶梯微齿轮为例，说明这类阶梯状微结构的制造方法。

第一种方法是分两次对光刻胶进行 X 射线辐射曝光。第一次对大齿轮的 X 射线照射的辐射量强，使光刻胶从上到下全部充分曝光；第二次对小齿轮的 X 射线照射的辐射量弱些，刚好到分界面处达到曝光要求的最低辐射照射量，这样显影后即可得到要求的阶梯状结构。这种方法的缺点是需要两套 X 射线掩膜，费用较高，并且需要控制照射时间来控制照射量，分界面位置精度稍差。

图 9.29 复合 LIGA 工艺制成的阶梯状微结构

第二种方法实际上是用 LIGA 工艺对大小齿轮分两次加工而成。第一次先用 LIGA 工艺加工出小齿轮，小齿轮的高度为大小齿轮之和，再将小齿轮放入光刻胶内，胶的高度等于大齿轮的高度；进行第二次 LIGA 光刻，加工出大齿轮，小齿轮有一部分高度包含在大齿轮内，这样即获得阶梯状的微型齿轮。这种办法的缺点是仍需两套 X 射线掩膜，大小齿轮不易获得高的同心度，且总的工作量较大。

**2. 加工球形端面的微结构**

LIGA 工艺可以制造表面有确定曲率半径球面的微结构器件，图 9.30 所示是用这种工艺制成的带球形端面的微结构。

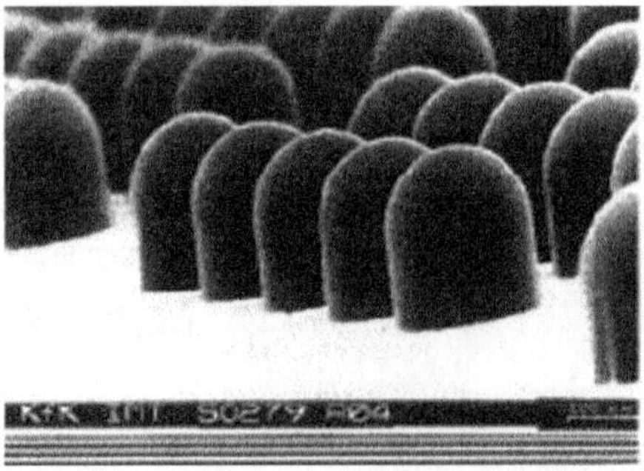


图 9.30 LIGA 工艺制造的球形表面微结构

图 9.31 所示是这种特殊 LIGA 工艺的加工过程。首先用原来的 LIGA 工艺制造出 PMMA 胶的圆柱形微结构，如图 9.31(a)所示，然后再进行第二次用同步辐射 X 射线的大剂量辐射照射曝光，如图 9.31(b)所示，第二次照射曝光时，X 射线频谱被调整到大部是较长波长的射线，使辐射量主要被结构的上部所吸收。这个大剂量的辐射照射吸收，使 PMMA 胶的相对分子质量变化，它的玻璃态转化温度降低，即随高度不同，光刻胶的玻璃态转化温度不同，结果结构上部的材料首先熔化。控制射线的照射时间和照射剂量，使微结构上部的材料玻璃化而

先被熔化。由于表面张力,熔融的材料收缩成半球形状,这样就得到具有半球形帽的圆柱体微结构。这种特殊的 LIGA 工艺,非常适合于微型球面透镜阵列的生产。

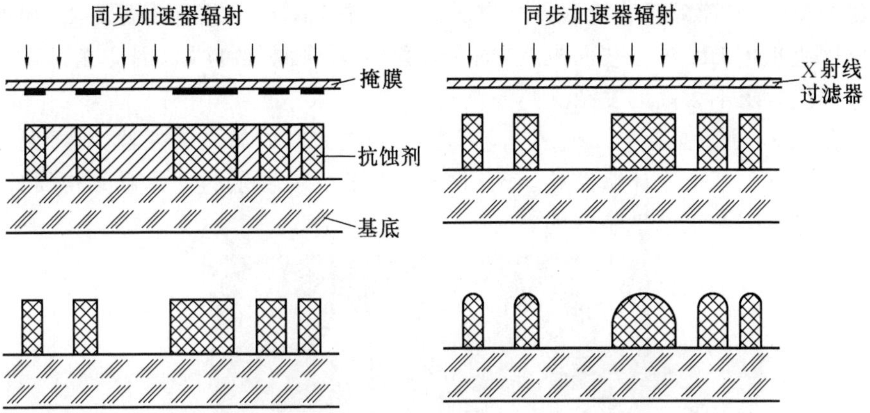


(a) X 射线光刻制成 PMMA 胶微构件 (b) 大剂量曝光端部熔化而成球形

图 9.31 LIGA 工艺制造的球形端面微结构示意图

### 9.6.5 准 LIGA 工艺

LIGA 工艺虽然有很多优点,可以加工高度大、结构较复杂的精密微结构器件,但需要价格极其昂贵的深度同步辐射 X 光源。这种深度同步辐射 X 光源不仅国内甚少,在国外有此设备的单位也不多,因此没有深度同步辐射 X 光源的单位,就只能使用深紫外线光源或普通的 X 射线光源来进行这种工艺加工。由于光源的光辐射强度较弱,波长较长,平行性也不够理想,故光刻的质量稍差,加工件的最大高度为 100～200 μm。使用这种紫外线光源或普通的 X 射线光源代替同步辐射 X 射线光源来进行类似 LIGA 技术的工艺,一般称为准 LIGA 工艺。

准 LIGA 工艺可以加工的高度为 100～200 μm(如精度要求不高时,加工高度还可更高些)、截面图形结构较复杂、上下形状一致的立体微结构器件,但精度要稍差些。

因为准 LIGA 工艺使用的是深紫外线光源或普通的 X 射线光源,因此它的光刻可以使用标准 IC 工艺技术的方法。例如,因对光刻掩膜的要求较低,普通 IC 工艺中的标准光刻掩膜(厚度为 0.1 μm 的 Cr 膜)亦可以使用。光刻胶亦可使用 IC 工艺常用的聚酰亚胺等,但制成件强度要差些。光刻胶的显影化学试剂亦可用 IC 工艺中使用的显影化学试剂。因此,准 LIGA 工艺要比 LIGA 工艺简单很多。

准 LIGA 工艺有不足之处:曝光照射使用深紫外线光或普通的 X 射线,穿透能力不强，曝光照射需要较长时间，且照射的深度受到限制。深紫外线光或普通的X射线的平行性低于同步辐射X射线，且在光刻胶中的衍射和散射较严重，将造成一定的边缘模糊，照射深度增加时这现象尤其严重，这将使加出的微结构边缘变粗糙，侧面的垂直度误差亦增大。虽然准LIGA工艺有不足之处，但此方法能解决想用LIGA工艺而没有"同步辐射X射线源"的问题，因此是可以用来制造精度要求不太高的复杂立体微结构。

图9.32所示是用准LIGA工艺和镍一铜电镀制成的微谐振器，可看到这是有一定精度的复杂立体微结构。MEMS中有不少较复杂的立体微结构器件，是可以用准LIGA工艺来制造的。

图9.32　用准LIGA工艺和镍一铜电镀制成的微谐振器(SEM照片)

## 9.7　牺牲层工艺技术

### 9.7.1　牺牲层工艺的基本原理

牺牲层工艺虽早在20世纪70年代就已出现，但只是在近年微机械和微机电系统迅速发展后才得到重视，并在微机械和微机电系统的制造中得到较多的应用，现在已是一些复杂微型结构和微系统制造中不可缺少的重要方法。微机械和微机电系统中，一般都有静止不动的部分，同时也有动的部分。使用牺牲层技术，就是将某些连接层腐蚀去除，使微机械系统中需要动的部分解除约束，脱离(或部分脱离)母体基板而能移动或转动。这对某些微机械系统是极为重要的，例如轴承、齿轮、滑块、驱动器的运动部分，以及某些传感器的振动子或谐振梁、微电机的转子等。用牺牲层工艺制造微器件和微系统时，都是与光刻或LIGA工艺一同进行的，牺牲层的加入和腐蚀去除，只是整个工艺过程的一部分。

理想的牺牲层材料应能满足如下要求：① 牺牲层容易用化学或物理方法生成，沉积层表面平滑，厚度易于控制；② 牺牲层容易加工出要求的精细图形构体；③ 牺牲层容易并且能快速地用化学或物理方法去除，所用腐蚀剂应不损伤相邻的结构材料。常用的牺牲层材料有 $SiO_2$、Ti 等。$SiO_2$ 很容易由 Si 氧化得到，用普通光刻工艺进行加工成形，$SiO_2$ 可以用 HF 溶液腐蚀去除，HF 溶液并不腐蚀相邻的单晶 Si 和多晶 Si。

采用牺牲层工艺制造微器件时，都需在微器件外面加不被腐蚀的外壳，外壳中有通道，通道不应过窄，应使腐蚀剂可以顺利地通过通道进入内腔，腐蚀去除牺牲层，作用完的废液应能顺利排出。除去牺牲层，使微系统中需要动的部分有活动的空间，然后应将内腔清洗干净，最后再进行微器件的密封，保持内腔干净清洁。

牺牲层工艺和光刻工艺(平面、立体光刻、LIGA 工艺)结合使用，可以制造较复杂的微机械系统。使用这种综合工艺可以先后通过化学沉积、光刻、再沉积、再光刻、化学腐蚀等工序的多次重复，不仅微机械系统的不同静止固定件、运动件，半运动件、外壳等都可以在同一芯片基底上做出，成为一个完整的系统。并且用这种综合工艺可以做出多层结构的复杂微机械系统。牺牲层工艺和光刻工艺结合的综合工艺技术，已是微机械和微机电系统制造的重要方法。

### 9.7.2　牺牲层工艺的应用实例

下面以两个使用牺牲层工艺制造微器件的实例，来说明牺牲层工艺的实际应用。

**1. 使用牺牲层腐蚀法制造密封谐振梁**

使用牺牲层工艺制造某种密封谐振梁器件系统，这种密封谐振梁和密封腔盖都是用多晶硅制成的，牺牲层为 $SiO_2$。这些材料都是用低压化学气相沉淀法沉淀上去的。整个工艺制造过程，如图 9.33 所示。

① 先在硅基体上沉淀 $SiO_2$ 层作为牺牲层，上面沉淀一层多晶硅作为谐振梁的结构材料，对其进行光刻，将多晶硅刻蚀成梁的形状，如图 9.33(a)所示。

② 沉淀第二层 $SiO_2$ 牺牲层，热氧化生成 $SiO_2$ 腐蚀通道，对其进行光刻，将 $SiO_2$ 牺牲层刻蚀成要求的外形，如图 9.33(b)所示。

③ 沉淀第二层多晶硅层作为腔盖外壳，进行光刻，将多晶硅外壳刻蚀成要求的外形，如图 9.33(c)所示。

④ 用 HF 溶液腐蚀掉牺牲层，使梁成为一端(或两端)固连而中间悬空的谐振梁，再进行多晶硅沉淀密封，如图 9.33(d)所示。

使用这种化学气相沉淀和牺牲层工艺腐蚀法，就将该密封谐振梁微机械系统制造完成。

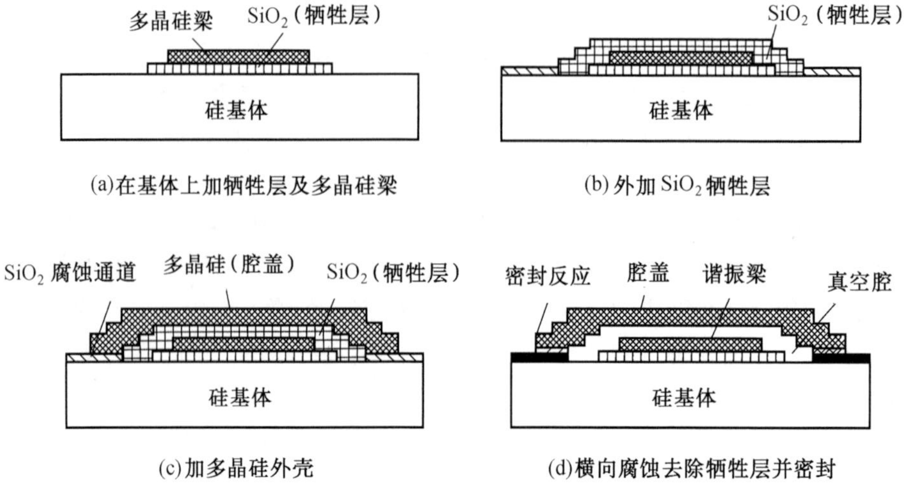


图 9.33 使用牺牲层腐蚀法制造密封谐振梁

### 2. 使用牺牲层工艺和 LIGA 工艺制造加速度传感器

用 LIGA 工艺(或准 LIGA 工艺)和牺牲层工艺制造加速度传感器系统过程的示意图,如图 9.34 所示。该制造工艺过程及具体要求简述如下。

① 因加速度传感器有电气功能,微结构各部件必须绝缘,因此必须用绝缘基底。可用陶瓷片或经氧化绝缘处理的硅片做基底。因有的部件将来需电铸成形并焊电接线,故基底部分表面要金属化形成导电层,金属导电层厚度不超过 1 μm。采用物理气相沉积工艺将金属层沉积到绝缘基底上,这个金属导电层由铬和银两层金属组成,铬与基底有很强的黏结力,银对电铸金属有良好的电铸起始层性能和黏结力。金属导电层需刻蚀成要求的形状,如图 9.34(a)所示。

② 用物理气相沉积工艺将牺牲层沉积到经过处理的基底上。牺牲层选用金属钛,这是由于钛有良好的图像形成能力,并和基底及 PMMA 光刻胶有良好的黏结力,对后续的电铸金属有良好的起始层性能和黏结力,化学腐蚀去除快,所用化学腐蚀剂不损伤邻近的其他部件材料。钛牺牲层厚度取 5 μm,使将来的运动件有足够的净间隙自由摆动。钛牺牲层采用普通光刻工艺刻蚀成形,如图 9.34(b)所示。

③ 将厚度小于 100 μm 的 PMMA 光刻胶,用标准的 LIGA 工艺方法加涂到基底与牺牲层的上面,用同步辐射 X 射线通过掩膜对 PMMA 光刻胶照射曝光,X 射线照射时注意与基底图像对准。然后对光刻胶进行显影,用化学试剂除去光刻胶被 X 射线照射感光的部分,得到 PMMA 胶的模型,并显露出需电铸成形型的底部导电金属层,如图 9.34(c)所示,为显示牺牲层,该图仅画出宽度的一

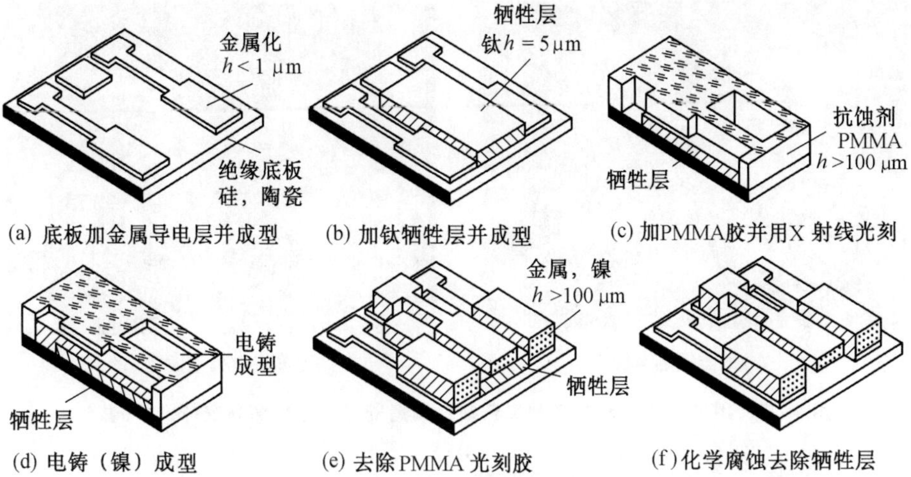


图 9.34　使用 LIGA 工艺和牺牲层工艺制造加速度传感器的工艺过程示意图

半。

④ 对得到的 PMMA 胶的模型进行电铸成形，部分结构是从基底面上的金属化层开始电铸，部分结构是从牺牲层表面开始电铸，电铸镍将 PMMA 胶的模型的空间部分填满到要求的高度，如图 9.34(d)所示。

⑤ 将 PMMA 胶结构全部除去，得到的电铸的加速度传感器构件和钛牺牲层全部露出来，如图 9.34(e)所示。

⑥ 用选择性化学腐蚀将钛牺牲层腐蚀除去，化学腐蚀剂使用质量分数为5%的 HF 溶液可得到较好的效果，腐蚀去除钛牺牲层很快，并且它不腐蚀相邻的镍构件和基底的金属化表面。钛牺牲层去除后，加速度传感器中间的运动构件后端与基底牢固地连接在一起，前端则可以自由摆动，如图 9.34(f)所示。

### 3. 使用牺牲层工艺和光刻工艺制造微机械系统

使用牺牲层工艺和光刻工艺（含立体光刻和 LIGA 工艺等）结合的综合工艺，可以制造较复杂的多层微机械系统。图 9.35(a)所示为用这种综合工艺制成的平面静电电机（电机结构见图 9.19(b)），电机转子需围绕固定中心轴的配合面（圆柱面及上下端平面）旋转，是一个多层结构。图 9.35(b)所示是美国 Sandia 国家实验室用这种综合工艺制成的多层微机械齿轮机构系统。这类多层结构制造都需要经过化学沉积、光刻、再沉积、再光刻、化学腐蚀（去除牺牲层）等工序的数次重复，才能最后制成复杂多层结构的微机械系统。

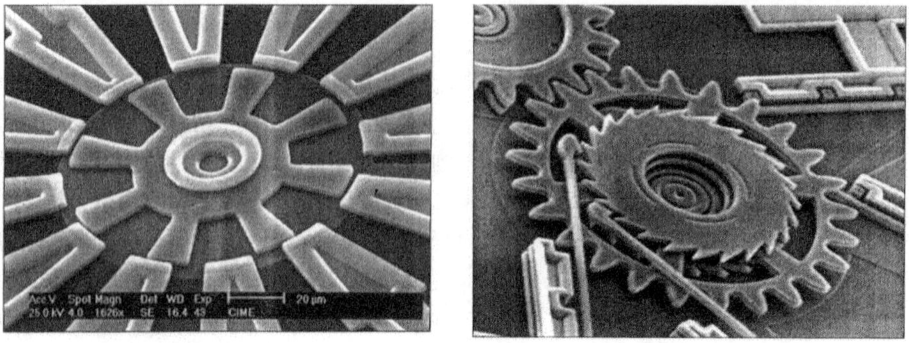


(a)平面静电电机　　(b)多层微机械齿轮系统

图 9.35　用牺牲层工艺和光刻工艺结合制造的多层微机械系统(SEM 照片)

## 9.8　微器件基板的键合技术

### 9.8.1　键合技术简介

**1. 微机械和微机电系统中键合技术的应用**

制造复杂形状的微机械器件和微机电系统，经常需要将几块基板键合或芯片和基板键合在一起，特别是带液体或气体通道的微器件，有时需将数层或十多层基板键合在一起。因此，基板键合技术也是微机械和微机电系统制造中重要的和不可缺少的工艺技术。现在经常遇到的基板键合是硅基板与硅基板、硅基板与玻璃基板的键合。有时为满足电路的导电、绝缘或其他功能要求，需在硅表面加金属薄膜层、$SiO_2$ 或 $Si_3N_4$ 绝缘或防腐膜层等，这时就有金属膜、$SiO_2$ 膜、$Si_3N_4$ 膜和硅基板或玻璃基板的键合需求。不同晶向的硅键合在一起，利用各向异性刻蚀可制造复杂的机械结构。

微机电系统的键合技术应满足如下要求：① 键合后的残留应力应尽量小；② 键合有足够的机械强度和密封性；③ 好的电绝缘性；④ 某些微器件要求与外界干扰(如振动等)隔离。

**2. 减少键合热应力**

尽量减少键合热应力是键合技术中极为重要的问题。因为多数键合工艺是在较高温度下进行的，因此热键合后降到常温，就会产生较大的热应力，造成键合部件变形甚至破损。解决键合热应力问题主要采用两种办法：两键合基板应有相同或非常接近的热膨胀系数，或是在键合的两基板间加应力缓冲层。

玻璃板与硅基板键合时，需选用与硅的热膨胀系数非常接近的玻璃材料，硼硅酸玻璃(pyrex)7740#和1729#的热膨胀系数与硅最接近，最适宜与硅键合。又因为7740#玻璃的退火温度较低(565 ℃)，而1729#玻璃的退火温度较高(853 ℃)，故微结构中需与硅键合的玻璃多选用7740#硼硅酸玻璃。表9.6是微机电系统常遇到的键合材料的热膨胀系数。

表9.6 微机电系统中常用的键合材料的热膨胀系数

| 材　料 | 热膨胀系数 $\alpha/(10^{-6}\ K^{-1})$ | 弹性模量 $E/(10^3\ MPa)$ |
|---|---|---|
| Si(100) | 2.62～2.33 | 130 |
| Si(110) | 2.62～2.33 | 170 |
| Si(111) | 2.62～2.33 | 190 |
| 硼硅酸玻璃7740#、1729# | 2.85～2.6 | 63 |
| $SiO_2$ | 0.55～0.5 | 70 |
| $Si_3N_4$ | 2.2～1.2 | 320～200 |

### 3. 常用的基板键合方法

现在微机电系统制造中使用多种基板键合技术，按其工作原理可分为两大类：第一类，是两基板的直接键合，中间无夹层；第二类，是两基板间加夹层，应用物理或化学原理使两基板键合在一起。这两类键合技术中又有不同原理的键合方法，现简单介绍如下。

(1)基板直接键合。

① 硅一硅基板的直接键合。高温中产生的硅氧键结合，可以有较高的结合强度，也可采用表面洁净活化技术，在室温和真空条件下将两基板键合在一起。硅一硅直接键合不影响硅的化学刻蚀加工。

② 阳极键合。利用静电作用使两基板键合在一起，常用于硅和玻璃的键合，也可用于金属和玻璃、硅片与氧化硅片的键合。

(2)两基板间加薄夹层结合剂的键合。

① 钎焊结合。两基板加焊剂在加温和加压条件下使两基板结合。

② 金属一硅的共熔键合。在硅基板或玻璃基板间加金或铝等金属层，加温到400～600 ℃，硅与金属成混晶状态，二者结合在一起。

③ 在两基板间加薄玻璃层或陶瓷玻璃层，在一定的温度压力条件下，使两基板键合在一起。

④ 使用胶黏合，如热固化环氧树脂黏合等。

基板键合时，表面必须非常平且无污染，键合尺寸十分精确并对准，键合部分没有变形，这样才能得到良好的键合效果。

## 9.8.2 阳极键合

### 1. 阳极键合的原理

阳极键合又称静电键合，它使用静电压将硅与玻璃、金属与玻璃、硅与氧化硅等牢固地键合在一起。

从工艺方法上讲，阳极键合很简单。将表面相互紧密结合的玻璃板和硅片加热到 400 ℃，然后外加一个 1 000 V 的高电压，玻璃板接阴极，硅片接阳极，如图 9.36 所示。在此温度下，由于离子的迁移，玻璃变成导电状态。玻璃中的主要成分 $Na_2O$ 被电离，即

$$Na_2O \longrightarrow 2Na^+ + O^{2-} \tag{9.7}$$

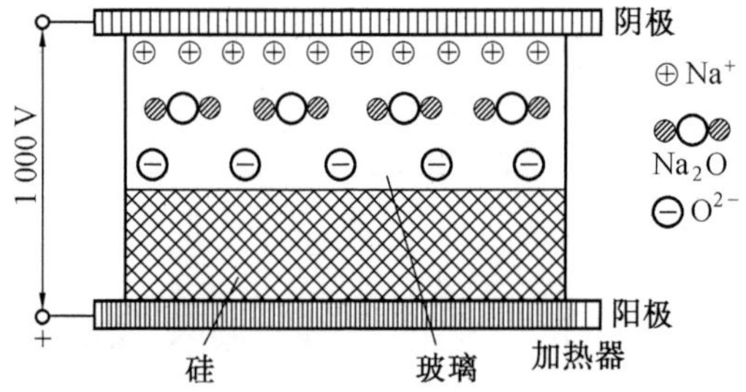


图 9.36 硅/玻璃阳极键合原理

玻璃中的 $Na^+$ 向阴极移动，并被阴极中和；玻璃中留着的$O^{2-}$使玻璃处在带负静电压的状态，$O^{2-}$ 向玻璃和硅做界面移动。

在高电压作用下，硅中的部分原子亦被离子化，即

$$Si - 4e \longrightarrow Si^{4+} \tag{9.8}$$

$Si^{4+}$ 亦向硅和玻璃的界面移动。界面处形成很高的静电压场，互相吸引。$O^{2-}$ 和 $Si^{4+}$ 相遇并结合，使玻璃板和硅片牢固地键合在一起，有关系式

$$Si^{4+} + 2O^{2-} \longrightarrow SiO_2 \tag{9.9}$$

在外加的高电压去除后，玻璃和硅片仍牢固地键合在一起。

### 2. 进行玻璃和硅片的键合工艺中须注意的问题

① 玻璃的热膨胀系数应非常接近硅，可选用 7740＃硼硅酸玻璃，国内上海产的 GG17 玻璃亦适用。玻璃和硅片的键合表面要严格研平抛光，并用甲苯或丙酮等仔细清洗烘干。

② 键合温度在玻璃软化点以下，7740＃玻璃可在 400 ℃左右，GG17 玻璃因软化温度较低，故键合温度为 280～350 ℃。

③ 玻璃厚度与键合面积有关。厚度及键合面积小时电压可低些，电极亦可细些；厚度及键合面积较大时，电压应稍高些，同时应使用平板电极，保证产生足

够的静电场。键合过程中可通过观察电流大小来判断键合状态，电流一般为 1～10 $\mu A/mm^2$。键合完毕后，玻璃与硅片的界面处应呈现硅基底的灰色，这表明键合良好。如出现彩色或明暗条纹，则说明玻璃与硅片并未能良好熔接。

### 9.8.3 Si－Si 直接键合技术

**1. Si－Si 高温直接键合**

两块硅片通过高温处理可以直接键合在一起，中间不必加黏结剂或夹层，也不必外加辅助电场，这种键合技术称为硅直接键合(SDB)技术，也称硅熔融键合(SFB)技术。这种 Si－Si 高温键合工艺具体步骤如下：

① 将两硅片磨平，抛光成镜面。

② 对两硅片进行表面处理，一般是先在室温下将 Si 片在 HF 溶液中泡10 s，再在含 $OH^-$ 的溶液(如 $NH_4OH+H_2O_2+H_2O$ 的混合液，体积比为 1∶2∶7)中浸泡 10 min，温度为 80～90 ℃，最后用去离子水冲洗干净，并在氮气中烘干。

③ 在干净的空气中将两硅片面对面地贴合在一起。镜面间有亲和力，形成自身贴合。

④ 在 700～1 100 ℃温度下进行高温处理，这样可消除键合面间的空洞和未贴紧处。冷却后即得到牢固键合在一起的硅片。

如果 Si－Si 高温直接键合工艺正确，键合面的强度可以达到 Si 片本体的强度。

关于 Si－Si 直接键合的机理，目前的研究认为，整个键合过程可分为三个阶段，如图9.37所示。

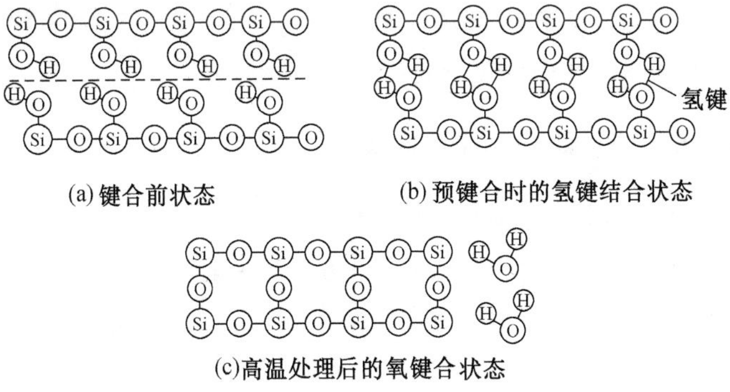


(a) 键合前状态　(b) 预键合时的氢键结合状态

(c)高温处理后的氧键合状态

**图 9.37　Si－Si 直接键合过程示意图**

第一阶段，当两硅片表面拼合在一起，温度从室温升到 200 ℃时，两硅片表面吸附的 $OH^-$ 在接触区产生氢键，氢键在聚合反应作用下与氧结合成氢氧键连接，如图 9.37(b)所示。

第二阶段，从 400 ℃左右开始，产生硅氧键结合，并产生水，即

$$Si—OH—OH—Si \longrightarrow Si—O—Si+H_2O \quad (9.10)$$

由于硅氧键结合强度大于氢键，故上述反应继续进行。当温度升高到500～800 ℃时，反应基本完成，但反应中产生的水分子继续存在，留在界面附近，产生孔隙影响结合强度。

第三阶段，温度升高到900～1 100 ℃，水分子向$SiO_2$和Si体内扩散，界面上的孔隙成为局部真空，硅片产生塑性变形使空隙消除，邻近的原子完成共价键结合，键合过程完成，如图9.37(c)所示。

这种Si－Si直接键合，实际上是由中间的$OH^-$基团参与键合过程，在1 000 ℃高温时完成最终键合，在键合的界面处存在有微量的$SiO_2$，水分子则已扩散消失，高温能保证界面处孔隙的消除，使最终键合达到高强度。

**2. Si－Si低温直接键合**

普通硅片表面暴露在空气中时，表面有吸附的$O_2$、$H_2O$等分子，有时还有其他污染物，因此Si－Si直接键合，必须有1 000 ℃的高温，这样才能使两硅片表面牢固地键合在一起。

但如硅表面是无污染、无吸附物的纯净表面，则虽是低温，两表面亦能牢固地键合在一起，键合面的强度可以达到硅本体的强度。Si－Si低温直接键合就是利用这个原理，其步骤如下。

① 硅片表面磨平，抛光成镜面，进行表面清洗达到高度洁净。

② 用氩(Ar)离子束溅射Si表面。Ar为惰性气体，不会与Si起反应，Ar离子溅射需在封闭的空间进行，以免硅片表面再被污染。Ar离子溅射时的工作电压可取1.2 kV，Ar等离子电流为20 mA，离子束的入射角为45°，射向Si表面的Ar压力为0.1 Pa。将溅射过的两个硅表面，在真空和室温的条件下压合在一起，两硅表面就能牢固地键合在一起，全部键合过程完成。

### 9.8.4 基板间加薄夹层的键合技术

**1. 硅基板间加玻璃夹层的键合技术**

两硅片间可以加玻璃膜，用阳极键合方法键合在一起。通常先将7740＃硼硅酸玻璃微粉加有机黏结剂调成糊状，涂在硅表面，成为厚度2～4 μm的玻璃膜。将阴极接在覆盖玻璃膜的硅片上，阳极接在另一硅片上，如图9.38(a)所示。先缓慢升高直流电压，控制电流为10 A/m²，键合温度为450～550 ℃，随着电压升高，电流将相应下降，当电压升高到50 V时，保持5 min左右时间，两硅基片的键合即已完成，可实现良好的接合。这中间的玻璃层还可起到电绝缘的作用。

有时两硅片中间需要键合一层较厚的玻璃层，则用阳极键合技术时，中间玻璃层接阴极，两边硅片接阳极。如果是两边玻璃板中间要键合一层硅片时，则中间硅片接阳极，两面玻璃板接阴极，如图 9.38(b)所示。键合工艺过程基本相同。

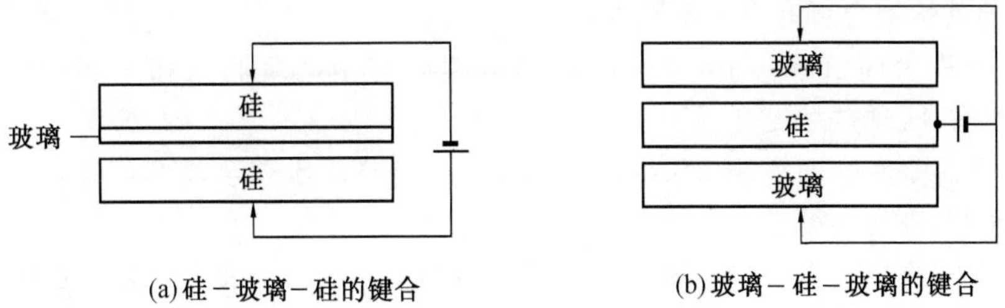


图 9.38　硅－玻璃－硅的阳极键合

使用这种键合可以使微机械器件的制作灵活多样，易于制成微小结构的微器件。图9.39所示是使用阳极键合技术制作的电容式微加速度传感器。这种传感器为三层结构，上、下两层是玻璃板，并在相应部分淀积金属膜，构成传感器的电容定极板和导电连线；中间是硅板层，经刻蚀而成电容动极板和外框。这两层玻璃板和中间的硅板用阳极键合技术键合在一起，成为一个微小的一体化的电容式微硅加速度传感器。

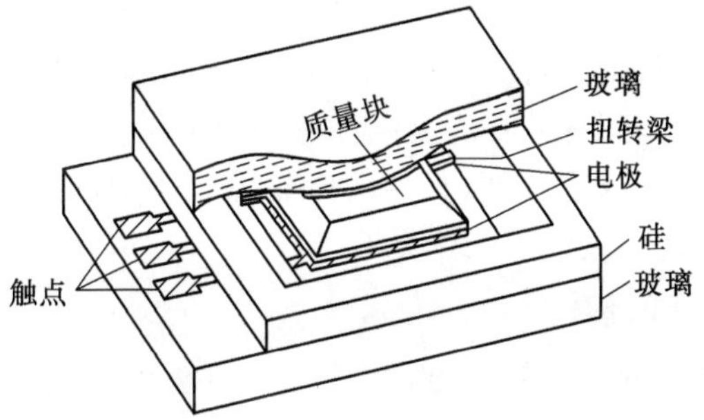


图 9.39　用阳极键合技术制造的微加速度传感器

**2. 硅基片与金属共熔键合**

硅基片与金属共熔键合是指两键合的硅基片间夹上一薄层金属材料，这三层材料在一定的温度和压力下，实现熔融结合。常用的共熔键合材料是硅－金和硅－铝等，硅－金共熔的温度为 360～400 ℃，硅－铝共熔的温度为 600 ℃左右。硅－金的共熔键合因键合时的温度低，且键合强度高，用得较多。金属共熔键合使用的场合是两硅基片间夹薄金属层的共熔键合和硅片与金属底座间夹金属层的共熔键合，例如硅与 Fe－Ni－Co 合金底座的键合等。

(1)两硅片中夹金属层的共熔键合工艺。

两硅片中夹金属层的熔融结合键合，一般是先在某一硅片表面沉积(或蒸镀)一层金膜(厚 2 μm 左右)，这个带金膜的硅片与另一硅片压紧在一起，加热到 400 ℃左右，维持一定时间，硅与金完成熔融结合，共熔键合即完成。

(2)硅片与金属基底间加金属夹层的共熔键合工艺。

这种共熔键合可有以下不同方式：

① 硅片表面沉积 2 μm 左右的金膜，然后与金属基底压在一起，加热到 400 ℃左右，实现共熔键合。

② 金属基底表面沉积 2 μm 厚的金膜，再将硅片压在金属基底上，加热到 400 ℃左右，进行共熔键合。

③ 先制成金一硅箔，厚 20～40 μm，夹在硅片和金属基底间，压紧再加热到 400 ℃左右，进行共熔键合。

**3. 两硅基片间加薄陶瓷玻璃夹层的键合技术**

美国 Du-Pont 公司开发了一种基片间加陶瓷玻璃夹层的键合技术。先将 $Al_2O_3$ 陶瓷微粉和玻璃微粉加有机黏结剂制成 1 mm 厚的陶瓷玻璃薄片。这种薄片因含有机黏结剂，非常容易用剪子或刀裁切成要求的形状。

键合时将陶瓷玻璃薄片夹入要键合的硅或其他材料的基片间，压紧，在 850 ℃下保温15 min，有机黏结剂因高温而去除，剩下的陶瓷和玻璃微粉形成混合的陶瓷玻璃薄膜，混合薄膜与硅基片熔接在一起，键合即完成。各基片由定位孔精确对准相对位置，用这种方法可以一次键合多达 40 层的微结构，如果有垂直孔要通过多层基片，用这种方法也很容易实际制作。因此，用这种陶瓷玻璃薄膜夹层的键合方法，可以很方便、很容易并且低成本地制成复杂多层的微结构，特别是制作内部有复杂液体或气体通道(包含垂直通道)的多层微结构。

**4. 两基片的钎焊键合**

使用这种两基片的钎焊键合方法时，先在两基片需要结合在一起的表面上涂覆上一薄层金属焊剂，把两基片压紧在一起，加热使金属焊剂熔化，两基片牢固地键合在一起。使用不同的钎焊焊剂，可以将不同材料的基片钎焊在一起，也可将基片与基底钎焊在一起，达到较高的结合强度。

图 9.40 所示是将硅芯片用回流焊接法钎焊键合在底板上的示意图，采用这种方法可以获得牢固可靠的键合。

**5. 两基片用有机黏结剂黏合**

两基片的结合也可以用有机黏结剂黏合在一起，常用的是热固化环氧树脂。用有机黏结剂将两基片黏合在一起，有两种方法：

第一种方法，是将有机黏结剂在基片要黏合的表面上涂一薄层，将两基片压紧并加热固化，使两基片黏合在一起。

第二种方法，需先在基片要黏合的表面上刻蚀出微细的毛细沟道，然后将两基片压紧在一起并加热，再从外面加黏结剂，加热使黏结剂有很好的流动性，在毛细作用下流入要黏合的表面，将两基片固定结合在一起，如图 9.41 所示。

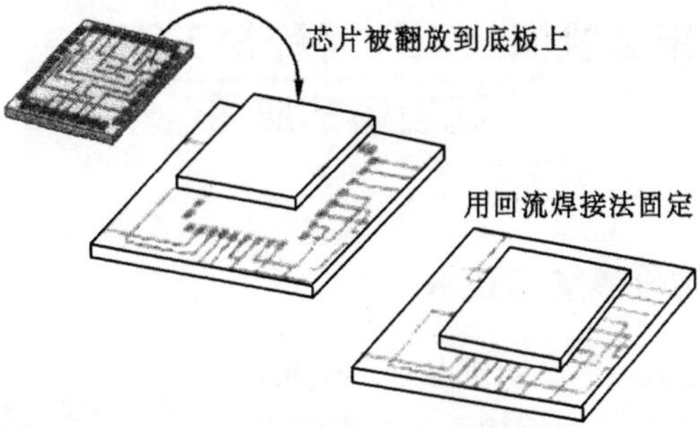


图 9.40　将反转芯片焊在底板上

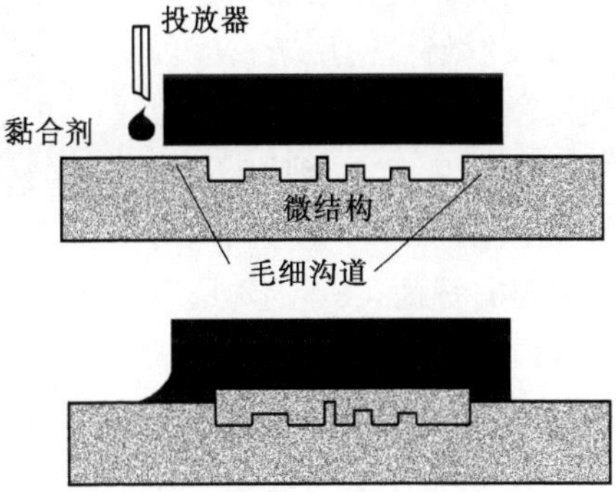


图 9.41　有机黏结剂在毛细作用下黏合

## 9.8.5　不同基片键合技术的对比

表 9.7 中是不同基片键合技术的对比，可作为选择基片键合方法的参考。

表 9.7　MEMS 制造中使用的不同键合技术的对比

| 键合方法 | | 键合温度/℃ | 夹层厚度/μm | 结合强度/MPa |
|---|---|---|---|---|
| 阳极键合 | | 400～650 | 无夹层 | 50 |
| 硅—硅直接键合 | 高温硅氧键结合 | 800～1 100 | 无夹层 | 可达硅本体强度 |
| | 表面洁净活化 | 室温、真空 | 无夹层 | 可达硅本体强度 |
| 硅—金属共熔键合 | 硅—金 | 400 | 2～20 | 200 |
| | 硅—铝 | 600 | 2 | 50 |
| 玻璃夹层键合 | | 400～650 | 10～20 | 50 |
| 陶瓷—玻璃夹层键合 | | 850 | 未加温前膜厚1 mm 可实现多层同时键合 | |
| 胶黏合 | | 80～180 | 结合面涂胶层或毛细作用渗入 | |

# 9.9 精密微机械加工和特种加工等在微机电系统制造中的应用

## 9.9.1 精密微机械加工技术

图 9.42 微型铣刀加工微结构

精微机械加工是微机械及微机电系统中制造微型器件的重要方法，其特点是能加工复杂微结构，不仅加工效率高，并且加工精度高。现在已能用金刚刀具车削直径为 10～20 μm 的微针，使用精密磨削已加工出 $\phi$8 μm 钨针，使用微钻头能加工出直径为 30～50 μm 的微孔。国外已生产主轴转速为 50 000～100 000 r/min 的微型铣床和加工中心，能用微型立铣刀进行微结构的铣削，图 9.42 是用微型立铣刀加工精密微结构的示意图。图 9.43 是铣制成的端部微细密齿件，由于端部的齿极细极密，精度要求严格，加工难度甚大。加工微结构的铣刀，常用单晶金刚石磨成，图 9.44 中是现用的微细铣刀的不同结构，其中双刃形铣刀(图 9.44(a))因磨制困难，很少使用；三角形截面铣刀(图 9.44(b))现在用得较多，但因是负前角切削，使用效果不佳；半圆截形的单刃铣刀(图 9.44(c))，磨制方便，使用效果最好。微细铣刀根据加工件要求，可以磨成圆柱形或圆锥形；加工曲面时，端刃可磨成圆弧形，以得到质量较好的加工表面。

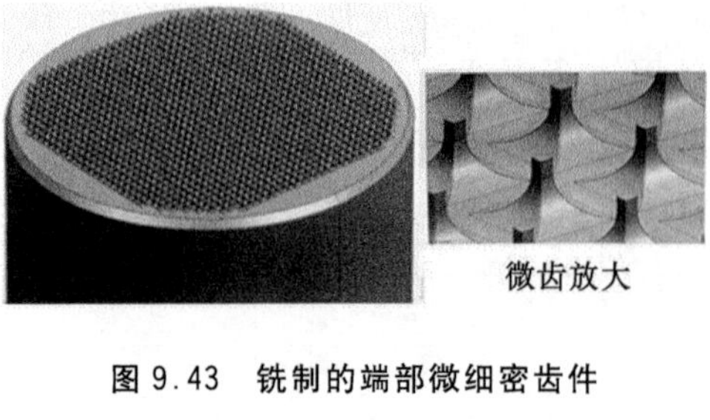


图 9.43 铣制的端部微细密齿件

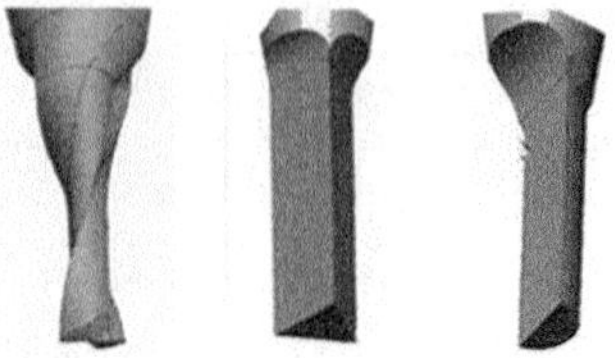

(a)双刃形 (b)三角形 (c)单刃形

图 9.44 微细铣刀

近年来国外新发展了多种能加工微小自由曲面的多坐标联动加工中心。图 9.45(a)所示为美国 Moore 公司 2000 年生产的五轴联动 500FG 型超精密机床，机床空气轴承主轴转速为20～20 000 r/min，回转误差≤0.025 μm。液体静压导轨由无刷直线电机驱动，直线度误差小于等于 0.3 μm/300 mm。机床装有高精度激光在线测量系统和高分辨率数控闭环反馈控制系统。图 9.45(b)是日本

Fanuc 公司生产的加工微型零件的 ROBOnano $U_i$ 型五轴联动加工中心。主轴用空气轴承，回转精度为 0.05 μm，转速为 50 000～100 000 r/min。直线运动的 $X$、$Y$、$Z$ 方向的数控系统的分辨率为 1 nm。工作台上回转台的 B 轴和铣削主轴倾斜的 C 轴均可转动 360°，分辨率为 0.000 01°。

(a)美国Moore公司 500FG超精密机床

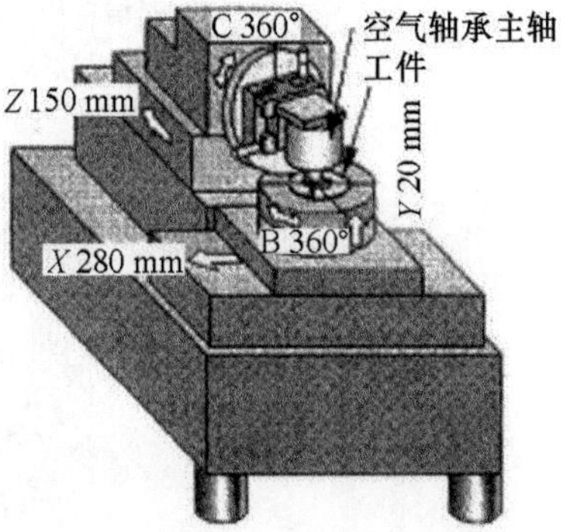


(b)日本Fanuc公司 ROBOnano $U_i$ 超精密机床

**图 9.45　国外生产的加工微小复杂件的五轴联动超精密机床**

图 9.46 是用上述加工中心加工出的不同截面形状的微槽，其中图 9.46(a)中的 V 形槽，齿距为 25 μm，V 形角为 77°，材料为含 P 的镍；图 9.46(b)中的 V 形槽，齿距为 100 μm，V 形角为 50°，材料为无氧铜；图 9.46(c)中是平行的窄深槽，齿距为 35 μm，槽深为 100 μm，材料为黄铜，侧面倾斜 1.5°，加工件的齿距误差为 80 nm，深度误差为 9.4 μm。从图中可看到，用精微机械加工可以加工出表面光洁、精度很高、尖角很尖锐的微 V 形槽和窄深槽。

用五轴联动加工中心，使用微型单晶金刚石立铣刀，在多轴联动条件下，可加工自由曲面。图 9.47(a)所示是用日本 ROBOnano $U_i$ 五轴联动加工中心在 1 mm直径的表面上加工出的人面浮雕像。这台机床还在 1.16 mm×1.16 mm 硅表面上，加工出 4×4 阵列的凸面镜，如图 9.47(b)和图 9.47(c)所示，凸面镜直径为 236 μm，高度为 16 μm，镜面曲率半径为448 μm，加工表面光洁。用五轴联动加工中心还可加工出任意自由曲面微型工件，如图9.47(d)所示。

从以上加工实例可知，现在加工微型复杂精密工件的多轴联动小型加工中心和加工技术已经达到很高的水平。

## 9.9.2　特种精密微加工技术

现在多种特种加工都发展了加工微型工件的加工技术，例如电火花加工、电火花线切割加工、电火花线磨削加工、电解加工、超声振动加工、激光加工等都已能加工尺寸甚小的微型工件。电子束和离子束加工前面已经讲过，这里不再重复。

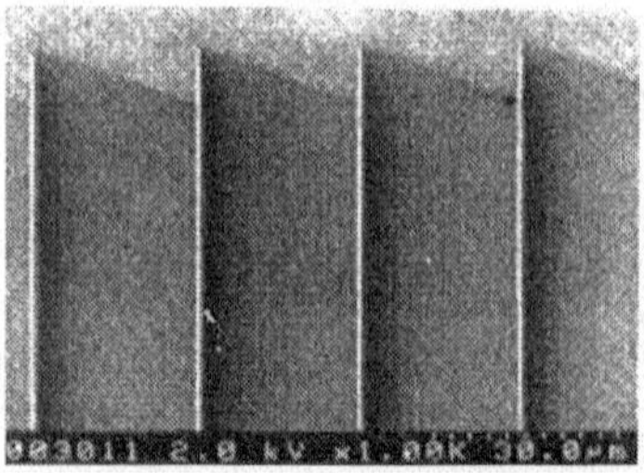

(a)V形槽，材料为含P的镍

(b)V形槽，材料为无氧铜

(c)窄深槽，材料为黄铜

图 9.46　在加工中心上用微型铣刀加工出的微型沟槽

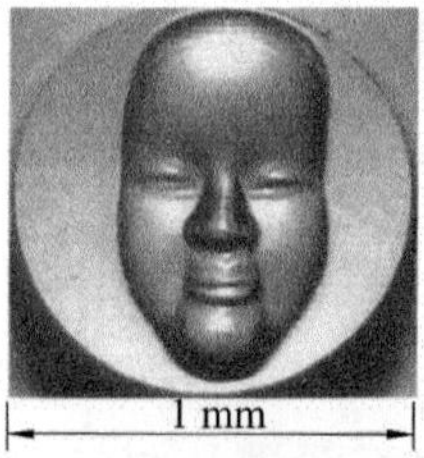


(a)微型人面浮雕

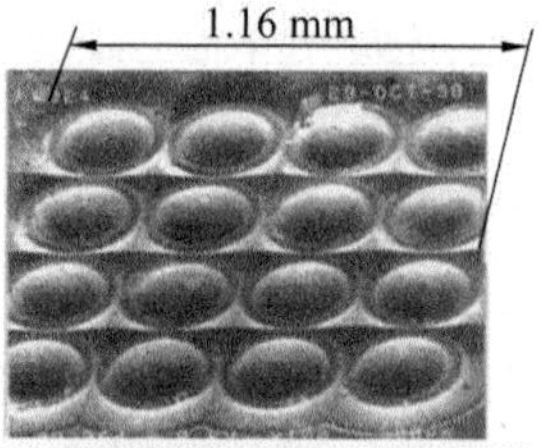


(b)微型凸面镜 4×4 阵列

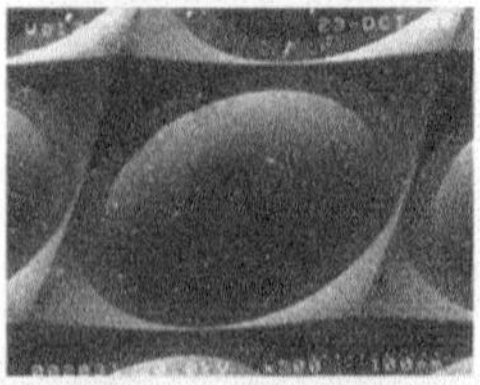

(c)微型凸面镜(放大)

(d)自由曲面

图 9.47　用五轴联动加工中心加工出的自由曲面微型工件

### 1.电火花加工技术

电火花加工(EDM)加工微细零件时，应采用高频率、小脉冲能量、小进给量，这样可以在导电材料上加工出极小的微孔和微细成形零件。图 9.48(a)所示是用电火花加工法制作出的 $\phi 5\ \mu m$ 微孔；图 9.48(b)所示是用电火花加工出的成形微汽车模具；图 9.48(c)所示是用该电火花加工出的微汽车模具压制出的微塑料汽车。

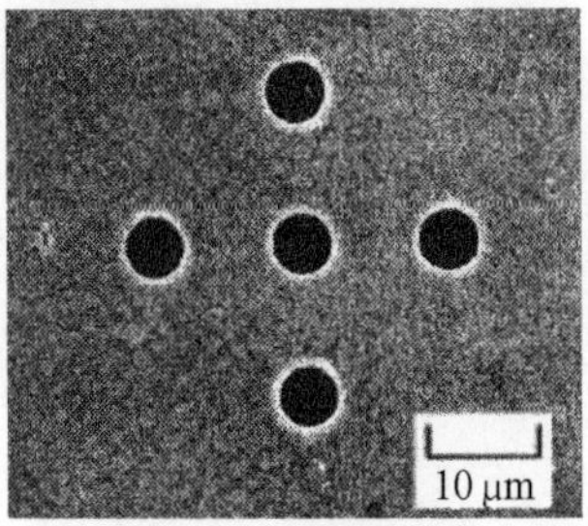


(a) 在金属上加工 $\phi$5 μm 微孔

(b) 加工成型微汽车模具

(c) 模具压制的微塑料汽车

图 9.48 用电火花加工制作的微孔和汽车模具

## 2. 电火花线磨削

电火花线磨削(wire electro-discharge machinmg，WEDM)可以加工出直径数微米到数十微米的导电材料的微阶梯轴、微针和进行微孔的精加工。图 9.49 所示是用 WEDM 加工出的$\phi$4.5 μm的金属微针。

## 3. 超声振动加工技术

超声振动加工方法可以在脆性材料(如石英、光学玻璃、陶瓷等)上，加工出不同截面形状的微孔。电火花加工法只能加工导电材料，而超声振动加工法可以加工脆性非导电材料。图 9.50 所示是用超声振动加工法在石英玻璃上加工出的 $\phi$4.5 μm 微孔。

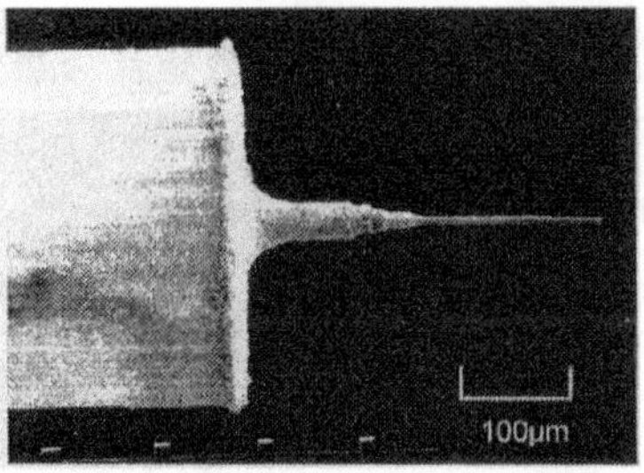


图 9.49 WEDM 加工的 $\phi$4.5 μm 微针，加工材料为淬火钢

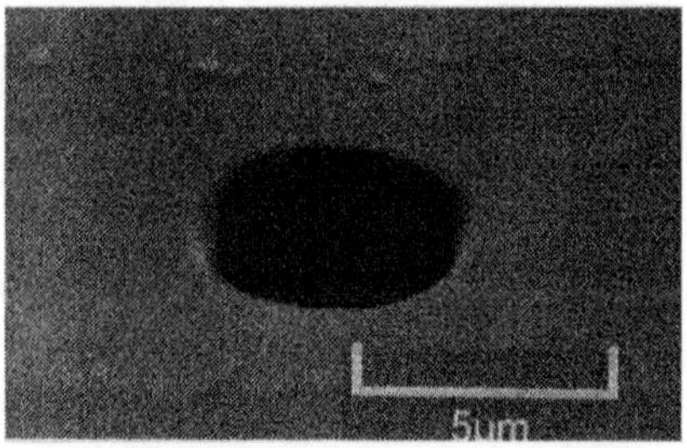


图 9.50 超声振动加工的 $\phi$4.5 μm 微孔，加工材料为石英玻璃

#### 4. 准分子激光微刻蚀加工

激光束刻蚀加工是光束加工中常用的一种加工方法。光束的基本粒子是光子，光子虽无质量但有很高的能量。激光刻蚀加工并非用光能直接撞击去掉工件表面的原子，而是光能先转化为工件表面原子的外部轨道上电子的势能，然后由原子的热能或动能去掉原子，一般是多个光子撞击一个原子，使其动能超过原子间结合能而气化去除，形成一种所谓"激光剥蚀"，从而达到去除原子的效果，即激光束加工是靠能量转换后的热效应进行加工刻蚀的。

激光有多种，如：$CO_2$激光，YAG 激光，准分子激光等，这几种激光中，准分子激光波长最短，如：氟化氪(KrF)准分子激光的波长为 248 nm，氟化氩(ArF)准分子激光的波长为193 nm。由于准分子激光的波长短，光子能量密度高，聚焦的束斑直径小，光学分辨率高，热作用区集中，对周边的热影响区较小，适宜用于微细结构的加工。但激光束刻蚀加工是靠能量转换后的热效应进行加工的，即工件表层材料最终是靠激光能量转化成热能而使原子气化而去除的，因此不可避免地在加工表面仍有热影响区和留有气体凝聚重铸物，如图 9.51(a)所示。准分子激光的脉宽为纳秒级(≈20 ns)，虽已远小于 $CO_2$激光和 YAG 激光，加工表面质量也已好很多，但仍有一定的热影响区和留有气体凝聚重铸物。图 9.51(b)所示是纳秒激光打孔表面的 SEM 照片，可明显看到表面上留有凝聚重铸物。

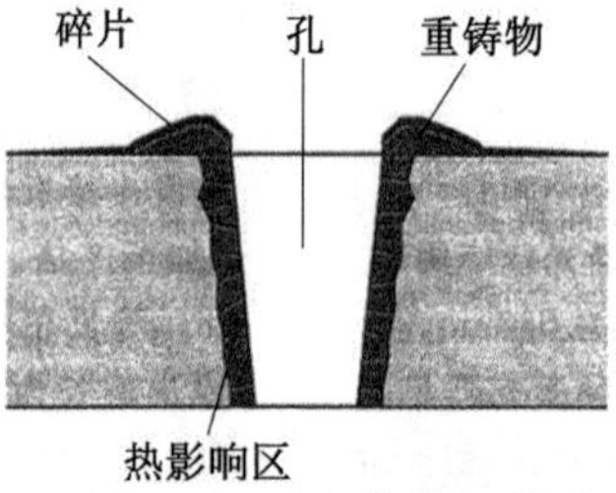


(a)加工表面的气体凝聚重铸物

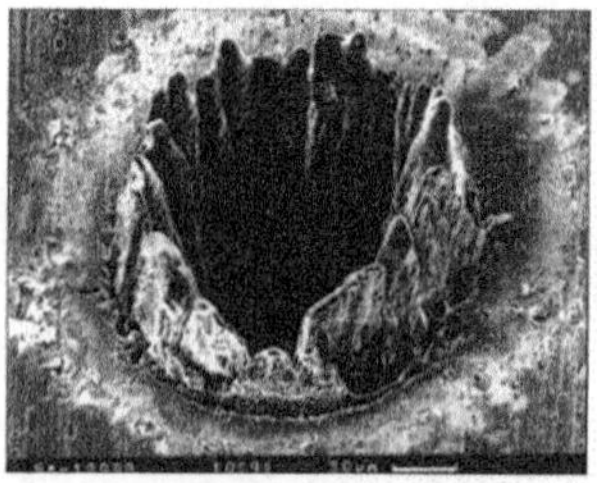

(b)纳秒激光打孔表面

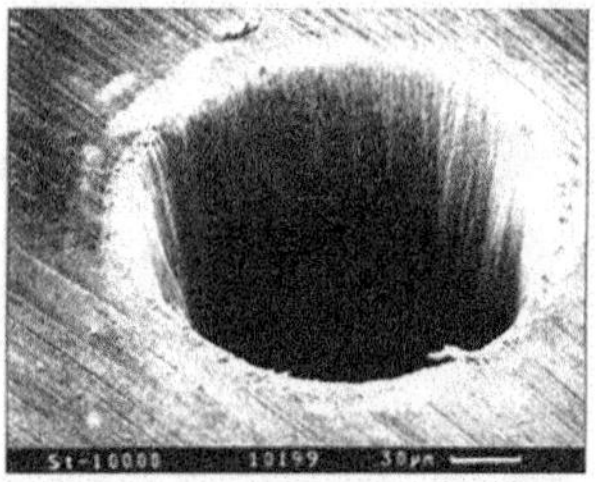

(c)飞秒激光打孔表面

图 9.51 激光微加工的表面质量

激光加工技术最新重大发展是飞秒脉宽的蓝宝石激光的应用，它的脉宽比准分子激光要小几个数量级，这种激光刻蚀加工时辐照时间如此之短，能量来不及传到相邻区域，可近似认为激光能量将材料直接由固态变成等离子气态，爆发式逸出材料表面，可认为基本是冷加工，不产生热应力和热变形，此方法可以加工任何材料，可以加工出精密高质量的表面和边缘。图 9.51(c)所示是飞秒激光打孔表面的 SEM 照片，可明显看到表面光洁，基本无凝聚重铸物。飞秒激光虽加工精度和表面质量甚高，但加工效率极低，且设备昂贵，故现在微机械制造中，仍主要使用准分子激光加工。

用准分子激光可以在薄板上加工微孔，切割微槽，可以直接扫描，在工件表面进行微雕刻形成三维微结构。准分子激光加工的典型扫描速度为每秒几厘米，每个输出脉冲能量约为50 μJ，每次扫描烧蚀深度为 10 nm 到数微米，可一层一层地重复刻蚀而达到图形要求深度。用准分子激光进行极微小字或图形的微刻蚀，可以用于制造防伪标志。图 9.52(a)是用准分子激光在微型钛合金管上切割的成形槽，图 9.52(b)是用准分子激光在一根头发上雕刻的微小的字，图 9.52(c)是用准分子激光刻蚀成的有较大深度的三维立体微结构。

(a)在钛合金管上切的成形槽

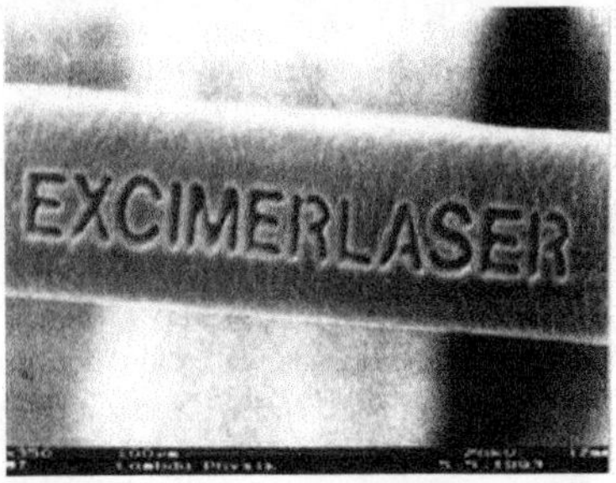

(b)在头发上刻的字

(c)刻蚀的三维微结构

图 9.52　准分子激光直接扫描刻蚀加工出的精密微结构

**5. 激光三维快速微成形加工技术**

激光三维快速成形加工属于光造型技术。图 9.53 所示是这种激光立体快速微成形加工的工作原理示意图。将高分辨率的激光精确聚焦成微光斑照射光敏树脂，使光敏树脂被照射点局部固化。使用此技术加工三维结构时，将结构按高度分成很多切片层，用 CAD/CAM 生成每层切片图形和激光扫描的最佳路径。然后通过数控系统，使激光逐层按微结构图形逐点扫描照射光敏树脂，使光敏树脂从下向上一层一层地按照射图形固化，最后得到固化树脂的三维立体复杂形状的微结构。

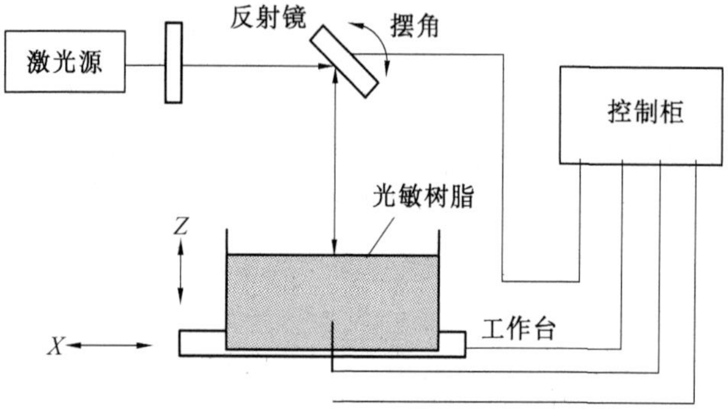


图 9.53 激光立体快速微成形原理

激光快速微成形系统比传统的激光快速成形系统尺寸要小很多，工作台位移可控制在微米级，加工微构件尺寸最小可到几十微米，成形精度在 10 μm 以内。激光三维快速微成形技术最近的另一新发展是用红外激光，因为红外光在高分子液体中几乎不被吸收，只有当焦点处能量大于某阈值时，高分子材料才产生固化作用，该方法被称为“双光子吸收固化技术”。可用红外激光进行三维扫描，直接制成精密复杂的微型三维构件，该方法的缺点是加工三维实体时效率较低，因需将实体内部全部逐点扫描固化。图 9.54 是激光三维快速微成形技术制成的微器件。

激光快速微成形法已在制造微机电系统中得到实际使用。美国 Sandia 国家实验室在制造小车型微机器人时，用这种方法制成立体的形状复杂的微小车外壳，外壳内制成的凹凸空间正好容纳各微部件，成为各微部件的固定基座，使微机器人体积得以明显缩小。

**6. 离子束加工技术**

离子束加工技术在微机械和微机电系统制造中，有较大应用前景。离子束加工原理在前面已有较详细的讲述，这里再补充该方法在微机械及微机电系统制造中的应用。

(1)聚焦离子束刻蚀加工。

离子束溅射刻蚀加工的基本原理，是在真空条件下，将惰性气体氩(Ar)、氪(Kr)、氙(Xe)等电离而产生离子束，再经过加速、集束、聚焦后，轰射工件表面，将工件表面原子碰撞出去，以达到加工的目的。离子束加工是由离子将工件表面原子轰击碰撞出去而实现材料去除的，不通过热能的转换，故理论上应能有较高的加工效率和较高的加工精度。这种方法还有工件原子的一次溅射、二次溅射、

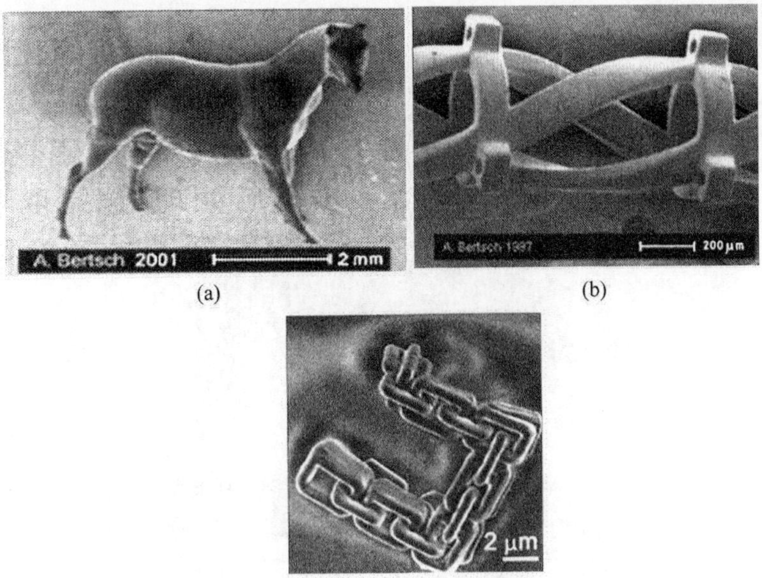


(a)　(b)　(c)

图 9.54　激光三维快速微成形技术制成的微器件

回弹溅射、离子被排斥反弹成置换离子等问题，影响加工效率和加工表面质量，需要进一步研究解决。这种工艺方法合理应用时能达到一定精度，目前已是精密微机械直接刻蚀成形的主要方法，并已在实际生产中应用。

离子束轰击刻蚀加工要获得好的加工效果，需注意：①离子束最佳入射角为 80°，大于或小于这角度，加工效果将变差。②溅射原子的再沉积直接影响加工效率和加工表面质量，故加工较深图形时，应采用来回多次扫描刻蚀，可减少表面沉积物对加工的影响。③离子束刻蚀加工时能量应在 10～30 keV 间，再增加入射离子束能量，只能增强离子的穿透性而不能提高刻蚀效率。④离子束溅射（轰击）刻蚀加工时再加入化学活性气体，可使刻蚀效率提高好几倍，并可大大减少溅射原子的再沉积，这实际上是离子溅射刻蚀并激活化学气体刻蚀的综合加工。注意应根据工件材料选择合适的化学活性气体才能有效，如：离子束溅射刻蚀铝（Al）时，加入氯气（$Cl_2$）可提高加工效率 7～10 倍；刻蚀硅（Si）和二氧化硅（$SiO_2$）时，加入氟化物气体（$XeF_2$）可提高加工效率 7～12 倍。

图 9.55 所示是在直径为 4 μm 的圆球上用聚焦离子束刻蚀出一个小环形槽，这样小的环形槽用其他方法加工是很困难的。图 9.56 所示是离子轰击刻蚀（加化学活性气体辅助）制成的微硅尖阵列。离子束轰击刻蚀加工法现已在大生产中应用，如现在计算机硬磁盘的读写磁头，最后需要用这种方法加工进行精修。读写磁头先用光刻方法加工，因成品磁头端部尺寸较大，需最后用离子束刻蚀切割到只有 100 nm 左右，磁头端部尺寸减小，可大大提高磁头的分辨率，大大

提高硬盘的读写密度和容量。刻蚀微切割工序(定位和加工)已全部自动化,只要2～4 s即可完成。

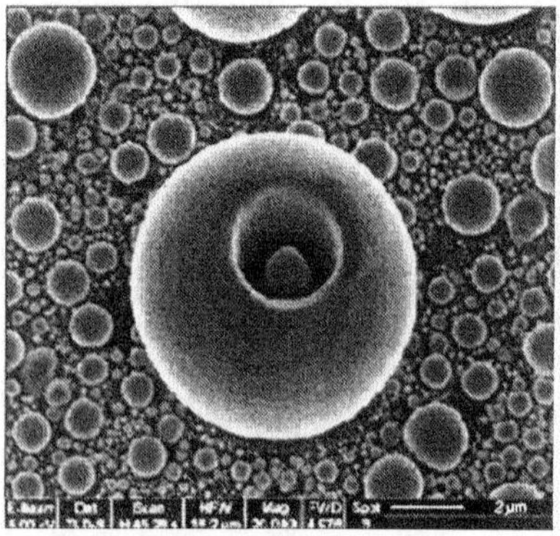

图 9.55　离子束在 4 μm 圆球上刻蚀环形槽

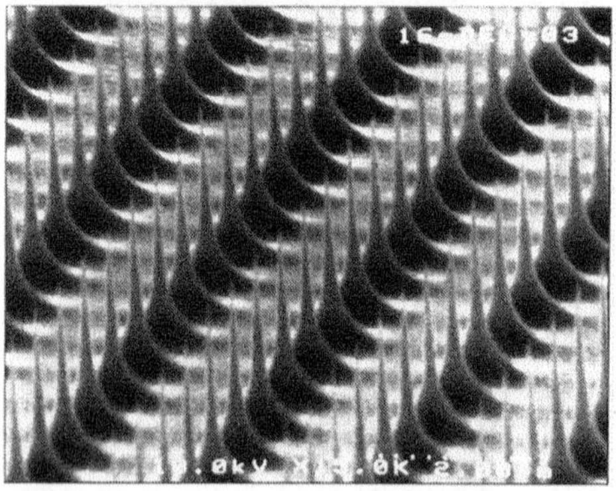

图 9.56　离子束(化学气体辅助)刻蚀的硅尖阵列

(2)聚焦离子束深刻蚀加工。

为提高离子束刻蚀加工效率,可加入化学活性气体,在刻蚀深槽(孔)时,底面刻蚀速度大大加快,但化学活性离子亦将同时侵蚀侧壁,因而不能加工较深的槽。新发展的离子束深刻蚀加工技术(Bosch 工艺)是在每次加化学活性气体离子束刻蚀后,通入钝化气体使加工表面钝化而生成钝化膜,可防止槽侧壁受活性离子侵蚀。下次再通入化学活性气体刻蚀时,只有槽底面的钝化膜因受离子束轰击而去除,刻蚀加工仅在底面进行,这样周而复始,只对槽底面继续刻蚀去除,可有较高效率,侧壁则被保护。经实验实测,用此工艺加工的深 70 μm 槽的侧壁,表面波纹起伏小于 20 nm,完全能满足微机械的质量要求。英国 STS 公司已有这种离子束深刻蚀加工系统的商品,刻蚀硅时能达到 20 μm/min 以上的刻深效率。图 9.57 所示是用聚焦离子束深刻蚀加工技术加工出的两种较复杂的微硅结构件,可看到该微结构件刻蚀深度大,侧壁垂直度好且表面光洁。在无深度同步辐射 X 射线光源不能用 LIGA 工艺时，可使用此工艺方法制造深度较大的微结构件。

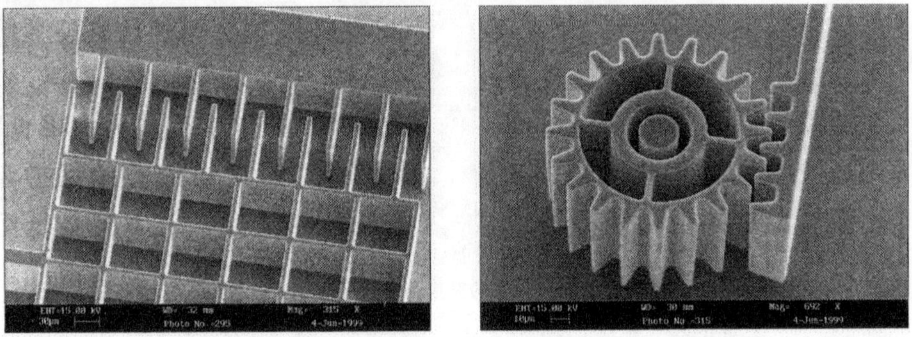

(a)　　(b)

图 9.57　聚焦离子束深刻蚀加工法制成的微硅结构件

(3)聚焦离子束沉积加工。

聚焦离子束可在工件表面进行沉积加工，而构成三维纳米微结构。这种加工方法的工作原理如图 9.58(a)所示，实际上是离子束激发的特定区域化学气相沉积。特定气体被喷射到工件表面而被吸附，在等离子束照射作用下，气体分解而沉积在工件表面。使用 $WF_6$、$C_7H_7F_6O_2Au$、$(CH_3)_3NAlH_3$ 等气体可分别沉积出 W、Au、Al 等金属的微结构。在工件材料为硅，离子束沉积加工时只要通入少量水蒸气，即可沉积出 $SiO_2$。离子束辅助化学气相沉积能加工制造三维纳米微结构，此技术的关键是，新沉积层能使悬臂伸出原来的沉积层基础，每层伸出长度不超过该层的厚度。S. Matsui 用离子束沉积工艺方法制成多种三维微结构，图9.58(b)所示是他用这种新工艺制成的微弹簧，离子束沉积时使用 30 keV 的 $Ga^+$ 离子源，微弹簧直径为 600 nm，螺距为 700 nm，线径为 80 nm。图 9.58(c)所示是他用这种工艺制成的微波纹管，厚度为 100 nm，纹距为 800 nm，外径为 2 750 nm，高度为 6 100 nm。

聚焦离子束的刻蚀和沉积工艺现已在生产中用于集成电路芯片和光刻掩膜等的缺陷的修复。此外，这种工艺方法还可以用来对机械器件做精细调谐。微机械系统中大量使用谐振元件，过去这些谐振元件制成后谐振频率就已固定不能改变，现在可用聚焦离子束刻蚀或沉积工艺来改变谐振元件的质量，对谐振频率进行微调。

### 9.9.3　精密塑性成形加工技术

精密微塑性成形加工技术被利用已成功地制造了多种微型器件。图 9.59(a)所示是用塑性成形法加工的微小零件，小端直径 0.8 mm，大端直径 1.9 mm 和

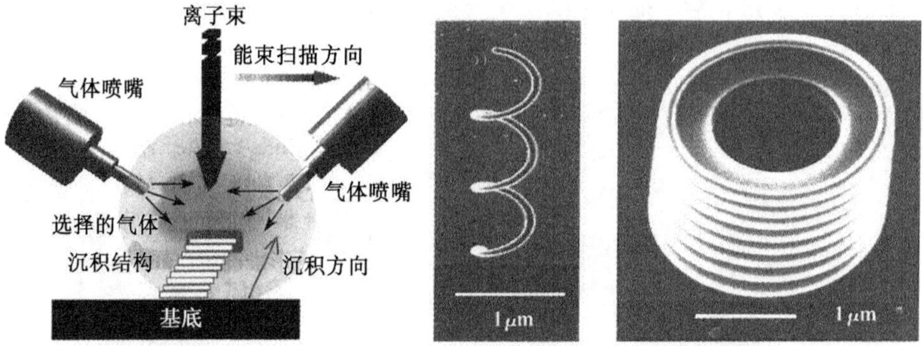


(a)离子束沉积加工原理　　(b)制成的微弹簧　　(c)制成的微波纹管

图 9.58　离子束沉积加工原理及制成的三维立体微结构

1.4 mm，内孔壁厚125 μm，材料为铜。图 9.59(b)所示是用塑性成形法加工的微小螺丝，是使用直径为 0.3～0.8 mm的金属丝加工而成的，螺纹部分直径为20～50 μm。

国外已研制成功多种微型塑性成形加工设备。图 9.60 所示是 Gunma 大学研制的微型超塑挤压机，可以用于加工制造微型齿轮轴等多种微型零件。

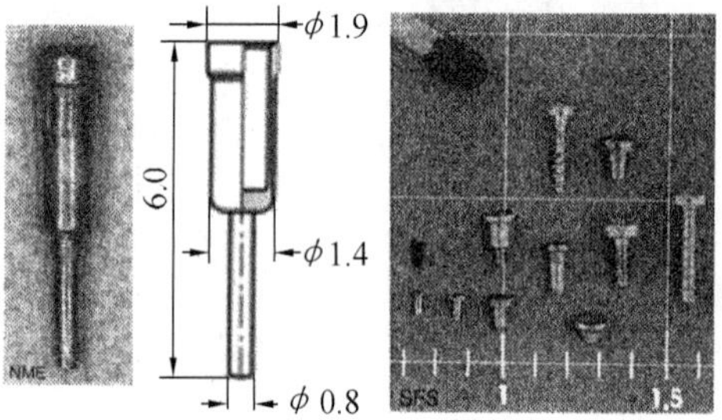


(a)　微小的带内孔的轴　　(b)　微小螺丝

图 9.59　塑形成形加工微型零件

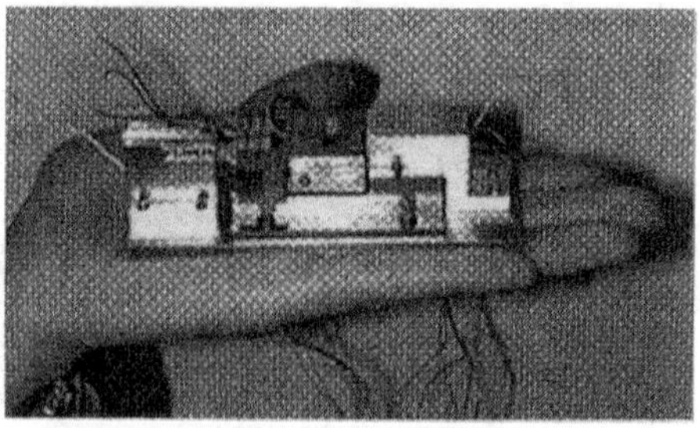

图 9.60　微型超塑挤压机(Gunma 大学)

## 9.9.4　微型工厂

国外已研制成功多种微型数控机床设备以加工微型器件，并用微型机床组成了微型工厂。图 9.61 所示是日本研制的一个微型工厂。该工厂内有一台数控车床、一台加工中心、一台冲床、机械手以及监控系统等。它可以在人的监控下，自动进行加工和传输。此微型工厂的长度为625 mm，宽度为 490 mm，高度为380 mm，全部质量约 34 kg，使用100 V (AC)电压供电，每台机床有三台数码摄像机监视其加工情况。该微型工厂已经加工出若干微型零件，并装配成微部件，已经实际制成 $\phi$0.9 mm 的滚珠轴承。

图 9.61　微机械制造厂(内有车床一台、加工中心一台、冲床一台、机械手、监控系统等)

## 9.9.5　微机械和微机电系统的装配技术

微机械和微机电系统因为体积小,尺寸一般都是微米级和毫米级,人手拿持困难,装配时只能采用:①用微机械手和微型夹持器(遥控镊子)来夹持微器件,通述遥控半自动操作进行装配;②使用自动微装配系统来实现高精度与高速的自动装配,装配时都同时使用 CCD 数码摄像机,实时监测装配过程。微机电系统的自动装配技术近来有较大的进展。

### 1. 微型夹持器(遥控镊子)

(1)静电驱动微夹持器。

图 9.62 所示是 C. Kim 研制的静电驱动型微硅夹持器。该夹持器全长 400 μm,厚度为2.5 μm,在施加直流 45 V 电压时,夹口完全闭合。当加最大电压50 V时,夹持力为 0.1 μN。使用此夹子曾夹持过 $\phi$2.7 μm 的聚苯乙烯球、干的红细胞和其他微型器件。

(2)压电传感器驱动的微夹持器。

J. Breguet 等研制了压电传感器驱动的微夹持器,如图 9.63 所示。该微夹持器是用一块压电陶瓷经线切割制成,全长 30 mm,在驱动电压为 150 V(DC)时,夹口可最大张开 18 μm。夹持臂长 14 mm,臂上有测夹持力的传感器,可控制夹持力的大小。

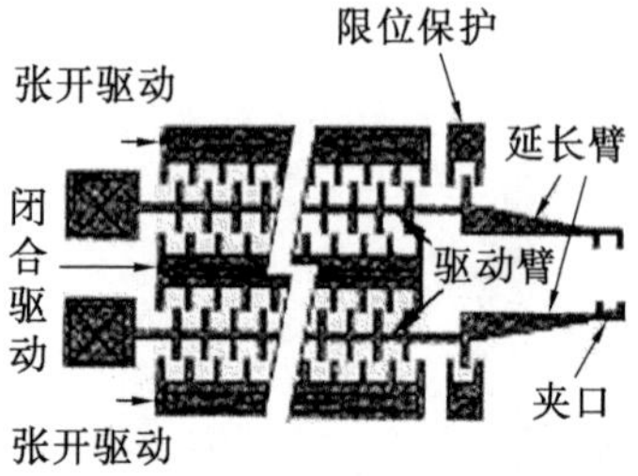


图 9.62　静电驱动微夹持器

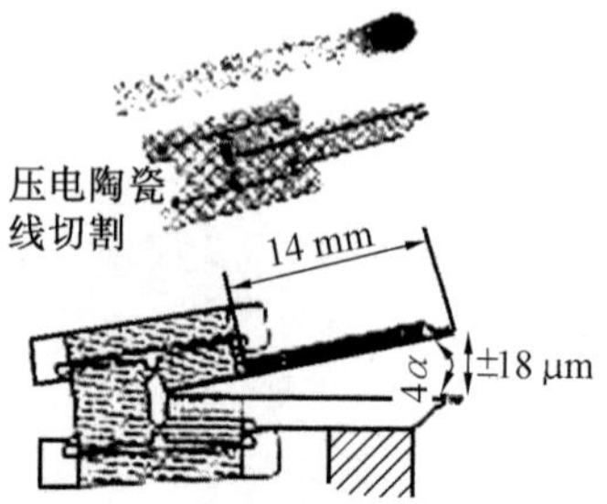


图 9.63　压电驱动微夹持器

(3)双金属片和热变形驱动的微夹持器。

国外开发了多种双金属片等热变形驱动的微夹持器,它是通过改变外加温度使夹持器夹口开合,以夹持微器件。图 9.64 所示是美国加州大学伯克利分校研制的一种热驱动的微夹持器,靠夹持臂热变形来使夹口开合,以夹持微器件。该微夹持器全长 9 mm,宽 2 mm。

图 9.64　热驱动微夹持器

**2. 微机械和微机电系统的自动微装配技术**

微机械与微机电系统的自动装配技术近年发展很快,目前实验室中已开发出的典型的微装配系统有下面几种类型。

(1)用光学监控的半自动微装配系统。

图 12.65 所示是日本 T. Sato 等人研制的光学监控微装配系统,该微装配系统的机械结构部分如图 12.65(b)所示,由左右机械手、作业台、光学立体显微镜等组成。左机械手可平移和旋转(共 5 个自由度),行程为 ±2 mm,定位精度为 ±2 μm,三轴工作台的行程为 ±5 mm,定位精度为 ±2 μm。立体光学显微镜的放大倍数为 45～384 倍。装配工作为半自动化。

(2)用扫描电子显微镜监控的自动微装配系统。

日本东京大学 T. Suga 等研制成这种微机械自动装配系统,由主装配机和送进装配系统组成。图 9.66 所示是它的主装配机的工作原理示意图。自动装配系统在高真空的真空室中工作,装配工作在 SEM 监视下自动进行。自动装配机内有多自由度的工作台和多自由度的机械手,可以非常灵活地夹持需装配的微型零件。装配件表面用离子束溅射,使表面洁净活化,两洁净活化表面被压到一起,两零件表面即牢固粘在一起,并不需用胶或其他黏结剂。操作过程用 SEM 实时进行监测。用此方法装配时,两零件的相互位置必须精确对准,因为两洁净活化表面并合到一起后,结合非常牢固,很难再分开或串动,两零件只能是一次装配成功。

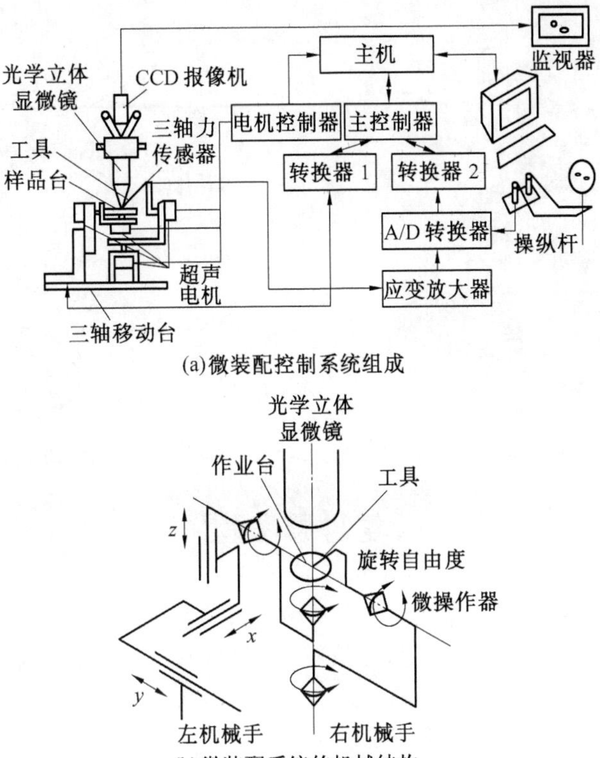

(a)微装配控制系统组成

(b)微装配系统的机械结构

图 9.65 光学监控的自动微装配系统(T. Sato)

用扫描电子显微镜监控的微装配系统具有放大倍数大、焦距深、分辨率高等优点,可监测到0.02 μm的物体,是一种先进的装配系统,但操作较复杂且价格昂贵。

(3)加工和装配集成系统。

日本东京大学 Y. Hatamura 等开发了三维微结构件的加工和装配集成系统,图 9.67 所示是该集成系统的加工和装配过程示意图。微型零件在微型加工中心上制造,然后传送到一起,进行装配,所有过程均自动化,集成在一起成为一个微结构件的制造和装配的集成系统。集成制造装配系统的全部长度为 1 620 mm,宽为 950 mm,高度为 1 750 mm。

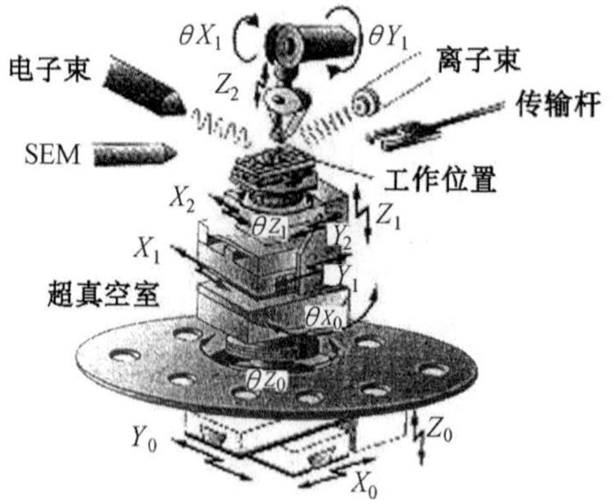


图 9.66 微机械的自动装配机(T. Suga)

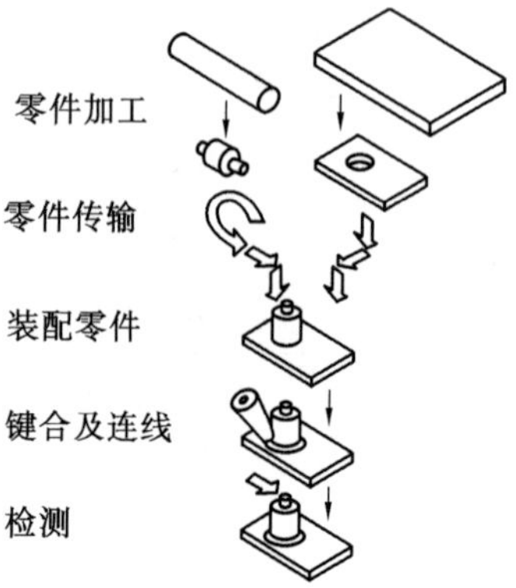


图 9.67 微结构的加工装配过程

## 复习思考题

1. 微机械和微机电系统的制造中常用哪些精密微加工方法?

2. 简述大规模集成电路的制造技术,并分析其应用于微机械和微机电系统制造的可能性。

3. 简述微机械和微机电系统制造中的薄膜制造技术。

4. 简述光刻技术的原理和方法,以及其在微机械和微机电系统制造中的应用。

5. 简述光刻工艺中的三维立体刻蚀技术的基本原理、方法以及它在微机械和微机电系统制造中的应用。

6. 简述 LIGA 制造技术的基本原理、方法和在微机械和微机电系统制造中的应用。

7. 简述牺牲层工艺的基本原理、方法和在微机械和微机电系统制造中的应用。

8. 简述微器件基板键合技术的基本原理、方法和在微机械和微机电系统制造中的应用。

9. 简述精微机械加工技术的发展和在微机械和微机电系统制造中的应用。

10. 简述电火花加工、超声振动加工、准分子激光加工等特种精密微加工技术的发展和在微机械和微机电系统制造中的应用。

11. 简述微机械和微机电系统的装配技术的发展。

# 参 考 文 献

[1] 李栓庆. 微机械微米/纳米加工技术现状[J]. 仪器仪表学报,1996,17(1):45-49.

[2] 陈迪. LIGA 技术进展[J]. 仪器仪表学报,1996,17(1):57-59.

[3] TANIGUCHI N. Nano-technology-integrated processing systems for ultra-precision and ultra-fine products[M]. Tokyo: Oxford University Press,1996.

[4] HATAMURA Y,NAKAO M,SATO T. Construction of an integrated manufacturing system for 3D microstruture-concept[J]. Design and Realization. Annals of the CIRP, 1997,46(1):313-318.

[5] VORBURGER T,DAGTA J. Industrial use of the STM and AFM[J]. Annals of the CIRP,1997,46(2):597-620.

[6] 袁哲俊,王先逵. 精密和超精密加工技术[M]. 北京:机械工业出版社,1999.

[7] 苑伟政,马炳和,毛竹群. 基于 MEMS 的微型飞机(MAV)关键技术[J]. 航空精密制造技术,2000(3):1-5.

[8] 苑伟政,马炳和. 微机械与微细加工技术[M]. 西安:西北工业大学出版社,2000.

[9] BRUSSEL H VAN. Assembly of micro-systems[J]. Annals of the CIRP,2000,49(2):451-472.

[10] MASUZAWA T. State of the art on micro-machining[J]. Annals of the CIRP,2000, 49(2):473-488.

[11] CORBETT J. Nano-technology: international developments and emerging products [J]. Annals of the CIRP,2000,49(2):523-546.

[12] GEIGER M. Micro-forming[J]. Annals of the CIRP,2001,50(2):445-462.

[13] 石庚辰. 微机电系统技术[M]. 北京:国防工业出版社,2002.

[14] 李德胜,王东红,孙金玮. MEMS 技术及其应用[M]. 哈尔滨:哈尔滨工业大学出版社,2002.

[15] 顾宁,付德刚,张海黔,等. 纳米技术与应用[M]. 北京:人民邮电出版社,2002.

[16] 朱屯,王福明,王习东,等. 国外纳米材料技术进展与应用[M]. 北京:化学工业出版社,2002.

[17] 刘吉平,郝向阳. 纳米科学技术[M]. 北京:科学出版社,2002.

[18] 薛增泉. 纳米科技探索[M]. 北京:清华大学出版社,2002.

[19] MASUZAWA T. EDM-lathe for micro-machining[J]. Annals of the CIRP,2002,51(1):355-358.

[20] YU Z Y. High aspect ratio and complex shaped blind micro-holes by micro-EDM [J]. Annals of the CIRP,2002,51(1):359-362.

[21] 刘广玉,樊尚春,周浩敏. 微机械电子系统及其应用[M]. 北京:北京航空航天大学出版社,2003.

[22] 王琪民. 微机械导论[M]. 合肥:中国科学技术大学出版社,2003.

[23] 莫锦秋,梁庆华,汪国宝.微机电系统设计与制造[M].北京:化学工业出版社,2004.
[24] 朱静.纳米材料和器件[M].北京:清华大学出版社,2003.
[25] MENZ W,MOHR J,PAUL O.微系统技术[M].王春海,于杰,等,译.北京:化学工业出版社,2003.
[26] ELWENSPOEK M,WIEGERINK R.微硅机械传感器[M].陶家渠,李应选,万达,等,译.北京:宇航出版社,2003.
[27] ALTING L,KIMURA F. Micro Engineering[J]. Annals of the CIRP,2003,52(2):635-658.
[28] 川合知二.图解纳米技术的应用[M].陆求实,译.上海:文汇出版社,2004.
[29] 袁哲俊.微机械制造中的三维立体光刻加工技术[J].制造技术与机床.2004(8):43-46.
[30] 袁哲俊.纳米科学技术的新进展[J].工具技术,2004(9):3-12.
[31] 莫锦秋,梁庆华.微机电系统设计与制造[M].北京:化学工业出版社, 2004.
[32] 李庆祥,李玉和.微装配与微操作技术[M].北京:清华大学出版社,2004.
[33] 雀铮.微纳加工技术及其应用[M].北京:高等教育出版社,2005.
[34] 周兆英,王中林,林立伟.微系统和纳米技术[M].北京:科学出版社,2007.

# 附录1　中国纳米科技至2050年的发展目标和可能取得的重要突破

根据中国科学院科技领域技术路线图项目总体部署的要求，我们将纳米科技发展路线分为三个阶段，确定了每阶段相应的发展目标。阶段间是承上启下的递进关系，上阶段是下阶段的基础，下阶段是上阶段的延伸与拓展。

第一阶段——增强竞争：从目前到2020年，以国家中长期科技发展规划为指导，圆满完成其确定的研究任务并加以补充，目标是使我国的纳米科技整体保持国际先进水平，并形成5～6个在国际上起引领作用的研究群体；

第二阶段——齐头并进：从2020年到2030年，目标是形成若干个对国民经济和社会经济可持续发展有重要影响的纳米科技成果；

第三阶段——引领世界：从2030年到2050年，目标是建立能引领世界并满足我国战略需求的纳米科技体系。

**1. 到2020年能产生重大影响或能实现的纳米科技**

(1)纳米材料与技术。

· 纳米复合材料：利用分子自组装等技术形成能控制纳米结构的功能材料。

· 纳米粒子，纳米团簇，纳米结构的宏量可控制备和性能开发。

· 纳米催化材料：纳米催化剂的量子尺寸效应、纳米孔道的空间限域等特性；纳米催化剂与载体间的相互作用。

· 有特定的两维和三维纳米结构和功能的纳米器件；用纳米结构和材料构筑宏观生物结构。

· 自组装纳米粒子和纳米图案阵列的低成本、环境友好的制备工艺；100 nm以下的高性能纳米陶瓷和纳米复合材料的规模化生产工艺。

· 碳纳米管的规模化工业生产问题和最具应用前景的技术：包括用于电子枪、催化剂和复合材料的碳纳米管。开发将纳米管用于电子枪中的高亮度阴极射线管显示器和扫描电子显微镜。研究用低温在表面大面积生长纳米管的方法，提升燃料电池电极的催化特性，提升纳米管聚合物复合材料的力学和导电特性。

·在无机材料和有机材料及其他材料中创造能在亚纳米尺度控制结构的新材料；开发具有新特性的功能材料；开发纳米一软机械和可编程的自组织等。

·利用生物大分子（蛋白质等）开发自组装纳米阵列系统平台；开发生物分子马达；开发时间分辨和空间分辨的纳米器件（如新兴的光一物质方法和人工/生物马达）。

（2）敏感、有选择性和可靠的固态化学与生物传感器。

·通过制备纳米结构和功能表面，开发纳米结构化学传感技术；了解在纳米尺度下分子与传感器之间的相互作用。测试新的传感器的结构性能；在原子尺度上控制传感器的表面，以及在原子水平上进行表征。

·开发极小尺度的多功能智能传感器和传感器网络系统（如无线、自动、泛在的信号处理、网络和通信功能）；开发用于医学诊断和保健、基于磁性隧道结的新一代超灵敏、低噪声的磁性传感器；利用生物传感器进行实时监测与保健联网，开发探测疾病的识别系统；开发实验室和医院认证系统等；开发适合于实验室和医院的新的光电传感系统，以用于快速分析样本的物理、化学和生物特性；开发改进基于微阵列生物芯片分析的新方法，目标是在高度复杂的样本中创建能快速、无标记地和低成本分析蛋白质 DNA 或 RNA 等生物大分子的集成系统。

（3）纳米生物医学。

·纳米诊断

原位实时医学诊断器件；分子影像学；可植入诊断用集成芯片，其最终目标是尽早在单细胞阶段发现疾病。利用纳米技术工具提高体内和体外诊断的效率。体内诊断的进步依赖于分子成像和小型植入器件的发展。利用具有特定对比衬度的纳米结构使目标组织成像，继而通过连续的成像监控可治疗的过程和结果。通过利用更好的示踪剂、造影剂及更好的检测系统可望早期、可靠地发现疾病。总之，纳米技术将对疾病诊断和新型药物研制方法产生重要影响。

·再生医学

人工皮肤和骨修复材料及技术；人工器官和组织再生；用于骨关节炎的软骨自再生治疗；生物体外工程器官修补；用于骨组织再生的智能生物材料。

利用生物体自身的修复机制，预防和治疗一些慢性疾病（如糖尿病、骨关节炎、心血管和中枢神经系统的退化性障碍、致残性损伤等；引发骨关节炎中新软骨的再生；引导生物体中枢神经系统和心脏的自我修复机能等）。基于纳米技术发展原位组织再生治疗方法。利用增强氧化锆和氧化铝纳米复合材料创造生命周期超过 30 年的陶瓷一陶瓷移植材料；建立纳米工程支架以支撑眼角膜内不同类型细胞的生长。利用纳米技术模仿自然的情况，实现蛋白质、肽、基因的顺序输送，这样便可得到生物活性材料，它以受控的频率释放信号分子，继而依次引发周围细胞做出反应。

·靶向药物传递

其目标是实施能定向于生物体内特定细胞或受体的可控药物治疗。

通过纳米技术实现现有药物的可控输运和释放；开发新的靶向药物，并实现更先进、更有效的靶向药物传递技术；同时考虑纳米颗粒药物的安全性。

纳米仿生的药物载体，体外可控的传递系统。与生物体相互作用的自调节传递系统。

纳米材料和器件的生物毒性、稳定性及药代动力学。

(4)纳米计量学。

·发展电子学、生物科学、环境科学和能源科学所需要的纳米计量学/分析/制造技术；实现具有 5 nm 分辨率的三维测量技术和标准。

·发展纳米结构/纳米特性的三维可视化技术；原位、实时、活体的单分子检测、单分子操纵；直接控制纳米结构的纳机电系统(NEMS)；研究量化生物系统与纳米粒子之间的相互作用。

·实现 1 nm 或亚纳米分辨率的测量精度。

(5)纳米环境监测和治理技术。

·研发应用于化学、生物、辐射及核暴露的智能纳米传感器与纳米检测技术；应用于水、空气、土壤、食品污染等领域的纳米治理技术。

·发展基于纳米技术的绿色制造、绿色农业与食品加工等技术。

·确定和降低纳米技术对人类健康和环境潜在危害，包括对暴露于工业化纳米材料、纳米结构材料、基于纳米器件及其副产品的人、动物和环境的研究。

·研究能够使科学家在纳米材料的整个生命周期内评价其潜在影响的系统和方法。参与制订国际纳米毒物学测试标准和协议。

·纳米技术在环境领域的潜在突破还有：用纳米机器人和智能系统对环境和核辐射废料进行管理；用纳米过滤材料分类处理核燃料中的同位素；用纳米流体提高核反应堆的冷却效率；用纳米材料清除污染(包括饮用水的深度处理，密闭空间的空气净化，土壤、地下水污染的原位治理等)。

(6)纳米能源技术。

·研究应用于制造有效能源的新型非贵金属催化剂，长效低成本可再充电电池，基于纳米光电材料的高效率低成本太阳能电池和基于纳米结构的热电转换技术，高效燃料电池及其催化剂，高效的制氢技术、储氢技术和储氢材料及氢能源。

·通过特定的纳米材料提高能源的有效利用；开发基于纳米结构的智能节

能材料，基于纳米材料的耐磨损涂层及自修复润滑材料。

·基于纳米复合材料的高性能、长寿命电池；基于纳米材料的高效燃料电池催化剂及储氢材料。

(7)纳米制造与加工技术。

·纳米材料规模化制造和质量控制：主要包括纳米管和各种纳米线、金属(合金)和金属氧化物纳米粒子、有机高分子材料；在线过程监测和过程控制的一体化实时表征技术；纳米材料自组装(包括：多层薄膜的组装，应用实验室小规模的分子或生物自组装技术实现大规模加工；开发原位监测和过程控制方法，确保纳米结构的一致性和低成本制造)；发展由纳米尺度的自组装到宏观尺度制造的集成技术。

·发展 30 nm 以下 CMOS 的制造工艺和更先进的微加工技术；集成“自上而下”和“自下而上”的制造方法。

·研发用于天然和人工核酸的“智能材料”的纳米加工、操纵的方法和工具。

(8)纳电子学。

充分发掘纳电子技术在延伸摩尔定律(Moore’s law)中的作用，开展特征尺寸为 30 nm 以下芯片；利用新的物理现象扩展 CMOS 的功能和新的系统结构；CMOS 与其他纳米器件集成的界面技术。具体内容如下。

·纳米存储技术：太比特单电子存储器；超高集成非挥发、动态和随机存储器、高密度数据系统和“单芯片系统”；太赫兹数字集成电路；磁性随机存储高度集成工艺。

·自旋电子学：自旋晶体管和逻辑器件。

·分子电子学：分子开关的设计与合成；分子器件的制造与表征；互连器；计算机的新运算法则与结构；可控的有机功能纳米结构材料的制备技术及其器件的应用。

(9)纳机电系统。

实现微机电向纳机电的过渡技术；研发生物仿生学应用于纳机电系统的组件；将单组件集成为用于药物传递的可操作的纳机电系统器件；研究纳机电系统器件涉及的伦理问题。

(10)纳米尺度的建模和计算方法。

·研究纳米尺度的结构与性能的关系，预测和评估纳米材料的服役行为，探索新型纳米器件的工作原理；探索具有纳米尺度空间分辨率和高时间分辨率的模拟原理和方法；研发将从头算与分子动力学相结合的宏观系统的多尺度模拟。

·生物医学系统与纳米材料和生物组织之间相互作用的现实模拟；活体细胞的生命过程的可靠模拟；环境问题(包括纳米污染)的整个周期的模拟。

## 2. 至2030年能产生重大影响或能实现的纳米科技

(1)纳米诊断。

基于纳米技术的分子影像技术(多功能纳米粒子、标识分子等);用于实时、快速分析的医学诊断器件;用于体外诊断的集成芯片;生物仿生传感器;利用纳米传感器和影像技术对主要疾病的早期诊断,包括癌症、老年退化性疾病和心脑血管疾病等,辅助人们对疾病的早期监测和对化学、生物试剂的后续追踪;增进在单细胞水平上对疾病的了解。可精确诊断癌症和其他严重疾病,能在短时间内提供治疗信息支撑的生物芯片诊断系统。

(2)再生医学。

用于可植入器件和组织工程的纳米材料;用于治疗糖尿病的胰岛再生纳米医药;用于心肌组织再生的智能生物材料;修复老年退行性疾病的纳米医药;使脊髓和肢体修复的神经再生纳米医药。

(3)靶向药物传递。

基于基因工程的药物输运系统:治疗用多肽和蛋白质(生物药物)传递系统,细胞、病毒和基因靶向系统,多库药物传递芯片;治疗癌症的磁性和顺磁性纳米材料和枝状聚合物;治疗与医学影像相组合的系统。

(4)纳米制造技术。

· 通过对纳米尺度操纵和对原子、分子的控制制成具有新功能和特性的宏观纳米材料,包括纳米层次超高精密加工技术、机械控制技术和传感器技术,可穿戴的计算机和纳机电系统。

· 研发纳米尺度材料、结构、器件和系统及其制造的规模化、可靠性和有效性,包括研发和集成"自上而下"的加工技术,日益复杂的"自下而上"的自组装加工技术;发展纳米结构和纳米系统的高速合成和加工的新技术。

(5)纳米材料应用。

纳米材料(传统纳米材料包括金属、陶瓷、半导体材料等,新型的纳米材料包括纳米线、纳米管、纳米涂层、纳米球等)在下述方面的潜在应用:轻质、高强和高韧性纳米金属材料,新型催化剂,智能节能材料与绿色涂料,智能纺织品,新型激光介质,水净化,治理土壤、地下水污染,燃料电池和太阳能电池,医用康复材料。

(6)纳米技术在电子、光电子、能源和环境技术中的应用。

· CMOS替代技术中的新原理、新设计和新材料;具有人一机交互功能、能创造"有意识的环境"的计算机系统。

· 监测建筑、桥梁、机械和交通的智能传感器;监测食品、水、植物、安全和人类健康等的纳米芯片。

· 全光信息处理技术(如全光交换)。

·纳米催化剂的工业应用。

**3. 至 2050 年能实现的纳米科技**

·分子电子器件。

·实现量子计算和全量子信息处理技术。

·超小型智能机器人。

·仿脑纳米芯片、脑一机直接对话、脑一脑直接对话。

·氢能技术、转基因的高效能源转化植物、有机的能源转化材料(热电转换、化学能转换、光电转换等)与技术。

·用于治疗麻痹、失明和其他神经系统疾病的纳米修复技术。

·用于体内诊断的集成芯片:提高利用纳米传感器和影像技术对主要疾病包括癌症早期诊断的有效性。发展对疾病的早期监测和对化学与生物试剂的后续追踪的纳米技术,实现个性化治疗。

·通过外部信号实现药物传递和基因治疗的调控,提高病人生存质量,延长生存时间。

·纳米技术诱导组织和器官再生。

# 附录 2　中国至 2050 年纳米科技发展路线图

我们分别绘制了至 2020 年、2030 年和 2050 年的纳米科技发展路线图总图和三条纳米技术快行线。

**1. 纳米科技发展路线图总图**

至 2020 年、2030 年和 2050 年的短期、中期和长期实现的纳米科技发展路线图见图 1。

**2. 通往 2050 年的三条纳米技术快行线**

纳米技术是高度跨学科、广泛影响并应用于诸多学科领域的科技,我们重点绘制了从目前通往 2050 年的三条纳米技术快行线(图 2～4)。

(1)信息快行线(图 2)。

**2020 年**

重点突破目标:我们纳米信息存储和显示功能材料与器件产业实现重点突破,将拥有自主知识产权的核心技术,相关微纳电子、纳米电子材料和器件基本实现自给。

重点突破内容:

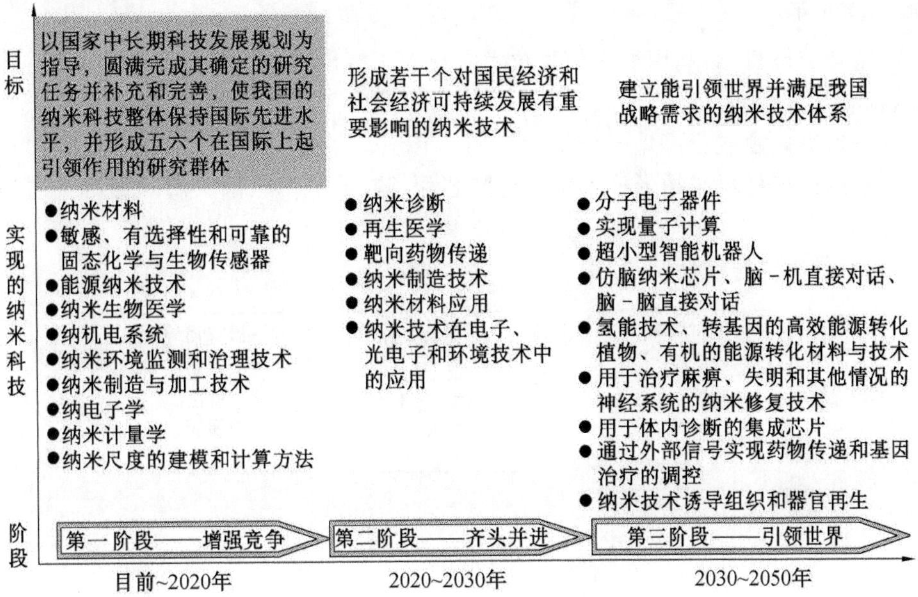


图 1　至 2020 年、2030 年和 2050 年的短期、中期和长期实现的纳米科技发展路线

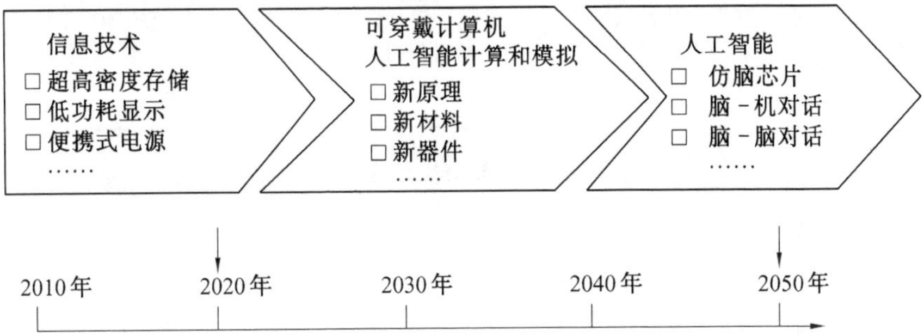


图 2　信息快行线

· 实现超高密度存储的材料与器件；

· 实现低功耗纳米显示材料与器件；

· 利用纳米材料与技术研发出便携式电源。

**2030 年**

重点突破目标：柔性信息功能材料与器件获得突破，相关纳米信息材料和器件进入国际领先和国际先进水平。

重点突破内容：

· 基于纳米信息材料与器件研制出可穿戴的计算机；

· 实现基于新原理、新材料和新器件的人工智能计算和模拟。

**2050 年**

重点突破目标：利用纳米信息技术实现人工智能，满足社会对信息爆炸时代材料和器件的要求。

重点突破领域：

利用纳米材料与纳米技术实现仿脑芯片、脑一机对话、脑一脑对话等人工智能(图 3)。

(2)健康快行线(图 3)。

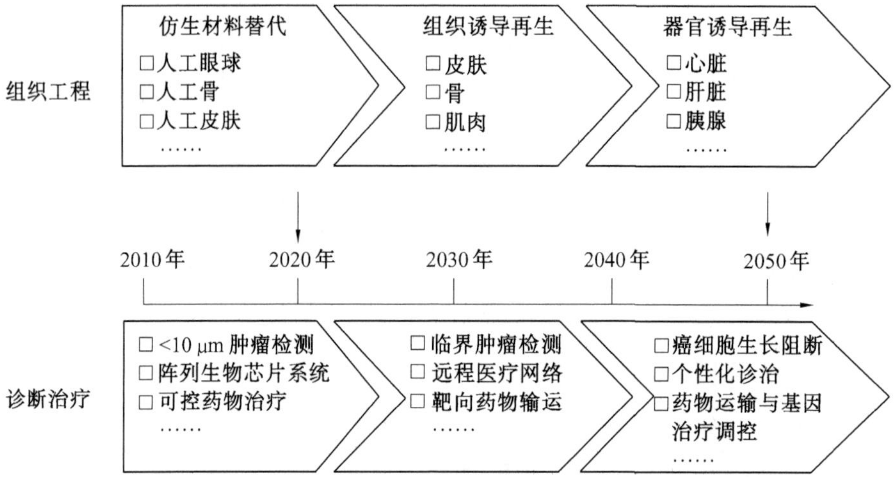


**图 3　健康快行线**

**2020 年**

重点突破目标：我国人口健康对医疗诊治的迫切需求将推动国产纳米生物材料、器件和系统的迅速发展，国产纳米生物材料的进步主要表现在性能的提高，部分将替代进口材料，生产纳米生物材料和医疗器械的市场占有率将逐步提高，依赖进口的局面将得到有效缓解，治疗成本将大为下降。

重点突破内容：

· 在组织工程方面，基于纳米材料与纳米技术实现人工眼球、人工骨、人工皮肤等仿生材料替代人类组织；

· 在疾病的诊断和治疗方面，利用纳米材料和器件实现小于 10 μm 肿瘤的检测，阵列生物芯片系统的实用化和疾病的可控药物治疗。

**2030 年**

重点突破目标：纳米生物材料、器件和系统的发展，使国产生物材料和医疗器械种类更丰富，数量也进一步增大，纳米生物材料和医疗器械的生产企业在市场上占有重要地位。人们对疾病诊断和治疗的要求不断提高，将推动智能化生物材料和系统进入市场，新一代纳米生物材料和医疗器械的前沿性基础研究水平达到国际水平。

重点突破内容：

· 在组织工程方面，基于纳米材料与纳米技术实现皮肤、骨、肌肉等人类组织的诱导再生；

· 在疾病的诊断和治疗方面，利用纳米材料、器件和系统实现临界肿瘤检测、远程医疗网络、靶向药物输运。

**2050 年**

重点突破目标：纳米生物材料与信息等领域的学科交叉和技术集成达到极致，可以根据人体需求设计相应的纳米生物材料、器件和系统，实现特定的目标功能。

重点突破内容：

· 在组织工程方面，利用纳米材料与纳米技术实现心脏、肝脏、胰腺等人类器官的诱导再生；

· 在疾病的诊断和治疗方面，利用纳米材料、器件和系统实现癌细胞生长阻断、个性化诊治、药物输运与基因治疗调控。

(3)环境和能源快行线(图 4)。

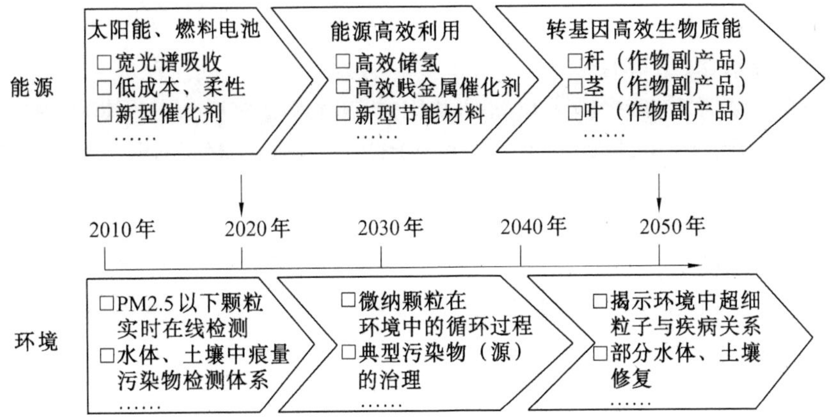


**图 4　能源环境快行线**

**2020 年**

重点突破目标：

在环境方面，对环境中污染物的超痕量检测；在能源方面，提高现有太阳能、燃料电池等新能源技术，使其达到实用化的目标。

重点突破内容：

· 在环境方面，实现直径小于 100 nm 颗粒实时在线检测和水体、土壤中痕量污染物检测体系等；

· 在能源方面，利用纳米材料与技术实现宽光谱吸收、低成本、柔性太阳能的应用以及燃料电池用新型催化剂的应用等。

**2030 年**

重点突破目标：

在环境方面，利用纳米材料与技术处理城市生活与工业污染；在能源方面，实现能源的高效利用。

重点突破内容：

· 探明微纳颗粒在环境中的循环过程，利用纳米材料与技术实现典型污染物（源）的治理；

· 利用纳米材料研制出高效贱金属催化剂、新型节能材料等，实现氢氧燃料电池等先进节能能源的高效使用。

**2050 年**

重点突破目标：

阐明纳米材料的生物效应；实现城市、工业难处理污水和废物处理率达到100％；建立可持续发展能源体系，可再生能源逐渐成为主导能源。

重点突破内容：

· 在环境方面，揭示环境中超细粒子与疾病的关系，以及利用纳米材料与技术实现部分水体、土壤的修复；

· 在能源方面，通过纳米材料的基因转染技术实现秆、茎、叶等作物副产品的高效生物质能利用，以及利用纳米材料和技术实现氢能的作用。

# 名词索引

## L



## M



## N



## S



## T



## W